Jeder kennt es aus dem Alltag und aus den täglichen Meldungen: Technik, die frustriert, die unsere Nerven strapaziert, die »nach hinten losgeht«. Seien es Klimaanlagen, die für Erkältungen sorgen, oder Computerprogramme, deren Beherrschung mehr Zeit kostet als sie angeblich einsparen – solche unvorhergesehenen Effekte des Fortschritts vergällen uns regelmäßig die Freude am Umgang mit moderner Technik.

Edward Tenner ist diesem »Rache-Effekt« systematisch nachgegangen und ist dabei auf eine Vielzahl verblüffender und häufig auch kurioser Phänomene gestoßen. Seine Antwort auf die Frage, warum uns die Segnungen der Technik nicht glücklich machen: Weil fortschreitende Technik »Systeme« hervorbringt, deren Komplexität uns überfordert. Denn je komplexer die Technik, desto unabsehbarer ihre Langzeitwirkungen und desto größer die ständige Wachsamkeit, die sie uns abverlangt. »Menschliches Versagen« ist damit programmiert. Tenner plädiert daher für eine bewußte Steuerung der Technik, die menschliche Grenzen mit berücksichtigt.

Edward Tenner, geboren 1944 in Chicago, studierte in Princeton und promovierte im Fach Geschichte. Er war Lektor bei der Princeton University Press und hatte Gastprofessuren an verschiedenen amerikanischen Universitäten inne. Derzeit lehrt und forscht er am Department of Geological and Geophysical Sciences an der Universität Princeton. – Buchveröffentlichung: »Tech Speak: Or to Talk Hi-Tech« (1989).

Edward Tenner

Die Tücken der Technik
Wenn Fortschritt sich rächt

Aus dem Amerikanischen von
Michael Bischoff

Fischer Taschenbuch Verlag

Veröffentlicht im Fischer Taschenbuch Verlag GmbH,
Frankfurt am Main, Juni 1999

Lizenzausgabe mit Genehmigung des
S. Fischer Verlags GmbH, Frankfurt am Main
Die amerikanische Originalausgabe erschien 1996
unter dem Titel ›Why Things Bite Back. Technology
and Revenge of Unintended Consequences‹
bei Alfred A. Knopf, New York
Copyright © by Edward Tenner 1996
Für die deutsche Ausgabe:
© S. Fischer Verlag GmbH, Frankfurt am Main 1997
Druck und Bindung: Clausen & Bosse, Leck
Printed in Germany
ISBN 3-596-14446-9

Für meine Mutter und meine Brüder

Inhalt

Vorwort 11

ERSTES KAPITEL
Am Anfang war Frankenstein 17
Von der Rache zum Rache-Effekt 19; Anatomie der Rache 22;
Wie es zu Rache-Effekten kommt 23; Umgekehrte Rache 26; Bösartige Maschinen 27; Die Rache der Natur 28; Der wahre Frankenstein 28; Vom Werkzeug zum System 30; Von der Benutzung
zum Management 31; Systeme und die Geburt des *bug* 32; Systemeffekte 34; Auf dem Gipfel des Optimismus 35; Zweifel 37; Aus
Katastrophen lernen 38; Der Zwang zu ständiger Wartung 40;
Die Rache der Technik im Rückblick 46

ZWEITES KAPITEL
Medizin: Der Sieg über die Katastrophen 49
Gesundheit ohne Medizin? 51; Die Fähigkeit zur Lokalisierung 55; Instrumente der Lokalisierung 57; Lokalisierung in der
Chirurgie 58; Lokalisierung in der Pharmazeutik 59; Die Beherrschung des Dringlichen 61; Notfallmedizin und Rettungswesen:
Unfälle und Epidemien im zivilen Bereich 64; Die Unzufriedenheit
mit der medizinischen Technik 69; Bürden des Könnens 72; Bürden der Wachsamkeit 75

DRITTES KAPITEL
Medizin: Die Rache der chronischen Leiden 79
Die Wiederentdeckung der chronischen Krankheiten 80; Die Kosten des Überlebens 85; Kinderkrankheiten überleben 90; Stecken
wir in der Falle? 93; Das Wiedererstarken der Infektionskrankheiten 94; Der Preis des Lebens 102; Ernährung 104; Die Krise des
Gesundheitswesens und die Zukunft der Medizin 107

VIERTES KAPITEL
Natürliche und herbeigeführte Umweltkatastrophen ... 113
Die Erosion der Katastrophe 114; Stürme und Überschwemmungen 116; Dürre 119; Erdbeben 120; Brände: Smokeys Rache 124; Küsten: Die Rache des Meeres 129; Paradoxien der Energie 132; Ölunfälle: Die Verteilung der Verschmutzung 136; Zurück zur Natur? Die Rache des offenen Kaminfeuers 142

FÜNFTES KAPITEL
Unkräuter und Schädlinge ... 147
Gefahren von Verbesserungen 150; Gefahren von Verbesserungen im Haushalt 156; Frustrationen bei Ausrottungsversuchen 161; Der Feuerameisen-Wahn: Das Vietnam der Entomologie 168; Eine elektrische Alternative? 172

SECHSTES KAPITEL
Die Einbürgerung von Schädlingen ... 175
Vorreiter und Protagonisten 175; Sperlinge und Stare 179; Der Große Schwammspinner 182; Der Karpfen 189; Killerbienen 196; Einbürgerung heute 200

SIEBTES KAPITEL
Die Einbürgerung von Unkräutern ... 207
Die Kopoubohne 213; Rosa multiflora 216; Unkräuter der Zukunft: Silberhaargras 219; Bäume auf dem Vormarsch 220

ACHTES KAPITEL
Das computerisierte Büro: Die Rache des Körpers ... 235

NEUNTES KAPITEL
Das computerisierte Büro: Rätsel der Produktivität ... 265

ZEHNTES KAPITEL
Sport: Risiken der Intensivierung ... 299
Boxen 304; Football und die Gefahren des Polsterschutzes 306; Laufen 312; Skilaufen 314; Bergsteigen und Klettern 318; Lawinen 323; Neuer Nervenkitzel dank neuer Sicherheitstechniken 325

ELFTES KAPITEL
Sport: Paradoxe Verbesserungen 329
  Tennis und die Rache der technologischen Revolution 341; Golf
  und die Vorzüge gebremsten Fortschritts 346

ZWÖLFTES KAPITEL
Ein Blick zurück, ein Blick nach vorn 359
  Die Doppeldeutigkeit der Katastrophe 362; Das Automobil und
  seine Rache-Effekte 368; Werden die Katastrophen uns erhalten
  bleiben? 378; Die Abkehr von der Intensivierung 384

Zur weiteren Lektüre 391

Anmerkungen 397

Sachregister 439

Vorwort

Dieses Buch beginnt, wie es endet – auf Papier. Angefangen hat alles vor zehn Jahren; damals machte ich eine merkwürdige Beobachtung, als in dem wissenschaftlichen Fachverlag, in dem ich arbeitete, nach und nach Personalcomputer auf sämtlichen Schreibtischen erschienen. Die Futurologie war auf ihrem Höhepunkt. In seinem Bestseller *The Third Wave* schrieb Alvin Toffler, wer nun noch Papierkopien mache, der benutze die Textverarbeitungsmaschinen auf primitive Weise und beleidige ihren Geist. Doch die Papierkörbe quollen immer noch über von Computerausdrucken. Selbst als E-Mail und die Vernetzung der Computer den materiellen Papierfluß überflüssig gemacht hatten, ließ die Papierflut keineswegs nach. Ich war schon nicht mehr in diesem Verlag tätig, aber ein ehemaliger Kollege erklärte mir den Grund. Die Leute benutzten nun statt des Telefons die Möglichkeiten der elektronischen Post und des Internet. Aber sie seien klug genug, der Leistungsfähigkeit elektronischer Speichermedien kein allzugroßes Vertrauen zu schenken. Außerdem zirkulierten viele Akten in drei oder vier Abteilungen; kryptische Querverweise zwischen mehreren elektronischen Dateien reichten da nicht aus. Die Vernetzung der Computer hatte in Wirklichkeit zu einer Vergrößerung des Papierverbrauchs geführt. Als einige große Büromaschinenketten Filialen in der Nähe von Princeton eröffneten, fielen den Kunden dort wie in den Katalogen als erstes die fünftausend Blatt fassenden Magazine für Fotokopierer, Laserdrucker und Faxgeräte ins Auge.

Der Papierverbrauch ist auch seither weiter gestiegen. Es ist, als rächte sich das Papier an den Futurologen – was jedoch nicht heißen soll, daß ein Futurologe jemals seinen Job wegen einer falschen Vorhersage verloren hätte. Und ich schrieb einen Aufsatz mit dem Titel »Die paradoxe Papiervermehrung«, der meine Aufmerksamkeit wiederum auf zahlreiche andere seltsame Folgen und Auswirkungen lenkte, die jeder Vernunft zu widersprechen schienen. Das Papier hatte offenbar eine eigenständige Existenz, die sich jeder menschlichen Kontrolle entzog. Es war, als schlügen die Dinge zurück.

Die Futurologen hatten nicht mit dem Eigensinn gewöhnlicher Objekte und Systeme gerechnet. Weder die Anhänger einer freien Wirtschaft, die auf die Unfehlbarkeit der Marktprozesse vertrauen, noch die Grünen, die

Hunger und den Zusammenbruch der Umwelt prophezeiten, haben die wirkliche Zukunft vorausgesehen. Dennoch läßt sich keine dieser beiden Grundüberzeugungen einfach als unsinnig abtun. Die Marktwirtschaftler sehen in Not und Katastrophen lediglich Herausforderungen für eine grenzenlose menschliche Erfindungsgabe; für die Grünen ist jede Verbesserung des Lebensstandards nur ein weiterer Posten auf einer schrecklichen Rechnung, die uns die Zukunft dereinst präsentieren wird. Die Menschheit ist entweder auf dem Weg zu den Sternen, oder sie stürzt gerade aus dem Fenster eines Hochhauses dem Asphalt entgegen und murmelt: »Bisher ist doch alles gutgegangen.«

Ich werde nicht versuchen, diese Streitfrage zu klären. Der Dichter Paul Valéry hatte sicherlich recht, als er 1944 schrieb: »Das Unvorhersehbare in allen Lebensbereichen ergibt sich als Folge der Eroberung der ganzen Lebenswelt durch die Macht der Wissenschaft, durch das Eindringen des effektiven Wissens, das tendenziell die Umwelt des Menschen und den Menschen selbst in einem nicht bekannten Maß verändert, unter nicht bekannten Risiken, einer nicht bekannten Abweichung von den anfänglichen Bedingungen des Daseins und der Lebenserhaltung. Das Leben wird dabei insgesamt zum Gegenstand eines Experiments, von dem man nur eines sagen kann, daß es uns tendenziell immer mehr von dem wegführt, was wir waren und was wir zu sein glauben, und daß es uns dahin führt, wohin wir nicht zu gehen gedenken und wohin zu gehen wir uns nicht im geringsten vorstellen können.«[1]

Valéry wies 1944 auf die Irrtümer hin, die selbst den besten Denkern 1890 unterlaufen wären, wenn sie versucht hätten, die nächsten fünfzig Jahre vorauszusehen. Aber diese Irrtümer waren keineswegs nur hypothetisch. Valéry konnte es nicht wissen, doch Anfang der neunziger Jahre des letzten Jahrhunderts hatte ein amerikanisches Zeitungskonsortium siebenundvierzig herausragende amerikanische Persönlichkeiten nach dem Leben im Jahr 1993 befragt und die Ergebnisse anläßlich der Weltausstellung 1893 in Chicago veröffentlicht. Dave Walter hat ihre Antworten in einem faszinierenden Buch zusammengestellt, und sie zeigen die Fallstricke, die jeder Extrapolation der technologischen Entwicklung drohen. Auffällig ist nicht etwa, daß man damals die Kernwaffen oder die Mikroelektronik nicht vorausgesehen hätte; tatsächlich sahen viele bekannte Persönlichkeiten des ausgehenden neunzehnten Jahrhunderts, daß neue Massenvernichtungswaffen und neue Techniken weltweiter Nachrichtenübermittlung auf elektrischer Grundlage entstehen würden. Erstaunlich ist vielmehr, daß man die massenhafte Motorisierung nicht voraussah. Niemand erkannte die Kette der technischen, wirtschaftlichen, sozialen und politischen Ereignisse, die sich an das 1886 von Karl Benz zum Patent angemeldete, von einem Verbrennungsmotor angetriebene Straßenfahrzeug knüpfen sollte. Selbst die Physikprofessoren in Harvard waren blind für die Veränderungen, die sich schon bald auf ihrem eigenen Fachgebiet vollziehen würden; ihr 1880 eingeweihtes und heute noch benutztes Jefferson Laboratory sollte vor allem dem Fortschritt jenes Teilgebiets der Physik dienen, dem in ihren Augen die Zukunft gehörte: dem Erdmagnetismus. Aber wie ein weiser Musiker einmal gesagt hat: »Wenn ich den Jazz der Zukunft kennen würde, dann würde ich ihn spielen.«[2]

Auch ich kenne den Jazz der Zukunft nicht. Dieses Buch will keine Voraussagen machen; es wirft einen neuen Blick auf Offensichtliches. Es ist offensichtlich, daß die Technik viele Dinge besser macht. Mit Technik meine ich die Veränderung der biologischen und physikalischen Umgebung durch die Menschheit. Es ist ebenso offensichtlich, daß wir immer noch unzufrieden mit dieser Umgebung sind, und zwar noch unzufriedener als früher. Ich werde vier Bereiche betrachten: Gesundheit und Medizin, die Umwelt, das Büro und den Sport. Ich beschreibe echte technische Fortschritte in der Lösung menschlicher Probleme, aber auch Enttäuschungen, die mit diesen Fortschritten verbunden sind.

Der technologische Traum einer sich ständig verbessernden Welt ist ebenso eine Illusion wie John von Neumanns Vorhersage aus dem Jahr 1955, wonach Energie 1980 so billig sein sollte, daß man sie nicht einmal mehr würde messen wollen. Die soziale Utopie eines neuen Athen, einer durch Maschinen ermöglichten Muße, hat sich als hehres Wunschbild erwiesen. Die Technik verlangt nicht weniger, sondern mehr menschliche Arbeit, wenn sie funktionieren soll. Und sie ersetzt akute durch subtilere, heimtückischere Probleme. Außerdem werden auch die akuten Probleme niemals vollständig eliminiert; wenn wir nicht ständig aufpassen und größte Sorgfalt walten lassen, kehren sie mit verstärkter Gewalt zurück. Wir stecken in einer Tretmühle, aus der wir nicht wieder herauskommen. Wir können nicht zurück in eine angeblich gesunde Vergangenheit, zumal die Vergangenheit zwar zuweilen sittsamer, aber auch weitaus chaotischer war, als wir es wahrhaben wollen oder uns vielleicht auch vorstellen können. Allein über den Schlamm könnte man ein ganzes Buch schreiben, und ein weiteres über den Staub.[3]

Wir sind unglücklich. Und ich denke, aus zwei Gründen. Erstens handeln wir uns bei der Bekämpfung katastrophaler Probleme neue, ungreifbare chronische Probleme ein, mit denen wir noch schwerer fertigwerden. Und zweitens erfordert unsere gewachsene Sicherheit auch immer größere Wachsamkeit. Manchmal gelingt es uns tatsächlich, Dinge einfacher zu machen. Das Programmieren eines Videorecorders war früher eine geradezu komische Übung; heute brauchen wir dank einiger genialer mathematischer Routinen, die man in die Geräte eingebaut hat, der Fernsehzeitschrift nur noch eine Handvoll Zahlen zu entnehmen und sie über die Fernbedienung einzugeben, wenn wir eine Fernsehshow aufzeichnen wollen. Weitaus öfter jedoch verdeckt die scheinbar einfache Technik nur Probleme, die sich sehr viel schwerer diagnostizieren und beheben lassen, ob es sich nun um Autos oder um Personalcomputer handelt. Aufgrund eigener Erfahrungen habe ich so meine Zweifel, ob man die elektrische Anlage eines Autos überhaupt jemals wirklich reparieren kann, wenn sie erst einmal Störungen aufweist. Und hinter der eleganten oder gar »freundlichen« Benutzeroberfläche eines Computers kann sich ein fatales Gewirr kaputter Dateien und versteckter *bugs* verbergen. Es entspricht schon fast der Definition chronischer Probleme, daß sie weniger nach einer Lösung verlangen als nach ständiger Wartung und Pflege, während das Erfordernis unablässiger Wachsamkeit selbst schon zu einem chronischen Ärgernis wird.

Ich sehe keinen Weg, der uns aus dieser mißlichen Lage herausführen könnte. Weder die Suche nach einem spartanisch einfachen und »zuträglichen« Leben noch das Vertrauen auf die Kräfte des Marktes werden uns daraus befreien. Ich schreibe nicht für Politiker, sondern für Menschen, die durch eine Welt stolpern, wie Rube Goldberg sie gezeichnet haben könnte, und dabei versuchen, dem Ganzen irgendeinen Sinn abzugewinnen. Ich spreche mich nicht gegen den Wandel aus, denn ich bin der Ansicht, wir sollten ihn maßvoll, vorsichtig und skeptisch akzeptieren.

Ein Stipendium der John Simon Guggenheim Foundation hat mir dieses Projekt ermöglicht. Ich danke der Stiftung für ihre Großzügigkeit, ihre Flexibilität und ihr Verständnis. Ein weiteres Stipendium der Exxon Education Foundation für ein anderes Projekt hat mir die Möglichkeit gegeben, meine Karriere als freier Schriftsteller fortzusetzen. Mein besonderer Dank gilt dem Projektbetreuer Richard R. Johnson, der das Stipendium initiierte, und dem Präsidenten der Stiftung Edward F. Ahnert.

Vor Jahren hat mir William H. McNeill die Augen für neue Möglichkeiten geöffnet, Wissenschaft und Technik in der Geschichte zusammenzubringen. Auch Thomas P. Hughes und John McPhee haben mich sehr ermutigt.

Ich begann das Projekt als Gastdozent am Institute for Advanced Study der School of Social Science. Ich danke Joan W. Scott und den übrigen Mitgliedern des Lehrkörpers für ihre Geduld und ihren Rat. Albert O. Hirschman von der School of Social Science und Freeman Dyson von der School of Natural Science haben mir besondere Hilfe zuteil werden lassen. Am Rutgers Center for Historical Analysis führten John R. Gillis und Victoria de Grazia mich in eine weitere vitale akademische Gemeinschaft ein. Und erst kürzlich haben Robert O. Phinney, John F. Suppe und S. George Philander dafür gesorgt, daß meine Beziehungen zum Department of Geological and Geophysical Sciences der Princeton University sich ebenso produktiv gestalteten.

Zahlreiche Wissenschaftler und Staatsbeamte beantworteten geduldig meine Fragen und entsprachen großzügig meiner Bitte um Nachdrucke von Aufsätzen. Von ihnen allen seien hier nur genannt: Enoch Durbin, Freeman Dyson, Robert Freidin, Gerald L. Geison, John R. Gillis, Stanley N. Katz, Jackson Lears und Michael S. Mahoney von der Princeton University bzw. vom Rutgers Center.

John T. Bethell und Christopher Reid vom *Harvard Magazine*, Michelle Preston und später James I. Merritt vom *Princeton Alumni Weekly* sowie Jay Tolson und Steven Lagerfeld vom *Wilson Quarterly* ermutigten mich, die Ideen weiterzuentwickeln, die zu diesem Projekt führten. Joseph W. Daubens enzyklopädisches Wissen und sein ausgezeichneter Blick für editorische Fragen halfen mir, zahlreiche Hindernisse zu überwinden. Barbara Freidins Begeisterung für das Projekt und ihr Organisationstalent schufen erst die Möglichkeit, Ordnung in das umfangreiche, für das Projekt zusammengetragene Material zu bringen. Viel gelernt habe ich auch in meinen Gesprächen mit Charles L. Creesy, Michael Volk, Russell C. Maulitz, M. D., Stephen S. Morse, Stephen J. Pyne, Don C. Schmitz, Jesse Ausubel, Joseph Keller, J. Nadine Gelberg und Daniel Headrick. James Andrew Secords Ausspruch »Am Anfang war Frankenstein« habe ich mit seiner freundlichen Genehmigung als Kapitelüberschrift benutzt.

Da ich dieses Buch für wissenschaftliche Laien geschrieben habe und da ich die umfangreiche Literatur etwa zur Risikoabwägung, zu den natürlichen Gefahren und zum Naturschutz nur in Ansätzen heranziehen konnte, ist es besonders wichtig, daß man keinem dieser Lehrer, Kollegen, Freunde und Berater einen Vorwurf macht, falls ich einen Fehler oder eine Auslassung begangen haben sollte.

Von unschätzbarem Wert waren Ashbel Greens Führung und Ermunterung bei der Redaktion und Edition des Buches wie auch die Aufmerksamkeit und Sorgfalt der gesamten Herstellungsabteilung bei Alfred A. Knopf. Dasselbe gilt für das Verständnis und Geschick meines literarischen Agenten Peter L. Ginsberg und seiner Kollegen bei Curtis Brown Ltd.

Edward Tenner
Princeton, New Jersey, Mai 1995

ERSTES KAPITEL
Am Anfang war Frankenstein

Zu den unausrottbaren Alpträumen der Menschheit im industriellen und postindustriellen Zeitalter gehört von jeher die Maschine, die von passivem Eigensinn zu aktiver Rebellion übergeht. Rod Serlings Kurzgeschichte *A Thing About Machines* aus dem Jahr 1961 beginnt mit einer Szene, in der ein übellauniger, spitzzüngiger Lohnschreiber namens Bartlett Finchley den Fernsehtechniker eines Reparaturdienstes beschimpft, der die Ausfälle seines Auftraggebers lange geduldig erträgt. Der Mann repariert ein Fernsehgerät, das Finchley mit Schlägen traktiert hat, weil es »nicht richtig funktionierte«. Finchley mißhandelt die Dinge um ihn her mit derselben Boshaftigkeit, die auch seinen Umgang mit Menschen prägt. Als seine Sekretärin ihm bei der Kündigung eine Niederlage in »diesem tödlichen Kampf zwischen Ihnen und den Apparaten« wünscht, macht die elektrische Schreibmaschine sich selbständig und schreibt die Worte: »Hau ab, Finchley!« Ein mexikanischer Tänzer sieht ihn aus dem Fernseher an und wiederholt diese Botschaft. Bald bricht eine mechanische Meuterei aus. Sein Elektrorasierer zerfleischt ihm fast das Gesicht. Das Läutwerk seiner Uhr ertönt völlig willkürlich. Die Handbremse seines Wagens löst sich von selbst, das Auto rollt die Straße hinunter und überfährt beinahe ein Kind auf einem Fahrrad.[1]

Nachdem die Polizei gekommen und wieder gegangen ist, vertreiben die Geräte Finchley aus dem Haus. Das Auto fährt plötzlich von allein los – womit es gleichsam Stephen Kings *Christine* vorwegnimmt – und jagt Finchley durch das Viertel, bis er in seinen eigenen Swimmingpool stürzt und ertrinkt, während der Motor »ein lautes Röhren von sich gab, das wie Triumphgeheul klang«. Die Geschichte endet mit einem Friedhofsgärtner, der sich verwundert fragt, warum sein Rasenmäher ganz gegen seinen Willen aus der Bahn geraten ist und Finchleys Grabstein umgestoßen hat. Die Maschinen haben Rache geübt, wo die menschlichen Opfer des boshaften Schriftstellers in ihrer stoischen Ergebenheit nur ratlos die Hände über dem Kopf zusammenschlugen.

Finchleys Nemesis war technologische Rache auf amerikanische Art. Sein unglücklicher Namensvetter, der frühe Heimwerker Lord Finchley in Hilaire Bellocs Gedicht, kommt durch einen elektrischen Schlag ums Leben, als er gegen den Grundsatz des *noblesse oblige* verstößt und selbst in seinem Sicherungskasten herumkramt, statt einen Handwerker mit dieser Arbeit zu betrauen:

> *Lord Finchley wollte sein elektrisch Licht alleine richten*
> *Und holte sich einen tödlichen Schlag – zu Recht!*
> *Ist es doch Sache des reichen Manns,*
> *Das Handwerk in Arbeit und Brot zu setzen.*[2]

Bartlett Finchley, der wohl Handwerker in Arbeit und Brot setzt, sie aber auf das Schlimmste beschimpft, stirbt statt dessen für seinen schimpflichen Umgang mit den Maschinen. Die Menschen in dieser Geschichte sind allzu höflich oder haben zuviel Angst vor seiner scharfen Zunge, als daß sie es wagten, sich für die erlittene Schmach zu rächen. Nicht so die Dinge.

Serling nimmt in seiner Kurzgeschichte nicht die Technik aufs Korn, sondern Sarkasmus und Arroganz. Dennoch trifft er durchaus auch die Ängste der industriellen Gesellschaft und nährt Zweifel, die seit den sechziger Jahren eher noch größer geworden sind. Was wäre wohl geschehen, wenn Serling die neunziger Jahre erlebt und seinen Mr. Finchley in einem »vollautomatischen« Haushalt angesiedelt hätte? Wären Heizung, Klimaanlage, Uhren, Überwachungsanlage, Fernseher und Telefon schon von einem Hauscomputer gesteuert worden, hätten Finchleys gekränkte Maschinen ihre Rache mit der diabolischen Intelligenz einer zentralen Prozessoreinheit ausführen können. Serling erkannte, daß wir alle gelegentlich ein Problem mit Maschinen haben, auch wenn wir uns nicht wie Finchley benehmen.

Serlings Finchley, eine Karikatur des weltstädtisch- angelsächsisch-protestantischen Weißen, macht sich über alle seine Nachbarn in den Vorstädten ganz Amerikas lustig. Er bringt jedoch auch sehr amerikanische Ängste gegenüber den Maschinen zum Ausdruck. Amerika mag die Heimat von *Popular Mechanics* und das Land der Zukunft sein, doch es ist auch Geburtsort der *lemon*-Gesetze. New Jersey und Pennsylvania zum Beispiel definieren in ihrer Gesetzgebung als »Zitrone« oder Ausschuß einen Neuwagen mit »erheblichen« Mängeln, die auch nach drei Versuchen oder einem Werkstattaufenthalt von zwanzig bis dreißig Tagen noch nicht behoben sind.[3] Amerikaner glauben eben, daß es Dinge gibt, die einfach nichts taugen und gewissermaßen von Natur aus widerspenstig sind.

Tatsächlich sind viele Dinge in Amerika wie anderswo schlecht oder sogar gefährlich konstruiert. Die einschlägigen Horrorgeschichten sind durchaus keine Erfindung von Verbraucherverbänden und Konsumentenanwälten. Aber das eigentliche Problem liegt in den kaum greifbaren irreparablen Mängeln. Mitte der achtziger Jahre, mehr als fünfundzwanzig Jahre nach dem Erscheinen der Kurzgeschichte von Serling, klagten Dutzende von Audi-Fahrern, ihr Wagen sei plötzlich und völlig unerwartet losgefahren, wobei gelegentlich auch andere Autofahrer, die gerade aus ihrem Wagen stiegen, in Gefahr gerieten. Den Ingenieuren gelang es nicht, das Phänomen zu reproduzieren. Die für die Sicherheit im Straßenverkehr zuständige National Highway Traffic Safety Administration kam zu dem Schluß, daß die betreffenden Fahrer versehentlich auf das Gaspedal statt auf die Bremse getreten hatten. Sämtliche Klagen wurden von den Gerichten abgewiesen. Doch der Mythos der Killermaschine – wie er sich schon zu Beginn des Jahrhunderts in der Warnung findet, die Automobile »könnten Amok laufen« – war nicht mehr aus der Welt zu schaffen.[4]

Selbst Computerfachleute sind nicht immun gegen solche Dämonisierungen. Manche behaupten, daß gewisse Probleme sich »im Bereich der Metaphysik« bewegen, wie einer von ihnen es ausgedrückt hat, und daß »in der Elektronik seltsame Dinge geschehen, für die es keinen vernünftigen Grund gibt«. Er berichtet, daß in einer Firma das Computersystem stets bei der Vorbereitung wichtiger Kundenpräsentationen zusammenbrach, wenn ein bestimmter Entwicklungsingenieur zugegen war. Man löste das Problem schließlich, indem man ihn des Raumes verwies, wenn wichtige Präsentationen vorbereitet wurden.[5]

Vergeblich weisen Statistiker immer wieder darauf hin, welch hohe Wahrscheinlichkeit seltsame Koinzidenzen in Wirklichkeit besitzen. Mathematisch gesehen hätte man allen Anlaß, menschliche Manipulationen zu vermuten, wenn wirklich niemand zweimal den Hauptgewinn im Lotto erzielte. Und den Psychologen ist es nicht gelungen, die Menschen davon zu überzeugen, daß die Wahrnehmung von Pech hochgradig selektiv sein kann. (Wir erinnern uns eher an Gelegenheiten, bei denen wir den Zug oder den Aufzug verpaßt haben, als an die vielen Male, bei denen wir zur rechten Zeit angekommen sind.) Im Mittelmeerraum fürchten die Menschen den bösen Blick, der ansonsten rechtschaffenen, aber unseligen Personen anhaften kann. Amerikaner führen Probleme eher auf Dinge als auf Personen zurück, weil sie so viel von den Dingen erwarten.

Von der Rache zum Rache-Effekt

Bartlett Finchley reizte die Technik um ihn her zu einer mörderischen Rebellion. Für die meisten Menschen liegt das Problem jedoch nicht in offener Bosheit, sondern in vielen kleinen Frustrationen. Die realen oder eingebildeten Schäden sind manchmal eher psychologischer als materieller

Art. In der Tat fühlen wir uns zuweilen um so bedrohter, je sicherer wir sind und je besser es uns geht. Gerade weil wir Anspruch auf den Fortschritt zu haben glauben, sind wir unzufrieden mit Experten, die Fortschritt versprechen. Und die Empörung wächst, wenn der Wandel uns nicht die versprochenen Verbesserungen bringt. Wir sind alarmiert, wenn unsere Fabriken schließen, aber in unseren Zeitschriften feiert man den »durchschlagenden Erfolg« der Ludditen des neunzehnten Jahrhunderts. In Artikeln erinnert man voller Bewunderung an die Strumpfwirker der englischen Midlands, die einst die Dampfwebstühle zerstörten, weil sie die Preise drückten. Ein Psychologe veröffentlicht »Vorbemerkungen zu einem neoludditischen Manifest«, und ein Technikhistoriker lobt die Überzeugung der Maschinenstürmer, daß es manchmal besser sei, den Fortschritt anzuhalten.[6]

Aus der Empörung der Produzenten im neunzehnten Jahrhundert ist die Irritation der Konsumenten im späten zwanzigsten Jahrhunderts geworden. Warum sind die Schlangen vor den Geldautomaten abends länger als früher während der Bankölffnungszeiten vor den Kassenschaltern? (Soviel zur angeblich papierlosen Gesellschaft!) Warum haben Helme und andere Schutzkleidung dafür gesorgt, daß Football heute gefährlicher ist als Rugby? Warum bewirken Filterzigaretten in der Regel keine Verringerung der Nikotinaufnahme? Warum ist die Wunderpflanze von gestern das teuflische Unkraut von heute? Und warum sind Taschenbücher heutzutage teurer als früher die gebundenen Bücher? Warum ist die Freizeitgesellschaft den Weg der Freizeitkleidung gegangen?

Die wirkliche Rache ist nicht das, was wir einander mit voller Absicht antun, sondern die Tendenz der Welt um uns herum, es uns heimzuzahlen und unsere Schlauheit gegen uns selbst zu wenden. Oder sie liegt darin, daß wir uns unbewußt gegen uns selbst richten. Wohin wir auch blicken, überall stoßen wir auf die unbeabsichtigten und oft genug negativen Folgen mechanischer, chemischer, biologischer und medizinischer Erfindungskunst – auf Rache-Effekte, wie wir sie nennen könnten.

Mit dem Hinweis auf solche Rache-Effekte soll keineswegs bestritten werden, daß unser Leben sich in den letzten Jahrhunderten zumindest im Westen deutlich verbessert hat. In einer berühmten frühen Persiflage auf Heidegger und Sartre mit dem Titel *Report on Resistentialism* entdeckte der englische Essayist Paul Jennings die neueste Pariser Erkenntnis: »*les choses sont contre nous*« (die Dinge sind gegen uns), und »die Illusion wachsender menschlicher Herrschaft über die Dinge findet ihre Entsprechung in der wachsenden Feindseligkeit (und Macht) der Dinge, die sich gegen ihn wenden«. Es gibt inzwischen einfach mehr »Dinge«, die uns Kummer bereiten, weil wir deren ursprünglich recht geringe Zahl (»die ungenügende Beleuchtung bei Nacht, das schlichte Loch im Dach, durch das der Rauch entweicht und der Regen eindringt«) um »vielfältige Gelegenheiten ergänzt haben, die Schlacht gegen die Dinge zu verlieren – Büchsenöffner, Kragenknöpfe, Schubladen, offene Kanaldeckel, Schnürsenkel ...«[7]

Das paradoxe Verhalten der Objekte ist jedoch nicht immer etwas Negatives. Manche Dinge halten länger, wenn sie regelmäßig benutzt werden. So ist es durchaus kein Wunder, daß es Autos gibt, die mehrere Hunderttausend Kilometer halten. Unsere Autos sind eigentlich für lange Autobahnfahrten konstruiert. Wer nur gelegentlich kurze Strecken fährt, ruiniert damit den Motor, und Reifen verformen sich bei langem Stillstand. Die Library of Congress veranstaltet seit vielen Jahren Kammerkonzerte, und zwar nicht nur um das Publikum zu erfreuen, sondern auch damit ihre kostbaren Streichinstrumente aus der frühen Neuzeit gelegentlich von erstklassigen Musikern gespielt werden. Wenn man sie jahrelang unbenutzt ließe, würde das Holz Schaden nehmen, obwohl man für optimale Temperatur und Luftfeuchtigkeit sorgt. Selbst elektronische Geräte verhalten sich so, als wollten sie ständig in Gebrauch sein. Ein Computer, der wochen- oder monatelang nicht eingeschaltet worden ist, braucht eine gewisse Zeit, bis die Kondensatoren wieder richtig funktionieren und die mechanischen Kontakte sich auf die höheren Temperaturen eingestellt haben. Festplattenlaufwerken bekommt es anscheinend besser, wenn sie rund um die Uhr in Betrieb sind; dagegen mögen sie es nicht, wenn man sie ständig abschaltet und wieder neu startet. Tatsächlich stellen viele Computerspezialisten ihren Computer den ganzen Tag nicht ab und oft nicht einmal über Nacht. Mindestens ein Laserdrucker ist inzwischen auf dem Markt, der keinen Ein- und Ausschalter mehr hat; wenn er eine gewisse Zeit nicht gebraucht worden ist, schaltet er selbsttätig in einen energiesparenden Sleep-mode, aus dem er durch jeden Druckbefehl geweckt werden kann.

Dennoch sind die meisten nichtintendierten Folgen keine freudigen Überraschungen, sondern eher unerfreulich. Selbst die positiven Effekte entdecken wir vielfach erst aufgrund negativer Erfahrungen – etwa nachdem wir festgestellt haben, daß ständiges Aufheizen und Abkühlen für elektronische Bauteile schädlich ist. Die elektronische Vernetzung, die es den Menschen ermöglicht, ihre Arbeit zu Hause zu verrichten, befreit sie keineswegs von ihrem Büro; denn da sie nun ständig erreichbar sind für eilige Mitteilungen über Computer oder Telefax, sind sie noch enger an ihre Arbeit gebunden als zuvor.

Anatomie der Rache

Rache-Effekte sind nicht dasselbe wie Nebenwirkungen. Wenn eine Chemotherapie gegen Krebs Haarausfall verursacht, handelt es sich nicht um einen Rache-Effekt. Ein Rache-Effekt läge dann vor, wenn die Chemotherapie einen anderen, ebenso gefährlichen Krebs auslöste. Falls man bei der Erprobung eines Haarwuchsmittels feststellt, daß es das Krebsrisiko erhöht, wird man dieses Mittel verbieten; aber das erhöhte Krebsrisiko wäre dennoch eher eine Nebenwirkung als ein Rache-Effekt. Sollte man dagegen feststellen, daß dieses Mittel den Haarausfall unter bestimmten Bedingungen sogar noch beschleunigt, müßten wir von einem Rache-Effekt sprechen. Beim Rache-Effekt geht es auch nicht einfach um eine Nutzen- oder Güterabwägung. Wenn aufgrund gesetzlicher Bestimmungen über verbesserte Sicherheitsstandards die Flugpreise steigen, beruht dies auf einer Güterabwägung. Aber nehmen wir einmal an, man verlangte in Flugzeugen eigene Kindersitze (und entsprechende Sicherheitsgurte), so daß nun auch für Kleinkinder der volle Flugpreis gezahlt werden müßte, und das hätte zur Folge, daß viele Familien sich entschlössen, lieber mit dem Auto zu fahren als zu fliegen; dann könnte es sein, daß bei Autounfällen mehr Kinder ums Leben kämen, als es geschehen wäre, falls man den Eltern gestattet hätte, ihre Kinder im Flugzeug auch weiterhin auf dem Schoß zu halten. Hier hätten wir es dann wieder mit einem Rache-Effekt zu tun.

Der ganze Bereich der Sicherheit bietet uns Beispiele für Rache-Effekte. Die elektrische Türverriegelung, die jetzt in den meisten Wagen zu finden ist, erhöht das Gefühl der Sicherheit. Aber sie hat auch dazu beigetragen, daß sich heute drei- oder viermal so viele Fahrer selbst aussperren wie in den letzten Jahrzehnten – wobei jährlich Kosten in Höhe von 400 Millionen Dollar entstehen und die gestrandeten Fahrer eben jenen Kriminellen ausgesetzt sind, vor denen die Türverriegelung sie eigentlich schützen sollte. Auch hochentwickelte Warnanlagen gehören inzwischen zur Standardausstattung vieler Luxuswagen und werden selbst in relativ billige Modelle gerne eingebaut. Die meisten Autobesitzer haben nicht einmal etwas gegen einen gelegentlichen Fehlalarm. Ein falscher Alarm ist ihnen allemal lieber als ein echter. Aber das System läßt sich durch das Eindringen von Mardern oder durch andere vorübergehende Ereignisse so leicht täuschen, daß wir anderen die Alarmsirenen schon gar nicht mehr ernst nehmen. In den Städten, wo solche Warnanlagen noch am ehesten gebraucht werden, kommt es sogar vor, daß aufgebrachte Nachbarn die Sirene zum Schweigen zu bringen versuchen, indem sie das Auto demolieren. Bei diesen Schäden handelt es sich um Rache-Effekte. Wenn Gesetzgeber, Autohersteller und Autoversicherungen zum Einbau von Diebstahlsicherungen aller Art auffordern und frustrierte Autodiebe deshalb dazu übergehen, Autos mit Waffengewalt zu rauben, haben wir es zwar nicht mit einem individuellen, wohl aber einem gesellschaftlichen Rache-Effekt zu tun. Auch Einbruchsmeldeanlagen für Häuser werden immer billiger und überfluten die Polizei mit Fehlalarmen, die zur Hälfte von den Bewohnern selbst ausgelöst werden. In Philadelphia handelte es sich bei den 157 000 automatischen Einbruchsmeldungen, die in den letzten drei Jahren bei der Polizei eingingen, nur in 3000 Fällen um einen echten Alarm; und da dieses System achtundfünfzig Vollzeitpolizisten mit nutzlosen Anrufen von ihrer Arbeit abhält, kann es durchaus sein, daß diese Haussicherungsanlagen an anderer Stelle der Kriminalität Vorschub leisten.[8]

Wie es zu Rache-Effekten kommt

Die Technik allein erzeugt keine Rache-Effekte. Erst wenn wir sie in Gesetze und Vorschriften, Sitten und Gebräuche einbetten, vermögen solche ironischen Wendungen ihre volle Wirkung zu entfalten. Man denke nur an unsere Fähigkeit, ganze Landschaften umzugestalten und ihre Bewohner umzusiedeln. Bei der Landentwicklung in Florida, bei der völlig legal ganze Populationen von Schildkröten umgesiedelt wurden, kam es offenbar unbeabsichtigt zur Übertragung eines schädlichen Mikroorganismus auf andere Populationen. Die Behörden glauben, daß die Lungenkrankheit, die dieser Mikroorganismus hervorruft, ein Massensterben bei der gefährdeten und ökologisch wertvollen Gopherschildkröte ausgelöst hat.[9]

Oder man denke an die Umverteilung der Wärme in einer Stadt. In den Stadtzentren ist es während des Sommers ständig wärmer als in der ländlichen Umgebung. Die Klimaanlagen haben dafür gesorgt, daß auch im Juli und August ein normales Geschäftsleben möglich ist, allerdings auf Kosten steigender Temperaturen in den Straßen, die den Aufenthalt im Freien noch unerfreulicher gestalten. (Außerdem kommt es zu einer Verschiebung unangenehmer klimatischer Bedingungen in die nichtklimatisierten Stadtviertel, doch da die Menschen in den klimatisierten Häusern davon nicht betroffen sind, handelt es sich hier nicht um einen Rache-Effekt.) Durch die Klimaanlagen in Bussen und Zügen kann es auf den Bahnsteigen zu Temperaturerhöhungen von fast fünf Grad Celsius kommen. Wer zehn Minuten auf dem Bahnsteig wartet, um dann eine zehnminütige Fahrt in einem klimatisierten Zug zu machen, gehört möglicherweise schon zu den Nettoverlierern. Und wenn die Klimaanlage wegen allzu großer Hitze zusammenbricht und ihren Betrieb einstellt, sind die

Fahrgäste noch schlechter dran als in einem Zug ohne Klimaanlage, denn sie schwitzen nun hinter Fenstern, die sich nicht öffnen lassen, weil das ja den Betrieb der Klimaanlage stören könnte. Wie bei der Umsiedlung der Schildkröten könnten wir hier von einem »Umordnungseffekt« sprechen.

Man denke auch an die Auswirkungen von Geräten und Systemen, die uns mehr Zeit für andere Dinge verschaffen sollen. »Maschinen sollten arbeiten, Menschen sollten denken«, der berühmte Wahlspruch des Computerherstellers IBM in den goldenen Jahren der Großrechenanlagen, bietet vielleicht immer noch die schönste Zusammenfassung eines Denkens, das durch optimistisches Vertrauen in die Technik geprägt ist. Aber so laufen die Dinge keineswegs immer. In ihrem Buch *More Work for Mother* hat die Technikhistorikerin Ruth Schwartz Cowan gezeigt, daß Staubsauger, Waschmaschinen und andere »arbeitssparende« Haushaltsgeräte zwar den Lebensstandard der Arbeiterklasse schrittweise verbesserten, bei Hausfrauen der Mittelschicht jedoch keine Zeitersparnis bewirkten. Frauen, die ihre schmutzige Wäsche früher in die Wäscherei gegeben hatten, gingen mehr und mehr dazu über, sie zu Hause zu waschen. Und da aufgrund dieser Entwicklung die Zahl der Wäschereien wie auch anderer Dienstleistungsbetriebe abnahm, reduzierten sich auch die Wahlmöglichkeiten. Wir können hier von einem »Wiederholungseffekt« sprechen: Man tut dasselbe nun öfter, statt die gewonnene Zeit für andere Dinge zu nutzen. Wie andere Formen des Rache-Effekts, so veränderte auch diese sich mit dem Wandel der sozialen Rahmenbedingungen; die wachsende Zahl der Haushalte, in denen beide Ehepartner berufstätig sind, sorgte dafür, daß die Zeit, die mit Haushaltstätigkeiten verbracht wird, wieder zurückging. Aber wie wir noch sehen werden, gibt es solche Wiederholungseffekte auch im Büro.

Immer mehr Menschen geben dem Tastentelefon den Vorzug gegenüber der alten Wählscheibe. Es war nie besonders attraktiv, nach der richtigen Öffnung zu suchen und die Wählscheibe zu drehen. Bei den Tasten ist die Gefahr, sich zu verwählen, etwas geringer, und bei der neuen Technik der Spracherkennung liegt die Fehlerwahrscheinlichkeit niedriger als bei beiden manuellen Systemen. Doch die Unhandlichkeit der Wählscheibe hatte einen Vorzug. Es gab Grenzen für die Länge der Ziffernfolgen, die man den Menschen zumuten zu können glaubte – Zahlenfolgen, die sie ja nicht nur wählen, sondern oft auch im Gedächtnis behalten müssen. Inzwischen ist die Zeitersparnis, die das Tastentelefon dem Benutzer gegenüber der Wählscheibe bringt, mehr als aufgebraucht worden von ausgeklügelten Systemen, die gerade diese Zeitersparnis nutzen sollen. Wenn der eigentlichen Telefonnummer noch ein Zugangscode und eine Kreditkartennummer hinzugefügt werden müssen, kann ein einziger Anruf schon die Eingabe von dreißig Ziffern erfordern. Wenn sich dann am anderen Ende ein Voice-mail-Automat meldet, bedeutet das vielfach weitere Ziffern und weiteres Warten. Wer hätte sich noch nicht über ein Endlosband geärgert? Und seit auch billigere Telefone die Möglichkeit der automatischen Wahlwiederholung bieten, legen viele Firmen sich Telefonanlagen zu, die Dutzende von Gesprächen für unbegrenzte Zeit in eine Warteschleife bringen können – oft auf Kosten des Anrufers. In all diesen Fällen können wir von »Rekomplizierungseffekten« sprechen.

Manchmal können Praktiken oder Apparate ein Problem auch vervielfältigen. Nach einer Studie des Politologen Theodore A. Postol waren während des Golfkriegs die Schäden in Tel Aviv möglicherweise größer, nachdem die Vereinigten Staaten die Patriot-Raketen zum Schutz vor Angriffen mit Scud-Raketen stationiert hatten. Jedenfalls wurden während des Einsatzes des Patriot-Systems mehr Menschen verletzt und mehr Häuser beschädigt als vorher, obwohl die Zahl der Scud-Raketen geringer war. Einige der von den Patriots abgeschossenen Scud-Raketen wären möglicherweise aufgeschlagen, ohne irgendwelche Schäden anzurichten. Nach Postols Berechnungen konnten die Trümmer einer von Patriot in 5500 Metern Höhe abgeschossenen Scud-Rakete in einem Streifen von fünf Kilometern Länge niedergehen. Dabei vermochte ein rotierendes Trümmerstück von der Größe einer Cola-Dose ohne weiteres eine fast fünfzehn Zentimeter dicke Betondecke zu durchschlagen. Es ist also denkbar, daß die Patriots die angreifenden Scud-Raketen in eine Vielzahl kleinerer Geschosse zerlegten.[10] Diese an Hydra erinnernde Reaktion auf technische Entwicklungen können wir als »Verstärkereffekt« bezeichnen. Wie wir noch sehen werden, können Eingriffe in die Natur zur Förderung »nützlicher« und zur Unterdrückung »schädlicher« Organismen Verstärkereffekte auslösen, die weitaus spektakulärere Schäden anrichten als die fortgeschrittensten Systeme im Bereich der konventionellen Waffen.

Wenn Innovationen uns neue Räume eröffnen, herrscht zunächst euphorische Freude über die scheinbar grenzenlosen Möglichkeiten. Doch irgendwie besitzen neue Horizonte und neue Grenzen keine Stabilität. Entweder verlieren die Menschen das Interesse, und es bleiben buchstäblich oder bildlich nur ein paar Geisterstädte übrig, oder aber die neue Welt ist bald so überfüllt wie die alte, aus der die Menschen geflüchtet waren. Man denke nur an die dreißig- bis siebzigtausend Trümmerstücke, die auf erdnahen Umlaufbahnen unseren Planeten umkreisen. Jedes dieser Trümmerteile ist mindestens einen Zentimeter groß und könnte ein Raumschiff ebenso leicht durchschlagen wie die Trümmerteile der Scud-Raketen Dach und Decken eines Wohnhauses. Doch wenden wir uns wieder der Erde zu: Am Strand einer entlegenen Insel im Atlantik stieg von 1984 bis 1990 die

Menge des aufgefundenen Schiffsmülls von 500 auf über 2200 Teile pro Kilometer. Das elektromagnetische Spektrum, das einst so weit schien, ist heute so überfüllt, daß einige Radiosender, Fernsehanstalten und Telefongesellschaften bei einer Neuverteilung der Frequenzen befürchten müßten, leer auszugehen oder auf die materiellen Netze verwiesen zu werden. All das sind Beispiele für den »Überfüllungseffekt«.[11]

Umgekehrte Rache

Rache-Effekte stellen sich ein, weil neue Strukturen, Techniken oder Organismen mit realen Menschen in realen Situationen auf eine Weise interagieren, die wir nicht voraussehen konnten. Dabei kommt es gelegentlich auch zu umgekehrten Rache-Effekten, das heißt zu unerwarteten Vorteilen aus Techniken, die zu ganz anderen Zwecken entwickelt worden sind. (Wie bei dem Ausdruck »Rache-Effekt« handelt es sich beim Begriff des »umgekehrten Rache-Effekts« um eine grobe, aber nützliche Metapher. Der erste Ausdruck umschreibt, wie die Realität angesichts unserer Bemühungen gewissermaßen zurückschlägt, der zweite, wie die Komplexität der Welt uns einen ebenso unerwarteten Nutzen beschert.) Manchmal handelt es sich dabei um ältere Geräte, die gut für uns waren, ohne daß wir oder unsere Eltern davon gewußt hätten. Wie wir heute erkennen, hatten die altmodischen manuellen Schreibmaschinen mit ihren schwergängigen Tasten, dem Papierwagen, der zurückgeschoben, und dem Papier, das von Hand eingezogen werden mußte, den umgekehrten Rache-Effekt, daß sie die Risiken des Karpaltunnelsyndroms gering hielten. Denn unglücklicherweise hat mancher die Erfahrung machen müssen, daß die Computertastaturen mit ihrem federleichten, reaktionsschnellen Anschlag ganz unerwartet Schmerzen verursachten. Und was ist erst davon zu halten, daß wir aus dem Fahrstuhl ins Auto steigen und damit in ein Fitneßstudio fahren, in dem wir uns an Tretmühlen (wie sie in Gefängnissen des neunzehnten Jahrhunderts üblich waren) und an Geräten abmühen, die das Treppensteigen simulieren?

Aber nicht nur ältere Technologie kann einen verborgenen Nutzen haben, sondern auch der Wandel ganz allgemein. In einigen ehemaligen Munitionsdepots in Colorado und in Ostdeutschland leben sehr seltene Tierarten, weil Munitionsreste und giftige Abfälle die Menschen ferngehalten haben; die eigentliche Bedrohung der Artenvielfalt sind die Suburbs. Die Stadt, in der ich lebe, Princeton, ist zum Teil deshalb heute so reizvoll, weil man während des Bürgerkriegs die ursprüngliche Planung für die Pennsylvania Railroad abänderte und die Hauptstrecke in einem Abstand von fünf Kilometern an der Stadt vorbeiführte. Die Erschließung des Westens durch den Bau von Eisenbahnen, die Mechanisierung der Landwirtschaft und der Verfall der Getreidepreise trugen gleichfalls dazu bei, daß Bäume, Wildpflanzen und Wildtiere in der Umgebung der Stadt wieder Fuß fassen konnten, auf Flächen, die schon zur Zeit der Schlacht von Princeton im Jahr 1777 für landwirtschaftliche Zwecke genutzt wurden. Die Ausbreitung der Suburbs bedroht nun auch die nachgewachsenen Wälder, aber das ändert nichts an der Tatsache, daß diese Wälder ihre Entstehung mittelbar dem technischen Wandel verdanken.

Bösartige Maschinen

Seit den Anfängen des Industriezeitalters haben große Künstler und Schriftsteller im Westen sich mit widerspenstigen oder gar böswilligen Maschinen auseinandergesetzt. Daß der menschliche Erfindungsgeist sich gegen den Menschen selbst wenden kann, war allerdings schon damals keine neue Erkenntnis. Die Fallstricke der Magie waren bestens bekannt. Die mittelalterliche jüdische Legende vom Golem berichtet von einem Monstrum, das der Prager Rabbi Löw im sechzehnten Jahrhundert aus Ton geformt haben soll und das sich dann gegen seinen Schöpfer wandte. Wenn Hamlet sagt: »For 'tis the sport to have the enginer/Hoist with his own petar« (»Der Spaß ist, wenn mit seinem eignen Pulver/der Feuerwerker auffliegt«), so verweist seine Metapher auf eine noch sehr einfache Bombe (*petard*), mit der man Tore oder Teile einer Mauer sprengte, wobei sie gelegentlich auch ihren Schöpfer mit in den Tod riß.[12]

Falls die Menschen vor 1800 eine Vorstellung von einer bösartigen Maschine gehabt haben sollten, wissen wir jedenfalls nichts davon. Ich habe mehrere Kenner der frühen europäischen Volkskultur gefragt, und sie alle kannten kein Beispiel dafür. Die damaligen Eliten, von denen die übergroße Mehrzahl der auf uns gekommenen schriftlichen Zeugnisse stammt, kamen kaum in Berührung mit den Gerätschaften, die in Haus und Hof benutzt wurden. In seiner *Theory of Moral Sentiments* behandelt Adam Smith die frühen mechanischen Konsumgüter wie Spielzeug. Die Menschen, die mit den kompliziertesten und gefährlichsten Maschinen des mittelalterlichen und frühneuzeitlichen Europa umgingen, Seeleute und Bergarbeiter, sahen Schiffe und Bergbaugerätschaften offenbar nicht mit jenem eigenständigen bösen Willen begabt, der uns Menschen des zwanzigsten Jahrhunderts so vertraut ist. Es gab zwar Geister *in* den Bergwerken – die mit Respekt behandelt werden wollten und den Menschen sowohl Verderben als auch rettende Hilfe bringen konnten. Doch bei diesen

Gestalten handelte es sich fast buchstäblich um Geister in der Maschine und nicht um spezifische Qualitäten der Schächte, Pumpen oder Werkzeuge. Wer gegen einen Schiffsbrauch verstieß, brachte damit Schiff und Mannschaft in Gefahr, aber nicht weil das Schiff selbst von seiner Konstruktion her gefährliche oder widerspenstige Mächte barg.

Die Rache der Natur

In der volkstümlichen Überlieferung ist die Rache der Natur stets die Strafe für eine Sünde. Als die Bergleute einer polnischen Stadt zu Reichtum gelangten, begannen sie, silberne Schnallen an den Schuhen zu tragen, und warfen Brot auf die Straße, damit ihre kostbaren Schuhe nicht schmutzig wurden; daraufhin wurde das Bergwerk von einem Wassereinbruch überflutet, und sie mußten ohne Brot auskommen. Stolz, Hochmut, Habgier und Geiz, nicht überzogene Ansprüche an die Technik brachten das Verderben. Diese Geschichten entsprachen dem frühneuzeitlichen Gedanken, wonach die Natur selbst böse Taten aufdeckt und bestraft.[13]

Selbst ein so bedeutsamer Gelehrter wie der Botaniker Linné sammelte im achtzehnten Jahrhundert für seinen Sohn Dutzende solcher Anekdoten in einem privaten Tagebuch, das erst nach dem Zweiten Weltkrieg unter dem Titel *Nemesis Divina* veröffentlicht worden ist. Linné sah keinen Gegensatz zwischen der natürlichen und der göttlichen Ordnung. Die Natur selbst bestrafte die Übeltäter, die ihr Wissen um die Naturkräfte vor ihren Mitmenschen geheimgehalten hatten. Wie das Unglück in der Legende der polnischen Bergleute, so waren auch die von Linné aufgezeichneten Naturkatastrophen stets die Strafe für eine verwerfliche Tat. Und wie die Geschichten und Legenden der volkstümlichen Überlieferung, so waren auch Linnés Gleichnisse – die sich heute wie eine Mischung aus Kierkegaard und *National Enquirer* lesen – nicht für ein breites Lesepublikum bestimmt, sondern für einen kleinen privaten Kreis.

Der wahre Frankenstein

Mary Shelleys Frankenstein verknüpfte erstmals die prometheische Technik mit dem Gedanken der unbeabsichtigt heraufbeschworenen Katastrophe. Das Thema fesselte das Publikum mehr als ein Jahrhundert, bevor Organverpflanzungen auch nur ansatzweise in den Bereich des medizinisch Möglichen rückten. Der Literaturhistoriker Steven Early Forry hat gezeigt, wie rasch Shelleys Geschichte sich schon wenige Jahre nach ihrer

Veröffentlichung im Jahr 1818 auf den Bühnen von London und Paris ausbreitete. Tatsächlich verdanken die Standardfiguren des verrückten Wissenschaftlers, des kretinhaften Gehilfen und des brutalen Monsters diesen frühen Bühnenfassungen weit mehr als Shelleys Originaltext.[14]

Der Victor Frankenstein des Romans war kein Doktor – weder der Medizin noch der Philosophie. Aber sein Projekt war ein wissenschaftlich-technisches Experiment, und er hatte erfolgreiche Studien an der Universität Ingolstadt absolviert, wo er, wie er selbst von sich sagt, »so gewaltige Fortschritte« machte, »daß ich zu Ende meines zweiten Universitätsjahres durch mehrere Erfindungen zur Verbesserung der chemischen Apparaturen beitrug, was mir im ganzen Haus zu beträchtlicher Wertschätzung, ja Bewunderung verhalf«. Seine Figur, kurz vor dem Aufstieg der akademischen und industriellen Naturwissenschaften geschaffen, entsprach noch ganz dem Typus des vornehmen Amateurs, wie wir ihn aus dem achtzehnten Jahrhundert kennen.[15]

Mary Shelley stützt sich in ihrer Geschichte auf »galvanische« Experimente, wie man sie damals durchführte, um tote Tiere auf elektrischem Weg lebendig zu machen. Wollte sie damit vor der Eroberung der Natur durch die Wissenschaft warnen? Oder vor der Aneignung der lebenspendenden Kraft durch die Männer? Eine wachsende Zahl von Literaturkritikern ist dieser Ansicht und liest damit möglicherweise gewisse Vorstellungen des zwanzigsten Jahrhunderts in Shelleys Roman hinein. Victor Frankenstein schuf kein neues Leben, er setzte Leichenteile zusammen und versuchte sie wiederzubeleben. Allerdings dürften die Kritiker recht haben, wenn sie in der Geschichte die Rache der Natur an den Erfindern einer Technik erblicken, die das Verständnis ihrer Anwender übersteigt.[16]

Frankensteins verhängnisvoller Irrtum lag darin, daß er auf alles geachtet hatte, nur nicht darauf, wie die Teile, die er zusammentrug, in ihrem Zusammenspiel wirken würden. »Wohl waren die Gliedmaßen in der rechten Proportion, und auch die Züge hatte ich dem Kanon der Schönheit nachgebildet.« Das Haar war »von schimmernder Schwärze und wallte überreich herab. Auch die Zähne erglänzten so weiß wie die Perlen.« Doch er hatte es versäumt, den Körper als *System* zu begreifen. Und so standen »solche Vortrefflichkeiten im schaurigsten Kontraste zu den wäßrigen Augen, welche nahezu von derselben Farbe schienen wie die schmutzig-weißen Höhlen, darein sie gebettet waren«, und die »gelbliche Haut verdeckte nur notdürftig das Spiel der Muskeln und das Pulsieren der Adern«.[17]

Mary Shelley verwies damit auf ein Dilemma, in dem jegliche wissenschaftlich fundierte Technik gefangen ist – und dies zu einer Zeit, als die Naturwissenschaften gerade erst begannen, Einfluß auf die technische Praxis zu gewinnen. Wie können wir ein System begreifen, bevor wir den

Versuch machen, es zu verändern? Jahrelang hatte Victor Frankenstein geforscht und seine Entwicklung stetig vorangetrieben, unterbrochen nur von der Lektüre der neuesten Journale. »Zunächst machte ich mich freilich auf eine Vielzahl von Rückschlägen gefaßt. Meine Arbeit mochte ja so manche Verzögerung erfahren, ja schließlich bloßes Stückwerk bleiben. Und trotzdem: wenn ich mir die Fortschritte vor Augen führte, welche tagtäglich in den Wissenschaften und in der Technik erzielt werden, schöpfte ich neue Hoffnung, daß meine gegenwärtigen Anstrengungen zumindest das Fundament für einen künftigen Erfolg legen würden.« Und tatsächlich lauten Frankensteins letzte Worte, nach einem wenig überzeugenden Plädoyer gegen die Wissenschaft vom Leben: »Bin ich gleich selbst in meinen Hoffnungen gescheitert, so mag doch einem andern mehr Glück beschieden sein.«[18]

Vom Werkzeug zum System

Mary Shelley schrieb ihr prophetisches Buch an der Schwelle zum technischen Systemdenken. Sie behandelt das Monster nicht als Maschine, aber auch nicht als menschliches Wesen – trotz seiner gewandten, bewegenden Rede – und noch weniger als Tier. Weder sein Schöpfer noch irgendeine andere Figur des Romans gibt ihm einen eigenen Namen. Dennoch handelt es sich um ein System, ein Geschöpf mit unbeabsichtigten Gefühlen, darunter auch Zorn und der Wunsch nach Rache an seinem Schöpfer.

Eine Maschine kann keinen eigenen Willen haben, sofern sie nur eine einfache Vorrichtung ist und kein System. Sie muß Teile besitzen, die auf unerwartete, manchmal instabile und nichtintendierte Weise interagieren. Ein platter Reifen ist kein Systemproblem. Die mangelnde Aufladung der Autobatterie kann dagegen durchaus eines sein. Denn sämtliche Teile der elektrischen Anlage oder deren Zusammenwirken können dafür verantwortlich sein. Auf Einzelteile mag es eine dreißigtägige Garantie geben, aber bei Reparaturen am elektrischen Leitungsnetz wird niemand eine sinnvolle Gewährleistungspflicht übernehmen. Die Industriegesellschaft hat den betrügerischen Verkauf minderwertiger Produkte oder kranker Tiere keineswegs erfunden. Einst genossen die Pferdehändler denselben Ruf wie heute die Gebrauchtwagenhändler. Doch es gibt einen Unterschied. Mechanische Systeme sind oft so komplex, daß es unmöglich ist, sie auf sämtliche möglichen Fehlfunktionen zu testen; deshalb ist es unvermeidlich, daß sich bei der Benutzung Mängel zeigen, die den Konstrukteuren verborgen geblieben waren.

Von der Benutzung zum Management

Vor den Zeiten Mary Shelleys kam Technik nicht in Gestalt von Systemen daher. Bis weit ins neunzehnte Jahrhundert hinein waren die Werkzeuge der Handwerker und die Gerätschaften der Bauern gleichsam Verlängerungen des Körpers und des Verstandes ihrer Benutzer. In Mitteleuropa und gewiß auch anderswo war zum Beispiel die Sichel durch Erfahrung und Gebrauch ebenso an den Körper des Bauern angepaßt, wie es bei Kleidern geschehen mag. Selbst große, bürokratisch verwaltete Unternehmen wie eine Waffenschmiede oder eine Druckerei waren eher eine geordnete Ansammlung von Handwerkern als eine Fabrik im Sinne des neunzehnten oder zwanzigsten Jahrhunderts.[19]

Wie der Museumskurator James R. Blachaby gezeigt hat, veränderte sich in Amerika das Verhältnis zwischen Mensch und Werkzeug am Vorabend der Industrialisierung. Eine grob gezimmerte, niedrige Bank, die man *shaving horse* (Hobelbock) nannte, war im kolonialen Amerika weithin in Gebrauch. Da die Klemmvorrichtung mit dem Fuß bedient wurde, war der ganze Körper des daran Arbeitenden beteiligt. Die feiner gearbeitete Hobelbank, die von Handwerkern schon lange benutzt wurde, verdrängte im neunzehnten Jahrhundert auch auf den Bauernhöfen den Hobelbock.[20]

Die Hobelbank veränderte das Verhältnis zwischen dem Körper des Arbeitenden und dem Werkzeug. Sie ist ein gut gearbeiteter, stabiler Tisch, auf dem das Werkstück zwischen Pflöcken und Klemmbacken fest eingespannt wird. Die Bearbeitung erfolgt gewöhnlich im Stehen. Vor allem aber enthalten die Werkzeuge nun mehr von der Intelligenz und dem Geschick des Benutzers; man hat beides gleichsam in sie eingebaut. Beil und Schnitzmesser verlangen viel Erfahrung und Urteilsvermögen. Auch Hobeln will gelernt sein. Doch wenn das Werkstück richtig eingespannt und das Hobelmesser korrekt eingestellt ist, vermag selbst ein unerfahrener Holzarbeiter ein kompliziertes Werkstück zu hobeln. Die meisten Nut- und Kehlhobelmaschinen können auf eine bestimmte Tiefe eingestellt werden. Das Geschick des Bedieners konzentriert sich dabei eher auf die Konzeption des Arbeitsgangs, die Einrichtung der Maschine und den Beginn des Bearbeitungsprozesses als auf die einzelnen Schritte der Bearbeitung.

Wir sind keine Werkzeug*benutzer* mehr, sondern haben uns zu *Managern* oder *Verwaltern* des Werkzeugs entwickelt, wie Blackaby es ausdrückt. Wir steuern und kontrollieren die Arbeitsprozesse, statt sie selbst auszuführen. Blackaby vergleicht den elfenbeinernen Rechenschieber, den sein Vater ihm samt dem zugehörigen Lederetui schenkte, als er ins College eintrat, mit dem elektronischen Taschenrechner, den er heute benutzt. Für die Benutzung des Rechenschiebers brauchte man Urteilsvermögen, Erfahrung und Geschick; der Rechner führt einfach die Operationen aus, für die er programmiert worden ist.

Der Taschenrechner rechnet im Prinzip auf mehrere Dezimalstellen genauer als der Rechenschieber, doch das tut er nur, solange seine elektronischen und mechanischen Bauteile funktionsgerecht zusammenspielen. Und es kann durchaus vorkommen, daß solche Fehlfunktionen auftreten, ohne daß sich auch nur der geringste Hinweis darauf findet. Einmal bemerkte ich – natürlich bei der Steuererklärung –, daß ein Rechner mit Druckwerk, den ich mir gekauft hatte, falsche Summen ausgab. Das Problem lag mit einiger Sicherheit in der komplizierten Mechanik des Drukkers, aber die Papierbänder zeigten keinerlei Mängel. Sie wirkten makellos, bis mir auffiel, daß die Zahlen nicht die ausgedruckte Summe ergaben. Anders als eine mechanische Rechenmaschine zeigte mein Rechner nicht einfach eine Fehlfunktion; er warf gefährlich falsche Ergebnisse aus, ohne daß dies zu erkennen gewesen wäre. Die Präzision der nur noch gesteuerten, aber nicht mehr im vollen Sinne geführten Werkzeuge hat ihren Preis; sie sind unter Umständen nicht mehr so robust, und mit wachsender Komplexität verliert ihr Verhalten an Voraussagbarkeit.

Systeme und die Geburt des *bug*

Ein Vier-Funktionen-Rechner mit Druckwerk ist eines der einfachsten und zugleich fortgeschrittensten Beispiele für eine bestimmte Art »verwalteter« Technologie: das System. Der Technikhistoriker Thomas P. Hughes glaubt, Amerikas großer Beitrag zur menschlichen Technik sei die Idee des Systems, eines Satzes zueinander passender, standardisierter und interagierender Komponenten, die mit einem weiteren Umfeld verknüpft sind.

Der *bug*, diese perverse, trügerische Funktionsstörung der Computer-Hardware und später auch der Software, wurde im neunzehnten Jahrhundert geboren. In den Werkstätten gehörte der Ausdruck schon 1878 zum allgemeinen Sprachgebrauch, als Thomas Edison einem europäischen Firmenvertreter beschrieb, auf welche Weise er zu seinen Erfindungen kam: »Am Anfang steht eine Intuition, und es bricht plötzlich hervor; dann treten Schwierigkeiten auf – das will nicht funktionieren, und das auch nicht: *bugs* – so nennt man diese kleinen Fehler und Schwierigkeiten – kommen zum Vorschein, und es bedarf monatelanger intensiver Beobachtungen, Untersuchungen und Bemühungen, bis sich der kommerzielle Erfolg – oder Mißerfolg – mit Sicherheit einstellt.«[21]

Wie aus Edisons Bemerkung hervorgeht, stammte diese Verwendung des Wortes *bug* nicht aus seinem Laboratorium, sondern war damals bereits allgemeiner Sprachgebrauch. Wahrscheinlich hat er seinen Ursprung im Bereich der Telegraphie. Die Western Union und andere Telegraphengesellschaften mit ihrem verzweigten Netz von Telegraphenstationen waren das erste High-Tech-System in Amerika. Zu der Zeit, als Edison seinen Brief schrieb, besaß die Western Union mehr als zwölftausend Stationen im ganzen Land, und die Situation in diesen Stationen stand wahrscheinlich Pate bei der Entstehung der Metapher. In den städtischen Stationen war es schmutzig, und die Angestellten tauschten kleine Gedichte über die Tänze aus, die Insekten aller Art in den Umkleideräumen vollführten. Als eine Motte, die in ein Relais geriet, 1945 den elektromechanischen Rechner Mark II zum Absturz brachte, den die Navy in Harvard betrieb – der Vorgang ist heute noch im Originallogbuch nachzulesen –, da war die Metapher schon seit mindestens fünfundsiebzig Jahren in Gebrauch. Alles kann kaputtgehen, aber nur ein System kann einen *bug* haben.[22]

Im späten neunzehnten Jahrhundert begannen nicht nur mechanische und elektrische Systeme, ungewollte und unerwünschte Eigenschaften zu zeigen. Auch die Fundamente des Gemeinwesens gerieten buchstäblich in einen Zustand, der keine Voraussage mehr erlaubte. Als man innerhalb von drei Jahrzehnten zwischen den späten Fünfzigern und den späten achtziger Jahren des vergangenen Jahrhunderts die Back Bay in Boston auffüllte, da stellte man die neuen Ziegelbauten auf Fichtenstämme. Die Stämme wurden senkrecht in den festen Tonboden des Watts getrieben, dann schüttete man Sand und Kies darüber, die man mit der Eisenbahn aus den Bergen um Needham heranfuhr. Die Ingenieure waren überzeugt, die Baumstämme würden nicht verrotten, weil man sie bis unterhalb des Meeresspiegels in dichtem Boden versenkt hatte.[23]

Jahrzehnte weiteren Ausbaus des Eisenbahnnetzes, der Untergrundbahn und der Kanalisation verwandelten den Boden unter der Back Bay in ein System von nicht mehr zu überschauender Komplexität. Die Neubauten sorgten für eine Absperrung und Umleitung der Grundwasserströme, so daß ein Teil der hölzernen Stützpfeiler mit Sauerstoff in Berührung kam, von Pilzen und Bakterien befallen wurde und zu verfaulen begann. Mitte der achtziger Jahre unseres Jahrhunderts flatterten den Besitzern der Gebäude in einer der betroffenen Straßen Rechnungen von 150000 bis 200000 Dollar ins Haus, weil man die oberen Teile der verrotteten Pfeiler hatte herausnehmen und die Fundamente mit Stahl und Beton befestigen müssen.

Dabei hatte keiner der beteiligten Tiefbauingenieure gegen die damaligen Regeln der Baukunst verstoßen. Und kein einzelnes Bauprojekt aus späterer Zeit war für den Schaden verantwortlich. Das Problem lag offenbar ebensowenig an Schlampereien der beteiligten Firmen bei der Bauausführung. Wie in der Kommunikationstechnik und der Software unserer Mikrocomputer vermag das Zusammenspiel akzeptabler Komponenten zu inakzeptablen Ergebnissen zu führen.

All das ist nun durchaus kein Argument gegen fortgeschrittene Technologie. Im Gegenteil, erst bei der Verlegung der Leitungen für das Kabelfernsehen entdeckte man in den achtziger Jahren die verborgene Fragilität des Systems. Zum erstenmal war es möglich, die Fehler des neunzehnten und frühen zwanzigsten Jahrhunderts aufzuspüren und zu beheben (wenn auch zu Preisen des späten zwanzigsten Jahrhunderts).

Systemeffekte

Den besten Rahmen für ein Verständnis der im späten neunzehnten Jahrhundert aufkommenden neuen Systeme bietet die Diagnose des Soziologen Charles Perrow. Er behauptet, bestimmte Technologien seien ihrem Wesen nach so unsicher, daß sogenannte »Bedienungsfehler« angesichts der Art, wie man die Teile verknüpft hat, ganz unvermeidlich sind.

Perrow unterscheidet zwischen stark und schwach gekoppelten Systemen. Selbst Tausende von Menschen an einem überfüllten Strand bilden nur ein schwach gekoppeltes System. Wenn ein bulliger Typ einem Schwächling Sand ins Gesicht wirft und selbst wenn zwei bullige Typen aufeinander losgehen, reicht der beschränkte Raum um die einzelnen Badegäste dennoch aus, um das Problem räumlich zu begrenzen. An zahlreichen Punkten kann man den Strand betreten oder verlassen, und natürlich gibt es einen sanften Übergang zwischen Sandstrand und Meer. Im Wasser ist jeder Schwimmer gewissen Gefahren ausgesetzt, aber (abgesehen von Rettungsversuchen durch unerfahrene Amateure) besteht kaum die Gefahr, das Mißgeschick eines Schwimmers könnte sich auf Dutzende von anderen ausbreiten. Selbst wenn ein Sturm aufzieht oder ein Hai gesichtet wird, bleibt den Rettungswachen gewöhnlich die Möglichkeit, den Strand ordnungsgemäß zu schließen.[24]

Nun stelle man sich vor, dieselbe Menschenmenge wäre in einem Sportstadion zusammengedrängt, umgeben von Toren, Drehkreuzen, Maschendraht und anderen Lenkungsvorrichtungen. Einige davon gehören zum üblichen System der Zugangskontrolle; andere hat man eigens installiert, um die Ausbreitung von Störungen zu verhindern. Doch durch diese Absperrungen verwandelt sich das gefüllte Stadion in ein weitaus stärker gekoppeltes System. Die Absperrungen sollen Unruhestifter vom Spielfeld fernhalten. Unglücklicherweise erhöhen sie jedoch die Gefahr, daß ein lokales Problem auf tragische Weise verstärkt wird. Es braucht nur jemand umzufallen, und die Masse gerät in Panik, wobei einige Menschen mit großer Gewalt gegen die Absperrungen gedrückt werden. Das ist ein stark gekoppeltes System.

Perrow behauptet nun, viele Systeme des ausgehenden zwanzigsten Jahrhunderts seien nicht nur stark gekoppelt, sondern außerdem noch komplex. Die Komponenten verfügen über zahlreiche Verknüpfungen, die einander auf ganz unerwartete Weise beeinflussen können, etwa wenn die Kaffeemaschine an Bord eines Flugzeugs die Isolation einer elektrischen Leitung erhitzt, so daß sie durchschmort und ein ganz gewöhnlicher Kurzschluß zu einer Notlandung oder beinahe zum Absturz des Flugzeugs führt. Aufgrund der Komplexität vermag niemand mehr vollständig zu überschauen, wie das System sich verhalten wird; die starke Kopplung sorgt dafür, daß Probleme sich rasch ausbreiten, sobald sie erst einmal entstanden sind. Ein weiteres Beispiel aus der Flugzeugindustrie mag diesen Zusammenhang verdeutlichen: Durch Materialermüdung verursachte Risse in der Außenhaut von Flugzeugen machen unter Umständen nicht einmal an den Fugen halt, an denen die einzelnen Platten miteinander verbunden sind. Solche winzigen Risse, die nur schwer zu entdecken sind und für sich allein durchaus harmlos erscheinen mögen, können sich jedoch zu einem großen Riß zusammenschließen, der unter Umständen sogar zu einem plötzlichen Druckabfall in der Kabine führt.[25]

Auf dem Gipfel des Optimismus

Die Bauunternehmen, von denen die Bostoner Back Bay aufgefüllt wurde, schufen ein System, das sie gar nicht genau kannten. Weder sie noch die ersten Käufer, die dort Land erwarben und Häuser bauten, hätten voraussehen können, welche Wechselwirkungen sie auslösten. (Konservative Bewohner von Beacon Hill rieten ihren Kindern nicht deshalb vom Erwerb einer Parzelle auf dem »künstlich gewonnenen Land« ab, weil es sich um unsicheren Grund handelte, sondern weil es unter ihrer Würde war, dort zu bauen.) Die nachfolgenden Generationen erlebten einen technischen Wandel, wie es ihn noch nie zuvor gegeben hatte. Die Elektrifizierung der Industrie eröffnete ein »neues technisches Zeitalter«, wie der Historiker und Kulturkritiker Lewis Mumford es genannt hat, ein Zeitalter, in dem Hochspannungsnetze an die Stelle der Dampfmaschinen traten und neue Legierungen sowie Kunststoffe sich neben dem Stahl und anderen überkommenen Materialien etablierten. Mumford forderte eine neue politische und soziale Ordnung, die für eine Dezentralisierung der Arbeit sorgen und die düsteren Fabriken der Städte durch kleinere, über das ganze Land verstreute, mit elektrischer Energie versorgte Werkstätten ersetzen sollte. Die namhaftesten Gesellschaftskritiker der Zeit gaben nicht der Technik die Schuld, sondern engstirnigen Finanzleuten und Managern; Thorstein Veblen forderte ein nationales industrielles »Netzwerk« mechanischer Verarbeitungsstätten, das nicht von Industriellen und Bankiers kontrolliert werden sollte, sondern durch einen Rat von Ingenieuren.[26]

Die Amerikaner waren in der Zeit von 1880 bis 1929 wahrscheinlich so optimistisch hinsichtlich der elektrischen, mechanischen und chemischen Veränderungen in der Gesellschaft wie kein Volk der Erde vor ihnen. Selbst der Untergang der *Titanic* und die Verheerungen des Ersten Weltkriegs vermochten ihr Vertrauen nicht zu erschüttern. Während Veblen sich für die Einrichtung von »Sowjets« aus technischen Experten einsetzte, übernahmen Lenin und Stalin die wissenschaftliche Betriebsführung, den Aufbau industrieller Großbetriebe und die Grundlagen der Elektrifizierung aus den USA. Und dafür gab es gute Gründe. Selbst der Vorkämpfer der künstlichen Intelligenz John McCarthy, der fest an die verändernde Kraft des Computers glaubt, räumte 1983 ein, Fernsehen und Computer hätten bislang nur zu bescheidenen Veränderungen im Leben der Menschen geführt, wenn man sie mit den Revolutionen verglich, die 1890 bis 1920 durch die Veränderungen im Bereich der Elektrizität, des Verkehrs und der Kommunikation ausgelöst wurden.[27]

Sogar die zeitgenössischen Satiren auf die Technik waren begeistert. In den achtziger Jahren des letzten Jahrhunderts schuf der französische Karikaturist und Illustrator Albert Robida eine überraschend präzise Vision der Technik unseres Jahrhunderts, mit all ihren Alpträumen und Absurditäten wie Chemiewaffen, Flachbildschirmen und Retortenbabys. Man vergleiche damit einmal die Vision Rube Goldbergs, der bizarre und lustvoll-unsinnige Gedankenexperimente ersann. Goldbergs Arbeit ist ein einziges Loblied auf die reine Freude an der Konstruktion von Systemen – der Historiker Daniel J. Boorstin spricht in diesem Zusammenhang von »komplizierten Möglichkeiten, das alltägliche Leben zu vereinfachen«. Rube Goldbergs Apparaturen sind lächerlich, aber durchaus positiv. Und sie dienen stets segensreichen Zwecken; es handelt sich, nach Perrows Einteilung, um stark gekoppelte, aber einlinige Systeme. Die Hühner und Katzen warten geduldig auf ihr Fressen. Und auch die Folgen der Rube-Goldberg-Technologie sind eindeutig intendiert.[28]

Zweifel

Das offizielle Amerika hielt auch während der Depression und im Zweiten Weltkrieg an seiner optimistischen Einstellung zur Technik fest. Die Tennessee Valley Authority, der Hoover-Staudamm, die stromlinienförmigen Waffenfabriken, die Massenproduktion von Penicillin – all das schien zu beweisen, daß sich trotz wirtschaftlicher Schwierigkeiten mit rationaler Planung jede Aufgabe lösen ließ. Selbst Technikkritiker wie der frühe Lewis Mumford glaubten, wenn man nur richtig mit ihr umgehe, könne sie das Leben menschlicher machen. Wissenschaft und Technik seien segensreiche Alternativen zur Habgier und Irrationalität, in denen man die Ursachen der Weltwirtschaftskrise erblickte. Angesichts der Atomwaffen wandten Mumford und andere sich später von dieser Sicht ab, doch auch diese verheerende Waffe hatte getan, was man von ihr erwartete. Sie hatte (so schien es jedenfalls) viele tausend Menschenleben gerettet, indem sie die Japaner zur Kapitulation zwang.[29]

Dennoch demonstrierten gerade die komplizierten Waffensysteme den Militärs wie auch den Zivilisten, wie viele Dinge schiefgehen konnten. In einem Artikel des Londoner *Observer* heißt es 1942, das Verhalten eines Flugzeugs lasse sich »nicht immer durch die Gesetze der Aerodynamik erklären. Und da die jungen Flieger nicht an den einen Teufel glaubten ..., erfanden sie eine ganze Hierarchie von Teufeln. Sie nannten sie Gremlins ...«[30]

Seltsamerweise leisteten jedoch nicht Piloten, sondern Ingenieure und Flugzeughersteller den größten Beitrag zur Verbreitung der Idee einer widerspenstigen Maschine. Captain Edward Murphy Jr. von der Edwards Air Force Base glaubte als Ingenieur an die stetige Verbesserung der Technik. Murphys Chef, Major John Paul Stapp, von Beruf Biophysiker und Arzt, war sein eigener Crash-Dummy bei Tests, in denen man die Belastungen bei starken Verzögerungen untersuchte. Er hatte gerade seinen letzten Rekord auf dem Raketenschlitten überboten, der beim Einunddreißigfachen der normalen Schwerkraft lag, aber niemand vermochte zu sagen, um wieviel er ihn überboten hatte, denn die Meßgeräte hatten versagt. Murphy fand heraus, daß ein Techniker sie falsch herum angeschlossen hatte. Daraus zog er folgenden Schluß: »Wenn es mehrere Möglichkeiten gibt, eine Sache zu tun, und eine dieser Möglichkeiten endet in der Katastrophe, dann wird es auch jemand auf diese Weise tun.«[31]

In einer späteren Pressekonferenz verwies Stapp auf »Murphys Gesetz« und gab ihm die klassisch-knappe Form: »Wenn etwas schiefgehen kann, wird es auch schiefgehen.« Schon bald gingen Flugzeughersteller dazu über, in ihrer Werbung eigens darauf hinzuweisen, daß ihre Produkte

Murphys Gesetz keine Angriffsfläche böten, und der Ausdruck ging in den technischen Sprachgebrauch ein. Eigentlich hatte Murphy nur zu erhöhter Wachsamkeit aufrufen wollen – und implizit zur Konstruktion von Meßgeräten, die man nur korrekt anschließen kann. (Im Bereich der Konsumgüter hatte man für eine derart umsichtige Konstruktion schon längst den Ausdruck »narrensicher« geprägt; der *Oxford English Dictionary* weist die Bezeichnung »*fool-proof*« erstmals in einem Buch über Automobile aus dem Jahr 1902 nach, und offenbar verbreitete sich das Wort mit den neuen Konsumgütern der zwanziger Jahre sehr rasch.)

Noch fünf weitere Jahre erprobte Stapp die menschliche Belastungsfähigkeit an sich selbst. Bei seinem letzten Test mit dem Raketenschlitten im Dezember 1954 ließ er sich in 1,4 Sekunden von 1017 Stundenkilometern auf Null abbremsen. Die Zeitungen nannten ihn den tapfersten Mann der Welt. Anschließend startete Stapp eine erfolgreiche Kampagne für die Einführung von Sicherheitsgurten in allen Verkehrsmitteln. Schon drei Jahre später baute Volvo in alle seine Autos Sicherheitsgurte ein, und die Stapp Car Crash Conference gehört bis heute zu den wichtigen Ereignissen des Jahres.[32]

Murphy und Stapp hatten bewiesen, was sie beweisen wollten. Murphys Gesetz ist keineswegs defätistisch; es bezeichnet kein unabwendbares Schicksal, das man ergeben hinnehmen müßte. Vielmehr ruft es dazu auf, wachsam zu sein und die Dinge den menschlichen Möglichkeiten anzupassen. Doch Murphy und Stapp zeigten mit ihrer Arbeit noch etwas anderes, das weit vom Optimismus der frühen Phase der Motorisierung entfernt war. Sie zeigten, welche Möglichkeiten die Innovation bei der Lösung akuter, plötzlich auftretender katastrophaler Probleme bietet – einschließlich jener Probleme, die andere neue Technologien geschaffen haben.

Aus Katastrophen lernen

John Paul Stapps Raketenschlitten und Sicherheitsgurte stehen für zwei Seiten derselben technologischen Medaille: für die Tendenz, die Gefahren zu vergrößern und zu vervielfältigen, aber auch für die Fähigkeit, diese Gefahren zu verringern und beherrschbar zu machen. Das ist durchaus kein Widerspruch. Es ist ein trauriger und zugleich glücklicher Umstand in der Geschichte der Technik und der Baukunst, daß Katastrophen stets auch machtvolle Instrumente des Wandels gewesen sind. Konstrukteure lernen aus Fehlschlägen. Die Industriegesellschaft hat die großartigen Ingenieurleistungen nicht erfunden, und sie war nicht die erste, die dabei

Fehler machte. Allerdings entwickelte sie effiziente Verfahren, mit deren Hilfe sie aus Katastrophen zu lernen vermag. Heute kommt es in Nordamerika, Europa oder Japan nur äußerst selten vor, daß ein Wohnhaus einstürzt. Auch im alten Rom gab es riesige Wohnhäuser, doch während öffentliche Bäder, Brücken und Aquädukte zwei Jahrtausende überdauert haben, stürzten die römischen Wohnblocks mit erschreckender Regelmäßigkeit ein. Von ihnen ist im heutigen Rom kein einziger mehr erhalten, nicht einmal als Ruine.[33]

Nicht jede technische Katastrophe läßt sich im strengen Sinne als Rache-Effekt interpretierten. Die Ölkatastrophe, die mit dem Namen *Exxon Valdez* verbunden ist, die Freisetzung radioaktiver Stoffe in Three Mile Island und die Explosion der *Challenger*, um nur drei der bekanntesten Katastrophen im Bereich fortgeschrittener Technologien aus den letzten Jahren zu nennen, sind systemgebundene, »normale Unfälle« im Sinne von Perrow, und nur einer dieser Unfälle könnte indirekt als Ergebnis des Versuchs gedeutet werden, die Dinge sicherer zu machen. Bei der Kernschmelze im Reaktor von Tschernobyl handelt es sich dagegen zum Teil um einen Rache-Effekt, weil dieser Unfall sich ereignete, als man die Sicherheitssysteme abgeschaltet hatte, um ein verbessertes Notfallprogramm zu testen.

Wenn Sicherheitssysteme dazu ermutigen, zusätzliche Risiken einzugehen, und dadurch Unfälle ausgelöst werden, haben wir es mit einem Rache-Effekt zu tun. Die Eigner der *Titanic* haben in Wirklichkeit niemals behauptet, ihr Schiff sei unsinkbar, doch das überzogene Vertrauen der Mannschaft und der Passagiere in die fortschrittliche Konstruktion des Schiffes zeitigte verheerende Folgen. Das Iroquois Theatre in Chicago galt als so feuersicher, daß man es eröffnete, bevor die Sprinkleranlage in Betrieb genommen werden konnte. Auch die sonstige Feuerlöschausrüstung fehlte. Als nur wenige Monate nach der Eröffnung im Jahr 1903 während einer Vorstellung ein Feuer ausbrach, verloren mehr als sechshundert Menschen ihr Leben in der größten Brandkatastrophe, die Amerika bis heute erlebt hat. (Die Behörden in England und Australien haben sich erst in letzter Zeit gegen Rauchmelder ausgesprochen, weil sie der Wachsamkeit der Menschen bei der vorbeugenden Brandbekämpfung abträglich seien.)[34]

Der Zwang zu ständiger Wartung

Die Bedeutung, die vergangenen Tragödien (ob natürlichen oder menschlichen Ursprungs) für die Verbesserung unserer Sicherheit zukommt, legt es nahe, Murphys Gesetz um eine positive Entsprechung zu ergänzen, wonach die Dinge erst dann richtig laufen, wenn sie schon einmal schiefgegangen sind. Der Untergang der *Titanic* führte schon bald zur Gründung der International Ice Patrol, zur gesetzlichen Verpflichtung, gesichtete Eisberge zu melden, und schließlich zur ständigen Überwachung der Eisberge durch Flugzeuge, Satelliten, Radar und auf den Eisbergen angebrachte Peilsender. Der Londoner Smog, der im Dezember 1952 mehr als viertausend Menschen das Leben kostete, bereitete die öffentliche Meinung auf den 1956 verabschiedeten *Clean Air Act* vor und beschleunigte den Ersatz der Kohlefeuerungen durch elektrische Heizungen. Doch keines dieser Mittel bietet allumfassende oder dauerhafte Abhilfe; heutzutage bedrohen Eisberge die schwimmenden Ölplattformen, mit katastrophalen Folgen für die Umwelt, falls es zu einer Kollision kommen sollte, und der photochemische Smog bedroht die Gesundheit der Menschen in allen größeren Städten der Erde. Doch in beiden Fällen sorgte eine moderne Katastrophe für eindrucksvolle Fortschritte im Kampf gegen ein seit langem bestehendes Problem.[35]

Sichtbare Katastrophen haben durchaus ihren Wert. Der Wille, sie zu vermeiden, ist ein machtvoller Anreiz, die Dinge richtig zu machen. Der Ökonom Albert O. Hirschman spricht in diesem Zusammenhang von einem »Zwang zu ständiger Wartung«. Er verweist darauf, daß Venezuela zwar ein schlechtes Straßennetz besitze, der Luftverkehr aber im Bereich der Sicherheit durchaus mit guten Zahlen aufwarten könne. Flugzeugabstürze sind herausgehobene Ereignisse, die große Beachtung in den Medien finden. Mängel in Wartung und Betrieb von Flugzeugen zeitigen rasch tragische Folgen. Einzelne Autounfälle erreichen selten das Ausmaß von Flugzeugkatastrophen. Eine populäre, aber durchaus systematische Zusammenstellung der großen Weltkatastrophen verzeichnet vierundzwanzig Katastrophen aus dem Bereich der Luftfahrt seit 1908, aber nur vier Autounfälle. Einer davon ereignete sich bei einem großen Autorennen, ein anderer im Zusammenhang mit dem Zusammenbruch einer Brücke. Bei den zwei restlichen Autounfällen handelt es sich um Massenkarambolagen mit drei Toten und dreiundfünfzig beteiligten Fahrzeugen bzw. mit zwölf Toten und dreiundachtzig beteiligten Fahrzeugen.[36]

Weil in der Luftfahrt jeder Unfall schlimmste Folgen hat, herrscht in allen Bereichen des Systems größte Wachsamkeit – nicht nur bei der Wartung, sondern auch in der Konstruktion, der Ausbildung des Personals und im Bereich der Überwachung. (Natürlich gibt es noch weitere Gründe. Wir sind eher bereit, ein Risiko einzugehen, wenn wir selbst, wie am Steuer eines Autos, die Kontrolle über den Lauf der Dinge haben, als wenn wir diese Verantwortung an andere delegieren. Und mächtige, einflußreiche Menschen fliegen viel, in den meisten Fällen mit öffentlichen Fluggesellschaften, und das stärkt das politische Interesse an der Sicherheit des Flugverkehrs.)

Bemerkenswerterweise hat die wachsende Komplexität der Flugzeuge und die zunehmende Abhängigkeit von automatischen Systemen die Sicherheit eher verbessert als verringert. Gerade in der Luft- und Raumfahrt hat man sich intensiv mit Rache-Effekten auseinandergesetzt. Die Konstrukteure haben dafür gesorgt, daß die Dinge auf mehr als nur eine Weise geschehen können. Das System funktioniert auch dann noch, wenn eine Komponente ausfällt. Die Geschichte der Flugsicherheit zeigt, wie groß der Einfluß möglicher Katastrophen auf den technischen Wandel sein kann. Während im Zeitraum von 1970 bis 1978 von einer Million transportierten Fluggästen noch 0,48 Passagiere ums Leben kamen und 0,25 schwer verletzt wurden, sanken diese Zahlen im Zeitraum von 1986 bis 1988 auf 0,18 getötete und 0,07 verletzte Passagiere – und dies trotz der Deregulierung, die in den achtziger Jahren einsetzte. Die Flugsicherheit zeigt jedoch keineswegs, daß unsere Angst vor Katastrophen unbegründet ist. Im Gegenteil, sie unterstreicht, welche Bedeutung diese Angst für die Verbesserung der Technik besitzt.[37]

Neben langwierigen, störrischen, in stetigem Fortgang oder langsamer Abnahme begriffenen Problemen – die wir chronisch nennen – hat es stets auch plötzlich auftretende, intensive, kurzzeitige Probleme gegeben, die wir als akut und im Extremfall als Katastrophe bezeichnen. Und beide Arten von Problemen können die jeweils andere auslösen. Ein kleiner Stoß kann den Zusammenbruch eines Bauwerks bewirken, dessen tragende Elemente durch schleichende Korrosion geschwächt waren. Eine plötzlich auftretende Inversionswetterlage, wie sie den Londoner Smog hervorruft, trifft vor allem Menschen mit chronischen Atemwegserkrankungen. Langsame Veränderungen des Weltklimas erhöhen unter Umständen die Wahrscheinlichkeit verheerender Überschwemmungen und wohl auch schwerer tropischer Stürme. Chronische Bedingungen können akute Ereignisse auslösen. Akute Erschütterungen können chronische Folgen haben.

Bis ins späte zwanzigste Jahrhundert hinein beherrschten akute Probleme das Bewußtsein der Menschen. Neue wissenschaftliche Meßtechniken und Abbildungsverfahren machten es sehr viel leichter, Probleme zu lokalisieren und scheinbar präzise zu erfassen. Für Ärzte, Naturwissenschaftler und Ingenieure waren die Lokalisierungsinstrumente – das Stethoskop, das Mikroskop, der Röntgenapparat – Symbole der Autorität und des Vertrauens. Diese Berufsgruppen erkannten längerfristige, langsam voranschreitende Probleme, für die es keine spezielle Behandlung gab. Aber sie und der Großteil der Öffentlichkeit konzentrierten sich verständlicherweise lieber auf das, was sie tun konnten, als auf das, was sie nicht tun konnten.

Die Instrumente und Konzepte des späten zwanzigsten Jahrhunderts haben dafür gesorgt, daß wir unsere Aufmerksamkeit nun auch den kumulativen Effekten gradueller und oft nicht einmal wahrnehmbarer Veränderungen zuwenden. Die Meß- und Abbildungsverfahren gestatten es uns, schleichende Probleme mechanischer, chemischer oder biologischer Art schon in früheren Phasen zu erkennen. Wir vermögen Substanzen in Konzentrationen zu messen, die früher weit jenseits der Meßgenauigkeit lagen. Wir vermögen Muster wahrzunehmen, die früher völlig unzugänglich oder hoffnungslos unscharf waren. Und wir vermögen nicht nur gegenwärtige Bedingungen zu messen, sondern können sie auch in die Zukunft hochrechnen. All diese Fähigkeiten haben bewirkt, daß nun auch graduelle Prozesse in unser Blickfeld geraten. Dadurch werden diese graduellen Vorgänge ebenso real und in ihren Folgen ebenso katastrophal wie plötzliche Ereignisse von durchschlagender Wirkung.

Die Fähigkeit, die katastrophalen Folgen chronischer Entwicklungen vorauszusehen, stellte sich nur langsam ein. Dabei bildete die Debatte der fünfziger Jahre über die Atomwaffentests in der Atmosphäre wahrscheinlich die Wasserscheide. Die Wasserstoffbomben, die man damals zu testen begann, waren (im Unterschied zu den räumlich eher begrenzten Auswirkungen der 1945 auf Hiroshima und Nagasaki abgeworfenen Atombomben) wahrscheinlich die ersten Technologien mit einem unmittelbaren und meßbaren Einfluß auf die globale Umwelt. Der Umschlag der öffentlichen Meinung gegen die Tests zeigte, daß das Wissen um stetige, unsichtbare und nicht unmittelbar tödliche Vorgänge – die Akkumulation von Strontium 90 in den Knochen sowie die kumulative Schädigung des Erbguts – ebenso erschreckend sein konnte wie die weitaus geringere Gefahr einer direkten nuklearen Auseinandersetzung.

Die Debatte über den radioaktiven Niederschlag zeigte indessen auch die Grenzen der Sorge um die problematische Wirkung chronisch-kumulativer Prozesse. Der radioaktive Niederschlag war in einer Weise beängstigend, wie man sie etwa beim medizinischen Einsatz von Röntgengeräten und beim Rauchen noch nicht kannte, und das nicht nur, weil es sich um ein ungewolltes Risiko handelte, das vor allem die Kinder traf, sondern weil hinter dieser Gefahr die denkbar größte Katastrophe lauerte, der

Atomkrieg. Die schleichende Gefahr der radioaktiven Verseuchung bot einen Vorgeschmack auf das Unvorstellbare.

Man denke zum Unterschied nur einmal daran, wie lange es dauerte, bis die globale Erwärmung in unser Bewußtsein drang. Die Theorie, die dahinter steht, ist schon einhundert Jahre alt und wurde bereits 1896 von dem schwedischen Geochemiker Svante Arrhenius formuliert. Für die Bestätigung seiner Analyse bedurfte es jedoch der Satelliten- und Computertechnik der letzten drei Jahrzehnte. Doch obwohl es schon 1960 berechtigten Anlaß zur Sorge gab, wurde der Treibhauseffekt, wie der Wissenschaftshistoriker Spencer Weart gezeigt hat, erst Ende der achtziger Jahre zu einem ernstzunehmenden Thema in Wissenschaft und Öffentlichkeit. Angesichts ihrer Gefährlichkeit war den Atomwaffen der Zwang zu ständiger Wartung geradezu eingebaut. Von den verzögerten Folgen der Klimaveränderungen läßt sich ähnliches nicht behaupten.[38]

Wie beim Übergang vom nuklearen Winter zum solaren Sommer, so reagieren wir auf chronische Veränderungen in den meisten Fällen (wenn auch nicht immer) zu spät. Und viele Rache-Effekte beruhen darauf, daß plötzliche Ereignisse, die wir sogleich erkennen, sich in langfristige Probleme verwandeln, die sich sehr viel schwieriger beheben lassen.

Am Ende des zwanzigsten Jahrhunderts werden selbst jene Apparate, mit deren Hilfe wir akute, katastrophale Probleme diagnostizieren, behandeln und im vorhinein zu verhindern versuchen, gelegentlich zu Ursachen und Trägern chronischer Probleme. So haben wir den Einsatz von Röntgenstrahlen keineswegs eingestellt, sondern benutzen sie sogar zur Abwehr einer neuen akuten Bedrohung: der Flugzeugentführung. Wir haben die Dosierung verringert und die Schutzmaßnahmen verbessert, und es kann kein Zweifel bestehen, daß Röntgenstrahlen bei sorgfältiger Anwendung per saldo Menschenleben zu retten vermögen. Doch neben der unmittelbaren Sicherheit, die sie uns bieten, bergen sie immer noch langfristige Gefahren; zu den kumulativen Nebenwirkungen des medizinischen Einsatzes der Röntgenstrahlen soll etwa eine leichte, aber signifikante Erhöhung der jährlichen Neuerkrankungen an diversen Krebsarten gehören. Asbest versprach einst Schutz bei Feuer und Kollisionen. Im neunzehnten Jahrhundert benutzte man es zur Isolierung der Dampfkessel in den Lokomotiven. Und noch heute hilft es in Bremsschuhen, Eisenbahnwaggons abzubremsen und zum Stillstand zu bringen. Theaterbesitzer wiesen auf Plakaten stolz darauf hin, daß ihr Vorhang mit Asbest verstärkt sei und das Publikum auf diese Weise vor der archetypischen Tragödie des neunzehnten Jahrhunderts schütze, vor einem Brand hinter der Bühne. In den achtziger Jahren unseres Jahrhunderts stellte sich jedoch heraus, daß Asbest für einen lebensbedrohlichen Krebs verantwortlich ist, der als Mesotheliom bezeichnet wird. Die Asbestfasern stiegen zu einem solchen Symbol der Bedrohung auf, daß man sie mit gewaltigem Kostenaufwand aus Gebäuden entfernte und weiterhin entfernt, in denen sie bei fachgerechter Isolierung wahrscheinlich kaum Schaden angerichtet hätten. Und ihre Entfernung, die aus Angst vor chronischer Gefährdung erfolgt, bringt zugleich eine akute Gefährdung mit sich. Seit die Verwendung von Asbest zur Isolierung der Bremstrommeln von Lastkraftwagen in den achtziger Jahren durch Bundesgesetz verboten wurde, gehen jährlich Tausende von Bremstrommeln aufgrund der Bildung von Rissen zu Bruch. Innerhalb von nur zwei Monaten kam es allein auf den Straßen von Washington, D.C., zu zwei Unfällen dieser Art; in einem Fall flog ein mehr als dreizehn Kilogramm schweres Trümmerstück einer Bremstrommel mit einer geschätzten Geschwindigkeit von 160 Stundenkilometern davon und verletzte einen Passanten tödlich; in einem anderen Fall flog ein Trümmerteil durch eine Windschutzscheibe und traf ein zweijähriges Kind. Die Ursache lag wahrscheinlich eher in mangelnder Wartung als im Fehlen von Asbest, aber genau darum geht es hier: Wenn wir ohne Asbest auskommen wollen, müssen wir unsere Wachsamkeit erhöhen.[39]

Brandschutzmaßnahmen setzten uns zuweilen ganz unerwarteten Krebsrisiken aus. Um die Brandgefahr zu verringern, versenkten die Betriebe der Halbleiterindustrie im Silicon Valley ihre Lösungsmitteltanks schon vor vielen Jahren in der Erde, und zwar in Übereinstimmung mit den damaligen Vorschriften; doch inzwischen glaubt man, daß daraus krebserregende Stoffe in das Grundwasser sickern. Auch die PCB-Isolierung in manchen elektrischen Geräten, die gleichfalls aufgrund gesetzlicher Vorschriften an die Stelle des gefährlichen, weil brennbaren Mineralöls traten, können offenbar Krebs auslösen. Die Fluorchlorkohlenwasserstoffe (FCKW), die dazu beitrugen, daß Kühlschränke in allen Haushalten zu finden sind, weil sie die explosiven Kühlflüssigkeiten verdrängten, haben auch zur Zerstörung der Ozonschicht beigetragen, und zwar gerade weil sie sich in den unteren Schichten der Atmosphäre als äußerst stabil erweisen. Sie sind so stabil, daß sie bis in die Stratosphäre gelangen, wo sie zerfallen und das freigewordene Chlor das Ozon angreift. Die Halogenkohlenwasserstoffe, die in einer anderen Sicherheitstechnik, den Feuerlöschern nämlich, eingesetzt werden, sind langfristig wahrscheinlich für ein Sechstel des Ozonverlusts in den oberen Schichten der Atmosphäre verantwortlich. Halogenkohlenwasserstoffe sind drei- bis zehnmal so gefährlich für die Ozonschicht wie FCKWs gleichen Volumens. Der Schutz vor Bränden und Explosionen hier unten auf der Erde führt also zu einer Verstärkung der ultravioletten Sonneneinstrahlung, die wiederum ein erhöhtes Hautkrebsrisiko mit sich bringt – auch in diesem Falle haben wir das Risiko katastrophaler Schäden gegen eine schleichende, chronische Gefährdung eingetauscht.[40]

Die meisten Rauchmelder, wie man sie in Wohnhäusern und Büros einsetzt und die so viele Menschen vor der akuten Gefahr eines Brandes bewahren, emittieren kleine Mengen einer ionisierenden Strahlung und stellen deshalb ebenfalls ein Krebsrisiko dar (das aber wahrscheinlich geringer zu veranschlagen ist als die Brandgefahr beim Verzicht auf solche Detektoren). In den Vereinigten Staaten hat der Gesetzgeber versucht, Kinder vor Verbrennungen zu schützen, indem er gesetzlich festlegte, daß die Schlafanzüge von Kindern nur aus nichtentflammbaren Stoffen hergestellt werden dürfen – bis man feststellen mußte, daß ausgerechnet die Chemikalie, die sich dafür am besten eignete, TRIS, Krebs auslösen kann. Umgekehrt ist das krebserregende Pestizid Mirex, das man in den sechziger Jahren so erfolglos gegen die rote Feuerameise einsetzte (siehe fünftes Kapitel), auch heute noch als Brandverzögerer in Gebrauch. Selbst die Eindämmung von Wasserfluten ist mit ähnlichen Gefahren verbunden wie die Brandbekämpfung; die mit Wasser vollgesogenen Sandsäcke, die man beim Mississippi-Hochwasser des Jahres 1993 eingesetzt hatte, zeigten solche Konzentrationen an Pestiziden sowie an Rückständen aus Industrie und Haushalten, daß die Behörden vor direktem Hautkontakt warnten.[41]

Da wir noch recht wenig wissen über das Verhältnis zwischen Dosis und Reaktion bei der Entstehung von Krebs und anderen chronischen Erkrankungen, beunruhigen die Gefahren uns weit stärker als unsere Vorfahren, obwohl wir deutlich sicherer vor ihnen sind. Die katastrophalen Gefahren des neunzehnten Jahrhunderts hatten wenigstens sichtbare Ergebnisse. Ein Zug erreichte seinen Zielort, sofern er nicht entgleiste. Ein Dampfschiff kam sicher im Hafen an, sofern nicht ein Zusammenstoß, ein Sturm oder die Explosion eines Dampfkessels es untergehen ließen. Die Gefahr, die uns droht, wenn wir uns über lange Zeiträume ständig einem schädlichen Einfluß aussetzen, hat in der Regel statistischen Charakter; die Zahl der Erkrankungen oder Todesfälle ist höher, als sie es ohne diesen Risikofaktor wäre. Der Radiologe Eric J. Hall berichtete der *Washington Post*, daß von 100 000 Überlebenden der Atombombenabwürfe auf Hiroshima und Nagasaki, die er und seine Kollegen untersucht hatten, »20 000 auf jeden Fall an Krebs sterben werden. Wir haben es also mit der Differenz zwischen 20 000 [die auch unter normalen Umständen an Krebs erkranken würden] und 20 400 zu tun. Das ist kein großer Effekt, und er läßt sich kaum wahrnehmen.« Es kann kein Zweifel bestehen, daß die beiden Atombomben auch langfristig noch Menschenleben fordern werden, aber man kann unmöglich sagen, welcher Überlebende, der später an Krebs starb, unter anderen Umständen an anderen Krankheiten gestorben wäre.[42]

Die Rache der Technik im Rückblick

Wenn wir auf die letzten zwei Jahrhunderte zurückschauen, wird ein Muster erkennbar. Das neunzehnte und das frühe zwanzigste Jahrhundert waren ein Zeitalter der Krise, in dem die Menschen voller Ehrfurcht und Bewunderung auf den technischen Fortschritt schauten; viele nahmen große Kosten auf sich, um die Weltausstellungen zu besuchen und die neuen Dampfmaschinen zu bewundern, und Künstler malten Schmelzöfen oder Schmieden in romantisch überhöhten Zügen. Selbst Krupps riesige Kanone zog Bewunderer aus eben jenen Ländern an, auf die sie schon bald gerichtet werden sollte. Die Größe und die Komplexität der neuen Technologien sorgten gemeinsam dafür, daß es weitaus häufiger zu Katastrophen kam als in vorangegangenen Jahrhunderten. Und die neuen Schnellpressen trugen dazu bei, das Wissen darum im öffentlichen Bewußtsein zu verankern. Doch eben diese Katastrophen gaben auch den Anstoß zu technischen und gesetzlichen Veränderungen, mit denen man die Auswirkungen solcher Katastrophen auf das menschliche Leben eindämmte, die materiellen Kosten jedoch zugleich in die Höhe schraubte. Schon in den fünfziger Jahren des letzten Jahrhunderts regte das Gemetzel des Krimkriegs zu Neuerungen im Sanitätswesen und im Bereich humanitärer Hilfe an, die auf lange Sicht nicht nur bei der Versorgung verletzter Soldaten Fortschritte brachten, sondern auch die Gesundheitsversorgung der Zivilbevölkerung verbesserten.

Doch noch etwas anderes geschah, während es den Menschen im Westen gelang, Katastrophen unter Kontrolle zu bringen. Gerade die Mittel, mit denen sie solche Katastrophen gelegentlich zu verhindern vermochten, beschworen neue und oft noch größere Gefahren für die Zukunft herauf. Und wichtiger noch, es zeigte sich, daß die schleichenden, langfristigen Probleme noch schwieriger zu handhaben waren als die plötzlich und schockartig auftretenden. Wie wir noch sehen werden, ist der ständige Ausfluß kleiner Mengen von Erdölprodukten aus Vorratstanks in Betrieben, Wohnhäusern und Tankstellen heute ein weitaus größeres Problem als die großen Ölunfälle.

Katastrophen gibt es immer noch. Und die ganze Sicherheitstechnik ist nutzlos, wenn Konsumentenverhalten, Bauvorschriften und Kontrollen nicht dafür sorgen, daß diese Techniken auch zur Anwendung kommen.

Doch bei den Gefahren, die uns drohen, handelt es sich immer weniger um fürchterliche Brände in Hochhäusern oder um verheerende Flugzeugkatastrophen und erst recht nicht um bösartige Roboter nach dem Muster von Fritz Langs *Metropolis* oder um rachsüchtige Geräte wie bei Rod Serlings Bartlett Finchley. Die alten Katastrophen waren spektakulär; wie das letzte Zischen, als die Kessel der *Titanic* verlöschten und das Schiff sich aufbäumte, bevor es im Ozean versank, boten sie ein gewaltiges Schauspiel. Bei den neuen Katastrophen handelt es sich um diffuse, lautlose Prozesse, die fast unsichtbar ablaufen und meist zu spät bemerkt werden. (Selbst die Kernschmelze in Tschernobyl hinterließ vergleichsweise geringe Schäden, soweit sie äußerlich erkennbar waren.) Bis eine Ursache auch in ihren Wirkungen sichtbar wird, vergehen fünf, zehn oder zwanzig Jahre. Und bei der Ursache handelt es sich oft nicht um ein einzelnes Ereignis, sondern um viele kleine Ereignisse, deren Wirkung sich akkumuliert.

Die klassische Katastrophe war deterministisch. Ursache und Wirkung standen in einem eindeutigen Zusammenhang. Ein explodierender Dampfkessel tötete jene, die er tötete, und verschonte jene, die er verschonte. Im späten zwanzigsten Jahrhundert äußern Katastrophen sich in Abweichungen von der Grundlinie einer »normalen« Hintergrundtragödie. Die Wahrheit gerät nicht unmittelbar in den Blick. Sie läßt sich nur von geschulten Fachleuten durch statistische Methoden ermitteln; wenn auch Laien sie wahrnehmen wollen, müssen sie zumindest die Grundzüge der zugehörigen Fachsprache erlernen. Die alten Katastrophen waren plötzliche lokale Ereignisse. Die neuen können graduellen und globalen Charakter haben, von den radioaktiven Isotopen in der Milch während der fünfziger Jahre bis hin zu den Klimaveränderungen der neunziger.

Unsere Beherrschung der akuten Probleme hat indirekt zur Entstehung und Verstärkung chronischer Probleme beigetragen. In der Medizin beobachtet man diese Entwicklung seit Jahren und richtet seine Forschungsbemühungen deshalb verstärkt auf die chronischen Leiden – wenn auch längst nicht mit ähnlichem Erfolg wie bei Verletzungen, Infektionen und akuten Erkrankungen. Unsere Fähigkeit, Tiere und Pflanzen – mit Absicht oder unbeabsichtigt – von einem Kontinent auf den anderen zu verfrachten, hat per saldo nicht zu einer Vergrößerung, sondern zur Verringerung der Artenvielfalt beigetragen. Aber die Eindringlinge waren auch keine Katastrophe für Bäume und Nutzpflanzen, wie manche befürchtet hatten. Wie viele chronische Erkrankungen haben sie sich zu einer Plage entwickelt, mit der man zurechtkommt, die weder ausgerottet werden kann noch fatale Folgen zeitigt, aber zeitaufwendige Wachsamkeit erfordert. Auch unsere Bemühungen zur Veränderung der Umwelt haben chronische Probleme geschaffen; der Versuch, unsere Wohnungen wohnlicher zu machen, hat der Ausbreitung von Allergien Vorschub geleistet; die Verhinderung von Waldbränden hat dazu beigetragen, daß solche Brände heute eine größere Bedrohung darstellen; und der Küstenschutz hat durchaus seinen Anteil an der Erosion der Küsten. Im Büro sind nicht Computerviren oder Systemabstürze die schlimmsten Produktivitätsräuber, sondern ganz unspektakuläre alltägliche Schwierigkeiten. Auf unseren Straßen sorgt die massenhafte Motorisierung insgesamt eher für größere Sicherheit, aber sie macht den Verkehr auch langsamer. Und die Technik bewirkt nicht nur, daß unsere Freizeit sich immer mehr in Arbeit verwandelt, sie begünstigt auch neue und meist chronische Erkrankungen, während sie den alten Krankheiten auf den Leib rückt.

Wie wir die Kosten der Firmenzusammenbrüche in unserem Sparkassensystem auf die Steuerzahler und die späteren Generationen umgeschichtet haben, so neigen wir insgesamt dazu, Probleme dadurch zu lösen, daß wir ihre Basis räumlich und zeitlich erweitern. Doch das ist ein ebenso hoffnungsvolles wie frustrierendes Zeichen. Hoffnungsvoll deshalb, weil es für die Erkenntnis spricht, daß ein neues Denken dringend erforderlich ist. Doch wie dieses Buch noch zur Genüge zeigen wird, gehört es zum Wesen neuer Ideen, daß sie oft nicht halten, was sie versprechen.

ZWEITES KAPITEL
Medizin: Der Sieg über die Katastrophen

Eine Darstellung der Enttäuschungen, die uns die Technik beschert hat, kann überall beginnen, doch früher oder später führt sie uns zur Medizin. In den Vereinigten Staaten und anderen Industrieländern waren die Menschen noch nie so gesund wie heute – und zugleich noch nie so besorgt über ihre Gesundheit. In den neunziger Jahren hielt man sich dort insgesamt für weniger gesund als in den siebzigern, obwohl sämtliche medizinischen Indikatoren nicht abwärts, sondern aufwärts zeigen und die Medizin einen großen Anteil an diesem Fortschritt für sich beanspruchen darf. Natürlich sind Besorgnis und in gewissem Maß auch Ängste durchaus berechtigt. Aids und die wieder aufkeimende Tuberkulose sind nur allzu real. Dennoch ist die Medizin heute erfolgreicher und in der Regel mit weniger belastenden oder schmerzhaften Eingriffen verbunden als noch vor einer Generation, doch weder die Verfeinerung der medizinischen Technik noch die gesundheitsbewußtere Lebensführung haben uns den Seelenfrieden gebracht.

Die Kostenexplosion ist nur einer der Gründe für unser Unbehagen. Ivan Illichs denkwürdige Streitschrift *Die Nemesis der Medizin* aus dem Jahr 1976 stieß selbst in anerkannten medizinischen Fachzeitschriften auf Beweise dafür, daß die »medizinische Bürokratie Krankheit produziert, indem sie den Streß verschärft oder lähmende Abhängigkeiten vermehrt, indem sie neue quälende Bedürfnisse erzeugt oder die Toleranzschwelle für Unbehagen oder Schmerz senkt, indem sie den Spielraum einschränkt, den die Mitmenschen dem Leidenden zugestehen, oder indem sie sogar das Recht auf Selbstheilung abschafft«. Nur wenige andere Medizinkritiker sind so weit gegangen, doch die meisten wundern sich ebenfalls über die paradoxe Situation, die der Politikwissenschaftler Aaron Wildavsky mit den Worten umschrieben hat: »Wir machen die Dinge besser und fühlen uns dennoch schlechter.« Auch innerhalb der ärztlichen Zunft haben sich Autoren mit diesem Widerspruch auseinandergesetzt. So verweist der Psychiater Arthur J. Barsky auf die Tatsache, daß die Medizin heute sehr viel mehr für die Menschen tun kann als früher – nach der Umfrage einer Fachzeitschrift für innere Medizin ist der Anteil behandelbarer Krankheiten seit der Jahrhundertwende von unter zehn auf über fünfzig Prozent gestiegen –, aber die medizinische Behandlung hat zugleich auch unsere

Aufmerksamkeit für Symptome und Gefahren geschärft. Die medizinische Versorgung ist besser als jemals zuvor. Die Menschen wissen mehr über Ernährung und die gesundheitliche Bedeutung regelmäßiger sportlicher Betätigung. Sie rauchen und trinken weniger. Nach allen objektiven Maßstäben ist die amerikanische Mittelschicht heute gesünder denn je. Und dennoch macht man sich dort größere Sorgen um die eigene Gesundheit als jemals zuvor.[1]

Ist die Besorgnis über die eigene Gesundheit nur ein mentaler Rache-Effekt? Haben gesetzliche und private Krankenversicherungen in der industrialisierten Welt das Verantwortungsgefühl geschwächt, indem sie Krankheit belohnen? Sind die Menschen neurotisch geworden, so daß sie ihre hervorragende medizinische Versorgung gar nicht mehr zu würdigen wissen und in jedem Wehwehchen den Vorboten einer tödlichen Krankheit erblicken, verführt von der falschen Hoffnung auf ewige Jugend und ein ungestörtes, von keinerlei Schmerzen getrübtes Wohlbefinden? Auf manche Menschen trifft diese Beschreibung durchaus zu; sie sind einem selbstverschuldeten Gesundheitswahn verfallen. Anderen hat das Gesundheitssystem beigebracht, sich ständig auf ihre Symptome zu konzentrieren und sie dadurch noch zu verstärken. Doch hinter dieser Besorgnis und diesem Unbehagen steckt eine Ursache – ein Rache-Effekt, der etwas mit dem komplexesten System zu tun hat, das wir kennen: mit unserem Körper. Das medizinische Wissen hat seine unbestreitbaren Stärken, aber zugleich auch eine Schwäche, die mit ebendiesen Stärken zusammenhängt. Gerade auch dank zahlreicher Verbesserungen auf dem Gebiet der Kommunikation und des Verkehrs kann die Medizin auf großartige Erfolge zurückblicken: in der Behandlung von Verletzungen, bei der Rehabilitation von Unfallopfern, in der Vorbeugung gegen potentiell tödliche Epidemien. Das medizinische Wissen hat außerdem den Ingenieuren geholfen, buchstäblich Millionen von Menschenleben durch verbesserte Technologien zu retten, von der Wasserversorgung und der Kanalisation bis hin zum Automobil.

Doch diese Leistungen hatten zugleich auch unbeabsichtigte Folgen, die nicht zu vernachlässigen sind. Dank fortgeschrittener Technologie sind viele Verfahren heute schneller und mit geringeren Belastungen für den Patienten verbunden, aber deshalb keineswegs immer auch leichter auszuführen. Unter Umständen stellen sie sogar größere Anforderungen an das Können und Wissen des Chirurgen. Außerdem erhöhen technische Systeme die Gefahr von Irrtümern und Infektionen. Insgesamt hat die Verbesserung des Gesundheitswesens die Bedeutung chronischer Erkrankungen erhöht, wie wir im nächsten Kapitel noch sehen werden. Manchmal sind schwer zu behandelnde Krankheiten der Preis für das Überleben eines Patienten. Manchmal bedeutet längeres Leben krankeres Leben.

Bevor wir uns den Rache-Effekten der Medizin zuwenden, müssen wir uns klarmachen, warum die Medizintechnik solche Bedeutung erlangt hat – und so kostenträchtig geworden ist, wie wir es allenthalben erleben.

Gesundheit ohne Medizin?

In gesundheitlicher Hinsicht halten viele das Industriezeitalter für eine einzige Katastrophe, eine dunkle Quelle schädlicher Emissionen, ein Fegefeuer, das unzählige Arbeiter in teuflischen Fabriken verzehrte; doch es hatte auch bemerkenswert positive, wenngleich unbeabsichtige Folgen, die man als umgekehrte Rache-Effekte bezeichnen muß. Die Medizin hat weitaus geringeren, das Wirtschaftswachsum dagegen weitaus höheren Anteil an der Verlängerung der Lebenserwartung, als die meisten Menschen wissen. Gewiß, die großen Bevölkerungszentren sahen ungesund aus und waren in vielerlei Hinsicht tatsächlich ungesund. Und wie der Ökonom und Nobelpreisträger Amartya Sen kürzlich gezeigt hat, können Entwicklungsländer heute ein bemerkenswert gutes Gesundheitssystem aufbauen, noch bevor sie sich eine industrielle Basis geschaffen haben. Dennoch ist die Verbesserung der Volksgesundheit während der letzten 150 Jahre mindestens ebensosehr die Folge wachsender Einkommen wie das Verdienst der wissenschaftlichen Medizin. Wir wissen immer noch nicht genau, welche Aspekte des Wirtschaftswachstums wirklich Bedeutung für die Gesundheit besitzen und auf welche Weise sie ihre Wirksamkeit entfalten. Aber wir wissen, daß die Mortalität und die Häufigkeit schwerer Erkrankungen mit dem Wachstum der Wirtschaft zurückgingen und daß sie umgekehrt wieder ansteigen, wenn der Lebensstandard sinkt.[2]

Der Epidemiologe und Arzt Thomas McKeown hat überzeugende Belege für die These zusammengetragen, daß die Zahl der durch Infektionskrankheiten verursachten Todesfälle schon ab dem achtzehnten Jahrhundert zurückging. Er entdeckte, daß die Tröpfcheninfektionen sich bereits auf dem Rückzug befanden, als wirkungsvolle Impfstoffe und Behandlungsmethoden noch Jahrzehnte auf sich warten ließen.

Seit etwa 1830 nahm die Zahl der Tuberkulosefälle in England stetig ab. 86 Prozent des Rückgangs der durch Tuberkulose verursachten Todesfälle entfallen auf die Zeit vor der Einführung des Streptomycins im Jahr 1947. 68 Prozent des Rückgangs der durch Bronchitis, Lungenentzündung und Grippe verursachten Todesfälle, 90 Prozent der durch Keuchhusten und 70 Prozent der durch Scharlach und Diphtherie verursachten Todesfälle entfallen auf die Zeit vor der Einführung der Sulfonamide in den dreißiger Jahren unseres Jahrhunderts. Auch die Zahl der Todesfälle aufgrund von Infektionskrankheiten, die durch Trinkwasser oder Nahrung übertragen werden (Cholera, Durchfall, Ruhr, nichtrespirative Tuberkulose, Paratyphus und Typhus) ging bereits Jahrzehnte vor der Einführung wirksamer Behandlungsmethoden zurück, und zwar hauptsächlich aufgrund einer verbesserten Wasserversorgung. Es gab allerdings auch Ausnahmen. Erst die Impfung hat die Pocken an den Rand der Ausrottung gebracht. Mehr als neun Zehntel des Rückgangs tödlicher Hals-, Nasen- und Ohreninfektionen entfallen auf die Zeit nach der Einführung der Antibiotika. Dennoch fand McKeown bei der Untersuchung des Einflusses einzelner Maßnahmen auf sämtliche Tröpfcheninfektionen, daß nur 25 Prozent des Rückgangs der durch Fieber verursachten Todesfälle auf die Zeit nach der Einführung von Impfstoffen und einschlägigen Therapien entfielen.[3]

McKeown stützte seine Schlußfolgerungen hauptsächlich auf englische und walisische Statistiken, doch auch amerikanische Daten scheinen seine Thesen zu bestätigen. Der Soziologe John B. McKinley und die Mathematikerin Sonja M. McKinley untersuchten den Rückgang der Sterblichkeit aufgrund von Infektionskrankheiten und anderen Ursachen in den Vereinigten Staaten seit 1900. Auch sie fanden heraus, daß der Großteil dieses Rückgangs bei den einzelnen Krankheiten auf die Zeit vor der Einführung wirksamer Therapien und Schutzimpfungen entfiel. Als der Anteil des Bruttosozialprodukts, der für die medizinische Versorgung ausgegeben wird, Ende der fünfziger Jahre deutlich anstieg, »*war fast der gesamte auf unser Jahrhundert entfallende Rückgang der Sterblichkeit (nämlich 92 Prozent) bereits erfolgt*« (Hervorhebung im Original). McKeowns Kritiker haben auf die Grenzen solcher statistischen Beweisführungen hingewiesen, da sie nicht berücksichtigen, welche Wirkung medizinisches Wissen und ärztliche Initiativen in der Öffentlichkeit entfalteten – etwa wenn Ärzte sich für bessere sanitäre Bedingungen in den Städten einsetzten oder Sanatorien für Lungenkranke die Ausbreitung der Tuberkulose Ende des neunzehnten Jahrhunderts verlangsamten. Diese Statistiken berücksichtigen gleichfalls nicht die Fähigkeit der Ärzte, Schmerzen zu lindern, und ebensowenig den unbestreitbaren Einfluß des Placebo-Effekts. Außerdem bringen sie die neueren Fortschritte nicht ausreichend zur Geltung, die eindeutig auf Antibiotika und andere Medikamente sowie auf neue Diagnosetechniken zurückgehen. Dennoch bleibt die Rolle der medizinischen Therapie in der langfristigen Entwicklung der Volksgesundheit ungewiß.[4]

Wenn die Medizin weniger für die Erfolge im Kampf gegen die Infektionskrankheiten getan hat, als man gemeinhin annimmt, was war dann für den Rückgang der Sterblichkeit verantwortlich? Für McKeown kann die Ursache nicht in biologischen Veränderungen bei den Mikroorganismen oder den Menschen gelegen haben, denn dann hätten sich allzu viele Mikroorganismen oder Menschen fast zur selben Zeit verändern müssen. Und in jedem Fall war die Mortalität schon im achtzehnten Jahrhundert so niedrig, daß der Gedanke einer natürlichen Selektion mit dem Ergebnis einer erhöhten Immunität gegen Infektionskrankheiten als Erklärung ausscheidet. Auch bessere Lebensbedingungen allein vermögen die verringerte Sterblichkeit nicht zu erklären. (Der Rückgang des Lebensstandards im England des frühen neunzehnten Jahrhunderts führte nicht zu einem entsprechend deutlichen Wiederanstieg der Sterblichkeit.) Ganz sicher sorgten sauberes Trinkwasser und der Ausbau der Kanalisation für die Eindämmung der Cholera und anderer durch Wasser und Nahrung übertragener Krankheiten. Doch viele Verbesserungen in der Behandlung von Lebensmitteln, etwa die Pasteurisierung der Milch, kamen breiteren Bevölkerungsschichten erst Anfang des zwanzigsten Jahrhunderts zugute, und bis dahin war die Mortalität bereits beträchtlich gesunken. Für McKeown bleibt die Ernährung die einzige Erklärung für den Großteil des Mortalitätsrückgangs bei den Infektionskrankheiten, auch wenn er einräumt, daß es ihm an positiven Beweisen für diese These mangelt. Die historischen Informationen über die Eßgewohnheiten sind dürftig, und die statistischen Daten sind allzu dünn, als daß sie aufzuzeigen vermöchten, auf welche Weise die Ernährung für eine Verbesserung der Volksgesundheit gesorgt haben könnte, wie McKeown es behauptet. Die Ernährungsgewohnheiten hängen mindestens ebenso von kulturellen Faktoren ab wie vom Einkommen und dem Nahrungsangebot; Skelette aus dem antiken Metapont zeigen, daß Unterernährung und Krankheiten auch in dieser reichen griechischen Kolonie weit verbreitet waren. Im viktorianischen England wußten auch wohlgenährte, wohlhabende Eltern oft nicht, wieviel Nahrung ihre heranwachsenden Kinder brauchten; selbst in den besten Privatschulen erschienen viele Schüler hungrig zum Unterricht.[5]

Der Medizinhistoriker Leonard A. Sagan hat die Ernährungshypothese mit ähnlich überzeugenden Argumenten wiederum bezweifelt. Sofern es nicht zu wirklichen Hungersnöten kam, hat die Rationierung der Lebensmittel während der Kriege des zwanzigstens Jahrhunderts generell zu einer Verbesserung der Volksgesundheit geführt; dabei wurde der Anteil der Kohlehydrate an der Ernährung erhöht, der Fettanteil entsprechend gesenkt. Bei Lebensmittelknappheit wurden die gesättigten Fettsäuren durch Getreide ersetzt. (In den schlimmsten Hungerdemonstrationen des Ersten Weltkriegs in Berlin ging es nicht um Brot, sondern um die Butter, die nicht mehr zu bekommen war.) Nahrungsmittelhilfe für unterentwickelte Länder führt nicht notwendig zu einer Senkung der Sterblichkeit, es sei denn,

Mütter und Kinder leiden an ausgeprägter Unterernährung (aber auch bei diesen Gruppen bleibt der Rückgang der Mortalität nur bescheiden).[6]

Im zwanzigsten Jahrhundert hat gute Ernährung offenbar die Überlebenschancen bei Epidemien kaum erhöht; das gilt auch für die Grippe-Pandemie von 1918. Sagan behauptet, irgend etwas in der Gesellschaft des neunzehnten und zwanzigsten Jahrhunderts habe die Menschen entschlossener und selbstbewußter gemacht. Viele Krankheitserreger lassen sich in Menschen nachweisen, die niemals entsprechende Symptome entwickeln; die Ursache muß in Unterschieden der Immunreaktion liegen. Wer seine Zukunft im Griff zu haben glaubt, hat offenbar ein stärkeres Immunsystem. Die Bildung ist ein besserer Indikator für den Gesundheitszustand als das Einkommen. Der Ökonom Donald S. Kenkel hat herausgefunden, daß College-Absolventen (unabhängig von ihrem Wissen über Gesundheitsfragen) deutlich seltener rauchen und etwas häufiger Sport treiben als Menschen, die sich (unabhängig vom Bildungsgrad) am besten mit Gesundheit und gesundem Verhalten auskannten. Mit anderen Worten, Schulbildung fördert eine gesunde Lebensführung stärker als spezielles Wissen über die Gesundheit, und das nicht nur, weil Menschen mit höherer Bildung besser bezahlt werden.[7]

Umgekehrt erzeugt Armut offenbar einen selbstzerstörerischen Fatalismus. Im schottischen Glasgow, wo die Arbeitslosenquote 1992 bei 20 Prozent lag und drei Viertel der Einwohner in irgendeiner Form Sozialhilfe bezogen, waren 83 Prozent der Männer im mittleren Alter regelmäßige Raucher. Doch schlimmer noch, das Gemüseangebot eines sogenannten Gemüsehändlers beschränkte sich auf »Markerbsen«. Kein Wunder, daß immer noch Fälle von Skorbut und Rachitis berichtet werden, während die Ärzte darüber spekulieren, ob geschwächte Immunsysteme für die Tatsache verantwortlich sind, daß die Lungenkrebsrate bei den Rauchern in Schottland doppelt so hoch ist wie bei amerikanischen Rauchern. Zu Hause beschränken sich die Kochkünste oft darauf, »Pommes-frites in die Friteuse zu werfen«.[8]

Was nun die Gesundheit und insbesondere die Lebenserwartung angeht, bleibt uns nach alledem nur ein unbehaglicher Schluß: Welchen Beitrag die medizinische Technik auch geleistet haben mag, die Beiträge anderer Faktoren waren größer. Die realen Mechanismen der Verbesserung des allgemeinen Gesundheitszustands sind so eng mit anderen positiven Entwicklungen verschlungen – mit dem Wirtschaftswachstum, dem Bildungswesen, der Umweltqualität –, daß wir immer noch nicht begreifen, was da tatsächlich geschehen ist. Wir wissen, wie Aaron Wildavsky es so treffend formuliert hat, daß reicher auch besser ist. Aber da wir das Wie und Warum nicht verstehen, können wir kaum sagen, welche öffentliche oder private Verwendung der vorhandenen Geldmittel die größte Wirkung auf die Volksgesundheit hätte. Die Statistiken beweisen keineswegs zwingend, daß wir Gelder aus dem Gesundheits- in das Bildungswesen umleiten sollten, auch wenn sie durchaus den Schluß nahelegen, daß Bildungsprogramme zur Verbesserung des Gesundheitsbewußtseins unerwartete Rache-Effekte für die Gesundheit auslösen können. Gesundheit ist offenbar ein positives Nebenprodukt des Strebens nach ganz anderen Dingen. Auf diese Frage werden wir später noch zurückkommen, wenn wir uns mit den Implikationen der Rache-Effekte für die Zukunft der Medizin befassen.

Die Fähigkeit zur Lokalisierung

Wenn der Beitrag der Medizin zur Verbesserung der Gesundheit und zur Verlängerung der allgemeinen Lebenserwartung sich auch schwerer abschätzen läßt, als wir ursprünglich angenommen hatten, so ist er dennoch nicht zu leugnen. Die Gründe für den Erfolg des ärztlichen Berufsstandes in den letzten 150 Jahren sind kein Geheimnis. Eine Reihe neuer materieller und geistiger Werkzeuge erlaubten es den Ärzten, ihren Eingriff mit einer Präzision durchzuführen, wie sie vorher nur selten anzutreffen war. Das Bild, das man sich vor dem neunzehnten Jahrhundert vom Organismus machte, war ein in mancherlei Hinsicht anziehendes intellektuelles System. Die traditionelle Medizin ähnelte darin den modernen alternativen Therapien, die den Patienten als Ganzheit betrachten, doch die Praxis war keineswegs immer sanft und human, sondern hatte ihre eigenen massiven Rache-Effekte. Noch bis ins neunzehnte Jahrhundert hinein hielten die meisten Ärzte Gesundheit für das rechte Gleichgewicht zwischen den verschiedenen Körpersäften (schwarze Galle, gelbe Galle, Blut, Schleim) und anderen Stoffen. Die oft geradezu scheußlichen Behandlungen, denen auch hervorragene Ärzte ihre Patienten unterzogen, sollten dieses Gleichgewicht der Säfte wiederherstellen. Die meisten Menschen hatten das Glück, sich solche Behandlungen gar nicht leisten zu können, doch die Eliten, die genug Geld für einen Arzt hatten, litten oft nutzlose und gefährliche Qualen. Sowohl Ärzte als auch Patienten glaubten, daß ohne Schmerz keine Heilung möglich sei. »Von sanften Abführmitteln und leichten Aderlässen halte ich nichts«, erklärte Samuel Johnson, »das sind Spielzeugkanonen, mit denen man nur Zeit verliert und nichts bewirkt.« Dr. Benjamin Rush, der zu den Unterzeichnern der amerikanischen Unabhängigkeitserklärung gehörte, war gleichfalls ein entschiedener Anhänger massiver Aderlässe und drastischer Abführmittel – bei ihm selbst und bei seinen Patienten. Er setzte sich auch für den Gebrauch von Kalomel ein, eines giftigen Abführmittels aus Quecksilberchlorid. Ärzte behandelten George Washington in den letzten Tagen seines Lebens mit großen Mengen Quecksilber gegen »Halsbräune«, einen schweren Streptokokkenbefall der Rachenschleimhäute und der Mandeln. Selbst Theoretiker der Medizin, die Krankheiten in einzelnen Organen zu lokalisieren versuchten, konnten dem Hang zur Systembildung nicht widerstehen. Und der Kerngedanke dieser Systeme blieb auch weiterhin der Aderlaß. Noch 1833 importierte Frankreich zu diesem Zweck 42 Millionen Blutegel in einem einzigen Jahr.[9] (Manche Ärzte setzen auch heute wieder Blutegel zu therapeutischen Zwecken ein – allerdings in weit geringerem Umfang und auf anderer theoretischer Grundlage.)

Eine solcherart »ganzheitliche« Behandlung des Menschen führte manchmal zu entsetzlichen Ergebnissen, doch dabei handelte es sich nicht um Nebenwirkungen, selbst wenn der Patient später scheinbar aufgrund dieser Behandlung genesen sein sollte. Der moderne Begriff der Nebenwirkung beruht auf einer Vorstellung, die im frühen neunzehnten Jahrhundert noch fast völlig unbekannt war: dem Gedanken eines konzentrierten Angriffs auf den eigentlichen Sitz eines Problems. Dieser Gedanke, der heute so selbstverständlich erscheint, daß Ärzte und Laien kaum noch darüber nachdenken, war damals häretisch. Schon im siebzehnten Jahrhundert hatte der englische Arzt Thomas Sydenham das Interesse auf die Eigenart unterschiedlicher Krankheiten gelenkt und dazu aufgefordert, sie als gesonderte Entitäten zu begreifen, doch auch im achtzehnten Jahrhundert fehlten die wissenschaftlichen und technischen Voraussetzungen, die es erlaubt hätten, sinnvolle Unterscheidungen zu treffen. Die Unannehmlichkeiten und selbst die Gefahren der Anwendung von Aderlässen, Abführmitteln und Quecksilberpräparaten waren keineswegs nur schmerzhafte Begleiterscheinungen, sondern Teil des Heilungsprozesses; sie bewiesen, daß die Behandlung anschlug. Viele Menschen unterzogen sich selbst und ihre Familien solchen Behandlungen. Und wie man die Ergebnisse auch nennen mochte, die Heilverfahren des neunzehnten Jahrhunderts konnten ebenso qualvoll sein wie die aggressive Chemotherapie des zwanzigsten Jahrhunderts. Der Geigenvirtuose Niccolo Paganini wurde wegen des Verdachts auf Syphilis mit Quecksilber behandelt. Aufgrund der Ausbreitung einer Infektion verlor er seine Zähne. Er litt unter Hustenanfällen, seine Sehfähigkeit ließ beträchtlich nach, sein Selbstvertrauen und seine Zuversicht brachen schließlich vollkommen zusammen – alles Folgen der Quecksilberbehandlung.[10]

Instrumente der Lokalisierung

Die Ärzte des neunzehnten und zwanzigsten Jahrhunderts erwarben sich ihre Macht, ihr Ansehen und ihren Reichtum, indem sie die Patienten davon überzeugten, Diagnosen und Behandlungen zu akzeptieren, die auf einer immer präziseren Lokalisierung beruhten. Sie entwickelten neue Techniken zur Isolierung und Bekämpfung von Krankheiten, meist akuten Charakters. Bewegungen wie Christian Science und die Chiropraktiker, die sich dem allgemeinen Trend widersetzten, propagierten auch weiterhin ihre Sicht einer »ganzheitlichen« Heilung, doch sie blieben marginal. Die Lokalisierung führt nicht immer zu besseren Ergebnissen als die älteren medizinischen Alternativen, an deren Stelle sie traten – zumindest gilt das für die Anfangszeit. Das Stethoskop, das der französische Arzt René Laennec in seiner elementaren Form erstmals 1813 einsetzte, erforderte eine spezielle Ausbildung, bevor sich damit aufschlußreichere Informationen gewinnen ließen als mit der althergebrachten Auskultation. Doch die Idee, die das Stethoskop verkörpert, war ebenso wichtig wie die Ergebnisse, die es lieferte. Es spießte gewissermaßen die Bedingungen auf, die zuvor nur weitaus diffuser wahrgenommen werden konnten. Der Erfinder eines Stethoskops für beide Ohren schrieb 1851: »Wie sich manche Nebel durch ein lichtstarkes Fernrohr in Sterne auflösen lassen, so kann man bestimmte Brustgeräusche bestimmen, die sonst undeutlich bleiben, weil sie zu leise sind…«[11]

Im selben Jahr führte der deutsche Arzt und Physiker Hermann von Helmholtz jenes andere medizinische Instrument ein, das gleichsam kanonische Bedeutung erlangen sollte: den Augenspiegel. Da er dem geschulten Beobachter die Möglichkeit bot, feine Strukturen auf der Netzhaut zu erkennen, gestattete er eine genauere und frühere Erkennung von Krankheiten. Und vor 100 Jahren schien die Entdeckung der Röntgenstrahlen durch den deutschen Physiker Wilhelm Röntgen dasselbe für den ganzen Körper zu leisten, was der Augenspiegel für das Auge geleistet hatte. 1918 zeigte der amerikanische Arzt James B. Herrick, daß sich mit Hilfe eines Elektrokardiogramms, vor allem wenn bestimmte Symptome vorlagen, Verschlüsse der Herzkranzgefäße nachweisen und lokalisieren ließen – was weitaus häufiger vorkam, als die Ärzte bis dahin erkannt hatten. Was Stethoskop, Augenspiegel und Thermometer für die Untersuchung leisteten, das leisteten Mikroskop und Mikrotom für die Laborarbeit. Mehrlinsige Mikroskope gab es schon seit dem siebzehnten Jahrhundert, doch die Verzerrung begrenzte ihren Nutzen. Erst um 1830 erfolgte ein Durchbruch, der neue Möglichkeiten zur Korrektur der Aberration in den Linsen von Mikroskopen eröffnete. Das führte schon bald zu Instrumenten mit einer bis dahin unbekannten Fähigkeit, »die festen Produkte der Krankheit in ihre einfachen, elementaren Bestandteile aufzulösen«, wie ein Kommentator es formulierte.[12]

Der technische Wandel im Bereich der Medizin verdankte sich sowohl der Einführung neuer Apparate als auch den kulturellen Folgen, die sich daraus ergaben. Die neuen Instrumente revolutionierten die Art und Weise, wie die Ärzte sahen, hörten und dachten – und dadurch wiederum veränderte sich auch die Einstellung der Patienten zu ihren Ärzten wie auch zu ihrem eigenen Körper. Das Abhören von Brustgeräuschen und die Interpretation von Röntgenbildern erfordern Übung im Auffinden und Erzeugen von Mustern, denen der ungeschulte Beobachter keinerlei Bedeutung zu entnehmen vermag. Die Patienten wünschten – und wünschen – diese Fähigkeit zur Spezifizierung und Lokalisierung. Manche Ärzte mißbrauchen die Begeisterung für die Technik, um Gewinne zu machen, doch erst die Nachfrage eröffnet ihnen die Möglichkeit dazu. Schon vor 1830 stießen Ärzte, die noch kein Stethoskop benutzten, bei ihren Patienten auf Mißtrauen. Die Röntgenstrahlen avancierten Ende der neunziger Jahre des letzten Jahrhunderts beim Publikum zu einer internationalen Sensation. Menschen mit Fremdkörpern in irgendeinem Teil ihres Körpers wollten nun, daß sie entfernt wurden, selbst wenn sie ihnen keine Schmerzen bereiteten – was gelegentlich mit lebensbedrohlichen oder gar tödlichen Komplikationen verbunden war. Auch die Lokalisierung kannte und kennt ihre Rache-Effekte.[13]

Lokalisierung in der Chirurgie

Als man akute Erkrankungen erst einmal als solche identifiziert hatte, konnte man sie auch gezielter behandeln. In den vierziger Jahren des letzten Jahrhunderts demonstrierten die amerikanischen Zahnärzte Horace Green und William Morton die Möglichkeiten, die Stickoxidul und Äther boten, zwei Gase, die bis dahin vor allem als Vergnügungsdrogen gedient hatten. Mit der wachsenden Zahl der Anästhetika für eine Lokal- oder Vollnarkose erweiterten sich auch die Möglichkeiten der Chirurgie. Antisepsis und Asepsis führten zu einer beträchtlichen Verringerung der Risiken. Doch nach Ansicht von Medizinkritikern hatte die Anästhesie auch ihre Rache-Effekte. Da sie den unmittelbaren chirurgischen Eingriff von Schmerzen befreite, ermunterte sie die Ärzte zu solchen Eingriffen und erhöhte möglicherweise insgesamt die medizinisch verursachten Schmerzen insbesondere im postoperativen Bereich (sofern denn Schmerzen sich überhaupt quantifizieren lassen). Dieses Argument läßt jedoch die

Schmerzen, die Todesfälle und die Debilität unberücksichtigt, zu denen es auf natürlichem Wege gekommen wäre und immer noch kommen würde, falls man nicht operierte. In vielen Fällen war und ist Chirurgie eine »halbherzige Technik«, wie Lewis Thomas sie genannt hat, weil sie unter erheblichen Kosten Leben verlängert und Schmerzen lindert, ohne die eigentliche Krankheitsursache zu beseitigen.[14]

Andererseits sorgt die Lokalisierung dafür, daß viele Eingriffe weit weniger belastend sind als früher; und oft werden chirurgische Maßnahmen vollends überflüssig, wenn man sich auf andere Weise ein genaues Bild verschaffen kann. Mitte des neunzehnten Jahrhunderts galt die Geschwindigkeit einer Amputation als Maßstab für chirurgisches Geschick; im späten zwanzigsten Jahrhundert ist es die Feinheit der Schnitte. Als John Maddox, der Herausgeber der Wissenschaftszeitschrift *Nature*, sich Anfang der sechziger Jahre ein Stück Knorpel aus dem Knie entfernen ließ, arbeitete man noch mit offener Chirurgie. Die Genesung dauerte mehrere Monate. 1991 wiederholte sein Chirurg die Operation, diesmal mit Hilfe der Arthroskopie, bei der eine Lichtquelle, eine Miniaturkamera und ein Videorecorder die Möglichkeit bieten, die gesamte Operation durch drei kleine Öffnungen auszuführen. Maddox verbrachte einen einzigen Tag in der Klinik und fuhr dann mit dem Taxi nach Hause.[15]

Lokalisierung in der Pharmazeutik

Wie die Diagnoseinstrumente, so sind auch Medikamente für einzelne Krankheiten eine Errungenschaft des späten neunzehnten Jahrhunderts und basieren letztlich auf der Theorie der Krankheitserreger. Im frühen neunzehnten Jahrhundert klassifizierten die Ärzte Medikamente nach ihrer Wirkung auf den gesamten Körper. Begriffe wie »kathartisch«, »diuretisch« und »narkotisch« haben aus diesem Vokabular bis heute überlebt. Die Dosierung hing nicht allein von der üblichen Wirkung der Droge ab, sondern auch von der Konstitution des Patienten und sogar vom örtlichen Klima. Wer ein einzelnes Medikament allein für eine bestimmte Krankheit verschrieb, galt als Quacksalber. Medikamente für spezifische Zwecke kamen nur langsam auf. Anfangs ging es dabei lediglich um das Maß. Dank neuer chemischer Erkenntnisse gewann man immer mehr Wirksubstanzen aus bekannten natürlichen Heilmitteln. 1804 extrahierte Armand Séguin Morphium aus Opium, und vierzig Jahre später verfügten die Ärzte auch über Nadeln, mit denen sie den Wirkstoff unter die Haut spritzen konnten. 1822 gewann man erstmals Chinin aus der gröberen Chinochonarinde – ein gewaltiger Fortschritt bei der Behandlung der Malaria. Die neuen Medikamente waren stärker konzentrierte Versionen der alten. Erst die chemische Synthese machte es im späten neunzehnten Jahrhundert möglich, Medikamente mit spezifischen Wirkungen herzustellen.[16]

Gerade erst vor gut 100 Jahren, nämlich 1890, formulierte Paul Ehrlich die Seitenkettentheorie, wonach ein Medikament sich mit bestimmten Arten von Zellen verbindet, wie ein Schlüssel in ein Schloß paßt, und sie dann neutralisiert. In den beiden folgenden Jahrzehnten fand man spezifische Behandlungen gegen Diphtherie, Tetanus und Syphilis. 1910 konnte Ehrlich das Salvarsan einführen, ein Medikament, das Syphilis-Spirochäten erkennt und angreift, während es die körpereigenen Zellen verschont – die erste »Zauberkugel«, wie Paul Ehrlich selbst es genannt hat. In den dreißiger Jahren folgten die Sulfonamide, in den Vierzigern Penicillin und Streptomycin, in den Fünfzigern die Polio-Impfstoffe, und zusammen mit den übrigen gefeierten Medikamenten aus der Mitte des zwanzigsten Jahrhunderts begeisterten sie Ärzte und Patienten, wie es nur wenige andere wissenschaftliche Entdeckungen vermochten. Inzwischen bemühten sich die Regierungen in den Vereinigten Staaten und anderswo, auch den verbliebenen medizinischen Allheilmitteln den Garaus zu machen und sämtliche Spuren jener Zeit zu tilgen, als die Behandlung des ganzen Körpers noch die Regel gewesen war.[17]

Seit mehr als 150 Jahren entwickelt die Technik sich in Richtung dieser Form von Lokalisierung. Neue Generationen von Instrumenten haben den Charakter der ärztlichen Ausbildung grundlegend verändert. Obwohl die etablierte Medizin – in den Vereinigten Staaten vielleicht noch mehr als anderswo – einen ausgewogenen, raschen und präzisen Einsatz von Medikamenten und Geräten anstrebt, ist das Ideal der Präzision noch längst nicht verwirklicht. Dennoch liegt darin der wichtigste Unterschied zwischen unserer Medizin und den Behandlungsformen, die vor 150 Jahren üblich waren. Damals erwarteten die Patienten, daß der Arzt das Gleichgewicht ihrer Säfte wiederherstellte; heute verlangen sie nicht nur eine präzise Diagnose, sondern auch eine ebenso präzise Behandlung. Die Hälfte der 1989 im Rahmen einer Studie der American Medical Association befragten Ärzte war der Ansicht, daß ihre Patienten unnötige Maßnahmen von ihnen erwarten. Waren diese Patienten wirklich »krank vor Sorge«? Oder hofften sie nur verzweifelt auf die Linderung bestimmter Leiden, für die es keine lokale Therapie gibt – jener chronischen Krankheiten nämlich, von denen im nächsten Kapitel die Rede sein wird?[18]

Die Beherrschung des Dringlichen

Während die Medizin insgesamt zeigt, wie das Verständnis spezifischer Mechanismen zur Schaffung wirksamer Heilmethoden für akute Erkrankungen führte, zeigt die Entwicklung der Chirurgie einen anderen Zusammenhang auf: je akuter und ernster ein Notfall, desto eindrucksvoller die Rettungs- und Rehabilitationsmaßnahmen, die sie ermöglicht. Die Erfolge der Notfallmedizin beweisen einmal mehr die Wirksamkeit positiver Rache-Effekte. Als neue Munition, neue Fahrzeuge und neue Industrien für immer schwerere Verletzungen im militärischen wie im zivilen Bereich sorgten, reagierte die Notfallmedizin mit entsprechenden Techniken. Die Technik bewies ihre Fähigkeit zur Beherrschung plötzlich auftretender, lebensbedrohlicher Gefahren. Es lohnt sich, die Geschichte des militärischen Sanitätswesens genau zu studieren, weil sie eine weit zurückreichende, sehr gut dokumentierte Quelle darstellt, die uns Auskunft über die Fähigkeit der Medizin zur Behandlung von Verletzungen geben kann. Außerdem ist sie eines der schönsten Beispiele für unerwartete Nutzeffekte von Technologien, zeigt sie doch, wie das Gemetzel auf den Schlachtfeldern am Ende der zivilen Chirurgie zugute kam.

Mindestens bis in die Zeit des Amerikanischen Bürgerkriegs war die Militärchirurgie ein Handwerk, das zwar gelegentlich mit großem Geschick ausgeführt, aber über die Jahrhunderte nur wenig verbessert wurde. Der Militärhistoriker Richard Holmes schreibt: »Ein mazedonischer Fußsoldat, der durch einen Schwerthieb verletzt wurde, als Alexander 331 v. Chr. die Perser bei Gaugamela schlug, hatte wahrscheinlich eine größere Chance, vom Wundbrand verschont zu bleiben, als ein britischer Soldat, dessen gleichartige Wunde 1854 vor Sebastopol sogleich vom Regimentsarzt verbunden wurde.« Noch bis weit ins neunzehnte Jahrhundert hinein waren nicht die Verletzungen selbst, sondern Infektionen die eigentliche Gefahr für verletzte Soldaten. Während des Amerikanischen Unabhängigkeitskriegs starben 2 Prozent der amerikanischen Soldaten auf dem Schlachtfeld, doch 75 Prozent der in den Lazaretten behandelten Verwundeten überlebten nicht. Krankheiten, die meist nicht einmal in direktem Zusammenhang mit Verletzungen standen, waren für neun Zehntel der Todesfälle verantwortlich.[19]

Doch der Blutzoll auf den Schlachtfeldern stieg. Mitte des neunzehnten Jahrhunderts sorgte die »industrielle Revolution des Krieges«, wie William H. McNeill sie genannt hat, für einen rasanten Anstieg der im Kampf Getöteten. Züge für Nachschub und Truppentransporte, rauchlos verbrennende Sprengstoffe, Hinterladegewehre, panzerbrechende Geschütze und riesige, durch Zwangsaushebung zusammengeholte Armeen begannen dem Krieg jenes Bild aufzuprägen, das wir aus dem zwanzigsten Jahrhundert kennen. Zu den Ergebnissen dieser Entwicklung gehörte auch der ungeheure Anstieg der Zahl der verwundeten und getöteten Soldaten.[20]

Die neuen Technologien veränderten die Gefahren des Krieges zwischen 1850 und 1870 stärker als in den vorangegangenen 150 Jahren. Zwar waren Epidemien immer noch gefährlicher als die unmittelbare Feindeinwirkung, doch die Miniékugel und das Miniégewehr, die von Franzosen und Russen in großem Umfang eingesetzt wurden, machten das Infanteriefeuer siebenmal lebensbedrohlicher und rissen weit größere Wunden als ältere Munition vergleichbarer Größe. Im Krimkrieg verlor die russische Armee jährlich einen größeren Anteil ihrer Soldaten in der Schlacht als in irgendeinem Krieg zuvor; für die französischen Truppen galt dasselbe bei Verlusten durch Krankheiten aller Art. Die jährliche Todesrate pro tausend Soldaten betrug bei den Franzosen mehr als 253, bei den Briten 161 und bei den Russen 119.[21]

Mit dem neuen Springfieldgewehr Kaliber 0.58 abgefeuert, zeigte die Miniékugel im Amerikanischen Bürgerkrieg eine besonders verheerende Wirkung. Man setzte die neue Feuerkraft ebenso massiv ein wie einst im siebzehnten und achtzehnten Jahrhundert die ungenauen, nur langsam nachzuladenden Musketen. Nahezu 30000 der mehr als 174000 Schußverletzungen, die Soldaten der Union an Armen oder Beinen davontrugen, führten zur Amputation. Das Patentamt der Vereinigten Staaten registrierte Dutzende neuer Entwürfe für die Vielzahl der benötigten Prothesen. Die Schwere der Verletzungen führte zu eindrucksvollen Fortschritten in der Behandlung. Die Militärärzte lernten, Verbände wirkungsvoller einzusetzen. Die Sterblichkeit aufgrund von Wundinfektionen sank von 60 Prozent zu Beginn des Krieges auf 3 Prozent an dessen Ende. Trotzdem starben die meisten Soldaten immer noch an Infektionen. Nach einer Schätzung starben auf seiten der Union 110000, bei den Konföderierten 94000 Soldaten an Verletzungen, während 250000 bzw. 164000 an Krankheiten starben.[22]

Zwar waren Militärmedizin und Sanitätswesen offenbar nicht erfolgreicher als ihre Pendants im zivilen Bereich, doch das begann sich nun aufgrund antiseptischer Wundbehandlung und anderer chirurgischer Innovationen zu ändern. Im Ersten und Zweiten Weltkrieg gab es zwar insgesamt weit mehr Tote, doch die jährliche Rate der pro Tausend (durch Kampfhandlungen oder Krankheit) ums Leben gekommenen Soldaten war niedriger als im Krimkrieg und im Amerikanischen Bürgerkrieg. Ende des Ersten Weltkriegs lag die Mortalitätsquote der Verwundeten bei 8 Prozent, während sie im Krimkrieg 20 Prozent und im Amerikanischen Bürgerkrieg noch 13,3 Prozent betragen hatte. Doch in anderer Hinsicht wurden die Verletzungen immer schwerer. Hochgeschwindigkeitsgeschosse und Spengggranaten vervielfachten die Gefahr entstellender Verletzungen, aber auch hier zeigte sich ein umgekehrter Rache-Effekt. Der Erste Weltkrieg wurde zum Meilenstein in der Entwicklung chirurgischer Fachgebiete wie der orthopädischen sowie der plastischen und wiederherstellenden Chirurgie, und zwar nicht nur für Soldaten, sondern auch für Zivilisten. Der Zweite Weltkrieg zeigte dann, wie wirkungsvoll die medizinische Reaktion auf drängende Probleme inzwischen geworden war. Unter dem Druck der vom Krieg diktierten Verhältnisse stieg die Penicillinproduktion innerhalb eines Jahres von einer Menge, die gerade einmal für einhundert Patienten reichte, auf viele Milliarden Einheiten, wie man sie für die Verwundeten der alliierten Streitkräfte nach der Invasion in Frankreich benötigte. Im Zweiten Weltkrieg und mehr noch im Koreakrieg und im Vietnamkrieg sorgte ein reaktionsschnelles Sanitätswesen für einen drastischen Rückgang der Mortalität. In Korea verkürzten die Einheiten des Mobile Army Surgical Hospital (MASH) die durchschnittliche Wartezeit verwundeter Soldaten auf 1,5 Stunden. 55 Prozent der Verwundeten konnten noch am Tag ihrer Verwundung ins Lazarett gebracht und behandelt werden.[23]

In Vietnam tat das amerikanische Sanitätssystem sogar noch mehr für die Notfallbehandlung verwundeter Soldaten wie auch Zivilisten. Einige Jahrzehnte zuvor hatte man für den Transport eines in Neu-Guinea verwundeten Soldaten sechzehn einheimische Träger benötigt, und das nächstgelegene Lazarett befand sich in Australien. Im Durchschnitt benötigten die Soldaten vier Malariabehandlungen im Jahr. Im vietnamesischen Dschungel dagegen vermochten Hubschrauber mit medizinisch geschulten Besatzungen schwerverwundete Soldaten innerhalb eines Zeitraums von weniger als zwei Stunden in ein Lazarett zu bringen. Der Flug selbst dauerte weniger als eine halbe Stunde. Nur 2 Prozent der lebend in ein Lazarett Eingelieferten starben dort – und ein noch nie zuvor erreichter Anteil von 87 Prozent der im Lazarett behandelten Verwundeten konnte den Dienst anschließend wieder antreten. Im Zweiten Weltkrieg betrug die Überlebenschance eines verwundeten Soldaten 71 Prozent, in Korea 74 und in Vietnam 81 Prozent.[24]

Von den Ambulanzfuhrwerken der napoleonischen Kriege über die mit Tragbahren versehenen Jeeps des Zweiten Weltkriegs bis hin zu den Rettungshubschraubern vom Typ Huey in Vietnam entfaltete die medizinische Technik ihre größte Effizenz, wenn die Verletzungen am schwersten waren und eine möglichst rasche Reaktion erforderten. Und die Ergebnisse kamen nicht allein den Soldaten zugute. Der Krieg war schon immer ein Versuchslabor für extreme Situationen. Wie unter anderem die Entwicklung und kommerzielle Produktion des Penicillins im Zweiten Weltkrieg zeigt, vermag das Militär Ressourcen in einem Umfang und einer Geschwindigkeit zu mobilisieren, die im zivilen Bereich der Marktwirtschaft unvorstellbar sind. Aber es konzentriert Forschung und Praxis auf ganz bestimmte Probleme: auf Verletzungen und Infektionen bei jungen Männern und Frauen, die zudem sorgfältig nach dem Kriterium der Gesundheit ausgewählt worden sind. Militärmedizin ist Notfallmedizin *par excellence*.

Notfallmedizin und Rettungswesen:
Unfälle und Epidemien im zivilen Bereich

Im zivilen Bereich hat die Medizin der Notfallbehandlung ähnliche Aufmerksamkeit geschenkt, und auch hier finden wir dasselbe Wechselverhältnis zwischen Zerstörung und Wiederherstellung. Wie auf militärischem Gebiet, so war die medizinische Praxis auch im zivilen Bereich gezwungen, auf die Technologie des neunzehnten und zwanzigsten Jahrhunderts zu reagieren, die gelegentlich Menschen in bislang nie gekannter Zahl plötzlich auftretenden, zerstörerischen Kräften aussetzte: bei Zugunglücken (später dann Autounfällen und Flugzeugabstürzen), bei Theaterbränden, Arbeitsunfällen und bei Explosionen in Industriebetrieben. Mitte des neunzehnten Jahrhunderts lenkte ein Spendenaufruf in Philadelphia die Aufmerksamkeit auf die wachsende Zahl der Arbeitsunfälle. So stieg im dortigen Pennsylvania Hospital die Zahl der aufgenommenen Unfallopfer in den zwei Jahrzehnten nach 1827 von 140 auf 400 im Jahr. Das zwanzigste Jahrhundert sollte diese Zahl noch beträchtlich erhöhen – unter anderm durch die Opfer von Verkehrsunfällen.[25]

Dank neuer Verfahren zur antiseptischen Wundbehandlung, dank der Röntgenstrahlen und anderer Durchleuchtungstechniken, dank der Blutgruppenbestimmung und der Antibiotika hat die Notfallmedizin in den letzten 100 Jahren große Fortschritte gemacht. Doch anders als bei der Militärmedizin bleibt ihre Geschichte noch zu schreiben – zum Teil wohl deshalb, weil es sich um eine wenig angesehenes Teilgebiet der Medizin handelte, bis ihr Prestige in den siebziger und achtziger Jahren unseres Jahrhunderts plötzlich einen rasanten Aufstieg erlebte. Im späten zwanzigsten Jahrhundert erreichte die Fähigkeit der medizinischen Not- und Rettungsdienste, auf Katastrophen zu reagieren, ein Niveau, das vor einigen Jahrzehnten noch unvorstellbar gewesen wäre. Selbst Verletzungen des Rückenmarks, die früher zu einer unheilbaren Querschnittslähmung geführt hätten, können heute kurz nach einem Unfall mit dem synthetischen Steroid Methylprednisolon (MP) behandelt werden, das Entzündungen und die Zerstörung von Zellen durch freie Radikale eindämmt. 1993 konnte der ehemalige Stürmer der New York Jets Dennis Byrd, der sich ein Jahr zuvor das Genick gebrochen hatte, schon wieder gehen.[26]

Ein anderes herausragendes Beispiel für die schnelle Genesung nach einer Katastrophe zeigt noch dramatischer, wie gut die klinische Notfallmedizin heute auf extreme Situationen zu reagieren vermag. Im Januar 1993 schoß ein Mann vor der Hauptverwaltung der CIA in Langley, Virginia, aus nächster Nähe auf fünf Menschen. Zwei von ihnen waren auf der Stelle tot, ein Dritter mußte nur wegen kleinerer Verletzungen behandelt werden. Das Schicksal der beiden übrigen Opfer ist aufschlußreich. Ein sechzigjähriger CIA-Angestellter wurde mit dem Hubschrauber in ein örtliches Krankenhaus geflogen, wo bereits ein Operationsteam auf ihn wartete. Eine Kugel hatte den Knochen und die Blutgefäße eines Arms durchschlagen und steckte nun in seiner Brust. Er hatte soviel Blut verloren, daß er »mit einem Fuß auf einer Bananenschale und mit dem anderen am Rand eines Abgrunds« stand, wie es der Leiter der Unfallchirurgie ausdrückte. In Vietnam, wo der Chirurg während des Krieges gedient hatte, wäre der Arm amputiert worden, oder der Mann wäre sogar gestorben. Er verbrachte fast zwölf Stunden auf dem Operationstisch. Das Krankenhaus rief die Bevölkerung zu Blutspenden für die seltene Blutgruppe Null-negativ des Patienten auf, und sogleich meldeten sich 450 Menschen, die für ihn und andere Blut spendeten. Nicht nur das Können der Chirurgen, Anästhesisten und Schwestern rettete dem Patienten das Leben und erhielt ihm sogar seinen Arm, sondern auch der rasche Transport des Opfers ins Krankenhaus und die ebenso rasche Kommunikation. Neue Waffen lassen Zahl und Schwere der Noteinsätze ständig steigen, doch ein immer schnelleres Rettungswesen und immer bessere Lebenserhaltungssysteme halten mit dieser Entwicklung Schritt. Es ist tragisch, daß diese Systeme überhaupt nötig sind. Viele Menschen würden nur allzugern auf einen Teil davon verzichten, wenn sie dafür in einer Gesellschaft leben könnten, die nicht so oft auf diese Systeme angewiesen ist. Doch hier geht es mir um die Tatsache, daß der Blutzoll unerwartet und unbeabsichtigt auch eine positive Seite hatte.[27]

Während Krieg, Verkehr und Industrie die Zahl der Opfer ansteigen ließen, beschleunigte das Wachstum des Welthandels und der Bevölkerungsbewegungen ein anderes akutes Problem: die nationale und internationale Ausbreitung von Infektionskrankheiten. Sie sorgten auch dafür, daß die Lage bereits zu einem Zeitpunkt bedrohlich erschien, als die eigentliche Gefahr noch vergleichsweise gering war. Als man 1875 weltweit mit großer Sorge die Ausbreitung der Tollwut beobachtete, lag die

Sterberate in Großbritannien gerade erst bei zwei Tollwutopfern auf eine Million Einwohner. Doch die veröffentlichten Statistiken zeigten, daß diese Rate innnerhalb von nur fünfzehn Jahren von 0,3 Tollwuttoten pro Million Einwohner auf das Sechsfache angestiegen war. Der expandierende Schiffsverkehr sorgte dafür, daß immer mehr tollwutinfizierte Tiere von einem Kontinent zum anderen gelangten. In den rasch wachsenden Städten verbreiteten tollwutbefallene Hunde fast noch größeren Schrecken als zuvor schon auf dem Land. Die umstrittenen Versuche, die Louis Pasteur 1885 mit einem Tollwutimpfstoff durchführte, und seine erfolgreiche Impfung Tausender von dieser Krankheit bedrohter Menschen zeigten, wie gut sich die neue Spezifität der Medizin in einer Krise einsetzen ließ. Pasteur hatte sowohl den Erreger der Tollwut als auch den Sitz der Krankheit identifiziert, nämlich das Gehirn und das Nervensystem. Er wurde ein internationaler Held, weil er eine spezifische Lösung für ein drängendes Problem gefunden hatte.

Selbst wo man keinen geeigneten Impfstoff fand, trugen medizinisches Wissen und Kommunikationstechniken dazu bei, die schlimmsten Folgen drohender Seuchen abzuwenden. Anfang des zwanzigsten Jahrhunderts kannte man noch kein wirksames Mittel gegen die Beulenpest. In Asien jedoch war der Bazillus noch weit verbreitet, und die politisch-militärischen Wirren in China sorgten für seine weitere Ausbreitung. William H. McNeill hat gezeigt, daß sie ganz Nordamerika und Europa hätte verwüsten können. 1898 erreichte sie Bombay, und allein in den folgenden zehn Jahren fielen ihr in Indien sechs Millionen Menschen zum Opfer. (Zwischen 1346 und 1350 starben während der »Großen Pest«, wie man sie damals nannte, 20 Millionen Europäer an der Seuche; das entsprach einem Fünftel der Gesamtbevölkerung.) Früher stellte die lange Dauer der Seereisen einen gewissen Schutz für die Bevölkerung dar, weil sie den Nachschub an Wirtsorganismen – nichtinfizierten Flöhen, Ratten und Menschen – erschöpfte. Doch im späten neunzehnten Jahrhundert erhöhten die schnelleren und größeren Dampfschiffe die Gefahr, daß neue Seuchenherde entstanden. Und schlimmer noch, in Nord- und Südamerika sowie in anderen Regionen gibt es Nagetierpopulationen, die einen permanenten Seuchenherd bilden können.[28]

Trotz großer Schwierigkeiten gelang es dank internationaler Zusammenarbeit, die Seuche in den meisten Teilen der Welt unter Kontrolle zu bringen. 1894 entdeckten japanische und französische Bakteriologen unabhängig voneinander den Erreger der Krankheit, den Pestbazillus *Yersinia pestis*. Die wissenschaftliche Erforschung der Ausbreitungsmechanismen schuf die Möglichkeit wirksamer Quarantänemaßnahmen. Die gesundheitspolitischen Maßnahmen, die man aufgrund dieser Erkenntnisse ergriff, stoppten zwar die Ausbreitung der Seuche, nicht aber die des Bazillus, dessen Verbreitungsgebiet sich noch bis weit ins zwanzigste Jahrhundert hinein vergrößerte. Rancher im amerikanischen Westen gaben ihm unwissentlich freie Bahn, als sie den Versuch machten, die Population der Präriehunde durch das Aussetzen kranker Tiere zu dezimieren. Das Ergebnis war ein beachtlicher Rache-Effekt; es gab immer noch so viele Präriehunde wie zuvor, doch die waren nun infiziert. 1940 waren vierunddreißig Nagetierarten und fünfunddreißig Floharten in den Vereinigten Staaten – zum Teil dank der Bemühungen der Rancher – zu Trägern des Pestbazillus geworden.[29]

Bemerkenswert ist indessen, wie wenig Angst trotz der Ausbreitung des Bazillus geblieben ist. 1992 wurden in den Vereinigten Staaten mindestens zehn Fälle von Beulenpest bekannt. In Arizona starb ein Mann an Lungenpest, nachdem er mit einer infizierten Hauskatze in Berührung gekommen war, die er aus dem Lüftungsraum unter einem Haus herausgeholt hatte. Die daraufhin ergriffenen Maßnahmen zeigen die Wandlungen dieser alten Bedrohung. Die Behörden ließen das Haus und die Nagetierbauten in der Umgebung mit einem Flohvertilgungsmittel besprühen, desgleichen die Katzen und Hunde im Haus. Man wies den Hausbesitzer an, diese Aktion in regelmäßigen Abständen zu wiederholen. Das medizinische Personal, das den Mann behandelt und gepflegt hatte, zeigte keine Anzeichen einer Ansteckung. Nur zwei Krankenschwestern verlangten und erhielten eine vorsorgliche Behandlung mit Tetracyclin. Die für die Seuchenbekämpfung zuständigen Centers for Desease Control gaben eine Warnung an die Tierärzte heraus, in der sie darauf hinwiesen, daß Tiere an der Westküste und im Südwesten gefährdet sein könnten, doch die Besorgnis blieb auf einem erstaunlich niedrigen Niveau, vergleicht man sie mit der Angst vor anderen Risikofaktoren – etwa vor Asbest und sonstigen Giftstoffen in unserer Umwelt.[30]

Wie war es möglich, daß aus der Pest, der meistgefürchteten Seuche des Abendlandes, eine allenfalls noch lokale Gefahr wurde? Kurzfristig muß die Antwort wohl lauten, daß es heute weniger Nagetierpopulationen gibt, die in unmittelbaren Kontakt zu konzentrierten menschlichen Populationen treten. Langfristig betrachtet, dürfte die Erklärung wahrscheinlich darin liegen, daß sich über die Jahrhunderte eine weniger virulente Abart des Pestbazillus ausgebreitet hat, die sowohl Tiere als auch Menschen gegen die tödlichere Abart immun macht. Glücklicherweise brauchte die Immunität der Weltbevölkerung um die Jahrhundertwende nicht wirklich auf die Probe gestellt zu werden. Denn 1893 entdeckten Bakteriologen endlich das verantwortliche Bakterium wie auch die zugehörigen Übertragungsmechanismen, und dieses spezifische Wissen ermöglichte wirksame Maßnahmen gegen die Katastrophe. Als das Problem erst einmal lokalisiert war, konnten auch Therapie und Prävention zielsicher ausgerichtet werden.

Natürlich hat unser Schutz seine Grenzen, vor allem, wenn es um rasch mutierende Erreger von Virusinfektionen geht. Eine Generation nachdem man im Westen wirkungsvolle Barrieren gegen die Pest errichtet hatte, forderte eine Grippepandemie 1918 weltweit 40 Millionen Opfer; und auch in den Vereinigten Staaten zählte man nahezu 200000 Tote. Das Kommunikationssystem und die Techniken der Biomedizin bieten uns heute die Möglichkeit, jedes Jahr einen neuen Grippeimpfstoff zu erzeugen, nachdem wir die RNS-Mutationen bestimmt haben, die mit der größten Wahrscheinlichkeit auftreten und die bislang gewonnene Immunität wirkungslos machen werden. Es ist richtig, daß die Massenimpfungen ihre eigenen Gefahren bergen; nach einer amerikanischen Reihenimpfung zur Vorbeugung gegen eine Grippeepidemie, von der man befürchtete, daß sie ähnliche Ausmaße annehmen würde wie die von 1918, entwickelten 1976 etwa eintausend Menschen das mit Lähmungserscheinungen verbundene Guillain-Barré-Syndrom. Das ändert jedoch nichts an der Tatsache, daß die medizinische Technik uns zum Ausgleich äußerst wirkungsvolle Instrumente gegen biologische Katastrophen bereitstellt. »Besser ein Impfstoff ohne Epidemie als eine Epidemie ohne Impfstoff«, wie ein Verteidiger von Impfprogrammen es später einmal ausdrückte. Wie Kesselexplosionen, Zugunglücke, Autounfälle, tödliche Geschosse und andere Innovationen des neunzehnten und zwanzigsten Jahrhunderts die Medizin zur Entwicklung neuer Behandlungsmethoden für die Opfer von Katastrophen drängten, so trug auch die internationale Ausbreitung der Infektionskrankheiten aufgrund verbesserter Verkehrssysteme dazu bei, wirksame Mittel zur Vorbeugung und Therapie ausfindig zu machen.

Medizinkritiker sind in Fällen wie der Schweinegrippe auf eine unheilvolle Zunahme iatrogener – das heißt ärztlich erzeugter – Krankheiten gestoßen, auf Nebenwirkungen, die schlimmer sind als die Symptome oder gar die Krankheiten, denen die Behandlung eigentlich gilt. Manche sehen darin die wichtigsten Rache-Effekte im Bereich der Medizin, und tatsächlich sind iatrogene Krankheiten ein ernstes Problem. Aber handelt es sich wirklich um Rache-Effekte? Wir dürfen nicht vergessen, daß der Begriff der Nebenwirkung auf dem oben beschriebenen Idealbild der modernen Medizin beruht, und dieses Idealbild verlangt nach zielgerichteten, lokalisierten, genau bemessenen Eingriffen, deren Wirkungen sich durch Kontrolluntersuchungen bestätigen lassen. In der Praxis haben die Ärze die Ergebnisse vieler Behandlungsmethoden noch nicht streng untersucht. Manche akzeptierten Methoden werden sich bei genauerer Prüfung ohne

Zweifel als wirkungslos oder sogar als kontraproduktiv erweisen. Manche umstrittenen Behandlungsformen werden ihre Bestätigung finden. Doch kaum jemand widerspricht dem Grundsatz, wonach Nutzen und Risiken in statistisch korrekten Versuchsreihen gegeneinander abgewogen werden sollten. Und das ist ein in der Geschichte der Medizin relativ neues Konzept.

In der medizinischen Literatur wird seit langem schon anerkannt, daß es auch in der ärztlichen Praxis Unfähigkeit und Pfusch gibt. Viele räumen auch ein, daß falsche Medikamente Krankheiten verschlimmern oder erst hervorrufen können. Doch die Lokalisierungsbemühungen innerhalb der Medizin haben auch zu einer anderen Vorstellung ärztlich verursachter Schmerzen und Schäden geführt. Als man noch meinte, die Medizin müsse den ganzen Körper behandeln, konnte Schmerz als Zeichen von Wirksamkeit gelten. Man erwartete von der Medizin, daß sie bitter und schmerzhaft war. Erst die Quacksalber führten gezuckerte Pillen ein, wie die Medizinhistoriker Roy und Dorothy Porter gezeigt haben. In der positiven Einstellung zu dem Leiden, das die ärztliche Behandlung ihnen bescherte, brachten Patienten wie Samuel Johnson und Paganini die Logik der vormodernen Medizin zum Ausdruck.[31]

Die Unzufriedenheit mit der medizinischen Technik

Die wirklichen Rache-Effekte der medizinischen Lokalisierung und des Glaubens an objektive Messungen sind subtilere Erscheinungen als die bloße Wirkungslosigkeit von Behandlungsmethoden. Wie der Arzt und Medizinhistoriker Stanley Joel Reiser anmerkt, gibt es eine Hierarchie unter den Mitteln ärztlicher Informationsbeschaffung; ganz oben stehen Tests und Durchleuchtungsverfahren, in der Mitte der eigene Augenschein und das durch Abhören gewonnene Bild und ganz unten die Angaben des Patienten. Sowohl Ärzte als auch Patienten streben nach einer objektiven, lokalisierten Diagnose und nach einer spezifischen Behandlung. Dennoch sind weder Ärzte noch Patienten zufrieden. Die Ärzte wollen zwar das Ansehen und die höheren Einkünfte, die mit den fortschrittlichen Techniken verbunden sind, nicht jedoch die staatliche Reglementierung und die Kontrolle durch die Versicherungsgesellschaften, die teure Behandlungen gewöhnlich mit sich bringen. Und sie befürchten – wahrscheinlich zu Recht –, daß computerisierte Normen das Vertrauensverhältnis zwischen Arzt und Patient untergraben und ihnen die Initiative nehmen. Patienten verlangen von diesem konservativen, skeptischen Berufsstand gelegentlich die Anwendung unerprobter Technologien und Behandlungsmethoden, zugleich aber klagen sie darüber, daß die Behandlung zu unpersönlich sei. Und sie glauben – gleichfalls zu Recht –, daß die Ärzte angesichts der gekonnten Interpretation technisch erzeugter Daten die Fähigkeiten des Sehens, Tastens und Hörens verlernt haben. Wenn alle Tests negativ ausfallen, obwohl schmerzhafte Symptome vorliegen, handelt es sich dann um einen unbekannten Virus oder eine noch nicht identifizierbare chronische Erkrankung oder um ein psychisch bedingtes Leiden? Der übertriebene Glaube an Testverfahren vermag sogar den ärztlichen Common sense auszuschalten. Ein junger Medizinstudent an der Stanford University schildert in bewegenden Worten, wie er vier Wochen lang die unangenehmsten Tests über sich ergehen lassen mußte, bevor die Ärzte der Universitätsklinik endlich erkannten, daß ein Retrozökaldurchbruch des Blinddarms die Ursache für seine unerträglichen Bauchschmerzen war. Ein pensionierter Arzt und Freund der Familie hatte die Symptome sogleich erkannt, doch die jungen Ärzte vertrauten den Tests mehr als seinem erfahrenen Urteil.[32]

Man kann leicht ganze Listen von Medikamenten und Behandlungsmethoden zusammenstellen, die viele oder die meisten Ärzte für zweifelhaft oder gefährlich halten. Solche Fälle füllen dickleibige Lehrbücher wie Robert H. Mosers *Diseases of Medical Progress*, allgemeinverständliche Darstellungen wie Illichs *Nemesis der Medizin* oder Diana Duttons *Worse Than the Disease*, ganz zu schweigen von den Seiten der Boulevardpresse. Um die einzelnen Fälle wirklich einschätzen zu können, bedarf es eines umfangreichen Wissens auf dem Gebiet der Medizin wie auch der Statistik. Wir müssen aus Fehlern lernen, auch wenn allzugroße Skepsis bei Ärzten und Patienten gegenüber neuen Therapiemöglichkeiten ohne Zweifel zu entsprechenden Rache-Effekten führen kann. Wahrscheinlich ist die Zahl der Menschen, die aggressive Behandlungsformen verlangen, ebenso groß wie die Zahl derer, die sie fürchten. Der fundamentalste Rache-Effekt der modernen Medizin dürfte in systemischen Tendenzen zu finden sein und nicht in Sackgassen oder Fehlern der Therapie. Das eigentliche Problem der heutigen Medizin und der wichtigste Rache-Effekt neuer Therapien liegt darin, daß fortschrittliche Technologien wider Erwarten größere Wachsamkeit und größeres Geschick erfordern als die alten Techniken. Auf allen Gebieten erwarten wir – fälschlich, wie wir noch sehen werden –, daß der technische Fortschritt uns größere Sicherheit vor Fehlern und Störungen bringt, daß die neuen Techniken weniger Wachsamkeit verlangen und weniger Personal mit hochentwickelten Fähigkeiten. In der Medizin verlangen die potentiellen Gefahren neuer Geräte im Bereich von Diagnose und Therapie sowie hochkomplexe Behandlungsverfahren und die möglichen Wechselwirkungen zwischen verschiedenen

Medikamenten ein außergewöhnliches Maß an Wachsamkeit. Das beweist die überraschend große Häufigkeit ernster Fehler und Irrtümer in der medizinischen Praxis. Eine Forschergruppe an der Harvard University überprüfte mehr als 30 000 zufällig ausgewählte, nach 1984 angelegte Krankenakten aus 51 Unfallkrankenhäusern im Staat New York. Internisten und Chirurgen, die nicht den betreffenden Krankenhäusern angehörten, bewerteten die Behandlung und ihr Ergebnis. Die Studie gelangte zu dem Schluß, daß in 3,7 Prozent aller Krankenhausaufenthalte mindestens ein »schädliches Ereignis« eintrat. Mehr als die Hälfte davon beruhte auf einem ärztlichen Kunstfehler. Durch die Nachlässigkeit von Ärzten kam einer von hundert Patienten zu Schaden.[33]

Verglichen mit den Risiken des alltäglichen Lebens müssen eine Fehlerquote von 3,7 Prozent und eine Inkompetenzquote von 1 Prozent als hoch gelten. Und je mehr Menschen das Gesundheitssystem in Anspruch nehmen, desto mehr Menschen werden den Mängeln dieses Systems selbst bei einer niedrigen Quote unterdurchschnittlicher Versorgung zum Opfer fallen. Für die 2 670 000 Patienten, die aus New Yorker Krankenhäusern entlassen wurden, errechneten die Forscher insgesamt nahezu 100 000 »schädliche Ereignisse«, darunter 27 000, die durch Nachlässigkeit verursacht worden waren. Mehr als 6 300 Menschen trugen bleibende Schäden davon, und mehr als 13 400 starben – völlig unnötigerweise. Auf einem Symposium im Jahr 1992 schätzte Lucian L. Leape, einer der Leiter des Forschungsprojekts, daß jeder fünfundzwanzigste Patient amerikanischer Krankenhäuser unter einem »schädlichen Ereignis« zu leiden hat, das sind jährlich insgesamt 1,3 Millionen Patienten, und daß jeder vierhundertste Patient daran stirbt: insgesamt 100 000 Menschen pro Jahr. Unberücksichtigt blieben dabei nichtvorhersehbare Ereignisse wie allergische Reaktionen oder die Risiken korrekt durchgeführter, anerkannter Verfahren wie der Chemotherapie bei Krebs. Sollte Leapes Schätzung zutreffen, kommen doppelt so viele Menschen durch vermeidbare Behandlungsfehler ums Leben wie durch Autounfälle auf unseren Autobahnen.[34]

Hier haben wir es mit einem Wiederholungseffekt zu tun: Verbesserungen der Behandlungstechnik ermuntern mehr Menschen, sich diesen Behandlungsverfahren zu unterziehen. Der technische Fortschritt könnte zu besseren Ergebnissen führen, wenn alles gutginge, doch da nun mehr Systeme in Wechselwirkung treten, können auch mehr Dinge schiefgehen – ein Rekomplizierungseffekt. Wenn die Zahl der Patienten steigt und die Menschen immer älter werden, kann selbst eine niedrige Fehlerquote zu schockierenden Verlusten führen. Ein einziges Krankenhaus kann jährlich durchaus 2,8 Millionen Dosen der verschiedensten Medikamente ausgeben (folgt man dem von Leape vorgetragenen Beispiel, in dem 24 000 Patienten zweimal täglich jeweils zehn Medikamente erhielten, und das während eines Krankenhausaufenthalts, der im Durchschnitt sechs Tage dauerte). Selbst eine Fehlerquote von weniger als 0,2 Prozent würde zu 5000 pharmazeutischen Irrtümern führen und vielleicht zu 500 »schädlichen Ereignissen«. Wichtig daran ist nicht allein die Tatsache, daß es im Bereich der medizinischen Versorgung weit mehr Pfusch gibt, als jemals bei den Gerichten landet – und das gilt für andere westliche Staaten wahrscheinlich ebenso wie für die USA –, sondern daß zur Vermeidung folgenreicher Fehler größere Wachsamkeit erforderlich ist: bei Ärzten, Chirurgen, Pflegepersonal und Technikern, aber zunehmend auch bei Programmierern und Softwareentwicklern. Denn auch Software kann verletzen und töten, wenn sie gefährliche Krankheiten übersieht, bei der medikamentösen Behandlung zu geringe oder zu hohe Dosen empfiehlt oder allzu häufig falschen Alarm schlägt. Fehler bei der computergesteuerten Dosierung von Bestrahlungen können tödliche Folgen haben. Die Automatisierung der Behandlung kann die Gefahr von Katastrophen für die Patienten verringern, aber sie erfordert vielfältige Sicherungen und größere Aufmerksamkeit, und sie bedeutet größeren Streß. Technologisch intensive Medizin ist ein stark gekoppeltes System im Sinne von Charles Perrow – und dazu noch oft ein komplexes. Bei entsprechender Ausbildung, Überwachung und wechselseitiger Kontrolle kann sie große Vorteile bieten, doch sie erhöht auch die Gefahr von Problemen wie der ungewollten Wechselwirkung zwischen verschiedenen Medikamenten.

Bürden des Könnens

Betrachten wir einmal die Laparoskopie, eine Form von Chirurgie, die weitaus präziser und weniger traumatisch erscheint als herkömmliche chirurgische Verfahren. Bei der Laparoskopie führt der Chirurg durch ein paar kleine Einschnitte Glasfaserlichtquellen, Miniaturkameras und Miniaturinstrumente in den Körper ein. Der Patient hat sich schon nach Tagen und nicht erst nach Wochen von dem Eingriff erholt. Das Verfahren kam Ende der achtziger Jahre auf, und zwar eher in städtischen Krankenhäusern als an den großen Universitätskliniken; 1991 war es bereits so populär, daß von 600 000 Gallenblasenoperationen 400 000 mit diesem Verfahren durchgeführt wurden. In finanzieller Hinsicht brachte es den Versicherungen jedoch eine Enttäuschung ein. Obwohl die Kosten der einzelnen Operation 25 Prozent niedriger sind als beim herkömmlichen Verfahren, stieg die Zahl der Gallenblasenoperationen um 50 Prozent, so daß die Gesamtausgaben nach den Angaben einer Krankenkasse um 11 Prozent stiegen. Menschen mit nur geringfügigen Beschwerden, die eine Gallenblasenoperation alten Stils angesichts der damit verbundenen Schmerzen und Einkommensverluste möglichst lange hinauszögern würden, finden sich aufgrund des neuen Verfahrens eher zu solch einer Operation bereit.[35]

Doch der eigentliche Rache-Effekt der Laparoskopie liegt nicht auf finanziellem, sondern auf medizinischem Gebiet. Schließlich haben sowohl die Chirurgen als auch die versicherten Patienten in materieller Hinsicht profitiert, auch wenn man das von den Krankenversicherungen nicht behaupten kann. Doch leider kann die Laparoskopie bei aller scheinbaren Präzision durchaus gefährlicher sein als die herkömmliche Chirurgie – ein Rekomplizierungseffekt. Denn bei dieser Technik können bis zu zehnmal häufiger Komplikationen auftreten als beim herkömmlichen Verfahren, und zwar in einem von fünfzig Fällen. Das Bild der eingeführten Videokamera ist kleiner, körniger und natürlich flacher als der direkte Blick in den geöffneten Bauchraum; und die Chirurgen können die jeweiligen inneren Organe nicht unmittelbar mit ihren Fingern berühren. Für die Ausführung der von Kritikern so genannten »Nintendo-Chirurgie« bedarf es anderer Fähigkeiten, als sie für die herkömmlichen Verfahren erforderlich sind. Der Unterschied ist immerhin so groß, daß Chirurgen mit den richtigen räumlich-motorischen Fähigkeiten schon nach wenigen angeleiteten Operationen allein arbeiten können, während andere dazu angeblich Dutzende oder gar Hunderte von Operationen benötigen. Im Staat New York verlangt man mindestens fünfzehn unter Supervision durchgeführte Operationen, bevor ein Arzt mit der Technik der Laparoskopie allein operieren darf.[36]

Die neue Technik macht die Arbeit für den Chirurgen also keineswegs sicherer, sondern verlangt von ihm, daß er sich geistig und körperlich in einem virtuellen Raum bewegt. Werden zukünftige Generationen von Chirurgen, die mit Videospielen und anderen zweidimensionalen Abbildungen der Welt aufgewachsen sind, ein neues Verhältnis zum Körper entwickeln, wie ihre Vorgänger einst gelernt haben, die durch das Stethoskop gehörten Geräusche und die mit Mikroskop und Röntgenstrahlen gewonnenen Bilder zu interpretieren? Oder wird der schrittweise Verlust einiger alter taktiler Fähigkeiten zu einer Verarmung der Medizin führen? Da es immer wieder Situationen geben wird, in denen man die fortschrittlichen Techniken nicht anwenden kann – etwa weil das Krankenhaus nicht über die erforderliche Ausrüstung verfügt oder ihr Einsatz im Einzelfall mit unannehmbaren Risiken verbunden wäre –, müssen die Chirurgen in Zukunft wahrscheinlich sowohl die neuen als auch die herkömmlichen Verfahren lernen. Statt einer Vereinfachung der ärztlichen Ausbildung führen die schnelleren Verfahren also möglicherweise langfristig zu deren Aufblähung – ein Rekomplizierungseffekt.

Stanley Joel Reiser hat auf die Gefahren hingewiesen, die mit der Neigung vieler Ärzte verbunden sind, »objektiven« Testmethoden und Durchleuchtungsverfahren größeres Vertrauen zu schenken als den eigenen Beobachtungen und den Aussagen der Patienten. Wir haben bereits gesehen, daß der Übergang von der Werkzeugbenutzung zum Werkzeugmanagement unsere Macht über die materielle Welt vergrößert, dabei unser unmittelbares Verständnis aber verringert. Das Beispiel der Laparoskopie zeigt zumindest bisher, daß die Beherrschung neuer Werkzeuge ein Können ganz eigener Art erfordern kann – und dazu eines, das sich keineswegs leicht erlernen läßt.

Bei anderen Technologien kann die Beschaffung zusätzlicher Informationen für Gefahren sorgen. Am stärksten umstritten ist hier die Katheterisierung. Das Einführen von Schläuchen in den menschlichen Körper zur Beobachtung und Überwachung von Körperfunktionen entspricht ganz dem ärztlichen Informationsbedürfnis. Und die Gewinnung genauerer Informationen stärkt das berufliche Ansehen. Doch die Ergebnisse sind noch keineswegs überzeugend. Nur wenige Spezialisten dürften dem Vorwurf der beiden Stanforder Medizinprofessoren Eugene D. Robin und Robert F. McCauley zustimmen, wonach die Verwendung von Lungenarterienkathetern bis zu 100 000 Patienten das Leben gekostet hat, denn bei den meisten handelte es sich um hochgradig gefährdete Patienten. Dennoch bleibt das Verfahren umstritten. Zu den Risiken gehören Infektionen, Durchbrüche, Arterienbrüche, Thrombosen und Herzstillstände. Viele Ärzte haben nicht gelernt, Katheter einzuführen, zu kalibrieren und die damit gewonnenen Daten zu interpretieren. Der Katheter, behaupten Robin und McCauley, »erleichtert dem Arzt das Leben, kann dem Patienten aber unter Umständen das Leben kosten«. Dabei geht es mir hier nicht um die Frage, ob der Nutzen den Schmerz und das Risiko jemals aufzuwiegen vermag, sondern um die Tatsache, daß diese zusätzliche Informationsquelle es dem Arzt noch schwerer macht, Entscheidungen zu treffen – und sei es nur die Entscheidung, ob er diese Technik überhaupt einsetzen soll. Außerdem bedarf es auch auf seiten des Patienten größerer Fähigkeiten; er muß sich mit den Grundzügen des Verfahrens vertraut machen und einigermaßen kompetent mit seinem Arzt darüber sprechen können.[37]

Bürden der Wachsamkeit

Am anderen Ende des Spektrums, weit entfernt von den neuesten Errungenschaften der Chirurgie, finden wir die ermüdenden, repetitiven, vertrauten und technologisch anspruchslosen Pflichten, die man angesichts des Drucks der Arbeit mit den neuen Systemen nur allzuleicht – aber mit gefährlichen Folgen – übersieht. Dazu gehören die elementaren Grundsätze der Hygiene. Gut 6 Prozent aller Krankenhauspatienten werden im Krankhaus mit Mikroben infiziert, die sie dort aufnehmen. Viele dieser Infektionen gehen auf das Konto des medizinischen Personals. Manche Ärzte und Krankenschwestern sorgen für eine weit überdurchschittliche Ausbreitung von Keimen; sie übertragen Bakterien allein schon dadurch, daß sie atmen und umhergehen. Doch ein weitaus simpleres Problem, unzureichendes Händewaschen nämlich, verursacht wahrscheinlich weit mehr Komplikationen. Eine Studie am University of Iowa Hospital hat gezeigt, daß die Arbeitsbelastung selbst diese wertvolle und für die hygienischen Verhältnisse grundlegende Routinetätigkeit zu verdrängen vermag. Zu ihrem Entsetzen fanden die Forscher heraus, daß weniger als die Hälfte des Personals auf Intensivstationen sich überhaupt die Hände wusch – und das, obwohl sie wußten, daß sie beobachtet wurden. »Fachleute auf dem Gebiet der Infektionsbekämpfung reden den Leuten gut zu, sie bitten, drohen und betteln, und dennoch vernachlässigen ihre Kollegen das Händewaschen«, klagt ein Leitartikel des *New England Journal of Medicine*. Dabei scheinen die Ärzte noch nachlässiger zu sein als das übrige Krankenhauspersonal; sie waschen sich nur selten die Hände, bevor sie einen Patienten untersuchen – und das nicht nur in Amerika. Dr. Frank Daschner, Professor für klinische Hygiene an der Universität Freiburg, brachte einmal seine Kollegen gegen sich auf, als er erklärte: »Man kann sich ohne jedes Risiko auf jede Toilette setzen, aber hüten Sie sich unter allen Umständen, Ihrem Arzt die Hand zu schütteln«, und zu dieser Aussage stand er noch 1990. Der technische Fortschritt hat diese alten Rituale keineswegs überflüssig gemacht; im Gegenteil, sie sind heute noch wichtiger als früher, weil eben dieser technische Fortschritt die Möglichkeiten einer Infizierung vervielfacht hat.[38]

Noch auf einem weiteren Gebiet erfordert die Medizin heute größere Wachsamkeit: Die Interpretation lebenswichtiger Testergebnisse liegt nicht nur in den Händen ärztlicher Fachleute, sondern hängt auch von unzureichend ausgebildeten und ebenso unzureichend überwachten Technikern ab. Manche Tests lassen sich automatisieren und zum Teil sogar digitalisieren, doch in vielen Fällen beruht das Erkennen lebensbedrohlicher Krankheiten nicht auf Wissenschaft, sondern auf Qualifikationen, die von angeborenen Fähigkeiten und praktischem Erfahrungswissen abhängen. Das Abtasten der Brust als Maßnahme zur Früherkennung von Brustkrebs hat gewiß schon vielen Frauen das Leben gerettet, doch wenn dieser Test falsch interpretiert wird, wie es häufig geschieht, verleiht er eine trügerische Sicherheit, die lebensbedrohliche Folgen haben kann. Auch falsche positive Diagnosen können gefährlich sein. Die zweifache Bürde neuer Kompetenz und gesteigerter Wachsamkeit vermag zumindest in Teilen zu erklären, warum die Kosten des Gesundheitswesens sich so schwer im Zaum halten lassen. Dabei sind die Kosten selbst kein Rache-Effekt; sie mögen durch den Nutzen jeweils aufgewogen werden oder nicht. Doch die Vermehrung der medikamentösen und sonstigen Behandlungen erhöht auch die Gefahr unerwünschter Wechselwirkungen.

Unsere Unzufriedenheit ist nicht bloß ein psychologischer Streich, den wir uns selbst spielen. Und sie ist auch keine Reaktion auf medizinisch verursachte Krankheiten. Die weltweit explodierende Nachfrage nach medizinischen Dienstleistungen zeigt vielmehr, welche Wertschätzung man den Fähigkeiten der auf technologischer Grundlage arbeitenden Medizin entgegenbringt. Doch wir müssen uns klarmachen, welchen Charakter und welche Grenzen diese Fähigkeiten haben. Die Technik hat mehr durch die Hebung des allgemeinen Lebensstandards zur Verlängerung der Lebenserwartung beigetragen als durch die Verbesserung der Heilmethoden, auch wenn das keineswegs heißen soll, daß die Medizin hier ohne jede Bedeutung wäre. Die Medizin begann sich Anfang des neunzehnten Jahrhunderts zu verändern, als die Ärzte sich von der »ganzheitlichen« Behandlung des Menschen abwandten und einzelne Krankheiten identifizierten, denen sie je spezifische Heilmethoden zuordneten. Zugleich trugen der wachsende Blutzoll auf den Schlachtfeldern und die steigende Zahl der Arbeitsunfälle dazu bei, die Militär- und Unfallmedizin zu verbessern. Die Bedrohung durch weltumspannende Epidemien mobilisierte die Gesundheitsbehörden in Europa und Nordamerika. Natürlich wurden Katastrophen, akute Erkrankungen und Infektionen nicht wirklich besiegt. Das bewiesen die Grippepandemie von 1918 und die Toten zweier Weltkriege nur allzu drastisch. Doch die Entwicklung neuer medizinischer Techniken beweist auch eindeutig, daß die Suche nach besseren Möglichkeiten einer zielgerichteten Behandlung akuter Erkrankungen und nach präziseren chirurgischen Verfahren Leben zu verlängern vermag.

Viele Menschen würden wohl sagen, die Rache-Effekte der neuen medizinischen Techniken bestünden in den Opfern erfolgloser Heilmethoden oder unerwünschter Nebenwirkungen von Therapien und Impfungen. Doch sowohl die Patienten als auch die Ärzte sind durchaus bereit, Risiken einzugehen; wie Leape und seine Kollegen in ihrer Studie gezeigt haben, bleibt die Mehrzahl der vermeidbaren ärztlichen Kunstfehler unbemerkt. Der eigentliche Rache-Effekt liegt im Bereich der medizinischen Praxis. Wir erwarten, daß technologische Verbesserungen die Abhängigkeit von menschlicher Wachsamkeit verringern, und oft ist das durchaus der Fall. Autos und selbst Passagierflugzeuge haben heute weniger Teile, die ständig gewartet werden müssen. Asphaltierte Straßen müssen seltener repariert werden als ungeteerte. Doch da der menschliche Körper ein stark rückgekoppeltes System darstellt, so daß bei einer Behandlung unerwartete Wechselwirkungen zwischen den Teilen auftreten können, verlangen Fortschritte in der Medizin gewöhnlich eher mehr menschliche Aufmerksamkeit als weniger. Die Intensivpflege gewinnt an Umfang, die Zahl der möglichen Komplikationen wächst, und Abweichungen können tödliche Folgen haben. Von den Ärzten verlangen die neuen Technologien eher größeres als geringes Können und vom gesamten medizinischen Personal eher größere als geringere Wachsamkeit. Die Medizin ist nicht deshalb so teuer geworden, weil die Geräte so teuer sind, sondern weil der erfolgreiche Einsatz der medizinischen Technologie den Bedarf an nichttechnischen Dienstleistungen vervielfacht.

Und wie steht es mit den übrigen Ursachen jener Unzufriedenheit mit der Medizin, von der zu Beginn dieses Kapitels die Rede war? Viele dieser Ursachen resultieren aus einem anderen, noch unangenehmeren Rache-Effekt des medizinischen Fortschritts: der Gewichtsverlagerung von den akuten zu den chronischen Krankheiten.

DRITTES KAPITEL
Medizin: Die Rache der chronischen Leiden

Bisher haben wir zwei Rache-Effekte der medizinischen Technik kennengelernt. Der erste liegt in der Tatsache, daß der technische Wandel außerhalb der Medizin offenbar mehr für die Gesundheit der Menschen getan hat als der Fortschritt innerhalb der Medizin; der zweite zeigt sich in dem Umstand, daß fortschrittliche Verfahren und Medikamente größeres Können und größere Wachsamkeit verlangen – während wir vom technischen Fortschritt ansonsten eher das Gegenteil erwarten. Doch das allein vermag noch nicht zu erklären, weshalb gerade jene Menschen, denen eine ausgezeichnete Gesundheitsversorgung zuteil wird, so besorgt um ihre Gesundheit sind. Ivan Illich und andere Kritiker der Medizin behaupten, die Ärzte und sonstigen Angehörigen medizinischer Berufe manipulierten die Nachfrage und förderten die Abhängigkeit der Menschen von ihrem Berufsstand. In diesem Sinne definierte der Wiener Schriftsteller Karl Kraus einst die Psychoanalyse als die Krankheit, deren Heilmittel sie zu sein behauptet. Solche Vorwürfe sind nicht aus der Luft gegriffen, können aber nicht erklären, warum so viele Menschen mehr medizinische Behandlungen verlangen, als die Ärzte ihnen bieten wollen. In der Ärzteschaft fürchtet man den harten Kern der »Stammkunden« und »Hypochonder«, die sich ständig in den Wartezimmern herumtreiben.

Dennoch räumen die Ärzte durchaus ein, daß Millionen von Menschen mit schwer zu diagnostizierenden Beschwerden tatsächlich leiden. Und die Beschwerden dieser Patienten entziehen sich der medizinischen Technik trotz all ihrer Stärken. Während Medikamente und Heilverfahren jeweils auf spezifische lokale Probleme ausgerichtet sind, bleiben die individuellen Symptome vielfach vage: Kopfschmerzen, Müdigkeit, Schmerzen, Verdauungsprobleme. Und während es zunächst den Anschein hatte, als könnten die Röntgenstrahlen und die verschiedenen auf der magnetischen Resonanz basierenden Techniken die tiefsten Geheimnisse des Körperinnern enthüllen, zeigen nun die Scans und Tests allzuoft keine ungewöhnlichen Befunde. Die Chirurgie, die so vielen Menschen das Leben gerettet hat, scheint hier nur wenig ausrichten zu können. Die Krankheiten, vor denen wir die größte Angst hatten, waren sichtbar, lokal und relativ kurz; jetzt sind sie schwer zu fassen, polymorph und endlos. Die medizinische Technik vermag mit einigen chronischen Krankheiten umzugehen, doch manchmal nur um den Preis unangenehmer Nebenwirkungen. Bei anderen vermag sie deren akute Phasen abzuwenden und dadurch Leben zu verlängern. Aber nach einem Jahrhundert großartiger Erfolge mit spezifischen Behandlungsmethoden muß die Medizin sich heute wieder mit einer Auffassung auseinandersetzen, auf die sie einst verzichten zu können glaubte: mit der ganzheitlichen Sicht des Patienten.

Die Wiederentdeckung der chronischen Krankheiten

Zu Beginn des zwanzigsten Jahrhunderts gingen die Krankenhausärzte chronischen Fällen gern aus dem Weg, weil sie diese als entmutigend und intellektuell uninteressant empfanden. Doch wie der Soziologe und Medizinhistoriker Daniel M. Fox gezeigt hat, nahm das Interesse an »unheilbaren« Krankheiten in den zwanziger und dreißiger Jahren langsam zu. Nach dem scheinbaren Sieg über die Tuberkulose in den späten vierziger Jahren verlagerten viele Tbc-Forscher ihre Aktivitäten auf das Gebiet der chronischen Atemwegserkrankungen. Die Mittel für dieses Forschungsgebiet sowie für Krebs und Herzkrankheiten wuchsen in den fünfziger und sechziger Jahren stetig an. Um diese Zeit verwies der Mikrobiologe René Dubos in seinem Buch *Mirage of Health* nicht nur auf die Grenzen der Keimtheorie und die Bedeutung der Umwelt, sondern auch auf die Tatsache, daß die Ärzte »weitaus größere Erfolge bei den dramatischen, aber ingesamt eher seltenen akuten Erkrankungen zu verzeichnen haben als bei der Behandlung der zahllosen chronischen Krankheiten, die für so viel alltägliches Leid verantwortlich sind«. Der Epidemiologe Abdel R. Omran brachte diesen Widerspruch in eine globale Perspektive ein, als er 1971 seinen Aufsatz mit dem Titel ›The Epidemiologic Transition‹ schrieb. Darin teilte er die Entwicklung der Medizin in drei Stadien ein: das Zeitalter der Pest und des Hungers, das Zeitalter der Eindämmung der Pandemien und das Zeitalter der degenerativen und vom Menschen gemachten Krankheiten, mit einer jeweiligen Lebenserwartung der Neugeborenen von zwanzig bis vierzig, dreißig bis fünfzig und schließlich mehr als fünfzig Jahren. Der Westen hatte das dritte Stadium in den zwanziger Jahren erreicht. In der Zunahme chronischer Krankheiten sah Omran ein positives Anzeichen für den Sieg über die Pest, den Hunger und die Pandemien. Sein Interesse galt eher den Voraussetzungen einer sozialen und ökonomischen Modernisierung als dem Problem der chronischen Krankheiten in der entwickelten Welt.[1]

Doch ein paar Jahre später gelangte ein anderer Aufsatz zu pessimistischeren Schlußfolgerungen für die industrialisierten Länder. In seiner einflußreichen Studie *The Failures of Success* erinnerte der Psychiater und Epidemiologe Ernest M. Gruenberg an ein Paradoxon, auf das William Ossler schon 1935 in seinem klassischen Lehrbuch der Medizin hingewiesen hatte. Dort hatte Ossler geschrieben, daß »Menschen selten an den Krankheiten sterben, an denen sie leiden. Viele Patienten mit unheilbaren Krankheiten werden von sekundären Infektionen mit tödlichem Verlauf dahingerafft.« Doch Ende der dreißiger Jahre sollten die Sulfonamide die Mortalität bei Lungenentzündung halbieren; in der Nachkriegszeit sorgten dann das Penicillin und andere Antibiotika für eine weitere Verringerung der Sterblichkeit. Bei einem überproportionalen Teil der Patienten, die durch die neuen Medikamente gerettet wurden, handelte es sich um Menschen, die bereits durch unheilbare Krankheiten geschwächt waren. Statt den allgemeinen Gesundheitszustand zu verbessern, verschlechterte die medizinische Forschung ihn unvermeidlich, indem sie den zahlenmäßigen Anteil der Invaliden und chronisch Kranken erhöhte.[2]

Erstaunt war Gruenberg auch über den wachsenden Anteil an Kindern, die unter der heute als Down-Syndrom bekannten Krankheit litten. Wie eine Studie zeigte, verdoppelte sich der Anteil 1929 bis 1949 und dann bis 1958 noch einmal auf eins pro tausend. Eine andere Studie belegte, daß der Anteil sich bei den Kindern von fünf bis vierzehn Jahren auch im Zeitraum von 1961 bis 1974 verdoppelte. Früher waren die meisten Kinder mit Down-Syndrom an Lungenentzündung gestorben, bevor sie das Alter von sechs Jahren erreichten. Doch in den siebziger Jahren konnte man auch die Krankheiten des mittleren Alters erfolgreich behandelt, und die Ärzte erwarteten die erste Generation älterer Patienten mit Down-Syndrom. Auch bei Alzheimer-Patienten stieg die Lebenserwartung auf das Doppelte. Überdies gab es Hinweise, daß dank der Verbesserungen in der Behandlung von Lungenentzündungen, Herzinfarkten und Schlaganfällen nun die Häufigkeit der Arteriosklerose zunahm und mit ihr die Häufigkeit chronischer Hirn-, Herz- und Nierenkrankheiten.

Gruenberg forderte daher, die medizinische Forschung, die sich hauptsächlich mit den Infektionskrankheiten befaßte, stärker auf ein Verständnis der Mechanismen chronischer und degenerativer Krankheiten auszurichten. Die Entdeckung, daß Fluormangel Zahnkaries begünstigt, schien bewiesen zu haben, daß die Forschung auch weitverbreiteten chronischen Krankheiten erfolgreich zu Leibe rücken kann. Gruenberg, der einen schweren Autounfall überlebt hatte, erkannte, daß man auch chronisch Kranken und Behinderten durchaus noch eine hohe Lebensqualität ermöglichen kann. Er forderte nicht, die lebensrettende Medizin einzuschränken, sondern die Illusion aufzugeben, die Senkung der Sterblichkeitsraten seien das wichtigste oder gar einzige Ziel des Gesundheitswesens.

Als die Vordenker des Gesundheitssystems inmitten des medizinischen Optimismus der Nachkriegszeit die chronischen Krankheiten wiederentdeckten, übergingen sie fast ausnahmslos eine schwierige Frage: In welchem Umfang waren chronische Krankheiten auch schon vor Omrans »epidemiologischem Wandel« vorhanden gewesen, ohne daß man sie diagnostiziert oder ihnen auch nur einen Namen gegeben hätte? Chronische und degenerative Krankheiten sind zwar heute häufiger die Todesursache als vor einhundert Jahren, aber niemand weiß, wie weit sie wirklich verbreitet sind. Ein Historiker der deutschen Sozialgeschichte des achtzehnten Jahrhunderts berichtete kürzlich in einem Seminar von einem Fall, auf den er in einem Archiv gestoßen war. Eine Frau litt an einer schmerzhaften Entzündung des Fußballens und suchte deshalb einen Arzt auf. Sie hatte außerdem Krebs, aber das war nicht der Grund ihres Arztbesuchs, denn sie glaubte, zweifellos zu Recht, daß man den Krebs nicht behandeln könne. Inzwischen aber hielt die Entzündung sie davon ab, notwendige Arbeiten zu erledigen, und die Entzündung konnte behandelt werden.

Heutzutage zeigt sich bei Obduktionen, daß Krebs, Herzerkrankungen und andere verborgene Krankheiten weit häufiger vorkommen, als sie auf dem Totenschein aufgeführt werden. Die große Zahl der Menschen, die vor einhundert Jahren in mittlerem Alter an Infektionskrankheiten starben, verdeckte zweifellos zahlreiche chronische Erkrankungen. Wie die Krebspatientin aus dem siebzehnten Jahrhundert, so hätte auch im neunzehnten Jahrhundert der Steinbrecher, der Bergmann, der Baumwollspinner und der Asbestarbeiter mit seiner Staublunge kaum etwas davon gehabt, wenn er eine chronische Berufskrankheit gemeldet hätte. Denn keine Invalidenrente wartete dann auf ihn, sondern die Entlassung und bleibende Arbeitslosigkeit.[3]

Die erfolgreiche Theorie der Krankheitserreger war mit dem Rache-Effekt verbunden, daß man Krankheiten, die sich nur langsam aufgrund schädlicher Umwelteinflüsse ausbilden, erst spät erkannte. Die Staublunge wurde zu einem besonderen Problem, als schwere Maschinen die Staubmengen erhöhten, denen die Arbeiter ausgesetzt waren.[4] Doch statt diesem Hinweis nachzugehen, kehrte die medizinische Forschung den industriellen und umweltbedingten Faktoren den Rücken und jagte krankheitsspezifischen Erregern nach. Bis Kommissionen in Südafrika zu dem Schluß gelangten, daß es sich bei der Silikose um eine eigenständige Krankheit handelte, hielten medizinische Autoritäten in Europa und Amerika die »Phthisis«, wie man sie damals nannte, für eine Form von Tuberkulose. Selbst heute ist die Diognase der Silikose nicht einfach – Röntgenstrahlen zeichnen kein verläßliches Bild –, und die Autoren des Standardwerks zur Geschichte dieser Krankheit sind fest davon überzeugt, daß sie in den Statistiken immer noch deutlich unterrepräsentiert ist. Schon im ausgehenden neunzehnten Jahrhundert muß die Beobachtung zutreffend gewesen sein, die der Vertreter einer Bergarbeitergewerkschaft in den fünfziger Jahren unseres Jahrhunderts gemacht hat: »Bei den Bergleuten gibt es einen bösen Scherz, wonach Bergleute niemals an Staublunge sterben. Und zwar, weil die Staublunge zu Tuberkulose oder Herzversagen oder irgendeiner Infektion führt. Diese anderen Krankheiten findet man dann auf dem Totenschein, aber ohne die Staublunge wären sie gar nicht entstanden.«[5]

Selbst Leiden wie das chronische Ermüdungssyndrom und das Karpaltunnelsyndrom, die erst kürzlich einen Namen erhielten und mit neuen Belastungen des Lebens im zwanzigsten Jahrhundert in Verbindung gebracht werden, hatten ihre Vorläufer. Im frühen neunzehnten Jahrhundert berichteten englische Kanzlisten erstmals von einem »Schreibkrampf«, der Daumen, Zeige- und Mittelfinger befiel und in derselben streßbeladenen Bürowelt auftrat wie heute das Karpaltunnelsyndrom. (Noch weniger wissen wir über ein mögliches Karpaltunnelsyndrom bei Arbeitern des neunzehnten Jahrhunderts, vielleicht weil die Arbeitsprozesse die Arbeiter damals nicht denselben Gefahren aussetzten.) Die »hypochondrischen Beschwerden« derselben Zeit und die im späten neunzehnten Jahrhundert aufkommende Diagnose der Neurasthenie galten einem Cluster von Symptomen, das Ähnlichkeit mit dem chronischen Ermüdungssyndrom aufweist: Erschöpfung, multiple Schmerzen, Fieber und Depression. Für Psychiater und Psychologen, die psychischen und sozialen Faktoren bei der Erklärung des chronischen Ermüdungssyndroms den Vorzug gegenüber Virusinfektionen und anderen organischen Ursachen geben, hat diese Ähnlichkeit großen Reiz. Doch es ist ebenso denkbar, daß ein Virus, der das chronische Ermüdungssyndrom verursacht, seit einem Jahrhundert oder auch schon länger aktiv ist – ständig oder mit Unterbrechungen – und daß der kulturelle Wandel lediglich mehr Patienten veranlaßt hat, dieses Syndrom als Krankheit zu verstehen und damit zum Arzt zu gehen.[6]

Infektionskrankheiten müssen schon immer eine Vielzahl verborgener chronischer Leiden verdeckt haben, die ihrerseits das Infektionsrisiko erhöhen. Schon in der Vergangenheit gab es zahlreiche Berichte über schwere, langanhaltende Krankheiten, die wir niemals genau werden identifizieren können, zum Beispiel die ständigen Magenbeschwerden und die Erschöpfung, unter denen Charles Darwin die meiste Zeit seines Lebens litt. (In Darwins Fall haben Historiker und Ärzte eine Reihe von Möglichkeiten erwogen: eine Hirnkrankheit, die durch den Biß eines südamerikanischen Insekts ausgelöst wurde; die Auswirkungen einer langwierigen Selbstbehandlung mit einem Universalheilmittel; die Belastung durch Streitereien und Familientragödien; und erst kürzlich auch das chronische Ermüdungssyndrom.) So werden wir denn wahrscheinlich niemals sagen können, ob chronische Krankheiten heute weiter verbreitet sind als vor hundert oder hundertfünfzig Jahren. Doch ganz gleich, in welchem Maß die Verlagerung hin zu den chronischen Krankheiten organisch bedingt ist oder auf kulturelle bzw. psychische Faktoren zurückgeht, in jedem Fall fürchten wir chronische Krankheiten am meisten.[7]

Ob neu oder gerade erst entdeckt: chronische Krankheiten entziehen sich den meisten Stärken der technologischen Medizin. Ärzte wollen nicht bloß pflegen – sie wollen heilen. In einer Umgebung, die ganz auf die Behandlung akuter Erkrankungen ausgerichtet ist, sind »chronische Krankheiten eine Anklage«, wie der Leiter eines großen New Yorker Krankenhauses einmal bemerkte. Der Wunsch, mehr für chronisch Kranke zu tun, führt zu Frustrationen in der Behandlung akuter Krankheiten. Es entmutigt das Krankenhauspersonal, wenn »nichts mehr getan werden kann«. Der Medizinsoziologe Anselm L. Strauss und seine Kollegen haben sieben Merkmale aufgelistet, die chronische Erkrankungen von anderen Krankheiten unterscheiden. Sie sind ihrem Wesen nach *langwierig*; wer mit chronisch Kranken zu tun hat, muß sich darauf gefaßt machen, seinen Patienten nicht nur ein paar Tage oder Wochen, sondern jahrelang beizustehen. Ihre Prognose ist *ungewiß*, wobei akute und remissive Phasen einander abwechseln und ständig neue Behandlungsmethoden sich in der Erprobung befinden. Sie erfordern vergleichsweise größeren Aufwand bei der *Linderung von Symptomen*, was wiederum sehr kostspielig sein kann. Es handelt sich um *multiple* Erkrankungen, bei denen der Zusammenbruch eines Systems schädliche Auswirkungen auf andere Systeme haben kann – ein typisches Merkmal stark rückgekoppelter Systeme, wie Perrow sie beschrieben hat. Sie wirken *sozial zersetzend*, weil die Patienten unter Umständen ihre Arbeit aufgeben und ihre Lebensplanung korrigieren müssen. Sie erfordern neben medizinischen auch *soziale* Dienstleistungen. Und sie sind *teuer*.[8]

Doch es gibt noch ein weiteres Merkmal, insbesondere bei chronisch Kranken ohne stärkere Beeinträchtigungen: Sie drängen die Patienten, unorthodoxe Behandlungsmethoden auszuprobieren. Den Ärzten wird langsam klar, daß eine große Zahl ihrer Patienten – nach einer neueren Untersuchung gut ein Drittel – Chiropraktiker, Akupunkteure, Masseure, Entspannungstherapeuten und andere Heilpraktiker mit unkonventionellen Methoden aufsucht, meist zur Ergänzung der üblichen medizinischen Behandlung. In der überwiegenden Mehrzahl behandeln diese Dienstleister chronische Beschwerden wie Rückenschmerzen, Allergien, Arthritis, Kopfschmerzen und Schlafstörungen. Dasselbe amerikanische Publikum, das international für seine Wertschätzung intensiver medizinischer Eingriffe bekannt ist, sieht sich mit der gleichen Bereitwilligkeit auch nach anderen Möglichkeiten um, wenn die medizinische Wissenschaft und die Medizintechnik keine Wirkung zu zeigen scheinen.[9]

Bei manchen chronischen Krankheiten haben sich die Behandlungsmöglichkeiten im zwanzigsten Jahrhundert beträchtlich verbessert. Dazu gehört der Diabetes. Die Isolierung des Insulins im Jahr 1923 machte es möglich, diese Krankheit, von der Millionen Menschen betroffen sind, unter Kontrolle zu bringen. Der »Diabetes Control and Complications Trial«, eine amerikanische Langzeituntersuchung, die 1983 begann und sich über einen Zeitraum von zehn Jahren erstreckte, gelangte zu dem Ergebnis, daß eine genauere Kontrolle der Insulindosierung Komplikationen im Bereich der Augen, der Nieren und der Nerven drastisch zu verringern vermag. Doch auch in diesem Fall brachte die Technik keine saubere Lösung, sondern die Bürde erhöhter Anforderungen an die Wachsamkeit. Bei der Insulintherapie ist es notwendig, ständig für die richtige Dosierung des Hormons zu sorgen, um Kreislaufprobleme zu vermeiden, die zur Erblindung führen oder die Amputation von Gliedmaßen erforderlich machen können. Um sicherzustellen, daß die Schwankungen des Blutzuckers sich stets nur innerhalb einer engen Bandbreite bewegen, müssen die Patienten ihr Blut bis zu zwölfmal am Tag testen und sich immer wieder genau bestimmte Dosen Insulin injizieren. Diese intensive Selbstüberwachung erfordert viele Stunden Ausbildung, strenge Disziplin und medizinische Supervision. Kontinuierliche Insulinpumpen können die Injektion vereinfachen, bedürfen aber auch der Überwachung. Sowohl in der herkömmlichen als auch in der alternativen Medizin erhöhen chronische Krankheiten also die Notwendigkeit ständiger Pflege und strafen damit alle Hoffnungen Lügen, die Technik könne uns von solchen endlosen repetitiven Arbeiten befreien.[10]

Die Kosten des Überlebens

Da sich nur schwer sagen läßt, ob eine Krankheit neu aufgetreten ist, oder auch nur, in welcher Weise sie sich verändert hat, fragen wir bei unseren Überlegungen zur Technik und Geschichte chronischer Krankheiten besser, inwiefern Verbesserungen der Behandlungsmethoden tatsächlich dazu beitragen können, die Zahl der Überlebenden bei chronischen Beschwerden zu vergrößern. Denn Überleben ist natürlich fast immer besser als das Gegenteil. Und Menschen mit chronischen Leiden können immer noch Beträchtliches leisten. Wenn wir bei den Problemen des Überlebens von Rache-Effekten sprechen, bedeutet das also keineswegs, daß es nutzlos wäre, Menschenleben zu retten. Es bedeutet lediglich, daß wir durch die Lösung eines Problems – nämlich durch die Verringerung der Mortalität bei Katastrophen und akuten Erkrankungen – ein anderes Problem geschaffen haben, das gleichfalls besserer Lösungen bedarf.

Die Technik des späten zwanzigsten Jahrhunderts gibt Menschen, die bei Unfällen oder Katastrophen verletzt worden sind und überlebt haben, eine bislang noch nie dagewesene Chance, sich auch in Zukunft weiterzuentwickeln und ihre Fähigkeiten zu nutzen. Computer können Texte lesen, Sprache erkennen und sogar künstlich Sprache erzeugen. Neue Werkstoffe bieten bessere Möglichkeiten, motorische Funktionen und Mobilität wiederherzustellen. Leider vermag die Technik bei chronischen geistigen Störungen im Gefolge psychischer Traumen weit weniger auszurichten. Der Kulturhistoriker Wolfgang Schivelbusch hat aufgezeigt, welche Bedeutung den Eisenbahnunglücken bei der Erkennung und Konstruktion jener chronischen geistigen Störung zukam, die wir heute als posttraumatisches Streßsyndrom bezeichnen. Schivelbusch zitiert eine Abhandlung aus dem Jahr 1866, die von dem medizinischen Autor William Camps stammt. Camps glaubte, Eisenbahnunglücke belasteten das Nervensystem in einer Weise, wie man es bis dahin noch nicht gekannt hatte. Selbst bei nur geringen körperlichen Verletzungen könne »das System einen Schock erleiden, der die gesamte Verfassung nachhaltig erschüttert, und dies so stark, daß die unglücklichen Unfallopfer unter Umständen ihr ganzes restliches Leben darunter zu leiden haben, das im übrigen ... dadurch verkürzt werden mag«. Unabhängig von Camps beschrieb um dieselbe Zeit John Eric Erichsen die Leiden eines überlebenden Unfallopfers und berichtete von Problemen mit dem Gedächtnis, den Sexualfunktionen und der Verdauung sowie von Müdigkeit, Schlaflosigkeit und Alpträumen. Durch Verbesserungen der Fahrüberwachung, des Signalsystems, der Strecken, des rollenden Materials und der Bremsen gelang es, die Zahl der Unfälle zu senken. Aufgrund einer verbesserten Notfallbehandlung konnte man mehr Überlebende retten. Und als die Menschen sich im Laufe der Zeit an die höheren Geschwindigkeiten gewöhnten, verringerte sich möglicherweise auch der empfundene Unfallschock, zumindest wenn es nicht zu ernsten körperlichen Verletzungen kam. Doch die chronischen psychischen Folgen von Katastrophen bereiteten medizinischen und juristischen Autoren auch weiterhin Sorgen. Wie andere Formen von Schmerz und Leid stellen sie jede quantitativ ausgerichtete Forschung vor das Problem, daß es sich um sehr reale, aber nicht meßbare Größen handelt. Und Juristen stellen sie vor die unangenehme Frage, ob das Leid echt ist oder ob nur Schadenersatz erschlichen werden soll.[11]

Doch nicht bei zivilen Unfällen traten die chronischen Folgen von Katastrophen am auffälligsten zutage. Wie wir gesehen haben, gelang es der Militärmedizin, immer mehr verwundete Soldaten schon bald wieder zurück an die Front zu schicken, und gerade diese Effizienz trug dazu bei, daß die Zusammensetzung der Kriegsversehrten sich veränderte. Von Krieg zu Krieg gewann der posttraumatische Streß medizinisch und sozial an Bedeutung. Ausgerechnet der Vietnamkrieg schien zu beweisen, daß der psychische »Blutzoll« des Krieges sich minimieren ließ. Denn wie die Sterblichkeit in den Militärhospitälern, so schien auch die Kurve der kriegsbedingten psychischen Störungen nach unten zu weisen. Während des Ersten Weltkriegs wurden schätzungsweise 200 000 britische Soldaten wegen Granatenschock aus dem Militärdienst entlassen, obwohl man diese Diagnose anfangs untersagt hatte und die Betroffenen vielfach einer brutalen Behandlung unterworfen wurden. Im Zweiten Weltkrieg entfielen 23 Prozent der Ausfälle auf posttraumatischen Streß, wie wir heute sagen würden; im Koreakrieg sank die Rate auf 12 Prozent, und im Vietnamkrieg betrug sie nur noch ein Zehntel davon, nämlich 1,2 Prozent. Nach Ansicht eines Psychiaters waren nur 5 Prozent davon tatsächlich auf Kampfhandlungen zurückzuführen, während 40 Prozent möglicherweise erst nach der Entlassung aus dem Militärdienst aufgetreten seien.[12]

Die Army glaubte, aus früheren Kriegen gelernt zu haben. Sie begrenzte die Einsatzzeiten der Soldaten und schickte verwundete Soldaten möglichst rasch zurück an die Front. Doch als der Vietnamkrieg zu Ende war, zeigte sich mit den Jahren immer deutlicher, wie schwerwiegend und schwer zu behandeln die psychischen Folgen in Wirklichkeit waren. In einer neueren Studie schätzt William Schlenger vom Research Triangle Institute, daß ein Drittel aller Vietnamveteranen, soweit sie Kampfeinheiten angehörten, unter posttraumatischen Störungen leiden, das sind insgesamt 470 000 ehemalige Soldaten. Die Symptome zeigten sich oft erst Jahre nach der Entlassung aus dem Militärdienst. Wie die Psychologin Ghislaine Boulanger gezeigt hat, handelt es sich bei den posttraumatischen Störungen zwar um eine neue Diagnose, aber um dasselbe Syndrom wie bei den Kriegsneurosen früherer Kriege. Wie diese stehen sie in einem direkten Verhältnis zur Intensität der Kampferfahrungen. Außerdem belegen bereits Studien aus dem Zweiten Weltkrieg, daß die Symptome jahrzehntelang anhalten können. Wie bei den früheren Kriegsneurosen gehört zu den Symptomen auch das intensive Wiedererleben traumatischer Kriegserlebnisse, meist im Schlaf, aber gelegentlich auch im Wachzustand. Im Anschluß an die dritte Ausgabe des *Diagnostic and Statistical Manual* der American Psychiatric Association (*DSM-III*) nennt Boulanger als weitere Symptome: »starke autonome Erregung, übertriebene Wachsamkeit, überzogene Schreckreaktionen, Einschlafstörungen und das Gefühl, bald die Beherrschung zu verlieren«. Die zeitliche Verzögerung zwischen dem traumatischen Ereignis und dem Auftreten der Symptome verzögerte die offizielle Anerkennung des Syndroms durch die amerikanische Psychiatrie.[13]

Trotz jahrzehntelanger Forschungen zum posttraumatischen Streß nicht nur bei Soldaten, sondern auch bei den Überlebenden von Vergewaltigungen, Inzest und anderen Gewalttaten wissen wir noch immer kaum etwas über die Umstände, unter denen das Ereignis die Symptome erzeugt. Wir vermögen die relativ lange Inkubationszeit und die längere Dauer der Symptome bei Veteranen des Vietnamkriegs mit keinem besonderen Merkmal dieses Krieges in Zusammenhang zu bringen. Wir können auch nicht sagen, daß die rasche Evakuierung und Behandlung der Verwundeten direkt zur Entstehung des posttraumatischen Streßsyndroms beigetragen hätte, wenngleich ein indirekter Zusammenhang durchaus wahrscheinlich ist. Die Kriegserlebnisse in Vietnam waren noch belastender als in den vorangegangenen Kriegen. Die ausgezeichnete medizinische Versorgung erhöhte nicht nur die Effizienz der amerikanischen Truppen, sondern ermutigte möglicherweise auch manche Kommandeure, mehr Soldaten den an der Front herrschenden Bedingungen auszusetzen, die schließlich zum posttraumatischen Streßsyndrom führten, wie ja auch manche zivilen Nutzer sich durch Sicherheitsausrüstungen verleiten lassen, Gefahren einzugehen, denen sie ansonsten aus dem Weg gehen würden. Die Militärmedizin, die so großartige Erfolge in der Behandlung akuter Kriegsverwundungen zu verzeichnen hatte, erwies sich als unfähig, die langfristigen chronischen Folgen des Krieges vorauszusehen oder durch geeignete Präventivmaßnahmen abzuwenden.

Auch im zivilen Leben können die langfristigen Folgen einer verbesserten Unfallmedizin qualvoll sein. In den letzten zwanzig Jahren haben die organischen Hirnverletzungen tragische Ausmaße erreicht. In den siebziger Jahren startete die amerikanische Regierung ein großangelegtes technologisch ausgerichtetes Programm zur Senkung der horrenden Zahl von Todesopfern, die aufgrund von Unfällen aller Art zu beklagen waren. Man verbesserte das Notrufsystem, die Rettungsdienste und die Notaufnahmen in den Krankenhäusern, wobei man vielfach auf Kenntnisse und Fähigkeiten zurückgriff, die man im Vietnamkrieg erworben hatte. Neue Durchleuchtungstechniken und hirnchirurgische Verfahren breiteten sich aus. Heute können Traumazentren und Unfallkliniken zwei von drei Unfallopfern mit schweren Kopfverletzungen retten; sie sind in der Lage, die

Hirnschwellungen, die für schwere Schäden verantwortlich sind, unter Beobachtung zu halten; und insgesamt überleben heute dank der Verbesserungen im Bereich des Rettungswesens und der Unfallmedizin mehr Menschen mit Kopfverletzungen als jemals zuvor. Doch auch bei bester medizinischer Versorgung bedürfen Hirnverletzungen rascherer medizinischer Hilfe als andere verletzte Organe. Bei Verletzungen am übrigen Körper haben Unfallopfer oft noch nach einer oder mehreren Stunden eine Chance, bei den höheren Hirnfunktionen bleiben vielfach nur Minuten.

Noch immer sind Kopfverletzungen in den Vereinigten Staaten jährlich der Grund für Millionen von ambulanten Behandlungen und für 500000 stationäre Aufnahmen. Und bei Amerikanern unter vierundzwanzig Jahren sind sie weiterhin die wichtigste Todesursache. Doch nach Angaben der National Head Injury Foundation stieg die Überlebensrate zwischen den späten siebziger und den späten achtziger Jahren von 5 auf 50–60 Prozent – eine Verbesserung, die zu einer »versteckten Epidemie« von Behinderungen führte. Auch bei den Teenagern mit Kopfverletzungen vervierfachte sich die Überlebensrate. Von den Überlebenden behalten jährlich bis zu 90000 bleibende Schäden.[14]

Im Bereich des Lesens, des Sprechens und der Mobilität gibt es Hunderte von Geräten, die Menschen mit körperlichen Gebrechen helfen, ein Stück Unabhängigkeit zurückzugewinnen. Nicht so bei zahlreichen Hirnschädigungen. Hunderttausende hirngeschädigter Patienten brauchen hoch oder gering technisierte, aber in jedem Fall arbeitsintensive Pflege. Die häusliche Pflege kann sich zu einer Vollzeitbeschäftigung auswachsen. Manche Patienten können nicht einmal selbständig schlucken oder atmen. Inkontinenz schließt sie vom normalen gesellschaftlichen Leben aus. Selbst wenn die Verletzung den Überlebenden nicht vollkommen abhängig von fremder Hilfe macht, kann sie zu einer dramatischen Veränderung seiner Persönlichkeit führen. Ein Hirngeschädigter erkennt möglicherweise die eigenen Eltern oder Kinder nicht, die ihn pflegen; gelegentlich schädigen Hirnverletzungen das Gedächtnis so stark, daß der Betreffende niemals wieder normale zwischenmenschliche Beziehungen aufzunehmen vermag und Tag für die Tag immer wieder dieselben Fragen stellt. In seinem berühmten Aufsatz ›The Head-Injured Family‹ hat der Neuropsychologe D. Neil Brooks die Ergebnisse seiner Untersuchung über das Leben von Ehegatten, Kindern und anderen Angehören hirngeschädigter Patienten zusammengefaßt. Danach zerstören Hirnschäden das häusliche und soziale Leben sogar noch nachhaltiger als Querschnittslähmungen. Und anders als bei sonstigen Behinderungen wird die Belastung mit der Zeit nicht geringer, sondern größer. Depression und

Angst sind weit verbreitet. Neun von zehn Angehörigen fühlen sich gefangen. Gerade die Effizienz unserer Reaktion auf Unfallverletzungen hat zu einer epidemischen Ausbreitung verlängerten Leids nicht nur bei einzelnen Menschen, sondern bei ganzen Familien geführt.[15]

Kinderkrankheiten überleben

Selbst die größten Erfolge der Medizin bei der Behandlung chronischer Krankheiten haben zu einer Vermehrung anderer chronischer Leiden geführt. Vielen Menschen, die akute Krankheiten überlebt haben, sind chronische Folgen nur allzu vertraut. Möglicherweise leidet ein Viertel der 250 000 bis 300 000 Überlebenden der amerikanische Polioepidemie der fünfziger Jahre unter postpoliomyelitischer Muskelschwäche. Sie ähnelt den normalen Auswirkungen des Alterns und der Arthritis. Dabei melden die Nerven, daß Muskeln zerstört sind, und zwar auch solche, die von der ursprünglichen Krankheit scheinbar gar nicht betroffen waren. Obwohl die Aufzeichnungen über diese Krankheit mehr als hundert Jahre zurückreichen, haben die Ärzte die Realität des postpoliomyelitischen Syndroms nur langsam zur Kenntnis genommen. Selbst Anfang der neunziger Jahre war noch nicht klar, ob die Muskelkraft bei ehemaligen Poliopatienten tatsächlich stärker nachläßt als bei gesunden Menschen derselben Altersgruppe.[16]

Die in letzter Zeit gelungene Erhöhung der Überlebensrate krebskranker Kinder ist eine in mancherlei Hinsicht ebenso eindrucksvolle Geschichte wie die Entwicklung der Impfstoffe, mit deren Hilfe wir die Kinderlähmung nahezu vollständig ausgerottet haben. Sieben von zehn pädiatrischen Krebspatienten leben länger als fünf Jahre; bei den erwachsenen Krebspatienten dagegen nur zwei von zehn. Nach Schätzungen wird es im Jahr 2 000 mehr als 200 000 Amerikaner geben, die in ihrer Kindheit eine Krebserkrankung überstanden haben, das ist mehr als ein Promille der Bevölkerung. Doch in einer Studie über die Überlebenden solcher Krebserkrankungen im Kindesalter stieß man in vier von zehn Fällen auf körperliche oder geistige Probleme, die durch die Krebsbehandlung verursacht worden waren. Auch eine erfolgreiche Krebstherapie kann zu Schädigungen der Fortpflanzungsorgane, zu grauem Star oder zu Herzkrankheiten führen. Die Bestrahlung kann Knochen und Lungengewebe schädigen, und bei Hirntumoren führt sie oft zu Beeinträchtigungen der Lernfähigkeit und manchmal sogar zu einer Verzögerung der geistigen Entwicklung. Bei solchen Kindern besteht auch eine zehnmal höhere Wahrscheinlichkeit, daß sie noch einmal an Krebs erkranken, und diese Erhöhung des

Krebsrisikos hat ihre Ursache nicht so sehr in einer genetischen Disposition als vielmehr in der vorausgegangenen Krebsbehandlung.[17]

Die Rache-Effekte der erhöhten Überlebensrate gehen möglicherweise noch über den Bereich der Unfallverletzungen und der Krebserkrankungen im Kindesalter hinaus. Obwohl der Nachweis noch nicht erbracht ist, besteht doch die reale Möglichkeit, daß der Rückgang der Infektionskrankheiten – aufgrund medizinischer Fortschritte, besserer Ausbildung und besserer Lebensbedingungen – den chronischen Krankheiten Vorschub geleistet hat. Das jedenfalls behauptet der Historiker James C. Riley, der dabei auf den Gedanken einer »Akkumulation der Schädigungen« zurückgreift, den der Medizinphysiker Hardin B. Jones entwikkelt hat. Jones behauptet, daß jede Krankheit sich langfristig nachteilig auf den Gesundheitszustand auswirkt, oder wie Riley es paraphrasierend ausdrückt: »Jede Krankheit schädigt in gewissem Umfang die physiologischen Funktionen. Krankheiten erleichtern tendenziell das Auftreten weiterer Krankheiten in allen folgenden Lebensaltern, auch im Erwachsenenalter. Begünstigte Kohorten – solche, die seltener krank gewesen sind – besitzen auch in den nachfolgenden Lebensaltern eine höhere Lebenserwartung und größere Kraft.« Die von Riley und anderen Medizintheoretikern ausgearbeitete These einer »Akkumulation der Schädigungen« besagt, daß Erkrankungen, Verletzungen und Risikofaktoren (wie Tabak oder Alkohol) nicht nur erkennbare Schäden hervorrufen. Infektionen können zwar eine nützliche Anpassungsreaktion des Immunsystems auslösen, doch wie die Anhänger einer Theorie der Schadensakkumulation glauben, schwächen langanhaltende Gewebeschädigungen die Abwehrkraft des Körpers gegen zukünftige Belastungen, weil sie die verfügbaren Ressourcen ganz auf »Reparatur und Anpassung« ausrichten.[18]

Rileys Hypothese läßt sich nur schwer überprüfen, aber sie hat die Evolutionstheorie auf ihrer Seite. Die in diesem Zusammenhang wichtigste Studie war die Auswertung von 3000 Autopsien, die der Arzt William Ophüls während des ersten Viertels unseres Jahrhunderts in San Francisco durchgeführt hat. Ophüls' wichtigste Erkenntnis war der Befund, daß Menschen, die Infektionskrankheiten durchgemacht hatten, deutlich mehr Schädigungen an Herz und Arterien aufwiesen. Er glaubte, andere Krankheiten förderten Herzerkrankungen, indem sie die Arterienwände schädigten. Verletzungen, die aus früheren Erkrankungen herrührten, führten zu Ablagerungen und damit zur Arteriosklerose. Riley analysierte die Akten von Krankenkassen im England des ausgehenden neunzehnten Jahrhunderts. Dabei fand er, daß mit der Zeit zwar mehr Arbeiter das vierte und fünfte Lebensjahrzehnt erreichten, daß zugleich aber die Krankenrate in sämtlichen Altersgruppen anstieg. Die Menschen lebten zwar länger, doch sie waren offenbar kranker, wenn sie älter wurden, zumindest bis zum fünfundsechzigsten Lebensjahr, denn in diesem Alter erlangten die üblichen Alterskrankheiten größere Bedeutung als Schädigungen durch vorangegangene Erkrankungen. Die Schadensakkumulation ist die stärkste Form einer Theorie der Rache-Effekte in der Medizin. Zugleich ist sie die spekulativste, denn die Faktenbasis ist sehr schwach. Wie das Beispiel der Staublunge zeigt, ist es nicht einmal mit unseren modernen Durchleuchtungstechniken leicht, Krankheiten zu untersuchen, die sich über lange Zeiträume entwickeln.[19]

Selbst wenn die Hypothese einer Schadensakkumulation zuträfe, zöge der Versuch, Verletzungen und Krankheiten um jeden Preis zu verhindern, höchstwahrscheinlich seine eigenen Rache-Effekte nach sich. Dazu bedürfte es nämlich einer hochgradig beschützten und isolierten Kindheit, die dann allerdings verhinderte, daß man die Antikörper entwickelt, die für den Erwachsenen so wertvoll sind. Schon in den zwanziger und dreißiger Jahren fanden Epidemiologen heraus, daß der Kreuzzug für bessere hygienische Verhältnisse zu Beginn des Jahrhunderts die Kinderlähmung keineswegs eingedämmt, sondern ihre Ausbreitung sogar noch gefördert hatte. Als alle Kinder den Virus schon in den ersten Tages ihres Lebens aufnahmen, also zu einem Zeitpunkt, in dem die Antikörper im Blut der Mutter ihnen noch Schutz boten, war die Kinderlähmung so gut wie unbekannt. Die Epidemie erreichte dort ihre größten Ausmaße, wo Wasserversorgung und Hygiene die höchsten Standards aufwiesen. Denn dort kamen die Kinder erst lange nach dem Ende der von der Mutter übertragenen Immunität mit dem Virus in Berührung. Auch die Röteln wurden erst zu einer ernsten Erwachsenenkrankheit, als immer weniger Kinder sich damit infizierten. Erst kürzlich hat die Wissenschaftsautorin Lynn Payer darauf hingewiesen, daß die lockerere Einstellung der Franzosen gegenüber der Berührung mit Keimen aller Art die Auswirkungen dieser Krankheitserreger im späteren Leben mildert. In Ländern, in denen weniger Menschen schon in der Kindheit an Hepatitis A oder Toxoplasmose erkranken, haben auch mehr Menschen unter starken Symptomen zu leiden, wenn sie im späteren Leben erstmals von diesen Krankheiten befallen werden. Wir werden jedenfalls die Hypothese der Schadensakkumulation nicht abschließend beurteilen oder gar Schlußfolgerungen für die Lebensführung und die medizinische Praxis daraus ziehen können, bevor nicht die Wissenschaft der langfristigen Aspekte unserer Gesundheit zur Reife gelangt ist.[20]

Stecken wir in der Falle?

Wenn wir uns an die Evolutionstheorie halten, brauchen wir das Konzept der Schadensakkumulation gar nicht, um die Zunahme chronischer und degenerativer Krankheiten zu erklären. In der Natur sind Pflanzen und Tiere auch bei voller Gesundheit ständig natürlichen Gefahren, Unfällen und Räubern ausgesetzt. Selbst wenn keine Krankheit im Spiel ist, würden Populationen mit der Zeit auf natürlichem Wege ausdünnen, wie der Evolutionsbiologe George C. Williams betont. Die natürliche Selektion begünstigt Organismen, die sich rasch und früh reproduzieren. Man stelle sich ein Gen vor, das es einem Tier ermöglicht, sich schon relativ früh in seinem Leben fortzupflanzen, aber Jahre später das Krebsrisiko erhöht. Die dadurch verursachten Todesfälle werden die Ausbreitung des Gens natürlich verzögern. Aber ganz unabhängig von dem Gen werden vielleicht nur wenige seiner Träger das Alter erreichen, in dem es den Ausbruch dieser Krankheit fördert. Der Gewinn in frühen Jahren wäre dann größer als die späteren Verluste. Organismen, die den Gipfel ihrer Fortpflanzungsfähigkeit überschritten haben, sind für die natürliche Selektion belanglos. Wie der Evolutionsbiologe Steven Austad es ausgedrückt hat: »Da die meisten neuauftretenden Mutationen schädlich sind und Mutationen, die erst spät im Leben Wirkung zeigen, kaum ausgemerzt werden, können sich spät wirkende schädliche Mutationen mit der Zeit akkumulieren.«[21]

Tatsächlich kennen wir Mechanismen, die frühe Fortpflanzungserfolge auf Kosten der langfristigen Gesundheit des Individuums ermöglichen. Wie die Biologen Robert M. Sapolsky und Caleb E. Finch gezeigt haben, erzeugen der pazifische Lachs und die Beutelratte in der Paarungszeit außergewöhnlich viel Glukokortikoide – einen »hormonellen Todesschalter«, wie sie diese Hormone nennen. Doch diese Belastung ist ein Nebenprodukt der intensiven Fortpflanzungsaktivität, die zur Erhaltung der beiden Arten beiträgt. Auch einige menschliche Gene fördern die Fortpflanzung in jungen Jahren auf Kosten späterer chronischer Krankheiten. Sapolsky und Finch verweisen auf die überdurchschnittliche sexuelle Aktivität und Reproduktionsrate von Männern mit dem Gen, das die Huntington-Chorea auslöst. Sie zitieren Untersuchungen, die den Verdacht nahelegen, daß auch der Prostatakrebs auf Gene zurückgeht, die für eine vermehrte Produktion von Samenflüssigkeit und damit für größere Fruchtbarkeit in frühen Jahren sorgen. Wahrscheinlich werden Untersuchungen noch weitere Gene zutage fördern, die im frühen Lebensalter der Fortpflanzung der menschlichen Art dienlich sind, sich in späteren Jahren aber gegen ihre Träger wenden. Auch ohne Schadensakkumulation haben solche Gene schon deshalb mehr Zeit, ihre tödliche Wirkung zu entfalten, weil wir dank verbesserter Technologien heute Unfälle oder Verletzungen eher überleben und seltener unter Nahrungsmittelknappheit zu leiden haben: auch dies ein Weg von den katastrophalen Gefahren hin zu den chronischen Risiken.[22]

Das Wiedererstarken der Infektionskrankheiten

Bisher haben wir gesehen, daß die Erfolge der Technologie bei der Verhinderung und Reparatur der Folgen von Verletzungen und Infektionskrankheiten zum Aufstieg der chronischen Krankheiten beigetragen haben. Doch in gewisser Weise hat sich die Kontrolle über die Infektionskrankheiten, obwohl immer noch wirksam, selbst zu einem chronischen Problem entwickelt, das nicht kurz-, sondern langfristiger Natur ist, großer Wachsamkeit bedarf und immer mehr Geld erfordert, ohne daß eine klare, saubere Lösung in Sicht wäre. Während wir einst die Hoffnung hatten, wir könnten die Infektionskrankheiten ausrotten, kämpfen wir nun lediglich noch darum, sie in den Griff zu bekommen. Der intensive Einsatz von Medikamenten gegen bestimmte Bakterien hat zur Entstehung resistenter Stämme geführt. Doch die medizinischen Pessimisten haben ebenso Unrecht behalten wie die Optimisten. Selbst die größte medizinische Katastrophe der neueren Zeit, die HIV-Infektion, ist nicht die Art Seuche, die wir anfangs befürchtet hatten. Die medikamentöse Behandlung verwandelt sie vielfach in eine langsamere Krankheit von langer Dauer, die eher dem Krebs und anderen chronischen Krankheiten mit tödlichem Verlauf ähnelt als den akuten Epidemien, die einst die Bevölkerung Europas gleichsam über Nacht dezimierten.

Noch vor einer Generation hatte es den Anschein, als stünden wir kurz vor dem chemischen Sieg über die Infektionskrankheiten. 1967 erklärte der amerikanische Militärstabsarzt General William H. Stewart, es sei »Zeit, die Bücher über den Infektionskrankheiten zu schließen«. Fünfundzwanzig Jahre später sind die Bücher wieder geöffnet. Die Menschen beginnen sich wieder vor ansteckenden Krankheiten zu fürchten. Der Streptokokkenbefall, der den Puppenspieler Jim Henson 1990 das Leben kostete, war nur einer unter Zehntausenden von Fällen, die Anfang der neunziger Jahre bei Erwachsenen in den Vereinigten Staaten auftraten. Soweit wir wissen, hatte dies nichts mit den Antibiotika zu tun, denen wir es verdanken, daß die schlimmste Komplikation einer Streptokokkeninfektion, das rheumatische Fieber, bei Kindern heute eine Seltenheit ist. Tatsächlich glauben Fachleute, daß eine rasche Behandlung mit Antibiotika Jim Hensons Leben hätte retten können. Doch bei der Behandlung anderer Infektionskrankheiten ist die Resistenz zu einem ernsten Problem geworden.[23]

Die natürliche Selektion von Stämmen, die gegen bestimmte Medikamente resistent sind, kennen wir schon seit den ersten Antibiotika. Penicillinresistente Bakterien waren anfangs nur eine geringfügiges Problem. Alexander Fleming entdeckte, daß der Einsatz von Penicillin zur Selektion mutierter Stämme führte, deren Zellwände gegen das Medikament resistent waren. Schon 1945 warnte er, die unkontrollierte orale Einnahme dieses Medikaments berge die Gefahr, daß resistente Stämme entstünden, die dann andere Menschen infizieren könnten – vor allem, wenn die Patienten die Penicillinbehandlung abbrächen, bevor sämtliche Bakterien abgetötet seien. In der Folgezeit erwies sich die Resistenz als ein weitaus ernsteres Problem, als Fleming befürchtet hatte. Die Behandlung sorgt in der Tat für die Selektion natürlicher Bakterienvarianten, die nicht nur resistent sind, sondern das Penicillin auch zerstören können. Resistente Stämme dieser Art begannen die Krankenhäuser in den fünfziger, sechziger und siebziger Jahren zu überfluten. In den siebziger Jahren traten dann auch resistente Bakterienstämme auf, die Meningitis oder Gonorrhöe verursachen.

Als das Streptomycin gegen den Tuberkelbazillus eingeführt wurde, veranlaßte eine gefährlich hohe Mutationsrate die Wissenschaftler, in den fünfziger und sechziger Jahren eine ganze Familie verwandter Antibiotika zu entwickeln, von denen einige noch heute Anwendung finden. Ab Ende der vierziger Jahre kamen Tetracyclin und andere Breitbandantibiotika hinzu. In diesem Fall hatte der beängstigende Anstieg der Resistenz jedoch einen positiven Effekt, denn er brachte Fortschritte in der Erforschung der Struktur der Bakterien. Sogenannte Plasmide – winzige, zur Selbstreplikation fähige DNS-Stücke – verleihen ihren Wirtszellen wertvolle zusätzliche Fähigkeiten. Und solche Plasmide, denen die Wirtsbakterien ihre Resistenz gegenüber dem Penicillin verdanken, vermehren sich auf natürliche Weise besonders schnell in Anwesenheit von Penicillin und anderen Antibiotika. 1959 trat in Japan ein Bakterium auf, das gegen vier Antibiotika resistent war – und dieselbe Resistenz fand man schon wenig später in einem anderen Bakterium. Plasmide, die als R-Faktoren bezeichnet werden, können sich zwischen verschiedenen Bakterienarten bewegen.

Solche R-Faktoren hat es schon immer gegeben. Ebenso die Plasmide. Doch die Einführung der Antibiotika sorgte für einen kräftigen Evolutionsschub. Die Mechanismen des genetischen Austauschs zwischen Bakterien, deren Plasmiden und den zugehörigen Viren (Phagen) erlauben einen unbegrenzten Transfer von Resistenzgenen. An sich harmlose Bakterien im Urogenitaltrakt oder in den Atemwegen des Menschen sind heute Träger von Resistenzgenen, die sie an pathogene Bakterien weitergeben. Manche dieser Gene verleihen spezifische Fähigkeiten, mit denen Bakterien die Wirkung bestimmter Antibiotika neutralisieren oder diese Antibiotika insgesamt vernichten können, aber die Mikrobiologen haben auch herausgefunden, daß solche Resistenz akkumuliert wird. Die Bakterien legen sich ein eigenes Arsenal an Resistenzgenen zu, wie Hacker Zugangscodes und Paßwörter sammeln. Wir erwachen langsam aus dem Traum, den das neunzehnte Jahrhundert hinsichtlich der Spezifität von Krankheiten und Krankheitserregern träumte. Die Grenzen zwischen den verschiedenen Arten und Organismen sind nicht so klar gezogen, wie unsere Vorfahren glaubten. Innerhalb eines Zeitraums von gerade einmal fünfzig Jahren sind wir aus der Offensive in die Defensive gedrängt worden. Und das sollte uns eigentlich nicht überraschen, denn den zwei menschlichen Generationen seit der Einführung der Antibiotika stehen unzählige Generationen von Bakterien gegenüber.

Im Rückblick erkennen wir, daß die Antibiotika und auch die kleinere Zahl der gegen Viren einsetzbaren Medikamente einer Abnutzung unterliegen. Mit jedem Gebrauch verringert sich ihr Wert ein wenig. Als natürliche Substanzen waren sie zwar immer schon im Boden oder in einigen traditionellen Heilmitteln vorhanden, doch noch nie hatte man sie in solchen Mengen freigesetzt wie während und nach dem Zweiten Weltkrieg. Selbst ein zurückhaltender Einsatz hätte zur Vermehrung und Verbreitung der Resistenzgene geführt, wenn auch nicht mit solcher Geschwindigkeit. Da die Welt zu einem einzigen mikrobiologischen System geworden ist, können Medikamente ihre Wirksamkeit nur dann behalten, wenn wir sie zurückhaltend einsetzen, und zwar überall und unter allen Umständen. Jeder Arzt und jeder Patient trägt mit seinem Verhalten dazu bei, die Nutzungsdauer unserer Medikamente zu bestimmen. Und Alternativen kosten in der Regel weit mehr als die Medikamente, die sie ersetzen sollen.

Die erstaunlichen Erfolge des Penicillins während des Zweiten Weltkriegs schufen den gefährlichen Mythos eines antibiotischen Allheilmittels. Auch als die U.S. Food and Drug Administration die Antibiotika Mitte der fünfziger Jahre für verschreibungspflichtig erklärte, blieben sie für viele Menschen das ausschlaggebende Kriterium für die Frage, ob ein Arztbesuch sich gelohnt hatte. Man ignorierte die medizinische Tatsache, daß Antibiotika nichts gegen Erkältungen und andere Virusinfektionen auszurichten vermögen. In vielen Ländern werden Antibiotika immer noch legal über den Ladentisch an Patienten abgegeben, die möglicherweise keine Dosierungsanweisung erhalten haben und auch nicht wissen, wie wichtig es ist, die Behandlung nicht auf halbem Wege abzubrechen.

Dr. Stuart B. Levy aus Boston berichtet von einem argentinischen Geschäftsmann, der von einer Leukämie geheilt wurde, dann aber an einer simplen Kolibakterieninfektion starb. Zehn Jahre Selbstbehandlung mit Antibiotika hatten in seinem Körper Plasmide erzeugt, die gegen sämtliche eingesetzten Antibiotika resistent waren. Auch Regierungen haben unbeabsichtigt zum Wiedererstarken der Infektionskrankheiten beigetragen. So verteilten indonesische Behörden zu präventiven Zwecken buchstäblich mit dem Schöpflöffel Tetracyclin an wöchentlich 100 000 Mekkapilger. Da die Pilgerfahrt nach Mekka von jeher einen der ganz großen Schmelztiegel für Mikroorganismen darstellt, muß es uns alle alarmieren, daß die Hälfte aller Cholerabakterien in Afrika inzwischen gegen Tetracyclin resistent ist.[24]

Bis vor kurzem war die Resistenz der Bakterien gut für die pharmazeutische Industrie. Alte Medikamente verlieren ihre Wirksamkeit gegen generische Versionen; resistente Stämme eröffnen die Möglichkeit, sich neue Medikamente patentieren zu lassen. Aber inzwischen muß die Industrie feststellen, daß auch neue Produkte viel zu schnell ihre Wirkung verlieren. Bei seiner Einführung in den USA versprach das neue Antibiotikum Ciprofloxacin einen kostengünstigen Schutz vor krankenhausbedingten Infektionen, doch diese Wirkung ging schon innerhalb weniger Jahre verloren. Ein Kritiker der pharmazeutischen Industrie, Dr. Calvin Kunin, hat die Resistenzproblematik mit der geplanten Obsoleszenz von Automobilen verglichen; andere befürchten jedoch, die pharmazeutische Industrie habe überhaupt das Interesse verloren, neue Antibiotika zu entwickeln, selbst wenn die alten tatsächlich nicht mehr wirken. Auch die U.S. National Institutes of Health, in denen die Mittel zur Aids-Bekämpfung konzentriert sind, haben ihre Anstrengungen reduziert. 1991 wurden nur fünf neue antimikrobielle Medikamente zugelassen; 1990 waren es sogar nur zwei gewesen.[25]

Problematisch ist auch die ständige Anwendung von Antibiotika in der Viehzucht. Die meisten Schweine-, Geflügel-, Rinder- und sogar Fischzüchter in den USA verabreichen ihren Tieren regelmäßig Antibiotika. In den achtziger Jahren verdoppelte sich der Anteil der gegen Medikamente resistenten Salmonellen von 16 auf 32 Prozent. Tiere und Menschen tauschen antibiotikaresistente Gene untereinander aus. Und Menschen, die Antibiotika nehmen, werden anfälliger für Salmonellen, weil die Antibiotika auch die nützlichen oder neutralen Darmbakterien vernichten. Ein Körper, der unter Antibiotika steht, gleicht einer geschädigten Wiese, die der Invasion von Unkräutern schutzlos ausgeliefert ist. Mitchell L. Cohen vom National Center for Infectious Diseases hat gewarnt, wenn wir nicht rasch handeln, könne »uns schon bald ein Zeitalter bevorstehen, in dem wir den Mikroben wieder schutzlos ausgeliefert sind, mit Infektionshäusern für unheilbare Krankheiten«.[26]

Die Wiederkehr der Tuberkulose im New York der neunziger Jahre zeigt, wie zerbrechlich unser antibiotischer Schutzwall sein kann. In den siebziger Jahren erschienen die Tbc-Krankenhäuser wie kostenträchtige Relikte inmitten eines Zeitalters der Wunderdrogen. New York, New Jersey und andere Bundesstaaten gingen von der stationären Behandlung ab und setzten ganz auf ambulante Behandlung. Als der sinkende Lebensstandard, der Mißbrauch intravenös verabreichter Rauschmittel und schließlich Aids zu einer neuerlichen Ausbreitung der Tuberkulose beitrugen, zeigte sich ein Rache-Effekt der medikamentösen Tbc-Behandlung. Wie auch andere Antibiotika müssen Tbc-Medikamente selbst dann noch eine Zeitlang eingenommen werden, wenn die Symptome der Krankheit für den Patienten nicht mehr erkennbar sind. Eine vollständige Behandlung dauert zwischen sechs Monaten und zwei Jahren. In zumindest einer Studie brachen sogar infizierte (aber nicht erkrankte) Angehörige medizinischer Berufe ihre Behandlung vorzeitig ab – ein weiterer Beleg für die Last, die das Erfordernis ständiger Wachsamkeit darstellen kann. Zwar fördert eine abgebrochene Behandlung allein noch nicht die Entwicklung resistenter Stämme des Tbc-Bakteriums. Doch wenn der Behandlungsplan nicht genau auf den betreffenden Fall abgestimmt ist und die Patienten dann auch noch einzelne Medikamente vor anderen absetzen, sorgen sie damit für eine Selektion mehrfachresistenter Bakterien. DNS-Stücke, die als Transposonen bezeichnet werden, springen von einer Zelle zur anderen und übertragen dabei Resistenzgene, die akkumuliert werden. Eine fachkundige Behandlung kann die Gefahr verringern, daß sich solche Mehrfachresistenzen ausbilden, doch dazu bedarf es einer sorgfältig austarierten Kombination mehrerer Antibiotika, die zusammen eingenommen werden müssen. Der Leiter der Tbc-Abteilung des New York City Department of Health, Tom Frieden, räumt ein, daß in der Stadt nur »ein paar Dutzend« Ärzte in der Lage sind, eine Tuberkulosebehandlung ordnungsgemäß durchzuführen. Anfang der neunziger Jahre zeigte sich bei einer von sieben Tbc-Neuinfektionen eine Resistenz gegen ein oder mehrere Medikamente. Die Hälfte aller Tbc-Fälle in New York City sind inzwischen resistent gegen die übliche Behandlung. Bei Patienten mit Tbc-Bazillen, die gegen die beiden führenden Antibiotika Isoniazid und Rifampin resistent sind, liegen die Heilerfolge nur bei 56 Prozent oder darunter.[27]

Die Resistenz gegen Antibiotika muß uns nicht in die Zeit vor der Entdeckung des Penicillins zurückwerfen, aber sie zeigt, daß scheinbar endgültige Siege der Technologie sich wieder in einen langwierigen Kampf verwandeln können. Einst schienen die Antibiotika eine entscheidende Wende im Verhältnis des Menschen zu den bakteriellen Infektionskrankheiten gebracht zu haben, ähnlich dem Pockenimpfstoff, der es möglich machte, die Pocken von der Liste der tödlichen Krankheiten zu streichen. Ihre tatsächliche Leistung ist immer noch beträchtlich, wenn auch anders geartet. Die Antibiotika verwandelten ein akutes Krankheitsproblem in ein Problem chronischer Wachsamkeit. Das Problem läßt sich nicht endgültig lösen, aber wir können damit umgehen, wenn wir es schaffen, die Antibiotika als wertvolle Ressource zu begreifen und entsprechend zu schützen. So gelang es den Behörden in Tanzania, die Ausbreitung medikamentenresistenter Tbc-Stämme einzudämmen. Langfristig gesehen gibt es, wie wir später noch sehen werden, bessere Möglichkeiten, uns vor Mikroorganismen zu schützen: ihre Zähmung.[28]

Die gegen Antibiotika resistente Tbc stellt nicht nur selbst eine Bedrohung dar, sie ist zugleich auch ein mächtiger Verbündeter einer noch größeren Bedrohung, des Erregers der menschlichen Immunschwächekrankheit Aids nämlich. Wenn man ihnen die Chance dazu gibt, können diese Viren und die Tbc-Bakterien sich in einer tödlichen Synergie wechselseitig aktivieren. Mehr noch als das Wiederaufleben der Tuberkulose hat das Auftreten neuer Viren von der Art des HIV den medizinischen Optimismus erschüttert, der von der Einführung der ersten Antibiotika bis weit in die siebziger Jahre hinein herrschte. Das »Acquired Immuno-Deficiency Syndrome« (erworbene Immunschwäche-Syndrom), abgekürzt Aids, hat gezeigt, daß ein bis dahin bei Menschen unbekannter Virus in weniger als einer Generation zu einem der größten Probleme für die Gesundheit der gesamten Weltbevölkerung aufzusteigen vermag. Einige Forscher haben die These vertreten, Aids sei ein Rache-Effekt afrikanischer Feldversuche mit einem Polioimpfstoff, doch die Belege für diese Theorie sind allzu lückenhaft. Wie HIV zu einer virulenten Quelle menschlicher Krankheiten wurde, ist immer noch unbekannt. Auch verstehen wir noch nicht, in welcher Weise die Ernährung, die sexuellen Gewohnheiten und die Lebensbedingungen die Fähigkeit des menschlichen Immunsystems beeinflussen, die HIV-Toxine zu neutralisieren und den Ausbruch der Krankheit hinauszuzögern. Die Bevölkerungsbiologen Roy M. Anderson und Robert H. May gelangen aufgrund molekularbiologischer Studien zu der These, das menschliche HIV sei möglicherweise schon seit einem oder sogar zwei Jahrhunderten in Afrika heimisch. Einige Forscher glauben heute, es könne durchaus ein menschliches Virus gewesen sein, bevor es zu einem Affenvirus wurde. Wie immer wieder einmal virulente Stämme des ubiquitären und normalerweise harmlosen Bakteriums *E. coli* auftreten, so könnte auch das HIV-Virus möglicherweise mehr als ein Jahrhundert lang in unschädlicher Koexistenz mit dem Menschen gelebt haben. Diese Frage wird sich nur schwer beantworten lassen, denn Infektionskrankheiten mit einer Verdopplungsgeschwindigkeit von mehreren Jahren können sich über Jahrzehnte hinweg sehr langsam und dann plötzlich explosionsartig ausbreiten, so daß sie nur wenige Spuren ihrer Geschichte hinterlassen. In Afrika schufen die Bevölkerungsbewegungen, die Armut auf dem Land, die Trennung der männlichen Arbeiter von ihren Familien und der Ausbau des Straßennetzes im zwanzigsten Jahrhundert ideale Bedingungen für die Ausbreitung des Virus. Es kann aber auch schon lange vor der angeblichen Einschleppung aus Afrika in Nordamerika und Europa heimisch gewesen sein.[29]

Doch wie die Ausbreitungsmechanismen und die Geographie des Aids-Virus auch beschaffen sein mögen, es kann durchaus sein, daß es sich bei HIV und anderen neu auftretenden Viren um Rache-Effekte unseres Sieges über die Infektionskrankheiten handelt. Der Arzt und Historiker Mirko D. Grmek hat dazu das Konzept der »Pathozänose« vorgeschlagen. Danach existieren die Krankheitserreger nicht unabhängig voneinander in den menschlichen Populationen; vielmehr bilden verschiedene Mikroorganismen ein komplexes Gleichgewicht. Wie Grmek glaubt, hat die Pathozänose vier große Erschütterungen erlebt: den Übergang zur Landwirtschaft im Neolithikum, die Wanderung der asiatischen Steppenvölker im Mittelalter, die biologischen Veränderungen im Gefolge der Entdeckung Amerikas und die gegenwärtige Kombination des Rückgangs der Infektionskrankheiten mit dem beschleunigten weltweiten Austausch von Krankheitserregern. In stark mit Tuberkulose und Malaria durchseuchten Populationen waren die Konkurrenzbedingungen für virulente Aids-Stämme wahrscheinlich ungünstig, obwohl die Tuberkulose sich rascher in Populationen ausbreitet, die bereits mit dem Aids-Virus infiziert sind. Der Rückgang der Tuberkulose in Europa und den Vereinigten Staaten sowie der Malaria in Afrika veränderte möglicherweise das Gleichgewicht zugunsten virulenter HIV-Stämme. Grmeks Hypothese läßt sich nur schwer beweisen oder widerlegen, doch falls sie zutrifft, haben Malaria, Tuberkulose und andere Infektionskrankheiten einst tatsächlich dazu beigetragen, den hochinfektiösen Aids-Virus in Schach zu halten.[30]

Als die medizinische Forschung die Existenz der Immunschwächekrankheit Aids mit einiger Verzögerung anerkannte, hatte es zunächst den Anschein, als sollte sie auch in den Industrieländern eine Seuche ähnlich katastrophalen Ausmaßes auslösen wie einst Beulenpest, Typhus und Cholera. Ihr gehäuftes Auftreten in bestimmten stigmatisierten Gruppen – bei homosexuellen und bisexuellen Männern, bei Drogenabhängigen, die das Rauschmittel intravenös aufnehmen, sowie bei deren Partnern – erhöhte noch das Gefühl der Bedrohung. Es kamen Vorschläge auf, sämtliche HIV-Positiven zu isolieren oder sie sogar zwangsweise mit einer entsprechenden Tätowierung zu versehen. Mitte der achtziger Jahre rechnete man in den Vereinigten Staaten mit Millionen von Toten. In Afrika und Asien bestätigt die Ausbreitung des Aids-Virus tatsächlich die schlimmsten Befürchtungen der ersten Schätzungen. Die Weltgesundheitsorganisation WHO hat für den afrikanischen Kontinent südlich der Sahara einen Zuwachs der HIV-Infizierten von 2,5 Millionen Fällen im Jahr 1987 auf 6,5 Millionen Fälle im Jahr 1992 errechnet, und um die Jahrhundertwende soll die Zahl bereits 18 Millionen erreicht haben. In Süd- und Südostasien hat die WHO heute schon eine Million Fälle registriert. In den Vereinigten Staaten forderte Aids von 1982 bis 1992 insgesamt 166 467 Menschenleben; die Zahl der 1992 registrierten Neuinfektionen betrug 45 472.[31]

Weniger als fünf Jahre nach den katastrophalsten Vorhersagen begann Aids bereits in einem neuen, nicht gerade weniger alarmierenden, aber dennoch anderen Licht zu erscheinen. In den späten achtziger Jahren wiesen Daniel M. Fox und Elizabeth Fee darauf hin, daß Aids aufgrund der verstärkten Forschung sowie der verbesserten Chemotherapie immer weniger einer Seuche gleiche und immer größere Ähnlichkeit mit dem Krebs zeige, zumal man an den Krankenhäusern inzwischen Programme zur Langzeitversorgung von Aids-Patienten eingerichtet hatte. (Auch Verhaltensänderungen aufgrund der Aids-Kampagnen in der Öffentlichkeit mögen dabei eine Rolle gespielt haben.) Im Juni 1989 bezeichnete der Leiter des U. S. National Cancer Institute sie auf der internationalen Aids-Konferenz ausdrücklich als chronische Krankheit, die sich unmittelbar mit dem Krebs vergleichen lasse. Und dieser Vergleich erwies sich als überaus treffend. Denn wie bei der Kampagne gegen den Krebs, die Mitte der sechziger Jahre begann, schlug die anfängliche Hoffnung schon bald in Pessimismus um. Der Vorstandsvorsitzende der Merck AG erklärte 1988, sein Unternehmen rechne damit, innerhalb von fünf Jahren ein Medikament gegen Aids auf den Markt bringen zu können. 1992 mußte er gegenüber dem *Wall Street Journal* dann seine »gewaltige Enttäuschung« eingestehen. Angesichts der hohen Mutationsgeschwindigkeit des Aids-Virus wie auch anderer Viren scheint eine Ausrottung nahezu unmöglich.[32]

1987 wurde AZT zugelassen, das Medikament, das am häufigsten eingesetzt wird, um die Vermehrung des Aids-Virus zu stoppen und umzukehren. Damit glaubte man, das Auftreten der Aids-Symptome verzögern zu können – das wird heute bestritten – und bei den Auswirkungen des Virus auf Aids-Infizierte einen Aufschub zu erreichen. Doch auch im besten Fall kann von Heilung keine Rede sein; außerdem hat das Medikament schwere Nebenwirkungen. Genau darin ähnelt es vielen Methoden zur Krebsbehandlung. Wie beim Krebs wird die Medizin zwar mit akuten Episoden fertig, doch sie kann nicht verhindern, daß die Krankheit weiter voranschreitet. Aids hat jedoch auch Ähnlichkeit mit anderen Infektionskrankheiten: AZT-resistente Stämme des Virus werden zunehmend zum Problem. Möglicherweise führt AZT auch zu sozialen Rache-Effekten. Da es das Leben der Infizierten verlängert, kann das Medikament, wie Anderson und May gezeigt haben, zur weiteren Ausbreitung des Virus beitragen, falls es dessen Übertragungsfähigkeit nicht schwächt und die damit behandelten Patienten keine Vorkehrungen treffen, eine Übertragung zu verhindern. Alles in allem vermag demnach Technologie durchaus die Ausbreitung des Aids-Virus einzudämmen, allerdings (noch) nicht in Gestalt antiviraler Medikamente oder Impfstoffe. Vielmehr müssen wir uns im Augenblick noch ganz auf Techniken der Wachsamkeit in Gestalt von Sterilisatoren, Einmalspritzen, Kondomen, Gummihandschuhen und anderen Schutzvorrichtungen verlassen.[33]

Der Preis des Lebens

Bislang haben wir uns mit Rache-Effekten befaßt, die aus dem Kampf gegen akute Erkrankungen und Infektionskrankheiten resultieren. Aber können auch Maßnahmen gegen chronische Krankheiten eigene Rache-Effekte auslösen? Auf diesem Gebiet scheint es weniger Raum für die Technik zu geben. Im Gegenteil, Ärzte und Epidemiologen setzen sich für ein gesünderes Leben ein und raten, das Rauchen aufzugeben, die Aufnahme von Cholesterin und gesättigten Fettsäuren einzuschränken, mehr Obst und Frischgemüse zu essen, regelmäßig Sport zu treiben, für ausreichend Schlaf zu sorgen und so weiter. Veränderte Lebensgewohnheiten haben dazu beigetragen, daß die Zahl der Herzerkrankungen im Laufe der letzten Generation deutlich gesunken ist – entscheidend ist auch hier keine neue Technik, sondern der kumulierte Effekt vieler kleiner Vorsorgemaßnahmen. Doch auch Bemühungen zur Vermeidung chronischer Krankheiten sind nicht frei von Risiken.

Wenn man technische Mittel zur Abwehr gesundheitlicher Risiken einsetzt, kann das im Sinne eines Wiederholungseffekts in Wirklichkeit zu einer noch größeren Gefährdung führen. Zigaretten versorgen den Raucher mit der Droge Nikotin. Die Raucher sind von einem bestimmten Nikotinspiegel in ihrem Blut abhängig; wenn sie nun auf Filterzigaretten mit niedrigem Teer- und Nikotingehalt umsteigen, kompensieren sie unbewußt die verringerte Nikotinaufnahme, indem sie öfter oder tiefer inhalieren, und vielfach verschließen sie mit den Fingern oder den Lippen die winzigen Luftlöcher an den Filtern, die den eingeatmeten Rauch mit Luft verdünnen sollen. Manche brechen sogar den Filter ab, weil sie glauben, der Tabak sei weniger gefährlich. (In Wirklichkeit enthält der Tabak von Filterzigaretten dieselben Mengen an Teer und Nikotin wie der Tabak filterloser Zigaretten.) Da Zigaretten mit geringerem Teer- und Nikotingehalt tatsächlich ein etwas geringeres Gesundheitsrisiko darstellen, vermarkten die Hersteller sie als Alternative zum völligen Verzicht auf das Rauchen. Ein Leitartikel des *American Journal of Public Health* äußert die Vermutung, »daß die Existenz von Zigaretten mit geringerem Teer- und Nikotingehalt in Wirklichkeit zu einer Steigerung des Zigarettenkonsums geführt hat und damit auch zu einer Erhöhung der Sterblichkeit aufgrund des Rauchens«. Und weiter heißt es dort, das Angebot einer technischen Lösung zur Abwehr der gesundheitsgefährdenden Wirkungen des Rauchens passe »bestens zu den typischen Denkmustern von Drogenabhängigen, weil es vorgibt, das Problem zu lösen, ohne daß der Süchtige von seiner Droge lassen müßte«. Nur das Nikotinpflaster bietet die Möglichkeit, die Nikotinaufnahme schrittweise zu reduzieren – doch auch hier nur im Rahmen einer sorgfältig überwachten Therapie. (Die Filtermaterialien bedürften gleichfalls dringend einer Prüfung. Die Mitte der fünfziger Jahre hochgelobten Mikrofilter der Marke Kent enthielten Krokydolith-Asbest, das die Zahl der Krebstoten unter Rauchern auch nach der Abänderung der Zusammensetzung Ende der fünfziger Jahre noch in die Höhe getrieben haben dürfte.)[34]

Sonnencremes bieten einen bedingten Schutz vor der krebserregenden Ultraviolettstrahlung. Die meisten heute erhältlichen Cremes absorbieren Ultraviolett-B, den Bestandteil der UV-Strahlung, der für die Verbrennung der äußeren Hautschicht verantwortlich ist. Doch das Ausbleiben einer erkennbaren Bräunung verdeckt die Tatsache, daß ein anderer Bestandteil des Sonnenlichts, die UVA-Strahlung, dennoch in die tieferen Hautschichten eindringt. Wenn nun Sonnenschutzmittel die Menschen zu ausgedehnten Sonnenbädern ermuntern, weil die ausbleibende Bräunung ihnen ein Gefühl der Sicherheit verleiht, obwohl die Cremes keinen wirksamen Schutz vor UVA bieten, dann könnte es sein, daß die Verwendung dieser Sonnenschutzmittel zu einer höheren UVA-Belastung führt. Die Epidemiologen Frank und Cedric Garland verweisen auf Befunde, die den Verdacht nahelegen, daß Sonnencremes möglicherweise indirekt zur Zunahme der Melanome beitragen – einer Krebsart, die weitaus gefährlicher ist als die üblichen Hautkarzinome. Außerdem glauben sie, daß die Sonnencremes Auswirkungen auf die natürliche Vitamin-D-Synthese in der Haut haben können. Dabei räumen sie jedoch ein, daß ein Zusammenhang zwischen Sonnencremes und Melanomhäufigkeit sich statistisch nur schwer nachweisen läßt, weil die Menschen mit der höchsten UV-Belastung meist auch am häufigsten Sonnencremes benutzen. Bei anderen Epidemiologen und Dermatologen finden die Thesen der Garlands wenig Anklang, doch die Hersteller von Sonnenschutzmitteln hüten sich, im Zusammenhang mit ihren Produkten von Krebsprävention zu sprechen.[35]

Ernährung

Eine noch größere Verbreitung als Zigarettenfilter oder Sonnencremes haben Schlankheitsmittel oder Schlankheitskuren aller Art, und sie sind gleichfalls mit Rache-Effekten verbunden. Da das Rauchen in gewissem Umfang Einfluß auf den Appetit und das Eßverhalten hat, trug der Rückgang des Tabakkonsums dazu bei, die Aufmerksamkeit stärker auf die Nahrung und die Ernährungsgewohnheiten zu lenken. In den fünfziger und sechziger Jahren waren Schlankheitskuren noch nicht sonderlich verbreitet, denn wie aus Befragungen hervorging, versuchte damals nur ein Zehntel der Befragten, abzunehmen. In einer 1985 von der Zeitschrift *Psychology Today* durchgeführten Befragung äußerten sich dagegen 55 Prozent der befragten Frauen und 41 Prozent der Männer unzufrieden mit ihrem Gewicht. 1989 bemühten sich ein Viertel aller Männer und 40 Prozent der Frauen, schlanker zu werden. (Nach den medizinischen Richtwerten der Zeit hatten 39 Prozent der Männer und 36 Prozent der Frauen zuviel Gewicht für ihre Größe.) Auch die Mode spielt hier eine Rolle. Topmodels und Filmschauspielerinnen sind deutlich dünner als die Durchschnittsfrau und auch als ihre Vorgängerinnen in den sechziger Jahren; nach einer Schätzung erreicht der Anteil des Körperfetts bei ihnen nur etwas mehr als die Häfte der 22–26 Prozent, die bei gesunden Frauen mit Normalgewicht üblich sind. Die einschlägige Industrie macht mit Kursen, Büchern, Schlankheitsmitteln und diätetischen Lebensmitteln einen Jahresumsatz von 30 Milliarden Dollar.[36]

Die Wende brachte wahrscheinlich das gesundheitsbewußte Jahrzehnt der siebziger Jahre mit seiner Ethik der Verantwortung für die eigene Gesundheit. Selbst Kritiker des Schlankheitswahns und eines übertriebenen Gesundheitsbewußtseins räumen ein, daß manche Erfolge durchaus real sind. Das gewachsene Bewußtsein für die gesundheitliche Bedeutung sportlicher Betätigung und der Ernährung sowie der Rückgang des Rauchens und Trinkens trugen dazu bei, daß in der Zeit von 1970 bis 1990 die Zahl der Todesfälle durch Herzinfarkte um 40 Prozent und durch Schlaganfälle um 50 Prozent zurückging. Doch der Zusammenhang zwischen

Übergewicht und Gefäßerkrankungen, Bluthochdruck, Diabetes sowie anderen Krankheiten ist möglicherweise gar nicht so stark, wie einige einflußreiche Studien großer Krankenversicherungen uns einst glauben machen wollten. Soweit es die Auswirkungen des Rauchens, des Bluthochdrucks und des erhöhten Cholesterinspiegels betrifft, sind dicke Menschen nicht notwendig kranker als normalgewichtige oder schlanke Menschen.[37]

Wenn übergewichtige (und normalgewichtige) Menschen Dicksein für ungesund halten, kann das Verantwortungsgefühl alarmierende Folgen zeitigen. Wie der Psychologe Kelly D. Brownell gezeigt hat, glauben die Menschen dann möglicherweise, weit mehr Einflußmöglichkeiten zu besitzen, als es der Realität entspricht. Dicke Menschen haben im beruflichen Leben unter Diskriminierung zu leiden – und manchmal sogar unter unprovozierten Beleidigungen durch völlig Fremde. Die Armen sind nicht nur deshalb eher dick, weil ihre Nahrung mehr Fette und Kohlehydrate enthält, sondern auch, weil dicke Menschen eher arm sind. Die Stigmatisierung dicker Menschen als willensschwach und verfressen ist so bedrückend, daß in einer Gruppe von Patienten, die eine Operation zur Gewichtsreduktion hatten vornehmen lassen, sämtliche Befragten angaben, sie hätten lieber Diabetes oder Herzkrankheiten, als noch einmal dick zu sein. Neun von zehn Befragten wären sogar lieber blind.[38]

Zum Leidwesen all derer, die abnehmen wollen oder müssen, hat der menschliche Körper seine eigenen Pläne. Wir verstehen noch immer nicht genau, wie das Körpergewicht reguliert wird. Der Hypothalamus ist offenbar nur eine von mehreren Hirnregionen, die verschiedene lang- und kurzfristige Mechanismen steuern. Physiologen und Ernährungswissenschaftler sind erstaunt über die geringe Schwankungsbreite des menschlichen Gewichts. Schon winzige Unterschiede der Ernährung – nur 0,03 Prozent der aufgenommenen Nahrung – können offenbar für eine Gewichtszunahme im Erwachsenenalter verantwortlich sein.[39] Zum Leidwesen aller, die schlank werden möchten, hat der Körper es im Lauf der Evolution gelernt, weit besser mit Hunger und Knappheit fertig zu werden als mit Überfluß. Nach einer weithin vertretenen Theorie gibt es für jeden ein bestimmtes Normalgewicht, das von den physiologischen Gegebenheiten des einzelnen Menschen abhängt. Der Körper deutet jeden signifikanten Gewichtsverlust als Mangelerscheinung und reagiert darauf mit einer Verlangsamung des Stoffwechsels. Da man auf diese Weise gezwungen ist, für jedes Pfund Gewichtsabnahme die Kalorienzufuhr noch weiter zu drosseln, stellt sich naturgemäß Enttäuschung ein, man wird deprimiert, und alle Gedanken konzentrieren sich auf das Essen. Dadurch wächst die Wahrscheinlichkeit, daß man seine Schlankheitskur abbricht. Daraufhin versucht der Körper – getreu seinem evolutionären Erbe – den Gewichtsverlust möglichst rasch wieder aufzuholen. Der Psychologe C. Peter Herman glaubt, daß alle, die eine Schlankheitskur absolvieren, gleichsam einen »Zins« auf die »Schuld« der Gewichtsabnahme zahlen müssen, indem sie anschließend mehr zunehmen, als sie zuvor abgenommen haben, und zwar aufgrund einer »defensiven Anpassung, die den Körper durch eine Erhöhung des vom Körper festgelegten Normalgewichts bzw. Fettanteils vor möglichen zukünftigen Schlankheitskuren ›schützen‹ soll. Oder wie es einmal in einer Werbeanzeige hieß: ›Es ist nicht nett, Mutter Natur zu betrügen.‹«[40]

Angesichts der gegenläufigen Anpassung des Körpers führen mißlungene Schlankheitskuren vielfach zu Freßorgien, so daß es bei wachsendem Widerstand des Körpers immer mehr um »alles oder nichts« zu gehen scheint. In einer Studie, in der die Probanden angeblich den Geschmack von Lebensmitteln testen sollten, gab man den Versuchspersonen zehn Minuten Zeit, um den Geschmack von Eiscreme zu beurteilen. Einem Teil der Versuchpersonen gab man zuvor auch Milchshakes zu testen, bevor man zu der Eiscreme überging. Probanden, die keine Schlankheitskur absolvierten und Milchshake getrunken hatten, aßen anschließend weniger Eis als Versuchspersonen, die keine Milchshakes getrunken hatten, doch bei Versuchspersonen, die gerade eine Schlankheitskur durchführten, war es genau umgekehrt. Wenn sie zuvor Milchshakes getestet hatten, aßen sie mehr Eis als eine Kontrollgruppe von Probanden, die gleichfalls eine Schlankheitskur absolvierten, aber keine Milchshakes getrunken hatten. Herman und seine Kollegin Janet Polivy glauben, daß Menschen, die ihres Gewichtes wegen Diät halten, einen einzelnen »Fehltritt« zum Anlaß nehmen, sich vollends von der Pflicht zur Einhaltung der festgelegten Tagesration zu dispensieren. Die Angst vor der Übertretung der Diätvorschriften erzeugt paradoxerweise ein Gefühl von Versagen, das dann als Entschuldigung für eine Freßorgie dient. Da Schlankheitskuren die Nahrungsaufnahme zu einem bewußteren und stärker dem Willen unterworfenen Akt machen, beeinträchtigen sie offenbar auch das Sättigungsgefühl. Bei Menschen, die bewußt Diät halten, stellt sich diese Botschaft, die uns sonst davor bewahrt, zuviel zu essen, offenbar später ein als bei den meisten anderen Menschen. Eine Befragung unter den ehemaligen Harvardstudenten des Studienjahres 1992 ergab, daß jene, die während der Collegezeit eine Schlankheitskur durchgeführt hatten, mit größerer Wahrscheinlichkeit zehn Pfund schwerer waren als die übrigen.[41]

Das individuelle Normalgewicht liegt jedoch vielleicht gar nicht so fest, wie Skeptiker einst glaubten. Denn es scheint durchaus möglich, langsam und in bescheidenem Maße abzunehmen, ohne das Hungergefühl auszulösen, das für die Rache-Effekte einer beschränkten Kalorienaufnahme verantwortlich ist. In einer der wenigen kontrollierten Langzeitstudien zum menschlichen Eßverhalten entdeckten der Ernährungspsychologe David Levitsky und seine Kollegen, daß Frauen, die ausschließlich Nahrung mit geringem Fettgehalt aufnehmen, ihr Gewicht stetig und nachhaltig senken können, ohne die Kalorienzufuhr bewußt einzuschränken – und zwar um etwa ein halbes Pfund pro Woche oder 10 Prozent des Körpergewichts im Jahr. Bei dieser Diät sind selbst Desserts mit niedrigem Fettgehalt erlaubt; entscheidend ist dabei wahrscheinlich der Ersatz kalorienreicher Fette durch weniger kalorienreiche Kohlehydrate und Eiweiße. Wer mit einer gewissen Disziplin darauf achtet, Fett in der Nahrung zu vermeiden, kann sein Gewicht langsam und sicher reduzieren. Doch auch fettarme Kost ist nicht in jedem Falle frei von Rache-Effekten. Wie Trish Hall gezeigt hat, kann ein ohne Fett gebackenes Stück Kuchen von der Größe eines 65-Kalorien-Apfels immerhin 560 Kalorien enthalten.[42] Im alltäglichen Leben und fern von den im Forschungslabor herrschenden Bedingungen können Wiederholungseffekte die Erfolge einer fettarmen Diät rasch wieder zunichte machen.

Wer dick ist, muß wohl andere Wege einschlagen. Für ihn ist das Bemühen, schlanker zu werden, kein einmaliges Ereignis, sondern ein ständiger Prozeß. Die Alternativen sind wenig erfreulich: Entweder er bleibt dick, mit all den sozialen Nachteilen und möglicherweise auch Gesundheitsgefahren, die damit verbunden sind, oder er erträgt den ewigen Hunger, oder er nimmt sein Leben lang Medikamente. Ärzte und Patienten beginnen heute, Fettleibigkeit als chronische Krankheit wie Diabetes oder Bluthochdruck zu definieren, als ein Problem, für das es keine endgültige Lösung gibt, sondern mit dem man umzugehen lernen muß. Der Preis dieser Definition ist eine lebenslange Abhängigkeit von bestimmten Medikamenten. Und wieder einmal löst hier die Technik ein bestehendes Problem nicht ein für allemal, sondern schafft eher die Notwendigkeit ständiger Wachsamkeit und wiederholter Eingriffe.[43]

Die Krise des Gesundheitswesens und die Zukunft der Medizin

Dieselbe Technologie, die bei der Behandlung von Verletzungen und akuten Infektionen so große Erfolge feiern konnte, hat auch den chronischen Behinderungen und Leiden Vorschub geleistet. Es gibt Anzeichen dafür, daß sich schon vor einhundert Jahren längere Krankheiten als Nebenwirkung eines verlängerten Lebens erwiesen. Lungenentzündungen, bakterielle Infektionen und andere akute Komplikationen setzen dem Leben chronisch Kranker heute nicht mehr so häufig ein vorzeitiges Ende. Der Ausbau des Rettungswesens, eine rasche Notfallbehandlung und verbesserte Behandlungstechniken haben die Überlebenschancen für verletzte Soldaten und zivile Unfallopfer gleichermaßen erhöht. Wir leben länger, aber zum Teil auch dank des technischen Fortschritts leiden wir häufiger an Krankheiten, die unsere Medizin allenfalls in Schach halten, nicht aber heilen kann.

Selbst unsere Beherrschung der akuten Krankheiten reicht letztlich keineswegs so weit, wie wir geglaubt haben. Wir haben dafür gesorgt, daß aus den Krankheitserregern bewegliche Ziele geworden sind; der Triumph der Antibiotika in den vierziger und fünfziger Jahren war kein Sieg, sondern nur eine Atempause. Als die nachfolgenden Generationen begannen, deren Wirkungspotential voll auszunutzen, zeigte sich, daß es sich um ein begrenztes Reservoir handelte. Die Resistenz gegen die Antibiotika ist selbst ein chronischer Zustand, eine Reaktion von solcher Flexibilität, daß wir kaum Chancen haben, sie jemals zu besiegen, sondern allenfalls hoffen dürfen, sie durch eine Kombination geeigneter Maßnahmen zu verzögern; zu diesen Maßnahmen gehören ein zurückhaltender Einsatz durch die Ärzte, die Beschränkung ihrer Verwendung in der Tierzucht, Strategien, die den Einsatz mehrerer Antibiotika vorsehen, neue Impfstoffe und die ständige Entwicklung neuer Wirkstoffe.

Auf verhängnisvolle Weise hat die verheerende Aids-Seuche gezeigt, daß der wachsende Verkehr zwischen den Kontinenten (im Verein mit den Techniken des zwanzigsten Jahrhundert zur Bluttransfusion und zur intravenösen Verabreichung von Rauschmitteln) für die weltweite Ausbreitung tödlicher Viren und Bakterien sorgen kann. Zusammen mit anderen neuen viralen und bakteriellen Erkrankungen hat Aids die alte, noch aus der Kolonialzeit stammende Unterscheidung zwischen »endemischen« Tropenkrankheiten und westlichen Epidemien ausgehöhlt. Aids und andere Infektionen durch rasch mutierende Viren haben uns außerdem gezeigt, daß die im neunzehnten Jahrhundert entwickelte Zielsetzung einer auf spezifische Ursachen ausgerichteten Therapie ihre Grenzen hat. Dank AZT und anderer Therapien können wir inzwischen den Ausbruch der Aids-Erkrankung hinauszögern und das Leben von HIV-Infizierten verlängern, doch ein Heilmittel haben wir nicht gefunden; so gehört Aids heute gleichfalls zu den chronischen Krankheiten, mit denen wir umzugehen gelernt haben, ohne sie heilen zu können.

Umweltkatastrophen und massenhafte Wanderungsbewegungen haben schon so oft zu verheerenden Pandemien geführt, daß Optimismus zumindest auf kurze Sicht kaum angebracht scheint. Doch die Forschung beschert uns auch ein positives Paradoxon. Die Krisenstimmung des neunzehnten Jahrhunderts ermöglichte jene Maßnahmen im Bereich der öffentlichen Gesundheitsvorsorge, die zu einer deutlichen Verringerung der Infektionskrankheiten führten.

Erst heute dämmert den Industrienationen die Erkenntnis, wie ernstlich ihre Gesundheit durch die unkontrollierte Ausbreitung neuer Infektionskrankheiten in den Tropen bedroht werden kann. Ein weltweites Netzwerk aus regionalen Forschungszentren und Frühwarnstationen, die ein paar hundert Millionen Dollar jährlich kosten würden (bei einem Gesamtvolumen der amerikanischen Gesundheitskosten von 690 Milliarden Dollar jährlich), wäre schon dann eine gute Investition, wenn es auch nur eine einzige neue Infektionskrankheit so früh aufspürte, daß genügend Zeit bliebe, neue Strategien, Impfstoffe und Therapien zu entwickeln. Selbst innerhalb der Vereinigten Staaten kann Früherkennung unzähligen Menschen das Leben retten. Schon 1976 traten Hunderte neuer Fälle einer seltenen Atemwegsinfektion auf, die man sonst nur von Patienten kannte, denen man anläßlich einer Organtransplantation Medikamente zur Unterdrückung der Immunreaktion verabreicht hatte. Dr. Robert T. Schooley, Fachmann für Infektionskrankheiten, ist der Ansicht, daß man Aids mit einem ausgebauten Frühwarnsystem schon 1977 oder 1978 hätte entdecken können.[44]

Auf lange Sicht sieht der Evolutionsbiologe Paul Ewald eine andere Strategie im Kampf gegen Aids und sonstige Virusinfektionen; er schlägt vor, die Viren zu zähmen, statt den Versuch zu machen, sie auszurotten. In der gemeinschaftlichen Evolution mit ihren Wirten verlieren Viren schon auf natürlichem Wege einen Teil ihrer Virulenz, und zwar nicht nur, weil der Tod des letzten Wirts auch den Tod des letzten Virus bedeuten würde, sondern auch, weil die Produktion von Giftstoffen wertvolle Energie kostet. Unter ansonsten gleichen Bedingungen besitzen gutartige Stämme einen Wettbewerbsvorteil, der sich mit der Zeit auch auswirkt. Aber wie kommt es dann, daß die Virulenz gelegentlich zunimmt? Der rasche Wechsel der Sexualpartner und die Verbreitung des Virus durch verschmutzte Infusionsnadeln machten es für das Virus unnötig, schonend mit seinem Wirt umzugehen, um die eigene Reproduktion zu sichern. In Westafrika, wo die Familienstruktur noch weitgehend intakt ist, tötet HIV-2 weniger Menschen als HIV-1 in Ostafrika. Auch im islamisch-monogamen Senegal breitet Aids sich deutlich langsamer aus. Die rasche Veränderung der Aids-Antigene bildet ein entmutigendes Hindernis für die Entwicklung von Medikamenten und Impfstoffen; auch Verhaltensänderungen zur Verringerung der Übertragungsrate werden HIV nicht aus der Welt schaffen, aber sie können zu seiner Zähmung beitragen. Ein weniger mobiles Virus kann es sich nicht leisten, seinen Wirt zu töten. Die Unterbrechung der Übertragungswege verhindert nicht nur weitere Erkrankungen, sondern schafft auch einen evolutionären Vorteil: eine Verschiebung hin zu weniger tödlichen Formen. Unter entsprechenden Bedingungen können mildere und sogar harmlose Viren die Oberhand gewinnen.[45]

Selbst auf dem Gebiet der eigentlichen chronischen Krankheiten gibt es einige Gründe zur Hoffnung. So sind Magengeschwüre, die lange Zeit als körperlicher Ausdruck eines streßbeladenen Managerlebens galten, möglicherweise das Werk von Bakterien und können entsprechend behandelt werden. Die empirischen Belege für die Risikofaktoren chronischer Krankheiten können nicht in Experimenten ermittelt, sondern müssen aus epidemiologischen Daten gewonnen werden. Die Tatsache, daß wir hier auf Statistik angewiesen sind, hat eine negative Seite, die Lewis Thomas als »Wahrnehmungsepidemie« bezeichnet hat und die ihren Ausdruck in einer übertriebenen Angst vor Umweltgefahren und Ernährungsrisiken findet. Doch Skepsis ist noch kein Nihilismus. Sie fordert uns lediglich auf, die Statistiken genauer zu fassen, auch wenn man die Menschen nicht beliebig dazu bewegen kann, ihre Arbeits-, Ernährungs-, Rauch- und Trinkgewohnheiten zu ändern. Zufallsstichproben können den Wissenschaftlern helfen, verläßlichere Methoden zur Beurteilung der Qualität von statistischen Daten zu entwickeln. Und es ist durchaus eine gute Nachricht, daß radikale Veränderungen der Ernährung keineswegs die Gefahr von Krebs, Gefäßkrankheiten oder Schlaganfällen signifikant verringern.[46]

Die Vermehrung chronischer Krankheiten ist die dunkle Seite großartiger Verbesserungen, die niemand rückgängig machen möchte. Doch chronische Erkrankungen widersprechen zumindest einem der Träume, die wir mit dem technischen Fortschritt verbinden. Trotz all der technischen Mittel, über die wir heute verfügen, um Menschen mit Behinderungen und chronischen Leiden zu helfen, verlangen viele Krankheiten ein beträchtliches Maß an nichtautomatisierter menschlicher Pflege. Selbst die fortschrittlichste Rehabilitationstechnik ist auf Menschen angewiesen, die diese Geräte mit entsprechendem Geschick bedienen. Und die Last der tagtäglichen Pflege fällt zum größten Teil auf Ehepartner, erwachsene Kinder oder Eltern zurück.

Man macht der Medizin den Vorwurf, sie habe die menschliche Verantwortung für die Gesundheit auf Chemikalien und Apparate abgewälzt. Natürlich tut sie das gelegentlich, vor allem in den letzten Wochen oder Monaten vor dem Tod eines Patienten. Aber weitaus häufiger tut sie genau das Gegenteil. Weit davon entfernt, das Gesundheitswesen zu automatisieren, bürdet sie staatlichen Stellen, den Familien und dem einzelnen immer mehr Verantwortung für Routineleistungen auf. Die Tuberkulose ist in den Vereinigten Staaten nur zum Teil deshalb wieder im Vormarsch, weil einige Medikamente plötzlich ihre Wirksamkeit verloren haben. Ein anderer Grund liegt in der Umkehrung eines historischen Trends, der einst zu einer stetigen Verbesserung des Lebensstandards in den Städten führte, und in der dadurch bedingten Vernachlässigung der alltäglichen Arbeit des Aufspürens und Behandelns der Krankheit. Erhaltung und Förderung der Gesundheit verlangen auch Routinetätigkeiten, die sich nicht automatisieren lassen, von regelmäßiger sportlicher Betätigung über die Zahnpflege bis hin zum Händewaschen beim medizinischen Personal. Da für die nächste Zeit kein Impfstoff in Sicht ist, bleiben wir auch bei Aids und anderen durch den Geschlechtsverkehr übertragenen Infektionskrankheiten auf die regelmäßige Anwendung mechanischer Schutzmittel angewiesen. Selbst ein unschuldiger Waldspaziergang macht es heutzutage erforderlich, daß wir uns anschließend sorgfältig nach Zecken absuchen. Mag sein, daß Autos, Schreibmaschinen und Armbanduhren weniger Wartung benötigen als früher. Wir Menschen jedenfalls benötigen mehr.

VIERTES KAPITEL
Natürliche und herbeigeführte Umweltkatastrophen

Unsere außerordentlichen Erfolge bei der Verlängerung der Lebenserwartung und der Heilung akuter Erkrankungen hat unsere Aufmerksamkeit nicht nur auf den Anstieg der chronischen Leiden gelenkt, sondern auch auf unsere physikalische und chemische Umwelt, die natürliche ebenso wie die vom Menschen gemachte. Dabei haben die Menschen in den entwickelten Ländern keineswegs das Vertrauen in Wissenschaft und Technik verloren, sondern erwarten im Gegenteil immer präzisere Leistungen und immer besseren Schutz. Der Psychiater Arthur J. Barsky hat in diesem Zusammenhang auf eine gerichtliche Klage hingewiesen, die man gegen den amerikanischen Wetterdienst eingereicht hat, weil er einen Sturm auf dem Meer nicht vorhergesagt hatte, in dem mehrere Fischer ums Leben kamen. Es bedarf schon einer beträchtlichen Sicherheit vor Hunger und Krankheit, damit Menschen solch ein Verhältnis zu unabwendbaren natürlichen Ereignissen und Naturkatastrophen entwickeln. Aber wenn die Bedrohungen von gestern hinreichend verringert worden sind, erlangen außergewöhnliche Bedrohungen eine ganz neue Bedeutung. Bis zu den schweren Überschwemmungen und Dürrekatastrophen der Depressionszeit in Amerika waren »Naturkatastrophen« und »Umweltgefahren« kein Gegenstand wissenschaftlicher oder akademischer Beschäftigung. Und trotz des Einflusses, den Autoren wie Aldo Leopold und Rachel Carson ausübten, waren »ökologische Studien« unbekannt. Es bedurfte schon eines gewissen Gefühls von Sicherheit und Wohlergehen, bevor die Menschen sich neuen Sorgen zuwenden konnten.[1]

Und es gab durchaus Anlaß zur Sorge. Die Zahl der Naturkatastrophen mit mehr als einhundert Toten stieg in den sechziger Jahren weltweit deutlich an. Doch obwohl es nun häufiger zu Katastrophen kam, sank die Zahl der ganz großen Katastrophen, bei denen in den ersten Jahrzehnten unseres Jahrhunderts noch weit mehr Menschen ums Leben gekommen waren. Man denke nur an die große indische Dürre des Jahres 1900, an die sowjetische Dürre von 1921 oder an die drei großen Flutkatastrophen, die China in den zwanziger und dreißiger Jahren heimsuchten und jeweils mehr als eine halbe Million Menschenleben forderten. Der Menschheit ging es besser, aber sie war sich ihrer Gefährdungen stärker bewußt. Das Fernsehen trug dazu bei, den Opfern ein Gesicht zu geben, die zuvor kaum mehr als eine abstrakte Nachricht in der Zeitung oder im Radio gewesen waren.[2]

Die Geschichte der Naturkatastrophen in Nordamerika und anderen entwickelten Ländern stellt einen Sonderfall dar. Wie in der Medizin, so haben wir auch hier auf Notfälle und lokale Probleme glänzend reagiert. Doch diese Reaktion hat eine Kehrseite. Denn den verbesserten Schutz gegen einige natürliche Gefahren haben wir zum Teil durch größere Gefährdungen in der Zukunft erkauft: ein Umordnungseffekt. Wir haben akute Probleme gegen langfristige eingetauscht, die nur graduellen Charakters sind, sich aber akkumulieren. Das gilt insbesondere für Umweltkatastrophen, die im Zuammenhang mit der Energie stehen.

Die Erosion der Katastrophe

Das gesündere Leben hat uns kranker gemacht, oder vielmehr, es hat den Charakter unseres Krankseins verändert; in ähnlicher Weise hat auch ein Leben in Abhängigkeit von der Technik seinen Preis. Wie wir ungeahnte Möglichkeiten zur Heilung von Verletzungen und zur Abwehr von Infektionskrankheiten entwickelt haben, so haben wir auch ein großartiges Netzwerk von Strukturen, Apparaten und sozialen Einrichtungen geschaffen, das uns vor sonstigen Gefahren schützen soll. Doch bei näherem Hinsehen beseitigen Sicherheitstechnologien und Hilfsprogramme unsere Gefährdung nicht wirklich, sondern stellen sie nur auf eine breitere Grundlage und verschieben sie. Wir entschärfen unsere Probleme, indem wir für ihre Diffusion sorgen. Wir ersetzen Gefahren für das menschliche Leben durch die Gefahr größerer Sachschäden und verteilen diese Schäden dann sowohl räumlich als auch zeitlich. Die erhöhte Sicherheit bürdet uns die wachsende Last ständiger Wachsamkeit auf. Wieder einmal rächt sich die Technik, indem sie katastrophale Ereignisse in chronische Zustände verwandelt – auch wenn es durchaus weiterhin Naturkatastrophen gibt.

Mit ihren Hochhäusern, ihren komplexen Versorgungssystemen, ihren verletzbaren Eisenbahnen und Pipelines wirkt die industrialisierte Welt anfälliger für Unglücke aller Art als die flacheren, einfacher strukturierten und langsameren Länder der Dritten Welt. Es hat den Anschein, als müßten eher bei uns die Dinge schon beim ersten kräftigen Windstoß zusammenbrechen. Doch bereits die flüchtige Lektüre der Schlagzeilen und erst recht der Statistiken zeigt, daß unser von Technik beherrschtes Leben größere Sicherheit bietet. Wie ein internationaler Vergleich für den Zeitraum von 1960 bis 1980 ergab, stieg die Zahl der Opfer unterhalb mittlerer Volkseinkommen deutlich an, je ärmer die betreffenden Länder waren.

Länder mit niedrigem Volkseinkommen verzeichneten im genannten Zeitraum mehr als 3000 Tote pro Katastrophe, solche mit hohem Volkseinkommen weniger als 500. Japan verlor bei 43 Katastrophen durchschnittlich 63 Menschen, während Peru bei 31 Katastrophen im Durchschnitt 2900 Menschen verlor. Die Entwaldung fördert Überschwemmungen, Erdrutsche und Dürrekatastrophen, während zugleich Millionen von Menschen sich auf gefährlichem Terrain in Hanglagen oder Bergtälern niederlassen.[3]

In reichen Ländern sind die Verluste an Menschenleben geringer, weil man dort Systeme aufbaut – von der Feuerwehr bis hin zum Katastrophenschutz –, die Gefahren erkennen und davor warnen oder im Ernstfall für die Evakuierung und Rettung der gefährdeten Bevölkerung sorgen. Die demokratische Politik hat bestens auf die Bedrohung durch Katastrophen reagiert. Viele Milliarden Dollar öffentlicher Mittel wurden in die Kanalisierung und Eindeichung der Flüsse, den Bau von Küstenschutzanlagen und die Errichtung von Stützmauern gegen Erdrutsche gesteckt. Nicht alle diese Projekte schützen auch langfristig Sachwerte; wie wir sehen werden, können sie in Wirklichkeit sogar zu noch größeren Sachschäden führen. Doch zumindest am Anfang erfüllen sie sehr gut den Zweck, den die meisten Menschen für die Hauptaufgabe solcher Schutzbauten halten dürften, nämlich den Verlust von Menschenleben zu verhindern.

Leider können Dinge, die unser Leben sicherer machen, Sachwerte und in gewissem Umfang auch Menschenleben neuen Gefahren aussetzen. Wenn Menschen in der Dritten Welt sich auf gefährlichem Gelände niederlassen, haben sie meist kaum eine andere Wahl. Das Bevölkerungswachstum und die ungerechte Verteilung des Bodens zwingen sie, in ständiger Gefahr zu leben. Für manche Nordamerikaner oder Europäer käme eine Umsiedlung nicht in Frage; andere jedoch veranlaßt gerade das durch technische Maßnahmen geschaffene Gefühl der Sicherheit, in Lagen zu siedeln, die zwar gefährlich sind, aber durch ihre Schönheit oder andere Vorzüge bestechen. Von den Canyons Südkaliforniens bis hin zu den Vorgebirgslandschaften Colorados oder den Küstenstreifen Floridas gibt es viele schöne Landschaften, die instabil sind. Dieselben tektonischen, klimatischen oder biologischen Bedingungen, die diese Landstriche so anziehend machen, können sie auch zur Gefahr werden lassen. Der vermeintliche Schutz vor Katastrophen und ein falsches Gefühl von Sicherheit vermögen neue Gefahren heraufzubeschwören.

Stürme und Überschwemmungen

Mythen über große Überschwemmungen sind fast überall auf der Welt zu finden. Diese Katastrophe war einer der ersten Rache-Effekte der Landwirtschaft. Agrarische Gesellschaften können auf die Fruchtbarkeit reicher Alluvialböden nicht verzichten. Noch 1940 schätzte man, daß ein Drittel der Menschheit ihre Nahrung von solchen Böden bezog. Da die Bevölkerung in Flußtälern während der letzten fünfzig Jahre beträchtlich angewachsen ist, dürfte die Schätzung auch heute noch zutreffen. Auf Schwemmland warf und wirft die Landwirtschaft größere Erträge ab – um den Preis von Gefahren, die sich noch immer nicht genau einschätzen lassen. Doch die Gefahr von Überschwemmungen war kein Rache-Effekt; vielmehr handelte es sich um eine Abwägung der Vorteile und Risiken, der sich auch heute noch viele hundert Millionen Menschen nicht zu entziehen vermögen.

Die Technik hat die Gefahren eines Lebens in potentiellen Überschwemmungsgebieten und in Regionen mit tropischen Wirbelstürmen auf dreierlei Weise verändert. Erstens hat sie für eine Rationalisierung des Risikos gesorgt; wir können gefährdete Gebiete genauer abgrenzen, die weitere Ansiedlung von Menschen beschränken und Warnungen herausgeben. Zweitens verfügen wir über bessere Techniken zum Schutz vor Sturmfluten und Überschwemmungen. Und drittens können wir unmittelbar bedrohte Menschen heute (dank der Motorisierung) schneller evakuieren als jemals zuvor.

Insbesondere in der Dritten Welt kann jedoch die *partielle* Anwendung dieser Technologien Rache-Effekte auslösen. Bauliche Maßnahmen zum Hochwasserschutz können die Menschen ermuntern, sich in hochwassergefährdeten Gebieten anzusiedeln, wodurch sich die Gefahr für Leben und Eigentum erhöht. Eine der weltweit schlimmsten »Natur«-Katastrophen unseres Jahrhunderts, die Sturmflut des Jahres 1970 in Bangladesh, kostete mehr als 225 000, vielleicht sogar 500 000 Menschen das Leben, und zwar zum Teil deshalb, weil die Anlage von Deichen zum Schutz vor Überflutung und Versalzung zahlreiche Menschen veranlaßt hatte, sich auf dem neugewonnenen und scheinbar sicheren Land niederzulassen. Schon 1985 fielen in Bangladesh wiederum 10 000 Menschen einem Wirbelsturm zum Opfer. Dabei müssen schwere Stürme keineswegs so viele Menschen töten. Die Technik mag die Lage zuweilen verschlimmern, aber sie kann sie auch entschärfen. Zwei Jahre nach dem Wirbelsturm, der Bangladesh verwüstete, richtete der tropische Wirbelsturm Agnes in den Vereinigten Staaten einen materiellen Schaden von insgesamt 3,5 Milliarden Dollar an – das war damals mehr als jede andere Katastrophe in der amerikanischen Geschichte einschließlich des Brandes von Chicago 1871 und des Erdbebens von San Francisco 1906. Aber da in Nordamerika Hunderttausende evakuiert werden konnten, fielen dem Sturm nur 118 Menschen zum Opfer, hundertmal weniger als bei dem letzten Wirbelsturm in Bangladesh.[4]

Als der Hurrikan Andrew 1992 über Florida und Louisiana hinwegfegte, übertraf er sogar noch den von Agnes gehaltenen Rekord; er machte 150 000 Menschen obdachlos und verursachte Schäden in Höhe von schätzungsweise 15–20 Milliarden Dollar. Doch die Zahl der Todesopfer blieb deutlich niedriger: in Florida starben fünfzehn Menschen, auf den Bahamas vier, und in Louisiana war es nur ein einziger. Wahrscheinlich sind mehr Menschen bei der Beseitigung der Sturmschäden und den erforderlichen Reparaturarbeiten verletzt worden als bei dem eigentlichen Sturm – durch herabstürzende Äste, zersplitternde Glasscheiben und freigesetzte Benzindämpfe. Die Zahl der Todesopfer lag bei Andrew zum Teil deshalb so niedrig, weil man das Muster der Windbewegungen mittels eines neuen Dopplerradarsystems schon aus großer Entfernung in seiner Feinstruktur hatte untersuchen können. Die Meteorologen des amerikanischen Wetterdienstes sagten den Weg, den der Sturm nahm, mit einer Genauigkeit von weniger als 50 Kilometern voraus. Seit der Jahrhundertwende ist in den Vereinigten Staaten die Zahl der Menschen, die tropischen Wirbelstürmen zum Opfer fielen, von mehr als 6000 auf ein paar Dutzend pro Jahr gesunken; zugleich stieg der Sachschaden in den letzten Jahrzehnten auf mehr als 1,5 Milliarden Dollar jährlich, und zwar vor allem wegen der regen Bautätigkeit in sturmgefährdeten Gebieten. Ermutigt wurden die Menschen dazu wahrscheinlich wiederum durch das verbesserte Warn- und Evakuierungssystem, aber auch durch die Sturmschadenversicherungen, die schätzungsweise 7,3 Milliarden Dollar der durch Andrew verursachten Schäden abdeckten.[5]

Unsere Erfolge im Umgang mit Überschwemmungen und Stürmen haben drei Rache-Effekte ausgelöst. Erstens fördern die verbesserten Vorhersagen ein Vertrauen, das verheerende Folgen haben kann. Als Züge noch so pünktlich waren, daß man die Uhr danach stellen konnte, war jede Abweichung unter Umständen tödlich für Menschen, die genau »wußten«, daß die Schienen sicher waren; darauf hat der Landschaftshistoriker John Stilgoe hingewiesen. Ganz ähnlich ist es bei der Wettervorhersage: je zuverlässiger sie wird, desto mehr verlassen wir uns darauf. Man denke nur, welchen Aufwand eine Evakuierung bedeutet. Wer schon einmal während des Stoßverkehrs in Florida unterwegs war, kann sich vorstellen, was es heißt, wenn man dort eine große Zahl von Menschen innerhalb kurzer Zeit zu evakuieren versucht. Schon 1986 warnte die American Meteorological Society (AMS), in vielen hurrikangefährdeten Gebieten in Florida und an der texanischen Küste brauche man zwanzig bis dreißig Stunden für eine Evakuierung, während die Vorwarnzeit sich auf sechs Stunden verkürzen könne, falls ein Hurrikan unerwartet schneller vorankomme. Wie wir aus Befragungen wissen, halten dagegen die Bewohner dieser Küstenregionen meist eine oder zwei Stunden für ausreichend.

Auch lange Vorwarnzeiten sind durchaus problematisch. Das Dopplerradar hat die Zahl der Fehlalarme halbiert, doch Evakuierungsaufrufe können sich immer noch in einem Drittel der Fälle als unnötig erweisen. Und niemand kann vorhersagen, wie verstopft die Straßen bei einer massiven Evakuierung sein werden, vor allem, wenn es sich um Regionen mit hoher Bevölkerungsdichte wie Miami Beach oder New Orleans handelt. Die AMS verweist auf eine zweite Gefahr. In den siebziger Jahren waren schwere Wirbelstürme seltener als jemals zuvor. Als der Hurrikan Andrew 1992 auf den amerikanischen Kontinent traf, hatten viele Küstenbewohner noch nie einen schweren Sturm erlebt.[6]

Aufgrund der Erfahrung mit vergangenen Katastrophen werden die Schutzmaßnahmen auch weiterhin verbessert. Nach dem Hurrikan des Jahres 1900, der 6000 Menschenleben forderte, baute man in Galvaston einen fünf Meter hohen Deich, der auch dem Hurrikan Alicia 1983 standhielt. Und nachdem in Pennsylvania Mitte der achtziger Jahre fünf Naturkatastrophen zu Bundesangelegenheiten erklärt worden waren, entwickelte man dort ein computergestütztes Informationsnetz für Notfälle, das auch in anderen Staaten Leben zu retten vermag, weil man durch den Vergleich mit ähnlichen Situationen und den raschen Zugriff auf Ressourcen schneller reagieren kann. Angesichts verbesserter Vorhersagen und verstärkter staatlicher Maßnahmen dürften die Küstenstaaten und die an den Küsten gelegenen Städte kaum bereit sein, das weitere Wachstum zu beschneiden, das so wichtig für sie ist. Die Kosten des verbesserten Katastrophenschutzes werden auf Versicherungsnehmer und Steuerzahler umgelegt, so daß sie die gesamte Volkswirtschaft belasten.[7]

Der verbesserte Küstenschutz führt zu einer stärkeren Besiedlung der Küstenregionen. Außerdem verhindert er, daß Hauskäufer auf stabileren Konstruktionen bestehen; mit der heute verfügbaren Bautechnik ließen sich die Sturmschäden drastisch verringern, allerdings um den Preis höherer Kosten für die Käufer und niedrigerer Profite für die Bauherren. Außerdem können sie natürlich nicht ausschließen, daß es zu einem noch massiveren Rache-Effekt kommt, falls nur eine einzige zentrale Annahme sich als übertrieben optimistisch erweisen sollte. So ist es eigentlich nicht zulässig, neue Häuser in Regionen zu bauen, in denen die Gefahr besteht, daß es alle hundert Jahre zu einer größeren Überschwemmung kommt. Doch auch die dadurch gesetzten Grenzen werden vielfach überschritten, wenn es darum geht, neue Wohngebiete am Stadtrand auszuweisen. Das langfristige Risiko zumindest für die Sachwerte bleibt damit bestehen.[8]

Dürre

Wie Überschwemmungen, so zeigen auch Dürrekatastrophen, daß Technologien im Verein mit Werten und politischen Institutionen akute lokale Probleme in chronische nationale Probleme verwandeln können. Die tödlichste Naturkatastrophe der Dritten Welt erscheint in den entwickelten Ländern manchmal nur als eine etwas lästige Störung. Sowohl im Norden als auch im Süden beansprucht die Landwirtschaft die Böden bis an die Grenzen und vielfach darüber hinaus. In Afrika, Südamerika und Indien haben Überbevölkerung und Überweidung dazu geführt, daß die Böden anfällig gegen Trockenperioden sind, mit denen die traditionelle Landwirtschaft noch umzugehen verstand. In den Vereinigten Staaten nährten die boomenden Weizenpreise während des Ersten Weltkriegs und Henry Fords dieselgetriebener Traktor in den zwanziger Jahren die Illusion, die »Trockenkultur« könne den Weizenanbau im südlichen Bereich der Great Plains zu einem einträglichen Geschäft machen. Doch ob die Farmer es damals wußten oder nicht, sie bebauten semiarides Land, das in unregelmäßigen Abständen immer wieder unter Dürre zu leiden hat.

Während der zwanziger Jahre brachen Traktoren mit neuartigen Scheibenpflügen den Boden mit einer bis dahin noch nie gekannten Geschwindigkeit auf, während Geschäftsleute Hunderttausende Hektar Grasland aufkauften und in Ackerland verwandelten. Teure Mähdrescher traten an die Stelle der einfachen Dreschmaschinen; kleine Farmer verschuldeten sich, um wettbewerbsfähig zu bleiben. Wie der Umwelthistoriker Donald Worster gezeigt hat, ließen sich die Farmer der Great Plains auch durch den zyklischen Charakter der Regenfälle und die beschränkte Bodenqualität nicht in ihrem Optimismus beirren. Die niedrigen Weizenpreise der Depressionszeit (die es unerläßlich machten, immer mehr anzubauen) und eine lange, schwere Dürreperiode von 1930 bis 1936 machten die Great Plains zu einem Synonym für große, schwarze Staubwolken – aufgewirbelt von den hocheffizienten Scheibenpflügen, die das heimische Gras herausrissen und den Boden pulverisierten, wie auch die Zeitgenossen durchaus erkannten.

Die Ökologen der dreißiger Jahre sahen eine zornige Natur, die sich gegen ihre menschlichen Herren auflehnte. Die bekannteste populärwissenschaftliche Auseinandersetzung mit dem »Dust Bowl« (Staubloch),

Paul Sears *Desert on the March*, warnte, die Farmer der Plains machten »zunichte, was die Natur in Jahrmillionen geschaffen hat«, und befreiten »die Wüste aus den Fesseln, in denen die Natur sie so lange gehalten hat«. Doch der Mainstream des New Deal dachte gar nicht daran, größere Demut angesichts der Naturkräfte einzufordern, sondern präsentierte ein aufgeklärt prometheisches Programm aus Hilfen, Versicherungen, Bewässerungsprojekten und Windschutzhecken. Kein Wunder, daß nach dem Zweiten Weltkrieg, als die Zeiten wieder besser wurden, ehrgeizige Farmer neuerlich den Boden aufbrachen, gegen die Kosten der Pflege von Terrassen und Windschutzhecken protestierten und jeden Versuch einer Beschränkung der Anbauflächen bekämpften. Mitte der fünfziger Jahre kehrte die Dürre zurück, wieder fegten Staubstürme über das Land, und im Wortschatz der Region gesellten sich zu den »dirty thirties« (den schmutzigen dreißiger Jahren) die »filthy fifties« (die dreckigen fünfziger Jahre). Nach einer weiteren Expansion im Gefolge des OPEC-Ölschocks 1973 und der sowjetischen Getreidekäufe vermehrten sich die Staubstürme nochmals Mitte der siebziger Jahre, und 1983 folgte eine weitere große Dürre.[9]

Eine Kombination aus Politik und Technologie verwandelte eine akute regionale Katastrophe in ein chronisches nationales Problem. Ernteausfallversicherungen und Kredite haben die Kosten und Risiken der Dürre mittlerweile weitgehend auf Steuerzahler und Konsumenten verlagert. Dennoch ist es keineswegs ausgeschlossen, daß auch Katastrophen alten Stils wiederkehren. Wenn die heutigen Sozialsysteme und Technologien durch eine zukünftige Dürre ausreichend unter Druck geraten, so warnt jedenfalls der Geograph Richard Warrick, könnten die Folgen für die gesamte amerikanische Wirtschaft und sogar für die Weltwirtschaft weitaus verheerender sein als für den eigentlichen »Dust Bowl«.[10]

Erdbeben

Auch das Beispiel der Erdbeben zeigt, daß die Technik mehr Menschen »natürlichen« Gefahren aussetzt, sie aber auch vor diesen Gefahren zu schützen vermag. Die Bauwerke und Verkehrsmittel des Industriezeitalters haben die Erdbebengefahr nicht geschaffen. Wo Menschen dicht beisammen wohnen, vor allem in Hafenstädten unmittelbar am Meer, die den Flutwellen nach Erd- und Seebeben ungeschützt ausgesetzt sind, konnte die Zahl der Opfer bereits gewaltige Ausmaße erreichen, als es noch gar keine Dampfschiffe und Eisenbahnen gab. Das Erdbeben von Lissabon 1755 tötete 50 000 Menschen; in den Jahrhunderten zuvor waren bei Erdbeben in China Hunderttausende von Menschen ums Leben gekommen, und das Erdbeben von Kalkutta 1737 hinterließ 300000 Tote. Die industrielle Gesellschaft des neunzehnten Jahrhunderts erhöhte die Gefährdung durch Erdbeben hauptsächlich deshalb, weil sie mehr Menschen in den Städten versammelte. In dünnbesiedelten Regionen wie dem Mittleren Westen der Vereinigten Staaten können gewaltige Energien freigesetzt werden, ohne daß sonderlich viele Menschen zu Schaden kämen. Die Erdbeben von New Madrid 1811–12 waren so stark, daß sie die Landschaft veränderten, den Mississipi in ein neues Bett zwangen und sogar noch in Richmond einige Kamine von den Dächern stürzen ließen. Selbst in Boston war eines dieser Erdbeben noch zu spüren. Doch nur wenige Menschen kamen dabei ums Leben.[11]

Die Technologien des zwanzigsten Jahrhunderts können die verheerenden Wirkungen großer Erdbeben vervielfachen. Da wir in großen städtischen Ballungszentren leben, die auf ein weiträumiges Verkehrssystem und eine großräumige Versorgung mit Trinkwasser, Elektrizität und elektronischen Daten angewiesen sind, könnte eine falsche Berechnung der Erdbebenrisiken im schlimmsten Fall zu einer Katastrophe vom Ausmaß der Kernschmelze in Tschernobyl oder des Giftgasunglücks in Bhopal führen. Im Durchschnitt kosten Erdbeben jährlich weltweit immer noch 10 000 Menschen das Leben und richten Sachschäden von 400 Millionen Dollar an. Die Seismologen sind sich einig, daß Nord- oder Südkalifornien bis zum Jahr 2020 von einem größeren Erdbeben heimgesucht werden wird; die Schätzungen für die Wahrscheinlichkeit schwanken zwischen 10 und 60 Prozent. Doch wie Allan G. Lindh, Leiter der seismologischen Abteilung des U.S. Geological Survey in Menlo Park, meint, sind die 100 Millionen Dollar Schaden, die solch ein Erdbeben anrichten würde, nur sehr bescheiden im Vergleich zu den jährlich 15 Milliarden Dollar Gewinn aus der Landwirtschaft, der Energiegewinnung und dem Schiffsverkehr, die erst durch den San-Andreas-Graben möglich geworden sind. Denn ohne die Auffaltungen und Grabenbrüche wären Central Valley, San Francisco Bay, die Goldfelder des neunzehnten Jahrhunderts und die kalifornische Halbinsel kaum vorstellbar. Dieselben Merkmale, die Kalifornien zu einem erdbebengefährdeten Gebiet machen, sind auch für die reichen Bodenschätze und die Schönheit des Landes verantwortlich. (Ein ähnlicher Zusammenhang besteht im Mittleren Westen, wo die Städte aus Gründen der besseren Verkehrsanbindung und der Wasserversorgung meist an den Flüssen und in tiefergelegenen Gebieten liegen. Genau dort ist aber auch die Gefahr von Tornados am größten.)[12]

Die weltweite Statistik belegt, daß wir vor den Auswirkungen von Erdbeben heute besser geschützt sind als in der ersten Hälfte unseres Jahrhunderts. Zwar kosten immer mehr Erdbeben Menschenleben, und die Weltbevölkerung ist seit der Jahrhundertwende beträchtlich gewachsen, doch die Zahl der jährlichen Erdbebenopfer lag im Zeitraum von 1950 bis 1990 etwas niedriger als in den fünfzig Jahren davor; sie sank von etwa 16 000 auf 14 000 pro Jahr. Dieser Fortschritt dürfte zum größeren Teil nicht auf bessere Vorhersagen, sondern auf verbesserten Erdbebenschutz zurückzuführen sein. Noch immer lassen Erdbeben sich nur schwer voraussagen, selbst in den wenigen Gebieten wie Kalifornien, die ständig intensiv überwacht werden. Chinesische Seismologen retteten möglicherweise Hunderttausenden das Leben, als sie 1975 ein Erdbeben bei Haicheng und anderen nordchinesischen Städten korrekt voraussagten, doch bei einer anderen Katastrophe im folgenden Jahr gaben sie keine Warnung heraus. Ein Erdbeben der Stärke 7,8 zerstörte 1976 die Stadt Tangshan nahezu vollständig und tötete ein Sechstel der Bevölkerung, fast 250 000 Menschen.[13]

Bei den Technologien, durch die sich die Zahl der Erdbebenopfer vermindert hat, handelt es sich um solche der Vorbereitung auf diese unabwendbaren Ereignisse. Erdbebenforschung, Bodenmechanik und Bautechnik können zwar nicht verhindern, daß Schäden auftreten, doch sie können, wie Allan Lindh es ausgedrückt hat, »Erdbeben zu Ereignissen machen, die Schrecken verbreiten, aber nur sehr wenige Menschenleben kosten«. Neben Karten der erdbebengefährdeten Gebiete tritt heute die Feinanalyse einzelner Standorte im Hinblick auf Bodenverhältnisse, die den Effekt von Erdstößen verstärken oder zu Erdrutschen und Verflüssigungen führen können, wie sie beim Loma-Prieta-Erdbeben 1989 eine so große Rolle gespielt haben. Seit den siebziger Jahren sind wir dank neuer Instrumente in der Lage, Oberflächenwellen zu messen; seither wissen wir, daß Erdbeben Gebäude einer Beschleunigung aussetzen können, die der Erdanziehungskraft entspricht oder sie sogar übersteigt – und das ist weit mehr, als man früher beim Bau von Gebäuden in Rechnung stellte. Es gibt Techniken, mit denen sich Bauwerke weitaus stoßunempfindlicher machen lassen, als es heute geschieht. Wir kennen die Gefahren nichtverstärkter Steinbauten. Bei Erdbeben in jüngerer Vergangenheit hat man besondere Standards für den Bau von Schulen und Hospitälern erprobt. Große Gebäude können wahrscheinlich auch schweren Erdbeben standhalten, wenn sie entsprechend ausgelegt werden. Die Verankerung von Häusern und Mobilheimen auf ihren Fundamenten kann Brände und Explosionen verhindern.[14]

Die bessere Bauweise führt dazu, daß in den reicheren Ländern weitaus weniger Menschen bei Erdbeben ums Leben kommen als in den Ländern der Dritten Welt – vor allem in den Slums von Großstädten wie Kairo, wo bei einem Erdbeben im Oktober 1992 Hunderte von Menschen unter den

Trümmern ihrer Häuser zu Tode kamen. In China liegt das Zahlenverhältnis der Erdbebenopfer zu den Sachschäden bei einem Toten je 1000 Dollar, während es in den USA bei eins zu 1 Million liegt. Man vergleiche auch einmal die Zahl der Toten in Tangshan mit der eines gleich starken Erdbebens im chilenischen Valparaiso: Dort kamen 1985 von 1 Million Einwohnern nur 150 ums Leben. Der entscheidende Unterschied liegt in der relativ erdbebensicheren Bauweise der chilenischen Gebäude. Beim Loma-Prieta-Erdbeben 1989 hielten die nach neuen Richtlinien zur Erdbebensicherheit errichteten Hochhäuser des Bankenviertels stand, während die niedrigen Häuser im Mission District zusammenbrachen und ausbrannten; sie waren vor dem Erlaß der neuen Vorschriften gebaut worden.[15]

Die größten Gefahren für Menschen und Sachwerte bestehen wahrscheinlich gar nicht dort, wo erst kürzlich große Schäden zu verzeichnen waren, sondern in Gebieten, in denen man mit Erdbeben weniger vertraut ist, obwohl die Wahrscheinlichkeit größerer Beben durchaus besteht. Trotz des gewaltigen Erdbebens, das 1755 Lissabon zerstörte und 9,0 auf der Richterskala erreicht haben soll, könnte es dort ohne weiteres noch einmal zu einem schweren Beben kommen – und auch diesmal wieder mit einer Rekordzahl an Opfern. In den Vereinigten Staaten dürfte die größte Gefahr für Leben und Gesundheit nicht in Kalifornien bestehen, sondern in Regionen, in denen man dieser Gefahr weniger Beachtung schenkt: in der Nähe von St. Louis, an der nördlichen Pazifikküste und sogar in den großen Städten des Nordostens mit ihren zahlreichen Hochhäusern. Die kalifornischen Grabenbrüche setzen gewaltige Kräfte frei, wenn die Kontinentalplatten sich relativ zueinander bewegen; aber sie dämpfen auch Stoßwellen und behindern ihre Ausbreitung. Im Osten der Vereinigten Staaten ist das Gestein sehr viel älter und dichter als im Westen. Im Mittleren Westen und im Osten würde ein Erdbeben weitaus größere Flächen in Mitleidenschaft ziehen als in Kalifornien. Nach Schätzungen der Federal Emergency Management Agency könnte ein Erdbeben der Stärke 7,6 auf der Richterskala, das Memphis, Tennessee, während des Tages erschütterte, mehr als 2500 Menschen töten, darunter 600 Schulkinder, und mehr als 230 000 Menschen obdachlos machen. Die Sachschäden eines solchen Bebens im Mittleren Westen könnten mehr als 50 Milliarden Dollar betragen.[16]

Es hat durchaus seine positiven Seiten, wenn die Erdbebengefahren bekannt sind. Kalifornien hat gelernt, damit – wenn auch vielleicht nur unvollkommen – umzugehen, weil man solche Katastrophen dort schon erlebt hat. Natürlich kann sich im Ernstfall wieder einmal zeigen, daß die Sicherheitsvorkehrungen unzureichend sind, wie es beim eigens verstärkten Nimitz-Freeway in Oakland der Fall war, der beim Loma-Prieta-Erdbeben 1989 zusammenbrach. Das Northridge-Beben von 1994 und das Erdbeben in Kobe 1995 zerstörten oder beschädigten Gebäude, Brücken und Verkehrswege, die man zuvor wegen ihrer fortschrittlichen, robusten Konstruktion gelobt hatte. Die Konzentration der Bevölkerung in dichtbesiedelten Suburbs erhöht möglicherweise das Risiko. Doch die meisten Ingenieure glauben, durch mehr Aufklärung und verbesserte Warnsysteme, durch die kartographische Erfassung der Bruchlinien und der erwarteten Zerstörungen, durch bautechnische Verbesserungen und strengere Bauvorschriften könne man die Gefahren für Leben und Gesundheit der Menschen noch weiter verringern. Tatsächlich erwuchsen die größten Probleme in Northridge nicht aus unzureichenden bautechnischen Standards, sondern aus deren mangelhafter Durchsetzung. Und sogar Verluste haben in gewisser Weise ihr Positives. Erdbeben kann man durch technische Mittel ebensowenig verhindern wie tropische Wirbelstürme, aber man kann ihre Auswirkungen mindern und die Kosten verteilen, zeitlich (durch Programme zur systematischen Verstärkung der vorhandenen Bauten) und räumlich, indem man auch die Steuerzahler in Regionen heranzieht, die nicht von solchen Gefahren betroffen sind. Es war und ist staatliche Politik, akute ökonomische Risiken lokalen Charakters in chronische, langfristige, gesamtstaatliche Schulden zu überführen. Nach Ansicht kalifornischer Ökonomen beschleunigte die vom Bund Anfang 1994 gewährte Erdbebenhilfe den Ausgleich des kalifornischen Staatshaushaltes um ein volles Etatquartal.[17]

Trotz alarmierender Lücken und Unsicherheiten zeigt die Erfahrung in der entwickelten Welt, wie gut der technische Fortschritt Naturkatastrophen zu zähmen, wenn auch nicht zu verhindern vermag. Doch diese Sicherheit hat einen hohen Preis: zum einen die langfristige Belastung der gesamten Volkswirtschaft durch Hilfsprogramme, zum anderen die lokal zu tragende Last, stets auf lange Unterbrechungen lebenswichtiger Dienste vorbereitet zu sein.

Brände: Smokeys Rache

Anders als Erdbeben und tropische Wirbelstürme sind Waldbrände mindestens ebenso vom Menschen wie von der Natur verursacht. Auch in unserem Jahrhundert hat es gewaltige Brände gegeben, an denen der Mensch kaum Anteil hatte. So führte eine ungewöhnliche Dürre 1915 in Sibirien zu zwei riesigen Bränden, denen eine Fläche von der Größe Deutschlands zum Opfer fiel; den Rauch, der dabei entstand, hat man mit den Mengen verglichen, die ein Atomkrieg hervorbringen würde. In Amerika erreichten große Feuersbrünste etwa in Städten ihre schlimmsten Ausmaße im neunzehnten und frühen zwanzigsten Jahrhundert. In den Wäldern der Great Lakes hielt die Technik zur Verhinderung und Bekämpfung von Bränden nicht Schritt mit den Techniken zur Konzentration großer Menschenmengen und zur Intensivierung der Produktion. Die Holzindustrie ließ tote Äste und Laub einfach auf dem Waldboden liegen, während die Funken aus den Feuerungen der Dampflokomotiven allenthalben für Feuergefahr sorgten. Bei einer einzigen großen Feuersbrunst, dem Prestigo-Brand von 1871, kamen 1500 Menschen ums Leben.[18]

Die Technologie des zwanzigsten Jahrhunderts hat uns eine gewisse Herrschaft über Großbrände ermöglicht. Flugzeuge erweitern den Frühwarnbereich weit über die fünfzehn Kilometer hinaus, die man von den Beobachtungstürmen aus überblicken konnte; außerdem können sie Wasser in entlegene Gebiete bringen und auch Feuerwehrleute mit dem Fallschirm absetzen (ursprünglich eine sowjetische Erfindung). Mit Infrarotkameras lassen sich Flammenfronten auch durch den Rauch hindurch erkennen. Dank neuer Kommunikationsmittel können Ressourcen rasch mobilisiert werden. Obwohl Waldbrände immer noch eine tödliche Bedrohung darstellen, wo man die Besiedlung bis an den Rand von Wäldern und wildem Buschland vorangetrieben hat, ist die Zahl der Opfer bemerkenswert gering. Bei dem großen Waldbrand im Yellowstone-Nationalpark 1988 kam kein einziger Mensch ums Leben. Im August 1992 verzeichnete man im Nordwesten 65 000 Waldbrände, die eine Fläche von 450 000 Hektar bedeckten, doch selbst unter den 13 000 Feuerwehrleuten waren keine Opfer zu beklagen. Auch die größten Tragödien, die in jüngerer Zeit unter Feuerwehrleuten zu verzeichnen waren, blieben weit hinter den historischen Rekordmarken zurück. Zwölf Feuerwehrleute kamen ums Leben, als im Juli 1994 ein Waldbrand am Storm King Mountain bei Glenwood Springs, Colorado, aufgrund plötzlich auftretender Winde außer Kontrolle geriet, aber das waren immer noch weniger als die fünfundzwanzig, die 1933 in Griffith Park, Los Angeles, getötet wurden, und erst recht als die siebzig, die 1910 bei den Waldbränden in Idaho und Montana ihr Leben lassen mußten.[19]

Aber auch unsere überlegene Reaktion auf solche Katastrophen hat ihre Rache-Effekte. So hat sie dazu beigetragen, daß die Feuergefahr in den Wäldern des Westens heute sehr viel größer ist als jemals zuvor. Ursprünglich bestanden die Wälder dort aus Gruppen hoher Bäume mit großen Grasflächen dazwischen – eine Landschaft, die durch natürliche Brände erhalten wurde, bei denen die kleinen Bäume und das Buschwerk verbrannten. Als japanische Feuerballons während des Zweiten Weltkriegs die Wälder an der Pazifikküste bedrohten, startete der U. S. Forest Service eine Kampagne, in deren Mittelpunkt ein sprechender Bär namens Smokey stand. Er sollte das Bewußtsein der Amerikaner für die Feuergefahren schärfen und dem Forest Service natürlich auch Spenden für die Brandbekämpfung einbringen. Das tat er auch, doch gegen die ökologischen Ursachen der Brandgefahr konnte Smokey nichts ausrichten. Jahrzehnte vor dem *Stummen Frühling* und dem neuen Umweltbewußtsein machte er keinen Unterschied zwischen schlimmen, vom Menschen gemachten, und guten, von der Natur verursachten Bränden, wenn er auf der Madison Avenue auftrat und Spenden sammelte. Das Feuer war gefährlich für Bären und Menschen gleichermaßen, auch wenn es den Wald stärkte. (Erst viele Jahre später entdeckten Zoologen, daß selbst bei riesigen Waldbränden erstaunlich wenige große Säugetiere zu Schaden kommen. Oft brauchen sie nicht einmal wegzulaufen, sondern können friedlich weitergrasen, weil ihre Witterung sie rechtzeitig vor Gefahren warnt.)[20]

Paradoxerweise hat sich gezeigt, daß die Verhinderung von Waldbränden den Wald verändert – ein Vorgang, den der Umweltautor Charles Littel »Smokeys Rache« genannt hat. Die Verhinderung von Waldbränden beschleunigt den Wandel, den der Holzeinschlag eingeleitet hat. 1968 beschrieb ein Aufsatz in der Zeitschrift *American Forests* den Wald im Westen der Vereinigten Staaten als »ein verfilztes Dickicht aus jungen Kiefern, Weißtannen, Flußzedern und ausgewachsenen Büschen – eine direkte Folge des übermäßigen Schutzes vor natürlichen Bodenbränden«. Dank der Zunahme des Unterholzes kann das Feuer vom Boden bis in die Wipfel der hohen Bäume hinaufsteigen, wo es sich noch rascher ausbreitet als zuvor. Verwandelt eine Dürre dann noch das Unterholz in eine Brutstätte für Insekten, kann der Wald neuen Stils in einer riesigen Stichflamme explodieren. Auch die Entfernung ausgetrockneter, insektenbefallener Stämme beim Holzeinschlag schafft nicht in jedem Fall Abhilfe. Wenn man Äste und Nadeln beim Einschlag zurückläßt, wie es meist geschieht, brennen die Wälder möglicherweise noch heftiger als vor dem Holzeinschlag.[21]

Wir könnten versuchen, die Wälder im Westen wiederherzustellen, doch wahrscheinlich lassen die Veränderungen sich nicht wieder rückgängig machen. Falls wir in dieser veränderten Umwelt für künstliche Brände sorgen, könnte der Rache-Effekt eintreten, daß wir damit gerade die alten Goldkiefern vernichten, die wir eigentlich schützen wollen. Da sich am Fuß dieser Bäume allerlei verrottendes Pflanzenmaterial angesammelt hat, sind die Wurzeln über den Waldboden hinaus in diese lockere humöse Schicht hineingewachsen. Bäume, die einen Bodenbrand einst überstanden hätten, würden ihm nun zum Opfer fallen. Selbst wenn wir dafür sorgen, daß es nur zu Schwelbränden bei niedrigen Temperaturen kommt, dringt die Hitze weitaus tiefer in dieses exponierte Wurzelwerk ein, als Brandexperten einst annahmen.[22]

Ausgerechnet in einer Zeit, da Zahl und Intensität verheerender Wald- und Buschbrände im Westen der Vereinigten Staaten zunehmen, rücken Liebhaber schöner Landschaften mit ihren Häusern immer näher an diese gefährdeten Gebiete heran. Wachstumsorientierte Politiker haben sich in Regionen wie den Sierra-Bergen dadurch profiliert, daß sie die Beschränkungen für den Bau von Häusern in feuergefährdeten Gebieten lockerten. In Kalifornien befinden sich 1,5 Millionen bebaute Grundstücke so nahe bei Wald- und Buschflächen, daß sie als gefährdet gelten müssen; in Oregon sind es 187000. Und der Suburb-Geschmack der Hausbesitzer fordert unliebsame Überraschungen geradezu heraus. Schattenspendende Bäume in unmittelbarer Nähe des Hauses, rustikale Schindeldächer und gewundene, von Bäumen gesäumte Zufahrtswege lenken Buschbrände in eine fatale Richtung und behindern zugleich die Feuerwehren. Der Brandhistoriker Stephen J. Pyne fand in den Buschbränden, die 1991 die Hügel in der Umgebung von Oakland heimsuchten, einen traurigen Beweis für die Tatsache, daß ein Zeitalter »außerstädtischer« Feuersbrünste »Wald- und Buschbrände direkt zu den Menschen zurückgebracht hat«. (Einen Beitrag dazu leisten die Menschen auch, indem sie Tausende von Bäumen auf ehemals freien Flächen anpflanzen, die seit Jahrhunderten immer wieder von Bränden heimgesucht wurden, wie ja auch andere ihre Häuser in hochwassergefährdeten Gebieten bauen.) Wie Pyne und andere Forstökologen glauben – und das ist die letzte Wendung in der Geschichte der Waldbrände –, haben Holzeinschlag und Brandbekämpfung die Wälder im Westen so sehr verändert, daß sie niemals wieder in den Zustand vor den massiven Eingriffen des Menschen zurückversetzt werden können. Die meisten großen Waldbrände seit 1970 waren die unbeabsichtigte Folge »kontrollierter« Feuer, die man gelegt hatte, um der Gefahr größerer unkontrollierter Waldbrände vorzubeugen. Ein Waldbrand, den man gelegt hatte, um Lebensraum für den seltenen Kirkland-Waldsänger zu schaffen, geriet außer Kontrolle, tötete mehrere Feuerwehrleute und zerstörte ein ganzes Dorf. Nichts gegen natürliche Waldbrände zu unternehmen ist jedoch auch mit Gefahren verbunden. Als die Verwaltung des Yellowstone-Nationalparks 1988 einer Reihe von Bränden ihren natürlichen Lauf nehmen ließ, wuchsen die Brände auf das Siebzigtausendfache an und vernichteten 1,7 Millionen Hektar Wald, bevor ein 350 Millionen Dollar teurer Einsatz den Flammen Einhalt gebot. Brände in privaten Wäldern der Umgebung, die sofort bekämpft wurden, verursachten weitaus geringere Schäden. Die Antwort kann weder darin liegen, jeden Brand zu bekämpfen, noch darin, jedem Brand seinen Lauf zu lassen. Oder wie Pyne es ausgedrückt hat: »Es brennt zu selten, aber dabei verbrennt zuviel. Die Brände sind schlecht verteilt – es gibt zu viele der falschen Art zur falschen Zeit am falschen Ort, aber zu wenige der rechten Art zur rechten Zeit am rechten Ort.«[23]

Die Brände, die 1993 den Westen der Vereinigten Staaten heimsuchten, demonstrierten sogar noch eindeutiger die Rache-Effekte verbesserter Brandbekämpfungs- (und Kommunikations-) Techniken. Da immer mehr Stadtflüchtige sich in abgelegenen, landschaftlich reizvollen Randbezirken an der Grenze zu den umliegenden Wald- und Buschregionen niederlassen, hat die Feuerwehr mit größeren Gefahren zu kämpfen als jemals zuvor. Die langfristigen Verbesserungen in der Sicherheit der Löschmannschaften, die man in entlegenen Waldgebieten erzielte, sind durch die neuen Ansiedlungen und die damit verbundenen neuen Aufgaben bedroht. Bei dem Versuch, Menschenleben zu retten und Häuser zu schützen, haben Dutzende von Feuerwehrleuten ihr Leben gelassen, und unzählige Hektar Wald- und Buschland gingen zusätzlich in Flammen auf: ein Umordnungseffekt. Mit Blick auf Montana schrieb ein dort ansässiger Kommentator: »Dieses Jahr sind Menschen gestorben, um Täler wie meines sicher für Rasenmäher zu machen.« Einige der schlimmsten Brände gingen auf Brandstiftung zurück, doch auch diese Feuer konnten sich nur dank einer fatalen Kombination zu verheerenden Flächenbränden ausweiten: Man hatte leicht entzündliche Häuser in Gebiete gesetzt, in denen sich regelmäßige kleinere Brände früher problemlos hatten bekämpfen lassen. Da die Verantwortlichen inzwischen vor dem Einsatz kontrollierter Brände zurückscheuen, bauen sich mit der Zeit katastrophale Mengen an brennbarem Material auf, und die Großfeuer werden immer größer. Amerika hat heute solch ein Defizit an Bränden zu verzeichnen, daß allein in einem einzigen Gebiet, den Blue Mountains in Oregon, jährlich 40000 Hektar abbrennen müßten, damit sich wieder gesunde Verhältnisse einstellen.[24]

Rückblickend können wir sagen, daß die Technik und die Fähigkeiten der Brandbekämpfung mit zwei Rache-Effekten verbunden sind: Sie haben dazu beigetragen, die Brandgefahr in den Wäldern zu erhöhen, und sie ermuntern die Menschen, auch Randbezirke zu besiedeln, in denen ihr Eigentum und manchmal auch ihr Leben größten Gefahren ausgesetzt sind. Doch selbst den Bränden in Oakland und den Bränden des Jahres 1993 fielen weniger Menschen zum Opfer als den großen Feuersbrünsten des neunzehnten und frühen zwanzigsten Jahrhunderts. Neu ist die ständige Wachsamkeit gegenüber den Gefahren, die den freiwilligen Geiseln des Waldes drohen. Und um erhöhte Wachsamkeit kommen wir nicht herum, ganz gleich wie unsere Reaktion ausfällt: ob wir nun die Besiedlung gefährdeter Gebiete einschränken, die Bauvorschriften und die Sicherheitsabstände verbessern, die Abschreckung gegen Brandstiftung erhöhen oder uns darauf vorbereiten, immer mehr und immer größere Brände zu bekämpfen.

Küsten: Die Rache des Meeres

Auch die Küste hat ihre Geiseln. Sturmfluten vernichten nicht nur Menschenleben und Eigentum, sondern haben auch chronische Folgen: die Erosion der Strände. Wellen und Stürme sorgen dafür, daß die Küstenlinien von Natur aus in ständiger Bewegung sind. Und drei Viertel der Küsten befinden sich auf dem Rückzug. Die Geschwindigkeit dieses Rückzugs hat sich in den letzten Jahren erhöht, aber die Gründe für diese Beschleunigung sind den Geologen noch nicht recht klar. Sie ist selbst in Gegenden zu verzeichnen, die noch weitgehend unberührt von menschlichen Eingriffen geblieben sind wie die Inseln vor der kolumbianischen Pazifikküste. Schwerere Stürme und der Anstieg des Meeresspiegels sind nur zwei der Prozesse, in denen Wissenschaftler mögliche Ursachen für die fortschreitende Erosion der Küsten erblicken. Der Meeresspiegel der Weltmeere liegt heute mehr als dreißig Zentimeter höher als vor hundert Jahren. Die weitere globale Erwärmung wird schon bald für eine Verdopplung dieser Erhöhung sorgen, und es gibt Schätzungen, die für das nächste Jahrhundert eine Erhöhung von 120–220 Zentimetern voraussagen.[25]

Bauten zum Schutz der Küste vor den Naturkräften haben eine lange Tradition. Doch bis ins neunzehnte Jahrhundert war die Küste keine Spielwiese, sondern ein Ort, an dem vor allem gearbeitet wurde – mit Häfen und Fischerdörfern und Deichen, in deren Schutz man Landwirtschaft betrieb. Erst die Dichter und Künstler der Romantik lehrten uns die ästhetische Bewunderung der Küste. Dann wurde es in großbürgerlichen Kreisen Mode, die Ferien oder sogar das ganze Jahr am Meer zu verbringen. Der kulturelle Wandel sorgte dafür, daß aus einer natürlichen Fluktuation eine technologische Herausforderung wurde.

Auch menschliche Aktivitäten, die kilometerweit von der Küste entfernt stattfinden, können die Gestalt der Küste beeinflussen. Da die Wellen niemals in einem vollkommen rechten Winkel auf die Strände auftreffen, erzeugt ihre Energie eine Strömung, die parallel zur Küste verläuft – so jedenfalls lautet eine weithin akzeptierte Theorie der Küstenformungsprozesse. Wenn diese Theorie zutrifft, schwemmt die Strömung ständig Teilchen in Unterwassertäler und sorgt so dafür, daß sie für die Strände verloren sind. Wo Sand auf natürlichem Wege fortgeschwemmt wird, kann er durch Teilchen ersetzt werden, die von den Flüssen ins Meer getragen werden oder aus der Erosion felsiger Küstenformationen stammen. Die Strände von Long Island bestehen aus Milliarden und Abermilliarden von Bruchstücken der Montauk-Point-Klippen und anderen Ursprungs, die von der Strömung Millimeter für Millimeter bis zu ihrem endgültigen Ablagerungsort im Hafen von New York getragen worden sind. Zur selben Zeit treiben bei Sandy Hook in New Jersey jährlich 12500 Kubikmeter Sand in Richtung Norden.

Wo es keine Klippen oder ähnliche Quellen für solche Teilchen gibt, können Dämme den Sand einfangen, der die Strände ansonsten wieder auffüllen würde. Nachdem Millionen von Menschen in das Gebiet von Los Angeles gezogen waren – zum Teil angezogen von den natürlichen Stränden dieser Gegend –, machte die Landerschließung neue Dämme erforderlich, die Millionen Tonnen jenes Sandes fernhalten, den ebendiese Strände eigentlich brauchten. (In Santa Monica bewegen sich jährlich fast 30000 Kubikmeter südwärts.) Auch Deiche zur Schaffung neuer Vergnügungsstrände lösen Rache-Effekte aus, unter denen die Küstenlinie leidet.[26]

Die perverseste Rache nimmt die Natur jedoch, wenn wir versuchen, die Küste selbst zu schützen. Als die höheren Einkommensschichten die Küsten der Vereinigten Staaten mit Beschlag belegten, wurden die Grundstücke dort zu den teuersten im ganzen Land. Entsprechend gehören die Besitzer und Bewohner zu den reichsten und politisch einflußreichsten Schichten. So konnte man sich den Forderungen nach Maßnahmen des Bundes, der Bundesstaaten und der Gemeinden kaum widersetzen, nicht einmal während der Budgetkrisen der neunziger Jahre.

Der Küstenschutz beginnt schon vor der Küste, mit Wellenbrechern aus schweren Steinen und Beton, die parallel zum Strand angelegt werden. Sie brechen die Kraft der Wellen, schaffen ruhiges Wasser für Schiffe und sorgen dafür, daß sich auf der vom Meer abgewandten Seite Sand ansammelt. Doch obwohl viele Wellenbrecher nach natürlichen Vorbildern wie Sandbänken und vorgelagerten Inseln gestaltet werden, haben die meisten durchaus unnatürliche Folgen. Dabei kommt es vielfach zu einem Umordnungseffekt: Der Sand, der sich normalerweise wie ein sehr langsamer Fluß bewegt, wird nicht mehr an Strände geschwemmt, die weiter unten an der Küste gelegen sind. Diese Strände fallen dann der Erosion anheim, während die weiter oben gelegenen Strände wachsen.

Die nächste Verteidigungslinie ist die Wasserkante. Das eigentliche Ufer wird gewöhnlich auf dreierlei Weise geschützt. Die Besitzer von Ufergrundstücken bauen kleine Schutzwände aus Holz oder anderem Material, um die Grenze zwischen dem Meer und ihrem Rasen oder ihrer Terrasse zu sichern. Staatliche Stellen errichten massive Schutzkonstruktionen aus Steinen und Beton, die sich unterhalb der Hochwasserlinie an der Küste entlangziehen. Außerdem bauen sie sogenannte Buhnen, lange Steindämme, die sich senkrecht zur Küstenlinie ins Meer hineinziehen und den Sand festhalten sollen, der sonst an der Küste entlanggeschwemmt würde. Als Strandspaziergänger sind wir den Anblick dieser Schutzbauten so sehr gewöhnt, daß sie uns fast als Bestandteil der natürlichen Strandlandschaft erscheinen. Nur unter außergewöhnlichen Bedingungen fallen sie uns noch auf, etwa wenn der Sand verschwunden ist und nur noch die Kaimauern und Steinschüttungen geblieben sind wie in weiten Teilen der Küste von New Jersey.

Kann es sein, daß die Schutzbauten in Wirklichkeit zum Verschwinden der Strände beigetragen haben? Über diese Frage führen Geologen, Wasserbauer, Grundstückseigentümer und Landschaftsplaner eine heftige Debatte. In einigen Punkten herrscht Einigkeit: Buhnen erzeugen auf der strömungsabgewandten Seite neuen Strand, lassen den weiter unten gelegenen Strand jedoch aushungern – was zu dem bekannten Sägezahnmuster führt. In einigen Punkten weiß man noch nicht genug, um ein verläßliches Urteil zu fällen. Da der Sand an der Küste in beiden Richtungen fließt, können Küstenschutzbauten auch in beide Richtungen wirken. Wir wissen jedoch genug, um sagen zu können, daß zumindest mancherorts stabilisierende Bauten destabilisierende Rache-Effekte ausgelöst haben. Schutzmauern können die Erosion am Fuße von Klippen stoppen und dadurch den Abfluß von Sand verhindern. Der Bau solcher Mauern und Steinschüttungen ist aber auch ansteckend; denn am Ende dieser Bauten verstärkt sich vielfach die Erosion und zwingt die Besitzer anliegender Grundstücke, gleichfalls Uferbefestigungen anzulegen. Oft hat es den Anschein, daß geschützte Strände sich nach Stürmen schwerer erholen. Und wenn man den Strand durch Sand auffüllt, den man vor der Küste aus dem Meer holt, kann man die Erosion dadurch gleichfalls verstärken, weil der Sand im Meer vorher als Wellenbrecher diente und die Gewalt der auflaufenden Wellen dämpfte.[27]

Menschen, die sich Sorgen um die Küste machen, dürften auch weiterhin darüber streiten, wann und wo mit Rache-Effekten seitens der Umwelt zu rechnen ist. Doch welche Ergebnisse eine verbesserte Forschung auch erbringen mag, klar ist, daß es sich bei den Küsten um eine Zone handelt, die uns vor chronische technologische Probleme stellt. Wie der Holzeinschlag und der präventive Brandschutz die Zusammensetzung des Waldes und die Ökologie der Waldbrände verändern und uns zu immer größerer

Wachsamkeit zwingen, so erzeugt der Schutz der Strände seine eigenen Probleme, indem er eine neue Ordnung hervorbringt, die eine regelmäßige und immer kostspieligere Erhaltung verlangt. Und diese Ordnung ist gleichermaßen politischer und technologischer Natur.[28]

Paradoxien der Energie

Wie der technische Fortschritt dafür gesorgt hat, daß wir mit Katastrophen besser umgehen können, sie zugleich aber auch mehr fürchten, so ist auch der Verbrauch von Energie heute weniger umweltschädlich und zugleich besorgniserregender. Der Bedarf an Feuerholz führt überall in den Tropen zur Entwaldung, er bedroht weit mehr Tier- und Pflanzenarten und verwüstet weit mehr Land als der ebenso verschwenderische Umgang mit fossilen Brennstoffen und Kernenergie in den Industrieländern. Von Jahrzehnt zu Jahrzehnt verbessert die westliche Technologie die Effizienz des Energieverbrauchs und der Nutzung fast aller übrigen Ressourcen, und man verfügt über das nötige Wissen, um weitere Verbesserungen einzuführen. Zu Rache-Effekten kommt es hier nicht wegen der Nutzung immer fortschrittlicherer Technologien, sondern weil man Scheinlösungen akzeptiert, um Geld zu sparen. Und wie andere Rache-Effekte, so verwandeln auch sie ein Problem, indem sie es über Zeit und Raum verteilen.

Im neunzehnten Jahrhundert waren Grubenunglücke und vor allem Explosionen so häufig, wie wir es uns heute kaum noch vorstellen können. In einigen Regionen des Kohlereviers von Pennsylvania kamen in der Zeit kurz nach dem Bürgerkrieg jährlich 1,5 bis 3 Prozent aller Bergleute ums Leben oder wurden schwer verletzt. Heute sind Grubenexplosionen so selten geworden, daß die Quote der Berufsunfälle und Berufskrankheiten bei den Kohlebergleuten unter dem Durchschnitt der Gesamtindustrie liegt, und die Quote der jährlichen Unfallopfer ist unter 0,04 Prozent gesunken. Die Arbeit in den Kohlegruben hat immer noch tragische chronische Folgen, vor allem die Staublunge, doch es kann keinen Zweifel geben, daß katastrophenartige Probleme eine deutlich geringere Rolle spielen als früher.[29]

Während Grubenunglücke als Preis industrieller Stärke akzeptiert wurden, galten Schornsteine gleichsam als deren Emblem. Stolz präsentierten die Unternehmen sie, von rußigen Rauchfahnen gekrönt, auf ihren Briefköpfen und insbesondere auf ihren Anteilscheinen. In den schmutzigen Städten von gestern galten solche Emissionen als Zeichen von Reichtum. Schornsteine sorgten dafür, daß ein Teil des Drecks aus der unmittelbaren Umgebung der Quelle verschwand. Der Ruß wurde in die Höhe befördert, und ihre Erbauer fragten nicht, wo er wieder herunterkam. Kohlekraftwerke, Fabriken und Schornsteine konzentrierten sich in den Städten und ihrer nächsten Umgebung, gemäß einer Allianz, die seit Jahrhunderten bestand: Die Städter aus allen sozialen Klassen hatten Zugang zu mehr Gütern, Dienstleistungen und Information, mußten dafür jedoch einen Teil ihres persönlichen Lebensraums opfern – und manchmal auch etwas von ihrer Gesundheit. Tatsächlich waren die Schornsteine der Industrie nicht annähernd so schädlich für das städtische Klima wie der Rauch aus privaten oder geschäftlichen Kohlefeuerungen, die Exkremente der Pferde und später die Auspuffgase der Automobile.[30]

Als das Umweltbewußtsein in den sechziger Jahren zunahm, wurden die rauchspeienden Schornsteine zum Negativsymbol für die exzessiven Kosten des Wohlstands. Öl und aus Öl gewonnener Strom schienen billig und sauber; viele Privathaushalte und Industriebetriebe stellten sich um, und manche entschieden sich sogar für das noch sauberere Erdgas. Doch noch immer verfeuern viele Betriebe Kohle, vor allem die Kraftwerke im Ohio Valley zwischen Pittsburgh und Cincinatti. Die riesigen Kohlevorkommen in den Vereinigten Staaten, gepaart mit Einsparungsbemühungen, erschienen vielen als die rechte Antwort auf das arabische Ölembargo und die Energiekrise der siebziger Jahre. Bei der Verbrennung von Kohle – insbesondere der stark schwefelhaltigen Kohle aus den Revieren im Osten der Vereinigten Staaten – entstehen jährlich viele Millionen Tonnen Schwefeldioxid und Stickoxide, die in die Luft geblasen werden, zu einer Übersäuerung der Seen und Böden führen und die Produktivität der Wälder, Gewässer und landwirtschaftlich genutzten Böden senken. Der Bericht, den das National Acid Precipitation Assessment Program (NAPAP) nach zehnjährigen Forschungen 1990 veröffentlichte, konnte die drastischsten Voraussagen hinsichtlich eines Zusammenbruchs der Ökosysteme aufgrund des sauren Regens zwar nicht bestätigen. Auch den behaupteten Anteil des sauren Regens an den Waldschäden zog er in Zweifel. Er verwies auf andere Ursachen für die Übersäuerung der Seen und erklärte sie zu einem lokalen Problem Neuenglands und der Adirondacks. Doch Stickoxide, Schwefeldioxid und Ozon sind ohne Zweifel gesundheitsschädlich für Tiere und Menschen.[31]

Der NAPAP-Bericht bestätigte indessen, was Kritiker des Clean Air Act von 1970 schon seit Jahren behaupten. Als die Fabriken Anfang der siebziger Jahre höhere Schornsteine bauten, um den Umweltschutzauflagen der bundesstaatlichen Gesetzgeber zu entsprechen, sorgten sie damit nur für eine großräumige Verteilung der Schwefel- und Stickoxide – ein Umordnungseffekt. Ein Bericht der Environmental Protection Agency (EPA) gelangte 1976 zu dem Schluß, daß der Einsatz hoher Schornsteine zur Verringerung der Schadstoffkonzentration am Boden »indirekt [sic]... zu einer Erhöhung der Schadstoffkonzentration in der Atmosphäre« geführt hat. Bis dahin hatte man die Schadstoffemission in den Fabriken vielfach bei schlechten Wetterbedingungen gedrosselt und bei günstigen Wetterverhältnissen entsprechend erhöht.[32]

Die EPA verschärfte 1976 die Vorschriften für hohe Schornsteine, aber das Gesicht der Kraftwerke und der Hüttenindustrie hatte sich bereits unwiderruflich verändert. Die Kraftwerke am Ohio vergrößerten die durchschnittliche Höhe ihrer Schornsteine 1950 bis 1980 von 98 auf 225 Meter. 1981 gab es in den Vereinigten Staaten zwanzig Schornsteine mit mehr als 300 Metern Höhe. Einige der größten sind über 365 Meter hoch; sie überragen den Eiffelturm und reichen bis zum Fuß der Antenne auf dem Empire State Building. Der unmittelbaren Umgebung bringen diese hohen Schornsteine zweifellos Vorteile. Als die Hüttenwerke in Sudbury, Ontario – seit Jahrzehnten eine der ungesundesten Regionen Amerikas –, Anfang der siebziger Jahre einen 380 Meter hohen Schornstein bauten, entsprachen sie damit der Auflage der Regierung, »die Hüttenabgase zu verdünnen und dadurch zu zerstreuen«. Die Luft in Sudbury wurde sauberer, aber die Folge war ein massiver Gasstrom, der mit einer Temperatur von nahezu 380 Grad Celsius und einer Geschwindigkeit von bis zu 90 Stundenkilometern in die Höhe schoß. Die solcherart aus der unmittelbaren Umgebung der Hütte vertriebenen Gase schlugen sich keineswegs so schadlos in Kanada und den Vereinigten Staaten nieder, wie staatliche Stellen und das Unternehmen der Welt versprochen hatten. Vielmehr machten die hohen Schornsteine die Chemikalien zu einem noch größeren überregionalen Problem. Die Gase können sich bis zur doppelten Höhe eines 300-Meter-Schornsteins erheben. In geringeren Höhen schlägt das Schwefeldioxid sich meist im Umkreis von etwa 100 Kilometern auf Bäumen, Dächern und dem Erdboden nieder. Wird es höher hinaufgetragen, bleibt es in der Atmosphäre und durchläuft eine Reihe chemischer Reaktionen, bei der die Schadstoffe in Form von Schwefel- und Salpetersäure in Suspension gehen und sogenannte Aerosole bilden. Durch Schadstoffe aus anderen Quellen kann sich die Konzentration der Säuren erhöhen, und das gesamte Gemisch wird von den vorherrschenden Winden in Richtung der Staaten an der mittleren Atlantikküste geweht, manchmal mehrere hundert Kilometer weit. Die daraus resultierende Verschmutzung sorgt dafür, daß die Fernsicht vom Shenandoah Park Skyline Drive von einst über 100 Kilometern auf 15 Kilometer oder sogar noch weniger gesunken ist. In den humusarmen oder gänzlich humusfreien Bergen von Virginia sind in manchen Flüssen die Hälfte aller Fischarten (und alle säureempfindlichen wirbellosen Tiere) verschwunden. Die sommerlichen Regenfälle bringen die

Säure auf den Boden zurück. Viele Seen und Flüsse besitzen einen natürlichen »Puffer«; sie sind so basisch, daß sie die eingeschwemmten Säuren neutralisieren können. So ist das Ohio Valley mit seinen Kalkböden weit weniger anfällig für sauren Regen als die Adirondacks und Kanada.[33]

Zur Paradoxie der hohen Schornsteine tritt noch ein weiterer Rache-Effekt hinzu. Seit den fünfziger Jahren filtert man in den Schornsteinen den Ruß heraus, der sich einst als schmieriger Film auf die umliegenden Gebäude legte. Ein paar Jahrzehnte später zeigte die Forschung, daß der Ruß die Umgebung in Wirklichkeit geschützt hatte, auch wenn er sie verschmutzte. Die Schwefel- und Stickoxide aus den Abgasen reagierten mit dem Ruß und es entstanden Verbindungen, die für die Umwelt unschädlich waren. Etwas Ähnliches geschah auch in Washington, D.C. Bis vor kurzem zog dort das abends angestrahlte Lincoln Memorial unzählige Mücken an; davon ernährten sich zahlreiche Spinnen und von den Spinnen sowie den Überresten der Mücken wiederum zahlreiche Sperlinge; der Versuch, den Vogelkot und die Spinnweben zu beseitigen, verstärkte nur die Schäden, weil nun die Partikel aus den Autoabgasen besser in den Stein eindringen und ihn schwächen konnten. (Inzwischen hat man die Beleuchtungszeiten verändert, und das scheint zu helfen.) In beiden Fällen löste die Unterdrückung eines sichtbaren und symbolisch bedeutsamen Problems einen Rache-Effekt aus, denn man vergrößerte dadurch ein noch weiter verbreitetes und schlimmeres Problem. Das Herausfiltern der Rußteilchen erbrachte wahrscheinlich immer noch einen Nettogewinn – anders als vor vierzig Jahren weiß man heute, daß die Rußteilchen eine Gesundheitsgefährdung darstellen –, doch dieser Nettogewinn ist keineswegs so groß, wie man einst annahm. Unter besonderen Umständen kann eine Reinigung sogar zu noch größerer Verschmutzung führen. Die Restaurierung der von Michelangelo geschaffenen Fresken in der Sixtinischen Kapelle, die eine Minderheit von Kunsthistorikern immer noch als Vandalismus bezeichnet, hat dazu beigetragen, daß heute mehr Touristen die Kapelle besuchen als früher. Doch schon vor Abschluß der Arbeiten sorgten die Körperwärme der Besucher, der Wasserdampf, den sie ausatmen, und der im Staub enthaltene Schwefel für einen unsichtbaren sauren Regen innerhalb der Kapelle.[34]

Einige Rache-Effekte des sauren Regens in den siebziger und achtziger Jahren waren eher politischer als technologischer Natur. Wie Bruce A. Ackerman und William T. Hassler in ihrem Buch *Clean Coal: Dirty Air* gezeigt haben, setzte eine »sonderbare Koalition« aus Umweltaktivisten und den Betreibern der stark schwefelhaltigen Kohlegruben im Osten 1977 bei der Novellierung des Clean Air Act durch, daß alle Fabriken eine Rauchgasentschwefelung nach dem Prinzip der sogenannten Abscheider vornehmen müssen, statt das billigere Waschverfahren einzusetzen oder auf die schwefelärmere Kohle aus dem Westen umzusteigen. Abscheider – vor allem die älteren Modelle – sind empfindliche Systeme, die ständig überwacht und gewartet werden müssen. Außerdem entstehen tonnenweise Schlämme. Da bestehende Anlagen nicht umgerüstet werden mußten, hatte die Industrie einen beträchtlichen Anreiz, die vorhandenen verschmutzungsintensiven Anlagen möglichst lange zu nutzen. Wenn der Clean Air Act 1990 nicht nochmals novelliert worden wäre, hätte das Gesetz von 1977 durchaus dazu führen können, daß der Osten des Landes mit weiteren 170 000 Tonnen Schwefeldioxid aus den veralteten Fabriken des Mittleren Westens belastet worden wäre.[35]

Manche Produzenten mögen durchaus die Absicht gehabt haben, ihr Schwefeldioxid in anderen Bundesstaaten oder Regionen abzuladen, ganz gleich, welche chemische Gestalt die Schadstoffe während ihrer Luftreise annehmen mochten. Einige Umweltaktivisten haben darauf bereits hingewiesen, als man die Schornsteine baute. Doch die meisten Ingenieure, Manager und Abgeordneten waren wohl aufrichtig davon überzeugt, daß die Umwandlung und Zerstreuung keine sonderlichen Schäden verursachen würden. Behaupteten die Kritiker nicht ständig, der Himmel werde einstürzen? Und manche Wissenschaftler fanden Belege dafür, daß menschliche Eingriffe in die Umwelt sich wechselseitig ausglichen. In einem umgekehrten Rache-Effekt seien möglicherweise große Teile des Landes vor dem sauren Regen geschützt, weil die Säure mit den Karbonaten in den Staubteilchen reagiere, die durch die Landwirtschaft und beim Tiefbau in die Luft gewirbelt werden. Neu-England habe nur deshalb so stark unter dem sauren Regen zu leiden, weil die Waldflächen dort so stark zugenommen hätten – also weil es dort so grün ist. Letztlich sorgte nicht allein der NAPAP-Bericht, sondern auch der Umweltgipfel in Rio dafür, daß der saure Regen als Problem in den Hintergrund trat. Statt dessen rückte die globale Erwärmung in den Mittelpunkt des Interesses. Doch die Bewegung zur Erhöhung der Schornsteine zeigt, wie paradox die Ergebnisse sein können, wenn man ein Symbol wie die schmutzigen Rauchfahnen niedriger Schornsteine bekämpft.[36]

Ölunfälle: Die Verteilung der Verschmutzung

Als 1988 die *Exxon Valdez* an der Küste von Alaska auf das Bligh-Riff lief, erwies sich die trübe Fläche der 35 000 Tonnen auslaufenden Rohöls als ein ethischer Rorschachtest. Für manche war es lediglich ein weiteres Beispiel menschlichen Versagens – das Ergebnis charakterlicher Mängel, übler Verantwortungslosigkeit und natürlich des Trinkens während der Arbeit. Andere erblickten darin einen Beweis für die Nachlässigkeit eines kruden Kapitalismus, der den Profit über die Sicherheit stellt. Und wieder andere sahen den wahren Schuldigen weder in dem Kapitän des Schiffes noch in der Ölgesellschaft, sondern in den Verbrauchern; in ihren Augen war der Unfall der unvermeidliche Preis für den unersättlichen Hunger der industrialisierten Welt nach Energie. In Wirklichkeit gefährden große Ölunfälle die Artenvielfalt weit weniger als andere Folgen des Schiffsverkehrs, wie wir im nächsten Kapitel noch sehen werden. Vielleicht sind sie nicht einmal die häßlichsten Früchte der Seefahrt. Ein Bericht aus dem Jahr 1986 schätzt, daß von Schiffen und Bohrinseln jährlich Hunderttausende Tonnen Plastikabfälle ins Meer geworfen werden, wobei allein auf die U.S. Navy täglich sechzig Tonnen entfallen. Plastikabfälle strangulieren Vögel und Robben, vergiften Schildkröten und bringen Wale in tödliche Gefahr. Doch Müll, sofern es sich nicht um medizinische Abfälle handelt, ist keine Nachricht wert. Das Fernsehen verbreitet die häßlichen Bilder der Tankerunfälle in alle Welt, und der Kommentator müßte schon ein Betonkopf sein, wenn er in dieser Situation die Meinung äußerte, Reedereien und Regierungen gäben schon viel zuviel Geld aus, um solche Unfälle zu vermeiden.[37]

Jahrzehntelange Erfahrungen mit großen Ölkatastrophen, die unsere ständig wachsende Flotte von Supertankern schon vor der *Exxon Valdez* zu verzeichnen hatte, legen in der Tat den Schluß nahe, daß es sich um ein strukturelles Problem handelt. Die noch größeren Katastrophen der *Torrey Canyon* 1967 (120 000 Tonnen) und der *Amaco Cadiz* 1978 (220 000 Tonnen) hatten bereits gezeigt, daß es um ein weltweites Problem geht. Außerdem haben das U.S. National Research Council und andere auf einen potentiellen technologischen Rache-Effekt hingewiesen. Dank der computergestützten Konstruktionsverfahren können die Schiffsbauer heute die Belastungen immer größerer Schiffe sehr genau durchrechnen; die 1980 gebaute *Seawise Giant* hat ein Leergewicht von 565 000 Tonnen, während das Leergewicht der größten Massengutfrachter, international als VLCCs (Very Large Crude Carriers) bezeichnet, heute nur noch die Hälfte beträgt. Die neuen Konstruktionsverfahren machen die Schiffe keineswegs sicherer, sondern ermutigen die Schiffseigner, das Risiko zu erhöhen – wie ja auch Humphrey Davys Erfindung der Grubenlampe anfangs lediglich zu tieferen Schächten und mehr Unfällen führte. Um die Schiffe leichter zu machen und Treibstoff zu sparen, benutzt man heute leichtere und elastischere Stähle, in denen jedoch bei ständiger Belastung winzige, aber potentiell tödliche Risse auftreten können. In größeren Dicken ist dieser Stahl weniger dehnbar und bricht unter bestimmten Umständen leichter (Anfang der achtziger Jahre fielen gelegentlich Flugzeugtragflächen ab, Speichertanks explodierten und Hüftimplantate brachen). Er ist schwerer zu schweißen, und außerdem liefern die Werften nicht immer ein passendes inneres Spantenwerk.[38]

Die Suche nach sichereren Konstruktionen zeigt, daß die Verwandlung katastrophenartiger in chronische Probleme sich gelegentlich auch umkehren läßt. Das in den siebziger Jahren durch internationale Verträge erlassene Verbot, Öltanks mit Ballastwasser zu füllen, verminderte die ständige Verschmutzung der Meere und Häfen durch dieses ölhaltige Wasser. Schiffe mit gesonderten Ballasttanks sind jedoch höher, so daß ein größeres Druckgefälle zwischen dem geladenen Öl und dem umgebenden Meerwasser besteht. Wenn ein Tank bricht, strömt mehr Öl aus. Zur Erhöhung der Tankersicherheit empfahl man deshalb meist eine zweite Schiffshaut, die etwa einen Meter von der äußeren Schiffswand entfernt eingezogen werden soll; doch in diesem Zwischenraum können sich Öldämpfe sammeln, die möglicherweise zu einer Explosion führen. Da schon bei einer einzigen Schiffshaut Schweißnähte in einer Gesamtlänge von zwölfhundert Kilometern geprüft werden müssen, könnte der Einzug einer zweiten Schiffswand dazu führen, daß noch mehr Lecks übersehen werden. Füllte man die Tanks nur teilweise, um den Druck im Verhältnis zum Meerwasser zu senken, bliebe bei kleineren Havarien wohl das meiste Öl in den Tanks, aber bei hohem Seegang könnte auch die Belastung gefährliche Ausmaße annehmen. Pumpen, mit denen man nach einer Havarie für einen negativen Druck sorgte, könnten gleichfalls die Explosionsgefahr erhöhen. Und wenn man statt der Supertanker eine größere Zahl kleinerer, sichererer Schiffe einsetzte – so argumentieren jedenfalls die Schiffseigner –, käme es zu mehr Unfällen und insgesamt größeren Ölverschmutzungen als bei den heute üblichen Supertankern. (Die Eigner warnen außerdem vor einem sozialen Rache-Effekt: Wenn die Haftung nach dem amerikanischen Oil Pollution Act zu riskant werde, könne es geschehen, daß der amerikanische Markt in Zukunft nur noch von zweifelhaften Anbietern bedient werde.) Zum Glück gibt es jedoch technische Lösungen, die mit der Zeit die Gefahr von Schiffsunglücken verringern werden. Bei den großen Tankern kann der Einzug von Zwischendecks die Ölverluste verringern. Durch eine automatische Sonarvermessung der Weltmeere und globale satellitengestützte Ortungssysteme dürften sich Zeit- und Kostenaufwand bei der Herstellung präziser und verläßlicher Seekarten senken lassen. Und der Küste vorgelagerte Ölhäfen wie der Louisiana Offshore Oil Port, die durch Unterwasserpipelines mit dem Festland verbunden sind, könnten die Gefahr von Tankerkollisionen verringern.[39]

Wenn es zu einem Ölunfall kommt, sieht es allerdings häßlich aus. Naturkatastrophen haben immer etwas Imposantes, auch wenn sie natürliche Lebensräume zerstören wie der Ausbruch des Mount St. Helens im Bundesstaat Washington oder der Hurrikan Andrew im Südosten des Landes. Die schreckenerregenden Bilder riesiger Ölflächen, ölverschmierter Vögel oder Säugetiere und verschmutzter Strände fordern die Kameras geradeso wie das Gewissen der Menschen heraus. Man ruft nach Techniken, mit denen sich reparieren läßt, was die Technik angerichtet hat. Leider zeigt die bisherige Geschichte der Reinigungstechniken eine Fülle von Rache-Effekten. England hatte sich schon 1967 mit einigen dieser Probleme auseinanderzusetzen, als es nicht gelang, das Öl der *Torrey Canyon* mit Napalm in Brand zu setzen, und man die Strände wie auch die Häfen mit Zehntausenden Tonnen chemischer Dispersionsmittel behandelte. Es zeigte sich, daß diese Chemikalien viele Tiere und Pflanzen töteten, die das Öl bis dahin verschont hatte. Selbst die heute gebräuchlichen Dispersionsmittel haben potentielle Rache-Effekte. Sie zerlegen den Ölfilm in kleine Teilchen, die sich mit dem Wasser vermischen und dann absinken, so daß sie uns den unerfreulichen Anblick ausgelaufenen Öls ersparen. Außerdem verhindern sie, daß Ölklumpen auf die Strände geschwemmt werden und die Sedimente verschmutzen. Doch da das Öl unter die Wasseroberfläche absinkt, besteht auch eine größere Gefahr, daß es die Fortpflanzung der Lebewesen auf dem Meeresgrund beeinträchtigt, von Fischeiern bis hin zu den Hummern.[40]

Der Einsatz mechanischer Mittel zur Beseitigung ausgelaufenen Erdöls kann sogar noch schlimmere Rache-Effekte auslösen. Bei der zwei Milliarden Dollar teuren Reinigungsaktion nach der Ölkatastrophe der *Exxon Valdez* setzte man auf Hochdruckreiniger und heißes Wasser, mit denen man die ölverschmierten Felsen abwusch – Exxons Antwort auf die Empörung der Öffentlichkeit. Ein unabhängiger Bericht für die Schadstoffabteilung der National Oceanic and Atmospheric Administration (NOAA) zeigte später auf, welche unerwarteten Folgen diese Reinigungsmethode gehabt hatte. David Kennedy von der NOAA-Außenstelle in Seattle erläuterte: »Die Behandlung verbrühte den Strand und tötete zahlreiche Organismen, die das Öl überlebt hatten und zum Teil kaum davon betroffen waren. Sie wusch Entenmuscheln und Napfschnecken von ihren Unterlagen und spülte ein Gemisch aus Sedimenten und Öl in Bereiche des Strandes, die auch bei Ebbe unter Wasser liegen, ein reichhaltiges Meeresleben bergen und bis dahin von dem Öl nicht sonderlich betroffen waren.« Ein von der NOAA in Auftrag gegebenes Gutachten gelangte zu dem Schluß, daß die Hochdruckreinigung die Ökologie der Felsoberflächen stark beinträchtigt hatte; sie tötete Muschel- und Seetangpopulationen, die »relativ tolerant« gegenüber dem Öl gewesen waren, und machte die Oberflächen anfälliger für Wellen und Räuber. Da die Zahl der Quallen zurückgegangen war, konnten opportunistische Algen Seetang und Rotalgen von den Felsen im Strandbereich verdrängen. Das von den Oberflächen abgewaschene Öl tötete Muscheln und Krustentiere sowohl im Bereich des Wattstreifens als auch im tieferen Wasser. Offenbar beeinträchtigte es auch das Wachstum des Seegrases, das jungen Fischen und Garnelen Schutz bietet. Der hohe Wasserdruck, der 15 Kilogramm pro Quadratzentimeter erreichte, richtete sogar noch größere Schäden an. Er wühlte die natürlichen Kies- und Sandsedimente des Strandes auf und erdrückte sowohl Muscheln als auch Würmer.[41]

Auch die Rettung ölverschmutzter Tiere hat ihre Rache-Effekte. Von den 357 Seeottern, die geborgen und von Tierärzten sowie freiwilligen Helfern behandelt wurden, konnten 200 zurück ins Meer gesetzt werden. Manche Biologen glauben jedoch, daß diese Tiere einen Herpesvirus an andere Otter im östlichen Prince William Sound weitergaben, die der Ölpest bis dahin entkommen waren. Außerdem starben die ausgesetzten Otter in ungewöhnlich hoher Zahl. Zwar sind gewisse Formen des Virus in den Gewässern vor Alaska wahrscheinlich endemisch, doch die behandelten Otter hatten Verletzungen, über die sie möglicherweise die Krankheit oder einen virulenteren Stamm des Virus weitergegeben haben. Stark belastete Tiere stellen eine potentielle Gefahr dar, so daß Biologen und Tierärzte es heute vorziehen, sie in Gefangenschaft zu halten. Manche verweisen auch darauf, daß die Rettungsversuche das Leiden schwerverletzter Tiere wahrscheinlich nur verlängert.[42]

Die Ölkatastrophen der *Torrey Canyon* und mehr noch der *Exxon Valdez* belegen, welche Gefahren Reinigungsbemühungen bergen. Überall auf der Welt kann die Verschmutzung ein so unerträglich sichtbares Ausmaß annehmen, daß sie gleichsam nach ebenso fernsehwirksamer Abhilfe schreit. Vertreter von Exxon verteidigen ihre Reinigungsmethoden immer noch, obwohl die meisten Wissenschaftler heute glauben, daß eine – auch für Exxon – billigere Strategie wirkungsvoller gewesen wäre. Das heißt nicht, Reinigungsmaßnahmen könnten niemals funktionieren. Und auf keinen Fall sollte es uns davon abhalten, die Zerstörung der Natur – ob chronisch oder akut – zu verringern und nach Möglichkeit rückgängig zu machen. Doch die großen Ölkatastrophen zeigen wieder einmal, wie komplex natürliche Systeme sind; entsprechend kreativ und flexibel müssen wir mit ihnen umgehen. Zum Glück wird das Rohöl in den Meeren ganz von selbst abgebaut, denn die natürliche Selektion hat dafür gesorgt, daß es Bakterien gibt, die sich davon ernähren. Tatsächlich erholte sich der Prince William Sound schneller, weil es dort auch eine natürliche Verschmutzungsquelle in Gestalt von Kiefern gibt. Sie produzieren Kohlenwasserstoffe, die ähnlich aufgebaut sind wie das Rohöl, das aus der *Exxon Valdez* in die Prudhoe Bay lief. (Bei raffinierten Produkten ist die Wahrscheinlichkeit geringer, daß es bereits passende Bakterien gibt.) Die Erholung kommt an verschiedenen Orten unterschiedlich schnell voran, doch wie James E. Mielke vom Congressional Research Service in einer Studie belegt, ist das Ökosystem des Meeres durchaus in der Lage, sich auch von schweren Ölkatastrophen zu erholen. Fischerei und Jagd haben weitaus schlimmere Auswirkungen auf die betroffenen Tierarten als eine Ölpest; die meisten Arten siedeln sich schon nach kurzer Zeit wieder in den ölverschmutzten Gebieten an.[43]

Je genauer wir uns die Ölverschmutzung der Meere ansehen, desto deutlicher zeigt sich, daß es sich weniger um ein katastrophenartiges als um ein chronisches Problem handelt. In den achtziger Jahren sank die Ölverschmutzung durch Unglücke auf See oder an Land weltweit von 1,25 Millionen Tonnen auf 8–16 Prozent dieser Menge. 1985 stammten nur 12,5 Prozent der Ölverschmutzung aus Tankerunfällen – kaum mehr, als aus natürlichen Quellen und der Erosion der Sedimente ins Meer gelangten. Trotz des Verbots, Öltanks mit Ballastwasser zu füllen, war die Verschmutzung durch Bilgewasser und Treibstoffe allein bei Tankern ein ebenso großes Problem wie die Tankerunfälle, und die Verschmutzung durch andere »normale« Tankeroperationen war noch einmal so groß wie beide Faktoren zusammen. Mit den Abwässern der Städte und Industriebetriebe fließt fast dreimal soviel Öl ins Meer wie bei sämtlichen Tankerunfällen.[44]

Auch an Land sind nicht Katastrophen, sondern zahlreiche kleine Lecks, verschüttete Treibstoffe und die Lagerung von Altöl die größte Bedrohung für Mensch und Natur. Nach einer Schätzung des U.S. Fish and Wildlife Service kamen in fünf Bundesstaaten des Südwestens allein in einem Jahr doppelt so viele Zugvögel durch offene Altölbehälter oder -becken ums Leben wie bei der Ölkatastrophe der *Exxon Valdez*. Aus Tanklagern und Pipelines eines Industriegeländes in Brooklyn ist über die Jahre anderthalbmal soviel Öl ausgelaufen wie aus der *Exxon Valdez*. In Indiana zwang man ein anderes Tanklager, Lecks zu schließen, die insgesamt dreimal so groß gewesen sein dürften. Der überwiegende Teil der Verluste geht auf durchgerostete Rohrleitungen, schlechte Schweißnähte, undichte Absperrhähne und mangelhafte Wartung zurück. Detektoren zum Aufspüren von Lecks sind so unzuverlässig, daß 1990 insgesamt 2,1 Millionen Liter Heizöl aus einem Exxon-Tanklager in New Jersey ausliefen, weil man die Leckmeldung nach zwölf Jahren mit Fehlalarmen einfach ignoriert hatte. Und das Problem betrifft nicht allein große Tanklager, sondern auch die Vorratstanks der Endverbraucher. Richard Golob,

Herausgeber eines Newsletter zur Ölverschmutzung, hat ausgerechnet, daß ständig etwa 100000 der 1,5 Millionen unterirdischen Heizöltanks in Amerika lecken oder zu lecken beginnen. Die Treibstofftanks der Tankstellen erfüllen zwar höhere Sicherheitsanforderungen, doch auch sie können lecken, wenn sie falsch oder schlampig installiert werden. Dabei kann sich das chronische Problem der Lecks in eine katastrophale Explosionsgefahr verwandeln, wenn die elektrischen Leitungen, die zum Betrieb der neuen Systeme erforderlich sind, nicht fachgerecht verlegt werden.[45]

Zurück zur Natur?
Die Rache des offenen Kaminfeuers

Es gibt zwar zahlreiche technologisch anspruchslose Alternativen zur herkömmlichen Elektrizität, doch sie sind ebensowenig vor Rache-Effekten gefeit wie die massiven Technologien, die uns solche Sorgen bereiten. Im frühen neunzehnten Jahrhundert heizen die Amerikaner ihre Häuser mit offenen Kaminen und Öfen. Um die Jahrhundertwende wurde Kohle, vor allem die sauberer brennende Anthrazitkohle, zum beliebtesten Brennstoff, doch das Holzfeuer im offenen Kamin blieb auch weiterhin ein kraftvolles Symbol des Familienlebens in einer angeblich besseren Vergangenheit. Selbst heute noch gehört ein neuer, funktionierender offener Kamin zu den wenigen baulichen Verbesserungen, die (anders als etwa ein Swimmingpool) den Marktwert eines Hauses um einen höheren Betrag steigert als die Kosten des Einbaus. Aber auch das Streben nach einem natürlichen Leben hat seine Rache-Effekte.

Einer davon ist der außergewöhnlich hohe Bodenbedarf. Michael Allaby und James Lovelock haben ausgerechnet, daß man für ein Haus mit drei Schlafzimmern, das ausschließlich mit Holz beheizt würde, drei Hektar Wald benötigte, um eine fortlaufende Versorgung mit Brennholz sicherzustellen. Wollte man auch in dicht besiedelten Gebieten weite Bevölkerungskreise mit Feuerholz versorgen – und nur wenige Amerikaner leben außerhalb der Städte und vorstädtischen Siedlungen –, müßte man Ackerland aufforsten und die derzeit nachwachsenden Wälder als Brennholzplantagen nutzen. Auch der Energiebedarf beim Sägen, beim Trocknen und beim Transport über lange Strecken hinweg ist keineswegs zu vernachlässigen.[46]

Die Luftverschmutzung ist ein noch schlimmerer Rache-Effekt des Strebens nach einem natürlichen Leben. Holz leistet zwar keinen Beitrag zum sauren Regen, denn der Schwefelanteil ist nur gering. Bei der Holzverbrennung entsteht wie auch bei anderen Brennstoffen Kohlendioxid, doch die nachwachsenden Bäume nehmen das Kohlendioxid wieder auf und sorgen so für eine ausgeglichene Bilanz. Wie Allaby und Lovelock ausführen, enthält der Rauch von Holzfeuern jedoch diverse Chemikalien, zum Beispiel Benz(a)pyren, Dibenz(a,h)anthracen, Benzo(b)fluoranthen, Benzo(j)fluoranthen, Dibenz(a,l)pyren, Benz(a)anthracen, Chrysen, Benz(e)pyren und Ideno(1,2,3-cd)pyren – die sämtlich als krebserzeugende Substanzen gelten und auch im Zigarettenrauch enthalten sind, der schließlich auch auf die Verbrennung eines pflanzlichen Materials zurückgeht. Je langsamer die Verbrennung erfolgt und je höher der Wirkungsgrad der Öfen, desto mehr Substanzen dieser Art werden erzeugt. Ein Ofen, der über Nacht bei niedriger Temperatur weiterbrennt, kann 35–70 Gramm Partikel pro Stunde ausstoßen; und bei einigen dieser Partikel hat man heute den Verdacht, daß sie das Immunsystem schwächen und die Gefahr von Atemwegserkrankungen erhöhen. Viele Haushalte vergrößern das Problem noch, indem sie überdimensionierte Öfen aufstellen, die notwendigerweise bei niedrigen Temperaturen betrieben werden und dabei weit mehr Emissionen (und schädlichen Teer im Schornstein) erzeugen als bei optimalem Betrieb. Außerdem lassen sich die Emissionen Tausender kleiner Einheiten weitaus schwerer abfangen oder neutralisieren als die Emissionen großer zentraler Einheiten. Viele Städte in den Tälern Neu-Englands, in den Gebirgsstaaten, in Oregon und in Washington litten so stark unter der Luftverschmutzung durch Holzfeuerungen, daß man deren Einsatz drastischen Beschränkungen unterwarf. Wer in Telluride, Colorado, eine Holzfeuerung in Betrieb nehmen will, muß zuvor zwei andere Hausbesitzer bewegen, ihre Holzöfen zu entfernen. In Missoula, Montana, brachte man auf einem Wasserturm ein Blinklicht an, das die Einwohner bei Smogalarm auffordern soll, ihre Holzfeuer zu löschen.[47]

1987 erließ die Environmental Protection Agency (EPA) eine Richtlinie, die den Partikelausstoß auf fünf Gramm pro Stunde begrenzt. Bei einigen Ofenmodellen stieg daraufhin der Preis um mehrere hundert Dollar, weil die Hersteller katalytische Konverter einbauten. In den späten achtziger Jahren ging die Produktion von Holzfeuerungsanlagen um 80 Prozent zurück.

Heute bieten gut konstruierte Öfen und geschlossene Kamine eine Möglichkeit zur effizienten Nutzung von Holz, das ansonsten keine Verwendung fände. Doch die Tatsache, daß Brennholz im Bereich alternativer Energien keine sinnvolle Rolle spielen kann, zeigt, daß einfacher, kleiner und natürlicher keineswegs auch gesünder bedeuten muß. Außerdem führt sie uns noch einmal den Unterschied zwischen den Umweltproblemen des neunzehnten und des zwanzigsten Jahrhunderts vor Augen. Der Rauch aus Holz- und Kohlefeuerungen, der auf die Städte unserer Vorfahren niederging, war eine Gefahr für die Gesundheit, aber auch ein lokal begrenztes Problem. Die zentralen Großkraftwerke verursachen heute weit weniger Umweltschäden pro Leistungseinheit. Deshalb arbeiten viele an dem Versuch, Millionen kleiner Verbrennungsmotoren durch batteriegetriebene Aggregate zu ersetzen, die ihren Strom über Ladestationen letztlich aus Großkraftwerken beziehen.

Katastrophen gehören keineswegs der Vergangenheit an. Die durch Naturkatastrophen verursachten Sachschäden wachsen weit schneller als die Inflation oder das Volkseinkommen. Trotz politischer Innovationen wie der Ausweisung überschwemmungsgefährdeter Zonen dringen wir immer häufiger in Gebiete vor, in denen die Natur uns größten Gefahren durch tropische Wirbelstürme, Erdrutsche oder Waldbrände aussetzt. Unsere politischen und ökonomischen Institutionen bieten machtvolle Anreize, die Risiken zu ignorieren. In Virginia wurden 3000 Wohn- und Geschäftshäuser auf einer Sandbank in Hampton Roads Harbor gebaut, die vor fast 250 Jahren von einem Hurrikan geschaffen worden ist; ein Sturm ähnlicher Stärke könnte sie ohne weiteres auch wieder verschwinden lassen. Wäre der Hurrikan Andrew direkt über Miami hinweggezogen, hätten sich die Schäden von 25 Milliarden Dollar wahrscheinlich verdreifacht. Wäre der Hurrikan Hugo unmittelbar bei Charleston, South Carolina, auf die Küste getroffen und nicht in einer nahegelegenen Parklandschaft, hätte eine sieben Meter hohe Flutwelle die Stadt überschwemmt. Ein starker Sturm könnte die tiefergelegenen Teile von New Orleans samt den für eine Evakuierung erforderlichen Straßen sechs Meter unter Wasser setzen. Und rund um die Welt könnten die Wetterverhältnisse Supertanker auseinanderbrechen lassen, die weit mehr Rohöl an Bord haben als damals die *Exxon Valdez* oder die *Torry Canyon*.[48]

Die Katastrophenhilfe des Bundes, die privaten Versicherungen und der zyklische Rückgang schwerer Stürme haben dazu beigetragen, daß die Gefahren nicht ausreichend wahrgenommen werden und die Bevölkerung an der Ost- und der Golfküste allein in den letzten zwanzig Jahren um fünfzig Prozent gewachsen ist. Mit jeder Generation geht ein Teil der kollektiven Erinnerung an schreckliche Ereignisse der Vergangenheit verloren. Wenn dann der Sturmzyklus wieder seinem Höhepunkt entgegenstrebt, scheint die Heftigkeit der Stürme beispiellos. Sie überrennen alle technischen und sozialen Schutzvorrichtungen – die Deiche ebenso wie die Evakuierungsprogramme und die Katastrophenhilfe. Und wieder einmal hat unsere Klugheit uns einen Streich gespielt.

Wenn wir an den technischen Fortschritt denken, kommen uns meist Strukturen oder Geräte in den Sinn, die immer weniger auf menschliche

Eingriffe angewiesen sind. Bei neuen Automotoren und Einspritzpumpen sind die Wartungsintervalle um Monate länger als früher. Computer brauchen seltener Wartung durch Fachpersonal als mechanische Schreibmaschinen. Doch die technologischen »Lösungen« für Katastrophenrisiken zeigen eine andere, unbeabsichtigte Seite der Technik. Sicherheit verlangt ein Mehr an Aufmerksamkeit. Zum Teil handelt es sich um herkömmliche Technologie wie bei der ständigen Wartung von Dämmen und Deichen. Aber auch neue Technologien verlangen ständige Aufmerksamkeit: von der Überprüfung vorhandener Rauchmelder über die Inspektion doppelwandiger Tanker bis hin zur Wartung erdbebenverstärkter Brücken und Hochstraßen. Die vergangenen Erfolge bei der Verhinderung von Waldbränden und der Eindämmung der natürlichen Sandverfrachtung an den Stränden zwingen uns, das künstliche Regime, das wir geschaffen haben, auch langfristig aufrechtzuerhalten. Der Zwang zur Wartung und Instandhaltung, von dem Albert O. Hirschman gesprochen hat – das technologisch bedingte Erfordernis ständiger Wachsamkeit –, betrifft nicht nur vom Menschen geschaffene Systeme wie Straßen oder Flugzeuge, sondern mindestens im selben Maß auch die Gefahren, die uns aus der Natur drohen.

FÜNFTES KAPITEL
Unkräuter und Schädlinge

So erschreckend Naturkatastrophen auch sein mögen, sie halten immerhin einen Trost für uns bereit: Sie erschöpfen sich. Wenn ein Erdbeben seine Energie entladen hat, kann es vorkommen, daß ein Grabenbruch sich Hunderte oder gar Tausende von Jahren nicht mehr bewegt. Stürme verschwinden in den Weiten des Ozeans. Waldbrände finden auch dann einmal ein Ende, wenn der Mensch sie nicht bekämpft. Kraftwerke verschmutzen die Luft mit Schwefel- und Stickstoffverbindungen nur, solange sie in Betrieb sind. Aus Tankern oder Pipelines fließt stets nur eine begrenzte Menge Öl.

Unkräuter und Schädlinge sind gewöhnlich nicht so sichtbar wie physikalische oder chemische Katastrophen, aber sie sind hartnäckiger, und ein Ende der Plage ist nicht absehbar. Unkräuter und Schädlinge sind Pflanzen bzw. Tiere, die deshalb wachsen und gedeihen, weil sie vom Menschen herbeigeführte Umweltveränderungen in einer Weise nutzen, die den menschlichen Interessen zuwiderläuft. Die Veränderung kann in der Modifizierung oder in der Zerstörung eines Lebensraums bestehen, aber auch in der rein technischen Möglichkeit, in neue Gebiete zu gelangen. In jedem Falle konkurrieren die Unkräuter und Schädlinge mit den bereits ansässigen domestizierten oder vorzugsweise wilden Pflanzen und Tieren um die verfügbaren Ressourcen, und oft gelingt es ihnen, diese Konkurrenten vollkommen zu verdrängen. Manche stellen auch eine direkte oder indirekte Gefahr für die menschliche Gesundheit dar. Naturkatastrophen werden gefürchtet, Schadorganismen sind meist auch noch verhaßt.

Die verheerenden Auswirkungen der nicht gerade häufigen, dafür aber dramatischen Ölkatastrophen sind gut sichtbar, doch die alltägliche Routine des weltweiten Schiffsverkehrs hat durch die Verbreitung von Unkräutern und Schädlingen weit mehr Lebewesen vernichtet und weit mehr Arten in Gefahr gebracht als durch die Verschmutzung der Meere und Küsten. In der *Los Angeles Times* räumt John Balzar ein, daß die Ölkatastrophe der *Exxon Valdez* Hunderttausenden von Vögeln das Leben gekostet hat, doch er verweist auch darauf, daß der Schiffsverkehr, durch den die Ratten weltweit inzwischen 80 Prozent aller Inseln besiedeln konnten, Millionen weiterer Vögel zum Tode verurteilt. In den letzten 400 Jahren sind durch die Ratten mehr Land- und Süßwasservogelarten ausgerottet worden – meist auf Inseln – als durch alle übrigen Ursachen zusammengenommen. Wo Ratten einmal Fuß gefaßt haben, lassen sie sich nur schwer wieder ausrotten; als es doch einmal gelang, auf einer kleinen neuseeländischen Insel von kaum mehr als einem Quadratkilometer Größe, hielt man diese Tat für so bedeutsam, daß man sie in einem Dokumentarfilm festhielt. Umweltexperten erkennen heute an, daß die größte Gefahr für das reiche Tier- und Pflanzenleben auf den Aleuten oder den Pribilof-Inseln nicht von Supertankern ausgeht, sondern von kleinen Tierchen, die auf kleineren Schiffen und Kuttern dorthin gelangen. Pamela Brodie von der Alaska-Gruppe des Sierra Club sagte der *Los Angeles Times*: »Es macht mir große Sorgen, wie wir unsere Prioritäten setzen. Zugunsten gelegentlicher Unfälle übersehen wir gerne die chronischen Probleme, die viel ernster sein können.«[1]

Unkräuter und Schädlinge stellen für die Umweltethik ein großes Problem dar. Zu diesen Schädlingen gehören auch die Ratten, Allesfresser wie wir selbst, die uns überallhin begleiten, wo wir uns niederlassen, und uns in den Labors als Versuchstiere dienen. Wir verachten sie. Nur wenige Menschen wären bereit, das Recht der Ratten, Vögel zu fressen, gegen den Schutz von Brutkolonien einheimischer Vögel abzuwägen – obwohl man solche Vögel sogar in einem ausgewiesenen Naturschutzgebiet regelmäßig dezimierte, als man erkannte, daß sie den Flugverkehr auf dem Kennedy Airport in New York gefährdeten. Wo sollen wir die Grenze ziehen, wenn wir die Auswirkungen unserer eigenen zerstörerischen Eingriffe korrigieren wollen? Dank unseres Mülls werden die Ratten heute in unseren Städten größer und erreichen früher die Geschlechtsreife als in den grasbewachsenen Landschaften, in denen sie ursprünglich beheimatet waren. Ihre alten Feinde, die Hauskatzen, jagen sie zwar gelegentlich noch, aber inzwischen ist es ebenso wahrscheinlich, daß beide in friedlichem Nebeneinander aus demselben Napf fressen. Die Kuhstare sind einheimische Vögel, aber als Nesträuber sind sie zu einer Bedrohung für die Singvögel geworden, weil unsere Landwirtschaft, unsere Städte und unsere Straßen ihre Lebensräume in den Wäldern aufgebrochen haben.[2]

Es ist eine Sache, Nistkästen für den amerikanischen Hüttensänger (*bluebird*) zu bauen, der vom Aussterben bedroht ist, weil unsere Landwirtschaft ihn aus seinen Lebensräumen vertrieben hat. Doch es ist etwas ganz anderes, wenn man die Spatzen, die diese Nistkästen besetzen, einfängt und tötet, indem man sie ertränkt oder ihnen den Hals umdreht oder sie in einen Sack steckt, den man an das Auspuffrohr seines Wagens hängt – all das Techniken, wie sie in einer Broschüre der North American Bluebird Society empfohlen werden. Sind die Spatzen daran schuld, daß sie durch die Öffnungen der für die Hüttensänger bestimmten Nistkästen passen? Oder genauer gefragt: Ist es die Schuld der Spatzen, daß die Entwicklung die Zahl der von Hüttensängern bevorzugten Nistplätze in abgestorbenen Bäumen bedrohlich verringert hat?

Nach Ansicht vieler Umweltexperten kann jede Intervention zur Korrektur der durch menschliche Eingriffe ausgelösten Wirkungen – auch gegen »aggressive« und zugunsten »bedrohter« Arten – zu einem biologischen Faschismus führen. Ein bekannter Umwelthistoriker fragt sich, ob eine Kampagne zur Ausrottung ortsfremder Pflanzen, die sich in den Everglades ausgebreitet haben, nicht dem Geist der Nazis entspricht. Michael Pollan und andere Autoren, die über Gartenbau und Gartenanlagen schreiben, haben darauf hingewiesen, daß Heinrich Himmler eine Bewegung zur Förderung einheimischer deutscher Pflanzen und deutscher Gartenbautraditionen unterstützte, die sich gegen ausländische Pflanzen und fremde Vorstellungen zur Landschaftsgestaltung wandte. Andere Gärtner klagen über Vorurteile gegen neue, durchaus nützliche Pflanzen und halten die Suche nach einer authentisch-einheimischen Landschaft für schädlich. Selbst der Blatternvirus hat seine Verteidiger. Viele Mikrobiologen, Ökologen und Philosophen halten es für ethisch nicht gerechtfertigt, die letzten Laborstämme dieses Virus fünfzehn Jahre nach der letzten bekannten natürlichen Übertragung der Krankheit zu vernichten. Einige meinen ganz pragmatisch, wir könnten nicht sicher sein, ob wir diese Organismen nicht noch einmal brauchen werden. Andere behaupten, wir hätten nicht das Recht, andere Lebensformen vollkommen auszulöschen.[3]

Unkräuter und Schädlinge spiegeln die erstaunlichen Erfolge, die der Mensch bei der Veränderung der Umwelt durch die Intensivierung der Produktion erzielt hat. Ackerbau bedeutet, daß man eine natürliche Pflanzengemeinschaft ersetzt, und zwar in der Regel durch eine einzige Pflanzenart. Wenn die ursprüngliche Pflanzendecke entfernt ist, keimen die seit langem ruhenden Samen von Pionierpflanzen, während andere von außen auf die gestörte Fläche vordringen. Selbst nach vorindustriellen Methoden bestellte Felder mit geringeren Erträgen sind künstliche Lebensräume, deren Homogenität solche Organismen, vor allem Insekten, belohnt, die sich auf die dort angebaute Pflanze spezialisiert haben. Die natürliche Selektion sorgt dafür, daß diese Organismen auftauchen und gedeihen. In jüngerer Zeit hat dieser Vorgang sich beschleunigt. Als die Mechanisierung Ende des neunzehnten Jahrhunderts Einzug in die Landwirtschaft hielt, züchtete man Pflanzen heran, die sich für die neuen Maschinen eigneten. Dieses gleichförmige Getreide, Gemüse und Obst zog auch spezialisierte Schädlinge an. Wenn man eine Nutzpflanze in einen neuen Lebensraum versetzt, kann es geschehen, daß aus einer bislang unbedeutenden Art ein gefährlicher Schädling wird, wie man erleben mußte, als man die Kartoffel aus Südamerika in den Südwesten Nordamerikas verpflanzte. Ein dort heimisches Insekt, das sich bis dahin nur vom geschnäbelten Nachtschatten ernährt hatte, wurde zu einer ernsten Bedrohung und erhielt sogar eine neue Identität als Colorado-Kartoffelkäfer. Und die »grüne Revolution« des zwanzigsten Jahrhunderts hat nicht nur zu höheren Getreideerträgen und mehr Nahrung für die Menschheit geführt, sondern auch zu größeren Verlusten durch Insekten, Unkräuter und Mikroorganismen. In früheren Zeiten hatte die Landwirtschaft sich bei der Auswahl der angebauten Sorten an den örtlichen Gegebenheiten orientiert, und dazu gehörte auch die Resistenz der betreffenden Pflanzen gegen heimische Schädlinge. Rechnet man sämtliche Ertragsminderungen und Verluste vor und nach der Ernte ein, ging in den siebziger Jahren weltweit fast die Hälfte der gesamten Nahrungsmittelproduktion durch Krankheitserreger, Unkräuter oder Schädlinge verloren.[4]

Gefahren von Verbesserungen

Es ist eine Binsenwahrheit, daß menschliches Leben ohne eine gewisse Verschmutzung unmöglich ist. Wie wir gesehen haben, scheint die prosperierende Industriegesellschaft gut für die Gesundheit der Menschen zu sein, und entsprechend leidet sie, wenn die Wirtschaft darniederliegt. In Zeiten wirtschaftlicher Depression steigt die allgemeine Sterblichkeit ebenso wie die Mortalität aufgrund einzelner Ursachen. Das heißt jedoch nicht, daß wir keine Fortschritte mehr erzielen könnten. Die meisten Konsumgüter ließen sich so konstruieren, daß sie weniger Energie verbrauchen. Die Amerikaner könnten sich (wieder) den dichteren und mit weniger Landverbrauch verbundenen Siedlungsformen der Europäer und Japaner zuwenden, wenn sie nur den politischen Willen dazu hätten. Auch ließen sich die Produkte weitaus recyclingfreundlicher konstruieren. Und schon jetzt haben neue Steuerungs- oder Kontrollverfahren dazu geführt, daß die Industrie weniger Schadstoffe emittiert. In vielen oder sogar den meisten Fällen handelt es sich dabei nicht um Rache-Effekte, sondern um die Abwägung zwischen verschiedenen Werten: zwischen Konsumgütern, die im Preiswettbewerb bestehen können, und dem Wert einer intakten Umwelt.

Betrachten wir noch einmal die Verschmutzung der Häfen. Obwohl auslaufendes Öl und die Einleitung chemischer Rückstände immer noch ein Problem darstellen, sind die meisten Flüsse und Häfen in Europa oder Amerika heute so sauber wie schon seit Jahren nicht mehr. Inzwischen sind vielfach sogar Fischarten zurückgekehrt, die seit Jahrzehnten verschwunden waren.

Allzugroße Reinlichkeit ist allerdings ein Problem. Wie wir schon gesehen haben, trug der Ruß aus den Schornsteinen dazu bei, den sauren Regen zu neutralisieren, bevor er sich niederschlägt, und ähnliches gilt für den Staub, den Landwirtschaft und Tiefbau aufwirbeln. Nun erfahren wir, daß auch die Wolken aus Schmutz und Giftstoffen in den amerikanischen Häfen ihre Vorzüge hatten. Sie töteten zwar Fische oder machten sie ungenießbar, aber sie vergifteten auch Tiere, die den hölzernen Teilen der Hafenanlagen zusetzten. Die Häfen waren schmutziger, aber stabiler.[5]

All das änderte sich, als die Verschmutzung zurückging. Nicht nur die Seebarsche kehrten zurück, sondern auch Meerestiere, die sich vom Holz der Piers und Spundwände ernähren. Schon seit Jahrhunderten lebt die Menschheit mit diesen Krustentieren und Mollusken – wie mit vielen anderen Schädlingen –, und bereits Christoph Kolumbus hatte unter ihnen zu leiden. Mitte des neunzehnten Jahrhunderts machten ihnen Teer und Öl den Garaus. In manchen Häfen waren diese Stoffe so stark konzentriert, daß ein Schiff dort nur einzufahren brauchte, um die Schiffswand von dieser lästigen Last zu befreien. Spätere Generationen petrochemischer Erzeugnisse dezimierten auch die Populationen bohrender Tiere und legten sich sogar als Schutzfilm über Stahlkonstruktionen.

Als die Häfen in den achtziger Jahren sauberer wurden, zeigten sich an hölzernen Piers bald Anzeichen eines neuerlichen Befalls. Die mit zwei Syphonen ausgestattete Gemeine Schiffsbohrmuschel (*Teredo navalis*), die zwei Zentimeter dick und bis zu fünfzig Zentimeter lang wird, bohrte mit ihren raspelartigen Schalen allenthalben Gänge in das Holz. Winzige Asseln (*Limnoria lignorum*) vollendeten das Zerstörungswerk, indem sie die Pfähle vollständig aushöhlten. Dank bestimmter Darmbakterien können diese Tierchen Holz verdauen, und zwar mit einer Geschwindigkeit, die Anfang der neunziger Jahre die Verantwortlichen des New Yorker Hafens in größtes Erstaunen versetzte – Pfähle von bis zu dreißig Zentimetern Durchmesser schrumpften innerhalb von zwei Jahren auf einen Durchmesser von wenigen Zentimetern. Aus ungeklärten Gründen – vielleicht, weil die Hafenanlagen aus anderen Hölzern gebaut wurden oder die Tiere ihre Leistung verbessert haben – dauerte es vor 150 Jahren, also um 1840, nicht zwei, sondern bis zu siebzehn Jahren, bis ein Pfahl zerstört war. Wenn man das Holz mit Kreosot oder anderen Holzschutzmitteln streicht, läßt sich die Zerstörung zwar verlangsamen, doch einerseits treten schon bald kreosotresistente Stämme dieser Holzbohrer auf, und andererseits verschmutzen die Holzschutzmittel das Wasser im Hafen. Kunststoffüberzüge helfen, ihre Aufbringung ist jedoch sehr arbeitsintensiv.

Die bohrenden Meerestiere haben uns indessen auch überraschende Nutzeffekte beschert. Die Art und Weise, wie die Schiffsbohrmuschel ihre Gänge beim Bohren mit einer Chemikalie auskleidet, soll den Tunnelbauer Marc Isambal Brunel zu seiner Methode des Schildvortriebs inspiriert haben – ein Verfahren, das nach mehr als hundert Jahren und zahlreichen technischen Verbesserungen immer noch Anwendung findet. Außerdem eröffnet die Hafenkrise eine Verwendungsmöglichkeit für Millionen Tonnen Plastikmüll, der nach entsprechender Aufbereitung zur Schaffung bohrmuschel- und asselsicherer Piers eingesetzt wird. Und so führt die Verbesserung der Umwelt am Ende doch einmal zur Verbesserung der Umwelt. Doch bis sämtliche gefährdeten Hafenanlagen geschützt sind, bilden die bohrenden Wassertiere eines unserer zahlreichen chronischen Probleme, das allein den New Yorker Hafen schätzungsweise mehrere hundert Millionen Dollar kosten wird.

Was die Schiffsbohrmuscheln und Asseln für das Holz in den Hafenbecken sind, das ist die Gemeine Dreiecksmuschel (*Dreissena polymorpha*) für Wasserwerke, Flüsse und Seen – nur daß die Kosten, die sie verursacht, mehr als das Zehnfache betragen dürften. Seit gut 200 Jahren wandert diese fünf Zentimeter lange, grau-braun gestreifte Muschel von ihrem ursprünglichen Lebensraum im Aralsee, dem Schwarzen und dem Kaspischen Meer und deren Zuflüssen in die Binnengewässer Westeuropas ein. Wegen dieser raschen Ausbreitung gab man ihr im deutschsprachigen Raum den romantischen Namen »Wandermuschel«. Schon Anfang des neunzehnten Jahrhunderts tauchte sie in England auf. Doch erst 1980 vermochte sie im Strom der Einwanderer auch Nordamerika zu erreichen. Die gegen Ende des neunzehnten Jahrhunderts aufkommende Praxis, Wasser aus den Hafenbecken (statt, wie bis dahin üblich, Ziegel, Pflastersteine, Sand oder Blei) als Ballast aufzunehmen, beschleunigte die weltweite Ausbreitung von Meeresorganismen aller Art. Wenn der Ballast in anderen Häfen wieder von Bord gepumpt wird, gelangen Planktonteilchen und Horden kleiner Lebewesen in die neue Umgebung. Die Ballasttanks eines Schiffes können Dutzende von Arten beherbergen; in einem Hafen in Oregon zählte man 367 Tier- und Pflanzenarten fremder Herkunft. Doch was die Sichtbarkeit, den Verbreitungsgrad und die direkten Schäden angeht, steht die Wandermuschel einzig da.[6]

Innerhalb von Europa konnten Eier und frei schwimmende Larven der Wandermuschel (Segellarven oder Veliger) mit dem Ballastwasser verschleppt werden; die Reise über den Atlantik dauerte jedoch so lange, daß alle jungen Muscheln, die den Schmutz der Häfen überlebt hatten, unterwegs zugrunde gingen. Außerdem ist der Salzgehalt im freien Meer für ausgewachsene Wandermuscheln zu hoch. Als man in Europa die öffentliche Wasserversorgung aufbaute, breiteten die Wandermuscheln sich gerade in Flüssen und Seen aus. Deshalb legte man die Versorgungsnetze von Anfang an so aus, daß der Schaden durch die Muscheln möglichst gering blieb. Heutzutage besitzen viele Wasserwerke zwei getrennte Einlaßsysteme, die man für die Reinigung abwechselnd schließen kann. Außerdem achten die Ingenieure dort besonders auf kurze Rohre und meiden rechte Winkel, in denen die Muscheln besonders gut gedeihen.[7]

Im späten zwanzigsten Jahrhundert überwand die Wandermuschel dann den Atlantik, wie sie 150 Jahre zuvor den Ärmelkanal überwunden hatte. Die Meereswissenschaftler wissen nicht genau, warum die Wandermuschel sich in Nordamerika so viel schneller ausbreitet als während des neunzehnten Jahrhunderts in Europa. Dort war sie schon 1830 in Deutschland anzutreffen, doch die Seen der Schweiz erreichte sie erst um 1960. Auf dem amerikanischen Kontinent fand man sie erstmals 1986 im Lake St. Clair, aber heute ist sie im gesamten Bereich der Great Lakes und in den größeren Flüssen des Mittleren Westens nachgewiesen. Zum Teil mag der Grund in den von der Holzindustrie gestörten Ökosystemen der Great Lakes liegen, doch eine Reihe weiterer Innovationen bereiteten ihr den Weg. Nach dem Zweiten Weltkrieg wurden die europäischen Häfen (wie die amerikanischen) sauberer, und die Schiffe wurden schneller; sie brauchten nun noch eine Woche für die Überquerung des Atlantiks; beides sorgte dafür, daß ihr Ballastwasser auch am Ende der Reise noch genug Sauerstoff enthielt. Mit der Eröffnung des St. Lawrence Seaway im Jahr 1959 konnten Schiffe aus Europa mit ihren blinden Passagieren direkt in die Great Lakes einfahren, und von dort wanderten die Muscheln die Flüsse hinauf. Da man die Gefahr nicht erkannte, erlaubten die zuständigen amerikanischen und kanadischen Behörden den Schiffen, ihr Ballastwasser unbegrenzt in die Great Lakes zu pumpen. Daß die Schiffe wie auch die Menge des mitgeführten Ballastwassers sehr viel größer waren als im neunzehnten Jahrhundert, beschleunigte möglicherweise die Ausbreitung der Muschel. Zwar führte man in den neunziger Jahren Restriktionen ein, doch inzwischen zirkuliert die Wandermuschel im gesamten Seen- und Flußsystem Nordamerikas. Das Hochwasser des Mississippi sorgte 1993 für ihre beschleunigte Ausbreitung im Mittleren Westen. Und heute reist sie nicht mehr nur im Ballastwasser von Handelsschiffen, sondern auch im Bilgewasser privater Jachten und Freizeitboote – ganz zu schweigen von Schiffswänden, Öffnungen in der Schiffshaut, Schiffsdieseln und Außenbordmotoren, Pumpen, Ankern, Schiffsschrauben, Wellen und anderen Schiffsteilen. Aber auch Fischzüchter und Angelvereine tragen unwissentlich zur Minderung ihrer zukünftigen Fänge bei, indem sie die zerstörerische Muschel in natürliche

Gewässer und Zuchtteiche einschleppen, wenn sie Flüsse und Seen mit Sportfischen besetzen.[8]

Wandermuscheln behalten auch als ausgewachsene Tiere ein als Byssus bezeichnetes Geflecht von Haftfäden, mit dem sie sich an den unterschiedlichsten Oberflächen festhalten können. Und von dieser Möglichkeit machen sie reichlich Gebrauch. In Nordamerika ist man in der Industrie und den zuständigen Behörden äußerst besorgt, weil die Wandermuscheln sich in den Zuflußrohren von Fabriken, Kraftwerken und Wasserwerken festsetzen und dort den Wasserfluß behindern. Sie verstopfen auch die Wasserkanäle der Schleusen und Staudämme am Mississippi; sie sammeln sich an den Innenwänden von Pumpen und Ventilen, wo sie die Zirkulation des Kühlwassers für die Kompressoren behindern, die man für den Betrieb der Schleusen benötigt. Ein Weibchen bringt jährlich zwischen 40 000 und 1 Million Larven hervor. In einem Rohr von 60 Zentimetern Durchmesser fand man mehrere Millionen ausgewachsene Tiere. In den Einlaßrohren eines Kraftwerks im Mittleren Westen erreichen die Muscheln eine Dichte von 600 000 Tieren pro Quadratmeter.

Die Muscheln sind nicht nur für technische Anlagen eine Gefahr, sondern auch für andere im Wasser lebende Tiere und Pflanzen. Sie setzen sich auf einheimischen Muscheln fest und erdrücken sie, so daß man schon eine Ausrottung der einheimischen Arten befürchtet. In Illinois hat man die einheimischen Süßwassermuscheln unter Naturschutz gestellt, bis man ihre Überlebenschancen besser einzuschätzen vermag.

Aufgrund ihrer großen Zahl und ihres effizienten Filtersystems reduzieren die Eindringlinge das Nahrungsangebot für andere Schalentiere und Fische. Obwohl man angesichts der Wandermuschel oft von einer »natürlichen Verschmutzung« spricht, sorgt sie in Flüssen und Seen für klares Wasser – was allerdings eine Verarmung dieser Gewässer bedeutet. Bei übermäßigem Algenwachstum können diese Muscheln wahre Wunder vollbringen. Die Russen benutzen sie zur Reinigung von Kanälen; holländische Biologen untersuchen Möglichkeiten, sie zur Verbesserung der Wasserqualität in Seen einzusetzen. (In einigen holländischen Seen filtern Muscheln das gesamte Wasser in weniger als einem Monat vollkommen durch.) In Wisconsin haben Wissenschaftler herausgefunden, daß die Wandermuschel 95 Prozent der parasitären Cryptosporidium-Protozoen eliminieren kann, an denen 1993 in Milwaukee Hunderttausende von Menschen erkrankten. Aber auch diese positive Wirkung der Wandermuscheln hat ihre negative Seite; die Muscheln holen die Schadstoffe zwar aus dem Wasser, deponieren sie dann aber im Flußbett oder im Uferschlamm und vergiften auf diese Weise verschiedene Entenarten.[9] Aber auch das wirkungsvollste und am häufigsten eingesetzte Mittel zur Behandlung unseres Trinkwassers, das Chlor, ist für andere Lebewesen schädlich. Manche Biologen hoffen auf die Hilfe natürlicher Räuber. So entdeckten Taucher im Lake Michigan, daß einige einheimische Süßwasserschwämme der Familie *Spongilla* sich ebenso von dem bewegten Wasser an Wellenbrechern und Piers angezogen fühlen wie die Wandermuscheln. Diese Schwämme wachsen um die Muscheln herum, fangen sie in ihren eigenen Haftfäden und machen sie schließlich bewegungsunfähig.

Auch Parasiten in Gestalt von Würmern oder Mikroorganismen können sich Maßnahmen des Umweltschutzes und Bemühungen um eine gesunde Ernährung opportunistisch zunutze machen. Ende der achtziger Jahre hatten Ärzte an der amerikanischen Westküste und auf Hawaii Dutzende schmerzhafter Infektionen durch eine Nematodenlarve der Gattung *Anisakidae* zu behandeln – einer der Rache-Effekte des Umweltschutzes. Dank der Schutzgesetze vermehren sich die Meeressäuger seit zwanzig Jahren ganz beträchtlich. Allein die Population der Seelöwen hat sich versechsfacht; 1992 schätzte man sie auf 177 000 Tiere; und die Seelöwen dezimieren die Blaukopfforellen an der Westküste. Bedrohlicher für den Menschen ist jedoch die Zunahme der bei den Meeressäugern verbreiteten Parasiten. Kleine Krustentiere ernähren sich von den Exkrementen der Säuger und werden von Fischen gefressen, von denen einige wiederum ungekocht als Sushi oder Sashimi verspeist werden, so daß eine kleine Epidemie entsteht.[10] Anwohner und Urlauber an der italienischen Adriaküste haben ein ganz ähnliches Problem, die »umweltfreundlichen« Chemikalien nämlich, durch die man die Phosphate in den Waschmitteln ersetzt hat. Die modernen europäischen Waschmittel haben die Algenteppiche beseitigt, doch sie reagieren mit anderen Mineralien oder Chemikalien, die von Natur aus im Wasser vorkommen, und bilden schwimmende Matten, die riesigen Bakterienkolonien Nahrung bieten. Diese Mikroorganismen scheiden einen übelriechenden, schaumigen Schleim aus, mit dem sie sich an den Matten festhalten. Heute denkt man an der Adriaküste mit nostalgischen Gefühlen an die Algen zurück, und Phosphatlobbyisten setzen sich dafür ein, daß ihr Produkt wieder für Waschmittel zugelassen wird.[11]

Natürlich war es nicht verrückt, die Häfen sauberer zu machen. Und Wasser ist als Ballast weitaus billiger als andere Materialien; außerdem ist es leichter zu kontrollieren. Es gibt durchaus wirksame Möglichkeiten, die ungewollte Ausbreitung von Meeresorganismen zu verlangsamen; wenn man das Ballastwasser auf offener See austauscht, haben die blinden Passagiere keine Überlebenschance. Veränderungen in der Konstruktion der Hafenanlagen und eine Reihe chemischer oder physikalischer Abwehrmittel werden die erwarteten Schäden in gewissen Grenzen halten. Doch die

Wandermuschel und andere Eindringlinge werden wir niemals vollständig ausrotten, sondern allenfalls eindämmen können. Arten wie die asiatische Muschel *Potamocorbula amurensis* haben die Umwelt in der San Francisco Bay radikal verändert. Sie sind nur weitere Beispiele eines chronischen Problems, das uns in jedem Fall ein erhöhtes Maß an Wachsamkeit abverlangt.[12]

Gefahren von Verbesserungen im Haushalt

Das Streben nach Bequemlichkeit kann ebenso gefährlich sein wie der Versuch, eine saubere Umwelt zu schaffen. In den letzten fünfzig Jahren hat sich der Lebensstandard in Nordamerika und Europa beträchtlich erhöht. Wie Ruth Schwartz Cowan gezeigt hat, bedeutet der Fortschritt auf dem Gebiet der Haushaltstechnologie keineswegs, daß der Haushalt als Produktionseinheit im zwanzigsten Jahrhundert ausgedient hätte: »Die Haushalte sind der Ort, an dem unsere Gesellschaft gesunde Menschen produziert, und für fast alle Stufen dieses Produktionsprozesses sind die Hausfrauen verantwortlich.« Viele Haushaltstechnologien, darunter auch solche, die zu Wiederholungseffekten führen (wie das häufigere Wäschewaschen), machen die Menschen tatsächlich gesünder. So hat die Zentralheizung dafür gesorgt, daß Frostbeulen – eine Hautreizung aufgrund längeren Aufenthalts in feuchter Kälte – relativ selten geworden sind.[13]

Doch auch komfortable Wohnungen können gefährlich für unsere Gesundheit sein. Und einige dieser Gefahren haben nicht einmal etwas mit Schädlingen oder Bakterien zu tun. Dank des Staubsaugers und des Schaumreinigers ist der Teppichboden nun schon seit Generationen ein Symbol für Behaglichkeit und Gesundheit. Nach dem Zweiten Weltkrieg führten die Hersteller ein neues Verfahren ein, bei dem sie den aus Kunstfasern hergestellten Teppichflor mit der Unterlage, ursprünglich Jute, dann Polypropylen, verklebten. Seit den fünfziger Jahren gehört der Teppich fast schon zur Normalausstattung unserer Wohnungen und Büros, verspricht er doch ein Höchstmaß an Sauberkeit: Niemand kehrt Dreck unter einen festverlegten Teppich. Doch unter Umweltgesichtspunkten war (und ist) er eine unbekannte Größe, vor allem in den »dichteren« Wohnungen und Büros der letzten fünfundzwanzig Jahre, in denen die bessere Wärmedämmung für eine Verringerung des Luftaustauschs zwischen drinnen und draußen gesorgt hat. Der Kunstfaserflor, der Latexklebstoff und die Grundlage werden in einem Ofen miteinander verschmolzen, und zwar in einem komplexen Verfahren, bei dem mehr als

200 bekannte Substanzen in dem Teppichboden zurückbleiben können. Viele Menschen glauben, daß chemische Emissionen aus ihren Teppichen sie krank machen, und einige haben die Hersteller deshalb schon auf Schadensersatz verklagt. In Experimenten haben die Emissionen aus Teppichen wohl schon Mäuse getötet; allerdings gelang es Wissenschaftlern der Environmental Protection Agency (EPA) nicht, die Ergebnisse der bekanntesten Untersuchung zu wiederholen, die aus den Anderson Laboratories stammt. Doch schon Jahre vor diesen Tests gab man dem Teppichboden die Schuld, als fast einhundert Angestellte der EPA nach einer Renovierung der Büros in den Jahren 1987 und 1988 erkrankten. Die EPA entfernte daraufhin mehr als 22000 Quadratmeter Teppichboden und führte eine teppich- und chemikalienfreie Zone für empfindliche Angestellte ein.[14]

Teppichböden bergen in der Tat Gefahren für die Gesundheit. Zunächst einmal für die Handwerker, die ihn verlegen; da sie beim Verlegen des Teppichbodens auf Knien arbeiten, riskieren sie Arthritis und andere Gelenkerkrankungen. Doch weitaus mehr Menschen dürfte der Teppichboden in Gefahr bringen, weil er offenbar zur Ausbreitung eines Schädlings beigetragen hat, der Hausstaubmilbe nämlich, die ihrerseits eine der chronischsten Krankheiten bei Kindern und Erwachsenen fördert, das Asthma.

Wir haben bereits gesehen, daß Hygiene gewisse Krankheiten fördern kann; so bestand vor Einführung der Polioimpfung bei jungen Erwachsenen der oberen Mittelschicht ein größeres Poliorisiko als bei gleichaltrigen Angehörigen unterer Schichten, die in einer schmutzigeren Umgebung aufgewachsen waren. Eine weitere Krankheit, die einen Zusammenhang mit höherem Lebensstandard aufweist, ist der Heuschnupfen. Als der englische Arzt Michael Bostock den Heuschnupfen 1819 erstmals beschrieb, gehörte er zu den wenigen Menschen, die darunter litten. Während des neunzehnten Jahrhunderts nahm dann die Zahl der Heuschnupfenfälle und anderer Allergien beträchtlich zu, und auch hier waren nicht die Kinder der Arbeiterklasse betroffen, die im Schmutz der Industriestädte aufwuchsen, sondern die Sprößlinge der besten Familien. Die Epidemiologen vermuten heute, das Leben in Großfamilien, das freie, kaum behütete Spielen und frühe Infektionen könnten dazu beigetragen haben, daß das Immunsystem der Kinder sich nicht gegen weit verbreitete Substanzen wie den Blütenstaub von Pflanzen wehrte, wenn es zum erstenmal mit ihnen in Berührung kam. Das Eiweiß, das für den Heuschnupfen verantwortlich ist, Immunglobulin E (IgE), soll den Körper wahrscheinlich vor Wurmbefall schützen. Der Allergologe und Historiker Michael Emanuel glaubt, IgE löse deshalb Heuschnupfen aus, weil es seine eigentliche Aufgabe verloren habe, denn »der Mensch hat sich mit seinen Parasiten entwickelt, und vielleicht müssen wir dafür bezahlen, daß wir sie beseitigt haben«. Andere Medizinhistoriker suchen die Schuld eher bei den wachsenden Emissionen der Industrie und der zunehmenden Verbreitung des Rauchens im neunzehnten Jahrhundert. Bostock selbst wuchs im industrialisierten Norden auf und arbeitete mit aggressiven Laborchemikalien.[15]

Die komfortablen Haushalte der Mittelschicht erweisen sich als technische und soziale Systeme, die nicht nur gesunde Menschen produzieren, sondern auch chronisch kranke. Die warmen, künstlich befeuchteten und gut gedämmten Wohnungen in den westlichen Ländern sind für Schädlinge ebenso behaglich wie für Menschen. Der medizinische Entomologe John W. Maunder sieht Anzeichen für eine »gewaltige Flohepidemie« in ganz Westeuropa und weiten Teilen der Vereinigten Staaten; zusammengenommen dürften die Flöhe der Welt mehr wiegen als die gesamte Menschheit. Allein von 1991 bis 1992 stieg die Nachfrage nach Flohvertilgungsmitteln in England um mehr als 70 Prozent. Flöhe tauchen heute sogar schon in Wohnungen der Mittelschicht auf, und die Besitzer von Haustieren müssen erst noch lernen, daß sie nicht nur ihre Katzen und Hunde desinfizieren müssen, sondern die ganze Wohnung. Der Katzenfloh *Ctenocephalides felis* verbringt die meiste Zeit seines Lebens in Teppichen oder auf Vorhängen und wartet auf eine Katze oder andere warmblütige Wirte; dort können leicht zehntausend Flöhe herumlungern, während sich nur zwei Dutzend gleichzeitig auf dem Wirt aufhalten. Es heißt, Menschen in flohverseuchten, von Besuchern gemiedenen Wohnungen bekämpften ihre Einsamkeit gern, indem sie sich noch mehr Katzen anschaffen.[16]

Da die Beulenpest praktisch ausgestorben ist, stellen Flöhe keine Bedrohung mehr dar, sondern sind allenfalls lästig. Doch andere Arthropoden sind eine ernstere Gefahr. Größer als je zuvor, gleicht der Teppich einem Country-Club für Flöhe und vor allem für Hausstaubmilben, ganz wie die durch »umweltfreundliche« Waschmittel erzeugten Teppiche in Italien gleichsam schwimmende Behausungen für Bakterien darstellen. Die Hausstaubmilbe ist mit den Spinnen verwandt, wird nur 0,5 – 1 mm groß und ernährt sich von Hautschuppen, die sich im Hausstaub finden. Besonders gut gedeihen sie in warmen, gut gedämmten Wohnungen mit Zentralheizung und hoher Luftfeuchtigkeit. Eine normale Teppichreinigung hilft wenig, weil die Milben offenbar die energiesparenden Kaltwaschmittel vertragen. Der Kot dieser Milben enthält ein starkes Allergen, *Der p1*, das mit der Atemluft in die Atemwege gelangt und dort eine allergische Reaktion auslöst. Eine in England durchgeführte Untersuchung hat gezeigt, daß Kinder, die in Wohnungen mit hoher Staubmilbenbelastung aufgewachsen sind, als Teenager fünfmal häufiger Asthma entwickeln als eine weniger belastete Vergleichsgruppe. Die Forscher schätzten, daß diese Kinder bis zu 500 000 Kotpartikeln pro Gramm Hausstaub ausgesetzt waren. Als besondere Risikofaktoren erwiesen sich dabei einige Luxusartikel wie Daunendecken, Daunenkissen und feingewebte Orientteppiche. Aber auch geringere Verbesserungen des Lebensstandards können den Milben und der von ihnen verursachten Krankheit unabsichtlich Vorschub leisten; so stieg die Asthmarate unter Erwachsenen in Papua-Neuguinea um 5000 Prozent, als die Menschen begannen, den Kopf des Nachts in die gerade erst eingeführten Schlafdecken zu hüllen.[17]

Der Staubsauger, dem lange nachgesagt wurde, er fördere eine gesunde Umgebung, verschlimmert das Problem sogar noch, wenn man einer anderen englischen Studie glauben darf. Er saugt zwar den Staub ein, wirbelt dabei aber auch den Milbenkot auf, und der kann tagelang in der Luft schweben, bevor er wieder auf dem Teppich landet – ein klassischer Umordnungseffekt. Durch Staubsaugen kann die Dichte der schwebenden Kotpartikel verdreifacht werden. Nur einige wenige sehr teure Staubsauger sind mit hinreichend feinen Mikrofiltern ausgestattet, die diese winzigen Teilchen zurückhalten können.[18]

Natürlich sind nicht nur Teppiche, Vorhänge und Staubsauger an der Zunahme des Asthmas schuld. Gute Bauqualität und dichte Fenster tragen gleichfalls dazu bei. Nach Untersuchungen von Entomologen des amerikanischen Landwirtschaftsministeriums gedeihen Küchenschaben besonders gut in sehr dichten Gebäuden, und dort finden sich dann auch weit mehr Schabenallergene. Die Ausscheidungen von Hunden, Katzen, Flöhen, Milben und Schaben sowie das Mitrauchen und die industrielle Luftverschmutzung mögen durchaus eine Rolle spielen, aber die Asthmahäufigkeit nimmt gelegentlich auch dort zu, wo die Luft scheinbar besser geworden ist. Auch Armut erhöht das Asthmarisiko und die Wahrscheinlichkeit eines schweren asthmatischen Leidens. Doch da keiner dieser Risikofaktoren neu ist, haben wir Grund zu der Annahme, daß die Zunahme schwerer asthmatischer Erkrankungen zumindest zum Teil auf komfortablere Wohnungen und bessere Wärmedämmung zurückzuführen ist.[19]

Akute Asthmaanfälle können tödlich sein; 1990 starben insgesamt 4600 Amerikaner an solchen Anfällen, das waren doppelt so viele wie zehn Jahre zuvor. Doch für die meisten der zehn Millionen Amerikaner, die an Asthma leiden, ist es eine chronische Krankheit. Durch das Inhalieren von Medikamenten lassen sich die Symptome mildern und die Atemwege offenhalten. Kortikosteroide sind bei Inhalation frei von signifikanten Nebenwirkungen, aber eine andere Gruppe von Asthmamedikamenten, die Betamimetika, kann die Gefahr eines tödlichen Anfalls erhöhen. Nach einer noch unbewiesenen Theorie können die Tascheninhalatoren mit ihrer genau bemessenen Dosis des Medikaments zwar die Symptome eines Asthmaanfalls beseitigen, aber der Patient bleibt weiterhin gefährlichen Antigenen ausgesetzt – auch dies wäre dann ein medizinischer Rache-Effekt. Das Streben nach größerem Komfort begünstigt demnach ein chronisches Leiden bei einer bedeutenden Minderheit der Bevölkerung. Dieses Leiden läßt sich zwar unter Kontrolle bringen, aber nur um den Preis ständiger Überwachung und Betreuung – den typischen Merkmalen chronischer Probleme.[20]

Wie die Hausstaubmilben und andere, besser sichtbare Insekten im Haushalt, so sind auch die meisten landwirtschaftlichen Schädlinge als Rache-Effekte anzusehen – diese Tiere gedeihen auf der Basis von Ressourcen, die wir für sie angesammelt haben, oder indem sie uns in Regionen begleiten, in denen ihre natürlichen Feinde nicht vorkommen.

Nach dem Zweiten Weltkrieg trugen ein verbessertes Verkehrswesen und die Klimaanlage dazu bei, daß der amerikanische Südwesten ganzjährig bewohnbar wurde. Aufgrund der Zunahme zahlreicher Allergien zogen Hunderttausende von Menschen aus dem Nordosten in den Südwesten, um dort, in den Wüsten Arizonas, unter gesünderen Bedingungen zu arbeiten oder ihren Lebensabend zu verbringen. »Schicken Sie Ihre Nebenhöhlen nach Arizona«, lautete ein legendärer Spruch in der Fernsehwerbung für ein Antihistamin. Und eine Reihe von Jahren hielt der trockene Südwesten, was er versprach. Allerdings war er niemals gänzlich pollenfrei; neuere Forschungen haben gezeigt, daß die Pollen zumindest einer häufig vorkommenden einheimischen Pflanze, des Grünholzbaums nämlich, vom Wind verfrachtet werden und bei empfindlichen Personen Allergien auslösen können. Anfangs machte sich dieses Problem kaum bemerkbar, weil nur wenige Bäume dieser Art in der Nähe der menschlichen Ansiedlungen zu finden waren. Dennoch ist es richtig, daß die meisten einheimischen Pflanzen in Arizona nicht vom Wind, sondern von Vögeln, Bienen, Schmetterlingen und anderen Insekten bestäubt werden.[21]

Wenn die neuen Bewohner des Südwestens sich den dortigen Bautraditionen angepaßt und Lehmhäuser unmittelbar an der Straße gebaut hätten, wäre Arizona möglicherweise eine pollenfreie Zone geblieben. Doch die Zuwanderer hatten keineswegs die Absicht, die einheimischen Sitten zu übernehmen. Wie so viele Siedler in der Fremde dachten sie mit nostalgischen Gefühlen an die Pflanzen, die sie in der Heimat zurückgelassen hatten. So begann man in den fünfziger und sechziger Jahren, »Ranchhäuser« zu bauen, die rundum von Rasen umgeben waren. Man brachte Bermudagras mit und bewässerte den Rasen mit dem Wasser, das man dank Bundeshilfe aus den Flüssen im Westen abzweigte – in den besten Traditionen des amerikanischen Individualismus. Bald folgten Golfplätze,

Country-Clubs und sonstige Freizeitanlagen. Das Gras wurde zu einem wichtigen saisonalen Pollenproduzenten. Außerdem ist der Rasen dank seiner Feuchtigkeit ein guter Nährboden für allergene Schimmelpilze, deren Menge sich in Tucson nach dem Beginn der Zuwanderung fast verzehnfachte.[22]

Gräser und Sporen sind ein relativ kleines Problem, verglichen mit den windbestäubten Bäumen und Pflanzen, die von den Zuwanderern mitgebracht wurden: Olive, Maulbeerbaum, amerikanische Pappel, Platane, Pecanobaum, Esche und Ulme. Die meisten davon produzieren jedes Frühjahr über einen Zeitraum von mehreren Monaten beträchtliche Mengen an Pollen. In warmen Jahren erstreckt sich die Heuschnupfensaison manchmal über zehn Monate. Heute weist Arizona eine relativ hohe Dichte an Pollen- und Sporenallergikern auf; nach einer Schätzung leben allein in der Gegend von Phoenix 230000 solcher Menschen. Seit 1985 ist es in Tucson verboten, neue Oliven- oder Maulbeerbäume zu pflanzen; dadurch hat sich die Belastung durch Baumpollen um 35–70 Prozent verringert. Dennoch muß die Stadt alljährlich Hunderte von Mahnschreiben versenden, in denen sie säumige Bürger auffordert, ihren Rasen zu mähen, bevor das Gras blüht.[23]

Zum Glück für die Allergiker in Arizona hat man kürzlich in Swann Hill, Australien, eine nahezu pollenfreie Olivenart entdeckt: Die Blüten fallen ab, ohne sich zu öffnen, und der feine ölige Blütenstaub, den sie produziert, ist zu schwer, als daß er vom Wind verfrachtet werden könnte. Botaniker sprechen bereits von der Möglichkeit, ein gentechnisch manipuliertes Olivengen zu transplantieren, das ursprünglich für pollenlosen Mais entwickelt worden ist. Sie glauben, damit ließe sich innerhalb eines Jahrzehnts eine nahezu pollenfreie Landschaft schaffen. Man kann niemals ausschließen, daß die neuen Sorten ihre eigenen Rache-Effekte auslösen, aber die werden wir erst bemerken, wenn die neuen Bäume sich weitgehend durchgesetzt haben. Bisher sind keine bekannt. Zumindest im Südwesten der Vereinigten Staaten könnte es also sein, daß die Technik einmal zuletzt lacht.[24]

Frustrationen bei Ausrottungsversuchen

Rache-Effekte stellen sich nicht nur bei dem Versuch ein, unsere Umgebung komfortabler zu gestalten. Sie treten auch auf, wenn wir uns bemühen, die Schädlinge in unserer Umgebung auszurotten. Der Drang, alles zu vernichten, was Vieh und Ernte bedroht, ist höchstwahrscheinlich ebenso alt wie die Landwirtschaft. Im neunzehnten Jahrhundert rotteten Bauern und Viehzüchter in Nordamerika und Europa fast alle größeren Raubtiere aus, und zwar mit technisch nicht gerade hochentwickelten Mitteln wie Gewehren, Gift, Fallen und der Zerstörung der Wohnbauten – wohl aber mit bedauernswert wenig Wissen über die wahren Folgen für die Landwirtschaft. Erst um die Jahrhundertwende schafften einige Bundesstaaten die Prämien auf erlegte Falken und Eulen ab. Im späten zwanzigsten Jahrhundert ersetzte die öffentliche Meinung Verfolgung durch Schutz und folgte damit einem mutmaßlich aufgeklärten städtischen Umweltbewußtsein. Heute achtet, ja, schätzt man Raubtiere wieder als Schlußsteine des Ökosystems; das zeigt sich nicht zuletzt in Büchern und Filmen wie Farley Mowats *Never Cry Wolf*. Und dieser Einstellungswandel ist nicht nur den Tieren zugute gekommen, sondern auch ihrer Umwelt.

Wenn Achtung jedoch in Sentimentalität umschlägt, sind Rache-Effekte unvermeidlich. Wolfähnliche Rückzüchtungen aus Schlittenhunden und deutschen Schäferhunden können ihre niedere Stellung in der Kette der Lebewesen vergessen und sich urplötzlich und ohne jede Provokation in New-Age-Pitbulls verwandeln. In den amerikanischen Nationalparks müssen Aufseher die Besucher tatsächlich davor warnen, den Bären zu nahe zu kommen – auch das vielleicht eine unbeabsichtigte Folge der Smokey-Kampagne –, und in Florida stellen die unter Schutz stehenden Alligatoren bereits wieder eine Bedrohung dar. Paradoxerweise ist eine Gruppe von Fleischfressern, vor der wir uns unsere uralten Ängste bewahrt haben, heute wahrscheinlich eine der vom Menschen am stärksten bedrohten Tierarten – die Familie der Haie nämlich.[25]

Seltene und geschützte oder aus anderen Gründen international beliebte Tiere können zu Schädlingen werden, wenn man ihren Lebensraum stört. Die neuseeländischen Papageien – Aas- und Allesfresser, bevor man Schafe auf der Inselgruppe einführte – haben irgendwie Geschmack an der Fettschicht gefunden, von der die Nieren dieser Tiere umgeben sind; seither greifen sie auch lebende Schafe an. Aus China weiß man, daß Pandabären, deren Lebensraum unter starken Druck durch eindringende Menschen geraten ist, Schafe in ihren Pferchen angreifen. (Für freilaufende Schafe sind die Pandas natürlich zu langsam.) Grauhörnchen, die in den Wäldern ihrer nordamerikanischen Heimat keinerlei Schäden anrichten, sind in England zu einer Plage geworden. Die dickere Phloemschicht der in englischen Baumschulen weiträumig angepflanzten Buchen und Platanen enthält einen schmackhaften Saft, der die Hörnchen offenbar dazu verführt, die Rinde abzuschälen, um an die Phloemschicht heranzukommen. In wachsender Zahl haben sich auch Weißschwanzhirsche und kanadische Gänse in den Vereinigten Staaten nur allzugut angepaßt an eine

Kombination aus wiederaufgeforsteten Wäldern, wuchernden Vorstädten, gepflegten Rasenflächen und privaten Zierteichen.[26]

Die bemerkenswertesten Rache-Effekte stammen jedoch nicht aus der Bekämpfung größerer Schädlinge – die zum Teil Bewunderung unter den Menschen finden wie Hirsche oder Gänse –, sondern aus dem Versuch, die allgegenwärtigen kleineren Schädlinge zu vernichten.

Die Landwirtschaft des neunzehnten Jahrhunderts war kein Arkadien kerniger Naturverbundenheit, wie schon ihr Feldzug gegen die einheimische Tierwelt vermuten läßt. Der Wissenschaftshistoriker James Whorton erinnert in seinem Buch *Before Silent Spring* an die Praxis amerikanischer Farmer, mit einem furchterregenden Arsenal giftiger Kupfer- und Arsenverbindungen gegen Pilze und Insekten vorzugehen. Präparate mit täuschend farbigen Namen wie Pariser Grün und Londoner Purpur waren in Wirklichkeit wie die Blei-Arsen-Verbindungen und andere Substanzen äußerst beständige Gifte, die nicht nur die Anwender gefährdeten, sondern auch das Vieh, die Verbraucher und natürlich die Pflanzen. Der aufblühende Berufsstand der Agrarentomologen pries die Anwendung arsenhaltiger Pestizide und wischte die Vorbehalte altmodischer Bauern beiseite, denen die möglichen Gesundheitsgefahren und die hohen Kosten der Chemikalien nicht geheuer waren. Die Verbraucher müßten schon Hunderte Pfund Obst essen, um krank zu werden, entgegneten die Entomologen. Der Leiter der entomologischen Abteilung des amerikanischen Landwirtschaftsministeriums erklärte, Befürchtungen wegen des Spritzens seien »völlig haltlos«, und seine Berufskollegen beklagten die Warnungen »einiger Ignoranten«. Doggerel mahnte:

Spritzt, ihr Bauern, spritzt mit Fleiß,
Spritzt Pfirsich, Birn und Apfel!
Spritzt gegen Schorf, spritzt gegen Brand,
Spritzt nur zu, und macht es richtig![27]

Der Gerechtigkeit halber sei allerdings gesagt, daß nicht nur die Entomologen einen so freigiebigen Umgang mit schädlichen Giften predigten; auch die Industrie machte reichlich Gebrauch von Arsen, sogar in Kinderspielzeug und Farbpapier. Erst nach dem Ersten Weltkrieg untersuchten einige Entomologen und Physiologen die kumulative Wirkung von Blei- und Arsenverbindungen und fanden heraus, daß die Akkumulation dieser Metalle im Körper Neuritis, Magenbeschwerden, Hautkrankheiten und Krebs verursachen kann – all das chronische Nebenwirkungen einer Intensivierung der Landwirtschaft.

Das Paradoxon der Pestizide – jener Stoffe, die an die Stelle der in Mißkredit geratenen Metallverbindungen treten sollten – rückte sogar noch stärker ins Blickfeld der Öffentlichkeit. Kurz vor dem Zweiten Weltkrieg entdeckte der Schweizer Chemiker Paul Müller ein Insektizid, das er und eine ganze Generation geradezu für ein Wundermittel hielten: das DDT. 1944 behandelte man mehr als eine Million Einwohner von Neapel mit dem in der Schweiz hergestellten Mittel, wodurch man sie und die alliierten Truppen vor einer drohenden Typhusepidemie bewahrte. Auch auf einer Insel des pazifischen Kriegsschauplatzes machte man damit mehreren von Insekten übertragenen Epidemien den Garaus. Und bei alledem schien das Mittel noch vollkommen sicher zu sein. Wie Rachel Carson später vermerkte, nimmt der Körper nur wenig DDT auf, wenn es als Puder eingesetzt wird; bei flüssigem DDT besteht dagegen die Gefahr, daß sich kleinere Mengen im Körper akkumulieren. Das DDT schien einen geradezu wunderbaren Schutz vor Krankheiten zu bieten, die von Insekten übertragen werden, ohne jedoch die Gesundheit der Menschen zu gefährden, wie es die älteren Generationen anorganischer Insektizide getan hatten. Selbst Anwender, die dem Stoff in großen Mengen über lange Zeiträume hinweg ausgesetzt waren, trugen offenbar keinerlei Schäden davon. Nur ein einziger Todesfall durch die unmittelbare Einwirkung von DDT ist bekannt; dabei wurde DDT-Pulver mit Mehl verwechselt und zur Herstellung von Pfannkuchen benutzt. (Tatsächlich war DDT weit weniger giftig als die organischen Phosphorverbindungen, die nach dem Verbot des Mittels an dessen Stelle traten. Die Arbeit mit Insektiziden wie Parathion kostete Hunderten von Menschen das Leben.) Bewaffnet mit DDT, machten die Entomologen der Nachkriegszeit sich daran, die »Invasion der Insekten« abzuwehren – wie es damals in einem populärwissenschaftlichen Buch von Anthony Standen hieß, der sich später ironischerweise mit satirischen Darstellungen der Wissenschaft einen Namen machte. Und die Zeitschrift *Popular Science* sah einen »totalen Sieg an der Insektenfront« voraus.[28]

DDT wurde gerade deshalb zu einer Bedrohung der Zukunft, weil das Mittel in der Gegenwart so sicher erschien. Während des Krieges fanden Entomologen heraus, daß man es sehr sparsam einsetzen konnte, wenn man es in einer ölhaltigen Verdünnung von Flugzeugen aus versprühte; dann reichten 250 Gramm für einen ganzen Hektar. Nach 1945 setzten ehemalige Militärpiloten den Luftkrieg gegen die Insekten mit ausgemusterten Militärmaschinen fort, darunter auch Großraumtransporter, die man für das Spritzen und Verstäuben von Insektiziden umgerüstet hatte. Der direkte Kontakt mit dem Mittel schien den Menschen nicht zu schaden, während die Vorgänger des DDT sowohl chronische als auch akute Wirkungen ausgelöst hatten.

Die schleichende Arsenvergiftung ist seit langem ein Lieblingsklischee der Kriminalliteratur. Ganz ähnlich lag der alarmierendste Schaden, den das DDT anrichtete, nicht im unmittelbaren Tod von Vögeln und Fischen aufgrund eines massiven Einsatzes dieses Insektizids, sondern in der Tatsache, daß DDT sich unsichtbar im Gewebe dieser Tiere und vor allem in ihrem Fortpflanzungsapparat ansammelt, was bei Vögeln unter anderem dazu führt, daß die Eier dünnere Schalen haben. Schließlich richtete sich die Sorge der Öffentlichkeit stärker auf die schleichende Akkumulation der Verbindung im menschlichen Fettgewebe und auf die damit verbundene Krebsgefahr, ganz zu schweigen von den Gefahren, denen die unmittelbaren Anwender ausgesetzt waren. 1972 wurde DDT verboten; der Verdacht, daß es Krebs erzeugt, besteht weiterhin, wenn auch nur auf der begrenzten Grundlage einiger Tierexperimente. Wie auch andere mit Rache-Effekten verbundene Technologien, so ersetzt DDT ein Problem durch ein anderes. Doch auch das DDT-Verbot hat seine Rache-Effekte, vor allem die Verschmutzung der Gewässer und des Grundwassers durch neue Generationen wasserlöslicher Pestizide.[29]

Außerdem zeigte das DDT zum erstenmal die Macht des Wiedererstarkungseffekts. Anfang des Jahrhunderts berichteten Entomologen erstmals von Obstbaumschädlingen, die eine Resistenz gegen die damals gebräuchlichen anorganischen Insektizide entwickelt hatten. Die Fälle blieben noch recht vereinzelt, weil diese Chemikalien an den unterschiedlichsten Punkten im Stoffwechsel der betreffenden Tiere ansetzten; ihre Wirkungsweise bot den Schädlingen kaum eine Chance, eine Abwehr auf Stoffwechselebene zu entwickeln. Das änderte sich, als man DDT und andere synthetisch-organische Insektizide einzusetzen begann. Sie eröffneten neue Möglichkeiten einer natürlichen Abwehr durch Stoffwechselenzyme, die in der Lage waren, die neuen Gifte abzubauen.[30]

Wie wir schon bei den antibiotikaresistenten Bakterien gesehen haben, wohnt der Ausbreitung von Resistenzgenen eine perverse Logik inne. Je wirksamer ein Pestizid ist und je intensiver es von den Landwirten eingesetzt wird, desto größer sind die potentiellen Vorteile eines Gens, das gegen dieses Pestizid immun macht. In Schweden und anderen Teilen Europas wie auch der Vereinigten Staaten stieß man schon 1947 auf DDT-resistente Fliegen. Mitte der fünfziger Jahre, nur zehn oder fünfzehn Jahre nach dem erfolgreichen Einsatz in Neapel, waren Läuse in vielen Teilen der Erde durch DDT nicht mehr zu beeindrucken. Dasselbe galt für zahlreiche Schadinsekten in der amerikanischen Land- und Forstwirtschaft.

Der Wiedererstarkungseffekt beschränkte sich nicht auf die unnatürliche Selektion resistenter Stämme. Das DDT förderte die Fortpflanzung einiger Insektenarten auch dadurch, daß es deren natürliche Feinde tötete.

In den Gummi- und Palmölplantagen Malaysias, wo es trotz der heißen, regnerischen Witterung nie größere Probleme mit Insekten gegeben hatte, führte der Einsatz von DDT gegen einen relativ unbedeutenden Maikäferbefall zu einer völlig neuen Raupenplage, der man mit einem noch massiveren Insektizideinsatz zu Leibe rückte, was wiederum eine weitgehende Entlaubung der Plantagen zur Folge hatte. Wie ein zur Klärung des Falls herbeigerufener Entomologe herausfand, hatte das Gift die parasitären Wespen dezimiert, die zuvor die Raupenplage verhindert hatten. Anders als die Wespen konnten die Raupen sich während des Spritzens vor dem Gift schützen, indem sie sich zusammenrollten. Aber auch als man das Spritzen einstellte und die Parasiten zurückkehrten, wüteten die Raupen weiter. Denn offenbar hatte das Gift ihre Lebenszyklen synchronisiert; sie traten nun gleichzeitig in so großer Zahl auf, daß die Wespen nicht mehr mit ihnen fertig wurden. Durch Verdauungsgifte, die den Wespen nichts anhaben konnten, gelang es schließlich, die Raupenplage in den Griff zu bekommen. In Nordamerika und England machte der (1949 begonnene) Einsatz von DDT gegen den Apfelwickler die Blattspinnmilbe oder Rote Spinne zu einem bedeutsamen Obstbaumschädling – auch hier, weil deren natürliche Feinde durch das Gift getötet wurden. In kleinen Dosen sorgt DDT offenbar sogar für eine verstärkte Vermehrung der Blattspinnmilben, aus Gründen, die bis heute nicht geklärt sind. Doch zum Glück für die Obstbauern und Gärtner der neunziger Jahre sind inzwischen harmlose Milben auf dem Markt, die Jagd auf Blattspinnmilben machen und absterben, wenn ihre Nahrungsgrundlage erschöpft ist.[31]

Der DDT-Einsatz löste jedoch noch einen weiteren Rache-Effekt aus. Wie die antibiotikaresistenten Bakterien, so können Insektenstämme, die DDT (oder andere häufig eingesetzte Chemikalien) überleben, auch gegen andere chemische Verbindungen resistent werden. Insektizide sorgen nicht nur für eine Selektion nach der Resistenz gegen den jeweiligen Wirkstoff, sondern auch nach Genen, die eine bessere Anpassung der Tiere an sonstige Aspekte ihrer Umwelt gewährleisten. Nach solch einem Selektionsprozeß zeigen die verbliebenen Insektenpopulationen offenbar allgemein eine höhere Widerstandskraft. Auch wenn man den Einsatz von DDT und anderen Insektiziden einstellt und die Immunität schrittweise wieder verlorengeht, erwerben die Tiere diese Resistenz bei Bedarf schneller wieder. Die Intensivierung des Kampfes gegen die Insekten verstärkt also auf dem Weg über die natürliche Selektion nur deren Abwehr. Megadosen erzeugen Superinsekten. Seit mehr als zwanzig Jahren ist der Einsatz von DDT in den Vereinigten Staaten verboten, doch weltweit nimmt die Resistenz gegen Pestizide aller Art ständig zu. 1990 gab es bereits mehr als 500 resistente Insekten- und Milbenarten, deren Bekämpfung immer höhere Dosen und immer teurere Alternativen verlangt. Trotz einer gewaltigen Steigerung der landwirtschaftlichen Erträge seit dem Mittelalter hat sich der Anteil, der durch Insekten, Pflanzenkrankheiten und Unkräuter verlorengeht, in den letzten 500 Jahren nicht verändert; er liegt nach wie vor bei etwa einem Drittel. Das weltweite Wiedererstarken der Malaria geht weniger auf das Konto lokaler DDT-Verbote, sondern hat seine Ursache vor allem in der zunehmenden Resistenz der Moskitos und der Malariaparasiten gegen Pestizide und Medikamente aller Art.[32]

Die Resistenz der Insekten erstreckt sich nicht nur auf Gifte, sondern auch auf umweltfreundliche Chemikalien wie jene, die bestimmte Hormone nachahmen und die Entwicklung der Tiere stören sollen. In den sechziger Jahren hielten Insektenphysiologen diese Hormonimitate für resistenzsicher, doch Experimente mit einem Mutagen haben gezeigt, daß schon eine einzige genetische Veränderung die Resistenz um den Faktor 100 erhöhen kann. Bei intensiver Anwendung vermögen sogar biologische Verfahren der Schädlingsbekämpung wie der Einsatz von Hormonen, Parasiten oder Räubern eine Selektion nach der jeweiligen Resistenz zu bewirken. Nach dem massiven Einsatz des *Bacillus thuringensis* – der als wirkungsvolles, ungiftiges Schädlingsbekämpfungsmittel gepriesen wird – haben einige Schädlinge auch gegen ihn Resistenz entwickelt. Sein natürliches Vorkommen ist zu gering und ein plötzliches massiertes Auftreten zu selten, als daß ein Selektionsdruck zugunsten von Resistenzgenen bestanden hätte. Das änderte sich erst, als der Bazillus zu einem beliebten Schädlingsbekämpfungsmittel wurde. Inzwischen hat auch eine weitere bakterielle Waffe, *Bacillus popilliae*, einen Teil ihrer Wirksamkeit gegen den Japankäfer eingebüßt.[33]

Durch solche Rache-Effekte werden die chemischen Pestizide und die biologischen Schädlingsbekämpfungsmittel jedoch nicht nutzlos. Das Phänomen der Resistenzbildung hat lediglich zu einer Veränderung in Strategie und Taktik der Schädlingsbekämpfung geführt; statt Rundumschläge auszuteilen, greifen wir lieber zu biologischen Judotechniken. Subtile, zeitsparende Eröffnungszüge bedeuten weit mehr als die Suche nach einem verheerenden Erstschlag. Die Anwender arbeiten mit geringeren Dosen, sie warten, bis der wirtschaftliche Schaden eine bestimmte Schwelle überschreitet, sie achten genauer auf den günstigsten Zeitpunkt für den Einsatz eines Mittels und setzen es auf kleineren Flächen ein als früher. Außerdem stimmen sie die eingesetzten Mittel besser aufeinander ab und wechseln zwischen dem Einsatz chemischer Pestizide und biologischen Bekämpfungsmaßnahmen durch das Aussetzen natürlicher Feinde. (Leider setzen viele Haustierbesitzer Insektenvertilgungsmittel immer noch unkontrolliert in allen möglichen Kombinationen ein, so daß mehrfachresistente Flöhe heute zu den schwierigsten Insekten gehören.) Bei der Schädlingsbekämpfung setzt man heute gelegentlich sogar nichtresistente Stämme eines Schadinsekts aus, damit sie sich mit den kleinen Populationen paaren, die eine Resistenz zu entwickeln beginnen. Dadurch läßt sich der Wiedererstarkungseffekt zwar nicht verhindern, aber wir zögern ihn hinaus und gewinnen auf diese Weise Zeit.[34]

Leider bekämpft die industrialisierte Landwirtschaft Unkräuter immer noch auf die althergebrachte Weise, indem sie den Einsatz von Unkrautvernichtungsmitteln erhöht. In den letzten zehn Jahren ist die Zahl herbizidresistenter Unkräuter weltweit von einem Dutzend auf über hundert Arten angewachsen. Um im Mittleren Westen der USA den Einsatz von Herbiziden mit langen Wirkungszeiten zu ermöglichen, bieten Saatgutproduzenten heute eine Maissorte an, die gegen eine der in diesen Mitteln meistbenutzten chemischen Gruppen unempfindlich ist – wenn man die Sojabohnenfelder mit diesen Herbiziden behandelte, würden sie ansonsten im folgenden Jahr das Keimen der Maissaat beeinträchtigen (und im Mittleren Westen wechseln die Farmer zwischen Sojabohnen und Mais). Doch weil die Farmer mit den neuen Maissorten nun Jahr für Jahr dieselben Herbizide einsetzen können, statt zwischen ihnen zu wechseln, züchten sie damit unbeabsichtigt auch herbizidresistente Unkräuter heran. Und schlimmer noch: Inzwischen mehren sich die Anzeichen dafür, daß Gene aus den herbizidresistenten Nutzpflanzen auch in Unkräuter gelangen können, und zwar nicht nur in nah, sondern auch in sehr entfernt verwandte Pflanzen. Wenn das geschieht, könnten Resistenzgene sich so schnell ausbreiten, daß unsere Probleme mit mehrfachresistenten Organismen sich schon bald um solche Superunkräuter vermehrten.[35]

Der Feuerameisen-Wahn:
Das Vietnam der Entomologie

So verheerend der Einsatz von DDT auf lange Sicht auch gewesen sein mag, er hatte immerhin ein Gutes: Das Mittel wirkte wenigstens ein paar Jahre – und unter ganz bestimmten, sehr genau umrissenen Umständen kann es auch heute noch wirken, wenn man seinen Verteidigern glauben möchte. Doch der vom amerikanischen Landwirtschaftsministerium unternommene und bis heute andauernde Kreuzzug gegen die Feuerameise war nicht nur schädlich für andere Pflanzen und Tiere, sondern auch kontraproduktiv. Die Rote Feuerameise (*Solenopsis invicta*) stammt ursprünglich aus dem oberen Stromgebiet des Paraguay-Flusses im Dreiländereck zwischen Brasilien, Argentinien und Paraguay; in den dreißiger Jahren fand man sie erstmals auf dem nordamerikanischen Subkontinent, und zwar in Mobile, Alabama. Schon bald zeigte sich, daß sie unter den Insekten zu den schnellsten und unerbittlichsten Kolonisatoren der Welt gehört. Sie verdrängte nicht nur die einheimischen Feuerameisen, die mit zehn Bauten pro Hektar weit hinter den hundert Bauten ihrer Konkurrentinnen zurückblieben, sondern auch die verwandte, erst kurz zuvor eingeführte Schwarze Feuerameise (*Solenopsis richteri*). Wie andere Schädlinge spezialisiert sich die Feuerameise auf gestörte oder in Veränderung befindliche Landschaften, in Südamerika etwa auf Überschwemmungszonen im Uferbereich der Flüsse, in Nordamerika auch auf Baumschulen und Grassamenzüchtereien. Sie schätzen die saftigen Rasenflächen der Suburbs wie Flöhe und Staubmilben die Teppiche in den Wohnungen. Tatsächlich erreichen ihre Kolonien in den Vereinigten Staaten eine fünf- bis zehnmal so große Dichte wie in ihrem Herkunftsgebiet, und zwar wahrscheinlich deshalb, weil einige südamerikanische Buckelfliegen (*Phoridae*) dort ihre Beutezüge stören und ihre Fähigkeit beeinträchtigen, mit anderen Insektenarten erfolgreich in Nahrungskonkurrenz zu treten. Die Buckelfliegen sind in den Vereinigten Staaten immer noch nicht zu finden.[36]

Bis heute produzieren die Roten Feuerameisen weit mehr haarsträubende Geschichten als nachweisliche wirtschaftliche Schäden. Da sie so ziemlich alles töten, was in die Nähe ihrer Kiefer gelangt, jagen sie auch Baumwollkapselkäfer, Vögel, Reptilien und kleine Säugetiere. (Ausgerechnet der Baumwollkapselkäfer gehört zu den wenigen wichtigen Schädlingen, die den Krieg gegen die Pestizide verloren haben; er ist im Baumwollgürtel der Vereinigten Staaten immer seltener anzutreffen.) Die Ameisenhaufen können eine Höhe von fast einem Meter und einen Durchmesser von 1,50 Metern erreichen; sie sind der Ausgangspunkt für ein ausgedehntes Tunnelsystem und bergen mehrere Hunderttausend Ameisen. Zwar sind schon Kinder gestorben, wenn sie von zahlreichen Ameisen gebissen worden waren; dennoch sind die Feuerameisen keine lebensbedrohliche Gefahr für den Menschen, sondern eher eine lästige chronische Plage. Sie klammern sich mit ihren Kiefern fest, wenn sie ihr Gift einspritzen; der Biß ist nicht so schmerzhaft wie ein Bienenstich, aber unangenehmer als ein Mückenstich. In ameisenverseuchten Gebieten werden im Jahr 30 bis 60 Prozent der Einwohner von Feuerameisen gebissen, und im gesamten Süden der Vereinigten Staaten begeben sich alljährlich Zehntausende wegen solcher Bisse in ärztliche Behandlung. Die größte Gefahr besteht für Kinder, die im Gras spielen.[37]

Solenopsis invicta entspricht jeder erdenklichen Definition eines Schädlings. Sie tötet junge Kälber und Rehkitze. Ihre Bauten verstopfen und beschädigen Landmaschinen. Wegen ihres grenzenlosen Appetits auf Isoliermaterial setzt sie sogar Signalanlagen und andere elektrische Geräte außer Betrieb. Doch bis vor kurzem bildete sie keine ernsthafte ökonomische Bedrohung. Sie frißt zwar die Saat, aber ihre bevorzugte Nahrung sind die Raupen und Larven anderer Insektenarten, und ausgewachsene Nutzpflanzen greift sie niemals an. Sie spielt eigentlich nicht in derselben Liga wie die Raupe des Maiszünslers, der Colorado-Kartoffelkäfer und andere Vieh- oder Ernteschädlinge. In diese Oberliga gelangte sie wahrscheinlich erst aufgrund des Wiedererstarkungseffekts, den eine Ausrottungskampagne auslöste.

Der Agrarhistoriker Pete Daniel sieht die Hintergründe des chemischen Vernichtungsfeldzuges gegen die Feuerameise in Machtkämpfen zwischen verschiedenen Fraktionen der Agrarbürokratie. Ein Netz von Ämtern und Institutionen, darunter auch die landwirtschaftlichen Hochschulen und der Agricultural Research Service (ARS) des amerikanischen Landwirtschaftsministeriums, glaubte nach dem Zweiten Weltkrieg, daß die biologische Schädlingsbekämpfung veraltet sei. Im Klima des Kalten Krieges schien die Zukunft den neuen, mit chlorierten Kohlenwasserstoffen arbeitenden Insektiziden wie DDT zu gehören, und man war der Überzeugung, diese Mittel würden die Feuerameise ebenso besiegen, wie die Atombombe die Japaner in die Knie gezwungen hatte und die Sowjetunion in Schach hielt.

Das erste Pestizid, das der ARS mit Genehmigung des Kongresses versprühen ließ, Dieldrin, war zwanzigmal toxischer als DDT und löste erfolglose Proteste des Fish and Wildlife Service des Innenministeriums aus – zumal Untersuchungen ergaben, daß die Dosierung des aktiven Wirkstoffs pro Hektar 60 Prozent höher war, als notwendig gewesen wäre. Man wechselte zu Heptachlor, Anfang der sechziger Jahre dann zu Mirex, das sich jedoch ebenfalls schon bald als schädlich für die übrige Land- und Wasserfauna erwies und in den Verdacht geriet, beim Menschen Krebs auszulösen. Inzwischen fanden Biologen heraus, daß die Feuerameisen kranke und schwächere Tiere töteten, wie es sich für ordentliche Räuber gehört, während die Pestizide Wachteln und andere Wildtiere völlig unterschiedslos dezimierten. Aber erst 1978 stellte man das Spritzen ein. Bis dahin hatte das Landwirtschaftsministerium Millionen von Hektar besprühen lassen und 200 Millionen Dollar ausgegeben, doch die Ameisenplage war größer als jemals zuvor.

Wie einige der frühen DDT-Anwender entdeckten, töten Heptachlor, Mirex und die übrigen Mittel nicht nur Feuerameisen, sondern auch deren natürliche Feinde – zum Beispiel Insekten, die Jagd auf die Königinnen der Feuerameisen machen. Dank einer genetischen Ausstattung, die sie zu einer explosionsartigen Vermehrung und Ausbreitung befähigt, erholte sich *S. invicta* nicht nur sehr schnell, sondern besetzte auch die Nischen, die ihre Feinde und Konkurrenten unter den übrigen Insektenarten hinterlassen hatten. Eine Studie an der University of Florida hat gezeigt, daß Breitbandpestizide den Feuerameisen die Möglichkeit gaben, ihren Anteil an der einheimischen Ameisenpopulation in nur vier Jahren von ein auf 99 Prozent zu erhöhen. 1990 hatten sie bereits 160 Millionen Hektar im Süden und Südwesten der Vereinigten Staaten besetzt. Und der Ausrottungsfeldzug verstärkte möglicherweise einen noch unheilvolleren Trend, der sich in Florida bereits weitgehend durchgesetzt hat: den Trend zu Superkolonien mit einer Dichte von 200 Kolonien pro Hektar und mehr als 100 Königinnen pro Kolonie, der zu einer durchschnittlichen Dichte von 1900 Ameisen pro Quadratmeter und Spitzenwerten von mehr als 5000 Ameisen pro Quadratmeter geführt hat.[38]

Kolonien mit einer einzigen Königin konkurrieren untereinander und greifen Einzeltiere aus anderen Kolonien an, wenn sie sich in ihre Gänge verirren. Kolonien, die mehrere Königinnen besitzen und durch Gänge miteinander verbunden sind, bilden dagegen offenbar einen Kampfverband, der in der Lage ist, nahezu alle anderen Insekten, Reptilien, Vögel und Nagetiere zu vertilgen, die ihnen in den Weg kommen. Das ist einigermaßen rätselhaft, denn im ursprünglichen Herkunftsgebiet dieser Ameisen in Südamerika war solch ein Verhalten unbekannt. Da Kolonien mit mehreren Königinnen erstmals 1972 beobachtet wurden, als die Bekämpfungskampagne mit Heptachlor und Mirex bereits fünfzehn Jahre im Gange war, kann es durchaus sein, daß der Pestizideinsatz diese Veränderung herbeigeführt hat, indem er unabsichtlich eine Selektion nach Genen förderte, die zuvor nur sporadisch hervorgetreten waren.

Doch wie diese neuen Kolonien auch entstanden sein mögen, sie haben inzwischen auch in Südkalifornien Fuß gefaßt, und es heißt, sie bewegten sich nordwärts die Westküste hinauf und hätten ihr Verbreitungsgebiet mindestens bis zur Linie Mason–Dixon ausgeweitet. Sie sind so widerstandsfähig, daß sie nicht nur in Topfpflanzen durchs Land reisen, sondern sogar in Paketen mit Insektenvertilgungsmitteln. Die Arbeiterinnen sind so schnell bei der Evakuierung der Königinnen und der Verlegung der Kolonien, daß Feuer, kochendes Wasser und die meisten Gifte ihnen kaum etwas anhaben können. Mit vergifteten Ködern kann man die Ameisen zwar langsam töten, doch Wissenschaftler und Politiker haben den Versuch aufgegeben, bei der Bekämpfung dieser Plage auf Ausrottung zu setzen. Bekämpfung bedeutet in diesem Falle nur noch den stets wachsamen Umgang mit einer chronischen Plage.

Eine elektrische Alternative?

Die Probleme chemischer Methoden der Insektenbekämpfung werfen ganz von selbst die Frage auf, ob solche Rache-Effekte auch bei elektrischen Verfahren auftreten. Die elektrische Insektenbekämpfung hat eine ehrwürdige Tradition in der amerikanischen Technikgeschichte. Wie wir im ersten Kapitel gesehen haben, bezeichneten die Telegraphisten verborgene Defekte in den Schaltkreisen als »bugs« (Wanzen), und für sie hatte der Ausdruck sowohl eine übertragene als auch eine durchaus wörtliche Bedeutung. Die städtischen Telegraphenämter der Western Union waren berüchtigt für ihren Schmutz und ihren Insektenbefall. Als junger Telegraphist versuchte Thomas Edison verzweifelt, seinen Arbeitsplatz zu »entwanzen« und erfand 1868 die erste elektrische Schabenfalle, die er an die Batterie seines Telegraphen anschloß.[39]

Obwohl Edison diesen Gedanken nicht weiterverfolgte, waren elektrische Insektenfallen ein Jahrhundert später zu einem großen Geschäft geworden. 1984 erreichte der Verkauf solcher Vorrichtungen in den USA den historischen Spitzenwert von beinahe 100 Millionen Dollar. Danach ging der Absatz amerikanischer Produkte aufgrund fernöstlicher Konkurrenz zurück, doch die Branche ist immer noch so groß, daß sie einen eigenen Unternehmerverband besitzt. Alle diese Produkte arbeiten nach demselben Prinzip: Eine starke UV-Lichtquelle lockt Insekten in die Nähe von Drähten, die unter hoher Spannung stehen. Die Flüssigkeit im Körper der Tiere sorgt dafür, daß der Stromkreis geschlossen wird, wenn sie zwei Drähte berühren oder auch nur in deren Nähe kommen, denn die Spannung ist so hoch, daß in diesem Falle ein Lichtbogen entsteht; die Insekten sterben durch Dehydrierung oder aufgrund der Einwirkung des Stroms auf ihr Nervensystem. Es heißt, die Menschen in den Suburbs liebten das zischende Geräusch, das dabei zu hören ist.[40]

Es kann durchaus sein, daß die Erleichterung nur eingebildet ist. Anfang der achtziger Jahre unternahmen Wissenschaftler der University of Notre Dame einen Feldversuch in einer Reihe von Gärten, die in der Nähe von Entwässerungsgräben oder anderen für Insekten günstigen Lebensräumen lagen. Studenten der Universität setzten sich als Köder in die Gärten, die zum Teil mit elektrischen Insektenfallen ausgestattet waren; sie sammelten die Mücken, sobald sie zu stechen begannen. Als die Forscher später die in den Insektenfallen getöteten Insekten untersuchten, fanden sie heraus, daß es sich in der überwiegenden Mehrzahl um Kribbelmücken handelte. Stechmückenweibchen dagegen, die einzigen, die Blut saugen, waren nur mit mageren 3,3 Prozent vertreten. Außerdem führte die Aufstellung von Insektenfallen nicht zu einer Verringerung der Mückenstiche.

Mücken haben lieber warmes gelbes als kaltes ultraviolettes Licht. Und in jedem Fall vermehren sich die Insekten so schnell, daß Elektrofallen ihre Zahl selbst dann nicht nennenswert verringern könnten, wenn sie tatsächlich funktionierten.[41]

Doch auch wenn Elektrofallen erfolgreich arbeiten sollten, könnten sie mit dem Rache-Effekt verbunden sein, daß sie eine Selektion zugunsten von Mücken und anderen Insekten bewirken, die sich nicht von UV-Licht anlocken lassen; so wird behauptet, daß elektrische Fliegenfallen auf einigen Farmen in Mississippi eine Selektion zugunsten der Tendenz, nicht auf Wänden zu landen, herbeiführte. Doch der eigentliche Rache-Effekt der elektrischen Fallen dürfte in einer anderen, chronischen Auswirkung liegen: Sie begünstigen Allergien. Elektrofallen erzeugen Allergene, zumal manche Falter bis zu 30 Sekunden darin geröstet werden; vor allem in geschlossenen Räumen und in der Nähe offener Lebensmittel bleibt das nicht ohne Auswirkungen. Die Hochspannung zerlegt den Körper der Insekten und setzt Partikel frei. Mehr als 400 Aufsätze sind veröffentlicht worden über Rhinitis, Konjunktivitis und Asthma bei Menschen, die mit Insekten arbeiten oder Insektenteile einatmen. Die Schuppen von Faltern und Schmetterlingen sind so beschaffen, daß sie sehr lange in der Luft schweben können. Aber auch die Krankheitserreger in und an Fliegen oder sonstigen Insekten können in die Luft geraten und dort als Aerosole verteilt werden, so daß der eigentliche Zweck der Insektenbekämpfung sich in sein Gegenteil verkehrt. Wenn man den Kampf gegen die Insekten allzuweit treibt, schlagen sie unter Umständen sogar nach ihrem Tod noch zurück.[42]

Vielleicht ist nach alledem der Eindruck entstanden, die ganze Intensivierung der Landwirtschaft oder des Kampfes gegen Schmutz und Schädlinge im Haushalt sei ein schrecklicher Irrtum gewesen; in Wirklichkeit brauchten wir nur zur Natur zurückzukehren. Und in der Tat haben wir manche Dinge übertrieben. Auch nachdem wir Mirex und DDT aufgegeben haben, tragen wir zur Vermehrung mancher Schädlinge bei, indem wir ihre natürlichen Feinde töten oder das Verhalten mancher Insektenjäger durch subletale Dosen stören. In Baumwollfeldern gehören zu diesen Schädlingen der Baumwollwurm, der Tabakschwärmer, die Schwarze Blattlaus, die Spinnmilbe und die Spannerlarve; an Apfelbäumen sind es drei Milbenarten, drei Blattlausarten und zwei Schildlausarten. Pimentel schätzt die Kosten, die durch die unbeabsichtigte chemische Bekämpfung natürlicher Insektenvertilger in den USA entstehen, auf 520 Millionen Dollar, wobei jeweils die Hälfte auf zusätzlich erforderliche Bekämpfungsmaßnahmen und auf Ernteverluste entfällt.[43]

Viele Landwirte erkennen inzwischen, daß eine »sanfte« Landwirtschaft einträglicher sein kann als der intensive Einsatz chemischer Mittel. Seit den siebziger Jahren haben Bauern und Gärtner den Insektizideinsatz deutlich verringert. Sie können viele Vorteile der chemischen Unkraut- und Schädlingsbekämpfung erhalten und zugleich beträchtliche Kosten und Rache-Effekte vermeiden, indem sie weit geringere Mengen zeitlich und räumlich präziser einsetzen. Manche verdienen ohne Chemikalien mehr Geld als früher mit ihnen – unter anderem, weil die Preise dieser Chemikalien Anfang der sechziger Jahre deutlich anzogen. (Der Markt hat mindestens ebenso großen Anteil am Rückgang des Pestizidverbrauchs wie die Umweltschutzgruppen.) Ähnlich wie die Produzenten von Antibiotika, so finden auch die Pestizidhersteller immer wieder Wege, um den Insekten einen Schritt voraus zu sein; doch sie müssen feststellen, daß selbst in Asien, wo man beim Anbau ertragreicher Reissorten sehr stark auf hochwirksame Pestizide angewiesen ist, eine Verringerung des Pestizideinsatzes höhere Ernteerträge sichert.[44]

Insgesamt können Pestizide die Ernteerträge verläßlich erhöhen, wenn man sie zur rechten Zeit am rechten Ort in den richtigen Mengen einsetzt. Selbst ihre wissenschaftlichen Kritiker räumen größtenteils ein, daß diese Mittel ihren Wert haben, zumindest für die nähere Zukunft. Trotz ihrer negativen Auswirkungen auf die Umwelt wie auch auf unsere Gesundheit und trotz ihrer hohen Kosten würden unsere Ernährung und unsere Gesundheit Schaden nehmen, wenn wir versuchten, mit einem Schlage auf sie zu verzichten. Wie wir aus den Erdbeben in Kalifornien einiges über zusammenbrechende Gebäude oder Brücken gelernt haben, das dann jeweils Eingang in neue Bauvorschriften gefunden hat, so sind auch die biologischen Rache-Effekte keineswegs nutzlos. Es kommt darauf an, welche Lehren wir aus unseren Mißerfolgen mit Mirex oder unseren zweideutigen Erfolgen mit DDT ziehen. Wenn wir weiterhin versuchen, ein Wundermittel zu finden, das bestimmte Probleme ein für allemal beseitigt, wird das Ergebnis wahrscheinlich wieder dasselbe sein: Die Anpassungsfähigkeit widerstandsfähiger Organismen wird unausweichlich den Sieg davontragen. Wenn wir aus den Rache-Effekten lernen, werden wir nicht auf technologische Lösungen verzichten, sondern versuchen, sie ständig weiter zu verfeinern, indem wir nach unvorhergesehenen Problemen Ausschau halten, unsere begrenzten Möglichkeiten nutzen und niemals mehr, aber auch nicht weniger tun, als nötig ist.

SECHSTES KAPITEL
Die Einbürgerung von Schädlingen

Manche Schädlinge und Unkräuter breiteten sich erfolgreich aus, weil viele Wissenschaftler, Naturforscher und Gartenbauspezialisten des neunzehnten Jahrhunderts in ihrem Optimismus glaubten, die Welt lasse sich auf einfache und relativ billige Weise verbessern, wenn man für eine optimale Verteilung der Lebewesen sorgte. Der Austausch von Pflanzen und Tieren zwischen Europa, Asien und der Neuen Welt war schon seit Jahrhunderten im Gange. Pferde überquerten den Atlantik Richtung Westen und veränderten nachhaltig die Kultur zahlreicher amerikanischer Völker; die Kartoffel nahm den umgekehrten Weg und wurde zu einer wichtigen Stütze der Industrialisierung in Europa. Und vieles davon geschah, ohne daß die Wissenschaft dem sonderliche Beachtung schenkte oder gar mit wissenschaftlichen Untersuchungen begleitete, begründete oder unterstützte.

Die Anfänge dieser Verpflanzungsbewegung reichen bis ins späte siebzehnte Jahrhundert zurück. Sir Joseph Banks, First Lord der britischen Admiralität und weltweit anerkannter Botaniker, schickte die *Bounty* auf ihre verhängnisvolle Reise, auf der sie Brotbäume, eine wahre Wunderpflanze für die tropischen Regionen der Neuen Welt, nach Amerika bringen sollte. Die Reise war nicht unbedingt eine philanthropische Mission; Banks suchte in erster Linie nach einer Möglichkeit, die Profite der westindischen Plantagen durch eine neue, billigere Nahrung für die Sklaven zu erhöhen. (Als ein zweites Schiff dann die Mission erfolgreich beendete, fanden die Sklaven die Brotfrucht so ungenießbar, daß die Plantagenbesitzer und die Behörden das Projekt wieder fallenließen.)

Vorreiter und Protagonisten

Der Wissenschaftshistoriker Warwick Anderson hat Aufstieg und Niedergang der Einbürgerungsbewegung im neunzehnten Jahrhundert nachgezeichnet. Im achtzehnten Jahrhundert bezweifelten die Wissenschaftler, daß Tier- und Pflanzenarten fern ihrer eigentlichen Heimat auf fremdem Boden und in fremdem Klima gedeihen könnten; so glaubten sie, die Araberpferde würden bald zu Eseln degenerieren, wenn man sich nicht ständig bemühte, diesen Verfallsprozeß zu verlangsamen – endgültig aufhalten ließ er sich in ihren Augen nicht. Die Naturforscher des neunzehnten Jahrhunderts schufen eine neue Sicht der Natur als eines ständigen Wandlungs- und Anpassungsprozesses; nach dieser Auffassung stand der geographische Ursprung einer Pflanze, eines Tiers oder auch einer menschlichen Gruppe ihrer Ausbreitung nicht im Wege. Die Expansion der europäischen Kolonialreiche eröffnete neue Möglichkeiten für das Sammeln fremder Tiere und Pflanzen und beflügelte zu gänzlich neuen Träumen hinsichtlich der Anpassung dieser Arten an neue Umgebungen. In den überseeischen Gebieten fand man neue Nutzpflanzen und Nutztiere; aber man konnte auch bekannte Arten aus dem Mutterland oder aus anderen Kolonien dorthin verpflanzen.[1]

Die Entwicklung des Verkehrswesens im neunzehnten Jahrhundert förderte die Einbürgerung von Tieren und Pflanzen. Für die Überfahrt zwischen einem der Atlantikhäfen und New York, die Mitte des Jahrhunderts noch vier bis sechs Wochen gedauert hatte, brauchte man nach der Einführung des Dampfschiffs um 1880 nur noch zwei Wochen. Anfang des zwanzigsten Jahrhunderts war Südasien nur noch zwei Wochen, Ostasien vier Wochen von Europa entfernt. Für die Zucht konnten bestimmte Tiere und Pflanzen gut als Expreßfracht verschickt werden. Jeder gewonnene Tag erhöhte die Chance, daß genügend Exemplare überlebten, die in ihrer neuen Heimat vermehrt werden konnten. Und auch auf langen Seereisen erhöhten neue Transportbehälter die Überlebenschancen. Der Londoner Arzt Nathaniel Ward erfand einen gläsernen Behälter, der gut abgedichtet war und die Feuchtigkeit hielt, so daß Pflanzensammler gewissermaßen ihr eigenes Gewächshaus mitnehmen konnten. Die Behälter hielten auch salziger Gischt, extremen Temperaturen und anderen Gefahren stand, denen die Pflanzen in den zuvor üblichen, einfach verglasten Kästen während der Seereise ausgesetzt waren. Die Pflanzen waren nun nicht länger auf die ständige Pflege durch unausgebildete Seeleute angewiesen, die mit ihren eigentlichen Pflichten vollauf beschäftigt waren. Bereits um 1840 war die Überlebensquote von 5 auf 95 Prozent gestiegen. Wie der Gartenhistoriker Kenneth Lemmon berichtet, hatten unerschrockene Forscher auch schon vor der Einführung des Wardschen Transportbehälters zahlreiche exotische Pflanzen erfolgreich nach England eingeführt. Die unmittelbare Folge war indessen ein Rache-Effekt für das Pflanzenleben in den Tropen und im Südpazifik. Die Möglichkeit, Pflanzen in beheizten Gewächshäusern zu halten und sie in dichten Behältern zu transportieren, hatte für manche Wildarten verheerende Konsequenzen. Lemmon berichtet: »Es brach eine Orchideenmanie aus, und für den Rest des Jahrhunderts holten Orchideenjäger diese phantastischen Schönheiten allenthalben aus ihren natürlichen Verstecken... Ganze Waldgebiete wurden dem Erdboden gleichgemacht, um an die kostbaren Epiphyten zu gelangen.«[2]

Vor allem in Frankreich blühte die Einbürgerung als theoretische und praktische Bewegung – mit beachtlichen Folgen für die Vereinigten Staaten. In seiner 1849 erschienenen Abhandlung *Rapport général sur les questions relatives à la domestication et la naturalisation des animaux utiles* rief Isidore Geoffroy Saint-Hilaire ein neues Fachgebiet ins Leben, die Zootechnik, die angewandte Wissenschaft der Manipulation tierischen Lebens. Eine Tierart einzubürgern hieß, »ihr die nötigen Veränderungen anzuzüchten, die sie befähigen, unter veränderten Lebensbedingungen zu leben und sich fortzupflanzen«. Geoffroy war sowohl Aktivist als auch Theoretiker der Bewegung. Er gründete einen Verein zur Förderung der Einbürgerung, der um 1860 bereits 1800 Mitglieder zählte, und einen »Jardin d'acclimatation« im Bois de Boulogne, einen zoologischen Garten, der internationales Ansehen errang und heute noch existiert, wenn auch in stark veränderter Form. Der Verein führte Eukalyptus und Bambus in Frankreich ein, außerdem Seidenraupen und chinesische Fasane – die jedoch nicht immer die gelegentlich kalten Winter in Südfrankreich überlebten. Geoffroy Saint-Hilaire führte sogar Burchell-Zebras als Zugtiere in Paris ein, und das nicht etwa, weil er *Equus caballus* verachtet hätte; er glaubte vielmehr, die einheimischen französischen Pferde seien zu wertvoll für diese Zwecke, weil sie eine ausgezeichnete Nahrungsquelle für das Volk abgäben. So war er denn auch der Überzeugung, daß die menschliche Ernährung sich wie die ganze übrige Natur den neuesten Erkenntnissen der Wissenschaft anpassen solle.

Geoffroy Saint-Hilaire gründete noch einen weiteren Verein, die *Société des hippophages* (Verein der Pferdefleischesser), einen Kreis philanthropischer Feinschmecker, deren regelmäßige, von der Presse stets gehörig beachtete *banquets hippophagiques* die Massen dazu ermutigten, eine großartige, fettarme tierische Eiweißquelle zu erproben. Die *boucheries chevalines* im Paris des zwanzigsten Jahrhunderts und das bis vor kurzem noch im Faculty Club der Harvard University servierte Pferdesteak beweisen Geoffroys bleibenden Einfluß. Sein im Auftrag des französischen Landwirtschaftsministeriums erstelltes Gutachten über die Einführung von Lamas und Alpakas war seiner Zeit allerdings voraus, und die Anregung, Känguruhfarmen einzurichten, stieß offenbar auf taube Ohren. (Die Tiere, so schrieb er, »wachsen schnell, werden sehr groß und produzieren ausgezeichnetes Fleisch in beträchtlichen Mengen«; außerdem sei »ihr wollähnliches Haar vielseitig verwendbar«.)[3]

Geoffroys Einfluß erstreckte sich über ganz Europa, von London bis nach Palermo und sogar bis Moskau – zweifellos eine Herausforderung für die Anpassungsfähigkeit des Känguruhs. Die Bewegung war indessen gleichfalls anpassungsfähig und zeigte in den verschiedenen Ländern ganz unterschiedliche Gesichter. In Algerien und anderen Teilen des französischen Kolonialreichs bemühten sich örtliche Einbürgerungsvereine in grobschlächtiger Manier um die Neugestaltung ihrer Umwelt. (Der Leiter der Versuchsgärten in Algier erklärte einmal, die »ganze Kolonialisierung« ist eine einzige Einbürgerungsleistung«.) Warwick Anderson und Christopher Lever beschreiben das Beispiel Englands, wo die Unterstützung durch sportliche Aristokraten und wagemutige Gentleman-Züchter an die Stelle der in Frankreich üblichen staatlichen Förderung und des Netzwerks der Institute trat. Der Gründer der London Acclimatization Society, der exzentrische Chirurg Frank Buckland, war ein Allesesser, der nicht bei Pferdefleisch und Känguruh haltmachte, sondern auch Elefantenrüsselsuppe und gegrillte Giraffe probierte. Charles Darwin und Alfred Russel Wallace schrieben über die Einbürgerung fremder Arten, wobei sie die Erfahrungen der Züchter und Naturforscher verarbeiteten. Sowohl Darwin als auch Wallace glaubten, Pflanzen und Tiere paßten sich hauptsächlich durch natürliche Selektion an neue Umgebungen an, sie glaubten jedoch auch, daß die neue Umwelt gelegentlich bei einzelnen Organismen zu einer Änderung des Erbguts führen könne.[4]

In den Vereinigten Staaten blieb die Einbürgerungsbewegung ausgesprochen schwach, selbst im Vergleich zu England, wo die Acclimatization Society niemals mehr als dreihundert Mitglieder zählte (nicht einmal nach der Vereinigung mit der Ornithological Society) und 1866 aufgelöst wurde. Fünf Jahre später wurde die American Acclimatization Society gegründet, doch nur die Vereinsstatuten aus dem Jahr 1871 haben in einem einzigen Exemplar bis heute überlebt. Als die Gesellschaft gegründet wurde, begann in Europa das wissenschaftliche Interesse an der Einbürgerung fremder Arten bereits nachzulassen, obwohl der Kolonialismus weiterhin großes Interesse an den medizinischen Aspekten des Lebens von Europäern in den Tropen zeigte. (Ein Vortrag des Leiters des Wellcome Bureau of Scientific Research in London, der noch 1923 in der Zeitschrift *Lancet* veröffentlicht wurde, bot einen Überblick über die jahrzehntelange Forschung zu den Auswirkungen des Klimas auf die Physiologie verpflanzter Europäer und Asiaten.) Doch obwohl sich nur sehr wenige Amerikaner den Einbürgerungsvereinen anschlossen, nahm das Interesse an der Einbürgerung neuer Arten weiter zu. Amerika besaß zwar keine überseeischen Besitzungen, in denen man siedeln konnte, aber das Land war groß und schien bereit für die Verpflanzung neuer Arten.[5]

In unserem Jahrhundert haben in den Vereinigten Staaten ganze Generationen für die Erhaltung der einheimischen Arten gekämpft, doch früher hatte man eher den Eindruck, es mangele Nordamerika an biologischer Vielfalt. Die Gründer der American Acclimatization Society haben sich über diese Dinge in ihrer Satzung nicht weiter ausgelassen. Dort heißt es lediglich, der Zweck des Vereins sei »die Einführung und Akklimatisierung ausländischer Arten des Tier- und Pflanzenreichs, die nützlich oder interessant sein könnten«, sowie »die Entdeckung und Entwicklung wertvoller Eigenschaften bei Arten, die der Mensch bislang noch nicht für seine Zwecke nutzbar gemacht hat«. Tatsächlich wissen wir nur sehr wenig über die Gründungsmitglieder; nur ein Name sticht hervor: Eugene Schieffelin.[6]

Sperlinge und Stare

Schieffelin wurde 1827 in New York City geboren, er war das siebte und jüngste Kind von Henry Hamilton und Maria Theresa Bradhurst Schieffelin. Als er 1906 in Newport starb, nannte der Nachruf in der *New York Times* keinen Beruf, sondern führte lediglich eine Liste von Clubs und Vereinen auf, denen Schieffelin angehört hatte. Da er sich für das Geschäftsleben nicht interessierte, verließ er schon als junger Mann die pharmazeutische Firma seiner Familie. Ein biographisches Jahrbuch preist 1907 »seine außergewöhnlichen intellektuellen Fähigkeiten, das Ergebnis ererbten Geschmacks und Talents wie auch sorgfältiger Studien und Bildungsbemühungen auf den Gebieten der Literatur, der schönen Künste und der Wissenschaften«; außerdem verweist der Artikel auf seine »feine Lebensart« und ein »ungewöhnliches Konversationstalent«. Er war Kirchenhistoriker, ein »fachkundiger und gelehrter Genealoge« und Gründer einer Organisation, die sich Colonial Order nannte. Daneben war Schieffelin noch Porträtmaler und auf diesem Gebiet bekannt für »sein außergewöhnliches Einfühlungsvermögen«. Sein lebensgroßes Porträt des Generals Philip Schuyler hing in der noblen St. Nicholas Society, der er gleichfalls angehörte. Zu seinen besonderen Fähigkeiten gehörte auch ein umfassendes Wissen auf dem Gebiet der Ornithologie, wie sein Biograph vermerkt, der dann ohne jede Ironie auf die Leistung zu sprechen kommt, die Schieffelins eigentlichen Ruhm begründete: »Ihm verdanken wir die Einbürgerung des englischen Sperlings in unserem Land.«[7]

Generationen von Schriftstellern haben Schieffelin als sentimentalen Narren verspottet, weil er angeblich alle in Shakespeares Werken genannten Vögel im Central Park heimisch machen wollte. Doch weder der Biograph noch die Satzung der Acclimatization Society noch irgendeine andere zeitgenössische Quelle erwähnen solch ein von Shakespeare inspiriertes Projekt. Wahrscheinlich handelt es sich bei dieser Geschichte um eine spätere Erfindung.

Schieffelin begann seine Akklimatisierungskarriere 1860 als früher Förderer der Einbürgerung des Haussperlings in Nordamerika, offenbar in der Hoffnung, diese Vögel würden die Raupen dezimieren, unter denen die Bäume vor seiner Wohnung am Madison Square zu leiden hatten. Es ist nicht bekannt, ob er von den gleichartigen Bemühungen gewußt hat, die eine der führenden wissenschaftlichen Einrichtungen Amerikas und Vorläufer des Brooklyn Museum, das Brooklyn Institute, ein Jahrzehnt zuvor unternommen hatte. Wahrscheinlich wie Schieffelin auf der Suche nach einem natürlichen Raupenvertilger, hatte das Institut 1851 erfolglos acht Sperlingspärchen ausgesetzt und 1852 noch einmal eine größere Zahl importiert. Einige der Vögel setzte man in den Glockenturm der Kapelle auf dem Green-Wood Cemetery in Brooklyn, wo ein Wärter sie mit Körnern und Nistkästen versorgte. In den folgenden zwanzig Jahren wurden weitere Sperlinge ausgesetzt, so 1869 eintausend Vögel in Philadelphia. Offenbar wußten Schieffelin, das Brooklyn Institute und die übrigen Einbürgerungsaktivisten nicht, daß der Sperling bei den europäischen Bauern als Schädling galt. Während man die Verbreitung der Vögel in Amerika förderte, gab es in England bereits seit der Mitte des achtzehnten Jahrhunderts Vereine, die sich die Vernichtung des Haussperlings zum Ziel gesetzt hatten.[8]

Es zeigte sich, daß die englischen Haussperlinge Körner, Früchte, Gemüse, Pflanzen- und Baumtriebe aller Art lieber mochten als Insekten. Vor allem aber konnte ihr Magen die Haare der Raupen nicht verdauen. Allerdings kam ihnen der technische Fortschritt zu Hilfe. Die gewaltige Zunahme der Pferdefuhrwerke und Kutschen – eine unerwartete Folge des wachsenden Eisenbahnverkehrs – eröffnete den Spatzen eine eigene Nische als Wiederverwerter der in den Pferdeäpfeln enthaltenen Körner. Sie vertrieben die einheimischen Schwalben, Finken und Hüttensänger aus ihren Nestern und konkurrierten mit den eigentlichen Raupenvertilgern unter den Vögeln: den Rotkehlchen, Goldamseln und Kuckucken. Der robuste, anpassungsfähige Vogel wurde sowohl in städtischen Park- und Wohnanlagen als auch auf dem Land zu einer Plage, zumal er intelligent genug war, Fallen und Giftköder zu meiden. Der Einbürgerungsgedanke war jedoch so stark, daß man sogar 1883 noch Sperlinge aus San Francisco im kalifornischen Stockton aussetzte. Viele Sperlingfreunde dürften europäische Einwanderer gewesen sein, die von Heimweh nach ihrer heimatlichen Fauna geplagt wurden; andere glaubten wie Schieffelin, die Vögel könnten Insektenlarven vertilgen. Zum Glück kam es schon bald unbeabsichtigt zu einer wirkungsvollen Verringerung der Sperlingpopulation: Der Aufstieg des Automobils und der Niedergang der Pferde nahmen ihnen einen wichtigen Teil ihrer Nahrungsgrundlage.[9]

In den dreißig Jahren, die auf Schieffelins bescheidenen Beitrag zur Einführung des Haussperlings in Amerika folgten, versuchte er (zweifellos mit Hilfe seiner Gesinnungsgenossen), Singdrosseln, Buchfinken, Gimpel, Feldlerchen und Nachtigallen einzuführen, sämtlich ohne Erfolg. Schließlich setzte er 1890 und 1891 hundert Starenpärchen in New York aus, von denen zumindest eines ein Nest unter den Dachtraufen des American Museum of Natural History bezog. Jahre später schrieb ein Kurator des Museums, Schieffelin habe regelmäßig die Vogelabteilung besucht und gefragt, ob es Berichte über Stare gebe, und er habe sich sehr gefreut, als er hörte, daß sich ganz in der Nähe ein Starennest befand. Hätten Schieffelin und die Museumsleute gewußt, was wir inzwischen über die Biologie der Stare wissen, wären sie nicht überrascht gewesen über die erfolgreiche Ausbreitung dieser Vögel.

Stare sind nicht nur außergewöhnlich intelligente Vögel und ausgezeichnete Stimmenimitatoren, sie sind auch sehr fruchtbar und können zweimal im Jahr brüten. In den achtziger Jahren durchgeführte Experimente haben außerdem ergeben, daß sie zu den aggressivsten Vögeln gehören, die wir kennen. Sie konkurrieren heftig um Nistplätze, und die Verlierer schlagen zurück, indem sie ihre Eier in die Nester des Siegers legen – oder dessen Eier einfach hinauswerfen und das Nest selbst übernehmen. Vögel, die kein Nest gefunden haben, schließen sich bei ihren Raubzügen mit anderen zusammen. Zehn Prozent der Stare sterben durch Schnabelhiebe anderer Stare. Wie sie erst gegen andere Vögel vorgehen, die eine Nisthöhle in einem von ihnen beanspruchten Baum besetzt halten, kann man sich leicht vorstellen.[10]

Außerdem sind Stare äußerst mobil und suchen sich ein neues Territorium bis zu 80 Kilometer entfernt von ihrem Geburtsort. Manche Stare bleiben das ganze Jahr am selben Ort, andere unternehmen Wanderungen, die von Jahr zu Jahr wechseln können. Biologen glauben, daß diese geringe Bindung an Flugrouten und Zielgebiete zur raschen Vermehrung und Ausbreitung der Stare beigetragen hat. Charakteristisch für die Stare ist der Sammelflug. Dabei absolvieren sie in Schwärmen, die bis zu 200 000 Tiere umfassen, eindrucksvoll präzise Formationsflüge, bei denen sie Geschwindigkeiten bis zu 80 Stundenkilometern erreichen; gelegentlich finden sich sogar noch größere Schwärme zusammen. Berüchtigt sind sie auch, weil sie gerne in Städten auf Bäumen und Gebäuden einfallen; dazu gehören auch die korinthischen Säulen des amerikanischen Kapitols und der Park des Weißen Hauses. Durch chemische und elektrische Abwehrmaßnahmen kann man sie zwar vertreiben, meist aber nur auf nahegelegene

Bäume und Gebäude, die nicht gegen Stare gesichert worden sind. Ein Schwarm in Kalifornien wurde auf fünf Millionen Tiere geschätzt, bevor man 1966 eine Ausrottungskampagne startete – nur fünfundzwanzig Jahre nach der Einbürgerung des Vogels in diesem Bundesstaat. Da kann es nicht verwundern, daß der Star sich über alle neunundvierzig kontinentalen Bundesstaaten der USA und das gesamte südliche Kanada ausgebreitet hat.[11]

Der Große Schwammspinner

Schieffelin war bereits über sechzig, als er seine entzückenden Stare aussetzte. Doch die Zeiten, da großbürgerliche Amateure der Einbürgerungsbewegung die Tier- und Pflanzenwelt Nordamerikas, Australiens und Neuseelands durch ortsfremde Arten bereichern konnten (um nur die Regionen zu nennen, in denen ihr Einfluß am größten war), gingen ihrem Ende entgegen. In der elften Ausgabe der *Encyclopaedia Britannica* aus dem Jahr 1910 nimmt das Stichwort »Acclimatization« noch mehr als sechs Seiten ein, die von Alfred Russel Wallace persönlich stammen, doch der siebenundachtzigjährige Biologe betont gleich zu Beginn, daß die Pflanzen und Tiere, die in ihrer neuen Umgebung gedeihen (etwa europäische Unkräuter in Amerika), keine schrittweise Anpassung an ihre neue Umwelt benötigen. Andererseits könnten erfolgreich eingebürgerte Organismen – selbst so robuste und weit verbreitete Pflanzen wie die Kartoffel – in der Regel nicht ohne menschliche Hilfe gegen ihre Konkurrenten und Räuber ankommen.[12]

Man sollte erwarten, daß im neunzehnten Jahrhundert die zunehmende Beteiligung von Wissenschaftlern an der Einführung neuer Pflanzen und Tiere deren Gefahren verringert hätten. In Wirklichkeit geschah das leider nicht. Die Wissenschaftler bemühten sich zwar um größere Sicherheit und trafen weiterreichende Vorsichtsmaßnahmen, aber gerade weil sie so sorgfältig vorgingen und weil sie sich dessen bewußt waren, sahen sie sich berechtigt, mit Organismen zu experimentieren, die weitaus gefährlicher waren als die exotischen Lebewesen, denen die Vorlieben früherer Naturforscher wie Isidore Geoffroy Saint-Hilare gegolten hatten, oder als die eurozentrische Fauna, der begeisterte Amateure wie Eugene Schieffelin nachjagten. Der erste große Vertreter dieser neuen Gefahr war der wissenschaftliche Illustrator und Naturforscher Léopold Trouvelot.

Während man Schieffelin – in Anspielung auf seine Verbindungen zu einer bedeutenden Bewegung der Zeit – als Shakespeare-Dilettanten verspottet hat, wurde Trouvelot gelegentlich als habgieriger, rücksichtsloser

Unternehmer geschmäht. Und auch diese Charakterisierung ist ungerecht oder zumindest unvollständig. Trouvelot war ein angesehener Wissenschaftler, der nach allem, was man weiß, kein sonderliches Interesse an geschäftlichen Abenteuern zeigte. In den dreißiger Jahren des letzten Jahrhunderts kam er als politischer Flüchtling aus dem Frankreich Louis Philippes nach Amerika und schloß bald Bekanntschaft mit Louis Agassiz sowie anderen Biologen und Naturhistorikern der Bostoner Region. Sein wichtigstes Spezialgebiet wurden astronomische Illustrationen. Noch heute gehören seine Alben zu den Schätzen großer wissenschaftlicher Bibliotheken, und seine Tafeln zählen zum Besten, was damals geschaffen wurde, kurz bevor die Astrofotografie diese Art der Darstellung obsolet machte. Noch ein Jahrhundert später hielt man diese Arbeit für so bedeutsam, daß man ihren Urheber in den *Dictionary of Scientific Biography* (*DSB*) aufnahm, gewissermaßen den historischen *Who's Who* der wissenschaftlichen Forschung in aller Welt. Doch selbst der Artikel im *DSB* beginnt mit dem Hinweis, Trouvelot sei heute vor allem wegen der versehentlichen Freisetzung des Großen Schwammspinners bekannt.

Über die Einzelheiten seiner Experimente wissen wir wenig. Seine Motive sind dagegen kein Geheimnis. Sie stehen im Zusammenhang mit einer Handelsware, die manche Spuren in der Geschichte hinterlassen hat: Seide. Über Jahrhunderte und sogar Jahrtausende hinweg war Seide ein so einträgliches Geschäft, daß sie die Unterhaltung eines mehr als 6000 Kilometer langen Netzes aus Karawanenstraßen von China über Mittelasien bis in den Nahen Osten ermöglichte. Seide war eine königliche Ware; die Mumien ägyptischer Pharaonen sind teilweise darin eingehüllt. Die aufblühende Konsumökonomie des neunzehnten Jahrhunderts schien allen grenzenlose Möglichkeiten zu eröffnen, die bereit waren, Maulbeerbäume anzupflanzen und die Falter, die Eier sowie die Raupen des Maulbeerspinners (*Bombyx mori*) zu pflegen. Da die Zucht der Seidenraupen, das Abwickeln der Kokons und das Aufwickeln der Fäden zur Herstellung der Rohseide geschickter, aber nur niedrig bezahlter Arbeiter bedarf (traditionell Frauen und Kinder), ist die Seidenproduktion ein verlockendes, aber potentiell ruinöses Geschäft. Versuche, die Seidenproduktion industriell zu organisieren, scheiterten im neunzehnten Jahrhundert meist; am besten funktionierte die Seidenherstellung als saisonales Familienunternehmen in Asien und dem Mittleren Osten.[13]

Von 1849 an suchte eine Seidenraupenepidemie die Seidenindustrie des Mittelmeerraums und vor allem Südfrankreichs heim. Wie bei der nahezu zeitgleichen irischen Kartoffelfäule handelte es sich um einen Rache-Effekt, ein ernstes Problem, das aufgrund der mangelnden genetischen Vielfalt verheerende Folgen hatte. Vier Fünftel der französischen Seidenproduktion gingen verloren. Sie war von etwa 350 000 Kilogramm im Jahr 1805 auf mehr als 2,1 Millionen Kilogramm Anfang der fünfziger Jahre angestiegen und fiel dann bis 1865 wieder auf den Stand zu Beginn des Jahrhunderts zurück. Louis Pasteurs Untersuchungen zu den Erregern der beiden Seidenraupenkrankheiten waren Paradebeispiele der Parasitenforschung, doch auch sein Programm zur Erholung der Bestände durch die systematische Selektion gesunder Seidenraupen vermochte die französische Produktion nur auf die Hälfte ihres einstigen Höchststandes zu bringen. Unter diesen Umständen schienen sich grenzenlose Möglichkeiten zu eröffnen, wenn man anderswo eine neue Seidenproduktion mit gesünderen Insekten aufbaute.[14]

Als Trouvelot seine Experimente mit Faltern begann, war der Versuch, in den Vereinigten Staaten eine Seidenproduktion aufzubauen, bereits auf lange Sicht gescheitert. Vergeblich hatten James I. im frühen siebzehnten Jahrhundert und die in Paris beheimateten Förderer der unglückseligen Mississippi Company gehofft, im amerikanischen Südwesten könne die Seidenzucht florieren. Benjamin Franklin und der Präsident der Yale University Ezra Stiles gehörten gleichfalls zu den frühen Anhängern dieser Idee, doch ihre Versuche in Pennsylvania und Connecticut erlitten das gleiche Schicksal. In den dreißiger Jahren des neunzehnten Jahrhunderts trieben Spekulanten die Preise für eine besonders hochgelobte Maulbeerbaumsorte, *Morus multicaulis*, von 5 auf 500 Dollar für 100 Setzlinge, doch die Bankenkrise von 1837 ließ die Preise wieder zusammenbrechen, und 1844 wurden sämtliche Maulbeerbäume von einer Fäule heimgesucht. Aber all das konnte nicht verhindern, daß Amerika – aus Gründen, die uns die Historiker der Mode niemals erläutert haben – zu einem der Länder mit dem weltweit höchsten Pro-Kopf-*Verbrauch* von Seide wurde. (Interessanterweise bezog Amerika den größten Teil seiner Rohseide aus Japan, wo sie von kleinen Familienbetrieben erzeugt wurde.) Trouvelot war nur einer von vielen Europäern – Franzosen, Deutschen, Italienern und zweifellos auch anderen –, die glaubten, mit der Seidenproduktion in der Neuen Welt viel Geld machen zu können. Als das kalifornische Parlament 1865 eine Prämie auf die Anpflanzung neuer Maulbeerbäume aussetzte, pflanzten Spekulanten eine Million Bäume.[15]

Sowohl die biologischen als auch die wirtschaftlichen Grundlagen der Seidenproduktion befanden sich in einer tiefen Krise, als Léopold Trouvelot auf diesem Gebiet ein Betätigungsfeld für seine wissenschaftlichen Interessen suchte. 1867 veröffentlichte er in den beiden ersten Ausgaben des *American Naturalist* einen Rückblick auf seine fast siebenjährigen Forschungen zur Domestizierung eines amerikanischen Verwandten des chinesischen Maulbeerspinners aus der Familie der *Bombycidae*. Fünf

Jahre hatte er gebraucht, um die Zucht des einzig aussichtsreichen Kandidaten, des Polyphemus-Falters, zu erlernen, und wie er berichtet, umfaßte seine Zucht eine Million Raupen, die er auf einem zwei Hektar großen, von einem 2,50 Meter hohen Zaun umgebenen Gelände hielt. Ein von Pfählen gestütztes Netz – das weniger die Raupen drinnen als die Vögel draußen halten sollte – war über die gesamte Anlage gespannt. Die beiden Aufsätze, in denen Trouvelot die Lebensgeschichte der Falter klar und präzise beschreibt, enthalten auch eine prophetische Beobachtung. Eine einzige Seidenraupe frißt in zwei Monaten das 86 000fache ihres eigenen Gewichts. »Welch eine Zerstörung allein schon diese Insektenart an den Blättern anzurichten vermag, wenn nur ein Hundertstel der gelegten Eier zur Reife gelangt! Ein paar Jahre reichten aus, damit sie sich in genügender Zahl ausbreiten könnten, um sämtliche Blätter unserer Wälder zu vertilgen.«[16]

Trouvelots Interesse am europäischen Schwammspinner (*Porthetrea dispar*, ursprünglich in Japan beheimatet) bleibt ein Rätsel. Wie es schien, war er durchaus zufrieden mit seinen vielversprechenden Zuchterfolgen bei *Telea polyphemus*, während andere Naturforscher zur selben Zeit mit der größeren *Samia cynthia* als Alternative für *Bombyx mori* experimentierten, der in Europa und Asien am weitesten verbreiteten Art, die sich jedoch nur schwer akklimatisieren ließ. Was sollte also ein Falter, den man in seiner Heimat noch nie zum Zweck der Seidenproduktion gezüchtet hatte? Vielleicht hoffte Trouvelot, den Schwammspinner zusammen mit einer anderen Falterart zu züchten, und in einem Aufsatz beschreibt er auch, wie man verschiedene Insektenarten gemeinsam züchten kann, doch der Schwammspinner gehört einer anderen Unterordnung an, und Trouvelot wußte bereits 1867, daß Verbindungen zwischen Vertretern verschiedener Unterordnungen unfruchtbar sind.

Außerdem war der Große Schwammspinner in Europa seit mindestens 150 Jahren als Schädling bekannt. Schon mehrfach hatte er Wälder in Brandenburg, Sachsen, Böhmen, auf der Krim und in Belgien verwüstet – ganz zu schweigen von Trouvelots Heimatland Frankreich. Als 1869 ein Sturm das Schutznetz wegfegte, erkannte Trouvelot die Gefahr für die Bäume; er versuchte, die Raupen zu töten, und gab öffentlich bekannt, was geschehen war. Wenig später nutzte Trouvelot das liberale politische Klima der Dritten Republik und kehrte nach Frankreich zurück.[17]

Obwohl ihre natürlichen Feinde in der Neuen Welt, vor allem Vögel und parasitäre Insekten, sich redlich mühten, blieben die Raupen des Schwammspinners in Medford nahezu zwanzig Jahre lang eine Plage. Anderswo hatte man Trouvelots ungewollte Einbürgerung des Großen Schwammspinners um diese Zeit bereits nahezu vergessen, obwohl die Falter weiterhin gut gediehen, vor allem in staatlichen Wäldern, die ein natürliches Reservoir bildeten. Die weiblichen Falter des europäischen Schwammspinners können nicht fliegen. Die Raupen legen gleichfalls keine großen Strecken zurück, selbst wenn man ihren Lebensraum stört, aber sie teilen mit den Feuerameisen, den Spatzen und dem Staren einen gewaltigen Appetit auf ein weitaus breiteres Nahrungsspektrum als ihre lokalen Konkurrenten. Sie verdrängen einheimische Baumschädlinge, darunter auch Spanner und Zeltraupen, indem sie ihnen die Nahrung wegfressen. Der schon früher eingebürgerte Haussperling verschlimmerte die Lage noch, weil er viele der Vögel verdrängte, die eigentlich zu den natürlichen Feinden der Schwammspinnerraupe gehören.

Sperlinge und Schwammspinner wurden tatsächlich zu Partnerplagen. »Die Raupen benutzten die von den Sperlingen okkupierten Nisthäuschen als Rückzugsräume«, heißt es in einem Bericht über den Schwammspinner in Massachusetts, »und der weibliche Falter legte dort seine Eier ab. Sperlinge und Raupen bildeten gewissermaßen eine glückliche Familie in den Vogelhäuschen, in denen es sowohl von den Vögeln als auch von den Insekten nur so wimmelte.« Doch erst eine andere Entwicklung in Gesellschaft und Technologie führte in den neunziger Jahren des letzten Jahrhunderts zu einer wahrhaften Explosion der Schwammspinnerpopulation: die Ausdehnung der Suburbs.[18]

Schon bevor das Automobil aufkam, verwandelten Eisen- und Straßenbahnen die Dörfer in der Umgebung von Boston in Vororte. Die Raupen reisten allerdings meist mit den immer zahlreicheren Pferdefuhrwerken auf den staubigen Straßen, die Boston mit seinem Hinterland verbanden; die Fuhrwerke brachten Lebensmittel, Brennholz, Pflanzen und Blumen in die Stadt und nahmen Dung mit zurück. Die Raupen ließen sich an ihren seidenen Fäden von Ästen herab und landeten nicht nur auf den Hüten von Fußgängern, sondern auch auf Fuhrwerken und Kutschen. Auf Schnittholz konnten sich genug Eier für die Gründung einer neuen Kolonie befinden. Als immer mehr Fuhrwerke ihre täglichen Fahrten unternahmen, trugen sie zur Ausbreitung selbständiger Schwammspinnerkolonien bei.[19]

Anfang der neunziger Jahre begannen Bundes- und Landesbehörden in Massachusetts einen Feldzug gegen den Schwammspinner. Vor der Entwicklung organischer Pestizide bestanden die meisten Insektenvertilgungsmittel, wie wir gesehen haben, aus Arsenverbindungen, die weitaus giftiger für Menschen und Tiere waren als spätere synthetische Produkte wie DDT. Ein Zehntel der Arbeiter, die das Gift ausbrachten, erkrankte an einer Arsenvergiftung. Die Presse berichtete, daß Kinder nach dem Genuß kontaminierter Lebensmittel gestorben waren, und in einem Leitartikel hieß es, man solle auf die Spritzkommandos schießen, sobald sie auftauchten. Bei unsachgemäßer Anwendung konnten die Insektizide Pflanzen und Obstbäume schädigen, und oft genug taten sie es. Zwar war auch eine physikalische Bekämpfung durchaus möglich – Kreosot tötet die Eier ab, mit Klebestreifen und Sackleinen, die man um die Baumstämme wickelt, kann man die Raupen fangen –, aber wie auch das Absammeln von Hand waren diese Methoden selbst bei den niedrigen Löhnen der damaligen Zeit äußerst kostspielig.[20]

Hätte man den Schwammspinner ausrotten können, bevor er sich endgültig festsetzte? Als er sich im ersten Jahrzehnt unseres Jahrhunderts über weite Teile Neuenglands ausgebreitet hatte, begann man in Connecticut mit einer der größten Ausrottungskampagnen gegen diesen Falter. Die Behörden verteilten Tausende von Abbildungen, ließen die Raupen von eigens ausgebildeten Leuten aufspüren und schickten Trupps junger Männer aus, die Bäume bandagieren, die Raupen mit Pinzetten ablesen und sie in Alkohol ertränken sollten. Doch wie sorgfältig man befallene Gebiete auch säuberte, stets entdeckte man anderswo weiteren Befall. Motorisierte Such- und Bekämpfungstrupps konnten größere Flächen abdecken, aber wie sich schon in den zwanziger Jahren zeigte, hatten die Raupen sich in den Wäldern von Connecticut bereits so stark ausgebreitet, daß alle lokalen Siege nur von kurzer Dauer waren. Wahrscheinlich hatte es schon während der Ausrottungskampagne zwanzig Jahre zuvor im östlichen Massachusetts weit mehr vom Schwammspinner befallene Gebiete gegeben, als die Bewohner damals bemerkten.[21]

Im zwanzigsten Jahrhundert vollendeten dann die Pkw-Pendler und Lkw-Fahrer, was die Fuhrleute des neunzehnten Jahrhunderts in Massachusetts begonnen hatten. Der Schwammspinner breitete sich weiterhin mit einer Geschwindigkeit von 25 Kilometern pro Jahr in alle Richtungen aus; bald erreichte er Kanada, Michigan und Virginia. Wahrscheinlich dank des Flugzeugs gelangte er sogar an die Westküste. Auch menschliche Eingriffe in die Umwelt trugen zur Ausbreitung des Falters bei; die nach jahrzehntelangem Holzeinschlag nachwachsenden Wälder besaßen einen weit höheren Anteil an Eichen als zuvor – und Eichen gehören zu den Lieblingsbäumen der Schwammspinner. Außerdem blieb das Problem nicht auf die Nachfahren der Tiere beschränkt, die einst aus Trouvelots Gehege entkommen waren. Anfang der neunziger Jahre unseres Jahrhunderts gelangte der asiatische Schwammspinner durch Luft- und Schiffsverkehr sowohl an die West- als auch an die Ostküste der Vereinigten Staaten; die Raupen dieser Varietät sind noch gefräßiger als ihre europäischen Verwandten, und die weiblichen Falter können fliegen.[22]

Wie man schon vor einem Jahrhundert in Neuengland bemerkte, kann die Zahl der Schwammspinnerraupen über Jahre hinweg recht gering bleiben, bis der Befall dann plötzlich ein paar Jahre lang spektakuläre Ausmaße erreicht und ebenso plötzlich wieder abflaut. In Spitzenzeiten wie zum Beispiel 1981 können 5 Millionen Hektar befallen sein, während zu anderen Zeiten, etwa 1993, nur 700 000 Hektar betroffen sind. Aber auch bei geringerem Befall ist die Schwammspinnerplage eine Form chronischer Umweltzerstörung. Und wie bei chronischen Krankheiten üblich, wechseln Krisen und symptomarme Perioden einander ab. Die Stare gehören inzwischen zu den natürlichen Feinden des Schwammspinners, die seine Population in Grenzen halten, doch keiner dieser Feinde vermag mit den Millionen von Raupen fertigzuwerden, die in Spitzenjahren explosionsartig auftreten. Wie Botaniker und Entomologen erst in jüngster Zeit entdeckt haben, produzieren manche Baumarten Phenole, die das Wachstum der Schwammspinnerpopulation behindern, indem sie die Eiproduktion der weiblichen Falter hemmen; es werden weniger Eier gelegt, und die erzeugten Eier sind kleiner, so daß eine Generation kleinerer Raupen daraus schlüpft. Andererseits haben diese Phenole auch einen Rache-Effekt: Sie schützen die Raupen vor ihrem schlimmsten Feind, dem Welkevirus, der in normalen Jahren inaktiv bleibt, sich aber in Spitzenjahren der Raupenplage ebenso explosiv vermehren kann wie der Schwammspinner und dann nahezu alle Raupen erfaßt. Möglicherweise helfen Baumphenole wie das in der Eiche enthaltene Tannin (Gerbsäure) den Schwammspinnerpopulationen, ihre Dichte zu erhöhen, weil sie ihnen Schutz vor dem Welkevirus bieten. (Wenn die Raupen die Eichenblätter fressen, oxidieren sie die Gerbsäure und machen sie dadurch noch giftiger für das Virus, glauben jedenfalls einige Entomologen.) So kann es sein, daß die Eichen bei Ausbrüchen der Raupenplage eine natürliche Zufluchtstätte für den Schwammspinner bilden.[23]

Zum Glück gibt es jedoch noch andere Möglichkeiten zur Bekämpfung des Schwammspinners. So hat man einen japanischen Pilz, *Entomophaga maimaiga*, der erstmals 1910/11 in die Vereinigten Staaten eingeführt und ohne erkennbaren Erfolg gegen den Schwammspinner eingesetzt worden war, kürzlich noch einmal eingeführt, und seine Sporen fanden sich in toten Raupen in Neuengland. Die Forscher glauben nun, der Pilz könnte von seiner ersten Einführung her überlebt haben und für einen Teil des Raupensterbens verantwortlich gewesen sein, das man dem Welkevirus zugerechnet hat. Möglicherweise ist er ein wirkungsvolles Mittel gegen den Schädling, auch wenn man natürlich keineswegs ausschließen kann, daß sich bei den Schwammspinnern am Ende resistente Stämme herausbilden werden, wenn man den Pilz großflächig und intensiv gegen sie einsetzt.

Die Forstleute können auch noch andere Viren und Chemikalien ausbringen. Viele davon bedrohen nicht nur den Schwammspinner, sondern die gesamte Artenvielfalt und gerade sehr schöne Arten wie den königlichen Perlmutterfalter. Bei einigen dieser Mittel drohen ähnliche Rache-Effekte wie beim Einsatz von Mirex gegen die Feuerameisen; sie töten Spinnen und andere Schädlingsvertilger. Einige sind für andere Arten ungefährlich, erfordern aber aufwendige Produktionsverfahren (wie die Anzucht im Körper von Raupen) und kostspielige Ausbringungsmethoden. Paradoxerweise kann auch das Spritzen mit relativ gutartigen Insektiziden wie *Bacillus turingensis* die explosionsartige Vermehrung der Schwammspinner fördern. Da sie den Befall zunächst in Grenzen halten, erlangen die Populationen nicht so rasch die Dichte, die für die schnelle Ausbreitung der Pilze oder Viren und den anschließenden vollständigen Zusammenbruch der Schwammspinnerpopulation erforderlich ist. In den unbehandelten Hawk Mountains in Pennsylvania war der Schwammspinner nach dem katastrophalen Befall von 1990 offenbar vollständig verschwunden, während in den behandelten Wäldern der Umgebung einige Insekten überlebten. Ein Ökologiestudent aus dieser Gegend hat den Vorschlag gemacht, man solle die Eichen ausdünnen und dafür andere Bäume anpflanzen; falls man diesem Vorschlag folgt, hätte der Schwammspinner tatsächlich dazu beigetragen, die größere Vielfalt wiederherzustellen, die in den Wäldern der Appalachen herrschte, bevor der Holzeinschlag und der Schwammspinner das Gleichgewicht zugunsten der Eichen veränderte.[24]

Der Karpfen

Auch der Karpfen zeigt, wie problematisch die Einführung neuer Tierarten sein kann. Eugene Schieffelin war ein seriöser Amateur, der Verbindungen zu einer ausgewiesenen internationalen Bewegung unterhielt, und Léopold Trouvelot war ein angesehener, wenngleich etwas exzentrischer Wissenschaftler, doch im Verleich mit Spencer Fullerton Baird waren sie obskure Gestalten, denn Baird war einer der führenden Zoologen und Verwaltungsfachleute seiner Zeit. Schon mit siebenundzwanzig Jahren wurde er zum stellvertretenden Leiter der Smithsonian Institution ernannt, er veröffentlichte hervorragende systematische Untersuchungen über die Vögel und die Säugetiere Nordamerikas, entwickelte Forschungsprogramme für die Smithsonian und andere Institutionen und wurde 1878 schließlich Leiter der Smithsonian Institution, nachdem er die U. S. Commission of Fish and Fisheries aufgebaut und eine Zeitlang geleitet hatte.[25]

Baird war ein energischer Verwaltungsmann, der die wissenschaftliche Analyse des amerikanischen Fischereiwesens begründete; er kämpfte gegen die Überfischung durch stationäre Netze, setzte sich für die Einrichtung von Fischzuchtanstalten ein, sorgte für eine Wiederbelebung der Laichwanderungen von Alsen und Lachsen an der Ostküste und ließ die Great Lakes mit jungen Weißfischen besetzen, um dem Rückgang der Fänge zu begegnen; außerdem kämpfte er für eine stärkere staatliche Regulierung des Fischereiwesens und gegen die Verschmutzung der Gewässer, um die Fischproduktion auch langfristig zu sichern. Wie viele seiner Zeitgenossen sorgte sich Baird um die zukünftige Nahrungsmittelversorgung der rasch anwachsenden Bevölkerung Amerikas und bezweifelte, daß die verfügbaren Weideflächen den Bedarf an »tierischer Nahrung« decken könnten. Nach Jahrzehnten der Verschmutzung und Überfischung bedürfe das Fischereiwesen dringend des Schutzes, der Wiederherstellung und der dauerhaften Erhaltung, wenn es das Land ernähren sollte. Baird stemmte sich auch erfolglos gegen die Bemühungen der American Fish Culture Association, einer Vereinigung wohlhabender Hobbyangler und privater Fischzüchter, Fische und Fischeier unkontrolliert zu importieren und ohne staatliche Genehmigung in jedem See, Fluß oder Teich auszusetzen, der ihnen dafür geeignet erschien. Er war der Überzeugung, man dürfe Fische nur nach sorgfältigen Studien und im Rahmen eines ausgeglichenen Programms zur Erhaltung lokaler Populationen einführen. Dennoch sollte Bairds persönlicher Favorit unter den einzubürgernden Fischen, sein Kandidat Nummer eins für den amerikanischen Tisch, sich noch zu seinen Lebzeiten als einer der fragwürdigsten Neubürger erweisen: der Deutsche Karpfen (*Cyprinus carpio*).[26]

Der Karpfen war geradezu der Traum jedes Einbürgerungsenthusiasten: widerstandsfähig, schnell wachsend, mit einer langen Zuchtgeschichte, nahrhaft, leicht zu halten und, wie es schien, mit nahezu jeder pflanzlichen Nahrung zufrieden. Anders als Pferdefleisch, Geoffroy Saint-Hilaires billige Eiweißquelle für das Volk, konnte der Karpfen auf ein internationales Erbe verweisen. Die Japaner halten ihre verhätschelten Karpfen für außergewöhnliche, glückliche Tiere und Sinnbilder männlicher Kraft. Preisgekrönte Exemplare leben hundert Jahre oder länger und werden als Familienerbstück an den ältesten Sohn weitergegeben. Vor 2000 Jahren wurde der Karpfen in Europa eingeführt, doch noch lange blieb er ein aristokratischer Zierfisch. Im neunzehnten Jahrhundert dann war er zu einer bedeutenden Nahrungsquelle geworden, und noch heute gehört der Karpfen neben dem atlantischen Lachs und der Regenbogenforelle zu den beliebtesten Sportfischen Europas. Als bevorzugte Grundlage für den jüdischen »gefüllten Fisch« galt der Karpfen bereits als Delikatesse bei Einwanderern aus Mittel- und Osteuropa.

Dank der Technik konnte der Karpfen nun auch in der Neuen Welt

Einzug halten. Ein Bewohner von Newburg, New York, setzte wahrscheinlich schon um 1830 Karpfen im Hudson aus, doch erst als die Erfindung der künstlichen Befruchtung während der vierziger Jahre in Frankreich eine intensive Fischzucht ermöglichte, konnte man Karpfen und andere Fische in großem Maßstab nach Amerika einführen. Schon in den siebziger Jahren wurden in Sonoma County, Kalifornien, Karpfen gezüchtet. Um diese Zeit war die Fischzucht wahrscheinlich schon überall im Land verbreitet, denn wir wissen von einem Eisenbahnwaggon, der 1873 Hunderttausende von Fischen zehn verschiedener Arten von der Ost- an die Westküste brachte.[27]

Baird wollte vor allem dem Süden einen Ersatz für die im Norden beheimatete Forelle bieten. Mitte der siebziger Jahre schrieb er in mehreren Gutachten, der Karpfen könne in großem Maßstab gezüchtet werden – wie in den acht Hektar großen Teichanlagen auf den österreichischen Besitzungen des Prinzen Schwarzenberg oder auch in Waschzubern und mit Gemüseabfällen wie in China. In Deutschland wechsele man in den Teichen regelmäßig zwischen der Karpfenzucht und dem Anbau von Getreide oder anderer Feldfrucht. Baird wußte zwar, daß eine Reihe einheimischer amerikanischer Fische sich in ähnlicher Weise züchten ließen, doch da die Karpfenzucht erwiesenermaßen erfolgreich sei, gebe es »keinen Grund, weshalb wir mit weniger erprobten Arten Zeit verlieren sollten«. Die in Amerika vorhandenen Karpfenpopulationen gehörten nicht der gewünschten domestizierten Varietät an; deshalb gab Baird dem deutschen Fischzüchter Dr. Rudolph Hessel den Auftrag zum Import Deutscher Karpfen.[28]

Hessel hatte bereits einen 32seitigen Anhang für Bairds Gutachten von 1875 bis 1876 geliefert, in dem detaillierte Anweisungen für die Zucht enthalten waren. Dort heißt es, trotz seiner geschichtlichen Verbindung zu einigen der hervorragendsten Fürstenhäuser Europas sei der Fisch »sehr genügsam« und gebe sich »mit Küchenabfällen, den Abfällen von Schlachthöfen und Brauereien, ja sogar mit Vieh- und Schweinekot zufrieden«. Er sei widerstandsfähig und produktiv, überwintere ohne weiteres in seinem Teich und lege Hunderttausende von Eiern. Hessel bezeichnete den Karpfen als eine Delikatesse, die auf Pariser Märkten dreimal so hohe Preise erziele wie andere Fische (mit Ausnahme der Lachse und Forellen).[29]

1877 gelang es Hessel, Karpfen über den Atlantik zu bringen – offenbar eine Leistung, wenn man bedenkt, daß Bairds Versuche fehlgeschlagen waren. Dank Bairds begeisterter Unterstützung und einer raschen Bewilligung der nötigen Mittel durch den Kongreß legte Hessel zu Füßen des Washington Memorial bundeseigene Karpfenteiche an. Schon bald erweiterte er sie um einen Akklimatisierungsgarten mit weiteren acht Hektar Teichen, mit Pflanzen, einem kleinen Zoo und einer Schlittschuhbahn, die Besucher anlocken sollten. Als das Feuerwerk zum 4. Juli eine Reihe junger Karpfen tötete, griff Baird persönlich ein und gab der Parkpolizei den Auftrag, dafür zu sorgen, daß seine jungen Fische nicht noch einmal in Gefahr gerieten. Präsident Grover Cleveland und andere Würdenträger zeigten sich begeistert, als sie die Anlage besuchten.[30]

Hessels Eifer und Bairds Förderung sorgten dafür, daß der Deutsche Karpfen schon bald ganz Amerika eroberte. In offiziellen Veröffentlichungen behauptete die Fish Commission, die Erzeugung von Karpfenfleisch koste weniger als die Erzeugung der gleichen Menge Hühnerfleisch; außerdem lasse der Karpfen sich auf Flächen züchten, die für den Anbau von Nutzpflanzen ungeeignet seien. Und die amerikanischen Farmer bissen an. Zehntausende von Bürgern bestellten über ihren Kongreßabgeordneten Karpfen – die Fish Commission bevorzugte diese Form der Verteilung –, und von den 301 Kongreß-Wahlbezirken beteiligten sich 298 an der Aktion. Gut 350 000 Karpfen gingen innerhalb eines Jahres an 6200 Einzelpersonen, nicht eingerechnet die Schenkungen an Texas und andere Bundesstaaten, die ihre eigenen Teiche unterhielten. Die Jungfische wurden von der Fish Commission bis zu einer Größe von 5–8 Zentimetern aufgezogen und dann – wegen des milden Wetters – im Herbst mit der Eisenbahn verschickt, um die Verluste möglichst gering zu halten. Der Karpfen wurde zum populärsten Projekt der Fish Commission. »Fast jeder Farmer will einen Karpfenteich vor oder hinter seinem Haus«, bemerkte ein Fischexperte.[31]

Solcherart über das ganze Land verteilt, verhielt der Fisch sich jedoch leider nicht, wie man es von ihm erwartet hatte. Wenn er nicht in klarem Wasser gehalten wurde, entwickelte er oft einen fauligen Geschmack, obwohl Baird behauptete, er könne dennoch delikat schmecken, wenn man ihn nur richtig reinige und koche. Er veröffentlichte sogar eine Reihe von Kochrezepten. Der Gerechtigkeit halber sei gesagt, daß die Anweisungen und Warnungen, die Hessel und Baird in ihren Veröffentlichungen gaben, vollkommen klar waren. Der Karpfen bedarf einer sorgfältigen Pflege. So kann er träge werden und an Festigkeit verlieren, wenn man ihn immer an derselben Stelle füttert. Hessel empfahl, ein paar Hechte in den Karpfenteich zu setzen, damit die Karpfen vor ihm flüchten und auf diese Weise kräftig bleiben. (Neuere Forschungen haben ergeben, daß Karpfen einen Schwarm bilden, um sich vor Hechten zu schützen; welchen Einfluß dieses Verhalten auf ihren Geschmack hat, ist jedoch nicht bekannt.) Außerdem können Karpfen wandern und sich in jedem erreichbaren Gewässer ansiedeln.[32]

Da die Ausbreitung von C. *carpio* mit diversen Umweltbelastungen einherging, verlor er schon bald die Gunst der Verantwortlichen. 1895 erklärte George T. Miller, einer von Bairds Nachfolgern im Amt des Leiters der Commission of Fish and Fisheries: »Wir müssen heute erkennen, daß sie wertlos sind und unsere Gewässer unter ihrer Anwesenheit leiden. Als Speisefische werden sie keineswegs so geschätzt wie *Chub* und *Sucker* [zwei amerikanische Karpfenfische], während ihre Widerstandsfähigkeit und ihr ständiger Hunger ihnen einen Ruf als lästige Fresser eingebracht hat, wie ich ihn bis heute in Berichten aus dem Fischereiwesen noch nicht erlebt habe.« Karpfen überschwemmten die Gewässer der Great Lakes und im nördlichen Bereich des Mittleren Westens; sie verschlangen den Wasserhahnenfuß, den Wasserhafer und andere Pflanzen, die zuvor zahlreichen Wasservögeln als Nahrung gedient hatten. Bei der Nahrungssuche wühlten sie den Bodenschlamm auf und nahmen so den auf klares Wasser angewiesenen Fischen die Sicht und den Wasserpflanzen das Licht (wodurch wiederum junge Sportfische die schützende Pflanzendecke verloren); außerdem förderten sie damit das Wachstum von Oberflächenalgen, die das einfallende Licht weiter verringerten und den Sportfischen den Sauerstoff wegnahmen. Zu einer besonderen Plage wurden sie in den Trinkwasserreservoirs, als mit den Städten auch die Wasserversorgungssysteme wuchsen. Man hat ihnen auch vorgeworfen, Jungfische zu fressen, obwohl sie dafür nicht sonderlich gut ausgerüstet sind und es wahrscheinlich auch nicht allzuoft versuchen. (Bei Eiern dürften die Dinge anders liegen.) Erst kürzlich haben einige Fachleute behauptet, die Karpfen verstärkten die aus der Rasendüngung resultierende Wasserverschmutzung in Seen, weil sie die Phosphatablagerungen am Seeboden aufwühlten.[33]

Ähnlich dem Haussperling und dem Star vermehrt sich auch der Karpfen massiv und verdrängt auf aggressive Weise einheimische Lebewesen. Das Weibchen kann in einem Jahr bis zu zwei Millionen Eier legen. Wie andere als Schädlinge bezeichnete Organismen widersteht der Karpfen auch Angriffen aus der Umwelt. Er ernährt sich nicht nur von Wasserpflanzen und Insekten, sondern von fast allem, was der Mensch als Abfall hinterläßt. Mit seinen asiatischen Vorfahren und Verwandten hat er die Langlebigkeit gemein. Vor Pestiziden schützt er sich, indem er in einer Art Selbstvergärung Äthylalkohol produziert. Wenn er kein Futter findet, verbrennt er den Alkohol und kann auf diese Weise wochen- oder monatelang überleben. Obwohl er manchmal fett und träge erscheint, ist er doch recht schnell, wenn er nur will; er kann mehr als einen Meter durch die Luft springen und so auch aus Teichen entkommen. Ähnlich den Ratten unterhält er ein labyrinthisches System von Verstecken und wandert bis zu

1500 Kilometern. Karpfen gedeihen in nahezu jedem Binnengewässer, auch bei schlechter Wasserqualität und bei jedem Wetter. Die Kühlsysteme der Kernkraftwerke in Connecticut töten fast alle eingesaugten Flunderlarven, doch Karpfen halten sich im Winter gern in der Nähe der Abflußrohre auf. Da kann es nicht erstaunen, daß er heute als der am weitesten verbreitete Süßwasserfisch Nordamerikas gilt.[34]

Wo man ihn nicht haben will, wird man ihn nur schwer wieder los. Im südlichen Wisconsin schickten die Behörden motorisierte Karpfenfänger aus, die mit Schleppnetzen von 1200 Metern Länge bis zu 50 Tonnen Karpfen und andere Massenfische fingen, um Platz für Arten zu schaffen, die man als Sportfische schätzt. Die Karpfen waren klug genug, sich am Boden der Seen zusammenzudrängen und den Netzen auf diese Weise zu entgehen. Und die Fruchtbarkeit der verbliebenen Fische sorgte dafür, daß die Karpfenpopulation sich rasch erholte. Da vor allem ältere Tiere in die Netze gingen, verjüngte das Abfischen die Karpfenpopulation in Seen und Teichen und sorgte letztlich dafür, daß sie nun besser mit Sportfischen und Vögeln in direkte Konkurrenz um Insekten treten konnte.

Der Fehlschlag der Schleppnetzaktion tat der Überzeugung vieler Naturschützer keinen Abbruch, wonach »für die Gesamtökologie der Seen nur ein toter Karpfen ein guter Karpfen« ist, wie es ein Vertreter des Bundesstaats Wisconsin formulierte. In einem Bezirk des Bundesstaats organisierte man sogar eine Karpfenjagd mit Pfeil und Bogen und entsprechenden Preisen für die Sieger. In zahlreichen Bundesstaaten ist der Karpfen ohne jede Mengenbegrenzung und ohne zeitliche Einschränkungen zum Fischen freigegeben. In den achtziger und neunziger Jahren gingen die Behörden dazu über, den Karpfen und andere Massenfische durch den Einsatz von Gift zu töten. Eines der beliebtesten Gifte, Rotenon, wird aus tropischen Pflanzen hergestellt und beeinträchtigt auf chemischem Wege die Sauerstoffaufnahme der Tiere. Doch obwohl Rotenon natürlichen Ursprungs ist, enthielten einige Proben toxische Stoffe wie Benzen, Xylen und Trichloräthylen in Mengen, die über den Grenzwerten der Environmental Protection Agency lagen. Durch den Einsatz solcher Gifte werden trotz entsprechender Rettungsprogramme auch Sportfische und andere Wassertiere geschädigt, und dabei ist es nicht einmal sicher, daß einige wenige überlebende Karpfen nicht schon bald für eine Wiederbesiedlung der betreffenden Seen oder Flüsse sorgen werden. Manchmal wird das Rotenon in den behandelten Gewässern nicht abgebaut und tötet dann Tausende von Jungforellen, die man dort aussetzt. Dennoch bleiben die Verantwortlichen bei ihrer Behauptung, die normale Fischpopulation – abzüglich des Karpfens – habe sich schon nach wenigen Monaten oder höchstens einem Jahr wieder vollkommen erholt.[35]

Wenn man bedenkt, daß 1967 in den Vereinigten Staaten 15 Millionen Kilogramm Karpfen verkauft wurden (nach nur zwei Millionen im Jahr 1900), muß er wohl eher als Ressource angesehen werden denn als Schädling – oder doch zumindest als *beides*. Sogar unter den Sportanglern, die ihn einst als »Massenfisch« und Schädling verdammten, hat er einige Bewunderer gefunden. Während Angler im oberen Mittleren Westen und in Kalifornien nach Ausrottungskampagnen rufen, benutzen andere in Ohio und Missouri neue Köder und neues Angelgerät, um den Kämpfer im Karpfen herauszufordern. Dennoch spielt der Karpfen in der Ernährung der Amerikaner nur eine untergeordnete Rolle, und gewiß ist er nicht die Alternative zum Geflügel, von der Baird und Hessel einst träumten. Wie die meisten domestizierten Pflanzen und Tiere brauchte er nicht akklimatisiert zu werden. Der aus Deutschland importierte Karpfen gedeiht offenbar auch ohne Temperaturkontrolle und menschliche Selektion. Bei sorgfältiger Überwachung und Regulierung hätte man ihn wahrscheinlich in Teichen züchten können, ohne das biologische Gleichgewicht anderer Gewässer zu stören. Die Fish Commission ermahnte die Farmer immer wieder, sie sollten keine Karpfen in vorhandene Fischbestände einbringen, doch Jahrzehnte intensiver Verbreitung und verschlechterter Lebensbedingungen für einheimische Fischarten (ganz zu schweigen vom geringen Einfluß der staatlichen Fischereibehörden Ende des neunzehnten Jahrhunderts) machten den Sieg des Karpfens nahezu unvermeidlich.[36]

Die Karpfenstory endet mit einer überraschenden Wendung. In Asien sind die einheimischen Silberkarpfen – nahe Verwandte der von Baird eingeführten Deutschen Karpfen – keine Schädlinge. Die Rolle des ruchlosen Eindringlings übernehmen dort nordamerikanische Fischarten. Und die Protagonisten sind keine verbohrten Einbürgerungsenthusiasten und keine philanthropischen Wissenschaftsbürokraten, sondern fromme (oder auch ehrgeizige) Gläubige und spendensammelnde Mönche. Die koreanischen Buddhisten setzen bei Zeremonien, in denen sie die Achtung vor dem Leben feiern, traditionell Fische aus. Früher kauften die Mönche bei einem Fischer einen einzelnen Fisch und setzten ihn symbolisch zum Wohle aller Gläubigen aus. In neuerer Zeit hat dieser Brauch eine etwas andere Richtung genommen. Immer mehr buddhistische Gläubige setzen Fische aus, weil sie sich davon Glück und persönlichen Erfolg versprechen – eine Übung, die bei buddhistischen Theologen auf Kritik stößt. (Noch größere Empörung lösen bei ihnen allerdings die Fischer aus, die die ausgesetzten Fische wieder einfangen und dann nochmals an andere Gläubige verkaufen, wodurch die Fische einem Streß ausgesetzt werden, der sie nach mehreren solcher Runden das Leben kosten kann.)

Einige der zwei Millionen Fische, die jährlich auf diese Weise ausgesetzt werden, stammen aus Fischfarmen. Darunter befinden sich auch Sonnenfische, Nachfahren einiger Exemplare, die vor zwanzig Jahren aus den USA eingeführt wurden. Die Männchen des Sonnenfischs wachen eifersüchtig über die von ihnen befruchteten Eier, und wie die Weibchen fallen sie über die Eier der Silberkarpfen und anderer Fischarten her. Am Oberlauf des Han-Flusses (Seoul liegt an der Mündung des Han) hat die Einführung eines anderen nordamerikanischen Fischs, des Gelbbarschs, die Populationen von fünfundzwanzig einheimischen Fischarten zerstört. Ironischerweise werden diese beiden Arten, Sonnenfisch und Gelbbarsch, am häufigsten genannt, wenn von den Opfern der explosionsartigen Ausbreitung des Karpfens in Nordamerika die Rede ist. Und wie man dem Karpfen die Schuld für Verluste zuschiebt, die eigentlich auf Wasserverschmutzung und andere Störungen der Umwelt zurückgehen, so kann es durchaus sein, daß die Wasserverschmutzung und der Bau von Staudämmen den übrigen Fischarten im Han-Fluß mindestens ebenso geschadet haben wie die Gelbbarsche. Jedenfalls lassen sich Bräuche wie das zeremonielle Aussetzen von Fischen nur schwer verändern. Die buddhistischen Tempel in Korea verfügen kaum über ständige Einnahmequellen, und die Gläubigen sind bereit, umgerechnet bis zu 60 Mark für das Aussetzen eines Fischs zu zahlen.[37]

Killerbienen

Obwohl die umstrittensten Einbürgerungsversuche schon mehr als 100 Jahre zurückliegen, ist die Gefahr von Rache-Effekten noch keineswegs vorüber. Ein Überbleibsel solcher Versuche dringt seit Ende der sechziger Jahre unaufhaltsam in Richtung Vereinigte Staaten vor – die afrikanische Honigbiene. Wäre der Import von Insekten in ganz Amerika verboten gewesen, gäbe es dort heute gar keine Honigbienen, doch nun kann es passieren, daß die »Killerbiene« viele ihrer nicht so aggressiven domestizierten Kusinen verdrängt.[38]

Möglicherweise haben amerikanische Bienenhändler schon im neunzehnten Jahrhundert Bienenköniginnen aus Afrika importiert, und auch die Imker kümmerten sich um die Einbürgerung verschiedener Unterarten. Schon in den sechziger Jahren importierte das Landwirtschaftsministerium afrikanischen Bienensamen und hielt mehrere Jahre lang hybridisierte Bienenvölker. Doch soweit wir wissen, hat sich keine dieser Bienen in Nordamerika etabliert. Die aggressiven (oder aus ihrer Sicht: defensiven) Insekten kommen nicht direkt aus Afrika, sondern aus Brasilien, wo der namhafte brasilianische Genetiker nordamerikanischer Abstammung

Warwick E. Kerr sie zu Versuchszwecken eingeführt hatte. Mehrere Jahre lang hatte Kerr sich bemüht, die enttäuschende Honigproduktion der brasilianischen Bienen zu verbessern, die wie die Bienen Nordamerikas von europäischen Bienenvölkern abstammten und daher eigentlich ein gemäßigtes Klima gewöhnt waren. Beeindruckt von Berichten über die außergewöhnlichen Honigerträge afrikanischer Honigbienen, sammelte er befruchtete Königinnen und züchtete sie in einem Eukalyptuswald, den er ähnlich wie einst Léopold Trouvelot mit Netzen abgedichtet hatte. Kerr hoffte, die afrikanischen Bienen mit den sanfteren Bienen europäischer Abstammung kreuzen zu können und auf diese Weise friedfertige Völker mit hohen Erträgen zu erhalten.

Kerr und andere Entomologen wußten jedoch nicht, daß es einen wesentlichen Unterschied zwischen den afrikanischen und den europäischen Honigbienen gibt, der die Gründung neuer Völker betrifft. Da die europäische Honigbiene in der Nähe des Menschen und sicherer Nektar- oder Pollenspender lebt, ist sie ausgesprochen seßhaft. Sie baut große Nester mit umfangreichen Honigvorräten. Die afrikanische Honigbiene, die Kerr importierte, *Apis mellifera scutellata*, ist dagegen an die Bedingungen des ost- und südafrikanischen Hochlands mit seinen unregelmäßigen Regenfällen angepaßt; ein Bienenkundler hat sogar die Bezeichnung »Hochlandbiene« für sie vorgeschlagen. Sie schwärmen nicht nur sehr viel häufiger als die europäischen Bienen – das heißt, sie schicken Königinnen aus, die neue Völker gründen –, sondern sie entweichen auch, wobei das ganze Bienenvolk den Stock verläßt und sich ein anderes Nest baut Außerdem legen sie größere Strecken zurück: bis zu 100 Kilometern von ihrem alten Standort, während die europäischen Bienen im Umkreis von 15 Kilometern bleiben. Dieses Verhalten ist den afrikanischen Verhältnissen angemessen, weil die Bienen dort sehr viel mehr Energie aufwenden müssen, um neue Nahrungsquellen zu finden. Und in der Neuen Welt half es ihnen, sich rasch auszubreiten; durch Schwärmen vermehrten sie die Zahl ihrer Völker beträchtlich und überwältigten die europäischen Bienen sowohl genetisch als auch physisch.

Von jeher tun Imker ihr bestes, um das Schwärmen zu verhindern, und wenn ein Volk entweicht, bedeutet das dessen vollkommenen Verlust. Als Honigproduzentinnen indessen genießen die afrikanischen Bienen oder zumindest die Abkömmlinge der von Kerr importierten Königinnen einen guten Ruf. Sie sind selbst nach Bienenmaßstäben sehr fleißig, und vor allem in Gebieten wie dem mittelamerikanischen Hochland erweisen sie sich als erstklassige Honigproduzenten. In Brasilien vervielfachte sich die Honigerzeugung nach der erfolgreichen Einführung der afrikanisierten Bienen. Außerdem sind sie robust und offenbar immun gegen die Milben und

Infektionskrankheiten der Alten Welt, die durch den Flugverkehr eingeschleppt werden und unter den Bienenvölkern der Neuen Welt geradezu verheerend wüten können, weil diese ihre Resistenz über die Jahrhunderte verloren haben.[39]

Von alledem wußte in den fünfziger Jahren offenbar niemand etwas. Auch ein weiterer Aspekt der kommenden Entwicklung blieb Kerr verborgen. Da die afrikanischen Bienen dank ihrer explosiven Ausbreitung zumindest in neuen Gebieten eine so überwältigende Vorherrschaft erlangten, daß jungfräuliche Königinnen aus europäischen Bienenvölkern sich in den allermeisten Fällen mit afrikanischen Dronen paaren mußten, entstanden Generationen hybrider Königinnen und Arbeiterinnen mit immer stärker afrikanisierten Zügen. Die afrikanischen und die hybriden Bienen verteidigen ihren Stock äußerst aggressiv gegen Menschen oder Vieh, die ihnen als Bedrohung erscheinen. Als 1957 mehrere Schwärme aus Kerrs Versuchsgelände entkamen, begann die Vermischung mit den einheimischen Stämmen. Das Ergebnis war eine neue Varietät, die alle Bienenvölker auf ihrem Weg überwältigte.

Mitte der sechziger Jahre wurden die Gefahren der afrikanischen Bienen in Brasilien erkennbar, und das amerikanische Landwirtschaftsministerium tötete seine Hybridvölker. Da diese Stämme inzwischen europäisiert worden waren und, soweit bekannt, auch keine Exemplare entkommen sind, müssen isolierte afrikanische Bienenschwärme mit dem Schiff aus Südamerika herübergekommen und sowohl in Florida als auch in Kalifornien an Land gegangen sein. In den Lost Hills, Kalifornien, durchsuchte man 1985 in einem Gebiet von fast 1000 Quadratkilometern mehr als 22 000 Bienenstöcke und zerstörte ein Dutzend von ihnen, weil sie von afrikanisierten Bienen übernommen worden waren. Doch nach dem vergeblichen Versuch, in Mittelamerika eine Sperrzone einzurichten, fand man im Oktober 1990 weitere afrikanische Bienen in der Nähe von Hidalgo, Texas. Im Juli 1993 starb ein zweiundachtzigjähriger Farmer, das erste Opfer der Invasoren in den Vereinigten Staaten, an Dutzenden von Stichen, die er sich zugezogen hatte, als er in einem verlassenen Haus in der Grenzstadt Rio Grande City, Texas, mit einem Stock im falschen Bienennest stocherte.[40]

Unter Bienenfachleuten gilt es als ausgemacht, daß die Killerbienen zumindest im Süden und Südwesten der Vereinigten Staaten bleiben werden. Schwerer läßt sich da schon abschätzen, wie weit nördlich sie ganzjährig überleben können. Wahrscheinlich werden sie es nicht bis New York City und Seattle schaffen, wie Pessimisten vorausgesagt haben. Nach den Erfahrungen in Argentinien kann man davon ausgehen, daß ihr Verbreitungsgebiet wahrscheinlich auf das südliche Drittel der Vereinigten Staaten beschränkt bleiben wird – was nur gerecht ist, denn von dort, genauer gesagt aus Tennessee, emigrierte Warwick Kerrs Großvater mit seiner Familie 1865 nach dem Zusammenbruch der Konföderation. Wie die Erfahrungen in Lateinamerika zeigen, werden nur wenige Menschen an den Stichen sterben; aber das Risiko ist immerhin so groß, daß die Imkerei als Freizeitbeschäftigung und vielleicht auch als kommerzielles Unternehmen zurückgehen dürfte, zumal man strengere Vorschriften für die Bienenhaltung erlassen wird. Wie schon jetzt in Kanada, wird man die Einfuhr aus Gebieten mit afrikanisierten Bienen verbieten. In Regionen, in denen die afrikanischen Bienen sich schon festgesetzt haben, werden die Imker neue, nichtafrikanisierte Königinnen von Inseln oder aus Gebieten in aller Welt einführen müssen, die nachweislich frei von afrikanisierten oder hybriden Stämmen sind. Außerdem werden die Imker bessere Schutzmaßnahmen ergreifen müssen.[41]

Wieder einmal hat sich ein scheinbar katastrophales Ereignis als eine chronische Belästigung erwiesen, mit der man allerdings umgehen kann. Die Verbesserungen, die im Bereich des Verkehrswesens eingetreten sind, seit Kerr erstmals afrikanische Bienen per Schiff nach Amerika holte, können auch dazu genutzt werden, die Gene sanfterer Bienen ein- oder wiedereinzuführen. Die Zahl der Todesfälle durch Bienenstiche wird sehr gering bleiben und wahrscheinlich nur dann Aufsehen erregen, wenn das Opfer einen bekannten Namen hat oder den reicheren Schichten angehört. Der wirtschaftliche Schaden aufgrund des Rückgangs der Honigerzeugung – und des Rückgangs der Ernteerträge, wo man die Bienen nicht mehr zur Bestäubung einsetzen kann – wird zwar beträchtlich, aber nicht verheerend sein. Tatsächlich ist Brasilien auf der Rangliste der honigproduzierenden Länder seit der Afrikanisierung der brasilianischen Bienen von Platz siebenundvierzig auf Platz sieben vorgerückt.

Dennoch ist es zweifelhaft, daß die afrikanisierten Bienen mit ähnlichem Erfolg auch in die gemäßigten Zonen vordringen werden. Selbst in den Teilen Südamerikas, in denen sie die höchsten Honigerträge liefern, ist die Produktion vielfach deshalb gesunken, weil immer mehr Imker sich durch entweichende Völker und das aggressive Verhalten der Tiere abschrecken ließen und aufgaben. Die Unsicherheit ist eher kultureller als biologischer Natur. In Brasilien hat während der siebziger Jahre eine neue, tatkräftige Generation, die willens und in der Lage ist, mit defensiveren Insekten zu arbeiten, die nach der Afrikanisierung ausgeschiedenen Imker ersetzt. Aber dafür bedurfte es eines ganzen Jahrzehnts, und es wird sich erst noch zeigen müssen, ob die Nordamerikaner mit ihrer Insektenangst und ihrer Vorliebe für Insektizide ebenso anpassungsfähig sind. Die Naturforscherin und Autorin Sue Hubbell hofft es jedenfalls und bevorzugt die Bezeichnung »Bravo-Bienen«, weil sie glaubt, die rechtsorientierten brasilianischen Behörden hätten das Etikett der »Killerbiene« dazu benutzt, Kerrs sozialistische Politik zu diskreditieren. Warwick Kerr selbst wandte sich allerdings 1991 dem Studium stachelloser Bienen zu und sagte dem Autor Wallace White, wenn er noch einmal vor der Wahl stünde, würde er die afrikanischen Bienen lieber dort lassen, wo er sie gefunden hatte.[42]

Einbürgerung heute

In den letzten hundert Jahren hat die Einbürgerung fremder Tierarten den Charakter einer Bewegung verloren, aber als Praxis findet sie immer noch Interesse. Ihre letzte Blüte erlebte die Bewegung während der dreißiger Jahre in der Sowjetunion. Im Rahmen des Stalinschen Plans zur »Großen Umgestaltung der Natur« akklimatisierten Wissenschaftler im Askania-Naturreservat zahlreiche Pflanzen und Tiere aus aller Welt. Sie kreuzten Pferde mit Zebras, führten Bisamratten und andere Pelztiere ein und beteiligten sich in vielfältiger Weise an der sowjetischen Kampagane zur Unterjochung der Umwelt – die in der Praxis allerdings deren Verschlechterung und Zerstörung bedeutete. Am Ende geriet die sowjetische Einbürgerungsbewegung ebenso in Mißkredit wie ihr Seniorpartner, der sogenannte Lysenkoismus, doch noch in den sechziger Jahren findet sich in der *Großen Sowjetischen Enzyklopädie* ein in seinem Grundtenor positiver Artikel zu diesem Thema. Und um dieselbe Zeit verfolgte Fidel Castro noch immer genetisch fragwürdige Versuche wie eine Kreuzung zwischen Zebu und Holsteinerrind, aus der ein neues, ertragreiches Superrind hervorgehen sollte. (Ein englischer Berater wurde des Landes verwiesen, weil er – durchaus korrekt, wie sich bald zeigen sollte – vorausgesagt hatte, schon nach der ersten Generation werde die neue Rasse die schlechtesten Eigenschaften des Holsteiners und des Zebus in sich vereinigen.) Außerhalb des ehemals sowjetischen Einflußbereichs haben die meisten überlebenden »Einbürgerungsvereine« ihre einstigen Kampagnen zur Einbürgerung neuer Arten eingestellt und beschäftigen sich statt dessen mit der Unterhaltung von zoologischen Gärten wie in Australien oder mit Schutz und Erhaltung von Lebensräumen wie in Neuseeland.[43]

Das Ende der Einbürgerungsbewegung bedeutete indessen nicht das Ende der Verpflanzung von Tier- und Pflanzenarten. Die Initiative ist vielmehr übergegangen auf eine Koalition aus Bürokraten, Wissenschaftlern, Landwirten, Fischzüchtern und Anglern. Deren Bemühungen rufen ihrerseits andere Bürokraten, Wissenschaftler und Umweltschützer auf den

Plan, die gegen die Einführung fremder Arten sind. Und manche Menschen fühlen sich hin- und hergerissen zwischen Eingriffen in die Natur und dem Schutz einheimischer Arten. »Als Ökologe und Ichthyologe«, so schreibt einer von ihnen, »bin ich gegen die großräumige Verpflanzung und Einführung exotischer Fischarten in Gewässer außerhalb ihres natürlichen Verbreitungsgebiets. Als Fischereibiologe und Freund des Angelsports kann ich solche Aktivitäten jedoch unter gewissen Voraussetzungen gutheißen.« Durch Verpflanzungen läßt sich ein gestörter Lebensraum nur selten wiederherstellen, doch für die Nahrungsproduktion und für Freizeitaktivitäten können sie von Vorteil sein. In den sechziger Jahren begann das Michigan Department of Natural Resources, Quinnat und Kisutchs-Lachs im Lake Michigan auszusetzen. Obwohl bei pazifischen Lachsen alljährlich ein Neubesatz erforderlich ist, zogen sie in den achtziger Jahren Millionen von Anglern an, die Milliarden von Dollars in den Regionen der Great Lakes ließen. Die Lachse ernährten sich von Großaugenheringen, die früher auf die Strände gespült wurden und die Ansaugrohre der Wasserwerke verstopften. Andererseits hat die Anwesenheit der Lachse dafür gesorgt, daß der restliche Bestand der einheimischen Forelle noch weiter zurückgegangen ist.[44]

Eingriffe funktionieren nicht immer, und manchmal erholen Ökosysteme sich nicht von solchen Fehlern. In Montana, wo man Ende der sechziger und Anfang der siebziger Jahre einen winzigen Spaltfüßerkrebs in mehreren kleinen Seen aussetzte, gediehen die Lachse prächtig. Doch als der Krebs in den größeren und tieferen Flathead Lake hinabwanderte, geschah etwas Merkwürdiges. Dort und in einigen anderen großen nordamerikanischen Seen blieben sie den Tag über, wenn die Lachse sich in der Nähe der Wasseroberfläche aufhielten, am Boden und stiegen zum Fressen erst nachts auf, wenn die Lachse ihnen nichts anhaben konnten. Sie fraßen einen großen Teil des Planktons, von dem die Lachse sich ernähren. Das führte zu einer Explosion der Krebspopulation und einem nahezu vollständigen Zusammenbruch der Lachsfänge; außerdem verschwanden die Adler und andere Tiere, die den Laichzug der Lachse begleitet hatten, mit der Folge, daß auch Zehntausende von Touristen und Vogelfreunden ausblieben, die zuvor jeden Herbst in den Glacier National Park geströmt waren, um mitanzusehen, wie sich fast hundert verwegene Adler gleichzeitig auf die Lachse stürzten.[45]

Veränderte Konsumgewohnheiten bei Fleisch, der Streit um die Tierpelze, die Angst vor Geflügelkrankheiten und Insekten, die Sorge um das Aussterben tropischer Vögel – all das trug zur Verschärfung der Debatten über die Einführung fremder Tierarten in Seen, Flüsse und Meeresbuchten bei. Mehr als die Hälfte aller Fischarten, die Anfang der neunziger

Jahre als bedroht eingestuft wurden, stand unter dem Druck nichteinheimischer Arten. Und die meisten dieser fremden Arten hatte man ursprünglich mit Blick auf den Angelsport eingeführt. Dabei handelte es sich nicht in allen Fällen um Rache-Effekte. Einige der bedrohten einheimischen Arten haben keine unmittelbare Bedeutung für Fischerei und Angelsport. Andererseits konkurrieren die in Maine ausgesetzten Flußbarsche mit den restlichen Exemplaren des atlantischen Lachses. Der Fischerei können aus solchen Experimenten sowohl Gewinne als auch Verluste entstehen.[46]

Der amphibische asiatische Raubwels wurde zwar nicht zu Zwecken des Angelsports, sondern als Zierfisch eingeführt, doch er zeigt, wie schwer es ist, die Folgen abzuschätzen, die ein Wassertier für die Umwelt haben kann. Ein Fischzüchter berichtete Walter R. Courtenay von der Florida Atlantic University, einem führenden Fachmann für die Einführung fremder Fischarten, daß er in den sechziger Jahren einmal während einer Fahrt fünfzig Kilometer nördlich von Miami den größten Teil der Ladung von der Ladefläche seines alten Lieferwagens verlor; sie bestand aus 400 amphibischen Raubwelsen, die in Styroporkisten untergebracht waren. Das hätte wohl kaum etwas ausgemacht, wären diese Fische nicht buchstäblich in der Lage gewesen, aus ihrer Gefangenschaft zu entlaufen. Sie gelangten in das umfangreiche Kanalsystem Südfloridas und breiteten sich rasch über große Teile dieses Bundesstaates aus; ihr gewaltiger Appetit und ihre amphibische Lebensweise sorgten für den Rückgang zahlreicher einheimischer Arten. Die Züchter mochten anfangs noch geglaubt haben, die Albinofärbung der ersten importierten Exemplare werde die Aufmerksamkeit geeigneter Räuber auf diese Eindringlinge ziehen, und so dürfte es zunächst auch gewesen sein. Doch ihre Hautfarbe wies ein ausreichendes Variationsspektrum auf, so daß die natürliche Selektion für eine dunklere Färbung sorgte, und inzwischen scheint es völlig ausgeschlossen, daß man den Raubwels wieder aus den Gewässern Floridas vertreiben könnte. Heute steigt er aus den Kanälen und macht sich über Fische in den Zuchtteichen her – ein Rache-Effekt in reinster Form.[47]

Bestünde die Geschichte der Einbürgerung fremder Tierarten nur aus einer Serie komischer Mißgeschicke, wären die Versuche schon vor langer Zeit eingestellt worden. Doch immer wieder bringt man neue Säugetiere, Vögel und Fische in andere Klimazonen, zum Teil aus purer Lust am Neuen – und diese Lust ist bisweilen durchaus harmlos. Von dem guten Dutzend exotischer Tiere, die in Isidore Geoffroy Saint-Hilaires *Jardin d'acclimatation* gezeigt wurden, hat sich offenbar keines in Frankreich festgesetzt, weder als Schädling noch in anderer Weise. Derselbe Handel mit Zierfischen, der gelegentlich aggressive Arten wie den amphibischen Raubwels in Florida oder die Guppies freisetzt, fördert auch die Liebe zum

Meer und dessen Lebensformen. Einige Historiker behaupten, das Interesse an der Einbürgerung fremder Arten sei lediglich eine in der Oberschicht beliebte Demonstration der Herrschaft über die Natur, aber eher noch könnte es sich um den Ausdruck einer Liebe zur Vielfalt handeln, die in allen gesellschaftlichen Schichten zu finden ist. Der Rache-Effekt liegt stets darin, daß der Versuch, die Vielfalt zu erhöhen, in Wirklichkeit zu deren Verringerung führt, weil eine widerstandsfähige fremde Art zahlreiche einheimische Arten aus ihren Nischen verdrängt. Zu den Menschen, die sich hinsichtlich der Folgen solcher Einbürgerungsversuche geirrt haben, gehören seit mehr als hundert Jahren auch hochangesehene Wissenschaftler.

Tiere, die als Schädlinge bezeichnet werden, haben einige Merkmale gemeinsam: Fruchtbarkeit, Intelligenz, Wehrhaftigkeit und vor allem die Fähigkeit zur Anpassung an Veränderungen, die der Mensch herbeigeführt hat. Wie das Schicksal der Karpfen und Flußbarsche in Südkorea zeigt, hängt die Frage, ob ein Tier als Schädling oder als Opfer gilt, nicht nur von biologischen Faktoren, sondern auch von menschlichen Werten ab. Das Aussehen spielt ebenfalls eine Rolle. Selbst kanadische Gänse und Rothirsche sind beliebte Tiere, verglichen mit den gleichermaßen allgegenwärtigen, häßlichen Moschusenten, die überall in den Suburbs verfolgt werden. Die von Umweltschützern so geschätzten Bären sind für die Imker Schädlinge, und dessen Bienen (vor allem die afrikanisierten) sind wiederum eine Plage für den unbedachten Wanderer. Doch wenn die Anwesenheit von Wanderern zu der politischen Forderung führt, daß die Bienenstöcke entfernt werden sollen, wird der Wanderer ebenso zum Schädling für den Imker wie der trophäensammelnde Angler für den kommerziellen Karpfenfischer. Soll man eine wertvolle Nahrungsressource zerstören, nur weil ein paar wenige ihren Freizeitspaß haben wollen?[48]

Das Etikett des Schädlings ist nicht nur sozial, sondern auch jahreszeitlich bedingt. Ohne Zweifel bereitete der Karpfen einigen einheimischen Fischarten große Probleme und zog Nutzen aus der Wasserverschmutzung, unter der sie zu leiden hatten. Doch der Ichthyologe Peter B. Moyle hat auch darauf hingewiesen, daß die Amerikaner eine Abneigung gegen alle Fischarten hegen, die für den Angelsport bedeutungslos sind. Möglicherweise – wenngleich sich das nur schwer belegen läßt – trug auch die wachsende Feindseligkeit gegen die Einwanderer Ende des neunzehnten Jahrhundert dazu bei, daß der bei asiatischen und jüdischen Gemeinschaften beliebte Karpfen aus der Mode kam. (Vielleicht stand Spencer Baird auch vor dem Dilemma, daß allem, was billig ist, kein sonderlicher Wert beigemessen wird; selbst der Lachs hat an Beliebtheit verloren, seit er billig zu haben ist.) Gelegentlich sucht man die Schuld an der Ausbreitung von

Schädlingen sogar in einer politischen Verschwörung. So behaupteten sowjetische Propagandisten zu Stalins Zeiten, die CIA habe für die Ausbreitung des Kartoffelkäfers gesorgt, und sie nannten ihn den »sechsbeinigen Botschafter der Wall Street«.[49]

Gelegentlich können Schädlinge sich sogar als Verbündete der Natur gegen die Invasion des Menschen erweisen. William H. McNeill schreibt, »aus der Sicht anderer Lebewesen ähnelt die Menschheit ... einer akuten epidemischen Krankheit, die zuweilen in weniger virulente Verhaltensmuster verfällt, aber nie so lange, daß sich ein wirklich stabiles, dauerhaftes Verhältnis zu ihr herstellen ließe«. So bewahrte die Tsetsefliege dank der Schlafkrankheit, deren Überträger sie ist, bis vor kurzem die wilde Pflanzen- und Tierwelt der afrikanischen Savanne vor den Übergriffen des Menschen. Und im Adirondack-Naturpark sehnen die Gegner einer Erschließung und des Einsatzes von Pestiziden geradezu die alljährliche Mückenplage herbei, weil sie darin einen Schutz vor der Landerschließung und dem Vordringen der Wochenendhäuser erblicken. Die jahreszeitlich begrenzte Mückenplage, schreibt einer dieser Gegner, »behütet den heiligen Bogen und bewahrt das Geheimnis der Natur tief in den für alle Ewigkeit wilden Adirondacks«.[50]

Läßt man alle kulturbedingten Urteile beiseite, bleibt es dennoch eine biologische Tatsache, daß manche Tierarten bessere Invasoren sind als andere – einschließlich naher Verwandter. Können wir uns in Zukunft vor unliebsamen Überraschungen schützen, indem wir voraussagen, welche Arten mit größter Wahrscheinlichkeit zu einer Plage werden? Die Antwort lautet wahrscheinlich nein; zumindest werden wir solche Voraussagen nicht mit der nötigen Genauigkeit machen können. In der Regel gelingt es nur einer oder zwei Varietäten einer Familie, sich erfolgreich durchzusetzen. Während der Haussperling sich nicht nur in Nordamerika, sondern auch in Südamerika, Südafrika, Australien und Neuseeland ausbreitete, brauchte der zur selben Familie gehörige Feldsperling (*Passer montanus*) mehr als neunzig Jahre, um sich über den mittleren Teil von Illinois auszubreiten, nachdem er 1870 in St. Louis erfolgreich ausgesetzt worden war. Dennoch ist der Feldsperling in seiner eurasischen Heimat ebenso häufig wie der Haussperling. Wahrscheinlich müssen wir sehr viel mehr über die Genetik der Tiere und ihre Parasiten wissen, wenn wir ihr Schicksal genauer vorhersagen wollen. Wir wissen zum Beispiel nicht, warum manche natürlichen Räuber erfolgreich gegen Schädlinge eingesetzt werden können, während andere uns selbst nach gründlicher Erforschung einen Fehlschlag bescheren. Der Populationsbiologe Paul R. Ehrlich führt mehrere Merkmale an, die bei potentiellen Invasoren zu finden sind: häufiges Vorkommen in ihrer ursprünglichen Heimat; die

Fähigkeit, vielfältige Nahrungsquellen zu nutzen und unterschiedliche physikalische Umweltbedingungen zu ertragen; kurze Reproduktionszyklen; eine hohe genetische Variabilität; die Fähigkeit befruchteter Weibchen, allein eine neue Kolonie zu bilden, überlegene Körpergröße gegenüber verwandten Arten und Verbindungen zum Menschen.[51]

Trotz dieser Leitlinien bleibt die Voraussage eines Invasionserfolgs so schwierig, daß man potentielle Schädlinge kaum ausschließen kann – es sei denn, sie stellen eine unmittelbare Bedrohung für die Landwirtschaft und die übrige Umwelt dar. In den siebziger Jahren versuchte der Fish and Wildlife Service, den Import von ungefähr dreißig Fischarten zu verbieten, die Courtenay und andere Ichthyologen als potentielle Invasoren identifiziert hatten. Als die Zierfischhändler mit rechtlichen Schritten drohten, zog der Fish and Wildlife Service die Liste zurück. Seither haben sich mindestens zwei dieser Warnungen bestätigt: Der blaue Afrikabuntbarsch beherrscht den Unterlauf des Rio Grande, und der Pfauenaugebuntbarsch hat sich im südlichen Florida festgesetzt. Erst kürzlich hat Courtenay sich dafür ausgesprochen, importierte Fische in Florida, dem Zentrum des Zierfischhandels, besser zu sichern und die Käufer von Zierfischen davor zu warnen, Aquariumfische, die man nicht mehr haben möchte, aus falsch verstandener Menschlichkeit in natürlichen Gewässern auszusetzen.[52]

Bei der Einführung exotischer Tiere kann die Liebe zu einer Art sich als tödliche Grausamkeit für eine andere erweisen. Sind die romantischen Wildpferde des amerikanischen Westens »integraler Bestandteil des natürlichen Systems«, wie es das Gesetz Nummer 92-195 aus dem Jahr 1971 bestimmt, oder sind sie die Rosse (und Maultiere) der Apokalypse für Hunderte anderer Pflanzen- und Tierarten? Waren die Baumwollkapselkäfer nicht auch Teil einer regionalen Kultur, mit demselben Lebensrecht wie die übrigen Lebewesen? Wenn wir auf »faschistische« Kampagnen gegen Importe verzichten, wahren wir dann tatsächlich eine wohlwollende Neutralität im Wechselspiel der Lebensformen unseres Planeten, oder fördern wir damit stillschweigend die weltweite Homogenisierung und Banalisierung? Liegt die Schuld bei den »Schädlingen« oder bei der menschlichen Arroganz, die Lebensräume zerteilt und zerstört und auf andere Weise darin eingreift? All das sind schwierige und komplizierte Fragen für die Umweltethik. Und da die Gefahr besteht, daß krankheitsresistente Gene aus gentechnisch manipulierten Pflanzen oder Tieren auf deren wilde Verwandten überspringen, bedürfen diese Fragen heute dringend einer Klärung.[53]

Aus den Erfahrungen mit der Einbürgerung fremder Tierarten können wir mindstens drei wichtige Dinge lernen: daß latente Eigenschaften natürlicher Systeme selbst die Vorstellungskraft der wissenschaftlichen Elite übersteigen können; daß unser Streben nach einer Intensivierung der Produktion zuweilen das Gegenteil bewirkt; und daß es oft unmöglich ist, die Einführung einer Tierart wieder rückgängig zu machen.

SIEBTES KAPITEL
Die Einbürgerung von Unkräutern

»Pflanzen können alles, was Tiere können, nur tun sie es langsamer«, sagte mir einmal ein befreundeter Biologe. Wenn es um die Invasion neuer Territorien geht, können Pflanzen mehr als Tiere – und manchmal sogar schneller. Deshalb sind die unbeabsichtigten Folgen der Einführung neuer Pflanzen auch gelegentlich sehr viel drastischer. Zahlreiche Pflanzen und Tiere begleiteten die Europäer bei ihrer weltweiten Ausbreitung, die Alfred W. Crosby so denkwürdig als eine »grunzende, muhende, wiehernde, krähende, gackernde, knurrende, summende, sich selbst vermehrende und weltverändernde Lawine« beschrieben hat. Die von den Europäern nach Amerika mitgebrachten Rinder, Schweine und Pferde neigten nicht nur zur Verwilderung, sie waren auch auf Pflanzen angewiesen, die unbeabsichtigt zusammen mit dem Saatgut der Nutzpflanzen eingeführt worden waren und bei den Siedlern als Unkräuter galten. Diese Pflanzen besitzen viele Eigenschaften, wie wir sie ähnlich schon bei den tierischen »Schädlingen« kennengelernt haben. Sie verfügen über ein wucherndes Wachstum; ihre Samen breiten sich sehr schnell sehr weit aus; sie keimen früh. Manche von ihnen bilden Superpflanzen mit unterirdischen Rhizomen, die anderen Pflanzen Nährstoffe und Lebensraum nehmen: Sie verdrängen und überwuchern sie. Sie profitieren vom Fehlen der natürlichen Feinde ihrer ursprünglichen Heimat. Sie gedeihen auch unter rauhen Bedingungen und keimen oft noch nach Jahrzehnten. Wie der Karpfen sich in verschmutzten Gewässern vermehrt und Haussperlinge auf Stadtbäumen übernachten, so überleben Unkräuter auch an feindseligen Standorten. Schließlich entwickelten sie sich zu einer Zeit, als sie mit den schwierigen Lebensbedingungen gegen Ende der Eiszeit in Europa fertigwerden mußten. Einhalt zu gebieten vermag ihnen offenbar nur die eigene Fähigkeit, Böden zu stabilisieren. Je länger man eine Fläche in Ruhe läßt, desto geringer ist die Zahl der Unkräuter. Als die Europäer Nordamerika und andere Regionen besetzten, hatten sie deshalb mit so vielen Unkräutern zu kämpfen, weil sie den Boden so nachhaltig störten, und noch immer verändern sie ihn durchgreifend.[1]

Der Botaniker W. Holzner definiert Unkräuter als »Pflanzen, die sich an einen vom Menschen gemachten Lebensraum angepaßt haben und dort die menschlichen Aktivitäten stören«. Man könnte sie aber auch als Pflanzen mit eingebautem Rache-Effekt definieren, die aus jedem Versuch, sie auszurotten, Nutzen ziehen. Schneidet man Wegerich ab, erreicht man damit nur, daß neue Triebe aus seinen verborgenen Rhizomen sprießen. Brennt man die Vegetation in Feuchtgebieten nieder, um den Blutweiderich auszurotten, setzt man den Boden dem Sonnenlicht aus und beschleunigt so das Keimen des Weiderichsamens. Reißt man andere Unkräuter aus, bleibt eine Pfahlwurzel zurück, aus der neue Triebe hervorwachsen, wie es der Gartenbuchautor Michael Pollan bei Kletten festgestellt hat. Die Wurzeln der Winde, einer Kletterpflanze, die ihren Wirt erdrückt, zerfallen sehr leicht in Stücke, aus denen neue Pflanzen sprießen. »Es ist, als hätte die Evolution der Winde sich schon lange im voraus auf die Hacke des Menschen eingestellt«, schreibt Pollan. »Als ich mich über ihre Wurzeln hermachte, spielte ich damit nur ihrer Strategie zur Erlangung der Weltherrschaft in die Hände.« Etwas Ähnliches geschah, als während der dreißiger Jahre ein Arzt in Chicago einen Ausrottungsfeldzug gegen die Ambrosiapflanze initiierte. Seine Freiwilligen zerstörten unzählige Pflanzen, verbreiteten dabei aber unvermeidlich die Pollen und förderten so die Ausbreitung dieses Unkrauts in der Stadt.[2]

Wie die Problemtiere, die wir im letzten Kapitel behandelt haben, kamen einige der schlimmsten Unkräuter auf Empfehlung von Fachleuten nach Nordamerika – auf Anraten von Wissenschaftlern, Beamten, Samenhändlern und Saatgutzüchtern. David Fairchild, ehemals Leiter des United States Office of Plant Introduction, erwähnt in einem Reisebuch ganz beiläufig, daß seine Institution »nahezu 200 000 bekannte Pflanzenarten und Varietäten aus aller Welt eingeführt hat«. Neuartigkeit und Schönheit spielten dabei eine mindestens ebenso große Rolle wie der Nutzen. Manche Fachleute begriffen gar nicht, wie dramatisch neue Pflanzen die Landschaft verändern können. Andere wußten das wohl, sahen aber längst nicht alle potentiellen Folgen voraus. Und wie bei den Kontroversen um die Einführung von Tieren, so haben auch viele Unkräuter ihre Bewunderer und Verteidiger: zum Beispiel Anbauer und Käufer des für Salate benutzten Löwenzahns oder Liebhaber unverwüstlicher Stadtpflanzen wie des Götterbaums, der in Brooklyn und anderen Städten wächst, wo empfindlichere Arten oft den Abgasen und dem Vandalismus zum Opfer fallen. (Auch der Götterbaum läßt oft neue Triebe sprießen, wenn man ihn fällt.) Es gibt zahlreiche robuste Stadtpflanzen; allein in der Innenstadt von Cleveland hat ein Botaniker mehr als 400 solcher Arten gefunden; und andere berichten von seltenen Orchideen, die wild am Ufer eines Sees in Schenectady, New York, und auf Weideland in Südarizona wachsen. Andere in ihrem ursprünglichen Lebensraum gefährdete Pflanzen mögen letztlich vor der völligen Ausrottung bewahrt bleiben, weil sie in verwilderten, aufgegebenen Englischen Gärten weiterexistieren. Zuweilen wird die Verbreitung von Unkräutern auch gezielt gefördert, so in den Niederlanden, wo Kinder und Erwachsene aus botanischen Gärten die Samen farbenprächtiger Unkräuter mit nach Hause nehmen können. Den Unkrautliebhabern in aller Welt könnte Ralph Waldo Emersons Definition als Wahlspruch dienen, wonach Unkräuter Pflanzen sind, deren Nutzen wir nur noch nicht erkannt haben.³

Es gibt allerdings auch wichtige Unterschiede zwischen tierischen Schädlingen und pflanzlichen Unkräutern, die wir nicht übersehen dürfen. Unkräuter ergreifen Besitz von offenen, gestörten Flächen; sie konkurrieren in der Regel nicht aggressiv mit einheimischen Wildpflanzen. Die Bodenerschließung teilt die Lebensräume durch Straßen, Wohn- und Industriegebiete in kleinere Flächen auf. Immer weitere Gebiete werden auf diese Weise in Inseln aufgespalten, die unter dem Druck menschlicher Aktivitäten stehen. Und die pflanzlichen Invasoren können ihren Lebensraum weitaus radikaler verändern als selbst die hungrigsten und fortpflanzungstüchtigsten Insekten, Vögel oder Säugetiere. Durch die Umgestaltung der Landschaft können sie andere Pflanzen verdrängen, von denen vielleicht wiederum wertvolle und seltene Tierarten abhängen. Vielfach nutzen Unkräuter nur die Schwächung bestehender Lebensräume. Doch manchmal werden aus den wilden Siedlern regelrechte Umweltsturmtruppen. Ob man sie nun bekämpft oder ihnen freien Lauf läßt, in jedem Fall entfesseln sie allein schon durch ihre Anwesenheit einen Krieg in der Natur.⁴

Pflanzliche Invasoren sind bei ihrer Ausbreitung noch stärker von Technologien abhängig als ihre tierischen Entsprechungen. Wie wir gesehen haben, konnte der Schwammspinner dank des noch nicht motorisierten Verkehrs mit den umliegenden Orten in Boston Fuß fassen; Straßenbahnen, gefolgt von Automobilen und Lastkraftwagen, erledigten den Rest. Die Eisenbahn trug auch zur Ausbreitung des Karpfens innerhalb von zwei Jahrzehnten bei. Für die pflanzlichen Invasoren war das Verkehrswesen der Menschen nicht minder bedeutsam. Die ersten Eisenbahnen veränderten die Vegetation Nordamerikas; sie sorgten nicht nur für die Ausbreitung von Unkräutern, sondern bewahrten auch manche durch die Ausrottungsbemühungen der Farmer gefährdeten Pflanzen vor dem Aussterben. Die Zäune, die sowohl von den Eisenbahngesellschaften als auch von den Farmern entlang der Bahngleise errichtet wurden, um das Vieh von den Schienen fernzuhalten – die Schienenräumer an den Lokomotiven reichten da nicht aus –, schützten die Pflanzen vor den Tieren, die sie ansonsten abgegrast hätten. Und die Züge verbreiteten den Samen über das gesamte Schienennetz. Sie sorgten auch für die Ausbreitung des Steppenläufers (*Salsola kali*) in den Hochlandregionen des Westens. (Der Steppenläufer ist keineswegs eine einheimische amerikanische, sondern eine europäische Pflanze, die sich leicht von den Wurzeln löst, wenn sie austrocknet, und dann eines der wenigen rollenden Objekte in der Natur bildet – was der Verbreitung ihres Samens sehr zugute kommt.) Für einige Unkräuter, die man heute in der Agrarlandschaft nur noch selten antrifft, sind die Eisenbahntrassen zugleich ein Schutzraum und ein Mittel der weiteren Verbreitung.[5]

Mit der zunehmenden Besiedlung Nordamerikas drangen auch die Pflanzen der Alten Welt nach Westen vor. An den Hufen der Pferde und in den Fuhrwerken der Siedler machten auch Unkrautsamen sich auf die Reise. Händler streckten damit Saatgutlieferungen, bis die Vereinigten Staaten und Kanada zu Beginn des zwanzigsten Jahrhunderts durch eine entsprechende Gesetzgebung für reines Saatgut sorgten. Auch staatliche Stellen und andere nationale Organisationen verbreiteten Unkräuter. Offiziere der U.S. Navy und das Personal der Botschaften brachten häufig Pflanzen oder Pflanzensamen mit zurück, weil sie ihnen ökonomisch oder ästhetisch interessant erschienen. 1839 bewilligte der Kongreß Gelder, die es dem Patentamt ermöglichen sollten, überall auf der Welt neue Pflanzen zu beschaffen. Zu den frühesten Entdeckungen gehörte das Fingergras – eigentlich handelte es sich um mehrere Gräser der Familie *Digitaria*. Der Gerechtigkeit halber muß erwähnt werden, daß die Vertreter dieser Familie in Europa als gute Futtergräser galten; auch einwandernde Bauern brachten sie mit und lobten sie sehr. Erst in den sechziger Jahren des letzten Jahrhunderts sorgten Frederick Law Olmsted und andere Landschaftsarchitekten dafür, daß freistehende, von parkähnlichen Rasenflächen umgebene Häuser populär wurden. Die Einführung des ersten kompakten Rasenmähers um dieselbe Zeit trug gleichfalls dazu bei, daß aus den Suburbs buchstäblich jene Fingergraskolonien wurden, von denen der Stadthistoriker Kenneth Jackson gesprochen hat. Zwei Formen von Intensivierung, jede für sich durchaus vernünftig, verbanden sich zu einem unglücklichen Ergebnis: Das Fingergras war widerstandsfähig, zäh und leicht zu vermehren, der Rasen eine sorgfältig gepflegte, nährstoffreiche Zone.[6]

Auch einem anderen Gras leistete die Bundesregierung großzügige Hilfestellung, bis es später dann in Ungnade fiel: dem Hanf oder *Cannabis sativa*. Wie das Fingergras, so hat auch der Hanf durchaus seinen Wert. Thomas Jefferson baute ihn der Fasern wegen an, und zahllose Amerikaner des neunzehnten Jahrhunderts taten es ihm nach. Der Hanfanbau war nicht nur legal, sondern eine geradezu patriotische Tat. Vor dem Krieg von 1812 bemühte die U.S. Navy sich jahrzehntelang nach besten Kräften, den

Aufbau einer heimischen Hanfindustrie zu fördern. Allein 1877/78 verteilte das amerikanische Landwirtschaftsministerium über das landesweite Post- und Eisenbahnnetz 339 Hanfproben (und 343 Mohnproben). Noch kurz vor der Jahrhundertwende schrieb der mit »Nachforschungen in Sachen Fasern« betraute Spezialagent Charles Richard Dodge im Jahrbuch des Landwirtschaftsministeriums, der Hanf werde »weltweit als Rohstoff für Seilerwaren angebaut« und sei so weit verbreitet, »daß man Festigkeit und Haltbarkeit aller Fasern an ihm mißt«. Doch weder die Navy noch das Landwirtschaftsministerium hatten sonderlich viel Erfolg mit Cannabis. Als Faser bedarf der plebejische Hanf – merkwürdigerweise wie die aristokratische Seide – geschickter Hände zu seiner Verarbeitung, und der Anbau war stets ein Kleingewerbe. Selbst vor dem Verbot des Hanfanbaus war keine der schätzungsweise 100 patentierten Hanfreinigungsmaschinen wirklich funktionsfähig. Dennoch war der Hanfanbau – dank der kommerziellen Saatgutkataloge und der staatlichen Förderung – so weit verbreitet, daß die Wildform des Hanfs bis ins späte zwanzigste Jahrhundert an Wegrainen überlebt hat. Seltsamerweise glaubten die Amerikaner bis in die jüngste Zeit, nur der südasiatische Hanf (*Cannabis indica*) sei zur Haschischgewinnung geeignet. Und es ist schon eine Ironie, daß ausgerechnet die Verschärfung des Marihuanaverbots in den achtziger und neunziger Jahren illegale Hanfbauer dazu ermunterte, *C. sative* und *C. indica* miteinander zu kreuzen, so daß eine kompakte Pflanze entstand, die sich bestens für den heimlichen, oft in Gewächshäusern betriebenen und hochgradig automatisierten Anbau eignet. Jedenfalls schoß die Produktion in die Höhe. Finanziell war Cannabis 1995 die Pflanze mit den höchsten Erträgen, ihr Verkauf brachte mehr als Mais und Sojabohnen zusammen.[7]

Der Botaniker Richard N. Mack behauptet, der Samenhandel habe nicht nur zukünftige Unkräuter eingeführt, sondern deren Gefährlichkeit durch seine Methoden noch erhöht. Früher mußte eine Pflanze sich Schritt für Schritt von einem Ort zum nächsten bewegen, um ihr Verbreitungsgebiet auszudehnen. Dank des Versandhandels, der die Samen mit der Eisenbahn verschickte, konnte eine Pflanze gleichzeitig an viele Orte in Hunderten oder Tausenden von Kilometern Entfernung gelangen. Und jeder dieser Bestimmungsorte konnte seinerseits zum sekundären Ausgangspunkt für ihre weitere Ausbreitung werden. (Der Luftverkehr bietet heute natürlich weltweit dieselben Möglichkeiten, nur um ein Vielfaches beschleunigt.) Bäume und Sträucher, die in Gestalt von Samen gehandelt werden, haben bereits die Fähigkeit bewiesen, sich geschlechtlich in einer Weise fortzupflanzen, die anderen, als Setzlinge oder Ableger gehandelten Pflanzen abgeht. Im neunzehnten Jahrhundert erzeugten die Züchter noch nicht die sterilen Hybriden und hochgradig domestizierten Sorten unserer Zeit; ihr Saatgut vermochte in der Wildnis weitaus besser zu überleben als unsere heutigen Züchtungen. Außerdem wird kommerzielles Saatgut besser gepflegt und dichter ausgesät als Pflanzen, die sich zufällig ausbreiten; dadurch erhöht sich auch die Wahrscheinlichkeit einer natürlichen Fortpflanzung. Vor allem vor der Regulierung des Samenhandels und der Einführung systematischer Kreuzungen im zwanzigsten Jahrhundert glich die kommerzielle Verbreitung von Pflanzen weniger einer Welle als einem Regen weiträumig verteilter Raketen mit lebendiger Fracht. In Nevada verschickte ein staatlicher Beauftragter für landwirtschaftliche Experimente mit seinen Informationsblättern auch getrocknete Exemplare und Samen der Unkräuter, vor denen er die Farmer warnen wollte. Tatsächlich – so glaubt jedenfalls Mack – sorgte er durch diese Proben erst für die Verbreitung der Unkräuter.[8]

Auch die Automobile zeitigten ihren eigenen pflanzlichen Rache-Effekt: *Tribulus terrester*. Dieses Kraut mit dem Habitus eines Kriechstrauchs war in Kalifornien nur selten zu finden, bis der Autoboom der zwanziger Jahre, das vergrößerte Straßennetz und der wachsende Verkehr für seine Ausbreitung im gesamten Bundesstaat sorgte. Die spitzen Dornen der Samenhülsen waren früher eine Gefahr für die Reifen. Die California Highway Commission empfahl wiederholt, die Straßenränder mit (teurem) Dieselöl zu spritzen. Sie räumte allerdings ein, falls nicht auch die angrenzenden Privatgrundstücke behandelt würden, sei die ganze »Mühe vergebens, weil die Pflanze durch Samen von außerhalb schneller nachwächst, als wir sie beseitigen können«. Den modernen Reifen können die Dornen von *Tribulus terrester* nichts mehr anhaben, doch für Radfahrer im Südwesten der Vereinigten Staaten sind sie immer noch eine Gefahr.[9]

Das Automobil ist nicht die einzige Innovation, die eine durchaus handhabbare Pflanze in eine galoppierende Bedrohung verwandelte. An den Ufern der Flüsse im Südwesten führte man Ende des achtzehnten Jahrhunderts die Tamariske ein; dabei handelt es sich um einen eurasischen Baum, der Schatten spenden, Holz produzieren und das Hochwasser eindämmen sollte. Während des neunzehnten Jahrhunderts breitete die Tamariske sich langsam aus. Dann, anfang des zwanzigsten Jahrhunderts, schien sie plötzlich den ganzen Südwesten zu überschwemmen. Wie andere Invasoren hatte sie hohe Fruchtbarkeit und rasches Wachstum auf ihrer Seite; ein Baum läßt jährlich eine halbe Million winziger Samenkörner vom Wind davontragen, und wenn ein Samenkorn keimt, kann der junge Baum im ersten Jahr bis zu drei Meter hoch werden. Der Pflanzenökologe Duncan Patten und andere glauben, den entscheidenden Schub erhielt die Tamariske durch den Bau von Staudämmen, die für einen Rückgang der Überschwemmungen sorgten und dadurch den Zeitplan der Samenfreisetzung bei den natürlichen Konkurrenten der Tamariske, Pappel und Weide, durcheinanderbrachten. Patten verweist auch auf die verstärkte Beweidung der Uferregionen und auf die größere Anziehungskraft, die heimische Pflanzen auf das Vieh ausübten. Diese Veränderungen verwandelten eine durchaus nützliche Pflanze in einen bedrohlichen Eindringling, der fast eine halbe Million Hektar bedeckt, einheimische Bäume verdrängt und Blätter mit solchem Salzgehalt abwirft, daß der Boden bald keine andere Vegetation mehr trägt. Durch diese Verarmung verringerte sich auch die Tierwelt. Außerdem war die Ausbreitung der Tamariske mit einem Rache-Effekt gegen die Erbauer der Staudämme verbunden, denn an den Rändern der Stauseen pumpen diese Bäume ständig teures Wasser in die Atmosphäre. Es heißt, die Tamarisken im Südwesten der Vereinigten Staaten verbrauchen jährlich doppelt soviel Wasser wie alle Städte Südkaliforniens zusammen. Durch eine Renaturierung der Flüsse und die Einschränkung der Abweidung ließe sich ihre Ausbreitung in Grenzen halten, doch eine wirksame Kontrolle ist äußerst arbeitsintensiv, weil man die betroffenen Flächen regelmäßig abbrennen, umpflügen, mit Gift besprizten oder sogar mit Plastikplanen abdecken muß.[10]

Die Kopoubohne

Die Tamariske ist nicht die einzige Nutzpflanze, die sich in ein Frankensteinsches Monster verwandelte, und Hanf nicht das einzige Kraut, das zunächst staatliche Förderung genoß und dann Anlaß zu einer drastischen Kehrtwende der Politik gab. Die Kopoubohne (*Pueraria lobata* oder *P. montana*), eine halbwilde, aus Asien stammende Kletterpflanze aus der Gruppe der Leguminosen, gedeiht auch auf hochgradig vernachlässigten und erschöpften Böden. Sie breitet sich über Wurzelknoten aus. Die holzige Wurzel der Kopoubohne ist gleichsam ein kleiner Baum, der über zwei Meter lang und bis zu 200 Kilogramm schwer werden kann. In Japan wird die pulverisierte Wurzel als stärkehaltiges Bindemittel für Speisen geschätzt und gilt immerhin als so schmackhaft, daß man sie auch in den feinsten Restaurants der Zen-Tempel als Vorspeise auf handgemachten Porzellantellerchen serviert. Das Blatt der Kopoubohne ziert Familienwappen. Nach Amerika wurde sie anläßlich der Centennial Exhibition 1876 in Philadelphia eingeführt, und schon bald war sie ein beliebter Schattenspender an Veranden. Dort blieb sie auch, denn nur selten kann sie sich über ihre Samen ausbreiten.[11]

Erst Landwirtschaftsexperten der Regierung machten die Kopoubohne zu einer Plage. David Fairchild, damals bereits ein gefeierter Pflanzenjäger für das Bureau of Plant Industry des amerikanischen Landwirtschaftsministeriums, holte die Bohne um die Jahrhundertwende nochmals ins Land, und einige Farmer begannen versuchsweise mit ihrem Einsatz auf erschöpften Weideflächen. Noch vor dieser Wiedereinführung hatte Fairchild mehr als 200 Vorkriegsdollars für die Entfernung von Kopoubohnenranken ausgeben müssen, die sich an den Kiefern auf seinem Grundstück hochrankten und sie zu Boden drückten, aber offenbar sah er keinen Anlaß, andere vor dieser Pflanze zu warnen. Manche Farmer brauchten keine Ermunterung. In Florida rief ein ehemaliger Schulrat dazu auf, die Hälfte des bebaubaren Landes damit zu bepflanzen: »Das würde uns 15 bis 35 Millionen Dollar bringen statt des Hungerlohns, den König Baumwolle uns zukommen läßt.«[12]

Während des New Deal propagierte der U. S. Soil Conservation Service den Anbau der Kopoubohne zur Wiederherstellung der durch Insekten, Erosion und die Depression zerstörten Böden in den Baumwollregionen des Südens. Und man bewunderte die Stärke dieser Pflanze durchaus zu Recht. Wie Unkräuter, so gedeiht auch die Kopoubohne auf gestörten und marginalen Böden, weder Insekten noch die Dürre können ihr etwas anhaben, der Boden bedarf keiner Bearbeitung oder Düngung, und vor allem wächst die Pflanze sehr schnell. Einer ihrer Bewunderer hat ausgerechnet, daß sie sich im Verlaufe eines Jahrhunderts von einem Hektar auf 32 000 Hektar ausbreiten würde, wenn man sie ließe. Im Frühjahr wachsen ihre Ranken bis zu 30 Zentimetern am Tag; übers Jahr können sie eine Länge von 20 Metern erreichen und Objekte von mehr als 12 Metern Höhe überwachsen. Ihr üppiges Wachstum hält den Boden kühl und feucht. Als Bodendecker verringert die Kopoubohne den Oberflächenwasserablauf um 80 Prozent. Und Flächen, die mit dieser Bohne bepflanzt sind, verlieren 99 Prozent weniger Bodenkrume als Flächen, die Baumwolle tragen. Sie bringt wieder Nährstoffe in den Boden, läßt sich sowohl frisch als auch getrocknet gut an Vieh verfüttern – wenngleich die Milch von Kühen, die mit Kopoubohnen gefüttert werden, nicht immer genießbar ist. Da kann es nicht verwundern, daß der Soil Conservation Service 73 Millionen Kopoubohnensetzlinge an Farmer und an Gruppen des Civilian Conservation Corps verschickte und pro Hektar 15 bis 20 Dollar für deren Anpflanzung zahlte.[13]

Gegen Ende des Zweiten Weltkriegs waren im Südosten der Vereinigten Staaten mehr als 200 000 Hektar mit Kopoubohnen bepflanzt. Private Förderer der »Wunderbohne« setzten das vom New Deal begonnene Werk fort. Channing Cope, der Mann, von dem die oben angeführte Schätzung über die Ausbreitungsgeschwindigkeit der Bohne stammt, gründete den Kudzu Club of America, der sich zum Ziel setzte, die Anbaufläche der Bohne landesweit auf drei Millionen Hektar zu erhöhen. Doch nur zehn Jahre später verdammten Farmer und Behörden gleichermaßen die Kopoubohne als Schadpflanze. Die Bohne hatte sich nicht verändert, wohl aber die Landwirtschaft. Im Süden hatten die Landbesitzer damit begonnen, die Wälder wiederaufzuforsten; die Kopoubohne überrankt und erdrückt Setzlinge, aber auch bis zu 30 Meter hohe Bäume. (1988 schätzte der U. S. Forestry Service die durch die Kopoubohne verursachten Holzverluste in Alabama, Georgia und Mississippi auf 175 Millionen Dollar.) Sie besetzt Flächen, die für eine Aufforstung in Frage kommen. Aber auch für Viehzüchter und Milcherzeuger war die Bohne nicht mehr so interessant; sie wünschten sich noch produktivere Futterpflanzen und waren bereit, dafür auch mehr Dünger und Arbeit aufzuwenden. Selbst der Schutz vor der Bodenerosion ließ sich inzwischen durch neue und leichter zu handhabende Pflanzen bewerkstelligen. Zum Teil gerade wegen ihres Erfolgs während der Depressionszeit wurde die Kopoubohne nun technologisch obsolet. Der Soil Conservation Service, der sie einst selbst gefördert hat, stuft sie seit 1970 offiziell als Unkraut ein.[14]

Die Kopoubohne mag bei den Bundesbehörden in Ungnade gefallen sein (übrigens nicht ganz, wie wir noch sehen werden), aber auf solches Wohlwollen ist sie längst nicht mehr angewiesen. Da ihr in Nordamerika weder Krankheiten noch Insekten etwas anhaben können, gedeiht sie im gesamten Südosten prächtig. Auf den Höfen ist sie zwar nicht mehr willkommen, als Vergeltung hat sie jedoch die gesamte technische Infrastruktur im östlichen Teil des Sonnengürtels mit Beschlag belegt. Sie wirft Telegraphenmasten um, schaltet ganzen Stadtvierteln den Strom ab, weil lokale Transformatoren sich unter der dichten Decke ihres Bewuchses so stark aufheizen, daß sie durchbrennen; sie klettert an Hochspannungsmasten hinauf und sorgt für einen Kurzschluß in den Überlandleitungen. Einst wurde sie von den Straßenbauämtern zur Befestigung der Straßenränder angepflanzt, heute überwuchert sie Verkehrsschilder und Brücken. Wo sie über die Eisenbahnschienen wächst, werden die Gleise schlüpfrig, wenn die Bahn ihre Triebe beim Überfahren zerdrückt; dann kann es auf Steigungsstrecken sogar geschehen, daß die Antriebsräder der Lokomotiven durchdrehen. Tatsächlich vermag die Kopoubohne nahezu jedes stationäre Objekt zu überwuchern und einzuhüllen – abgestellte Autos und Eisenbahnwaggons, leerstehende Häuser und sogar schlafende Betrunkene (wie es in der volkstümlichen Überlieferung des Südens heißt).[15]

Die Kopoubohne ist allerdings nicht so widerstandsfähig wie andere Problempflanzen. Bei zufälliger oder gewollter Überweidung kann sie eingehen. Doch ein Teil ihrer Vertreter wird stets außerhalb der Reichweite bleiben, denn Rinder steigen nicht auf Bäume, wie der Autor eines Buches über die Kopoubohne anmerkt. Wer sie ausrotten will, muß sämtliche Wurzelkronen finden und zerstören; bleibt nur eine einzige erhalten, wächst die Pflanze nach. Die Farmer müssen sämtliche Kopoupflanzen und Bäume an den Feldrainen beseitigen. Die Zahl der gegen sie einsetzbaren Herbizide nimmt ständig zu, aber viele Produkte schädigen auch erwünschte Pflanzen. Außerdem hat der Einsatz von Gift gegen die Kopoubohne seinen eigenen Rache-Effekt: Da man den Boden bis zu einem Jahr von jeglicher Vegetation freihalten muß, kann es zu eben jener Erosion kommen, der man mit der Kopoubohne einst zu begegnen versuchte. So kann es nicht verwundern, daß der Soil Conservation Service, schon kurz nachdem er die Kopoubohne als Schadpflanze gebrandmarkt hatte, wieder Samenproben verteilte – wenn auch sehr vorsichtig. Japans Weigerung, weitere Samen zu liefern, deutet darauf hin, daß es sich wohl eher um ein Handelsgeheimnis als um eine Bedrohung handelt. Ihre Verbindung mit dem Zen, die Fähigkeit, ohne Chemikalien oder ihnen zum Trotz zu wachsen, wie auch ihr Wert als »natürliche« Futterpflanze und Faserlieferantin trugen die Kopoubohne aus dem New Deal ins New Age hinüber.[16]

Noch ist nicht sicher, ob die Entspannung an der Bohnenfront von Dauer sein wird. Wissenschaftler des Department of Natural Resources des Bundesstaates Florida horchten auf, als Herbizidexperten aus Alabama und Georgia sie während eines Besuchs auf einige Exemplare der Leguminosenart hinwiesen, die auf mehreren Kilometern Uferböschung des Kanalsystems von Südflorida wuchsen. Sie hatten geglaubt, die Pflanze werde sich niemals weiter südlich als bis nach Ocala ausbreiten. Nun erkannten sie, daß die Kopoubohne nicht nur die verbliebene einheimische Vegetation, sondern auch den aggressiven Eindringling verdrängen konnte, der (wie wir noch sehen werden) die Everglades überschwemmt hatte – und am Ende wäre dieses Sumpfgebiet nichts anderes mehr als ein riesiger Kopoubohnenwald. Gerade in ihrer isolierten Stellung erinnerten diese Pflanzen die Biologen daran, welcher Wachsamkeit solche chronischen Problempflanzen bedürfen.[17]

Rosa multiflora

Während die Kopoubohne nach ihrer Einbürgerung ein gesetztes Alter erreicht hat und sogar als Emblem einer ganzen Region gilt, ist die Vielblütige Rose (*Rosa multiflora*) immer noch von jugendlicher Wildheit. Wie die Kopoubohne, so wurde auch *Rosa multiflora* im neunzehnten Jahrhundert von Gärtnern und Gartenbesitzern aus Asien nach Nordamerika geholt. Sie besitzt einen ausgezeichneten Wurzelstock und läßt sich mit zahlreichen anderen Rosenarten kreuzen. Sie ist gesund und nur gegen wenige Schädlinge anfällig. Vögel und andere Tiere lieben ihre Früchte. Als eine unter Hunderten von Varietäten in der Rosenzucht dürfte ihr Umwelteinfluß im neunzehnten Jahrhundert wohl vernachlässigenswert gering gewesen sein. Doch zu Beginn der Depression wurde sie vom Soil Conservation Service wie auch von anderen Bundes- und Landesbehörden entdeckt und gefördert. Wie die Kopoubohne sorgte sie für eine Stabilisierung erschöpfter Böden. Sie roch süß, sah gut aus und bildete eine natürliche Schutzhecke um Felder. Bis in die sechziger Jahre pflanzten Farmer allein in North Carolina innerhalb von nur zwei Jahrzehnten zwischen 14 und 20 Millionen Rosen, und in West Virginia wurden nochmals 14 Millionen angepflanzt. Selbst in den Great Plains entstanden *Multiflora*-Windschutzhecken.[18]

Was im neunzehnten Jahrhundert als die Tugenden dieser Pflanze gegolten hatte, wurde nun zu einer Plage – wenigstens für die Farmer, denen der Soil Conservation Service hatte helfen wollen. Nach Aussage von James W. Amrine Jr., der in der Division of Plant and Soil Sciences der University of West Virginia arbeitet, kann eine einzige Pflanze in guten Jahren eine halbe und sogar eine ganze Million Samen produzieren. Da *Multiflora* bei Singvögeln wie Rotkehlchen und Spottdrosseln sehr beliebt ist, verbreiten sie deren Samen mit ihren Exkrementen. Singvögel verdauen Samenkörner nicht wie Hühner, Truthähne und andere Hühnervögel, sondern scheiden sie häufig völlig intakt wieder aus. In einer Studie wird sogar behauptet, der Durchgang durch das Verdauungssystem verdopple ihre Keimungschancen. Doch erst die übermäßige staatliche Förderung dieser attraktiven, langlebigen Pflanze, gepaart mit ihrer Ausbreitungsfähigkeit und ihrer Zähigkeit, ließen ihren potentiellen Unkrautcharakter zur Geltung kommen.

Schon in den dreißiger Jahren erkannte man in Kentucky und einigen anderen Bundesstaaten die Gefahr und begrenzte die Anpflanzung dieser Rose. Alarmiert von dem Vorschlag, alte Friedhöfe mit *Multiflora* zu bepflanzen, schrieb ein führender Botaniker Indianas in einem Brief: »Ich fürchte, wenn Gabriel seine Posaune erschallen läßt, werden einige an den Rosen hängenbleiben und nicht durchkommen. Bitte empfehlen Sie *Rosa multiflora* nicht – oder allenfalls für ein Feuer im Garten.« In den sechziger Jahren sollten seine Befürchtungen sich bestätigen. *Multiflora* hatte sich über Hänge, Straßenraine und andere marginale Flächen ausgebreitet. West Virginia brandmarkte die Pflanze als schädliches Unkraut; bald folgten Iowa, Illinois, Kansas, Maryland, Missouri, Ohio und Pennsylvania.

In West Virginia bezeichneten Agrarwissenschaftler und Landwirtschaftsberater die Pflanze in einer Umfrage als das schlimmste landwirtschaftliche Problem des Landes. In North Carolina sind heute mehr als 800000 Hektar ehemalige Wiesen dicht mit *Multiflora* bewachsen. Die lebendigen *Multiflora*-Zäune begrenzen und schützen die Felder nicht mehr, sondern haben sie überschwemmt; wo sie wuchert, sind Weidewirtschaft und Akkerbau nicht mehr möglich. Seit nunmehr dreißig Jahren versuchen die Farmer, sie abzuschneiden, auszureißen, niederzuwalzen, abzubrennen, zu vergiften oder – wo alles nichts hilft – von Ziegen abweiden zu lassen.

Anders als die Kopoubohne hat *Rosa multiflora* einige vielversprechende natürliche Feinde; außerdem ist sie anfällig für Krankheiten. Es gibt eine winzige Erzwespe, die Rosensamenwespe (*Megastigmus aculeatus* var. *nigroflavus*), die ihre Eier in den Rosensamen ablegt und sie zerstört, wenn sie keimen. Diese Erzwespen können bis zu 90 Prozent der *Multiflora*-Samen vernichten. Leider wurden sehr viele *Multiflora*-Rosen als Stecklinge gepflanzt, so daß die Eindämmung durch die Erzwespe erst wirksam werden kann, wenn sie sich auf natürlichem Wege ausbreiten – und das heißt sehr langsam, vielleicht erst nach zwanzig Jahren. Ein anderes Insekt, der Bockkäfer oder Zweigringler, schädigt ausgewachsene Pflanzen, indem er seine Eier, wie der Name schon sagt, ringförmig in den Ästen der Rose ablegt, so daß die Zweige nach dem Schlüpfen der Larven meist absterben; aber er zerstört nicht genug Pflanzen, um eine wirksame Verringerung zu bewirken. Außerdem übertragen Milben eine als Hexenbesen bekannte Krankheit, die wahrscheinlich durch Viren ausgelöst wird; die Zusammenhänge sind jedoch noch nicht ganz erforscht. In den neunziger Jahren breiteten sich die Milben und die von ihnen übertragene Krankheit von den Windschutzhecken des Westens über das Ohio Valley und West Virginia nach Osten aus und dürften angesichts der dort vorherrschenden Winde bald auch Neuengland erreichen.

Der Hexenbesen stellt offenbar keine wirtschaftlich bedeutsame Bedrohung für die Obstbäume dar, aber sein gezielter Einsatz könnte Rache-Effekte auslösen. Da viele Pflanzen mit dieser Krankheit keine Symptome zeigen, breitet der Virus sich möglicherweise unbemerkt aus. Zwar sind manche Rosenarten nicht anfällig für den Virus, dafür könnte er für andere verheerend wirken. Wenn die Milben, die sie übertragen, etwa nach Ostasien gelangten, könnten sie die dortigen *Multiflora*-Populationen infizieren. Und in Ostasien ist *Rosa multiflora* keineswegs ein Unkraut, sondern eine wichtige und hochgeschätzte Nutzpflanze. James Amrine befürchtet, daß die Milben – ähnlich wie der Schwammspinner, die Ulmenkrankheit und die Kastanienfäule – in Übersee weit größere Probleme erzeugen könnten als in ihrer Heimat.

Rosa multiflora zeigt, daß bei entsprechender Förderung durch Fachleute selbst eine scheinbar harmlose Zierpflanze sich innerhalb von drei Jahrzehnten in eine offiziell als gefährlich eingestufte Schadpflanze verwandeln kann. Außerdem zeigt sie, daß biologische Bekämpfungsverfahren weder rasch wirken noch frei von Rache-Effekten sind.

Unkräuter der Zukunft: Silberhaargras

Da das Geschäft mit Saatgut und Setzlingen mindestens ebenso dem Wechsel der Moden unterworfen ist wie den Bedürfnissen der Landwirtschaft und da die Technik des Transports und der Ausbreitung exotischer Pflanzen sich ständig weiter verbessert, wird es an Kandidaten für eine Einbürgerung auch weiterhin nicht fehlen. Selbst wenn der umweltorientierte (linke) Arm der Bundesbehörden mit anklagendem Finger auf nichteinheimische Arten zeigt, wird der landwirtschaftlich orientierte (rechte) Arm auch in Zukunft die Hand zumindest zu einem vorsichtigen Händedruck ausstrecken. Schließlich liegt ein Grund für die Förderung und Erhaltung einer gewissen Diversität der Lebensformen auf der Erde in der dadurch eröffneten Möglichkeit, nützliche Arten zu untersuchen und einzuführen. Doch die Rache-Effekte solcher Akklimatisierungsstudien zeigen sich manchmal erst nach Jahrzehnten.

Das Silberhaargras (*Imperata cylindrica*), das inzwischen große Flächen Floridas und des übrigen Südostens bedeckt, hat hohe, scharfe, dornige Blätter. Als Wissenschaftler der Rinderzuchtversuchsanstalt des amerikanischen Landwirtschaftsministeriums bei Brooksville, Florida, das Gras erstmals importierten, wahrscheinlich aus China, nahm das Vieh dieses Futter wohl wegen der gezackten Blattränder nicht an, und das Landwirtschaftsministerium ließ das Projekt fallen. Irgendwie gelangte jedoch Samen in die freie Natur, und schon bald gedieh das Silberhaargras an Wegrainen, an den Rändern von Kiefernwäldern und auf anderen Flächen, wo es weniger Aufsehen erregte, aber durchaus mehr wertvolle einheimische Pflanzen verdrängte als die Kopoubohne. Andere Tiere fanden es offenbar ebenso ungenießbar wie die Rinder, und auch die reiche Insektenfauna Floridas rührte das Gras nicht an.[19]

Das Silberhaargras entwickelt ein massives, dauerhaftes Geflecht aus Wurzeltrieben oder Rhizomen. Unter einem Hektar bewachsener Fläche können sich Rhizome von acht Tonnen Gesamtgewicht befinden, die große Mengen Wasser speichern und bis in eine Tiefe von 1,20 Metern vordringen. Die Botaniker glauben, die Rhizome erzeugen eine Substanz, die das Wachstum anderer Pflanzenarten behindert; jedenfalls findet man auf Flächen mit dichtem Silberhaargrasbewuchs nur wenige andere Pflanzen.[20]

Mitte der neunziger Jahre erschien dann das Silberhaargras auf der Liste der problematischen Pflanzenimporte nach Florida. »Als wir es erst einmal bemerkt hatten, sahen wir es überall«, berichtet ein Vertreter der staatlichen Bodenverwaltung, »an den Autobahnen und überall. Der Zitrustrakt des Staatswalds in Withlacoochee ist voll davon. Wenn man die Augen offenhält, findet man es überall.« Eine eigens eingesetzte Arbeitsgruppe untersucht die Pflanze. Der Agronom, der die Gruppe leitet, glaubt, das Silberhaargras ist im gesamten Südosten bereits weit verbreitet. Da biologische Bekämpfungsmaßnahmen unbekannt sind, können die Behörden sich nur auf den massiven Einsatz von Herbiziden wie Arsenal oder Roundup verlassen. Und die Rhizome des Silberhaargrases müssen sorgfältig behandelt werden, wenn die Pflanzen nicht rasch wieder austreiben sollen.[21]

Bäume auf dem Vormarsch

Während Gräser und Kletterpflanzen sich zu einer regionalen oder sogar landesweiten Plage auswachsen können, sind Bäume als Lästlinge eher von lokaler Bedeutung. Auch Bäume können Schadpflanzen sein, vor allem wenn sie aus ihrer ursprünglichen Umgebung mit ihren jeweiligen natürlichen Feinden herausgelöst werden. In Gebieten mit rascher Entwicklung und vielen gestörten Flächen wie den Vorgebirgslandschaften Kaliforniens oder den Wasserwegen Südfloridas gehören Bäume zu den umstrittensten Pflanzenimporten.

Die Landschaft Südfloridas hat sich aus zahlreichen Gründen in sehr kurzer Zeit sehr stark verändert. Das Land ist recht jung; große Teile davon lagen noch vor 5000 Jahren unter dem Meer. Der Biologe Daniel Simberloff spricht von einem »insularen Lebensraum, der auf drei Seiten von Wasser, auf der vierten von Wald umgeben und wie maritime Inseln durch eine verarmte Tier- und Pflanzenwelt gekennzeichnet ist«. Gewitter und Brände sind häufig. Die Böden sind nährstoffarm und anfällig gegen menschliche Aktivitäten wie Ackerbau, Forstwirtschaft und Besiedlung. Es gibt zahlreiche Seen und Flüsse. Wo es an fließenden Gewässern fehlt, können Gräben und Entwässerungskanäle die Wasserverhältnisse noch in vielen Kilometern Entfernung beeinflussen. Solche Veränderungen haben dann oft Auswirkungen auf die Struktur biologischer Gemeinschaften und schwächen deren Position im Wettbewerb mit Neuankömmlingen. Und wie andere Störungen bereiten sie den Boden für das Eindringen von Unkräutern. Der Bau von Entwässerungskanälen hat über Generationen aus einem jahreszeitlich überschwemmten Sumpfgebiet südöstlich des Lake Okeechobee eine besiedelte und landwirtschaftlich genutzte Fläche von 400 000 Hektar Größe gemacht. Der wirtschaftliche Aufschwung Floridas ist eine ökologische Katastrophe für die Sümpfe der Everglades, weil lebenswichtige Wasserquellen abgeschnitten und die restlichen Zuflüsse durch Düngemitteleinträge verschmutzt worden sind.[22]

Unter Ökologen ist man zunehmend besorgt über die Fragmentierung der Landschaft in Florida. Wenn die einheimische Vegetation beseitigt wird, geraten auch Gebiete unter Druck, die nicht direkt betroffen sind. Landwirtschaft und Besiedlung erweitern die Bandbreite der Temperaturen, mit heißeren Tagen, kühleren Nächten und häufigeren Frösten. Die Grenzen zwischen den Vegetationen verändern die Windverhältnisse, vergrößern wetterbedingte Schäden unter den einheimischen Pflanzen und ermöglichen es Samen, Schädlingen oder Krankheiten, in unerschlossene Gebiete einzudringen. Die Isolation verringert die Zahl der Arten, die jede verbliebene Parzelle zu tragen vermag. Viele Tiere spezialisieren sich auf die Grenzbereiche zu erschlossenen Flächen, die biologisch ärmer und stärker unter Druck stehen als die Binnenbereiche der jeweiligen Vegetationszonen.[23]

Ganz Florida ist Grenzland, Ankunftsort für Touristen, Geschäftsleute, Einwanderer und Zuwanderer aus Nord- und Südamerika sowie aus Europa – sie alle potentielle Importeure neuer Lebensformen. Der Hafen von Miami gehört zu den wichtigsten Seehandelszentren an der Ostküste; im Wert der importierten Güter kommt er dem Hafen von Baltimore gleich, der Export ist sogar doppelt so hoch. Ein Großteil des Imports besteht aus lebenden Gütern. Florida ist das wichtigste amerikanische Importzentrum für tropische Fische und exotische Pflanzen. Noch bis vor kurzem benutzten Wasserpflanzenzüchter, manche von ihnen selbst noch aus North Carolina, öffentliche Entwässerungsgräben und andere Wasserläufe in Florida für die Zucht ihrer Pflanzen, um teure Becken und Teiche zu sparen. Und obwohl Kanada wegen der Gefahren durch afrikanisierte Bienenstämme ein Einfuhrverbot für Bienen erlassen hat, ist Florida immer noch ein bevorzugter Überwinterungsort für Bienenvölker aus den nördlichen Staaten der USA. Da kann es nicht verwundern, wenn es in Florida heute mehr als 900 eingeführte Pflanzenarten gibt, und mehr als 100 davon hat der Exotic Pest Plat Council, ein Beratungsgremium aus Fachleuten der zuständigen Bundes- und Landesbehörden, als umweltschädliche Eindringlinge eingestuft.[24]

Einige der schlimmsten unter diesen lästigen Neuankömmlingen wurden nicht von naiven Gartenfreunden oder optimistischen Gärtnern eingeführt, sondern von Fachleuten aus der Staatsverwaltung und den Universitäten, denen es um eine Verbesserung oder Wiederherstellung der Umwelt ging. Ein Pflanzensucher des Landwirtschaftsministeriums führte 1898 den Falschen Pfefferbaum (*Schinus terebinthifolius*) aus Brasilien ein, und die Plant Introduction Station des Ministeriums in Miami machte ihn privaten Gartenfreunden zugänglich. Auch der Eisenbahnbauer Henry Nehrling verteilte mit Hilfe befreundeter Baumschulen Tausende von Pflanzen. Ende 1980 bedeckte er mehrere tausend Hektar in Süd- und Mittelflorida, dem Südwesten der Vereinigten Staaten und auf Hawaii. Die immergrüne Pflanze wird bis zu 14 Metern hoch und trägt Früchte, die sich im Spätherbst leuchtend rot färben; im Volksmund nennt man den Baum »Florida holly« oder auch »Christmas berry«. Er hat ein geradezu aggressives Wachstum und kann bei Berührung einen Hautausschlag verursachen. Inzwischen weiß man, daß er eng mit dem Giftsumach verwandt ist.[25]

Wohl weil der Falsche Pfeffer eher Sumpfgebiete als landwirtschaftlich genutzte Flächen befällt, hat der Gesetzgeber in Florida erst spät Mittel zu seiner Bekämpfung bereitgestellt, obwohl er ihn als Wasserpflanze auf die Verbotsliste stellte. Heute breitet sich der Falsche Pfeffer in Mittelflorida aus, vor allem entlang der Entwässerungskanäle in Brevard County, und dort bereitet er den Einwohnern beträchtliche Sorgen. In den Mangrovenwäldern des Everglades-Nationalparks hat er sich von gestörten, ehemals landwirtschaftlich genutzten Flächen in die einst unberührten Zonen hinein ausgebreitet. Der Bau von Dämmen und Deichen, Hurrikane, Frost und große Schwärme wandernder Rotkehlchen, die Beeren fressen und mit ihren Exkrementen die Samen verbreiten, haben den Falschen Pfeffer zu einem beträchtlichen Problem werden lassen. (Möglicherweise bedauern die Rotkehlchen ihr Festmahl, denn die Beeren des Pfeffers sind für Vögel ebenso ungeeignet wie für den menschlichen Verzehr.)[26]

In die unberührten Sumpfgebiete Südfloridas wurde auch ein anderer Baum eingeführt, *Melaleuca quinquenervia* aus der Gattung der Myrtenheide. Und auch diese Schadpflanze verdankt ihre Verbreitung Fachleuten, die in bester Absicht handelten: John C. Clifford befaßte sich nicht nur mit der Landerschließung und dem Baumschulwesen, sondern lehrte auch Forstwissenschaft an der University of Miami. Er brachte 1906 die ersten Bäume dieser Myrtenheide nach Florida, und schon bald breitete sich *Melaleuca* in sämtlichen küstennahen Sumpfgebieten aus. Doch erst sein Kollege Hully Sterling beschloß, den Baumbestand der Everglades aufzufüllen, indem er *Melaleuca*-Samen mit dem Flugzeug abwerfen ließ. Wie sich später die »sicheren« Pestizide der Nachkriegszeit über Millionen Hektar Land versprühen ließen, so konnte man 1936 vom Flugzeug aus eine ganze Landschaft gleichsam über Nacht umkrempeln. (Es gibt keine Hinweise, daß irgendeine staatliche Stelle des Bundes, des Bundesstaates oder der betroffenen Gemeinden Einwände gegen diese Praxis erhob.) Farmer pflanzten *Melaleuca* als Begrenzungs- oder Windschutzhecken, und auch für private Gärten war die Pflanze wegen ihres raschen Wachstums interessant. In den siebziger Jahren hatte *Melaleuca* sich fast überall in den Wasserschutzgebieten der Everglades ausgebreitet, und die Behörden Floridas sprachen von einer »überaus ernsten Bedrohung« für das dortige Ökosystem. 1980 bedeckte die Pflanze 6 Prozent der Gesamtfläche Südfloridas und nahezu 13 Prozent aller unerschlossenen Sumpfgebiete. 1993 schätzte man, daß *Melaleuca* mindestens 150 000 Hektar bedeckte (die höchste Schätzung belief sich sogar auf mehr als 500 000 Hektar), und dies mit einer Zuwachsrate von 20 Hektar pro Tag. Manche glauben, die *Melaleuca*-Population könne am Ende auf das Zehnfache ihrer jetzigen Größe anwachsen.[27]

Melaleuca stammt ursprünglich aus Malaysia und Australien; in Florida hat der Baum unter den einheimischen Insekten keine Feinde. Er wächst jährlich im Schnitt fast zwei Meter, erreicht eine Höhe von fast 35 Metern und kann älter als 70 Jahre werden. Ansammlungen junger Bäume können eine extreme Dichte erreichen, so daß sie die meisten einheimischen Pflanzen verdrängen und auch bei kräftiger Ausdünnung nur wenigen Tieren Lebensraum bieten. *Melaleuca* ist frostempfindlich – in Nordflorida findet man nur vereinzelte Bäume –, aber auf Böden, die gelegentlich überschwemmt werden, gedeiht sie besonders gut. Da die Blattoberfläche der Bäume um ein mehrfaches größer ist als die des einheimischen Riedgrases, verlieren sie durch Verdunstung sehr viel mehr Wasser an die Atmosphäre.

Das australische Erbe der Pflanze bietet eine Erklärung für ihr buchstäblich explosives Wachstum. *Melaleuca* gehört zu einer Gruppe von Pflanzen, die sich durch Brände ausbreiten. Wie in Australien, so gibt es auch in Florida viele Gewitter, und immer wieder setzt der Blitz die Vegetation in Brand. Die Rinde des Baumes ist leicht entzündlich, aber auch die Blätter enthalten ein Öl, das die Baumkronen explosionsartig verbrennen läßt, wobei die Samen freigesetzt werden. Die extreme Verbrennungshitze der *Melaleuca* (mehr als 800 Grad Celsius) zerstört in Florida auch Harthölzer, die in der Nähe wachsen, und immer wieder entstehen Torfbrände, die zu einer irreversiblen Veränderung der Bodenzusammensetzung führen; in einem einzigen Jahr kann der Boden sich dadurch in einer Weise verändern, für die sonst Tausende von Jahren erforderlich gewesen wären.[28]

Melaleuca ist für ihre Fortpflanzung jedoch keineswegs auf Brände angewiesen; auch der Wind und andere Störungen können die Samenkapseln aufbrechen. Die in Florida überwinternden Bienen aus dem Norden lieben die Blüten der *Melaleuca* und haben durch die Bestäubung wahrscheinlich ihr Teil zur Ausbreitung des Baumes beigetragen. (Tatsächlich dürfte der einzige wirkliche Nutzen des *Melaleuca*-Baumes darin liegen, daß die Bienen, die er anzieht, zugleich einen Nutzen von vielen Millionen Dollar stiften, indem sie für die Bestäubung und Kreuzung anderer Nutzpflanzen sorgen.) Wenn *Melaleuca* mehr als 75 Prozent einer Fläche bedeckt, verringert sich dort die Zahl der einheimischen Fische, Amphibien, Vögel und Reptilien, während die Zahl der Frösche, Ratten und Hausmäuse zunimmt.[29]

Heute versuchen Biologen, die Everglades vor den Folgen des »Lufteinsatzes« zu retten, mit dem man das Sumpfgebiet in den dreißiger Jahren wiederherstellen wollte. Doch wie andere chronische Probleme läßt sich *Melaleuca* zwar leicht verbreiten, aber nur mit größter Mühe wieder eindämmen. Entgegen den Erwartungen der Forstleute, die den Baum einst säten, ist *Melaleuca* kein guter Holzlieferant, zumal die Holzernte sich sehr kostspielig gestaltet. Das schwere Gerät, das man zum Abtransport benötigt, hinterläßt tiefe Spuren in den weichen Böden und verändert nachhaltig deren Topographie. Am besten zieht man die Stämme von Hand heraus, entfernt die Rinde von den Baumstümpfen und besprüht sie mit Pestiziden. Doch sieben bis neun Monate später muß man zurückkommen und die Schößlinge herausziehen, deren Zahl bei einem einzigen gefällten Baum zwischen mehreren Hundert und 1800 liegen kann. Außerdem gibt es kein großflächig einsetzbares Pestizid, das für stehende Gewässer zugelassen wäre. Entomologen aus Bundes- und Landesbehörden erproben zur Zeit einige australische Insekten, die *Melaleuca* fressen, darunter einen Samenkäfer und eine Blattwespe, die, wie es scheint, an keiner einheimischen amerikanischen Pflanze Geschmack finden. Aber es ist noch nicht sicher, daß Mittel für weitere Tests und den Einsatz der Insekten bereitgestellt werden – oder daß Insekten überhaupt in der Lage sind, sich hinreichend rasch zu vermehren und der *Melaleuca*-Plage Einhalt zu gebieten. Das Experiment zur Wiederherstellung der Everglades kann immer noch zu deren Zerstörung führen.[30]

Melaleuca ist eine lokale Plage. Da der Baum ein sehr heißes, feuchtes Klima benötigt, kann er nur in einem kleinen Teil Nordamerikas gedeihen. Die Gattung *Eucalyptus* dagegen, die gleichfalls aus Australien stammt, ist äußerst vielseitig und in mancherlei Hinsicht ebenso problematisch wie *Melaleuca*. Die meisten Menschen, die mit Eukalyptusbäumen leben, halten sie durchaus nicht für Schadpflanzen. Tatsächlich gehört Eukalyptus zu den meistgeschätzten Bäumen der Welt. Bei sorgfältigem Anbau können einige Arten mit ihren tiefreichenden Wurzeln Grundwasserschichten nutzen, die für andere Pflanzen unerreichbar sind, wodurch sie die Produktivität kultivierter Flächen erhöhen. Doch gerade die Eigenschaften, die wir an ihnen schätzen, haben gelegentlich unerwartete und unliebsame Folgen.[31]

Der Umwelthistoriker Stephen J. Pyne hat den Eukalyptus einen »australischen Weltbürger« genannt. Er gehört zu einer Gruppe immergrüner skleromorpher Gewächse, deren kleine, harte Blätter Nährstoffe speichern, so daß der Baum auf vielen, auch sehr armen Böden wachsen kann. Die Gattung war ursprünglich auf eine kleine Gruppe in Australasien beschränkt, aber als Gondwana vor dreißig Millionen Jahren auseinanderbrach, errang sie nach und nach die Vorherrschaft auf dem neuen Kontinent, indem sie einen »Sklerowald« schuf, wie Pyne es ausgedrückt hat. Brände waren sowohl Folge als auch Ursache ihrer Ausbreitung und von ebenso lebenswichtiger Bedeutung für den Sklerowald wie die Niederschläge für den Regenwald. Das Feuer sorgte für eine Selektion der Pflanzen nach ihrer Feuerfestigkeit, und die Ausbreitung der skleromorphen Pflanzen sorgte ihrerseits dafür, daß auch zukünftige Brände genügend Nahrung unter den Überlebenden finden würden. Dank des tiefreichenden Wurzelsystems konnten die Eukalyptusbäume auf höchst unterschiedlichen Böden ihre Nährstoffe gewinnen und zum Beispiel auch dort an Phosphor gelangen, wo stärker spezialisierte Pflanzen zugrunde gehen mußten. In verholzten Knoten an den Wurzeln können sie Nährstoffe bis zu zehn Jahre lang speichern. Der ganze Baum ist ein Wunder an Genügsamkeit, rundum optimiert für arme Böden und Dürreperioden.[32]

Der Eukalyptus entwickelte sich gemeinsam mit den Bränden, die regelmäßig über Australien hinwegfegten. Von den Wurzeln bis zum Wipfel lernte jeder Teil des Baumes, dem Feuer zu widerstehen und sogar Nutzen aus den Bränden zu ziehen. Tief im Boden waren seine Wurzeln sicher und konnten die Nährstoffe wiederverwerten, die das Feuer zurückließ, um neue Schößlinge auszusenden. Das Feuer bereitete nicht nur den Boden für neue Bäume, sondern schlug auch die für ihr Wachstum nötigen Lichtungen. Und da 95 Prozent der australischen Waldbäume zur Gattung *Eucalyptus* gehören, wurden auch Vögel und andere Tiere abhängig von dieser Pflanze und den Bränden, die ihre Ausbreitung förderten. All das erkannten die Bewunderer dieses Baumes in der Regel zu spät.

Und Bewunderer gab es viele. Die Pariser Société d'acclimatation half bei der Einrichtung von Versuchsstationen in Antibes und Algerien; dort sollte der Eukalyptus die Wiederaufforstung beschleunigen und sogar zur Trockenlegung malariaverseuchter Sümpfe eingesetzt werden. Namhafte Ärzte priesen die desinfizierende Wirkung des Eukalyptusöls bei äußerer und dessen heilende Kraft bei innerer Anwendung – gerade auch als Mittel gegen Malaria. Die Unempfindlichkeit gegen Dürre und unterschiedlichste Bodenbedingungen trugen überall dort zur Popularität des Baumes bei, wo keine Fröste drohten. Die meisten Kolonialmächte förderten die Anpflanzung der einen oder anderen unter den etwa zwanzig Eukalyptusarten, die ökonomisch wertvoll erschienen. Erst vor hundert Jahren errichtete Äthiopien unter Kaiser Menelik II. mit Addis Abeba (»Neue Blüte«) erstmals eine feste Hauptstadt, nachdem die Einführung des Eukalyptusbaums eine sichere Brennstoffversorgung gewährleistet hatte. Heute gedeiht der Eukalyptus überall im Mittelmeerraum, im Nahen und Mittleren Osten sowie in weiten Teilen Afrikas, Indiens und Chinas. Im zwanzigsten Jahrhundert sind Eukalyptusprodukte zu wichtigen Handelswaren der Dritten Welt geworden. Zwar werden sie von Umweltexperten dort als krankhaft durstige Schädlinge gehaßt und gelegentlich auch als Überreste des Kolonialismus gebrandmarkt, die es auszurotten gilt, doch auf dem Lande schätzt man sie sehr wegen ihres Holzes, ihrer Rinde und ihrer Blätter.[33]

In Amerika wurde Eukalyptus erstmals in Kalifornien angepflanzt, wo die ersten Siedler in ihrem Hunger nach Ackerland weite Waldgebiete niedergebrannt hatten und sich schon bald in einer baumlosen Landschaft wiederfanden. Auch der rücksichtslose Holzeinschlag im Osten der Vereinigten Staaten veranlaßte einige Kalifornier gegen Ende des neunzehnten Jahrhunderts, sich für die großflächige Anpflanzung von Eukalyptusbäumen in ihrem Bundesstaat einzusetzen, um die einheimische Holzindustrie zu stärken. Der Präsident des Santa Barbara College, Ellwood Cooper, führte den Kreuzzug an. Cooper importierte Samen aus Australien und ließ Vorlesungen des führenden australischen Botanikers Baron Ferdinand von Mueller über den Eukalyptusanbau nachdrucken. Die Bäume sorgten für eine Verbesserung der Böden und warfen außerdem Gewinne ab. Ohne ihre australischen Feinde entwickelten sie ein Rekordwachstum. In nur drei Jahren, so berichtet Cooper, wurde aus einem Samenkorn ein 15 Meter hoher Baum mit einem Durchmesser von 25 Zentimetern. Einige Arten ertrugen die in Kalifornien herrschenden Bedingungen nicht, doch eine entsprach ganz den Hoffnungen, die Cooper in sie gesetzt hatte: der schnellwüchsige Blaugummi- oder Fieberbaum (*E. globulus*), der an Straßenrändern oder in Windschutzhecken schon bald ein Wahrzeichen Kaliforniens wurde und heute noch ist. Das kalifornische Forstministerium verteilte Tausende von Bäumen dieser und anderer Eukalyptusarten. Der offizielle »Tag des Baumes« wurde in Kalifornien zu einem patriotischen Festtag, an dem man Blaugummibäume pflanzte.[34]

Zu Beginn des zwanzigsten Jahrhunderts schlossen sich auch Bundes- und Landesbehörden dem Boom an. Das Landwirtschaftsministerium warnte 1904, der Hartholzvorrat in den Wäldern des Ostens reiche nur noch für 16 Jahre, und die industriellen Nutzer von Eiche, Nuß, Esche und anderen Hölzern schienen durchaus bereit, Eukalyptus als Ersatz zu akzeptieren. Durch den Bau des Panamakanals würde es möglich werden, Holz aus Kalifornien relativ kostengünstig an die Ostküste zu verschiffen. 1908 veröffentlichte das University of California College eine Denkschrift über den Eukalyptusbaum. Bei genauer Lektüre stößt man dort bereits auf ein paar Warnsignale. Beim Eukalyptusöl entfalle der größte Teil des Großhandelspreises auf die Kosten der Destillation. Auf mittelmäßigen Böden sei Eukalyptus zwar besser als gar nichts, aber nur auf guten Böden lohne sich der Anbau wirklich. Außerdem könne die Weiterverarbeitung des Holzes Schwierigkeiten bereiten. Dennoch empfahl die Versuchsstation des College die Anpflanzung von Eukalyptuswäldern, weil sie eine stabilere Einkommensquelle bildeten als Obsthaine. Autoren und Förderer belegten die Profitabilität des Eukalyptusanbaus mit durchaus zweifelhaften Daten und priesen den Baum als Lieferanten zahlloser Erzeugnisse, von Tannin und Holzkohle bis hin zu Bienennektar und hölzernen Bodenbelägen.[35]

Bald stiegen auch Spekulanten in das Geschäft mit dem Eukalyptus ein. Die Joseph R. Loftus Company in Los Angeles verkaufte Plantagenanteile von einem oder zwei Hektar Größe. (»Die Bäume wachsen Tag und Nacht, jahraus, jahrein, während Sie Ihre ganze Zeit und Aufmerksamkeit anderen Dingen widmen können.«) Farmer verwandelten Ackerland in Eukalyptuswälder. Rancho Santa Fe, heute ein exklusiver Vorort von San Diego, war ursprünglich eine Blaugummibaumplantage der Santa Fe Railroad. Die Pullman Company besaß eigene Plantagen, die feinste Furniere zur Ausstattung ihrer Schlafwagen liefern sollten. Der ständig von Gläubigern verfolgte Jack London ließ auf seinem Land in Sonoma Range von zwanzig Arbeitern 100 000 Bäume pflanzen. »Alles, was ich zusammenkratzen kann, stecke ich in die Anpflanzung von Eukalyptusbäumen«, erklärte er einem Arbeitssuchenden in einem Brief.[36]

Weder Eisenbahnkapitalisten noch sozial engagierte Autoren erkannten, daß der rasche Zuwachs an Blaugummibäumen und anderen Eukalyptusarten in Kalifornien einen Rache-Effekt auslösen würde. Denn das Holz war nur sehr schwer zu sägen und zu verarbeiten, ganz gleich wie man es anstellte. Balken rissen und Bretter verzogen sich noch im Sägewerk, wenn man sie aus dem Stamm sägte. Beim Trocknen wurden die Risse ständig größer. Und am unangenehmsten für die Eisenbahngesellschaften: wegen der zahllosen Risse war das Holz für Eisenbahnschwellen völlig ungeeignet. Selbst zum Windschutz taugte der Baum nicht, weil er den Obstbäumen das Wasser abgrub. Das Projekt einer amerikanischen

Eukalyptusindustrie platzte wie eine Seifenblase, und der Import australischen Eukalyptusöls machte auch den einheimischen Ölpressen den Garaus.[37]

Das regelwidrige Verhalten des Eukalyptusholzes blieb damals ein Rätsel, denn in seiner Heimat Australien leistete das Holz derselben Eukalyptusarten gute Dienste. Erst Jahrzehnte später entdeckte der australische Forstwissenschaftler Max Jacob den eigentlichen Rache-Effekt. In Nordamerika wuchs der Eukalyptus schneller, als ihm selbst zuträglich war. In Australien dagegen bremsen blattfressende Insekten und Pilze sein Wachstum. Da der Eukalyptus in Form von Samen nach Amerika kam, blieben seine natürlichen Feinde in der Heimat zurück. Aber der Baum und seine natürlichen Feinde hatten eine gemeinsame Evolution hinter sich. Wie bei allen Bäumen, so entstehen auch beim Eukalyptus während des Wachsens Spannungen im Holz. Die Struktur des Eukalyptusbaums war offenbar für das langsame Wachstum optimiert, das ihm seine natürlichen Feinde auferlegten. Wo diese natürlichen Feinde fehlten, ging der Baum den Gesetzen der Physik in die Falle. Unter dem Druck der Säge lösten sich die Spannungen und das Holz riß. In Amerika war der Wunderbaum als Holzlieferant nicht zu gebrauchen. Der Eukalyptus war zu einem Problembaum geworden, weil er seine Feinde in der Heimat zurückgelassen hatte.[38]

Nun wurden deshalb vor dem Ersten Weltkrieg nicht gleich alle Blaugummibäume gefällt und zu Brennholz verarbeitet. Als Nutzbaum mochte der Eukalyptus ein Reinfall gewesen sein, doch das tat seiner Beliebtheit als Ziergehölz in den Suburbs keinen Abbruch. Ob auf dem Campus der Universitäten von Stanford oder Berkeley oder auf den Rasenflächen der teuersten Wohnviertel Kaliforniens, der Baum hat die Landschaft inzwischen so stark geprägt, daß Kalifornien ein anderes Gesicht hätte, wenn es ihn nicht gäbe. Aber auch in Suburbia hinterließ das Scheitern des Eukalyptusbooms seine Spuren. Einige Gemeinden verboten seine Anpflanzung, weil er die Rohre der städtischen Wasserleitungen zerstöre oder weil Passanten durch herabfallende Äste verletzt werden könnten. In manchen Grundstückskaufverträgen wurde die Anpflanzung von Blaugummibäumen ausdrücklich untersagt. Doch der Blaugummibaum wuchs zu schnell und zu schön, als daß man ihn lange hätte unterdrücken können.

Eukalyptus zierte die teuren Häuser auf den Hügeln über Berkeley und Oakland mit Blick auf die Städte und die San Francisco Bay. Aber als man sie so dicht zwischen schindelgedeckte Häuser pflanzte, ließ man einen grundlegenden Aspekt ihres Verhaltens außer acht. Denn im australischen Klima hatte ihre Evolution sie dazu befähigt, Brände nicht nur zu überstehen, sondern auch mit leicht entzündlichem Nachschub zu versorgen. Zweige und Äste trocknen häufig aus und fallen ab. Die Blätter leben im Schnitt nur achtzehn Monate, bevor der Baum sie abwirft – nicht lange für ein immergrünes Gehölz. Aber nicht nur Äste, Zweige und Blätter, sondern auch Stücke der Rinde, Blütenknospen und Samenkapseln fallen ständig herab. In den australischen Eukalyptuswäldern verrotten diese Reste sehr schnell; doch wo es keine Mikroorganismen und Pilze gibt, die sie abbauen können, sammeln sie sich an.

Wenn das nach den Vorbereitungen für ein gigantisches Feuerwerk klingt – das allerdings den Wurzeln und Stämmen der Eukalyptusbäume nichts anhaben kann –, dann hatte man solche Vorbereitungen überall in Kalifornien getroffen. Der Brand von Berkeley im Jahr 1923 speiste sich zu einem Gutteil aus solchen Eukalyptusabfällen; er zerstörte die halbe Stadt und sprang auch auf den Campus der University of California über. 1970 legte ein kleineres Buschfeuer in den Hügeln über der Stadt 37 Häuser in Schutt und Asche. Es hätte durchaus noch schlimmer kommen können. Nur ein paar Jahre zuvor hatte die Ansammlung aus Holzhäusern, Eukalyptusbäumen und Baumabfällen einen australischen Forstmann, der zu Besuch in Berkeley weilte, so sehr beeindruckt, daß er seine Besichtigungstour auf der Stelle abbrach und in sein Motel zurückkehrte, die beängstigende Vision eines Feuersturms vor Augen, der über die Stadt hinwegzufegen drohte.[39]

Und der Feuersturm kam, am 21. Oktober 1991. Die Bürger der Stadt hatten längst vergessen, daß ein Gutachten nach dem Brand von 1970 ihnen (unter anderem) empfohlen hatte, Eukalyptusbäume zu fällen und Feuerschneisen anzulegen. In den siebziger und achtziger Jahren ließen die Behörden zu, daß immer mehr Häuser in dicht bewaldeten, von engen Straßen durchzogenen Canyons gebaut wurden. Die meisten dieser Häuser hatten Schindeldächer, aber die Besitzer und die Behörden hielten sie für schwer entflammbar, weil man sie durch eine chemische Behandlung feuerfest gemacht hatte. Die chemische Behandlung hatte den Rache-Effekt, daß sie die einzelnen Häuser zwar vor kleinen Bränden schützte, zugleich aber die Verbreitung der Schindeldächer förderte und damit die Gefahr eines großflächigen Brandes erhöhte, der über all diese Häuser hinwegfegen konnte. Schon 1976 hatte ein anderer Brandschutzexperte und Professor für die Ökologie natürlicher Brände aufgrund dieser Ansammlung brennbaren Materials eine neue Katastrophe vorausgesagt. Doch als er und einige ehemalige Studenten Eukalyptusbäume und Montereykiefern mit Kettensägen zu Leibe rückten, um aus der potentiellen Brandgefahr Brennholz zu machen, beklagten sich die Anwohner bei der Universität und zwangen ihn, seine Aktion abzubrechen.[40]

Natürlich waren weder Schindeldächer noch Eukalyptusbäume die Ursache der Brandkatastrophe von 1991. Schuld waren wahrscheinlich Bauarbeiter, die ein paar Holzabfälle mit Benzin übergossen und anzündeten; außerdem ließ die Feuerwehr von Oakland den Brand möglicherweise wiederaufflammen, nachdem sie ihn bereits gelöscht hatte. Wir haben schon gesehen, daß der Grenzbereich zwischen den Vorortsiedlungen und dem umliegenden Buschland hochgradig feuergefährdet ist. Das Feuer unterbrach die elektrische Versorgung der Pumpstationen, so daß es unmöglich war, Löschwasserreservoirs in dem betreffenden Gebiet aufzufüllen. Inzwischen hatte die Hitze solche Ausmaße erreicht, daß Notstromaggregate und transportable Pumpen nicht mehr eingesetzt werden konnten. Als 370 Löschzüge das Feuer endlich unter Kontrolle brachten, waren 23 Menschen ums Leben gekommen, 700 Hektar abgebrannt, 3700 Wohneinheiten zerstört oder schwer beschädigt worden – und ein Gesamtschaden von schätzungsweise 5 Milliarden Dollar entstanden. Außerdem gab es 148 Verletzte, und 5000 Menschen waren obdachlos. Die alarmierten Beobachter hatten nur allzu recht behalten. Nach Berechnungen eines Studenten der University of California in Berkeley hatten Eukalyptusbäume ganze 70 Prozent der bei dem Feuer durch verbrennende Vegetation freigesetzten Energie beigesteuert.[41]

Schon bald wurden die einschlägigen Vorschriften des Bundesstaats Kalifornien und der betroffenen Gemeinden einer Revision unterzogen, die den offenkundigen Lektionen der Brandkatastrophe Rechnung tragen sollten. Einige vorsichtige und wohlhabende Hausbesitzer ersetzten ihre Schindeldächer sogar durch teure Kupfereindeckungen mit einer geschätzten Lebensdauer von mehreren hundert Jahren. Durch neue Gesetze beschränkte man die Anpflanzung von Eukalyptusbäumen und anderen leicht brennbaren Gehölzen, die nun als »Pyrophyten«, also »Feuerpflanzen«, gebrandmarkt wurden. Dennoch wird es schwerfallen, den Eukalyptus lange aus den wiederhergerichteten Hügelregionen um Oakland und Berkeley fernzuhalten, und sei es nur, weil er auf verbrannten Flächen so gut und so schnell wächst. Außerdem werden die neuen Vorschriften zunehmend mißachtet. Viele Anwohner schätzen nun einmal den Schatten, den diese Bäume spenden, und die empfohlenen Ersatzbäume wie Redwood wachsen nur sehr langsam. Da viele der neuen Häuser deutlich größer sind als die vorherigen, gibt es kaum genug Platz für die fünf Meter Abstand zwischen Bäumen und Haus, die das Gesetz verlangt. Im Augenblick ist die kollektive Erinnerung an die Katastrophe noch wach, zumal häufig Brandpatrouillen und Inspektionen durchgeführt werden. Doch die Oakland Hills bleiben ein Grenzgebiet zwischen besiedelten und wilden Flächen, in dem immer wieder Brände auftreten werden. Und es ist keineswegs sicher, daß die Wachsamkeit auch nach einer Generation noch anhalten wird. Wenn nicht, wird die Katastrophe sich mit Sicherheit wiederholen.[42]

Die meisten unbeabsichtigten Effekte des Eukalyptusbaums haben jedoch nichts mit Feuer zu tun. Sie resultieren aus den bemerkenswerten positiven Eigenschaften dieses Baumes: dem schnellen Wachstum und der effizienten Nutzung knapper Wasservorräte. Unter gewissen Bedingungen können daraus ernste Probleme erwachsen, nicht unbedingt für den Besitzer, wohl aber für seine Nachbarn. In den wohlhabenden Suburbs Nordamerikas und sicher auch in vergleichbaren Wohnvierteln anderswo auf der Welt kann der schattenspendende Baum des einen zu einer Belästigung für den anderen werden. In Beverly Hills weiß man von Fällen, in denen Anwohner Nachbars Bäume von angeheuerten Stoßtrupps illegal fällen ließen, weil sie die schöne Aussicht verstellten; oft handelte es sich dabei um Eukalyptusbäume, die in die Höhe geschossen waren, seit man sein eigenes Haus bezogen hatte. Vandalen schneiden manchmal die Stämme rundum mit Kettensägen ein – eine Praxis, die man als Ringeln bezeichnet – oder bohren Löcher ins Holz, um tödliche Chemikalien einzufüllen. (In Seattle gibt es sogar eine Agentur namens PlantAmnesty, die solche »Verbrechen an der Natur« bekämpft.) Der Blaugummibaum hat seine sonderbare Geschichte in diesem Land überlebt, von seiner Einführung als Wunderbaum und Kolonisator wilder Flächen bis hin zu seinem Höhepunkt als Nahrung gewaltiger Buschbrände, und heute möchten manche ihn lynchen, während andere ihn schützen wollen.[43]

Außerhalb der Vereinigten Staaten wandeln viele auf den Spuren Jack Londons. In weiten Teile der Erde sind es nicht reiche Hausbesitzer, sondern arme Bauern, die Eukalyptusbäume als Schädlinge auszumerzen versuchen, und dies aus weit verständlicheren Gründen. Der Baum ist dabei, die gesamte Forstwirtschaft der Welt zu übernehmen. Von 1955 bis 1980 stieg die Anbaufläche weltweit von 0,5 auf 4 Millionen Hektar, und die Landwirtschaftsorganisation der Vereinten Nationen FAO schätzt, daß jährlich 200 000 Hektar hinzukommen. Bereits jetzt erbringt er ein Drittel der weltweiten Zellstoffproduktion: Ein Eukalyptusbaum liefert doppelt soviel Zellstoff wie eine Fichte. Doch Menschen, die den Verlust von Olivenbäumen und Hartholzwäldern fürchten, lassen sich dadurch nicht beeindrucken. So zerstörten die Bewohner eines spanischen Dorfes Tausende von Setzlingen einer neu angelegten Eukalyptusplantage. Und Tausende portugiesischer Bauern lieferten sich Schlachten mit Polizisten, die solche Plantagen vor ihnen schützen sollten. Auf der iberischen Halbinsel und anderswo wirft man dem durstigen Eukalyptus vor, er grabe Oliven, Wallnußbäumen und anderen Gewächsen das Wasser ab. Ein Bericht der

FAO zu den Umwelteinflüssen des Eukalyptus gelangte in den achtziger Jahren zu dem vernünftigen, aber nicht sonderlich aussagekräftigen Schluß, daß es stets darauf ankomme, um welche Arten es sich handelt, wo sie angepflanzt werden und welche anderen Bäume, Nutzpflanzen oder natürlichen Lebensräume sie ersetzen. In jüngerer Zeit hat sich der Eukalyptusanbau – wie schon zuvor in Kalifornien – auch auf der iberischen Halbinsel als enttäuschend erwiesen. In Spanien hat man weitere Anpflanzungen gestoppt und Hunderttausende Hektar bestehender Pflanzungen mit Bulldozern eingeebnet. So wiederholen die Europäer mit hundert Jahren Verspätung einige der Erfahrungen, die man einst in den Vereinigten Staaten gemacht hat.[44]

Die leidenschaftlichen Anhänger und Gegner des Eukalyptus – er löst weltweit stärkere Emotionen aus als irgendein anderer Baum – streiten über eine Pflanzengattung, die sich ganz ohne Zutun der modernen Agrarwissenschaft und Biotechnik entwickelt hat. Zweifellos wird man neue Sorten für je spezifische Zwecke züchten: Energiegewinnung, Zellstoff, Hartholz. Die Selektion oder die Gentechnik könnte die Brandgefahr durch Eukalyptusbäume in Wohngebieten verringern und ihr Wachstum oder ihren Wasserverbrauch für bestimmte Standorte optimieren. Doch da wir – je nach den Klassifikationsregeln der Botanik – zwischen 550 und 600 Eukalyptusarten kennen, bietet er uns bereits heute eine außergewöhnliche breite Auswahl.

Der Blaugummibaum und andere Eukalyptusarten sind vielleicht die besten Vorboten der Probleme und Konflikte, vor die wir in Zukunft durch gentechnische Produkte gestellt werden dürften. Die aus dem Baum gewonnenen Medikamente haben zwar ihr Ansehen verloren, doch eine Gefahr für die menschliche Gesellschaft stellt der Eukalyptus nicht dar. Und niemand bestreitet, wieviel Zellstoff eine Eukalyptusanpflanzung jahrzehntelang liefern kann. Die Anhänger dieses Baumes, die seine Anpflanzung zu Beginn des zwanzigsten Jahrhunderts propagierten, hatten durchaus recht, wenn auch nicht hinsichtlich der ausgewählten Standorte und der angestrebten Zwecke dieses Anbaus. Während die Wälder des Nordostens und Südens mit dem Rückgang der Landwirtschaft im zwanzigsten Jahrhundert wiederaufgeforstet wurden, verbesserten die weltweite Abholzung der Wälder und der steigende Papierverbrauch die Aussichten für den Eukalyptus. Die unterschiedlichen Ansichten der Befürworter und Gegner zeigen zumindest, wie unterschiedlich die ästhetische Reaktion auf den Eukalyptus ausfallen kann. Für den amerikanischen Geschäftsführer eines portugiesischen Zellstoffunternehmens, das Eukalyptusplantagen unterhält, ist »ein Gang durch diese Wälder wie der Besuch einer Kathedrale: hohe Gewölbe, Stille, Frieden«. Ein anderer ehemaliger Amerikaner empfindet »überwältigende Freude«, wenn er durch die Eukalyptushaine Südindiens wandert, mit ihren »geraden, hohen Stämmen, der lockeren Rinde, die sich in langen Spiralen ablöst, und den sichelförmigen Blättern, die in der Sonne glänzen«. Für andere dagegen ist der Eukalyptus ein Schadenstifter, vor allem, »wenn sie haben miterleben müssen, daß ihre Olivenhaine oder Weinberge 20 Meter hohen, blaugrünen Eukalyptusplantagen weichen mußten«, wie es ein schwedischer Professor für Forstökologie ausdrückt. Ein portugiesischer Umweltschützer hält die terrassenförmig angelegten Eukalyptusplantagen für einen kriminellen Eingriff in die Berglandschaft, der sie in eine »monumentale Eukalyptustreppe« verwandelt. Und andernorts ersetzen die Eukalyptusplantagen nicht nur marginale Agrarlandschaften, sondern gefährden auch die einheimische Tier- und Pflanzenwelt. Der In Inden lebende Amerikaner räumt ein, daß die dortigen Umweltschützer den einst von den Briten eingeführten und heute überall anzutreffenden Eukalyptus hassen, weil er *shola*, ihren alten, aus einem Gewirr immergrüner Pflanzen bestehenden Wald, bedrohe.[45]

Jeder einzelne technische Vorzug des Eukalyptusbaums hat seine Kosten für die Umwelt oder die soziale Gemeinschaft. Die insektenabwehrenden Stoffe, die er von Natur aus enthält, lassen den Vögeln oder anderen Tieren nur wenig Nahrung; und Käfer haben keinen Appetit auf die abgefallenen Eukalyptusblätter. Da der Baum rasch wächst und maschinell geerntet wird, erhöht er die lokale Arbeitslosigkeit. Ein Baum, der ursprünglich nach Nordamerika eingeführt wurde, damit kleine Farmer und Eisenbahngesellschaften ihren Nutzen daraus ziehen konnten, ist heute weltweit zum Symbol für die Macht internationaler Agrarkonzerne und die Verdrängung der Kleinbauern geworden. Die portugiesische Linke nennt ihn den »faschistischen« Baum.[46]

Eukalyptus, Kopoubohne und *Melaleuca* zeigen, wie leicht eine Pflanze, die ihrer Kraft und ihrer Anpassungsfähigkeit wegen von Experten geschätzt und gefördert wird, gerade dank dieser wunderbaren Eigenschaften zu einer Plage für andere Menschen und für spätere Generationen werden kann. Sie zeigen auch, daß sich das wirkliche Potential einer Pflanze nicht immer in kleinflächigen Experimenten ermitteln läßt. Schon lange bevor ein massiver Anbau den Unkrautcharakter der Kopoubohne ans Licht brachte, war sie eine beliebte Kulturpflanze gewesen.

Die Rache-Effekte der jüngeren Vergangenheit haben die Fachleute geläutert. Aber es ist noch zu früh für die Behauptung, die Zeiten expertenunterstützter Unkrautimporte seien endgültig vorbei. Der Gartenkolumnist Allen Lacy hat in aktuellen Gartenkatalogen einige Pflanzen gefunden, die durchaus neben die im neunzehnten Jahrhundert durch solche Versandhandlungen verbreiteten Unkräuter treten könnten. Der Kletternde Baumwürger, eines der aggressivsten Unkräuter der Welt, ist immer noch im Angebot. Für besonders gefährlich hält Lacy die Kletterpflanzen *Akebina quinata* und *A. trifoliata*, die bis zu 14 Metern Höhe erreichen können und in den Katalogen als »leicht anzupflanzen«, »kräftig« und »problemlos« gepriesen werden – lauter Warnsignale für den Unkrautkenner. Nach der Einkreuzung verdrängen sie die umgebende Vegetation um so rascher. Ein Freund von Lacy hatte *Akebina quinata* ohne böse Absichten als Zierpflanze an einem Zaun gepflanzt, der sein Grundstück von dem eines unfreundlichen Nachbarn trennte. Dann zog er um, und als er nach Jahren einmal zurückkehrte, konnte er – durchaus mit Befriedigung – feststellen, daß *Akebina* das Grundstück des Nachbarn überwuchert hatte. Sein Freund hatte auch einen Namen für dieses Gewächs gefunden: »Kletternde Rache«.[47]

ACHTES KAPITEL
Das computerisierte Büro: Die Rache des Körpers

Nicht nur in der Umwelt ersetzt die Technik lebensbedrohliche durch langsam voranschreitende, aber langwierige Probleme. Und nicht nur draußen schlägt die Natur zurück. Die Veränderungen in unserer Arbeitswelt sind oft nicht minder überraschend und frustrierend. Einerseits laufen die Arbeitsprozesse heute mit einer Geschwindigkeit und Präzision ab, wie es Wissenschaftler und Visionäre im neunzehnten Jahrhundert, von Charles Babbage bis Jules Verne, sich selbst in ihren kühnsten Träumen nicht vorzustellen wagten. (Und tatsächlich haben die Mikroprozessoren viele hochgesteckte Erwartungen der Computerpioniere unseres Jahrhunderts erfüllt.) Andererseits entspricht der Nutzen automatisierter Daten- und Textverarbeitung nicht ganz den Erwartungen. Es gibt körperliche Rache-Effekte: Man hatte geglaubt, die Arbeit würde immer weniger körperliche Mühe bereiten, doch sie greift Muskeln, Sehnen und Bandscheiben an. Und es gibt finanzielle Rache-Effekte: Man hatte geglaubt, die Arbeit würde effizienter werden, doch die Nettoeinsparungen sind erstaunlich gering. Beides hängt natürlich miteinander zusammen. Krankheit und Gesundheit, Bequemlichkeit und Streß haben auch ihre finanzielle Seite. Doch es handelt sich um zwei parallele Geschichten, die jeweils ein eigenes Kapitel verdienen.

In den letzten fünfzig Jahren sind immer mehr Amerikaner aus den heißen und oftmals gefährlichen Fabrikhallen in Büros umgezogen. Dabei handelt es sich nicht nur um eine Verschiebung aus der Produktion in den Bereich der Verwaltungstätigkeiten, sondern um einen tiefgreifenden Wandel der Produktionsweise. Wie wir bereits gesehen haben, unterscheiden manche Technikhistoriker zwischen dem Gebrauch und dem Management von Werkzeugen, zwischen dem Umgang *mit* Stoffen und der Einwirkung *auf* Stoffe. Mit dem Ersatz der älteren mechanischen Verbindungen durch computergesteuerte Apparate haben wir eine weitere Ebene zwischen uns und die Wirkung unseres Handelns geschaltet. Früher waren sämtliche Steuerungs- und Bedienungsvorrichtungen eines Flugzeugs über Drahtzüge direkt mit den Landeklappen, dem Höhen- und dem Seitenruder verbunden. In den Maschinen der neuesten Generation haben die Piloten – abgesehen von gewissen Notsystemen – keinen direkten Kontakt mehr zu den verschiedenen Aggregaten. Ihr Umgang mit diesen Werkzeugen läßt sich nicht einmal mehr mit dem Begriff des Managements umschreiben, denn ihr Management gilt Werkzeugen, die ihrerseits für das Management der eigentlichen Werkzeuge sorgen.

Als ich Ende der siebziger Jahre meine Arbeit bei der Princeton University Press begann, war mein denkwürdigstes Erlebnis die Besichtigung der letzten großen Bleisetzerei mit ihren kleinen Setzmaschinen. Die Maschinen für den Bleisatz gehören zweifellos in die Kategorie des Werkzeugmanagements, doch der physische Zusammenhang ist dort immer noch hundertmal direkter als bei den Satzcomputern, die an ihre Stelle getreten sind. Die Linotype-Setzmaschinen schmelzen Blei, fügen die Gußformen der Lettern in der gewünschten Reihenfolge aneinander und gießen jeweils eine ganze Zeile. Die Kraft, mit der die Tasten heruntergedrückt werden müssen, die lauten mechanischen Geräusche und der Geruch des geschmolzenen Bleis erinnern eher an Fabrikarbeit und an den Handsatz, den diese Maschine vor gut hundert Jahren ihrerseits verdrängt hatte. Heute erfolgt die Texterfassung über Computertastaturen und kann überall vorgenommen werden, auch in der Dritten Welt; und in den Räumen, in denen die erfaßten Texte weiterverarbeitet und schließlich auf Film ausgegeben werden, ist es in aller Regel ruhig und kühl. Sogar das Schreiben ist körperlich längst nicht mehr so anstrengend seit der viktorianischen Erfindung der stählernen Schreibfeder, die Lehrer, Schüler und Büroangestellte von der Last befreite, Gänse- oder Truthahnkiele anspitzen zu müssen (was natürlich zur Folge hatte, daß auch die zugehörige Fähigkeit verlorenging). Zeitgenossen haben die stählerne Schreibfeder durchaus zu Recht als die »Stricknadel der Zivilisation« bezeichnet.[1]

Auch wo Güter tonnenweise physisch bewegt werden müssen, ist die menschliche Tätigkeit auf immer größere Distanz gegangen und erfolgt heute eher in Büros als in Werkhallen. Es ist möglich, das gesamte Frachtaufkommen einer Region und sogar ganz Nordamerikas aus einem einzigen riesigen Bunker heraus zu steuern, ohne daß man dort jemals eine Schiene zu Gesicht bekäme – ganz so, als handelte es sich um die unterirdische Befehlszentrale des Strategic Air Command. (Allerdings funktioniert die zentralisierte Steuerung nicht immer mit militärischer Präzision; im amerikanischen Westen und in der Nähe von Hamburg führte der Zusammenbruch neuer Leitsysteme zu stundenlangen Wartezeiten bei Personen- und Güterzügen.) Die Manipulation der Welt hinter dicken Glasscheiben hat ihren Weg sogar in die populäre Kultur gefunden, etwa in Gestalt der Zeichentrickfigur Homer Simpson, der als Angestellter in einem Kernkraftwerk mit seinem Gefummel immer wieder haarscharf an der Katastrophe vorbeischliddert. Homer ist zum Teil deshalb eine komische Gestalt, weil die Technik des Werkzeugmanagements ihn von seiner eigenen

Unfähigkeit und Unaufmerksamkeit zu isolieren vermag. Sein teuflischer Chef Montgomery Burns versteckt sich jedoch noch hinter ganz anderen Scheiben: den Videokameras und Monitoren in seinem Büro, die aus dem Kraftwerk ein riesiges Panoptikum machen.[2]

Auch das eigentliche Büro des zwanzigsten Jahrhunderts ist durch diese wachsende Distanz zur Produktion gekennzeichnet. Die aus der Depressionszeit stammende Underwood-Schreibmaschine meines Vaters, auf der sich immer noch angenehm schreiben läßt, zeigt ihre Gestänge, Stifte, Zahnräder und sogar ihre Klingel bereitwillig her. Den Seitenrand stellt man ein, indem man winzige Hebel hinunterdrückt und kleine Metallblöcke auf einer Achse verschiebt. Mit ein paar Ersatzfedern, Schrauben und sonstigen Kleinteilen – oder auch einer Drehbank und etwas Findigkeit für wirklich schwierige Reparaturen – hält sie ewig und produziert Werke, die so gut sind wie der Verstand ihres Benutzers; ganz ähnlich sind ja auch zahllose Handpressen aus dem neunzehnten Jahrhundert immer noch bei Berufs- oder Freizeitkünstlern und Museumsleuten in Gebrauch. Eine Ausstellung, die kürzlich im Cooper Hewitt Museum in New York stattfand, machte deutlich, daß die Industriedesigner (und ihre Kunden) sich mit den Jahren immer stärker bemüht haben, das mechanische Innenleben der Schreibmaschinen zu verstecken. Zuerst fügte man eine massive Glasplatte ein, die eines Reliquiars würdig gewesen wäre; dann verschwand das gesamte Chassis hinter einer anmutig geformten Metallverkleidung. Die Farbbänder, die sich manchmal verknäulten, brachte man in Kassetten unter, die haltbaren Textilgewebe wurden durch Einmalbänder aus Kunststoff ersetzt. Die neuen Modelle kamen in allen erdenklichen Farben daher, nur nicht in Schwarz; aber insgesamt war die Schreibmaschine längst auf dem Weg, zu einer Black box in der technischen Bedeutung des Wortes zu werden – zu einem Apparat, dessen Mechanismus für den Benutzer nicht zu durchschauen ist. Inzwischen haben Entwicklungsländer – mit gut ausgebildetem Büropersonal und geschickten Mechanikern, aber einer computerunfreundlichen Stromversorgung – große Mengen der in Amerika ausgemusterten mechanischen Schreibmaschinen importiert.[3]

Die Fotokopierer und Laserdrucker, die an die Stelle der Vervielfältiger getreten sind, entheben uns nicht der Notwendigkeit, eine Matrize zu schreiben, sondern entziehen auch die Aufbringung der Tinte unserem Blick. Als sichtbare Flüssigkeit, die früher in großen Flaschen daherkam, ist die Tinte heute nahezu verschwunden; an ihre Stelle ist ein pulverförmiger Toner in versiegelten Kunststoffpatronen getreten, auf denen ausdrücklich davor gewarnt wird, den Inhalt dem Licht auszusetzen. Selbst luxuriöseste Füllfederhalter akzeptieren heute Patronen, und am unteren

Ende der Skala befinden sich Wegwerffüller, die gar nicht nachgefüllt werden können. Auch Audio- oder Videobänder und Computerdisketten haben sich in Gehäuse aus Hartplastik zurückgezogen. Auf dem Gebiet der Technik hat die Strategie der Schildkröte das Rennen gemacht.

Die Verlagerung der Arbeit von der Werkhalle ins Büro und die Verringerung der Kontakte mit dem technischen Innenleben und den Verbrauchsmaterialien der im Büro benutzten Apparate sind Teil ein und desselben Prozesses: einer scheinbaren Abschottung des Menschen vor den Gefahren und Unannehmlichkeiten früherer Stadien der Industriegesellschaft. Die Kultur- und Wissenschaftshistoriker Margaret und Robert Hazen haben untersucht, wie die Verbrennung sich im neunzehnten und zwanzigsten Jahrhundert immer mehr aus dem Haushalt zurückzog: vom offenen Kamin über den geschlossenen Ofen bis hin zu einer Zentralheizung im Keller, deren Brennstoff der Hausbesitzer niemals zu sehen, zu berühren oder zu riechen hofft. Die durch Öl, Gas oder Kernkraft erzeugte Elektrizität bildet den letzten Schritt in der Abschottung des Verbrauchers von der Quelle seiner Heizenergie. Doch die Barrieren sind auch hier nicht vollkommen undurchdringlich; auch Erdgasleitungen, ansonsten die sicherste und sauberste Form der Energieversorgung für private Haushalte, können gefährlich werden, wenn ein Leck auftritt. Aber wer wollte bestreiten, daß wir heute in größerer Sicherheit leben als die Menschen des viktorianischen Zeitalters mit ihren Öfen und offenen Kaminen?

Wie die Zentralheizung nicht nur den Komfort, sondern auch die Sicherheit erhöht hat – Ofenheizungen sind immer noch weitaus gefährlicher als Heizkessel –, so schien auch die Automatisierung der Überwachung, Verwaltung und Verteilung im modernen Büro ein neues Zeitalter gesünderer und befriedigenderer Arbeit zu versprechen. Die Propheten der Automatisierung sahen sogar ein Goldenes Zeitalter menschlicher Kreativität am Arbeitsplatz voraus – wenn erst elektrische und elektronische Geräte die Schinderei überflüssig gemacht hätten. IBMs allgegenwärtiges Markenzeichen »Think« war die Kurzform des von Thomas J. Watson stammenden Mantras: »Maschinen sollen arbeiten. Menschen sollten denken.« Und noch immer beflügelt der Gedanke einer Befreiung des Menschen von körperlichen Gefahren und geisttötenden Routinearbeiten die Prophezeiungen, Prospekte und Profite der Hard- und Softwareproduzenten.

In den fünfziger Jahren halfen namhafte Amerikaner, den fünfundzwanzigsten Geburtstag des Magazins *Fortune* zu feiern, indem sie das Jahr 1980 in Farben ausmalten, die mit den strahlendsten Vorhersagen des sowjetischen Politbüros hätten konkurrieren können. David Sarnoff von der Radio Corporation of America sagte voraus: »Kleine, in Häusern und

Fabriken installierte Kernkraftwerke werden Jahre und schließlich sogar ein Leben lang Energie liefern, ohne daß man sie nachfüllen müßte.« John von Neumann vom Institute for Advanced Study und Mitglied der Atomic Energy Commission spekulierte, Energie könne wie die Luft zu einem freien Gut werden. Und Henry R. Luce sah die weltweite Herrschaft einer »Hochorganisation« voraus, wie er sie in den multinationalen Unternehmen, der Bürokratie und den Gewerkschaften Amerikas verkörpert glaubte. Den Lebensunterhalt zu verdienen sei kein Problem mehr, denn Brot sei dann bereits zu einem »Ladenhüter« geworden.[4]

In den siebziger Jahren hatten die Propheten des Arbeitsplatzes der Zukunft gelernt, daß es am sichersten war, einen unablässigen und atemberaubenden Wandel vorauszusagen. Damit lag man richtig, was auch immer geschehen mochte, sofern es nicht zu einer langanhaltenden Phase der Stabilität kam. Als die Romanze mit einer friedlichen Nutzung der Kernenergie ihrem Ende entgegenging, wandten die Futurologen sich neuen Utopien zu und entwickelten die Vision einer ganz vom Wissen getragenen Informationsökonomie, in der »die Veränderung der Lage materieller Gegenstände auf dem Erdboden oder in dessen Nähe«, wie Bertrand Russell es einmal ausgedrückt hat, nur noch eine Erinnerung war. Einst priesen die Busineßmagazine die gigantischen Werke der Schwerindustrie; heute gilt ihre Bewunderung Unternehmern, deren Erzeugnisse entweder kaum noch greifbar sind (Microsoft) oder in zahllosen Fabriken in Übersee hergestellt werden (Nike).

John Naisbitts lieferte 1982 in seinem Buch *Megatrends* eine »kurze Geschichte der Vereinigten Staaten«, indem er die Beschäftigtenkategorien aufzählte, die bei den amerikanischen Volkszählungen unseres Jahrhunderts jeweils am häufigsten angegeben wurden: Farmer, Arbeiter, Angestellter. Selbst bei Traktoren und Lastkraftwagen haben klimatisierte Führerhäuser und bessere Federungen die Distanz zwischen dem Fahrer und seiner unmittelbaren Umwelt vergrößert. Während der Anteil der Angestellten an sämtlichen Beschäftigten zunahm, setzte sich auch die Computerisierung fort. Nach einer Schätzung werden Ende des Jahrhunderts drei Viertel aller Arbeitsplätze in Amerika einen ständigen oder zumindest zeitweiligen Umgang mit Computern erfordern. Schon heute fährt die mit allerlei Papierkram belastete Polizei mit Laptop-Computern durch die Gegend, die in den Vordersitzen ihrer Einsatzwagen installiert sind, als wären es Kollegen.[5]

An den neuen Arbeitsplätzen scheint alles weit besser unter Kontrolle zu sein als an den alten. Die Luft ist je nach Jahreszeit kühler oder wärmer als früher. Das Licht ist heller. Die Gefahr schwerer Unfälle ist weitaus geringer. Im Bereich der Produktion kommt es zwar immer noch zu Tragödien wie dem Brand in der Geflügelschlachterei der Imperial Food Products in Hamlet, North Carolina, dem im September 1991 25 Menschen zum Opfer fielen. Doch das blieb weit zurück hinter der Rekordzahl von 145 Toten beim Brand der Triangle Shirtwaist Company in New York 80 Jahre zuvor; und während man die Besitzer der Triangle Company niemals belangte, mußte der Besitzer der Imperial Food Products wegen Körperverletzung mit Todesfolge für zwanzig Jahre ins Gefängnis. Von den dreißiger bis zu den neunziger Jahren ging die Zahl der tödlichen Arbeitsunfälle um 75 Prozent zurück. In Kalifornien gab es 1985 nur noch 18 Todesfälle pro 100 Millionen Arbeitsstunden, während es 1939 noch 127 gewesen waren.[6]

Das alles bedeutet keineswegs, daß die Arbeitenden heute vor Verletzungen sicher wären. Die Arbeitssicherheit hängt vielmehr vom Verhalten der Beschäftigten ab, aber auch von Faktoren, die das Unternehmen bestimmt, wie Technologien, Arbeitsbedingungen und Unternehmenspolitik. In einigen Industriezweigen stieg die Zahl der Arbeitsunfälle während der siebziger und achtziger Jahre deutlich an und machte in manchen Fällen sogar die über Jahrzehnte erreichten Verbesserungen wieder zunichte. Doch das Problem ist immer weniger technischer und immer stärker sozialer Natur. Wir wissen immer besser, wie wir die Arbeit sicher machen können. Es fehlt keineswegs an der nötigen Technologie; entscheidend sind das Geld und die Bereitschaft, es für diesen Zweck auszugeben. Die Frage ist, ob eine Kombination aus unternehmerischem Eigeninteresse, gewerkschaftlichem Druck und gesetzgeberischen Maßnahmen dafür zu sorgen vermag, daß die vorhandenen Sicherheitstechniken auch eingesetzt werden. Lohnanreize oder direkter Druck von Vorgesetzten verleitet die Beschäftigten manchmal, die Sicherheit zu vernachlässigen und dadurch die Gefahr von Arbeitsunfällen zu erhöhen. Und natürlich ist es auch eine Frage der Ethik, welches Risiko ein Beschäftigter bei rationaler Abwägung freiwillig eingehen darf, um sein Einkommen zu erhöhen – eine Frage, mit der jeder vertraut ist, der das Ende des Films *Der Glanz des Hauses Amberson* von Orson Welles gesehen hat.[7]

Der Rückgang der tödlichen Arbeitsunfälle bedeutet indessen nicht das Ende der Gesundheitsgefährdung durch Arbeit. Die Katastrophen früherer Zeiten sind seltener geworden, dafür sind aber Komplikationen in den Vordergrund gerückt, die auf den ständigen Umgang mit alten und neuen Stoffen zurückgehen. In einem Bericht des National Safe Workplace Institute aus dem Jahr 1990 heißt es, daß bis zu 10 Prozent der tödlichen Krebserkrankungen und bis zu 5 Prozent der Todesfälle aufgrund diverser neurologischer Erkrankungen in einem engen Zusammenhang mit der Arbeit standen.[8]

Allerdings ist das nicht der Grund, weshalb die Prämien der Arbeitsunfähigkeitsversicherungen so stark gestiegen sind. Der Grund liegt vielmehr in einer anderen Gesundheitsgefährdung, die nicht von Viren, Mikroben oder Giften ausgeht, sondern von Tätigkeiten, die eigentlich als harmlos erscheinen: Sitzen, Daten eingeben, mit Akten und Papierstapeln hantieren, Texte oder sonstige Daten auf dem Bildschirm anschauen. Manche Dinge bereiten uns nur deshalb Sorgen, weil wir – im Betrieb oder zu Hause – Tätigkeiten verrichten, bei denen wir mit moderner Bürotechnik umgehen müssen. Man denke etwa an die elektromagnetischen Felder. Einige Physiker meinen, sie seien ungefährlich, denn wir sind ständig den elektromagnetischen Feldern der Erde und sogar unseres eigenen Körpers ausgesetzt. In Schweden und Finnland gelangten die Behörden jedoch Anfang der neunziger Jahre zu der Überzeugung, daß die elektromagnetische Strahlung von Monitoren zu Fehlgeburten und Leukämie führen könne. Sogar der bekanntermaßen technikfreundliche Futurologe Paul Saffo schrieb 1993 in einer Kolumne der Zeitschrift *Byte*, die Revolution der Informationsgesellschaft müsse mit einem warnenden Hinweis auf mögliche Gesundheitsgefährdungen versehen werden, und zwar nicht, weil die Schädlichkeit der elektromagnetischen Strahlung bereits hinreichend bewiesen wäre, sondern weil die Hersteller und die amerikanische Regierung sich immer noch weigerten, die bereits vorhandenen Indizien überhaupt zur Kenntnis zu nehmen. Saffos Alarmruf ist verständlich, zumal es keine Hinweise auf Vorteile gibt, die einen Ausgleich für die möglichen Risiken elektromagnetischer Felder bieten könnten. Ich habe mir einen strahlungsarmen Monitor gekauft und einen strahlenabsorbierenden Filter davorgesetzt. Auch über den elektrischen Wecker neben meinem Bett habe ich mir Gedanken gemacht, als ich erfuhr, daß er wahrscheinlich eine stärkere elektromagnetische Strahlung aussendet als der Monitor. (Ich habe ihn einen Meter weiter weg gestellt.)[9]

Die bekanntesten (wenn auch nicht unbedingt am weitesten verbreiteten und gefährlichsten) Probleme haben ihre Ursache in einer Akkumulation kleiner Verletzungen. Während traumatische Verletzungen aus einer einmaligen massiven Einwirkung resultieren, gehen kumulative Verletzungen auf Hunderte oder Tausende kleiner Bewegungen zurück – oder auch auf eine Haltung, die fast gar keine Bewegungen zu erfordern scheint. Traumatische Verletzungen sind spektakuläre Ereignisse; aber auch kumulative Verletzungen können sich plötzlich schmerzhaft bemerkbar machen, obwohl sie sich stets langsam und im Verborgenen entwickeln. Der Laie erkennt das Opfer einer traumatischen Verletzung an Wunden oder Blutergüssen und nach der Behandlung an Verbänden oder Krücken; der Arzt kann die durch solche Verletzungen entstandenen Veränderungen durch Röntgen, Tomographie oder Ultraschall sichtbar machen. Doch weder er noch der Laie erkennt auf Anhieb einen Menschen, der unter kumulativen Verletzungen leidet.

Der Arbeitsplatz Büro hat seine eigenen Katastrophen, von umstürzenden Aktenschränken und Raubüberfällen bis hin zu geistesgestörten Arbeitskollegen, und beherbergt unter Umständen bekannte (oder vermutete) Mikroben und Gifte, von den Erregern der Legionärskrankheit bis hin zu den oben erwähnten Chemikalien in den Teppichböden. Viel wahrscheinlicher sind indessen Rückenleiden und Probleme mit den oberen Gliedmaßen. Sind sie erst einmal entstanden, können sich die Symptome über Jahre halten. Sie sind schmerzhaft, und manchmal führen sie zur Arbeitsunfähigkeit, aber in der Regel lassen sie sich äußerlich nicht erkennen. Wer unter diesen Krankheiten leidet, muß daher oft um die Anerkennung als chronisch Kranker kämpfen, obwohl sein Leiden nur allzu real ist.

Tatsächlich haben Ärzte und Wissenschaftler noch keine Möglichkeit gefunden, Schmerz direkt und objektiv als Nervenimpuls oder Hirnstrom zu messen. Manche haben Skalen definiert und Einheiten festgelegt; andere versuchen, die Stärke von Schmerzen aus anderen objektivierbaren Quellen abzuleiten. Doch bis heute gibt es noch keine verläßliche Technik, mit der man Schmerzen zweifelsfrei nachweisen könnte. Die Anwälte von Versicherungsgesellschaften mögen das bei Autounfällen auftretende Schleudertrauma als Lizenz zum Diebstahl bezeichnen, weil es keinen objektiven Nachweis dafür gibt, aber eine Zerrung der Halsmuskeln oder eine Überdehnung der Bänder ist äußerst schmerzhaft und kann schon bei kleineren Zusammenstößen auftreten. Solche Verletzungen lassen sich leicht simulieren, und wahrscheinlich geschieht das auch recht oft. Außerdem gibt es hier einen Grenzbereich, in dem durchaus ehrliche Menschen, die wissen, daß auch kleinere Verletzungen einen Anspruch auf Schmerzensgeld begründen, ihre Aufmerksamkeit unbewußt auf ihre Schmerzen konzentrieren und sie dadurch verstärken. Wie neuere Forschungen zum Schleudertrauma gezeigt haben, gibt es jedoch keinen Zusammenhang zwischen »neurotischer Disposition« und der Dauer der Genesung.[10]

Die Gefahren des Büroalltags haben einige wichtige Merkmale mit dem Schleudertrauma gemein: Relativ geringfügige Ursachen zeitigen katastrophale Wirkungen, die Betroffenen setzen sich leicht dem Vorwurf aus, sie simulierten oder seien neurotisch, und bei Ärzten wie auch Versicherungsgesellschaften stoßen sie auf Skepsis. Nichts illustriert die Tendenz der heutigen Technik besser als die hohe Zahl der Rückenleiden, die zu den ökonomisch bedeutsamsten Berufskrankheiten gehören; 31 Millionen Amerikaner sind davon betroffen, und die Kosten für Behandlung und Arbeitsunfähigkeitsrenten werden auf 16 Milliarden Dollar jährlich geschätzt. Ärzte können Ischias, einen oft heftigen, in die Beine ausstrahlenden Schmerz, erklären, indem sie mit Hilfe eines Röntgenbilds oder einer Computertomographie einen Bandscheibenvorfall diagnostizieren, doch 20 bis 30 Prozent aller aus anderen Gründen untersuchten Patienten haben gleichfalls einen Bandscheibenvorfall, ohne daß sie unter Rückenschmerzen litten. Manche Ärzte behaupten, durch eine computergestützte Bewegungsanalyse könnten sie organisch bedingte von psychogenen oder nur simulierten Schmerzen unterscheiden, aber die Tests sind teuer und bislang nicht ausreichend validiert. Außerdem lassen sich damit psychogene Schmerzen nicht von bewußt simulierten unterscheiden. Die Tests zeigen nur, daß ein Patient, den man auffordert, seine Kraftanstrengung stetig zu erhöhen, bis der Schmerz ihn zwingt aufzuhören, nicht jedesmal dieselbe Maximalkraft entfaltet; über die Zeit kann man mit solchen Tests auch die Wirksamkeit physikalischer Therapien dokumentieren. Doch der Körper bleibt für diese Verfahren eine Black box. Abgenutzte Bandscheiben, überdehnte Bänder, das Sakroilikalgelenk, Gelenkpfannen, eine Instabilität der Lendenwirbel – all das sind mögliche Ursachen für Schmerzen. Entsprechende Thesen haben lautstarke Verteidiger innerhalb der Medizin, doch es gibt zu wenige gesicherte Untersuchungen, um sagen zu können, woher die Schmerzen wirklich kommen.[11]

Die meisten von uns dürften Rückenleiden mit dem Tragen schwerer Lasten in Verbindung bringen und der Ansicht sein, der Übergang von der harten Arbeit auf den Feldern oder in den Fabrikhallen zur ruhigen Tätigkeit auf gepolsterten Bürostühlen müßte den Rücken der Menschen eigentlich entlastet haben. Wenn der Bahnreisende modernen Gleisbaumaschinen zusieht, mit denen die Schienen geschweißt und verlegt werden, als zöge man einen riesigen Reißverschluß zu, dann sieht er nur selten die knochenbrecherische Schinderei, mit der einst die Trassen gelegt, die Einschnitte gegraben und die Tunnel gebohrt worden sind. Es gibt allerdings immer noch viel zu viele Rückenleiden im Bereich der Produktion, des Versands und des Gütertransports, obwohl wir diese industriell bedingten Rückenleiden recht gut verstehen und auch die technischen Mittel haben, ihre Häufigkeit zu verringern, auch wenn wir diese Mittel nicht immer einsetzen. Neben Aufzügen, Förderbändern und Karussells gibt es noch eine eindrucksvolle Zahl weiterer Vorrichtungen, mit denen sich die Belastung der unteren Rückenpartie verringern läßt, wobei gelegentlich jedoch auch neue Gefahren auftreten, etwa durch Vibrationen wie beim Gabelstapler. Wo schwere Lasten gehoben werden müssen, haben die Sicherheitsingenieure der Industrie sich Plakate, Schaubilder und Ausbildungskurse für die Beschäftigten einfallen lassen. Das Tragen von Stützgürteln reduziert anscheinend beträchtlich die Gefahr von Rückenverletzungen bei Lagerarbeitern, Krankenschwestern und anderen Berufsgruppen, die häufig schwere Lasten heben müssen, auch wenn einige Studien deren Nutzen in Frage stellen.

Die Rückenspezialisten haben in den letzten Jahren viel über das Heben von Lasten gelernt, vor allem, wenn noch eine Drehbewegung hinzukommt. Korrekt ausgeführt, ist manche Schwerstarbeit sicherer, als man meinen sollte – ein umgekehrter Rache-Effekt. Dr. Christopher Michelson, Leiter des Orthopedic Spine Service am Columbia-Presbyterian Medical Center, hat beobachtet, daß die Zahl der Rückenleiden bei Hafenarbeitern unter dem Durchschnitt liegt, möglicherweise weil ihre Arbeit sie besser in Form hält.[12]

Die Büroarbeit birgt ein überraschend hohes Rückenschmerzenrisiko, selbst wenn die Beschäftigten dort nichts Schwereres heben als ein Blatt Papier. Rückenschmerzen sind bei Büroangestellten vierzigmal häufiger anzutreffen als Erkrankungen aufgrund kumulierter Verletzungen. Die westliche Art des Sitzens ist möglicherweise ungesünder als das bodennahe Sitzen, Hocken oder Knien, das in Asien und dem Orient vorherrscht oder zumindest früher vorherrschte. (Das chinesische Wort für »Stuhl« bedeutete ursprünglich »Barbarenbett«.) Anders als Stehen oder Gehen bedeutet Sitzen eine gefährliche Belastung für das Rückgrat. Tatsächlich sind bei Büroangestellten Rückenleiden ebenso verbreitet wie bei Lkw-Fahrern. Vielleicht war das der Grund, warum früher sogar im Westen viele Schneider bei der Arbeit auf dem Tisch hockten. Weshalb die sitzende Lebensweise solche Gefahren birgt, ist – wie die Ursache anderer chronischer Krankheiten – nicht ganz klar. Ein Teil der Antwort ist negativen Charakters. Ein Mensch, der den ganzen Tag sitzt und nicht regelmäßig Sport treibt, bekommt eher Probleme mit seinen Rückenmuskeln als jemand, der sich zumindest gelegentlich einer körperlichen Anstrengung unterzieht: das »Müder-Krieger-Syndrom«. Manche Patienten mit Rückenleiden sind jedoch ansonsten durchaus fit.[13]

Arbeit im Sitzen kann auch kräftige Naturen erschöpfen. In *König Alkohol* beschreibt Jack London auf unvergeßliche Weise, wie die Bürotechnik des frühen zwanzigsten Jahrhunderts auf einen Handarbeiter wirkte, der sich nachts an der Schreibmaschine seines Schwagers abmühte: »Wie mein Rücken schmerzte, wenn ich an ihr saß! Bisher war er jeder, auch der schlimmsten Anforderung gewachsen gewesen, die mein gewiß nicht weicher Lebenspfad an ihn gestellt hatte. Aber diese Schreibmaschine machte mir klar, daß mein Rückgrat schwach wie ein Pfeifenrohr war.« Es sei daran erinnert, daß Jack London bereits Erfahrungen als Seemann, als Arbeiter in einer Jutemühle und im Kraftwerk einer Straßenbahngesellschaft hinter sich hatte, wo er Kohlen schaufelte und »die Arbeit von zwei

Männern für den Lohn eines Jungen tat«. London wäre wohl kaum beeindruckt gewesen von der Behauptung eines Schreibmaschinenfans, wonach die Maschine »Schreibkrämpfe in der Hand... verhindert«.[14]

Die gut gepolsterten Chefsessel mit ihren hohen Rückenlehnen, die lange Zeit als Statussymbol angesehen wurden, aber den unteren Rückenpartien nur wenig Halt boten, gelten in manchen Kreisen immer noch als Zeichen beruflichen Erfolgs. Doch auch nach wissenschaftlichen Erkenntnissen konstruierte Sitzmöbel verwechseln gelegentlich noch Position und Funktion. Der Designer eines der frühesten und kommerziell erfolgreichsten Modelle vertraute mir einmal an, daß die hohe Rückenlehne der Spitzenmodelle eine säkularisierte Variante des mittelalterlichen Heiligenscheins darstelle, der den Kopf des Sitzenden umgab – obwohl man sich in vielen Sesseln mit Kopfstütze gar nicht weit genug zurücklehnen kann, um davon auch Gebrauch zu machen.[15]

Am anderen Ende der sozialen Stufenleiter bieten Büro- oder Arbeitsstühle kaum mehr als eine Sitzfläche und eine geformte Rückenstütze. Bis in die achtziger Jahre hinein stellten Psychologen bei Arbeitsplatzuntersuchungen die ideale Körperhaltung durch rechteckige Blöcke dar, deren Flächen senkrecht oder parallel zum Boden bzw. zur Arbeitsfläche verliefen: Ein Kubus für Kopf und Oberkörper, ein Kubus für die Oberschenkel, einer für die Unterschenkel. In vielen Bürostühlen erkennt man heute noch dieses veraltete »kubistische« Modell mit seiner starren Neunzig-Grad-Haltung.

Eine Reihe unabhängiger Untersuchungen unter Leitung von E. Grandjean und von A. C. Mandal verlieh dem Design der Bürostühle völlig neue Dimensionen. Eine vollkommen aufrechte Sitzhaltung mag zwar gesund erscheinen und Aufmerksamkeit signalisieren, hat aber den Rache-Effekt, daß sie das Becken nach hinten dreht und das Rückgrat aufrichtet, das von Natur aus beim Stehen eine leichte Krümmung (Lordosis) aufweist. Die daraus resultierende Belastung der Bandscheiben und der Rückenmuskulatur läßt sich verringern, wenn man die Sitzfläche um 15 Grad nach hinten (Grandjean) oder Sitzfläche und Rückenstütze leicht nach vorne neigt, so daß sich eine Sitzhaltung wie beim Reiten auf einem Pferd ergibt (Mandal). Der Ergonom Marvin J. Dainoff und seine Mitarbeiter vertreten die These, die Wahl der Sitzposition hänge von der jeweiligen Tätigkeit ab: Liest man Texte auf einem Monitor mit seinen relativ großen Buchstaben, ist es besser, man lehnt sich zurück; beim Lesen von gedruckten oder handschriftlichen Texten und bei anderen feineren Arbeiten beugt man sich dagegen besser vor.[16]

Grandjeans und Mandals Untersuchungen erschienen zu einer Zeit, als Architekten und Hersteller begannen, Möbel zu produzieren, die nicht nur stilvoll aussahen, sondern auch den Bewegungen und Körperhaltungen ihrer Benutzer entsprachen. Die Bauhaus-Bewegung der zwanziger und dreißiger Jahre hat trotz ihrer Hommage an Wissenschaft und Funktionalität offenbar nie Anlaß zu wissenschaftlichen Untersuchungen des Sitzens gegeben. Einige ihrer ästhetischen Höhepunkte wie Marcel Breuers »Wassily«-Sessel aus Stahlrohr und Leinen gehören zu jenen Objekten, die eher fürs Auge als für die Benutzung geschaffen sind. (Ludwig Mies van der Rohe sprach wahrscheinlich für manchen anderen Architekten des Internationalen Stils, als er einmal sagte, ein Sessel sei schwerer zu entwerfen als ein Hochhaus.) Manches modernistische Design, vor allem aus Skandinavien, bietet stilistisch aufgebesserte Varianten altmodischer Schreibtischstühle, die dem menschlichen Rücken etwas besser angepaßt sind. Andere Stühle wie der Vertebra-Sessel, an dessen Entwurf der Architekt Emilio Ambasz 1987 mitarbeitete, verzichten auf den Gedanken einer einzigen Sitzposition zugunsten einer größtmöglichen Bewegungsfreiheit, die es erlaubt, sich nach Belieben vorzubeugen, zurückzulehnen, den Rücken zu krümmen oder sich im Kreise zu drehen. Zweifellos unter dem Einfluß von Grandjean und Mandal wich die aggressive Stützung der Lendenwirbel einer neuen Philosophie bequemen Zurücklehnens.

In den achtziger und frühen neunziger Jahren kollidierte die Bewegung für gesündere Arbeitsbedingungen im Büro mit dem Drang zum Personalabbau und zur Verringerung der Personalkosten. Ergonomische Sitzmöbel mögen die Ausgaben langfristig senken, aber in der Anschaffung sind sie sehr teuer; Preise von 800, 1000 oder sogar 1500 Mark sind keine Seltenheit, verglichen mit den 200 bis 400 Mark für die üblichen Massenprodukte. Aber die Anschaffungskosten sind nur der Anfang. Die eigentliche Herausforderung beim Einsatz ergonomisch gestalteter Sitzmöbel zur Verringerung von Rückenleiden liegt in der Tatsache, daß ihre Benutzung gelernt sein will. Die meisten Beschäftigten lernen nie, die nötigen Einstellungen vorzunehmen, damit sie die Vorzüge ihrer teuren Büromöbel auch wirklich nutzen können. Zwar ist der Zeit- und Arbeitsaufwand nicht sonderlich groß, aber ganz ohne Lernen geht es nicht. Demonstrationsvideos sind eine Möglichkeit, neue Benutzer in den rechten Gebrauch einzuführen. Bislang haben die wenigen ergonomischen Stühle mit automatischer Anpassung auf dem Markt nur wenig Erfolg verzeichnen können; und Kniestühle entzücken manche Benutzer, während sie anderen nur die Blutzirkulation abklemmen. Selbst Bequemlichkeit bedarf offenbar des Studiums und der Wachsamkeit. Der Mitte der neunziger Jahre meistdiskutierte Bürostuhl, der pergamentbespannte, von Bill Stumpf und Don Chadwick entworfene, bei Herman Miller produzierte Aeron, soll sich den natürlichen Bewegungen des Körpers anpassen und ist vielleicht die lange erwartete Ausnahme. Er gehört zu den wenigen Bürosesseln, die für bestimmte Körpergrößen und nicht für hierarchische Positionen konstruiert sind; aber ob klein oder groß, in jedem Fall ist er nicht billig.[17]

Selbst der schönste Stuhl leidet unter einem weiteren Rache-Effekt, den die Bürotechnik für den Rücken bereithält, der Tatsache nämlich, daß immer mehr Arbeit verrichtet wird, ohne daß man den Arbeitsplatz verlassen müßte. Das vernetzte Büro der neunziger Jahre hat dafür gesorgt, daß Ausflüge an Vorrats- und Aktenschränke, zu Druckern, Faxgeräten und anderen Computern immer seltener erforderlich sind. Wie die Textverarbeitung die Pausen eliminiert, die bei der Arbeit an der Schreibmaschine noch nötig waren, so enthebt uns die Vernetzung der Kommunikation und insbesondere die Darstellung von Dokumenten auf dem Bildschirm der Notwendigkeit, überhaupt noch von unserem Arbeitsplatz aufzustehen. Jede einzelne Zeit- oder Arbeitsersparnis mag die Produktivität erhöhen, doch zusammengenommen fördern sie eine gefährliche Bewegungsarmut. Und die Arbeitsteilung zwischen den verschiedenen Sparten der Industriepsychologie ist so beschaffen, daß Kommunikationsforscher der Frage nachgehen, wie man die Notwendigkeit, andere Personen real aufzusuchen, verringern kann, während die Ergonomen sich bemühen, die gesundheitlichen Schäden der daraus resultierenden Bewegungsarmut in Grenzen zu halten.[18]

Wir wissen nicht einmal genau, wieviel Rückenschmerzen ein Stuhl verursachen oder verhindern kann. Es gibt durchaus Grund zu der Annahme, daß die Rückenschmerzen weniger mit den mechanischen Auswirkungen des Sitzens zu tun haben als mit Frustrationen während der Arbeit. Selbst wenn die Forschung zeigte, daß Rückenschmerzen in Firmen mit erstklassigen ergonomischen Sitzmöbeln seltener auftreten, wäre damit noch keineswegs geklärt, ob das Verdienst den Sitzmöbeln zukommt oder einem aufgeklärten Management, dem unter anderem auch der Kauf dieser Möbel zu verdanken ist. Da Berater den Chefs in der Regel nicht verraten können, wie sie es anstellen sollen, daß die Menschen sich nicht mehr hilflos und mißbraucht fühlen, wird die Beschäftigung mit Bürostühlen gleichsam zu einer Ersatzhandlung für die Firma.

Wenn wir über die gesundheitlichen Auswirkungen des computerisierten Büros nachdenken, könnten wir geradesogut auch mit dem Fenster beginnen, das der Computer uns darbietet: mit dem Video Display Terminal (VDT), einfacher gesagt, dem Bildschirm oder Monitor. Die Bezeichnungen »Terminal« und »Monitor« verweisen auf ein früheres Stadium der Computertechnik, als Befehle und Ergebnisse auf einer Papierrolle ausgegeben wurden – Spuren davon begegnen uns noch in Computerbefehlen wie »Echo« (Wiederholung eines Befehls) und »Type« (den Inhalt einer Datei zeigen, wobei die Ausgabe nicht mehr unbedingt über einen Drucker erfolgt). Inzwischen verhalten wir uns gegenüber dem Bildschirm nicht nur visuell, sondern auch qualitativ anders. Die Interaktion erfolgt nicht mehr phasenweise; die zentrale Prozessoreinheit (*central processing unit* – CPU) führt die Befehle meist innerhalb von Sekunden oder sogar Millisekunden aus, und zwar unabhängig davon, ob es sich um einen Großrechner, einen Netz-Server, einen Desktop-PC, einen tragbaren Laptop oder ein Notebook handelt. Heute muß die CPU auf uns warten und verschwendet dabei Millionen von Arbeitszyklen.

Im populären Verständnis und vor allem dort, wo Computer verkauft werden, ist der Monitor ein Fenster, und zwar nicht bloß eine Öffnung, die uns die Operationen der Maschine sichtbar macht, sondern auch eine Bühne, deren Lichter auf dem Gesicht des Benutzers spielen. Für Computerhändler und für Computerfans im Bildungswesen ist das Licht des Bildschirms buchstäblich sichtbar gewordene Aufklärung; der Benutzer saugt gleichsam die Informationsstrahlen in sich ein.

Computermonitore sind heute schärfer und billiger als jemals zuvor, aber ihre Preise sind längst nicht so stark gesunken wie die Preise anderer Komponenten. Theoretisch brauchten sie gar nicht groß und teuer zu sein, denn eigentlich handelt es sich um Fernsehgeräte, die man durch eine spezielle Elektronik in die Lage versetzt hat, ein breiteres Spektrum von Signalen zu empfangen und schärfere Bilder zu liefern. Doch nur durch teure Videokarten erreichen sie annähernd die Vielzahl der Farben (und damit die realistische Darstellung), die wir von ganz gewöhnlichen Fernsehgeräten kennen. Die großen Monitore, die man eigentlich brauchte, um gleichzeitig mit mehreren Anwendungen zu arbeiten, sind immer noch so teuer, daß nur 5 Prozent der Anfang der neunziger Jahre verkauften Monitore größer als 15 Zoll waren. Ganz große Monitore von 20 Zoll und darüber kosten immer noch 3000 bis 5000 Mark, weil viele Kathodenstrahlröhren Mängel aufweisen und schon bei der Herstellung ausgesondert werden müssen. Sie wiegen bis zu 40 Kilogramm und könnten problemlos einen Heizlüfter ersetzen. Hochwertige Flachbildschirme bieten ein schönes, gut lesbares Farbbild, aber auch hier liegt der Ausschuß in der Produktion so hoch, daß sie knapp und teuer bleiben. Zur Zeit fallen die Preise zwar langsam, und der 10,4-Zoll-Flachbildschirm kann schon fast als Standard gelten, doch der große billige Flachbildschirm, den die Futurologen der Industrie uns mit solcher Zuversicht angekündigt haben, dürfte noch ein paar Jahre auf sich warten lassen.

Der Computermonitor ist kaum mehr als ein häßlicher Kompromiß, meist zu klein, als daß er eine ganze Seite anzeigen könnte – und erst recht nicht zwei oder mehrere Dokumente, an denen man gleichzeitig arbeitet, wie die Softwareverkäufer ihren Kunden gern weismachen möchten. Die Kopfzeilen, die Menüs und die umfangreichen Knopfleisten der graphischen Benutzeroberflächen beanspruchen einen Teil des Platzes, auch wenn man sie in der Regel wegschalten kann. Die optimale Bildwiederholungsrate des Bildschirms beträgt 100 Bilder pro Sekunde – bei höheren Frequenzen ist der Text wieder schlechter zu lesen –, aber die meisten Monitore unterstützen nicht einmal den Industriestandard von 70–72 Herz. Ein ganz gewöhnliches Buch oder Magazin ist mit 1200 dpi (*dots per inch*) gedruckt; das Bild des Computermonitors bringt in einer Dimension nur ein Zehntel, also in zwei Dimensionen nur ein Hundertstel dieser Schärfe. Früher war Büroarbeit mit physischen Belastungen durch harte manuelle Tätigkeiten verbunden; die elektronischen Büros (aber auch Schulen und Bibliotheken) haben diese Belastungen durch einen neuartigen visuellen Streß ersetzt. Aus heißem Schweiß ist kalter Schweiß geworden, wie der Geograph Jean Gottmann es einmal ausgedrückt hat.[19]

Auch in der Mitte der neunziger Jahre wissen wir nur wenig über die gesundheitlichen Auswirkungen elektrischer und magnetischer Felder. Das U. S. National Institute for Occupational Safety and Health (NIOSH) kann auch weiterhin keine signifikanten Gefahren erkennen. Selbst wer ständig vor dem Computer sitzt, hat mit einer weit geringeren Strahlenbelastung zu rechnen als bei Rasierapparten, Elektrouhren und Mikrowellenherden. Nach einer Studie induzieren die freien Radiosignale des Mittel- und Langwellenbereichs stärkere Ströme im menschlichen Körper als ein Monitor. Am stärksten ist die Strahlenbelastung auf beiden Seiten und an der Rückseite, also nicht dort, wo der Benutzer in der Regel sitzt. Außerdem läßt sich die elektromagnetische Strahlung von Monitoren mit relativ einfachen Mitteln verringern. Die meisten hochwertigen Monitore erfüllen bereits die schwedischen Strahlungsgrenzwerte, die zu den strengsten der Welt gehören. Strahlungsarme Bildschirme kosten nur 150 bis 250 Mark mehr als normale, und das ist recht wenig, verglichen mit den Gesamtkosten eines Computerarbeitsplatzes.[20]

Die Überanstrengung der Augen ist ein bei Computerbenutzern weit verbreitetes Problem. Nach einer Umfrage unter Augenärzten suchen jährlich 10 Millionen Amerikaner Rat und Hilfe wegen solcher oder ähnlicher, im Zusammenhang mit dem Computer aufgetretenen Augenprobleme. Aus dieser Umfrage geht auch hervor, daß 14 Prozent aller Augenuntersuchungen durch Symptome veranlaßt werden, die im Zusammenhang mit Computerbildschirmen stehen. Ständige Arbeit am Computer kann zu Kurzsichtigkeit führen und eine Brille erforderlich machen, auch wenn der Computer meist nur eine bereits vorhandene Tendenz verstärkt. Tatsächlich hat man offenbar noch nie systematisch untersucht, welche Folgen eine ebenso intensive Arbeit mit Papierdokumenten für die Augen hat. Natürlich ist es leichter, die Beleuchtung eines herkömmlichen Schreibtischs einzustellen, als Fenster, Raumbeleuchtung sowie die Position des Monitors und der Filter zur Vermeidung von Spiegelungen zu regulieren. Dieser Teil des Augenproblems ist neu, aber er hat weniger mit der Computertechnik zu tun als mit der Tatsache, daß immer mehr Menschen im Büro arbeiten.[21]

Für die meisten Anwender bedeutet Bildschirmarbeit lediglich, daß sie bestimmte Routinearbeitsgänge ausführen, die je für sich recht einfach sind, zusammen aber sehr viel mehr Aufmerksamkeit erfordern als die frühere Papierarbeit. Der Monitor muß nicht nur im Verhältnis zu den Fenstern (am besten in einem rechten Winkel) aufgestellt und in der Höhe an den günstigsten Blickwinkel angepaßt werden; auch Helligkeit, Kontrast und Farbsättigung sind an die jeweiligen Anwendungen anzupassen. Außerdem muß man regelmäßige Arbeitspausen einlegen. Am einfachsten verhindert man eine Überanstrengung der Augen, indem man den Blick von Zeit zu Zeit auf entfernte Gegenstände richtet. All das sind einfache Vorsichtsmaßnahmen, aber sie bedürfen dennoch einer Aufmerksamkeit, wie man sie im Zeitalter der klassischen Papierarbeit mit ihren Aktenblättern und Aktenordnern, das Ende des neunzehnten Jahrhunderts begann und im späten zwanzigsten Jahrhundert zu Ende ging, noch nicht benötigte.

Während die Gefahren des Bildschirms sich relativ leicht minimieren lassen, hängt über den Störungen, die ihre Ursache in der Bedienung der Tastatur haben, immer noch ein diagnostischer Nebel. In einem von Herman Miller Research and Design publizierten Bericht heißt es, in England, Australien und anderen Ländern des Commonwealth spreche man in diesem Zusammenhang von »Verletzungen durch repetitive Belastungen«, in Skandinavien und Japan von »berufsbedingten Nacken-Arm-Störungen«, und die Weltgesundheitsorganisation WHO bezeichnet diese Erkrankungen als »arbeitsbedingte Störungen«. Die Gruppe der Erkrankungen aufgrund kumulierter Verletzungen umfaßt ein Dutzend oder mehr Probleme mit Muskeln, Sehnen oder Nerven. Das Karpaltunnelsyndrom und die Sehnenentzündung sind nur die beiden bekanntesten Vertreter dieser Kategorie.[22]

Wie andere im Zusammenhang mit dem Computer auftretende Gesundheitsprobleme, läßt sich auch das Karpaltunnelsyndrom kaum dokumentieren. Ähnlich dem Schleudertrauma bei Autounfällen scheint es real und dennoch schwer zu verifizieren. Wieder einmal zeigt sich, daß die Fähigkeit der medizinischen Durchleuchtungstechniken zur Lokalisierung einer Krankheit an unerwartete Grenzen stößt. 1993 verwarf ein englischer Richter die Diagnose als Grundlage für einen Schadensersatzanspruch und brachte auch in den Vereinigten Staaten viele Menschen, die unter dem Karpaltunnelsyndrom leiden, in Rage, weil er die Diagnose einer »Verletzung durch repetitive Belastungen« als »sinnlos« bezeichnete, zumal sie über keine »Pathologie« verfüge und in den Lehrbüchern der Medizin gar nicht vorkomme. Auch in den Vereinigten Staaten behaupten manche, Fitneß, persönliche Gewohnheiten sowie der Streß zu Hause und bei der Arbeit spielten eine weit größere Rolle als die Technik. Das *Wall Street Journal* zählt folgende Faktoren auf, die neben anderen als mögliche Ursachen genannt worden sind: »Diabetes, das Gewicht, die Menopause, Entfernung der Gebärmutter, der Umfang des Handgelenks..., das Verhältnis zu Vorgesetzten, die Arbeitsgeschwindigkeit, die Körperhaltung, die Länge des Arbeitstags, die Arbeitsroutine..., die Möglichkeit, Entscheidungen zu treffen, die Arbeitsplatzsicherheit, die Einnahme von Kontrazeptiva und eine Schwangerschaft.« Aber auch wenn die laienhafte Selbstdiagnose den Schmerz durch die Konzentration der Aufmerksamkeit vergrößern mag, ist die zugrundeliegende Störung doch allzu real, als daß man sie als bloßes Simulieren oder Somatisieren abtun könnte.[23]

Die anatomischen Zusammenhänge, die hinter dem Karpaltunnelsyndrom stecken, sind bestens bekannt. Während ich am Computer sitze und dieses Kapitel schreibe, zwängen sich die neun Beugesehnen, welche die Bewegung der Finger meiner beiden Hände steuern, durch eine Öffnung, die von den acht durch ein kräftiges Band zusammengehaltenen Karpalknochen meines Handgelenks gebildet wird. Durch diese Röhre, die als Karpaltunnel bezeichnet wird, verläuft auch der Nervus medianus, der unter anderem mit den Sinnesrezeptoren der Finger verbunden ist. Diese wunderbar kompakte Konstruktion ist allerdings empfindlich. Wenn der Nerv durch Krankheit oder Verletzungen eingezwängt wird, können Schmerzen auftreten und die Finger in ihrer Funktion beeinträchtigt werden. Forscher haben herausgefunden, daß sich durch wiederholte Beugung und Streckung des Handgelenks die flüssigkeitsgefüllten Schutzhüllen ausdehnen können, von denen die Sehnen umgeben sind. Doch diese Schutzreaktion hat einen Rache-Effekt, denn sie sorgt dafür, daß der Nervus medianus eingezwängt wird, und verursacht dadurch Schmerzen oder ein Taubheitsgefühl. Das Karpaltunnelsyndrom wird erst deshalb zu einem schmerzhaften chronischen Leiden, weil die geschwollenen Sehnenscheiden nach mehrmaliger akuter Entzündung ständig Druck auf den Nerv ausüben. Und wie so oft, können auch hier die langfristigen Auswirkungen vieler kleiner Verletzungen schlimmer sein als die unmittelbaren Folgen einer großen, aber behandelbaren Verletzung.[24]

Die Evolution hat den Menschen nicht dazu geschaffen, kleine schnelle

Bewegungen stundenlang auszuführen. Störungen der oberen Extremitäten kamen in traditionalen Gesellschaften, in denen die Menschen ihre Werkzeuge selbst herstellten, offenbar nur selten vor. Der auf Mechanik und Evolution der menschlichen Hand spezialisierte Arzt John Napier hat darauf hingewiesen, daß Handwerkzeuge aufgrund ihres »modernen« Aussehens den menschlichen Bedürfnissen eher weniger gut angepaßt sind. »Wenn die Menschen früher eine Axt herstellten, machten sie diesen Fehler nicht, denn ihr Leben hing davon ab.« Und wie wir bereits gesehen haben, benutzten die bäuerlichen Gesellschaften Ost- und Mitteleuropas Arbeitsgeräte, die ein intuitives Gespür für die Einheit zwischen Werkzeug und Körper verrieten.[25]

Aber wir sollten daraus nicht den Schluß ziehen, der vorindustriellen Technik seien kumulative Verletzungen völlig fremd gewesen. Luther Sower, ein Autodidakt und Waffenschmied aus North Carolina, der für die Präzision seiner historischen Rekonstruktionen bekannt ist, fragte sich in einem Zeitungsinterview, ob seine mittelalterlichen Vorgänger auch solche Sehnenschmerzen von der Stahlbearbeitung und solche Handkrämpfe von der Herstellung der Kettenpanzer bekommen hätten. Und er meinte, »wenn sie mit zwölf Jahren ihre Lehre begannen, müssen sie im mittleren Alter Krüppel gewesen sein«.[26]

Die ersten medizinischen Berichte über Schmerzen in den oberen Extremitäten stammen aus dem frühen achtzehnten Jahrhundert. Wenn diese Erscheinung damals bereits ein anerkanntes Problem darstellte, spiegelte sich darin zweifellos die Rationalisierung der Arbeitsprozesse. Adam Smiths Lob der Arbeitsteilung in seiner *Untersuchung über Natur und Wesen des Volkswohlstandes* (1776) beruht zu einem Gutteil auf der Überzeugung, die wechselnden Tätigkeiten der Arbeiter auf dem Land förderten »Schlendrian und Nachlässigkeit«. Aber die Abwechslung der Tätigkeiten und Werkzeuge mag durchaus förderlich für die Gesundheit gewesen sein. Andererseits zwang die hochgradige, von Smith beobachtete Arbeitsteilung – an der Herstellung eines Knopfs waren bis zu acht Personen beteiligt – die Arbeiter möglicherweise zu einer gefährlichen Hast. »Die Geschwindigkeit mancher Arbeiten [in Branchen wie der Knopf- und Nadelmanufaktur] geht weit über das hinaus, was Menschen, die so etwas noch nicht gesehen haben, jemals für möglich gehalten hätten.« Die Intensivierung der Arbeit durch deren Teilung in kleine, sehr schnell wiederholte Arbeitsschritte führte im neunzehnten Jahrhundert zu Leiden wie der »Weberhand«, dem »Knospenpflückerdaumen«, dem »Stickerinnenhandgelenk« und der »Baumwollspinnerhand«. Und 1840 widmete der französische Arzt D. M. P. Velpeau den Störungen der oberen Extremitäten bereits eine ganze Monographie.[27]

Waren die Informationsarbeiter des neunzehnten Jahrhunderts gegen solche kumulativen Verletzungen gefeit? In der 11. Ausgabe der *Encyclopaedia Britannica* aus dem Jahr 1911 heißt es, »Schreibkrampf« und »Schreiberlähmung« seien durch einen Krampf gekennzeichnet, der ausschließlich während des Schreibens, Musizierens oder sonstiger erlernter Tätigkeiten auftrete. Da sich in den jeweiligen Arbeitsbedingungen keine Ursache für diese Erkrankung ausfindig machen ließ, beschrieb der Artikel sie als »Erkrankung des zentralen Nervensystems«, die in manchen Fällen ererbt sei, meist aber auf »Alkoholismus der Eltern oder auf vererbte Hirnschäden« zurückgehe. Angesichts der Unterschiede zwischen dem Schreiben von Hand und der Benutzung einer Computertastatur läßt sich nur schwer sagen, ob der alte Schreibkrampf und das computerbedingte Karpaltunnelsyndrom eng miteinander verwandt sind. Auch ist nicht klar, ob der einstige »Telegraphistenkrampf« oder der »Glasarm« der Telegraphisten größere Ähnlichkeiten damit aufweist.[28]

Der Beitrag des zwanzigsten Jahrhundert liegt nicht in den Symptomen, sondern in der einheitlichen Diagnose. Natürlich spielten die Durchleuchtungstechniken und die klinische Forschung eine Rolle. Aber das Problem der Verletzungsakkumulation ist ein gleichermaßen soziales und physiologisches Phänomen. Soweit es bei Arbeitern auftrat, hat man die Mehrzahl der Fälle wahrscheinlich jahrzehntelang übersehen. Die Daten über Rückenleiden bei Gabelstaplerfahrern legen den Schluß nahe, daß eine hohe Erkrankungsquote bei jungen Arbeitern das wahre Ausmaß des Problems möglicherweise durch natürliche Selektion verdeckt: Arbeiter mit starken Schmerzen scheiden einfach aus ihrem Beruf aus, ohne Arbeitsunfähigkeitsversicherungen in Anspruch zu nehmen. Und manche älteren Arbeiter sind unter Umständen Überlebende, die eine Resistenz gegen kumulierte Verletzungen entwickelt haben.[29]

Trotz des Überlebenseffekts sind Erkrankungen aufgrund kumulierter Verletzungen bei Arbeitern zweifellos häufiger zu finden als bei Angestellten. In Wirklichkeit ist ihre Verbreitung sogar alarmierend. 1993 wurden 300000 Neuerkrankungen gemeldet, eine Verzehnfachung gegenüber 1982. Sie stellen heute mehr als 60 Prozent aller berufsbedingten Krankheiten, aber sie sind nicht gleichmäßig über sämtliche Industriezweige verteilt. Nach Angaben des U. S. Bureau of Labor Statistics verzeichnete man 1992 in der Fleischverpackung 1400, in der Automobilproduktion 860, aber in Zeitungsverlagen nur 44 Fälle pro 10000 Beschäftigte. Der Unterschied gegenüber früher liegt darin, daß die Angestellten unter den Computerbenutzern sich nicht auf Datentypistinnen beschränken, die es auf bis zu 80000 Anschläge pro Tag bringen. Auch Elitejournalisten und Bankangestellte laufen heute Gefahr, sich die einst den Proletariern vorbehaltenen schmerzhaften Leiden zuzuziehen. Selbst im oberen Management ist die nachwachsende, an Computer gewöhnte Generation nicht immun, denn nicht jedes Spreadsheet läßt sich delegieren. Fügt man noch die wachsende Zahl von Menschen hinzu, die auf allen Ebenen die meiste Zeit an Computertastaturen oder mit anderen Eingabegeräten von der Maus bis zum Scanner verbringen, sind alle Voraussetzungen einer Epidemie gegeben.[30]

Beim Karpaltunnelsyndrom handelt es sich offenbar um einen Wiederholungseffekt. Die Rache liegt darin, daß der Computer die körperliche Anstrengung beseitigt hat, die das Schreiben mit der mechanischen Schreibmaschine noch erforderte: das Herunterdrücken der Tasten, das Anheben des Wagens bei jedem Großbuchstaben, das Zurückschieben des Wagens bei jeder neuen Zeile. Eigentlich sollte man meinen, wenn etwas Gefahren für Hände oder Handgelenke barg, dann doch wohl die mechanische Schreibmaschine. Die Tastatur war nicht abnehmbar, und Auflagen für die Handgelenke waren unbekannt. Dennoch finden sich in der Literatur nur sehr wenige Hinweise auf ein Karpaltunnelsyndrom bei Schreibkräften. Die Schmerzen, die Jack London empfand, als er zum erstenmal eine Schreibmaschine benutzte, waren nicht in seinen Handgelenken, sondern im Rücken. Manche ältere Schreibkräfte erinnern sich noch an Schmerzen, die sehr für ein Karpaltunnensyndrom sprechen, aber zeitgenössische Berichte über dieses Phänomen sind kaum zu finden.

Vielleicht hielt das Büropersonal es früher für sinnlos, über solche Probleme mit dem Arbeitgeber zu sprechen. Es bedarf schon eines bestimmten sozialen und rechtlichen Rahmens, damit ein Schmerz als Symptom definiert wird. Möglicherweise haben die Gesetzgebung zur Arbeitssicherheit, Krankenversicherungen, Berufsgenossenschaften und Berufsunfähigkeitsrenten erst vor kurzem die Möglichkeit eröffnet, solche Klagen zu den Akten zu nehmen, wodurch sie dann auch häufiger auftauchen. Vielleicht war das Schreiben auf den alten Schreibmaschinen aber auch sicherer, weil langsamer und mit größerem Kraftaufwand verbunden. Manche Fachleute glauben, daß der höhere Kraftaufwand die Belastung auf Arme und Schultern verteilte. Die Tasten mechanischer Schreibmaschinen waren sogar mit Federn versehen, die den an Computertastaturen möglichen ruckartigen Anschlag verhinderten. (Vergleichen Sie einmal den Anschlag an Ihrem Computer mit dem einer alten Schreibmaschine.) Die Charakteristik mechanischer Tasten verlangte auch eher ein gestrecktes Handgelenk, so daß die Gefahr der abgewinkelten, hängenden Hand, die zu den Risikofaktoren für das Karpaltunnelsyndrom gehört, dort weniger ausgeprägt ist. Auch die Arbeitsgeschwindigkeit war nicht so hoch, weil die Tasten sonst aneinander hängenbleiben konnten. Allerdings glauben Ergonomen heute, daß die ununterbrochene Eingabe einen weitaus wichtigeren Risikofaktor darstellt als die bloße Geschwindigkeit.

Auch elektrische Schreibmaschinen vermeiden viele Probleme, die mit der Dateneingabe an Computern verbunden sind. Die meisten Maschinen begrenzen die mögliche Zahl der Anschläge pro Sekunde und verlangen dieselben kurzen, gesundheitsfördernden Unterbrechungen wie die mechanische Schreibmaschine. Zwar fährt der Wagen beim Zeilenwechsel automatisch zurück, doch das Einführen und Entnehmen des Papiers und die altmodischen Korrekturverfahren mit Korrekturbändern oder Tipp-Ex bieten auch hier Gelegenheit zu kurzen, aber wahrscheinlich gesunden Unterbrechungen des Tippens. Selbst eine Untersuchung der Internationalen Arbeitsorganisation IAO über Mechanisierung und Automatisierung im Büro lenkte 1960 die Aufmerksamkeit zwar auf Klagen über »Muskelermüdung, Rückenschmerzen und ähnliche Leiden« im modernen Büro, erwähnte Schmerzen in Händen und Handgelenken jedoch nicht als eigenständiges Problem. Der Bericht betonte statt dessen die psychische Belastung durch monotone Arbeitsprozesse, die dennoch ein hohes Maß an Aufmerksamkeit erfordern.[31]

Wie wir gesehen haben, sind kumulierte Verletzungen keineswegs auf das Büro beschränkt, obwohl dort bis zu 10 Prozent der Beschäftigten betroffen sind. Sie treten vielmehr überall dort auf, wo Automatisierung und Arbeitsteilung die Arbeitenden dazu zwingen, eine manuelle Verrichtung Tausende Male am Tag zu wiederholen, ob es dabei nun um das Sortieren von Briefen, die Herstellung von Luftfiltern oder ums Buchbinden geht. Auch in der Kinderpflege, bei Freizeitbeschäftigungen, bei Reparaturarbeiten im Haus und im Sport können sie auftreten. Anscheinend gibt es einen von der ausgeübten Tätigkeit unabhängigen Sockel von etwa ein Promille der jährlich gemeldeten Fälle. Alles in allem entfällt heute nach Angaben amerikanischer Behörden mehr als die Hälfte aller Berufskrankheiten auf Störungen der oberen Extremitäten, darunter auch (aber keineswegs nur) das Karpaltunnelsyndrom. Über das gesamte Arbeitsleben gerechnet, soll der Anteil dieses Syndroms in den Vereinigten Staaten bei 5 bis 10 Prozent liegen.[32]

Unbeantwortet bleibt weiterhin die Frage, warum Berufskrankheiten aufgrund kumulierter Verletzungen auch in Betrieben mit ähnlichen Arbeitsprozessen so ungleich verteilt sind. Alter, Gewicht, Körperhaltung, Lebensweise, Hormonspiegel, Arthritis, Bandscheibenschäden – all das hat man bereits in einen Zusammenhang mit diesen Erkrankungen gebracht. Auch zeigt sich immer deutlicher, daß beruflicher Streß, ob im Büro oder in der Produktion, die Wahrscheinlichkeit solcher Erkrankungen erhöht. Nach einer Studie des NIOSH an Telefonistinnen fördern überzogene Arbeitsanforderungen und Angst vor einem Verlust des Arbeitsplatzes das Karpaltunnelsyndrom und verwandte Krankheiten selbst bei bester technischer Ausstattung. In einem anderen Fall zeigte sich, daß Beschäftigte, die an einem Kurs zur Vermeidung kumulierter Verletzungen teilgenommen hatten, nach einem Jahr eine unveränderte Erkrankungshäufigkeit aufwiesen. Aber niemand weiß wirklich, warum das Karpaltunnelsyndrom in manchen Zeitungsverlagen beträchtlich häufiger vorkommt als in anderen Verlagen mit vergleichbarer technischer Ausstattung. Auch ist nicht klar, ob die Verringerung solcher oder ähnlicher Erkrankungen auf neue, ergonomisch gestaltete Arbeitsplätze oder aber auf ein aufgeklärtes Arbeitsmanagement zurückzuführen sind. Es scheint zu den typischen Merkmalen von Rache-Effekten zu gehören, daß sie nicht nur vielfältige, undurchschaubare Ursachen haben, sondern daß auch die Wege zur Beseitigung ihrer Folgen nur schwer zu verstehen sind.[33]

Welche Faktoren letztlich auch hinter den Erkrankungen aufgrund kumulierter Verletzungen stehen mögen, die Risiken lassen sich durch einfache Veränderungen der Technik und des Verhaltens verringern. Manche Tastaturen haben einen leichteren Anschlag, der als weniger schädlich gilt; allzu empfindliche Tastaturen können jedoch gleichfalls gefährlich sein, wenn sie den Benutzer dazu verführen, die Finger in einem gewissen Abstand über den Tasten zu halten, statt ständig in leichter Berührung mit ihnen zu bleiben. Handgelenkstützen können verhindern, daß man die Hand beim Tippen nach oben oder unten abwinkelt, aber sie verleiten manche Benutzer, die Hand zu verschieben, statt sie zu heben, wenn sie eine Taste an den Rändern der Tastatur anschlagen. Größere ergonomische Tastaturen erlauben eine bequemere Handhaltung beim Tippen, doch sie vergrößern auch den Abstand zwischen Tastatur und Maus. Und der Griff nach der Maus hat seine eigenen gesundheitlichen Folgen.[34]

Selbst die einfachste Vorrichtung kann im Rahmen menschlicher Routinetätigkeiten komplexe und unerwartete Wirkungen zeitigen. Als immer mehr Computerprogramme mit einer graphischen Benutzeroberfläche ausgestattet wurden, verlagerten Konstrukteure und Benutzer ihre Aufmerksamkeit vom Cursor und den Eingabetasten hin zu Zeigevorrichtungen, mit deren Hilfe man den Cursor durch Handbewegungen über den Bildschirm wandern läßt. Statt Befehlsfolgen einzugeben, die man auswendig lernen oder bei Bedarf nachschlagen mußte, kann der Benutzer mittels dieser Vorrichtungen Menüs auswählen, Markierungen vornehmen oder Operationen in Text- und Graphikprogrammen ausführen lassen. Meist handelt es sich bei diesen Eingabegeräten um sogenannte Mäuse. Im Angebot sind jedoch auch Trackballs, Stifte und Hebel unterschiedlicher Größe, von kleinen, wie Radiergummis geformten Knöpfen mitten auf der Tastatur bis hin zu großen Joysticks sowie deren meist mittelmäßige Adaptationen für tragbare Computer. Fast alle diese Zeigevorrichtungen, die das Navigieren auf dem Bildschirm erleichtern sollen, haben jedoch den Rache-Effekt, daß man die Hand von der Tastatur nehmen muß, wenn man sie bedienen will. (Kleine, auf der Tastatur angebrachte Knöpfe können leicht der normalen Eingabe ins Gehege kommen, und das ist verwirrend genug; Apple hat die Tasten *d* und *k* mit Berührungsmarken belegt, IBM und kompatible benutzen dafür die Tasten *f* und *j*.) Natürlich könnten all diese Armbewegungen auch einen unerwarteten Nutzen haben; wie das Zurückschieben des Wagens bei den mechanischen Schreibmaschinen unterbrechen und verlangsamen diese Bewegungen den Arbeitsfluß, der sonst gefährlich schnell werden könnte. Aber die Maus bringt auch ein neues Problem mit sich; Ergonomen warnen davor, sie statt aus dem Unterarm aus dem Handgelenk heraus zu führen.[35]

Die Maus spielte in den Kontroversen um das Karpaltunnelsyndrom zunächst wahrscheinlich deshalb kaum eine Rolle, weil die meisten Fälle bei Beschäftigten auftraten, die mit der Dateneingabe und -verarbeitung an textorientierten Systemen befaßt waren, wo die Maus kaum Verwendung fand. Doch 1991 berichtete eine medizinische Fachzeitschrift in Kalifornien von einem neuen Syndrom, dem »Mausgelenk«, das man bei zwei Eheleuten beobachtet hatte, die beide sowohl im Büro als auch zu Hause mit der Maus arbeiteten. Der Zustand des Mannes verbesserte sich schon nach einem Monat konservativer Behandlung mit Schienen, Ruhe und Ibuprofen, doch die Beschwerden kehrten zurück, als er wieder mit der Maus zu arbeiten begann. Anscheinend arbeitete er lieber unter Schmerzen, als daß er sich eine andere Ausrüstung zugelegt hätte, oder vielleicht gab es für das von ihm benötigte Programm auch keine Alternative, die sich allein mit der Tastatur hätte steuern lassen. (Anders als die Microsoft-Windows-Programme boten die meisten Macintosh-Programme bis vor kurzem keine Tastenkombinationen an, mit denen man die Menübefehle hätte aktivieren können.)[36]

Zehn Jahre nach der Vorstellung des ersten Apple Macintosh und dem Siegeszug der mausorientierten Software gibt es noch immer keinen einheitlichen Sicherheitsstandard für die Gestaltung der Maus. Falls die Hersteller entsprechende Untersuchungen angestellt haben, hält man sie jedenfalls sorgfältig geheim, zumal interne Sicherheitsforschung mit dem Rache-Effekt verbunden ist, daß sie die Gefahr von Schadensersatzansprüchen erhöht, falls die Kläger später nachweisen können, daß der Hersteller schon früher von den Gefahren wußte. Als Microsoft 1993 ein neues Mausmodell auf den Markt brachte, konnte hinsichtlich der verbesserten Bequemlichkeit kein Zweifel bestehen, doch wie es um die gesundheitlichen Folgen des neuen Designs bestellt war, blieb im unklaren. Die Maus ist höher und länger, in der Mitte besitzt sie eine Erhöhung, die sich an die Handfläche des Benutzers anschmiegt, und auf der Seite befindet sich eine leichte Vertiefung für den (rechten) Daumen. Die beiden Schalter an der Vorderseite arbeiten präziser und sind leicht abgeschrägt. Microsoft gab angeblich Millionen Dollar für die Entwicklung dieser Maus aus, und die zugehörige Software enthält eine umfangreiche Anleitung zur korrekten Bedienung des Geräts. Es handelt sich um die komfortabelste Maus, die ich ausprobiert habe, doch nirgendwo findet sich ein Hinweis, daß dieses Modell in der Benutzung sicherer wäre als die alte Microsoft-Maus oder die Modelle konkurrierender Hersteller wie Logitech oder Mouse Systems. Aus der Tatsache, daß die neue Maus sich bestens in die gehöhlte Handfläche schmiegt, folgt keineswegs, daß sie auch sicherer wäre als die übrigen Modelle. Obwohl fast alle Computersysteme heute mit einer Maus ausgerüstet sind und viele Anwendungen nur mit einer Maus vollständig gesteuert werden können, steht die Forschung zu den gesundheitlichen Aspekten der Benutzung solcher Geräte erst am Anfang.

Noch 1994 vermieden die wichtigsten Hersteller von Mäusen, Tastaturen und anderen Eingabegeräten jede Aussage über etwaige gesundheitliche Vorzüge ihrer Produkte. Und sie taten gut daran. Zu den häufigsten Rache-Effekten (vom Typ Umordnungseffekt) gehört der Umstand, daß ein Gefühl der Sicherheit in Teilen eines Systems zu Problemen in anderen Teilen führen kann. So erhöht eine leicht zu führende Maus möglicherweise die Häufigkeit des Karpaltunnelsyndroms, weil sie zu häufigerer Benutzung animiert. Der Trackball, bei dem der Cursor über eine kleine, in einem stationären Sockel untergebrachte Kugel gesteuert wird – also eigentlich eine umgekehrte Maus –, mag das Handgelenk zwar entlasten, führt statt dessen aber unter Umständen zu einer Überbeanspruchung des Daumens. Das Touchpad, ein Rechteck aus verschiedenen Materialien, das auf leichten Druck mit dem Daumennagel reagiert, kann ähnliche Folgen haben. Und sowohl bei Tastaturen als auch bei Zeigevorrichtungen beeinflussen die durch die Software erzwungenen oder geförderten Bewegungsmuster das Erkrankungsrisiko möglicherweise ebenso stark wie das Design der Geräte. Was rundum eine Sache der Technik und der Wissenschaft zu sein schien, erweist sich bei näherem Hinsehen mindestens ebensosehr als eine Angelegenheit der Ästhetik, der Bequemlichkeit und zu einem Gutteil auch bloßer Mutmaßungen.[37]

Technologische Optimisten, die Rache-Effekte gern als »vorübergehende Erscheinungen« abtun, sehen in der automatischen Spracherkennung eine mögliche Abhilfe für die Gesundheitsgefährdung durch Mäuse und Tastaturen. Da viele Menschen bereits täglich viel Zeit am Telefon verbringen, ohne daß gesundheitliche Schäden aufträten, was könnte da schon gefährlich sein, wenn man gelegentlich ein »Öffnen«, »Speichern« oder »Exit« murmelt – außer vielleicht, daß die Arbeitskollegen einen anfangs verwundert anschauen? Doch seit solche Systeme der automatischen Spracherkennung auf dem Markt sind, häufen sich auch Berichte über Fälle einer Überbeanspruchung der Stimme. Und in einigen dieser Fälle handelt es sich um Programmierer, die auf ein Spracherkennungssystem ausgewichen waren, weil sie ihre Hände wegen des Karpaltunnelsyndroms nicht mehr voll einsetzen konnten.[38]

Wie andere durch Überlastung hervorgerufene Krankheiten, so geht auch die Überlastung der Stimme vielfach auf Gewohnheiten zurück, die man abstellen kann. Manche Anwender strapazieren ihre Stimmbänder, indem sie die Befehle geradezu schreien, aber auch bei geringerer Lautstärke können verspannte Muskeln gefährlich werden. Und wie beim Karpaltunnelsyndrom sind Körperhaltung und Allergien auch bei der Überlastung der Stimme verstärkende Faktoren. Heute suchen manche Computerbenutzer Sprachtherapeuten auf, die ihnen beibringen, wie sie sprechen, sich entspannen, sitzen und atmen müssen und daß sie dabei immer wieder einen Schluck Wasser trinken sollen. Es ist paradox, aber keineswegs ungewöhnlich, daß ausgerechnet bei hochentwickelten und scheinbar mühelosen Technologien die Ausführung einfachster Tätigkeiten Wachsamkeit, Übung und manchmal sogar fachmännischen Rat erfordert. Ein Programmierer, der Probleme mit seiner Stimme hat, berichtet, daß seine Stimmbänder sich unter starkem Arbeitsdruck »ganz plötzlich verspannen«. Wer am Ende unseres Jahrhunderts entspannt bleiben möchte, muß sich offenbar ständig anstrengen.

Von der leicht zu behebenden Überanstrengung der Augen bis hin zu peinigenden Schmerzen im Rücken, in der Hand und in den Handgelenken haben die körperlichen Probleme der Computerarbeit einige wichtige Dinge gemeinsam. Sie entwickeln sich langsam und schrittweise und ohne erkennbaren Anfang. Manchmal kommt es plötzlich zu Krisen mit heftigen Schmerzen, die das Ergebnis einer wochen- oder monatelangen Entwicklung sind. Die Schmerzen können nur indirekt gemessen werden. Durch Röntgenstrahlen und andere Durchleuchtungstechniken lassen sich Anomalien nachweisen, die zu den Schmerzen passen, sich aber oft auch bei Menschen finden, die keine Schmerzen haben.

Vor allem aber sind diese Leiden sozial überformt. Politisch Konservative bestehen gewöhnlich auf der Existenz einer objektiven Realität und bestreiten, daß wissenschaftliches oder gar technisches Wissen sozial konstruiert wäre. Nicht zuletzt, weil es kein »Dolormeter«, kein objektives

Verfahren zur Messung von Schmerzen gibt, sondern allenfalls ein paar Testmethoden, mit deren Hilfe man verdächtig inkonsistente Reaktionen aufdecken kann, klagen Konservative und insbesondere Neokonservative über die ökonomischen Kosten computerbedingter Schadensersatzansprüche und sehen Neurotiker oder gar Betrüger am Werk. Liberale dagegen, die ansonsten gern auf das Eigeninteresse der medizinischen Zunft an »neuen« Syndromen und Diagnosen verweisen, halten computerbedingte Krankheiten für objektive Realität. Beide Seiten würden wohl darin übereinstimmen, daß die Erkrankungen dort häufiger auftreten, wo der Arbeitsstreß größer ist. Organisationen mit ganz ähnlicher Hard- und Softwareausstattung machen so unterschiedliche Erfahrungen mit diesen Krankheiten, daß zumindest ein Teil der Unterschiede auf sozialen Prozessen beruhen muß. Aber noch verstehen wir diese Prozesse nicht, und niemand weiß, wie sie funktionieren.

Als es während der achtziger Jahre in Australien bei den kumulierten Verletzungen zu einem rapiden Anstieg der Meldungen kam – ein australischer Medizinkritiker nannte es »die größte, teuerste und längste industrielle Epidemie der Weltgeschichte« –, war man sich einig, daß medizinische Einstellungen einen Teil des Problems bildeten und zur Verschlimmerung der Lage beitrugen. Aber wer war für die unbeabsichtigten Folgen verantwortlich? Die Büroangestellten, die solche Krankheiten meldeten, oder ihre Verbündeten in den Gewerkschaften und der Frauenbewegung, die eine Überempfindlichkeit gegenüber geringfügigen Symptomen förderten und sogar zu regelrechtem Betrug ermunterten? (Die australischen Gewerkschaften gehören zu den sozial und politisch aktivsten der Welt, und in der Gesetzgebung über Schadensersatzansprüche von Arbeitnehmern kommt ihr politischer Einfluß deutlich zum Ausdruck.) Oder halfen hier sympathisierende Ärzte »den Machtlosen und Abhängigen, jenen, die ihren berechtigten Zorn auf Vorgesetzte, Arbeitgeber und Ehegatten nicht anders vermitteln können«, als ihrer Not in einem »rein symbolischen Leiden« Ausdruck zu verleihen, wie ein australischer Arzt argwöhnte? Oder trugen skeptische Ärzte zur Erzeugung chronischer Symptome bei, weil sie sich weigerten, frühe Berichte ernst zu nehmen, und weil sie die Beweislast ganz den Patienten aufbürdeten, wie ein anderer Analytiker behauptete? Wie dem auch sei, die Epidemie war jedenfalls zum Teil die unbeabsichtigte Folge einer Medizinisierung der in Australien (wie im gesamten Commonwealth) so genannten »Erkrankungen aufgrund repetitiver Belastung«.[39]

Achtlosigkeit führt zu Verletzungen. Aber die Konzentration auf die körperlichen Probleme der Computerarbeit kann die Symptome auch verstärkt haben. Handelt es sich bei den Betroffenen um Menschen, die zu hart gearbeitet haben und sich nur notgedrungen melden, wenn die Schmerzen unerträglich werden? Oder versuchen sie bewußt oder unbewußt, sich der Verantwortung zu entziehen, indem sie ihre Probleme in ein medizinisches Gewand kleiden? Es begann einst mit Fragen nach der Gestaltung von Sitzflächen und Rückenlehnen, nach dem günstigsten Neigungswinkel, nach minimalem Tastendruck und Handgelenkstützen, und nun zeigt sich, daß die Antworten auf diese Fragen psychologische, organisatorische und sogar politische Dimensionen besitzen. Und es erhebt sich die ethische Frage, ob es Aufgabe der Arbeitgeber ist, die Arbeitsbelastung auch auf Kosten des Profits und der »Wettbewerbsfähigkeit« in Grenzen zu halten, oder ob es Sache der Arbeitnehmer (der Datenerfasser wie auch der Schreiber von Leitartikeln) ist, sich zusammenzureißen und mit den Problemen ihrer Arbeit fertig zu werden.[40]

In den letzten dreißig Jahren mag es im Büro stiller geworden sein, doch Anspannung und Einsamkeit haben zugenommen. Die Sozialpsychologin Shoshana Zuboff hat die unbeabsichtigten Folgen der Automatisierung im Büro erforscht. Die E-Mails haben nicht nur Face-to-Face-Konferenzen ersetzt, sondern sogar Telefongespräche. Beschäftigte, die häufig zu Kollegen gehen und Fragen stellen, gelten bei Vorgesetzten als Problemfälle. Die softwareunterstützte Anwendung von Regeln ist an die Stelle von Entscheidungen aufgrund persönlicher Erfahrung getreten; Eingabeaufforderungen am Bildschirm lassen wenig Raum für ein eigenes Urteil. Die Konsequenzen dieser Entwicklungen für den Körper liegen auf der Hand. Zuboffs Feldforschung unter Angestellten zeigt, daß Klagen über körperliche Probleme weniger mit der Konstruktion der technischen Ausstattung zu tun haben als mit sozialen Zwängen: »Automatisierung bedeutete, daß Menschen, die ihre physische Präsenz einst in den Dienst ihrer Arbeitsbeziehungen und zwischenmenschlicher Kontakte gestellt hatten, diese körperliche Gegenwart nun in den Dienst einer routineförmigen Interaktion mit Maschinen stellten. Tätigkeiten, die einst den Gebrauch ihrer Stimme erfordert hatten, verlangten nun, daß sie stumm blieben ... Man hatte sie aus dem Managementprozeß vertrieben und auf die Grenzen ihres individuellen Körperraums verwiesen. Die Folge war, daß die Beschäftigten in den Büros zunehmend von der unmittelbaren Empfindung ihrer körperlichen Beschwerden in Anspruch genommen wurden.«[41]

Eine der von Zuboff befragten Frauen blickte mit nostalgischen Gefühlen auf die zahlreichen Angestellten zurück, an die sie sich aus früheren Zeiten noch erinnern konnte, und schilderte ihre neue Situation in starken Bildern: »Nicht reden, nicht umherschauen, nicht umhergehen. Ich habe einen Korken im Mund, eine Binde vor den Augen und Ketten an den Armen. Durch die Strahlung habe ich mein Haar verloren. Die Arbeitsvorgaben kann man nur erfüllen, wenn man seine Freiheit aufgibt.«[42]

Zuboffs Studie, die zu einer Zeit veröffentlicht wurde, als Erkrankungen aufgrund kumulativer Verletzungen in Nordamerika zu einem wichtigen Thema avancierten, stellt den Vulgärplatonismus jener Computerstudien in Frage, die eine unkörperliche Welt reibungsloser Informationsverarbeitung unterstellen. Der Körper fand in der Computerisierung der Arbeitswelt keine Beachtung, bis er sich in Gestalt von Absentismus, Schadensersatzklagen und Ansprüchen auf Berufsunfähigkeitsrenten dafür zu rächen begann.

Die neuen Schmerzen des computerisierten Büros haben eine wichtige positive Folge. Ohne die Klagen und die drohenden Rechtsstreitigkeiten wegen der Probleme mit Augen, Händen und Rücken würden Gesundheit und Bequemlichkeit aller Computerbenutzer weit weniger Aufmerksamkeit erfahren. Ob eine zurückgelehnte Körperhaltung besser ist als eine nach vorn gebeugte; ob Tastaturen mit hartem Anschlag wirklich gesünder sind als solche mit weichem; ob Trackballs mehr Sicherheit bieten als Mäuse – alle zögen Nutzen daraus, wenn man solche Fragen ernst nähme. Wie wir gesehen haben, sind manche Klagen schon alt und wurden zum Teil deshalb nicht beachtet, weil sie vor allem Frauen betrafen, und dazu noch Frauen, die nicht der Elite angehörten. Nach ihren Büromöbeln zu urteilen, verstanden auch männliche Chefs offenbar nur wenig von Bequemlichkeit im Büro. Erst das Gespenst drohender rechtlicher Folgen veranlaßte sie, sich ernsthaft um ihr eigenes Wohlbefinden zu kümmern.

Obwohl es sich hier um eine echte Verbesserung handelt, erhöht sie möglicherweise nicht sofort die Zufriedenheit der Betroffenen, weil sich im Sinne eines Rache-Effekts die Zahl der gemeldeten Probleme zunächst vergrößern kann. Da die Medizin selbst bei einer Verbesserung und Objektivierung der Diagnoseverfahren dafür sorgen wird, daß die Menschen sich gesundheitlich eher schlechter fühlen, kann eine bessere Gestaltung des Arbeitsplatzes die Aufmerksamkeit der Menschen auf Probleme lenken, die noch keineswegs optimal gelöst sind. Das Büro kann durchaus sicherer werden. Fachleute glauben, daß sich die gesundheitliche Situation im modernen Büro bis zum Ende unseres Jahrzehnts durch Verbesserungen an technischen Geräten und Möbeln, aber auch durch entsprechende Verhaltensänderungen entschärfen läßt.

Der Preis dafür könnten jedoch neue Komplikationen und höhere Wartungskosten sein. Ergonomen sprechen hier vom »Problem der Freiheitsgrade«. Ein Stuhl etwa kann zur Anpassung an verschiedene Aufgaben und Benutzer mit einer Vielzahl von Einstellungsmöglichkeiten versehen werden, zum Beispiel für Höhe und Neigungswinkel der Sitzfläche, der Rückenlehne und der Armstützen sowie für die jeweilige Federspannung. Auch bei Tastatur und Monitor sind Höhe und Neigungswinkel möglicherweise einstellbar. Marvin J. Dainoff und James Balliett haben jedoch beobachtet, daß allzu viele Einstellmöglichkeiten den Benutzer davon abhalten können, die ergonomischen Vorzüge ihrer Geräte auch wirklich zu nutzen, und es gibt kein wirkungsvolles Verfahren, unzuträgliche Einstellungskombinationen zu verhindern. Bei der Bekämpfung des Wiederholungseffekts routinemäßiger Bürotätigkeiten sehen wir uns plötzlich mit einem Rekomplizierungseffekt konfrontiert.[43]

Wieder einmal vermag die Technik ein chronisches Problem nicht so automatisch und direkt zu lösen, wie wir es erwarten oder zumindest erhoffen. Das heißt indessen nicht, daß die Technik versagte; ganz im Gegenteil. Sie verlangt nur gewisse Fähigkeiten und ein gewisses Maß an Wachsamkeit. So gelangt eine finnische Studie zu dem Ergebnis, daß selbst bei modernster Ausrüstung Beschäftigte an Computerterminals deutlich häufiger über Muskel- und Gelenkschmerzen klagten als andere Büroangestellte, bis ein Physiotherapeut ihnen erklärte, warum und wie die Geräte an ihrem Arbeitsplatz eingestellt werden mußten. Daraufhin sank die Häufigkeit von Schulterschmerzen um 70 Prozent. Niemand hätte vorausgesagt, daß es bei geistiger Arbeit am Computer dennoch erforderlich sein würde, dem Körper soviel Aufmerksamkeit zu schenken. Niemand hätte gedacht, das Sitzen auf einem Stuhl könnte jemals zu einer Fähigkeit werden, die man lernen muß. Selbst kurze Arbeitspausen erfordern mehr Planung, als man jemals erwartet hätte. Überläßt man die Entscheidung den Betroffenen, kehren sie womöglich zu früh an die Arbeit zurück oder arbeiten so lange durch, bis sie zu müde sind, um überhaupt noch weiterzuarbeiten. Häufige kurze Unterbrechungen scheinen unerwartete Vorteile zu bieten: Die Produktivität wächst, obwohl die insgesamt bei der Arbeit verbrachte Zeit zurückgeht. Sogar der Verzicht auf E-Mails zugunsten direkter Begegnungen oder telefonischer Kontakte scheint positive Wirkungen zu zeitigen.[44]

Die Ironie der Computerisierung liegt auf der Hand. Die in freundlichen Farben gestrichenen, klimatisierten Räume des computerisierten Büros erweisen sich als weitaus komplexer und vielleicht auch gefährlicher, als die hartgesottensten Neoludditen der sechziger Jahre es jemals vorauszusagen gewagt hätten. Während neue Geräte es den Menschen ermöglichten, geistige Arbeit mit weniger physischer Anstrengung zu erledigen als jemals zuvor, zeigten neue Klagen und neue wissenschaftliche Einsichten, daß die alte Ineffizienz in Wirklichkeit auch ihre Vorzüge hatte und wieder eingeführt werden sollte, wenn nötig sogar per Betriebsanweisung.

Das oft beklagte Bild des Informations-Highways vermag die Gesundheitsprobleme des computerisierten Büros erstaunlich genau auf den Punkt zu bringen. Der massive Zuwachs der (durch Lkw-Fahrer wie auch Schreibtischarbeiter) gesteuerten Kräfte führt zu Gesundheitsgefährdungen durch rasch wiederholte kleine Bewegungen (Vibrationen des Führerhauses oder Bewegungen der Finger und Handgelenke). Gelegentlich in die Ferne schauen, die Finger ständig am Lenkrad oder auf den Tasten halten, auf eine gute Körperhaltung achten, immer wieder kurze Pausen einlegen – all das verringert den Streß und die Gefahr von Verletzungen. Doch hier enden die Übereinstimmungen; der Absturz eines Computerprogramms ist nicht dasselbe wie ein Zusammenstoß auf der Straße. Dennoch kann die Gesundheit es erforderlich machen, daß man die durch neue Technologien ermöglichte Intensivierung gering hält – oder sogar ganz auf ihre Nutzung verzichtet. Natürlich ist es eine Hilfe, wenn Bildschirme ein ruhiges, scharfes Bild liefern, Stühle und Arbeitsplatten an wechselnde Bedürfnisse angepaßt werden können, Tastaturen und Zeigevorrichtungen nach ergonomischen Gesichtspunkten gestaltet werden und die Beleuchtung optimal ist; doch zahlreiche Ergonomen betonen, daß man auch ohne die neuste Ausrüstung schon viel tun kann.

Wie gewöhnlich haben Rache-Effekte auch eine positive Seite: Computerbedingte Klagen setzen den Arbeitgebern natürliche Grenzen, selbst wenn sie durch das Rechtswesen und das Versicherungssystem nur unvollkommen interpretiert werden. Körperliche Symptome haben finanzielle Folgen, die den Arbeitgeber zwingen, Streß als ernsthaftes Problem zu begreifen. Leider sind sie nicht das einzige Hindernis für die Profitabilität der Computerisierung. Es ist an der Zeit, daß wir uns auch den übrigen Hindernissen zuwenden.

NEUNTES KAPITEL
Das computerisierte Büro: Rätsel der Produktivität

Die subtilen Gefahren der Computerarbeit sind nicht die einzigen unliebsamen Überraschungen, die der Computer für seine Benutzer bereithält. Das größte Paradoxon liegt wahrscheinlich darin, daß sich sein Nutzen gerade dort am schwersten abschätzen läßt, wo er die größten Vorteile verspricht, in den Sektoren der Wirtschaft nämlich, in denen die größten Wachstumsraten zu finden sind. Der Wert der Elektronik für Produktion und Distribution wird kaum bestritten. Der Einsatz von Robotern ist zwar noch beschränkt, aber niemand bezweifelt, daß sie manche Arbeiten schneller, besser und billiger erledigen können als Menschen. Es ist unwahrscheinlich, daß ein altmodisch arbeitender Einkäufer oder Kaufhausmanager an die Leistung moderner Software heranreichen könnte. Und überall auf der Erde können computergesteuerte Produktionsanlagen oder Werkzeugmaschinen sowohl die Geschwindigkeit als auch die Qualität der Herstellung verbessern und zugleich die Abfälle verringern.

Aber auch in der Produktion stellen sich unerwartete Folgen ein, vor allem aufgrund verbesserter Kommunikation. Man denke nur an die Bekleidungsindustrie in den Vereinigten Staaten. Es war schon immer billiger, Textilien in Asien zu produzieren als in ländlichen Regionen Amerikas oder gar in New York City. Aber nicht nur Zölle und Einfuhrbeschränkungen boten der amerikanischen Textilindustrie einen gewissen Schutz, sondern mindestens ebensosehr der langsame Informationsfluß. Selbst per Luftpost dauert es unter Umständen zu lange, Entwürfe und Schnittmuster nach Übersee zu versenden. Fax und E-Mail haben das geändert und die Umschlagzeiten um Wochen verkürzt. Durch die Möglichkeit, teure Produkte mit dem Flugzeug zu transportieren, hat sich außerdem einer der wichtigsten Standortvorteile der nordamerikanischen und europäischen Industrie – die Nähe zum Endverbraucher – deutlich verringert. Die zeitsparenden Technologien arbeiten gegen jene, die einst die Zeit auf ihrer Seite hatten.

Mit der Einführung des IBM-PC als Bürostandard für Personalcomputer im Jahr 1981 (ältere Rivalen mußten bald aufgeben, auch wenn Apple mit seinem Macintosh 1984 einen alternativen Standard setzte) begann für das Büro wie für den ganzen Dienstleistungssektor ein neues Zeitalter. In Großunternehmen und hohen staatlichen Behörden hatten die Großrechner lange Zeit das Feld beherrscht, von der Produktionssteuerung bis hin zur Verarbeitung von Steuererklärungen. Nun versprachen Mikrocomputer auch die Arbeit in Mittel- und Kleinbetrieben zu revolutionieren, die es sich niemals hätten leisten können, Zehntausende von Mark für einen Rechner auszugeben. Mit dem PC konnte man nun problemlos Dokumente von der Länge eines ganzen Buches erstellen. Komplizierte Kalkulationen, für die man früher viele Stunden gebraucht hatte, ließen sich nun in Sekunden erstellen und, falls erforderlich, wieder verändern. Während man die Akten noch ein paar Jahre zuvor mit einer Unzahl farbiger Reiter markieren oder mit Lochkarten versehen mußte, die es ermöglichten, sie mit Hilfe langer Nadeln zu sortieren, konnte man sie nun auf billigen Disketten oder Bändern speichern. Auch zum Programmieren brauchte man nicht mehr in monate- oder jahrelanger Arbeit Programmiersprachen wie FORTRAN oder COBOL zu erlernen, denn mit dem neuen BASIC kamen selbst Schulkinder zurecht. Und für all jene, die befürchteten, BASIC fördere schlechte Programmiergewohnheiten, wenn man damit beginne, gab es PASCAL, Turbo-PASCAL und eine Vielzahl anderer Sprachen von ADA bis XENIX.

Während der gesamten achtziger Jahre konnte man sich kaum vorstellen, daß Dienstleistungen und Bürotätigkeiten insgesamt *nicht* produktiver würden. Die Preise für fast alle Komponenten, vom Arbeitsspeicher (RAM) bis zum Speicherplatz auf Festplatten, schienen sich alle achtzehn Monate zu halbieren. Zu den ersten Dingen, die der Computerbenutzer lernt, gehört die Erkenntnis, daß er viele neue Produkte und Softwareversionen gar nicht einsetzen kann, wenn er seine Hardware nicht auf dem neusten Stand hält, und vielfach wird ältere Software gar nicht mehr unterstützt. Das 1989 eingeführte Textverarbeitungsprogramm WordPerfect 5.1 läuft auf den Mitte der achtziger Jahre eingeführten 286er-Computern sehr gut; WordPerfect 6.0 braucht bereits einen 486er, der mindestens viermal so schnell ist, und dasselbe gilt für zahlreiche Windows-Anwendungen der frühen neunziger Jahre. Windows 95 von Microsoft braucht mindestens einen *schnellen* 486er, damit das Programm einigermaßen gut läuft.

Zum Vergleich könnte man sich einen Handelsvertreter mit einem ständig wachsenden Gebiet vorstellen, der alle drei bis fünf Jahre zwar denselben Preis für ein neues Fahrzeug mit immer größerer Reichweite zahlt (zunächst Autos, am Ende Flugzeuge), für das alte Modell jedoch einen immer niedrigeren Wiederverkaufspreis erzielt. 1992 zahlte ich für den Drucker LaserJet 4 von Hewlett-Packard, der acht Seiten pro Minute druckt, etwa denselben Preis wie sieben Jahre zuvor für einen »schnellen« Typenraddrucker von C. Itoh, der nicht einmal eine Seite pro Minute schaffte. Aber im Unterschied zu anderen Konsumgütern (wie Autos oder Kameras) hatte mein Drucker in diesen sieben Jahren fast seinen gesamten Wert verloren, obwohl er immer noch bestens in Schuß war und seine Courier 10 schärfer und sauberer aufs Papier brachte als mein neuer LaserJet. Im Vergleich dazu bietet selbst der Handel mit den unbeliebtesten Gebrauchtwagen ein Muster an Stabilität – und das ist um so erstaunlicher, als alte Autos teure Reparaturen benötigen, die bei mechanischen Druckern kaum anfallen. (Die schweren Typenraddrucker sind gewissermaßen die unverwüstlichen Elefanten der Büroelektronik. Meiner wird heute in einer Schule benutzt.)

Mit meinen Erfahrungen stehe ich keineswegs allein da. Wie jeder begeisterte Käufer eines neuen Systems bald feststellen wird, hat die Explosion der Leistung bei Computern ihren Rache-Effekt in einer Implosion des Wiederverkaufswerts. Im Februar 1994 bezifferte man den erwarteten Wiederverkaufswert eines 486er Compaq mit 66 Megahertz und einem Listenpreis von 4654 Dollar (ca. 7000 Mark) im Einzelhandel auf 17 Prozent nach zwei und auf nur noch 6 Prozent nach drei Jahren, im Großhandel auf 3 Prozent nach drei Jahren. Nach mehr als drei Jahren war sowohl im Einzel- als auch im Großhandel nur noch der Schrottwert anzusetzen. Dabei verlangte das Finanzamt 1995 für Computer immer noch eine Abschreibungsfrist von fünf Jahren.[1]

Aber während der Wiederverkaufswert rasch in den Keller fällt, bleiben die Wiederbeschaffungskosten nahezu konstant. In den achtziger Jahren sagte man, »das System, das Sie haben wollen, wird immer 5000 Dollar kosten« (ca. 7500 Mark), und trotz aller Durchbrüche der neunziger Jahre scheint diese Aussage für die jeweils modernste Generation und vor allem für tragbare Computer heute noch gültig. Ein neues Einsteigersystem kostet heute wie zu Zeiten des beliebten Apple II um die 2700 Mark, allerdings bei erheblich vergrößerter Rechengeschwindigkeit und Speicherkapazität. Natürlich können auch billige Computer eine Menge leisten. Aber letztlich können sie sich als sehr teuer erweisen, weil sie unter Umständen nach einem Jahr oder sogar schon nach wenigen Monaten sozial veralten, das heißt für neue Versionen wichtiger Software ungeeignet sind. Manche großen On-line-Dienste lassen sich schon jetzt nicht mehr mit reinen DOS-Computern nutzen. Auch Upgrades können enttäuschend sein. So sinken die Preise bei zusätzlichen Speicherchips nicht im selben Maße wie bei anderen Komponenten. Sie passen sich der Nachfrage an und steigen am ehesten dann, wenn die Nutzer die Erweiterungschips am dringendsten brauchen, um ihre Systeme an die gestiegenen Anforderungen anzupassen.[2]

Mitte der neunziger Jahre können Festplattenspeicher mit 340 oder

528 Megabyte schon als unerläßlich für die sperrigen Programme und Grafikdateien gelten. Der hohe Speicherbedarf macht seinerseits Backup-Systeme mit hohen Kapazitäten erforderlich, und viele neue Softwarepakete werden inzwischen nur noch auf CD-ROM geliefert, so daß auch die Hardware entsprechend erweitert werden muß. Der Wunsch, unter graphischen Benutzeroberflächen wie Microsoft Windows oder OS/2 mehrere Programme gleichzeitig laufen zu lassen, drängt die Benutzer, auch bei den Bildschirmen von 14 oder 15 auf 17 Zoll und mehr aufzurüsten. Und Geschäftsreisende, die ursprünglich nach kleineren und leichteren Notebooks verlangten, können nun zusätzlich tragbare Drucker (mit Akkus für gerade einmal 30 Seiten), Sender für die drahtlose Datenübermittlung und CD-ROM-Laufwerke hinzukaufen, die ihre Ausrüstung nach Gewicht und Preis wieder auf oder über das Niveau der koffergroßen Compaq-Portables früherer Zeiten bringen.[3]

In den gewaltigen Beträgen, die während der achtziger und frühen neunziger Jahren in die Computertechnik investiert wurden, spiegelt sich eine der großen kulturellen Wenden unserer Zeit: Nordamerikanische und europäische Unternehmen, Millionen von Selbständigen, kleine Geschäftsleute, Hochschullehrer und Studenten hörten auf, sich Sorgen zu machen, und begannen, die geplante Obsoleszenz schätzen zu lernen. Wenn das Zauberwort der siebziger Jahre »Überleben« lautete, so das der achtziger Jahre »Stärkung«. Die Menschen hatten das Gefühl, sie seien autonom, sie hätten sich und die Dinge unter Kontrolle, und vor allem seien sie sehr viel produktiver. Gegen Ende der achtziger Jahre wuchs indessen der Verdacht, daß irgend etwas nicht in Ordnung war. Das ganze Jahrzehnt hindurch hatten Wissenschaftler wie der Soziologe Rob Kling und der Politologe Langdon Winner darauf hingewiesen, daß die Computerisierung nicht nur Ausdruck des technischen Wandels sei, sondern auch sozialer und betrieblicher Konflikte. Zu Beginn der neunziger Jahre schloß sich ihnen eine neue Gruppe von Kritikern an. Anders als die Sozialwissenschaftler, Philosophen und technikfeindlichen Geisteswissenschaftler, die den Kult einer Produktivitätssteigerung um jeden Preis schon seit langem in Frage stellten, waren die neuen Kritiker durchaus einverstanden mit dem Kapitalismus, der Steigerung der Erträge, der Technik und allem, was dazugehört. Sie kamen mitten aus der technokratischen Kultur: aus den wirtschaftswissenschaftlichen Fakultäten der Universitäten, aus Business Schools und Beratungsfirmen. Und ihre Botschaft lautete, daß die Dinge nicht nach Plan liefen. Der Dienstleistungssektor, in dem die größten Gewinnpotentiale steckten, bleibe seltsamerweise hinter seinen Möglichkeiten zurück.[4]

Auf Anhieb mag man nur schwer glauben, daß gewaltige Investitionen zur Verbesserung der Qualität irgendwelcher Dinge sich nicht langfristig auszahlen sollten. Es gibt die brillante, durch zahlreiche Argumente gestützte These, wonach wir uns gegenwärtig in der Anfangsphase einer grundlegenden Revolution befinden. In einem berühmten Aufsatz hat der Ökonom Paul A. David die ersten Ergebnisse des Einsatzes von Mikrocomputern mit der Einführung kleiner Elektromotoren in einer industriellen Welt verglichen, die vorher auf riesige, zunächst wasser-, dann dampfgetriebene Antriebsmaschinerien angewiesen war. Noch Jahrzehnte nach Einführung der Elektrizität arbeiteten die meisten Fabriken mit einer Maschinerie aus Wellen, Transmissionsscheiben und Lederriemen, die nicht sonderlich weit von den Mühlwerken des achtzehnten Jahrhunderts entfernt war. Viele Unternehmer statteten Gruppen von Maschinen mit Elektromotoren aus, hielten aber weiterhin an der zentralen Kraftversorgung fest und investierten damit beträchtliche Mittel in eine funktionell veraltete Technologie. So konnten sie zwar die Lebensdauer der vorhandenen Anlagen nutzen, verhinderten aber zugleich die effiziente Anwendung sowohl der alten als auch der neuen Technik. Selbst Unternehmer, die durchaus überzeugt waren, daß der elektrische Einzelantrieb letztlich größere Vorteile bot, mögen es bei rationaler Abwägung für sinnvoller gehalten haben, die Elektrizität versuchsweise in einer Serie kleinerer Anwendungsschritte einzuführen.[5]

Ende der achtziger Jahre des letzten Jahrhunderts lagen die Vorteile eines elektrischen Einzelantriebs der Produktionsmaschinen auf der Hand. Fabriken ließen sich nun effizient in einem einzigen, durch Tageslicht erhellten Geschoß betreiben, da man auf die lärmenden, Öl verspritzenden Antriebsvorrichtungen an der Decke und über den Köpfen der Menschen verzichten konnte. Rohstoffe und Halbfabrikate konnten schneller zirkulieren, denn man brauchte die schwereren Maschinen nicht mehr in der Nähe der Hauptantriebswellen aufzustellen. Die Arbeiter konnten die Geschwindigkeit der Maschinen präziser steuern. Man konnte neue Produkte herstellen, die sich mit wellen- oder riemengetriebenen Maschinen nicht produzieren ließen. All diese Vorteile waren bekannt. Trotzdem dauerte es noch mehr als vierzig Jahre, bis dann in den zwanziger Jahren sämtliche Elemente beisammen waren, so daß die elektrifizierte Fabrik den industriellen Arbeitsprozeß verwandeln und die Lebensbedingungen wie auch den Lebensstandard der Arbeiter verbessern konnte. Der Ersatz einer schweren Dampfmaschine im Erdgeschoß durch einen großen Elektromotor war nur ein erster kleiner Schritt auf dem Weg zu größerer Produktivität. Nicht nur die Leistung und die Preise der Elektromotoren und der neuen Maschinen, sondern auch die bereits in den alten Anlagen steckenden Investitionen beeinflußten die Rentabilitätsbedingungen der Elektrizität und die Entwicklung der Investitionen in diesem Bereich. Außerdem brauchte man Zeit, um neue eingeschossige Fabrikhallen zu errichten. Trotz aller Unterschiede zwischen Information und Elektrizität veranlaßte dieser historische Rückblick David zu der Feststellung, wir richteten unseren Blick möglicherweise zu sehr auf die Anfangsschwierigkeiten eines strukturellen Wandlungsprozesses.

In der Produktion haben elektronisch gesteuerte Prozesse die früheren Systeme weitaus schneller ersetzt als einst Elektrizität die Dampfkraft. Mikroprozessoren und andere elektronische Bauelemente haben die Verläßlichkeit vieler Produkte erhöht und die Produktionsprozesse vereinfacht, was zu einer Senkung der Stückkosten und einer Erhöhung des Absatzes führte. Während die Elektrizität in ihrer Frühzeit selbst für die wenigen, die es sich leisten konnten, kaum mehr als ein paar Glühbirnen im Haushalt bedeutete, sorgte die Consumer-Elektronik in den achtziger Jahren für einen schnellen, durchgreifenden Wandel. Noch Anfang der siebziger Jahre waren Rechenmaschinen, die alle vier Grundrechenarten beherrschten, schwere Büromaschinen, die auch entsprechend aussahen und viele hundert Mark kosteten. Einige elektrische Addiermaschinen konnten halbautomatisch, wenn auch ein wenig holprig, Multiplikationen ausführen, und es gab ein paar exotische europäische Handrechner, die wie Pfeffermühlen aussahen, aber das war es auch schon. Ende der achtziger Jahre konnte man Handrechner, die nicht größer als eine Kreditkarte waren und ihren Strom aus Solarzellen bezogen, schon für 10 Mark bekommen. Eine Verzögerung, wie David sie bei der Umstellung der Industrie auf die Elektrizität festgestellt hat, gab es bei der nahezu augenblicklichen weltweiten Ausbreitung der Mikroelektronik offenbar nicht.

Dennoch sind die Statistiken eher entmutigend. Nach einer Untersuchung des Wirtschaftswissenschaftlers Stephen Roach wuchsen im Dienstleistungssektor die Investitionen in fortschrittliche Technologie von 1980 bis 1989 um 116 Prozent pro Arbeitsplatz, während der Ertrag pro Arbeitsplatz sich bis 1985 nur um 0,3 und bis 1989 um 2,2 Prozent erhöhte. Zwei andere Wirtschaftswissenschaftler, Daniel E. Sichel von der Brookings Institution und Stephen D. Oliner von der Federal Reserve Bank, haben ausgerechnet, daß der Beitrag von Computern und Peripheriegeräten am realen Wachstum der Erträge 1987 bis 1993 nur 0,2 Prozent betragen hat. Im selben Zeitraum konnte die Produktivität im Fertigungssektor ein rasches Wachstum verzeichnen. Eine bislang noch nicht systematisch überprüfte Erklärung besagt, das mittelmäßige Abschneiden des Dienstleistungssektors beruhe auf der Durchschnittsbildung zwischen Unternehmen, die gut abgeschnitten, und solchen, die an Boden verloren haben. Gerade weil Dienstleistungsunternehmen heute so stark von Computersystemen abhängen, könne man viel gewinnen, aber auch sehr viel verlieren, wenn Systemfehler auftreten. Dem entspricht auch die Tatsache, daß die Stelle eines Leiters der Datenverarbeitung mit beträchtlichen Risiken verbunden ist, denn er muß als Sündenbock herhalten, wenn es im Zusammenhang mit der Datenverarbeitung zu einem Debakel gekommen ist – selbst dann, wenn die Schuld eher bei anderen Managern liegt. Manche Banken und Börsenmakler feuern offenbar fast jedes Jahr den Leiter ihrer Datenverarbeitung, und bei einer Umfrage gab 1990 mehr als ein Drittel der damaligen Stelleninhaber an, ihre Vorgänger seien entlassen oder degradiert worden. Aber auch wenn das Problem nicht in einer allgemeinen Mittelmäßigkeit der Leistungen liegt, sondern in einer Verknüpfung hoher Gewinnchancen mit hohen Risiken, verläuft auf diesem Gebiet doch irgend etwas nicht ganz nach Plan.[6]

Liegt das Problem wirklich in Systemfehlern? Kann es sein, daß Hardwaremängel und Softwarefehler für einen Großteil der Produktivitätsverluste verantwortlich sind? Computerkatastrophen sind natürlich eine schlimme Sache, vor allem für Computerfachleute. Und die Schilderungen bekannter elektronischer Desaster füllen ganze Bände.

Was für Gesetze und Würstchen gilt, das gilt auch für Computerprogramme: Wie sie hergestellt werden, sollte man sich besser nicht so genau anschauen. Und es wird ja auch selten getan – vielleicht schon deshalb, weil Programme heute meist von Teams erstellt werden, wobei jedes Mitglied nur einen kleinen Teil eines immer umfangreicheren und komplexeren Ganzen entwickelt. Für Tracy Kidders Hardware-Odyssee *The Soul of a New Machine* gibt es keine Entsprechung im Bereich der Software. Wohl aber ein interessantes Gegenbild in Lauren Ruth Wieners Buch *Digital Woes*, der zur Zeit wohl besten allgemeinverständlichen Erklärung der Frage, warum und in welchem Sinne Computerprogramme in sich unzuverlässig sind.

Einige der Geschichten, die sie und andere dort erzählen, können einem kalte Schauer über den Rücken jagen. Mitte der achtziger Jahre begann der Computer der Bank of New York plötzlich, die Daten von Staatsanleihen zu überschreiben. Bevor der Fehler entdeckt wurde, schuldete die Bank der Federal Reserve Bank 32 Milliarden Dollar, ohne daß jemand gewußt hätte, wer nun welche Effekten gekauft hatte, und sie verlor 5 Millionen Dollar Zinsen für einen Kredit von 23,6 Milliarden Dollar, den sie bei der Federal Reserve Bank aufnehmen mußte und für den sie ihre gesamten Aktiva verpfändete. Etwa um dieselbe Zeit erhielten Krebspatienten in Texas und in Georgia, im Staat Washington und in Ontario, Kanada, tödliche Strahlendosen im Rahmen einer computergesteuerten Strahlentherapie, weil das Bestrahlungsgerät nach der Eingabe eines bestimmten Befehlscodes nicht, wie gewünscht, von den harten Röntgenstrahlen auf den weicheren Elektronenstrahl umschaltete, wohl aber den Wolframschild entfernte, der die Patienten bei der harten Bestrahlung vor den Röntgenstrahlen schützen soll. Tod und ernsthafte Verletzungen waren die Folge. Der *Risk Digest*, ein Internet-Nachrichtendienst, der unter der fachmännischen Leitung Peter G. Neumanns von SRI International steht, läßt kaum Zweifel an der potentiellen Gefährdung durch fehlerhafte Computerprogramme, zumal zahlreiche Leser aus aller Welt ihre einschlägigen Erfahrungen beisteuern.[7]

Die schrecklichen Folgen einiger dieser Computerfehler und die Tatsache, daß sogar der Einsatz von Kernwaffen einmal irrtümlich von Computern ausgelöst werden könnte, lassen es als geradezu kriminell erscheinen, über die Risiken der Elektronik hinwegzusehen. Spricht man jedoch mit Computerherstellern und Wartungsspezialisten, ergibt sich ein anderes Bild. Sie glauben, zumindest der Mikrocomputer sei mit der Zeit ständig zuverlässiger geworden. Diskettenlaufwerke und sogar Festspeicherplatten versagen immer seltener, auch wenn man den Eindruck hat, sie fielen immer im ungünstigsten Augenblick aus. Einige Hersteller bezifferten die durchschnittliche Fehlerhäufigkeit Anfang der neunziger Jahre auf einen Ausfall in dreißig Jahren – nicht schlecht für ein Gerät, das aufgrund neuer Standards und größerer Leistungsansprüche schon nach drei Jahren sozial veraltet ist. Da die Bauteile der Computer billiger geworden sind, kann man die Systeme heute leichter schützen, indem man wichtige Komponenten wie die Festspeicher gleich zwei- oder dreifach einbaut. Computer, die mit RAID (Random Array of Inexpensive Disks) ausgestattet sind, legen jeweils zwei oder mehr Kopien jeder Datei an. Gegen entsprechende Bezahlung können Firmen ihre Daten zusätzlich sichern, indem sie ihre Dateien laufend an auswärtige Speicherzentren überspielen. Selbst wenn ein Büro für mehrere Tage oder Wochen geräumt werden muß wie 1993 bei dem Bombenanschlag auf das World Trade Center in New York, können die Beschäftigten ihre Arbeit in Notquartieren weiterführen – was bei dem alten, ganz auf Papier angewiesenen Büro undenkbar gewesen wäre.[8]

Softwarefehler sind dagegen sowohl für Betriebe als auch für private Anwender nicht nur wahrscheinlich, sondern absolut unvermeidlich. Dennoch hat die Technologie auch auf diesem Gebiet den plötzlich hereinbrechenden Katastrophen etwas von ihrer Bedrohlichkeit genommen. Es wird immer leichter und billiger, große Datenmengen zu speichern. Nur wenige Computerkäufer zahlen die 250 bis 500 Mark, die ein Bandspeichergerät kostet, aber dieser Preis ist nichts im Vergleich zu der Sicherheit, die man gewinnt, wenn man Hunderte von Megabyte auf einem Band speichern kann, das gerade einmal 40 Mark kostet. Außerdem ist es nicht schwierig, den Computer so zu programmieren, daß er regelmäßig und selbsttätig während der Mittagspause oder nachts Sicherungskopien anlegt. Natürlich bleibt die Bürde ständiger Wachsamkeit: Die meisten Computerbenutzer, die kein Bandspeichergerät haben, müssen Disketten einlegen und genügend Disziplin aufbringen, ihre Daten jeden Tag zu sichern, die Sicherungsdateien regelmäßig mit den Originaldateien zu vergleichen und all die kleinen Rituale auszuführen, die Teil der technologischen Katastrophenabwehr sind. Die meisten Netzwerkbetreiber sorgen inzwischen für eine regelmäßige Sicherung der auf den Einzelcomputern befindlichen Daten.

Selbst Viren sind heute nicht mehr so bedrohlich wie zu der Zeit, als sie erstmals in Erscheinung traten. Nicht jeder Virus ist eine ernste Bedrohung für sämtliche Computerbenutzer; die meisten Anwender tauschen Programme und Daten nur mit einer relativ kleinen Gruppe anderer Anwender aus. Nach Aussage von IBM-Forschern erreichen nur wenige Viren ein Niveau – ähnlich der Infektionsschwelle in der medizinischen Epidemiologie –, auf dem sie sich hartnäckig in einer Population festsetzen. Zu dieser sozialen Barriere kommt noch der Schutz durch Virensuchprogramme – auch wenn dieser Schutz keineswegs vollkommen ist.

Wieder einmal ist ständige Wachsamkeit der Preis für unsere Sicherheit. In diesem Fall bedeutet Wachsamkeit, daß man regelmäßig die Merkmale neuer Viren eingeben muß – und jeden Monat werden Dutzende davon entdeckt, zumal nicht nur im Untergrund, sondern auch im legalen Softwaresektor Programmpakete zur Herstellung neuer Viren erhältlich sind. Inzwischen gibt es sogar Viren, die sich an die verbreiteten Virensuchprogramme anhängen. In großen Netzwerken kann das Aufspüren und Vernichten eines einzigen bekannten Virus Zehntausende von Mark kosten, da jeder einzelne Knotenpunkt überprüft und jede Workstation gesondert desinfiziert werden muß. Dennoch richten versehentlich gelöschte und überschriebene Dateien, verschüttete Getränke, vergessene Paßwörter (manche Manager müssen Dutzende davon behalten) und andere ganz alltägliche Irrtümer oder Fehler (zumindest bisher) weit mehr Schaden an als alle Viren der Welt zusammengenommen. Einer der größten Computerabstürze, den es jemals gegeben hat, der Zusammenbruch des AT&T-Telefonnetzes im Januar 1990, resultierte aus einer einzigen mehrdeutigen Eingabe in der Programmiersprache C, die das Schaltzentrum des Systems steuert – und nicht etwa aus einer kriminellen Verschwörung, wie die Polizei zunächst vermutete. Die zornigen Hacker in aller Welt werden auch weiterhin eine chronische Plage sein und gelegentlich auch Urheber lokaler Katastrophen, aber nicht die großen Feinde der Produktivität, als die sie zuweilen hingestellt werden.[9]

Dasselbe gilt für Spannungsschwankungen. Die zweiadrigen Telefonleitungen in unseren Wohnungen und Betrieben waren ursprünglich allein für die Übertragung der menschlichen Stimme gedacht, und nur mit einiger Erfindungsgabe lassen sie sich für die Übertragung von Daten benutzen. Auch unser Stromnetz sollte ursprünglich nur Wolframfäden erhitzen und Elektromotoren antreiben, nicht aber empfindliche elektronische Geräte versorgen. Die meisten Menschen merken von Spannungsschwankungen gar nichts, sofern das Licht nicht erkennbar flackert, doch die Verkäufer von Spannungskonstanthaltern und Überspannungsschutzgeräten brauchen bei Demonstrationsveranstaltungen nur ein Meßgerät einzustöpseln, das Spannungsschwankungen sichtbar macht, und wie auf Bestellung treten sie auf.

Natürlich ist es niemals ratsam, einen Computer bei Gewitter einzuschalten, doch die eigentliche Gefahr liegt nicht in einem plötzlichen Spannungsanstieg, der den Computer zerstört, sondern in häufigen kleinen Überspannungen, die Verläßlichkeit und Lebensdauer der einzelnen Komponenten verringern. Wieder einmal erweist sich eine vermeintlich akute Gefahr in Wirklichkeit als kumulative, chronische Bedrohung. Und daraus resultiert wiederum ein Umordnungseffekt für den Schutz der Hardware. Die meisten Spannungsbegrenzer arbeiten mit Varistoren; das sind Zinkoxidwiderstände, die immer dann reagieren, wenn eine Überspannung auftritt; bei vorübergehenden Spannungsspitzen wirken sie daher gleichsam als elektronische Stoßdämpfer. Leider ist an den Geräten selbst nicht zu erkennen, wie viele Schläge durch solche Überspannungen sie bereits haben einstecken müssen und welche Lebensdauer sie noch haben. Es ist gerade so, als könnte man bei einem Auto weder aus der Kilometerleistung noch aus dem Verhalten, noch auch durch eine Inspektion etwas über den Zustand der Bremsen in Erfahrung bringen.[10]

Aber es kommt noch schlimmer. Denn wenn eine starke Überspannung auftritt, unterdrücken die meisten Spannungsbegrenzer sie gar nicht wirklich; sie führen sie nämlich über den Erdungsleiter in die Erde ab. Der Computer und andere Geräte wie die Modems sind aber fast immer an denselben Erdungsleiter angeschlossen, und auf diesem Wege gelangt die Überspannung dann meist dennoch in das angeblich geschützte Gerät. Ich habe mir einen teuren Spannungsbegrenzer gekauft, der mit einer anderen Technik arbeitet und in der Presse gute Noten erhalten hatte, mußte dann aber erfahren, daß er bei Überspannungen, die ihre Ursache innerhalb des Hauses haben, nicht funktioniert, obwohl andere, konventionelle Geräte durchaus damit fertig werden. In derselben Besprechung hatte es auch geheißen, die Abnutzung der Metalloxidvaristoren sei in Wirklichkeit gar kein Problem. Aber es zeigte sich, daß die Leistung meines teuren Spannungsbegrenzers auf ein völlig ungenügendes Niveau gesunken war. Überspannungen können durchaus unangenehme Schwierigkeiten bereiten oder Kosten verursachen, und überdies erfordern sie Wachsamkeit; doch eine ernste Bedrohung für die Produktivität des Computereinsatzes sind sie nicht.[11]

Auch hier zeigt sich, daß keine Technologie vollkommen sicher ist (das gilt ebenso für manuelle oder mechanische Systeme). Außerdem benutzen die Menschen auch die sichersten Systeme nicht immer in derselben Weise oder mit ausreichender Wachsamkeit. Doch entscheidend bei der Beurteilung elektronischer Geräte ist nicht die Tatsache, daß sie versagen, sondern daß sie immer seltener versagen. Als wesentlichen Faktor für das Produktivitätsparadoxon können wir die Fehleranfälligkeit der Hardware jedenfalls ausschließen. Das eigentliche Problem liegt in der Software und ihrer (fehlerhaften) Anwendung.

Computer ersetzen eine Gruppe von Beschäftigten durch eine andere. Es gibt zwei Möglichkeiten: Man kann eine Arbeit von einer Gruppe entsprechend ausgebildeter Menschen auf altmodische Weise erledigen lassen. Oder man bezahlt eine andere Gruppe für die Einrichtung und Wartung von Maschinen und Systemen, die diese Arbeit mit weniger Beschäftigten der alten Art erledigen. Eigentlich werden hier gar nicht Menschen durch Maschinen ersetzt, sondern eine Gruppe von Menschen und Maschinen durch eine Gruppe von Maschinen und Menschen. Als IBM in den fünfziger Jahren Unternehmen dazu überredete, ihre Buchhaltung zu modernisieren, stellten die Betriebe fest, daß sie mit weniger Buchhaltern auskamen als erwartet, daß sie aber auch mehr Programmierer als erwartet einstellen mußten. Auch für Geldautomaten werden Programmierer und Techniker benötigt, die viermal soviel verdienen wie Kassierer. Falls alles gutgeht, kommt die Bank mit einem Viertel des ursprünglichen Personals aus, und die Rechnung geht auf. Aber es ist bekanntermaßen sehr schwer, alle Probleme oder gar deren Schwierigkeitsgrad vorauszusehen. Und es gehört zu den typischen Merkmalen neuer Technologien, daß sie zwar billig sind, solange sie gut funktionieren, aber sehr teuer, wenn Korrekturen und Veränderungen erforderlich werden.[12]

Wir haben alle schon einmal den Spruch gelesen: »Schwierige Dinge werden sofort erledigt; Wunder brauchen etwas länger.« Die Computerisierung verleiht ihm ganz neue Aktualität. Software kann hochkomplexe Aufgaben problemlos bewältigen, wenn diese Aufgaben in vorhandene Kategorien passen. Schon eine simple Veränderung jedoch löst einen Rekomplizierungseffekt aus. Das für naturwissenschaftliche Texte gedachte Satzprogramm TEX, das von dem Computerwissenschaftler Donald S. Knuth entwickelt wurde und heute in vielen Bereichen der Physik und

Mathematik zum Standard gehört, macht die komplizierten Gleichungen, die einst so gefürchtet waren und den Verlagen Satzkosten von bis zu 100 Mark pro Seite bescherten, fast zu einem Kinderspiel. Autoren, die TEX beherrschen – und ich hatte das Glück, mit einigen von ihnen zusammenzuarbeiten –, können belichtungsfertige Vorlagen liefern, die einem Vergleich mit den meisten kommerziell genutzten Satzsystemen durchaus standhalten. Doch die kleinste Veränderung wie eine leichte Vergrößerung der Zeichen- oder Zeilenabstände bei herkömmlichen Systemen kann hohe Programmierkosten verursachen. Der Einzug eines halben Gevierts kann mehr Zeit und Geld kosten als seitenlange, vom Autor formatierte Texte, in denen es von Integralen, Sigmas, Deltas und Epsylons nur so wimmelt.

Schon kleine Inkompatibilitäten zwischen den TEX-Programmen des Autors und den in der Setzerei benutzten Satzprogrammen können den Satz von Manuskripten um Wochen verzögern und so teuer machen, daß ein Neusatz billiger gekommen wäre. Noch schlimmer aus der Sicht der Verlage ist es indessen, wenn unerfahrene oder unfähige TEX-Anwender unter den Autoren – und dazu gehören auch namhafte Wissenschaftler – den Verlag und die Setzerei für die daraus resultierenden Verzögerungen verantwortlich machen.

Bei konventionellen Manuskripten konnten meine Lektorenkollegen und ich die Probleme früh genug erkennen und entspechende Veränderungen verlangen, bevor der Text in Satz ging. Dagegen können auch erfahrene Fachleute für elektronische Manuskripte ein TEX-Manuskript nicht verläßlich nach dem Computerausdruck des Autors beurteilen. Bei uneinheitlicher oder abweichender Codierung kann es durchaus sein, daß sich nach der Eingabe in den Satzcomputer der Setzerei ein gar nicht mehr so schönes Bild ergibt. In einem »billigen« TEX-Manuskript verbergen sich möglicherweise beträchtliche Kosten, die der Produktivität abträglich sind und statt eines simplen Haarschnitts eine »Operation am offenen Herzen« erforderlich machen. Verlage und Setzereien, die im elektronischen Manuskript eines Autors auf solche unüberwindlichen Probleme stoßen, geben dann vielfach stillschweigend einen Computerausdruck an ein asiatisches Schreibbüro, das den Text noch einmal erfaßt. Das geht schneller, als darauf zu warten, daß der Autor auch die Feinheiten des TEX-Programms erlernt, aber es verzögert die Produktion, verärgert Autor und Verlag gleichermaßen und führt außerdem noch zu neuen Fehlern. Was die Computerisierung mit der Rechten gibt oder vereinfacht, das nimmt oder rekompliziert sie zuweilen mit der Linken wieder.

TEX ist ein Beispiel für die zusätzliche Wachsamkeit, die fortgeschrittene Technologien von ihren Anwendern verlangen. Das Programm kann

Produktionszeit und Kosten eines Buchs aus dem Bereich der Naturwissenschaften oder des Ingenieurwesens verringern – allerdings nur, wenn die gesamte Arbeit des Setzens vom Autor übernommen wird, der dann ebensoviel wissen und ebenso wachsam sein muß wie Lektoren, Hersteller und Setzer, die den Satz des Buches ansonsten überwachen würden; *oder* wenn der Lektor sich in stundenlanger Arbeit mit den Feinheiten des TEX-Programms vertraut macht und sein Tätigkeitsfeld um die technische Unterstützung dieses Programms erweitert.

Wie steht es mit den weniger esoterischen Programmen, den Textverarbeitungs-, Tabellenkalkulations- und Datenbankprogrammen, mit denen es die Beschäftigten im Büro meist zu tun haben? Diese Programme sind ohne Zweifel leichter handhabbar geworden. Die Texte erscheinen mehr oder weniger in derselben Form auf dem Bildschirm, wie sie später auf dem Papier erscheinen (What You See Is What You Get). Grafische Benutzeroberflächen haben in den meisten Fällen die rätselhaften DOS-Befehlszeilen ersetzt, für die man früher oft im Handbuch nachschlagen mußte – und das ist gut so, denn die Dokumentation ist heute vielfach sehr dürftig. Aber wenn heute alles leichter ist, warum sind die Produktivitätsgewinne dann nicht größer ausgefallen?[13]

Tatsächlich sind hier noch andere Rache-Effekte am Werk. Grafische Benutzeroberflächen wie das Macintosh System 7 und höher, Microsoft Windows, OS/2, NextStep und andere vereinfachen nämlich keineswegs die darunterliegenden Programme. Sie versammeln lediglich eine Vielzahl von Programmen und Dateien hinter einer einheitlichen Fassade. Solange alles gutgeht, macht sich, wie auf einem Luxusdampfer, niemand Gedanken über den Maschinenraum. Tritt aber ein Problem auf, sorgt allein schon die Vielzahl der Elemente, deren Wechselwirkung oft nicht vorhersehbar ist, möglicherweise dafür, daß wir einen hohen Preis für die scheinbare Leichtigkeit der alltäglichen Anwendung zu zahlen haben – ganz wie die Deiche, Schleusen und Kanäle des Army Corps of Engineers den Fluß bei schönem Wetter zähmen mögen, aber die Zerstörungen noch vergrößern, wenn die Flut wirklich einmal kommt.

In der Welt der Computer gibt es zwei Lösungen für dieses Problem. Die eine hat Apple für seinen Macintosh gewählt; sie besteht darin, sämtliche Komponenten sehr stark zu integrieren und für ein hohes Maß an interner Kompatibilität zu sorgen. Dank dieser Konsistenz läßt sich die Arbeit am Macintosh sehr leicht erlernen, und die Computer sind leicht zu bedienen, auch wenn sie etwas langsamer sind als DOS-Computer mit vergleichbaren Prozessoren. Bis Mitte der neunziger Jahre weigerte sich Apple, Lizenzen für das Macintosh-Betriebssystem zu vergeben, und hielt dadurch die Preise hoch, bewahrte aber zugleich auch der Benutzeroberfläche eine größere Konsistenz. Andererseits war es schon immer etwas teurer, Anwendungen für den Mac zu entwickeln als für das ursprüngliche DOS, so daß Macintosh-Besitzer weniger Wahlmöglichkeiten haben, wodurch ihnen jedoch auch die Qual der Wahl erspart bleibt. (Eine Ausnahme sind Künstler und Wissenschaftler, die mit Grafikprogrammen arbeiten; auf diesem Gebiet gibt es für den Macintosh ein reichhaltigeres und leistungsstärkeres Angebot als für DOS- oder Windows-Computer.)

Auch gegenwärtig wachsen Prozessorgeschwindigkeit und Speicherkapazitäten immer noch exponentiell an, aber auch Betriebssysteme und Anwendungsprogramme erhöhen ständig ihre Ansprüche. OS/2 von IBM benötigte für eine vollständige Installation nicht weniger als 40 Megabyte – mehr als die gesamte Festplatte vieler Computerbesitzer überhaupt hergab. Der Nachfolger OS/2 Warp 3 benötigt 65 Megabyte. Microsoft Windows 3.1 und MS-DOS brauchten zusammen 20 Megabyte; Windows 95 benötigt 60. Seltenere und leistungsfähigere Systeme wie das elegante NextStep 3.2 verlangen 120 Megabyte. Diese Inflation, die sich auch in Anwendungsprogrammen mit einem Speicherbedarf von 25 Megabyte fortsetzt, verdeutlicht ein chronisches Problem der Computertechnik, das seinen Teil zum Produktivitätsparadoxon beisteuert: So schnell die Ressourcen auch wachsen, die Ansprüche der Software wachsen meist noch schneller. Programmierer und Software-Entwickler arbeiten verständlicherweise für die Zukunft und bereiten sich auf die nächste Computergeneration vor. Die meisten Anwender jedoch leben in der Vergangenheit, weil ihr Geldbeutel oder ihr Chef es ihnen nicht erlauben, ihre Hardware ständig auf den neuesten Stand zu bringen. Dank der geplanten Veraltung der Software kann es aber geschehen, daß ältere Versionen wichtiger Programme nicht mehr unterstützt werden. Manche Computermanager zwingen die Benutzer zu Windows, obwohl Prozessorgeschwindigkeit, Arbeitsspeicher und Festplattenkapazität ihrer Computer für ein effizientes Arbeiten mit diesem Programm gar nicht ausreichen. Für viele Anwender besteht zwischen Software und Hardware offenbar ein ähnliches Verhältnis, wie Thomas Malthus es zwischen Bevölkerung und Nahrungsmittelressourcen zu erkennen glaubte: Die Wachstumsraten bei der Software halten nicht nur mit denen der Hardware Schritt, sondern überflügeln sie am Ende noch. Anwender, deren Computer nicht leistungsfähig genug sind, müssen immer länger warten, bis die gewünschte Arbeit getan ist, und haben außerdem noch mit Hinweisen zu kämpfen, die ihnen vorwurfsvoll signalisieren, daß »nicht genügend Speicherplatz« zur Verfügung steht.[14]

Selbst Anwender mit ausreichend großem Arbeits- und Festspeicher überlegen sich heute zweimal, ob sie Upgrades kaufen, denn manche Anwendungen sind unter den neuen Versionen der Betriebssysteme nicht mehr einsetzbar. Sogar die Computerzeitschrift *PC-Computing*, die ansonsten leidenschaftlich für Windows eintritt, mußte Ende 1994 einräumen, daß viele beliebte Anwendungsprogramme unter der neuen Windows-Version nicht mehr liefen. Im Augenblick scheint es durchaus möglich, daß die Betriebssysteme einen Punkt erreicht haben, an dem ihre Rentabilität rapide abnimmt.[15]

Auch wenn der Computer genügend Leistung besitzt, haben die Techniken, die ihn »benutzerfreundlicher« machen sollen, ihre eigenen Rache-Effekte. Man denke nur an die Icons, die bei der Steuerung des Computers an die Stelle der eingetippten Befehle getreten sind. Die Ersetzung von Worten durch Symbole gehört zu den großen Zielen des wissenschaftlichen Idealismus. Otto Neurath, ein Philosoph der Wiener Schule, gründete sogar das »ISOTYPE-Institut«, das von seiner Frau weitergeführt wurde und die Menschheit vor allem zu Bildungszwecken mit einer universellen Bildersprache versorgen sollte. Einer seiner Schüler, ein Rechtsanwalt namens Rudolf Modley, wanderte in die Vereinigten Staaten aus und gründete dort die Pictograph Corporation, die Piktogramme entwarf, durch die sich Informationen lebendig und ohne Worte vermitteln lassen. Modley arbeitete später mit der Anthropologin Margaret Mead zusammen und beeinflußte ganze Generationen von Grafikdesignern. Angesichts wachsender regionaler und globaler Bevölkerungsbewegungen tauchen an Straßen und auf Flughäfen immer mehr Schilder auf, die zusätzlich zu (oder anstelle von) Texten in einer oder mehreren Sprachen international standardisierte Piktogramme tragen.[16]

Computer-Icons haben den Vorteil, daß sie leichter zu erkennen sind als Zeichenfolgen. Außerdem benötigen sie weniger Platz. Es wird auch behauptet, auf ein Icon zu zeigen sei »natürlicher« oder »anschaulicher« als das Buchstabieren eines Befehls. In unserer normalen Ausbildung lernen wir eher zu buchstabieren als zu zeigen, der Reiz der Icons (und mehr noch der elementareren grafischen Oberflächen wie Microsofts Bob) beruht zu einem Gutteil auf ihrer spielerischen Unschuld. Das Problem ist nur, daß Vereinfachungen ihre eigenen Rekomplizierungseffekte haben können.

Anfangs, als es nur eine Handvoll Icons gab, deren Anwendung einem einheitlichen Schema folgte (Apple), war der Idee ein durchschlagender Erfolg beschieden. Das eigentliche Problem trat erst in Erscheinung, als man offene Standards entwickelte, die unabhängige Softwareproduzenten anlocken sollten, während die Hersteller (vor allem Apple) einen Teil der Kontrolle über die Benutzeroberflächen verloren. Inzwischen wurden die Anwendungsprogramme immer umfangreicher und boten immer mehr Features, mit denen die Entwickler Anwendern in zahlreichen Tätigkeitsbereichen etwas zu bieten versuchten. Heute sind Hunderte und vielleicht sogar Tausende von Icons in Gebrauch, ganz zu schweigen von den Programmpaketen, mit denen jeder seine eigenen Icons schaffen oder vorhandene Icons verändern kann. Inzwischen gibt es sogar bewegte und mit Sound unterlegte Icons, und zweifellos werden sie schon bald mit 24-Bit-Sound und volltönenden Harmonien singen können. Der Rekomplizierungseffekt liegt in der Tatsache, daß manche Befehle und Programme zwar als Symbole verständlicher sind als in Worten, daß es aber auch Inhalte gibt, die sich einer grafischen Darstellung entschieden widersetzen. Die Welt hat mindestens zwei brauchbare Zeichen für »Stop«, aber immer noch keine für die Hinweise »Ziehen« und »Drücken« an Türen.

»Ich liebe Standards, weil es so viele gibt, unter denen man auswählen kann«, lautet ein in der Computerindustrie beliebtes Scherzwort, das auf die Überfülle der Icons verweist. Wahrscheinlich hat es keine Bedeutung, daß Apple sich das Copyright für das Macintosh-Icon der Mülltonne als Symbol für das Löschen nicht mehr benötigter Dateien gesichert hat. Windows-Software benutzt statt dessen das Symbol eines Papierkorbs. Aber was soll ein Reißwolf bedeuten? Entfernt er Dateien und/oder tut er dasselbe, was Aktenvernichter tun sollen, nämlich verhindern, daß man den Originaltext wieder zusammensetzen und lesen kann? Und manche Symbole bedeuten ganz verschiedene Dinge, obwohl die Programme für dasselbe Betriebssystem geschrieben worden sind. In einigen Apple-Programmen steht die Lupe für die Vergrößerung des Bildes, aber in anderen Apple-Programmen und einigen Windows-Anwendungen symbolisiert sie den Suchbefehl. Ein rückwärts gebogener Pfeil kann bedeuten, daß ein Bild gedreht, aber auch, daß ein Befehl rückgängig gemacht werden soll; für letzteres probierte Microsoft Hunderte von Icons aus und gab schließlich auf. Viele Menschen dürften an ein Haltesignal oder eine Begrüßung denken, wenn sie eine ausgestreckte Hand sehen, und in manchen Ländern ist es möglicherweise eine obszöne Geste, aber sie steht für den Befehl, ein Dokument durchzublättern. Kein Wunder, daß manche Softwareproduzenten den Icons inzwischen Texte beigeben, gelegentlich in Form einer Sprechblase, die erscheint, sobald der Cursor über das Icon wandert – ein Rekomplizierungseffekt reinsten Wassers. Und während die Computerindustrie mit Recht stolz ist auf Sonderausstattungen für Behinderte, bedeutet der gegenwärtige Boom bei den grafischen Benutzeroberflächen einen zeitweiligen Rückschlag für Sehbehinderte, die auf Spracherkennungssysteme angewiesen sein dürften. Nach einer Umfrage des Londoner Royal National Institute for the Blind planen drei Viertel aller Softwarehersteller, deren Programme noch stark textorientiert sind, eine Umstellung auf grafische Oberflächen.[17]

Ähnlich wie Symbole scheinen auch Farben den Computer freundlicher zu machen, auch wenn wir bereits gesehen haben, daß ihre Einführung für den Computerbenutzer durchaus von zweifelhaftem Nutzen war. Die Mehrausgaben für einen Farbbildschirm können letztlich sogar zu einer Verschlechterung des Verständnisses führen. Im medizinischen Bereich halten sich viele bei digitalen Bildern lieber an Schwarzweißabbildungen. Das menschliche Auge kann mehr Graustufen als Farbabstufungen unterscheiden – nämlich 128 bei entsprechender Erfahrung und Ausbildung. Farbbilder enthalten zwar mehr Informationen und mögen interessanter sein, aber sie führen auch leicht in die Irre. Selbst Fachleute konzentrieren sich unter Umständen auf die falschen Details, weil sie ihre besondere Aufmerksamkeit – wie wir alle – auf bestimmte Farben richten, die in unserer Kultur als Warnfarben codiert sind: rote Ampeln und gelbe Warnstreifen zum Beispiel. Auch die Auffälligkeit mancher Farben kann zu falschen Wahrnehmungen führen. So wirken gelbe Flächen größer als blaue, weil Gelb eine größere Leuchtkraft besitzt. Man kann Farben nur schwer bestimmten Daten zuordnen, ohne die Information dabei subtil und vielfach unbeabsichtigt zu verzerren.[18]

Selbst die Befolgung kultureller Konventionen birgt Gefahren. Wenn Hitze mit Rot und Kälte mit Blau identifiziert wird, hat das Gehirn Schwierigkeiten, die Zwischentöne zu beurteilen. Unser Wahrnehmungssystem sorgt dafür, daß wir die Abstufungen auf einer Rot-Grün- und einer Blau-Gelb-Achse wahrnehmen. Eine Skala, die beide Achsen vermengt, mag zwar reicher erscheinen, verliert aber an Klarheit. Obwohl das Bild mehr Informationen enthält (weil es eine reichere Farbpalette benutzt), ist es für das Gehirn weniger verständlich. Psychologen und Computerwissenschaftler arbeiten seit kurzem gemeinsam an der Entwicklung neuer Möglichkeiten, Daten klarer zu präsentieren, doch wahrscheinlich wird es noch Jahre dauern, bis die Ergebnisse dieser Arbeit sich in den üblichen Spreadsheet- und Grafikprogrammen wiederfinden.[19]

Bis die Erkenntnisse der Psychologie sich in der Software niederschlagen, werden nicht nur professionelle Anwendungen, sondern auch ganz alltägliche Informationsquellen wie Landkarten ihre Mängel aufweisen. Der Geograph Mark Monmonier hat beobachtet, daß es »keine einfachen, leicht zu behaltenden Zeichen gibt, die es dem Leser einer Landkarte ersparen könnten, ständig zwischen der Karte und ihrer Legende hin und her zu wechseln«. Da viele erfolgreiche Programmierer von Kartensoftware weder von Kartographie noch von Design sonderlich viel verstünden, sei der Benutzer ihrer Erzeugnisse »ebenso unfallgefährdet wie ein unerfahrener Jäger, der ein Gewehr mit hochempfindlichem Abzug bei sich trägt. Wenn Sie einen sehen, seien Sie auf der Hut!«[20]

Welche Gefahren die Farbe auch bergen mag, sie gewinnt an Boden – und treibt die Kosten in die Höhe. Manche Farbtintenstrahldrucker kosten nicht sehr viel, aber die zugehörigen Farbpatronen sind teuer. Da inzwischen auch die Preise der Standardlaserdrucker fallen, liebäugelt man in den Betrieben bereits mit Farblaserdruckern – ein Rekomplizierungseffekt, der auch die Verkaufszahlen bei Farbkopierern in die Höhe treiben dürfte. Aber wie die Filmverleihgesellschaften aufgehört haben, Klassiker unter den Schwarzweißfilmen für den Videomarkt zu kolorieren, und die Werbebranche inzwischen wieder die überraschenden Wirkungen von Schwarzweißaufnahmen in der bunten Welt der Medien nutzt, so bleibt auch eine Minderheit von Computerbenutzern dem Schwarzweißmonitor treu. Der namhafte Wirtschaftswissenschaftler Fischer Black, der für die Investmentgesellschaft Goldman Sachs arbeitet, benutzte Anfang 1995 immer noch seinen Compaq 386 und war stolz darauf, daß sein Schwarzweißmonitor der einzige in der gesamten Firma war.

Im Verein mit den Fehlern und Mängeln der Software können die Beschränkungen und Absonderlichkeiten der Hardware leicht den Produktivitätsfortschritten jedes Systems den Garaus machen. Das muß natürlich nicht sein, aber von den Triumphen der Computertechnik spricht man verständlicherweise lieber als von den Katastrophen, die jeder Manager gern vor seinen Kunden und Konkurrenten geheimhält. Aber wie so oft hat das Problem nicht den Charakter einer Katastrophe, sondern eines schleichenden Übels. Und dieses Übel äußert sich in einem unablässigen Versickern von Arbeitszeit, das in keiner Statistik auftaucht, aber die Erträge dennoch mindert.

In der Wissenschafts- und Techniksoziologie hat man schon lange erkannt, daß die erfolgreiche Durchführung von Experimenten und der erfolgreiche Einsatz von Maschinen gewisser Fertigkeiten bedarf, die man in den Lehrbüchern vergeblich sucht. Wie einst die Handwerker, so erlernen sogenannte Hightech-Spezialisten diese Fertigkeiten, indem sie mit Meistern ihres Faches zusammenarbeiten, und natürlich auch durch Versuch und Irrtum. Manche Unternehmen haben das Glück, Spezialisten in ihren Reihen zu haben, die in der Lage sind, Programme, Maschinen und Menschen zu einer funktionsfähigen Produktionseinheit zusammenzuschließen, wie es auch in der Produktion Maschinenschlosser gibt, die mit nichts als einem simplen Werkzeugkasten defekte Montagebänder wieder zum Laufen bringen, an denen Manager und selbst die meisten Ingenieure verzweifelt wären. Obwohl die elektronische Diagnose in Autowerkstätten seit mehr als zwanzig Jahren üblich ist, hängen Autoreparaturen immer noch hauptsächlich vom Wissen und der Erfahrung der Automechaniker ab. Dennoch können viele Firmen nicht die technische Unterstützung finden – oder bezahlen –, die sie benötigen. Wie der Psychologe Thomas K. Landauer beobachtet hat, werden die meisten Computerprogramme von Programmierern geschrieben, deren Fähigkeiten auf den Gebieten der Logik, der Mathematik und des räumlichen Vorstellungsvermögens die entsprechenden Fähigkeiten der meisten Anwender übersteigt; außerdem mache ihre Erfahrung sie häufig blind für die Bedürfnisse der Anwender. Einige Spiele wie die in Windows enthaltenen Minesweeper und Solitaire führen in vielen Unternehmen zu beträchtlichen Arbeitszeitverlusten, während gewissenhafte Beschäftigte oft Stunden brauchen, um Spalten korrekt ausgerichtet auf den Drucker zu bekommen. Und nach Angaben der 3M Company verlieren 30 Prozent aller Computerbenutzer Daten, deren Ersatz jährlich schätzungsweise 24 Millionen Arbeitstage kostet.[21]

Während die Zahl der Anwendungsprogramme und der Computerbenutzer sich vervielfachte, blieb der Service der Hersteller hinter den Anforderungen zurück. Immer häufiger müssen die Abnehmer mit langen Wartezeiten und selbst dann mit hohen Kosten rechnen, wenn der Ausfall auf Produktmängel zurückgeht. Nahezu 80 Prozent aller Unternehmen mußten 1995 mehr Geld für Serviceleistungen und Support ausgeben als 1990, aber auch hauseigene EDV-Fachleute können nicht überall zugleich sein. Hier springen vielfach Kollegen ein, die sich ganz unabhängig von ihrer eigentlichen Tätigkeit um auftretende Probleme kümmern. Und oft sind sie besser als Spezialisten von außerhalb. Schließlich arbeiten sie meist mit ähnlichen Hardwarekonfigurationen und benutzen dieselben Programme. Dennoch fallen auch hier versteckte Kosten an. Wenn relativ hochbezahlte Manager und Fachleute ihre Zeit mit der Beratung von Kollegen verbringen, geht diese Zeit für ihre eigentliche Tätigkeit verloren. Zwar wird diese verlorene Zeit niemals auf irgendeiner internen Budgetliste auftauchen, aber dennoch können solche guten Samariter in dieser Zeit keine Strategien weiterentwickeln, keine Kundenpräsentationen vorbereiten oder sonstige Dinge tun, die den Ertrag steigern würden.[22]

Die Bostoner Unternehmensberatungsgesellschaft Nolan, Norton & Co. hat aufgezeichnet, was geschieht, wenn Unternehmen – darunter AT&T, die Bell Laboratories, die Ford Motor Company, die Harvard University und die Xerox Corporation – immer mehr Workstations und Netzwerke einrichten, ohne auch das EDV-Personal aufzustocken. Kollegen springen ein. Während Journalisten weiterhin von den ständig sinkenden Computerpreisen schwärmen, zeigen die Gesamtkosten des Computereinsatzes, daß auch auf diesem Gebiet nichts umsonst zu haben ist. Nolan, Norton & Co. fanden heraus, daß eine einzige PC-Workstation bis zu 20 000 Dollar im Jahr kosten kann. Davon erschienen nur 2000 bis

6500 Dollar als Kosten für Geräte, externe Dienstleistungen und hauseigene technische Beratung auf den Budgetlisten der EDV-Abteilung. Die Kosten der informellen Kollegenhilfe liegen dagegen zwei- bis dreimal so hoch und reichen von 6000 bis 15 000 Dollar. Die Zeit, die man benötigt, um den Computerbenutzern beizubringen, wie sie ihre Arbeit verrichten und Probleme lösen können, scheint sich in einem natürlichen Gleichgewicht einzupendeln. Netzwerke verlangen ein Vielfaches an Beratung und sonstigen Serviceleistungen. Und selbst bei betriebseigenen EDV-Fachleuten verändert dieser Bedarf die Prioritäten. Sie verbringen die meiste Zeit damit, auf Probleme zu reagieren, statt vorauszuplanen und über die Einrichtung von Systemen nachzudenken, die dem gesamten Unternehmen größere Effizienz einbringen. Auch Kollegenhilfe ist in den meisten Fällen rein reaktiv.[23]

Kollegenhilfe erweist sich vielfach als Umordnungseffekt. Wir sparen Zeit, indem wir den Computer für uns arbeiten lassen, aber bevor sie das tun können, stehlen wir unseren Kollegen Zeit, damit die Computer überhaupt in Gang kommen. Ein lokales Netzwerk (Local Area Network – LAN) kann dazu beitragen, daß die Zusammenarbeit in einer Abteilung besser funktioniert, aber die Beschäftigten verlieren viel Zeit mit der Installation von Kabeln, Steckkarten und Netzwerksoftware. Noch schlimmer ist die Situation bei Leuten, die keinen formellen Auftrag haben. Die meisten Amateurgurus haben gar nichts dagegen, die Arbeit zu unterbrechen, für die sie eingestellt wurden. Manche lieben den Computer mehr als ihre eigentliche Arbeit. Und selbst wenn sie ihre Arbeit lieben, schenkt ihnen die Kollegenhilfe möglicherweise größere Befriedigung, zumal sie dadurch Verbündete sammeln können, die ihnen etwas schuldig sind. Auch die Leiter der EDV-Abteilungen schätzen vielfach solche Freiwilligen, weil sie das Budget der eigenen Abteilung entlasten und die Bedürfnisse ihrer Kollegen besser kennen, als ein hauptamtlicher EDV-Techniker es jemals könnte. Da es sich bei einigen dieser freundlichen Kollegen um hochkarätige Wissenschaftler, Ingenieure oder sonstige Fachleute handelt, erhält die EDV-Abteilung kostenlosen Zuwachs, während dem Unternehmen ein Teil der teuer bezahlten hochqualifizierten Arbeitszeit verlorengeht. Doch ohne solche Kollegenhilfe »wäre der PC bei Millionen amerikanischer Arbeitnehmer nur eine teure Hutablage«, wie William M. Bulkely im *Wall Street Journal* geschrieben hat.[24]

Nun könnte man diese verborgenen Kosten leicht sichtbar machen, wenn man die Budgets der EDV-Dienste aufstockte. Doch zur Zeit scheinen die Unternehmen sich eher in die entgegengesetzte Richtung zu bewegen; sie kaufen immer mehr »günstige« Hardware und erwarten, den gestiegenen Arbeitsauwand mit demselben EDV-Personal bewältigen zu können. Manager glauben vielfach, weil lokale Netzwerke in der Anschaffung billiger sind als Großrechner, müßten auch die laufenden Kosten niedriger sein. Aber wie Janet Hyland, Beraterin für Netzwerkstrategien, anmerkt, sind die laufenden Kosten für ein Netzwerk deutlich höher als für Großrechenanlagen. Und sie fügt hinzu: »Niemand wird jemals genau wissen, wie teuer es ist«, ein das ganze Unternehmen umfassendes Netzwerk in Gang zu halten.[25]

Trotz des allenthalben zu hörenden Rufs nach Anwenderfreundlichkeit ähnelt der Computereinsatz in den neunziger Jahren offenbar eher einem Flickenteppich aus Einzelcomputern und Netzwerken, EDV-Fachleuten und Amateuren, und er steht ständig in der Spannung zwischen Produktivitätsgewinnen, die angesichts erhöhter Kapazitäten eigentlich möglich erscheinen, und zusätzlichen Kosten für Ausbildung und Beratung der mit den Computern arbeitenden Beschäftigten. Manche Unternehmen haben – dank guter Planung oder durch puren Zufall – die Leute, die nötig sind, damit die Computer bestens funktionieren. Sie werden zu Legenden der Bewegung. Andere Unternehmen stöhnen unter der Last ihrer neuen Ausrüstung, weil sie nicht die Leute mit den nötigen Fähigkeiten haben – oder zumindest nicht dort, wo man sie braucht.

Doch es sollte uns nicht verwundern, daß die Computer wie die meisten anderen modernen Technologien weder Wunderwaffen noch Blindgänger sind, sondern Werkzeuge, die ständiger Wartung und Aufmerksamkeit bedürfen. Die Softwarekrise zeigt uns nur ein weiteres Mal, daß die Bewältigung großer Aufgaben die chronische Bürde der Wachsamkeit eher vergrößert. Manche glauben, das sei eine vorübergehende Erscheinung und der Computereinsatz werde ein Stadium stabiler Zuverlässigkeit erreichen. Die Erfahrungen mit Windows 95 und den dafür geschriebenen Anwendungen werden ein gute Probe auf diese These sein. »Die Technologie geht auf Kollisionskurs zum Marketing«, warnte die Zeitschrift *Forbes* einige Monate vor dem Debüt des neuen Systems, während den Computerbenutzern zu Hause angesichts unwilliger PCs die Köpfe rauchten; aber die ersten Anwender reagierten positiver. Inzwischen jedoch ist noch etwas geschehen, das weitere Zweifel an der Produktivität des Computereinsatzes nährt.[26]

Bis weit in die siebziger Jahre hinein waren Computer die rauhe, spartanische Domäne der EDV-Leute. Einige stanzten Löcher in Karten von der Größe eines Geldscheins. Andere legten die Karten in Lesegeräte und nahmen endlose, fächerförmig gefaltete Papierstapel aus riesigen, laut klappernden Druckern. Ein paar wenige Glückspilze, meist Wissenschaftler und Ingenieure, besaßen ein Terminal, über das sie mit Zentralrechnern und Minicomputern und sogar Netzwerken kommunizieren konnten. In manchen Betrieben gab es luxuriöse Typenraddrucker, die in der Druckqualität fast an die Selectric-Schreibmaschine von IBM heranreichten – ihrerseits Nebenprodukt eines frühen Computerdruckerprogramms. Aber visuell boten die meisten Computer nichts Aufsehenerregendes. Nur eine Handvoll Pioniere sahen damals bereits, daß man mit ausreichender Rechenleistung und Speicherkapazität auch Grafiken erzeugen konnte, durch die sich Anwendungen beschleunigen, Analysen erleichtern und Verkaufszahlen übersichtlich darstellen ließen.

Anfang der achtziger Jahre bewiesen Programme wie Visicalc und später Lotus 1–2–3, daß Computer Informationen weit besser darstellen konnten, als man jemals gedacht hätte. Großunternehmen haben schon immer viel Geld für Grafikdesign und die Erstellung von Schaubildern ausgegeben, selbst zu rein internen Zwecken. Heute sind Manager und Spezialisten nicht mehr auf Künstler und Zeichner angewiesen. Sie geben Daten ein, und per Mausklick erzeugen sie Tabellen und Schaubilder aller Art. Sie können Daten in Form von Buchstaben, Zahlen oder Grafiken ausdrucken. Anfang der neunziger Jahre waren Geräte zur Herstellung hochwertiger Dias oder Farbausdrucke bereits unter 8000 Mark erhältlich, und heute sind zu diesem Preis schon Farblaserdrucker zu bekommen. Für 15 000 Mark und mehr erhält man Thermosublimationsdrucker, die noch lebendigere Bilder produzieren können.

Das alles ist eine erstaunliche Leistung. Selbst Ende der achtziger Jahre kostete ein Laserdrucker, dessen Druckbild (mit 600 dpi) annähernd Fotosatzqualität erreichte, immer noch 30 000 Mark, und die ersten Desktop Publisher fanden das ausgesprochen billig, denn damit konnten sie eine Seite, die im konventionellen Fotosatz 20 oder 30 Mark kostete, für weniger als 2 Mark an Papier- und Tonerkosten produzieren. Selbst wenn man Wartung, Strom und Arbeit hinzurechnete, war die Einsparung immer noch beträchtlich. 1992 war mein LaserJet mit einer Auflösung von 600 dpi und Dutzenden eingebauter Schriften schon für 2000 Mark zu haben. Aber auch bei der Software ging die Entwicklung weiter. Programme wie Harvard Graphics, Lotus Freelance Graphics, Microsoft PowerPoint und WordPerfect Presentations gestatten es dem Anwender, Text und Grafik zu verbinden und Folien oder Dias in nahezu professioneller Qualität auszudrucken. Aber was hat das alles mit der Produktivität zu tun?

Unter ansonsten gleichstarken Konkurrenten hat derjenige einen Vorteil, der eine leistungsfähige Technologie als erster einsetzt. In der Kriegführung waren Streitwagen, Kanonen, Gewehre, Maschinengewehre, Unterseeboote, Entschlüsselungsverfahren und Atombomben jeweils solche Technologien. Nicht immer entscheiden diese Technologien über den Ausgang eines Krieges, und manchmal ist die Leistungskraft von Schuhfabriken wichtiger als die Konstruktion von Panzern, aber niemand bezweifelt, wie wichtig es ist, der erste zu sein. Im friedlichen Wettstreit fällt der Sieg möglicherweise dem Wettbewerber zu, der über die besten Analytiker verfügt – das ist der Grund, weshalb Mathematiker und Ökonomen an der Wall Street Millionengehälter beziehen können –, er kann aber auch dem zufallen, der die wirkungsvollste Präsentation bietet. Nicht nur in der Marktforschung, sondern auch in Technik und Medizin sollte man das Präsentationsspiel lernen. Tatsächlich sind Naturwissenschaftler so begeistert von der visuellen Darstellung, daß einer von ihnen, John Rigden, diese Fixierung sogar in einer Satire aufs Korn genommen hat, in der Lincoln eine überarbeitete Fassung der Gettysburg-Erklärung mit Hilfe einiger raffinierter Overheadfolien präsentiert.[27]

Seit vielen Jahren untersuchen Wirtschaftswissenschaftler, wie Konkurrenten es lernen, gegen die erfolgreichen Erstanwender einer Idee oder einer neuen Technik anzukommen. Der Wert leistungsfähiger neuer Instrumente verringert sich mit der Zeit, weil immer mehr Menschen sie beherrschen. Als im Zivilbereich sonst niemand Brieftauben einsetzte, waren diese Vögel die Spitzentechnologie des Börsenhandels: Durch sie erfuhr Nathan Mayer Rothschild ein paar Stunden früher als seine Konkurrenten vom Ausgang der Schlacht bei Waterloo, so daß er ein Vermögen durch den Aufkauf von Aktien machen konnte, deren Kurse nach Blüchers Niederlage in den Keller gesunken waren. Obwohl die Kommunikationsmittel seither sehr viel schneller geworden sind, kann jemand, der die neuesten Börsenkurse über einen On-line-Dienst bezieht, zumindest kurzfristig erfolgreicher mit Aktien handeln als jemand, der sich erst am nächsten Tag in der Zeitung darüber informiert. Wer einen Börsendienst abonniert, der seine Daten alle fünfzehn Minuten aktualisiert, wird jeden schlagen, der die elektronischen Nachrichten nur gelegentlich nutzt, während er einem Konkurrenten, der an einen Real-time-Börsendienst angeschlossen ist, unterlegen sein dürfte. Und wer die Berechtigung erworben hat, sich unmittelbar auf dem Parkett in die Entwicklung der Kurse einzuschalten, der befindet sich natürlich direkt am Puls des Börsenhandels. Ganz ähnlich bieten selbst leistungsfähige Spreadsheet-Programme nicht dieselben Möglichkeiten wie Anwendungen, die für ein einzelnes Unternehmen oder eine Branche entwickelt worden sind; schon heute sind Venturekapitalgeber es leid, sich immer dieselben Geschäftspläne anzusehen, die mit ein paar wenigen Standardprogrammen erstellt worden sind. So effizient und billig eine Technologie am Ende auch sein mag, eine Rangordnung findet sich dennoch überall. Und es ist teuer, einen Vorsprung zu halten.[28]

Das Streben nach grafischer Überlegenheit ist nicht neu. Nach einer Phase relativer Zurückhaltung während der Aufklärung förderte das Konkurrenzdenken des neunzehnten Jahrhunderts bei den Unternehmen eine grafische Selbstdarstellung, die von elegant bis bizarr reichte. Viktorianische Zirkusplakate und die Briefköpfe zeitgenössischer Unternehmen zeigten neben typografischer Stümperei dieselbe Freude an visueller Übertreibung und übermäßigen Schnörkeln. Stählerne Schreibfedern und billiges Papier ermunterten zu grandiosen stilistischen Ergüssen, und ehrgeizige Angestellte nahmen Nachhilfeunterricht bei Meistern der Kalligraphie, um ihre Fähigkeiten zu verbessern. »Alle Briefe in einer großen, geschwungenen Handschrift« kopieren zu können gehörte zu den wichtigen Qualifikationen eines angehenden Kanzlisten. Das Coca-Cola-Logo, das ein Buchhalter der Firma in Atlanta 1887 im exakten Spencerschen Stil entwarf – er erfand auch den Namen –, und das teutonisch-barocke Budweiser-Etikett aus derselben Zeit überlebten den Krieg, die Weltwirtschaftskrise und den schnörkellosen Funktionalismus.[29]

Wie im viktorianischen Zeitalter, so hat die grafische Selbstdarstellung auch heute ihre Werteskala. Das Problem liegt darin, daß elegante Laserausdrucke immer billiger geworden sind und Formbriefe mit den heutigen Programmen immer leichter hergestellt werden können, so daß die Handschrift bei der Kommunikation zwischen Unternehmensvertretern wieder an die Spitze der Hierarchie gerückt ist. Die Spitzenmodelle unter den Füllfederhaltern von Montblanc, Waterman, Parker und Pelikan kosten mehr als ein Computerdrucker. Wie der Leiter der amerikanischen Montblanc-Niederlassung glaubt, treten heute wieder handschriftliche Mitteilungen an die erste Stelle, nachdem die Textverarbeitung das Prestige vernichtet hat, das ein makelloser Brief einbrachte, den nur eine erstklassige Chefsekretärin getippt haben konnte. Doch viele Dinge lassen sich nicht handschriftlich mitteilen, und so geht die Eskalation auf grafischem Gebiet weiter – zur Freude der Hard- und Softwareproduzenten. Die High-End-Technologie mag sich wandeln, aber die Kosten für den Vorsprung, den die Nutzung der jeweiligen High-End-Technologie bedeutet, bleiben offenbar immer auf einem ähnlichen Niveau.[30]

Selbst der enthusiastischste Füllfederhalterbesitzer kann nur einen kleinen Teil seiner Korrespondenz handschriftlich erledigen. Auf anderen Gebieten muß er mit allen anderen um Anerkennung konkurrieren. Wenn man die neueste Gerätegeneration angeschafft hat, ist man den anderen allenfalls um ein paar Monate voraus. Inzwischen hat man die Kosten zu tragen, die das Erlernen der neuen Fähigkeiten verursacht. Und hier tritt nun ein weiteres chronisches Problem zutage. Auch wenn die Geräte immer billiger werden, braucht man immer mehr Zeit, um den Umgang mit der leistungsfähigeren und flexibleren Hard- und Software zu erlernen. Natürlich ginge alles viel schneller, wenn man alles beim alten beließe.

Aber es gibt ständig Neues zu tun. Manches davon geschieht automatisch, wie der Blocksatz – der ausgerechnet zu einer Zeit Einzug in den Büros hielt, als Psychologen und Typographen entdeckten, daß Flattersatz lesbarer und angenehmer ist, weil er einen konstanten Wortabstand erlaubt. Und bei den meisten im Blocksatz erstellten Computerausdrucken sind die Wortabstände ungleich. Außerdem müssen die Abstände zwischen den einzelnen Buchstaben leicht variiert werden (Letterspacing), eine Praxis, von der konventionelle Typographen abraten. Einer der größten Typographen Amerikas, Frederick Goudy, bemerkte vor Jahren einmal: »Wer die Buchstabenabstände bei einfachen Texten variiert, der wirft nur das Geld zum Fenster hinaus.«

Während hochwertige Laserdrucker immer billiger werden und Bildschirmfonts wie der Adobe Type Manager und TrueType ihre Nutzung immer leichter machen, verlieren computererstellte Dokumente an Wirkung. Als die Times Roman die gewöhnliche Courier 10 ersetzte, war sie eben nur noch die gewöhnliche Times Roman. Im März 1994 konnte ein Schriftenguru in einem führenden Computermagazin schreiben, die Hauptregel für den Einsatz von Schriften laute: »Benutze niemals und unter keinen Umständen die Times oder die Arial« (die beiden wichtigsten Windows-Normalschriften). Wie lange wird es wohl dauern, bis die Baskerville, die Garamond und die Palatino dasselbe Schicksal ereilt? Der Laserdruck vermag selbst die besten Schriften in Klischees zu verwandeln – und die Arial ist wie die Times Roman besonders gut lesbar.[31]

Die Probleme des Anwenders sind jedoch noch lange nicht gelöst, wenn die richtige Schrift zur Hand ist. Die Rekomplizierungseffekte der grafischen Benutzeroberflächen bereiten weiteres Ungemach, wenn zwei Anwender Dokumente auf elektronischem Wege austauschen. Jeder DOS-Text kann von jedem DOS-Computer gelesen werden. Wenn dagegen Windows-Dateien in allen Feinheiten auf einem anderen Computer reproduziert werden sollen, benötigt dieser Computer eine Kopie des ursprünglichen Zeichensatzes. Ist der betreffende Zeichensatz nicht vorhanden (und falls es sich nicht gerade um die abgedroschenen Standardzeichensätze handelt, ist das höchstwahrscheinlich der Fall), sieht Windows sich nach der nächstbesten Alternative um, die in der Regel weit schlechter aussieht als der fehlende DOS-Zeichensatz. Gibt man einer Datei dagegen mehrere Zeichensätze mit, bläht man sie auf und verstößt außerdem möglicherweise gegen Urheberrechtsgesetze. Einige komplizierte Programme versprechen, Zeichensätze auf annehmbare Weise zu konvertieren, doch es ist zeitraubend, sie zu installieren und zu erlernen, zumal auch ihre Anwendung nicht ganz leicht ist.

Angesichts all der Probleme, die mit der grafischen Eskalation verbunden sind, scheint mir doch besonders bemerkenswert, daß sie manchmal jeglicher wirtschaftlichen oder wettbewerbsorientierten Logik entbehrt. Ein Kollege, der einer hiesigen Privatschule bei der Herstellung ihres Newsletter hilft, erzählte mir einmal, daß die Schule bis vor kurzem sehr gut mit einfachen Macintosh-Programmen auskam, bis sie sich neue Desktop-Publishing- und Seitenlayout-Software zulegte. Die neuen Programme waren für die ehrenamtlichen Herausgeber zu schwierig, und die Schule mußte einen Designer beauftragen, ein attraktives Layout für ihre Zeitschrift zu entwickeln. Selbst wenn neue Spezialisten nicht in den Büchern auftauchen, können die versteckten Kosten der Grafikeskalation beträchtliche Ausmaße erreichen. Mit der Unterstützung durch EDV-Fachleute verbringen die Beschäftigten Stunden damit, die Herstellung von Overheadfolien, Spreadsheets und Newsletters zu erlernen – Stunden, die für ihre eigentlichen Aufgaben verlorengehen, ganz zu schweigen von der Zeit, die manche Computergurus unter den Kollegen aufwenden. Dabei handelt es sich um eingefleischte Gewohnheiten. Ein Kollege, der an der Sloan School of Management des MIT lehrt, erzählte mir, daß selbst manche Betriebswirtschaftsstudenten das Gefühl haben, sie könnten im Wettbewerb schlecht abschneiden, wenn sie ihre Seminararbeiten nicht in Farbe vorlegten.[32]

Als Mitte der neunziger Jahre endlich alle gelernt zu haben schienen, wie man mit den neuen Techniken umgeht, kam die Eskalation im Bereich der Grafik neuerlich in Gang, diesmal durch die Multimedia-Bewegung, die den Bildern auch noch Ton hinzufügte. Die Kosten für das Abspielen von Multimedia-Dateien sind ebenso gesunken wie alles andere im Bereich der Computertechnik; schon bald werden CD-ROM-Laufwerke, Soundkarten, Lautsprecher und Mikrophone zur Standardausrüstung eines Personalcomputers gehören. Aber wie immer, wenn etwas billiger zu werden scheint, lauert hinter der nächsten Ecke bereits ein Rekomplizierungseffekt. Gesprochene Anmerkungen zu Spreadsheets und anderen Dokumenten sind ein gutes Beispiel dafür. Als die Software es endlich möglich machte, Dokumente zwischen verschiedenen Computersystemen und Programmen auszutauschen, erhob das Mulitimedia-Dokument sein Haupt. Es frißt Speicherplatz, läßt sich auf den meisten Computern der Welt zumindest in Teilen nicht reproduzieren, errichtet neue (wenn auch zweifellos nur zeitweilige) Hindernisse für den Austausch von Dateien und macht es vollkommen unmöglich, die gesamte Information einem Computerausdruck zu entnehmen, so bunt er auch gestaltet sein mag. Und all das für Mitteilungen, die sich mit einem Bruchteil des Kostenaufwands in einer Fußnote oder Anmerkung unterbringen ließen.

Schon bald werden wir den Dokumenten ohne Zweifel nicht nur Ton, sondern auch Videoclips hinzufügen können. Das Abspielen eines Videoclips ist nicht schwierig, wohl aber seine Produktion. Die Geschichte der Filmtechnik zeigt, daß jede Erweiterung der Fähigkeiten das Medium teurer machte. Die Fortschritte der Wissenschaft verringern keineswegs den Bedarf an Geschicklichkeit und Wachsamkeit, sondern führen zu einer weiteren Spezialisierung und verstärken deren Bedeutung. Geschäftsleute haben im allgemeinen kein Interesse daran, dreidimensionale Dinosaurier oder auch nur zweidimensionale Enten über den Bildschirm laufen zu lassen, und dennoch haben sie ein Problem mit George Lucas und Steven Spielberg gemein. Leistungsfähigere Software läuft nicht von allein, auch wenn die Preise in den Keller fallen. Und je eindrucksvoller die Leistung, desto höher die Anforderungen an das Können, das erst eine volle Nutzung der gebotenen Möglichkeiten erlaubt. Anfang der neunziger Jahre konnten sich selbst spektakuläre Filme, die Computeranimation einsetzten, trotz gewaltiger Budgets, die mehrere zehn Millionen Dollar umfaßten, allenfalls zehn Minuten echter 3-D-Animation leisten. Die Inhaber der Urheberrechte dürften wohl bereit sein, Lizenzen für die Benutzung von Ausschnitten an Unternehmen zu vergeben, wie heute schon Clip-Arts als Bestandteil von Desktop-Publishing-Programmen verkauft werden. Aber auch das wird nicht ganz unproblematisch sein, weil die im Bündel gelieferten Lösungen schon bald abgegriffen sein dürften. (Wir haben bereits gesehen, daß die Wirkung von Druckerschriften und Schemata für Geschäftspläne unter einem übermäßigen Gebrauch leidet.) Und wie Thomas Landauer anmerkt, sind viele Verwendungsweisen des Computers unproduktiv: »Es ist dringend erforderlich, daß man sich stärker auf echte Arbeits- und Kundendienstanwendungen konzentriert und weniger auf Spiele für Fachleute und Manager.«[33]

Wie steht es mit der Analyse? Natürlich brauchen Computer Zeit zum Lernen, und auch Menschen sehen Dinge falsch. Aber wer wollte bestreiten, daß Menschen besser denken, arbeiten, analysieren und schreiben als Computer? Jedenfalls mehren sich die Anzeichen, daß Computer bei der wirklichen Arbeit keineswegs durchgängig besser sind. Solch eine Feststellung empört viele Computerspezialisten. Wirtschaftskolumnisten, die ansonsten heftig über so ziemlich alles streiten, wetteifern miteinander in der Verdammung all jener, die so unglaublich blöde sind, daran zu zweifeln, daß Computer wirklich alles produktiver machen. Für die Herausgeber und Autoren der Computerzeitschriften kann erst recht kein Zweifel bestehen, daß ein rascher industrieller Wandel die Produktivität erhöht; sie hätten auch kaum etwas zu berichten, wenn nicht allmonatlich neue Hardware, Software, Peripheriegeräte und sogar Betriebssysteme auf den Markt kämen.

Von 1981 bis heute hat die amerikanische Wirtschaft Hunderte Millionen Dollar für Software ausgegeben, die Entscheidungsprozesse verbessern sollte. Und die Softwareproduzenten geben Millionen Dollar für die Forschung aus, um Leistung und Benutzerfreundlichkeit ihrer Programme zu erhöhen. Spreadsheets und andere Hilfen für den Entscheidungsprozeß sind heute überall zu finden, in Universitäten und Unternehmen ebenso wie bei Selbständigen. Da ist es um so bemerkenswerter, wie wenig man bisher den Einfluß des Computers auf die Qualität der Entscheidungen erforscht hat. Kann man angesichts größerer Datenmengen und leistungsfähigerer Analyseinstrumente davon ausgehen, daß die Qualität der Entscheidungen entsprechend gestiegen ist? Das klingt plausibel und wäre durchaus möglich. Es könnte sogar zutreffen. Aber es gibt nur eine Handvoll Studien zu dieser Frage. Und warum sollte man zu beweisen versuchen, was doch alle intuitiv schon lange wissen und was längst Eingang in die Lehrpläne der Business Schools gefunden hat? Doch leider gibt es immer mehr Anzeichen dafür, daß Software den Entscheidungsprozeß nicht notwendig verbessert.

Jeffrey E. Kottemann, Fred D. Davis und William E. Remus, Experten für Unternehmensentscheidungen, haben die Fähigkeit von Studenten getestet, einen simulierten Produktionsprozeß unter den Bedingungen einer stark wechselnden Nachfrage zu steuern. Sie hatten die Möglichkeit, mehr Arbeiter einzustellen, mit der Gefahr, daß es nichts für sie zu tun gab, oder sie konnten versuchen, mit wenig Personal auszukommen, und dabei das Risiko eingehen, teure Überstunden bezahlen zu müssen. Sie konnten die Produktion auch über bzw. unter der Nachfrage halten, was einerseits möglicherweise mit hohen Lagerkosten, andererseits mit der Gefahr verbunden war, daß Aufträge verlorengingen, weil Kunden absprangen.[34]

Die Versuchspersonen – es handelte sich um Studenten der Betriebswissenschaft mit einiger Erfahrung in der Benutzung von Spreadsheets – wurden in zwei Gruppen eingeteilt. Die erste Gruppe konnte nur die produzierten Mengen und die Personalstärke verändern. Die zweite Gruppe konnte für jede Entscheidung antizipierte Absatzzahlen eingeben und über ein Simulationsprogramm die jeweiligen Folgen für den geplanten Warenbestand ablesen. Sie konnten sofort erkennen, welche Kosten mit einer Veränderung des Personalstands verbunden waren; innerhalb von Sekunden gab das Programm ihnen Auskunft über mangelnde Personalauslastung, Überstunden und suboptimale Lagerhaltungskosten. Die zweite Gruppe verfügte zwar nicht über mehr reale Information als die erste, konnte sich aber eine weitaus konkretere Vorstellung von den Folgen ihrer Entscheidungen machen.

Wenn alles, was man über die Fähigkeiten der Spreadsheets so liest, auch zutrifft, sollte die zweite oder »Was-wäre-wenn«-Gruppe eigentlich besser abgeschnitten haben als die erste, die nicht die Möglichkeit hatte, mit zahlreichen Daten zu experimentieren. In Wirklichkeit verursachten die Mitglieder der zweiten Gruppe jedoch etwas höhere Kosten, auch wenn der Unterschied zwischen beiden Gruppen nicht signifikant war. Die interessantesten Ergebnisse des Versuchs hatten weniger mit der tatsächlichen Leistung als mit der Selbsteinschätzung der Beteiligten zu tun. Die Mitglieder der ersten Gruppe beurteilten ihre Fähigkeit zur Vorhersage recht realistisch, während die Einschätzung der eigenen Leistung bei den Mitgliedern der zweiten Gruppe keinen signifikanten Zusammenhang mit den tatsächlich erzielten Ergebnissen aufwies. Die Korrelation lag nur geringfügig über dem Zufall.

Noch erstaunlicher war indessen die Einschätzung des benutzten Analyseinstruments in der zweiten Gruppe. Obwohl die »Was-wäre-wenn«-Analyse nur bei 58 Prozent ihrer Anwender zu einer Leistungsverbesserung geführt hatte, glaubten 87 Prozent, sie hätte ihnen geholfen, während fünf Prozent meinten, sie sei ohne Bedeutung gewesen, und nur eine Versuchsperson (oder ein Prozent) war der Ansicht, das Programm habe geschadet. Ausgerechnet die letztgenannte Versuchsperson hatte ihre Leistung durch den Einsatz des Analyseinstruments in Wirklichkeit verbessern können. Das Ergebnis eines weiteren Experiments war noch verwirrender: »Die Entscheider machten keinen Unterschied zwischen einer ›Was-wäre-wenn‹-Analyse und einer quantitativen Entscheidungsregel, durch deren Anwendung sie beträchtliche Kosteneinsparungen erzielt hätten.« Mit anderen Worten, die Versuchspersonen zogen die »Was-wäre-wenn«-Analyse einer bewährten Technik vor.[35]

Woher kommt diese Attraktivität der »Was-wäre-wenn«-Analyse? Da es sich bei den Versuchspersonen um Betriebswirtschaftsstudenten handelte, waren sie möglicherweise sehr von ihrer Fähigkeit, mit Zahlen umzugehen, überzeugt. Aber das erklärt noch nicht, warum sie im zweiten Experiment der freien Kombination von Werten den Vorzug gegenüber einer präzise formulierten Gleichung gaben. Der wahre Grund, so glauben jedenfalls Davis und Kottemann, dürfte in einer Fehleinschätzung des eigenen Einflusses liegen; die Psychologen sprechen hier von einer Herrschaftsillusion und meinen damit, daß wir unter entsprechenden Bedingungen nur allzu leicht glauben, wir würden Dinge selbst herbeiführen, obwohl es sich in Wirklichkeit nur um zufällige Ereignisse handelt. Sowohl die Schönheit als auch die Gefahr von Computeranalysen liegt in der Konkretheit, die sie unseren Plänen verleihen können – und zwar auch dann, wenn die zugrunde gelegten Daten zweifelhaft und unsere Modelle unbewiesen oder gar falsch sind. Wir haben bereits gesehen, welche Verführungskraft der Computer besitzt; in der Herrschaftsillusion erliegen wir selbst dieser Verführungskraft und halten die Fähigkeiten, die wir zu besitzen scheinen, für real.

Die Computerwerbung appelliert an dieses Herrschaftsgefühl, und in den richtigen Händen eröffnet der Computer ja tatsächlich große Möglichkeiten. Aber man denke nur an all die Hard- und Softwarehersteller, die schon viele Millionen Dollar verloren haben. Die Beschäftigten dort und ganz gewiß das obere Management gehörten ohne Zweifel zu den erfahrensten Computerbenutzern der Welt – allen voran IBM. Und ebenso gewiß setzten sie die besten Modelle und Programme ein, die auf dem Markt waren. Aber als sie ihre Verluste einfuhren, befanden sie sich in Situationen, in denen »Was-wäre-wenn«-Fragen nur von begrenztem Wert waren und Politik, Verteilung, die Entwicklung von Standards oder schierer Bluff ebensosehr zählten wie ausgezeichnete technische Leistungen. Natürlich können wir nicht zurück zu Papier, Rechenschieber, Bleistift und Radiergummi, aber wir kommen offenbar auch nicht so schnell über die gegenwärtigen Softwarekategorien hinaus, wie es vielleicht möglich wäre, und das trotz der hochtrabenden Versprechen, die uns die Forschung zur künstlichen Intelligenz allzu vorschnell gemacht hat. Tatsächlich setzen manche altmodischen Finanzexperten ihre jüngeren Kollegen immer noch in Erstaunen, wenn sie auf Besprechungen mit Rechenschieber und Kopfrechnen schneller zu Ergebnissen gelangen als andere mit ihren Taschenrechnern und Notebooks.[36]

Spreadsheets sind dennoch wertvolle Werkzeuge, aber sie gleichen eher Drehbänken als Büchsenöffnern. Sie müssen sorgfältig eingestellt und überwacht werden. Raymond R. Panko und Richard P. Halverson Jr., Spezialisten für Entscheidungsprozesse, haben herausgefunden, daß Spreadsheet-Anwender auf den einzelnen Ebenen relativ wenige Fehler machen (0,9 bis 2,4 Prozent), aber im Gesamtergebnis summieren sich diese Fehler durch Verschleppung und Verzweigung zu einer erschreckend hohen Fehlerquote von 53 bis 80 Prozent. Da die logische Komplexität der Spreadsheets ständig zunimmt, steigt auch die Fehlerquote – ein Rekomplizierungseffekt. Als ein Fehler in den mathematischen Operationen des Pentium-Chips 1994 die Benutzer aufschreckte, begriffen nur wenige, daß ihre eigenen Fehler bei der Dateneingabe und die in den Programmen enthaltenen Mängel eine weitaus größere Gefahr für ihre Arbeitsergebnisse darstellten als alle Probleme, die der fehlerhafte Chip jemals bereiten konnte. Spreadsheet-Anwender haben wie die Nutznießer anderer Technologien noch gar nicht erkannt, daß die stufenweise Ausbreitung und Verzweigung von Fehlern in Programmen ein weiteres chronisches Technologieproblem darstellt. Und wieder einmal zeigt sich, daß eine arbeitssparende Technologie, soll sie wirklich funktionieren, eines überraschend hohen Maßes an zeitraubender Wachsamkeit bedarf.[37]

Kommen wir noch einmal auf Paul Davids Vergleich zwischen Elektromotoren und elektronischen Arbeitsplätzen zurück: Kann es sein, daß wir erst langsam die Entstehung neuer Strukturen erkennen, die ähnliche Produktivitätszuwächse ermöglichen werden, wie sie die industrielle Produktion in den zwanziger Jahren verzeichnen konnte? Die Netzwerke verleihen der Unternehmensorganisation offenbar eine völlig neue Gestalt. Es wäre schon viel gewonnen, wenn wir uns wenigstens in Grundzügen darauf einigen könnten, was da überhaupt geschieht. Einerseits heißt es, Netzwerke förderten die Basisdemokratie und die Gleichheit; sie eröffneten ein neues Zeitalter der Unternehmensorganisation, in dem Position und Titel weniger zählten als die Qualität der geleisteten Arbeit. Schließlich seien E-Mails frei von den üblichen Fallstricken der Vorzimmer in den Chefetagen. Dokumente ließen sich mit ungeahnter Geschwindigkeit übermitteln oder verarbeiten, und dies zwischen Beschäftigten, die mit den unterschiedlichsten Computern oder Betriebssystemen arbeiten. Elektronische Konferenzen eröffneten auch denen die Möglichkeit, ihre Ideen vorzustellen, die bei herkömmlichen Besprechungen von Vorgesetzten oder aggressiveren Kollegen beiseite geschoben werden. Doch leider kostet ein hausinterner elektronischer Konferenzraum zwischen 75 000 und 300 000 Mark, und externe Anbieter nehmen Tausende von Mark pro Tag für die Bereitstellung solcher Möglichkeiten.[38]

Die Kehrseite des urdemokratischen Netzwerks ist das bösartig autoritäre Netzwerk. Wo die einen glauben, Einfallsreichtum und Erfindungsgeist sickerten nach oben durch und würden entsprechend belohnt, sehen andere Disziplinierungsmaßnahmen und Strafen herabregnen, während man die Privatsphäre des einzelnen mit Füßen tritt. Wenn Netzwerke Wege öffnen, die zuvor verschlossen waren – und es ist nicht ganz einzusehen, weshalb Tinte und Papier einst verhindert haben sollten, der Betriebsleitung eine Nachricht zukommen zu lassen –, so eröffnen sie auch die Möglichkeit, Dateien heimlich zu lesen, Bildschirme zu kontrollieren und sogar die Wege von Nachrichten zu verfolgen, um Gruppen von Unzufriedenen aufzustöbern. Von solch ethisch bedenklichen Praktiken einmal abgesehen, bedeutet ein kollegialer Führungsstil keineswegs notwendig auch eine Einebnung des Machtgefälles. Der Kolumnist der Computerzeitschrift *InfoWorld*, »Robert X. Cringely«, schrieb unlängst, hinter der zwanglosen Unternehmenskultur bei Microsoft verberge sich ein Führungsstil, der sich im Kern kaum von der harten Linie skrupelloser Ausbeuter unterscheide. (»Sie entscheiden selbst, wann Sie Ihre achtzig Wochenstunden ableisten.«) Natürlich kann eine autoritäre Organisation sehr produktiv sein, ob die eiserne Faust nun sichtbar wird oder in fadenscheinigen Samthandschuhen daherkommt, doch es gibt keinen Beweis für die These, das Netzwerk als solches bringe andere Manager hervor. Vielmehr schaffen die Menschen Netzwerke offenbar nach ihrem eigenen Bild.[39]

Abgesehen von Fragen der Demokratie und der Autorität, verstärken Computer einen Trend, der unbeabsichtigte Folgen für die Effizienz des Unternehmens haben kann: die Verringerung der Zahl von Hilfskräften. In einer vielbeachteten Studie hat die American Manufacturing Association herausgefunden, daß Personalabbau im allgemeinen nicht notwendig zu einer Erhöhung des Gewinns führt. Nur bei 43 Prozent der in die Untersuchung einbezogenen Betriebe verbesserte sich die Gewinnsituation nach einem Personalabbau, während sie sich bei 24 Prozent verschlechterte. Und fast ebenso viele Betriebe berichteten, daß die Arbeitsproduktivität gesunken sei.[40]

Wenn Computer wirklich die Möglichkeit eröffneten, mit weniger Personal dasselbe Ergebnis zu erzielen, würde wohl kaum jemand über längere Arbeitszeiten für das mittlere Management und innerbetriebliche Experten klagen. Nach der Prüfung von zwanzig Fallstudien in fünf amerikanischen Großunternehmen gelangte der Wirtschaftswissenschaftler und Managementberater Peter G. Sassone zu dem Schluß, daß die Computerisierung den Anteil der Arbeitszeit, die solche Positionsinhaber für ihre höchstqualifizierte und beste Tätigkeit aufwendeten, eher gesenkt als erhöht hatte. Sassone fand heraus, daß viele hochbezahlte Fachkräfte einen erheblichen Anteil ihrer Arbeitszeit auf niedere Bürotätigkeiten verwendeten, wobei sie meist mit Computern arbeiteten, aber oft nicht das taten, worauf sie sich in jahrelanger Ausbildung eigentlich vorbereitet hatten. Und warum? Ein Grund liegt in dem Hang der Unternehmen, bei Expansion mehr Fachkräfte einzustellen und dafür Hilfskräfte einzusparen, so daß eine kopflastige Struktur entsteht. Ein weiterer Grund liegt in der Tatsache, daß Computersysteme es den Managern ermöglichen, vieles selbst zu tun. Dadurch erfährt ihre Arbeit eine durchaus negative Diversifizierung; sie drucken zum Beispiel selbst Briefe aus, während das früher von einer Sekretärin erledigt wurde. Sassones Analyse zeigt, daß die wachsende Produktivität der Bürotechnologie »einen indirekten und nicht beabsichtigten Effekt« auslöst, der dazu führen kann, daß »die Produktivität des Gesamtunternehmens sinkt«.[41]

Vielen Leuten ist das nur recht. Entweder man mag die Arbeitsteilung, oder man mag sie nicht. Manche glauben, es bilde den Charakter, wenn man Textverarbeitung, Dateiverwaltung und anderes selbst erledigt. Die Betriebswirtschaftslehre sagt jedoch, daß so etwas den Gewinnen kaum nützt. Die rationalste Form des Personaleinsatzes sorgt dafür, daß die hochqualifizierten Fachkräfte möglichst viel Zeit mit entsprechend hochqualifizierten Tätigkeiten verbringen, während alles übrige von weniger qualifizierten und schlechter bezahlten Kräften erledigt wird. Ein bekanntes Lehrbuchbeispiel aus Zeiten vor der Computerisierung ist die Geschichte von dem besten Rechtsanwalt der Stadt, der zugleich auch die beste Schreibkraft der Stadt ist, der aber verrückt wäre, wenn er deshalb keine Schreibkraft einstellte. Computer können die Illusion erzeugen, die ganze Arbeit würde nun von der Maschine getan, aber in Wirklichkeit bleibt überraschend viel zu tun; so muß man auch weiterhin Briefe formatieren, Papier einlegen und entnehmen, Toner nachfüllen, Umschläge adressieren und die Briefe in die Umschläge stecken. Wenn Fachkräfte diese Dinge tun, können sie in dieser Zeit keine anderen, produktiveren Arbeiten erledigen. Natürlich sehen Topmanager diese Gefahr – wenn es um sie selbst geht. Sie verringern nur selten ihr eigenes Hilfspersonal. Wenn man es umgekehrt machte und weniger Manager und Fachkräfte, dafür aber mehr Hilfskräfte einstellte, könnten die Unternehmen, so behauptet jedenfalls Sassone, pro Beschäftigten 7400 Dollar (ca. 11 000 Mark) einsparen. Aber sie tun es nicht, weil eine andere Herrschaftsillusion sie daran hindert, die irrige Vorstellung nämlich, Hilfsfunktionen könnten sich unter den heutigen Bedingungen selbsttätig erledigen.[42]

Die Geschwindigkeit und Effizienz, die uns Mikrocomputer und Netzwerke versprechen – schließlich verdoppelt sich die Rechenleistung alle achtzehn Monate –, hat einen Haken. Je leistungsfähiger die Systeme werden, desto mehr menschliche Arbeitskraft kostet es, sie zu warten, die nötige Software zu entwickeln, Fehler und Inkompatibilitäten aufzuspüren, die Anwendung neuer Programmversionen zu erlernen und mit den vielen Optionen zurechtzukommen. Wieder einmal führt die Intensität einer Technologie zu Wiederholungs- und Umordnungseffekten. In der Anfangszeit des Personalcomputers waren manche Historiker entzückt über die neuen Möglichkeiten, die der PC bei quantitativen Analysen zu eröffnen schien – bis sie dann feststellten, daß sie wahrscheinlich Monate oder Jahre brauchten, um all die Daten von Hand einzugeben, die der Computer in ein paar Minuten verarbeiten und analysieren konnte.

Ein anderer Ansatz zur Bestimmung des Verhältnisses zwischen Computer und Produktivität besagt, daß viele Nutzeffekte sich auf herkömmliche Weise nicht erfassen ließen. Wenn sich etwas ändern müsse, dann die Methoden der Betriebswirtschaftler und nicht die Behauptungen der Computerindustrie. In einer radikaleren Form lautet dieses Argument, entscheidend bei der Computerarbeit sei die Freude, den Computer zu beherrschen und ihn nutzen zu können. Nach dieser Auffassung sollte kein Chef die Stirn runzeln, wenn er auf dem Bildschirm eines Untergebenen etwa das Computerspiel Minesweeper vorfindet, denn auch aus diesem Spiel könne er wahrscheinlich etwas lernen. Die Computerisierung sei mindestens ebensosehr ein Zweck wie ein Mittel. Da fast jeder Computerbenutzer solche Freude empfinde, wenn alles gut läuft – wenn er etwa die verflixte erste Seite Text mit einem neuen Programm oder einem neuen Drucker erstellt hat –, sei es doch allzu einseitig, nur von Gewinnen und Verlusten zu sprechen. Doch dieser Ansatz übersieht, daß die frustrierenden Erlebnisse mit dem Computer den befriedigenden nahezu die Waage halten. Schließlich kommt es nicht selten vor, daß Programmierer ihre Tastatur zerschmettern. Und wenn es in erster Linie auf die persönliche Erfahrung ankommt, was ist dann mit den zahllosen Menschen, die es durchaus schätzen, manche Dinge von Hand zu erledigen?[43]

Die beste Möglichkeit, den Rache-Effekten des Computereinsatzes zu entgehen, dürfte sowohl für Technophile als auch für Technophobe darin bestehen, sich Fertigkeiten und Ressourcen zu erhalten, die unabhängig vom Computer sind. Wir können lernen, kurz auf einem Schmierpapier nachzurechnen, ob die Kommastellen korrekt sind. Wir können mit Kollegen und Geschäftspartnern außerhalb des Betriebes weiterhin direkt oder über Telefon kommunizieren, um den Mißverständnissen eines exzessiven E-Mail-Einsatzes aus dem Weg zu gehen. In gewisser Weise haben die Probleme mit dem Computer – wie viele andere Rache-Effekte auch – die Menschen an den Wert anderer Dinge erinnert. Schon im ersten Jahrzehnt der Computerisierung erwachten Handschrift und handschriftliche Briefe aus dem Dornröschenschlaf jahrelanger Vernachlässigung. Softwarefehler und Computerabstürze haben auch eine positive Seite: Sie raten uns, die Aufmerksamkeit zu diversifizieren und nicht all unsere virtuellen Eier in ein und denselben elektronischen Korb zu legen.

ZEHNTES KAPITEL
Sport: Risiken der Intensivierung

Anders als die Büroarbeit, mit der wir uns gerade beschäftigt haben, ist der Sport von alters her Bestandteil des westlichen und wohl auch des menschlichen Lebens schlechthin. Heute interessieren sich nur noch ein paar Gelehrte für die Verwaltungspraxis der Römer und des Mittelalters, während das Bild der griechischen Olympioniken uns immer noch präsent ist dank der Wiederbelebung der Spiele durch Pierre de Coubertin vor mehr als einem Jahrhundert. Selbst Länder, die westliche Einflüsse ansonsten scharf kritisieren, haben sich an den Olympischen Spielen meist beteiligt. Ob das nun gut ist oder nicht, jedenfalls beherrschen westliche Vorstellungen und Gebräuche den internationalen Sport. (Sogar Judo ist die europäisch beeinflußte Abart einer japanischen Kampftechnik, und das System der farbigen Gürtel wurde erst 1927 in London eingeführt.) Coubertins Wiederbelebung des Diskus- und des Speerwerfens weckte diese beiden Sportarten aus einem mehr als 2000 Jahre währenden Dornröschenschlaf, und die Statuen oder Vasenbilder griechischer Athleten sind uns erstaunlich nah.[1]

Trotz der weltweiten Identifikation mit den Athleten der Antike sind wir uns dennoch einer Distanz zu ihnen durchaus bewußt. Zum Teil ist diese Distanz religiöser Art; die Kirche sah in der Athletik keine heilige Berufung, nur bei den Ritterorden des Mittelalters und den christlichen Schuljungen des neunzehnten Jahrhunderts machte sie eine partielle Ausnahme von dieser Regel. Zum größeren Teil ist die Kluft jedoch ethischen und technologischen Charakters. Wie der Sporthistoriker Allen Guttmann erstmals in seinem Buch *From Ritual to Record* feststellte, war der altgriechischen Athletik wie auch den antiken Olympischen Spielen der für unseren Sport so zentrale Rekordgedanke fremd, also die Vorstellung einer meßbaren Leistung, die, einmal erreicht, als Herausforderung und Meßlatte für zukünftige Athleten dient. Außergewöhnliche Athleten konnten zwar mit Preisgeldern rechnen, die der realen Kaufkraft nach nicht weit von den Einkünften heutiger Spitzensportler entfernt waren, doch ihr Ruhm gründete in Geschichten über ihr meisterhaftes Können und nicht in registrierten Rekordmarken. So versuchten die Läufer in Griechenland nicht, eine bestimmte Strecke in einer neuen Zeit zu laufen – und zwar nicht, weil es keine geeigneten Zeitmesser gab, sondern weil der

Gedanke des Rekords ihnen fremd war. In Rom waren die Athleten stolz auf die Zahl ihrer Siege, kannten aber keine Leistungsstatistik in unserem heutigen Sinne.[2]

Auch Hochleistungsausrüstung gab es im altgriechischen Sport noch nicht – zum Teil, weil die damaligen Sportarten solche Ausrüstungen nicht erforderten (selbst Kleidung war verboten), zum Teil, weil es keinen Anreiz gab, neue Rekorde aufzustellen. Heute dagegen sind Sport und Technik kaum voneinander zu trennen. Schon die ersten Olympischen Spiele der Neuzeit waren auf Eisenbahnen und Dampfschiffe angewiesen, und inzwischen ist das Flugzeug an deren Stelle getreten. Die gewaltigen Kosten ihrer Ausrichtung lassen sich nur durch eine entsprechend teure Vergabe von Übertragungs-, Werbe- und sonstigen Vermarktungsrechten aufbringen – deren Käufer diese Preise zahlen, weil sie mit Hunderten von Millionen Fernsehzuschauern in aller Welt rechnen können. Die theoretisierenden Politökonomen des neunzehnten Jahrhunderts haben die weltweite wirtschaftliche Bedeutung des Sports übrigens nicht vorausgesehen. Zwar dachte Marx in seiner postrevolutionären Utopie auch an Muße und Freizeit, aber die osteuropäische Sportmaschinerie, die in seinem Namen die ganze Welt in Erstaunen versetzte, hätte auch ihn ohne Zweifel verblüfft. Schon zu seinen Lebzeiten (1818–1883) kam es im Sport, wie der amerikanische Sporthistoriker John R. Betts ausführt, zu einer »technologischen Revolution«, die nicht nur den Transport der Teams und der Zuschauer betraf, sondern auch die elektrische Übermittlung der Sportnachrichten an die aufkommenden Massenmedien.[3]

Die unerwarteten Folgen der Sporttechnologie haben zwei Seiten. Die eine reflektiert die Vervielfachung chronischer Gesundheitsprobleme, die andere das Paradoxon, daß der Sport das einzige Gebiet ist, auf dem Technologien *zu gut* sein können.

In unserem Jahrhundert haben Trainer und Wissenschaftler den Profi- und Amateursport in einem Maße rationalisiert und die Leistungen derart gesteigert, daß andere Berufsstände nur vor Neid erblassen können. (Tatsächlich erscheint der Amateurgedanke heute als das Überbleibsel einer Ideologie des neunzehnten Jahrhunderts, in der nur die Vorurteile der Mittelschicht gegenüber Karrieresportlern zum Ausdruck kommen. Der immer noch gebräuchliche Ausdruck »Amateur« ist nur noch eine Kurzbezeichnung für den Freizeitsportler und nicht mehr wie einst Ausweis snobistischer Extravaganz.) Die Erhöhung industrieller Effizienz und das Streben nach überragenden sportlichen Leistungen gingen Hand in Hand. Die sportliche Betätigung, die ursprünglich als Ausgleich für die geistige Ermüdung in Schule und Fabrik gedacht war, wurde schon bald zum Gegenstand von Zeit- und Bewegungsstudien. Im Jahr 1900 benutzte eine französische Kommission die damals modernste Technik zur Aufzeichnung von Bewegungen, um die »Methoden und Auswirkungen verschiedener Sportarten« zu bestimmen und ihren »jeweiligen Wert aus hygienischer Sicht« zu beurteilen. Seither haben die wissenschaftlichen Untersuchungen zur effizienten Gestaltung von Arbeitsprozessen und das Streben nach sportlichen Bestleistungen die Meßlatte bildlich und buchstäblich in die Höhe geschraubt. Das körperliche Erscheinungsbild heutiger Filmschauspieler zeigt die Ergebnisse; man vergleiche nur einmal Johnny Weissmüller mit Arnold Schwarzenegger oder Kirk Douglas mit Sylvester Stallone. Die Ausrüstung ist generell leichter und enger geworden. Mit Videorecordern, die wohl die Mitglieder der erwähnten französischen Kommission vor Neid hätten erblassen lassen, verfeinert man die Bewegungsabläufe der Sportler auf allen Leistungsniveaus. Während der Computer seinen Nutzen in der Schule erst noch beweisen muß, kann die Computeranalyse sportlicher Leistungen bereits auf eine lange Liste von Erfolgen zurückblicken.[4]

Die Fortschritte der Technik und der Technologie haben ihre Grenzen. Trotz verbesserter Sicherheitsausrüstungen gibt es immer wieder Gerichtsprozesse, in denen gerade diese Sicherheitsausrüstung für Verletzungen verantwortlich gemacht wird. Manche Sportvereinigungen haben durch neue Konstruktionen gewaltige Schadensersatzklagen auf sich gezogen. Wie wir noch sehen werden, bedrohen Wurfgeschosse, die höher und weiter fliegen können, gelegentlich das Leben von Zuschauern und Schiedsrichtern. Der Markt für Dopingmittel aller Art floriert trotz ärztlicher Warnungen, offizieller Sanktionen und polizeilicher Untersuchungen. Operationen, die eigentlich die Leistungsfähigkeit wiederherstellen sollen, führen manchmal zu bleibenden Behinderungen. Und während neue Technologien manche Sportarten billiger machen (zum Beispiel durch Baseballschläger aus einer Aluminiumlegierung), treiben sie die Kosten anderer Sportarten in die Höhe (etwa bei Rennbooten).

Gefahr, ob direkt oder stellvertretend, ist Bestandteil des Interesses an den meisten sportlichen Wettkämpfen. In irgendeiner Weise erwarten die Fans sämtlicher Sportarten ein gewisses Risiko. Die Technologie kann viel dazu beitragen, die scheinbaren Gefahren eines Sports zu verändern. Wenn Teilnehmer und Zuschauer es wollen, kann sie auch deren Realität beeinflussen.

Man denke zum Beispiel an das Fahrrad. Aufgrund seines hohen Schwerpunkts, der holprigen Fahrt über Pflasterstraßen oder ungepflasterte Wege und aufgrund seiner Tendenz, den Fahrer nach vorn abzuwerfen, war das skurrile Hochrad früherer Zeiten eine Gefahr für seinen Benutzer. Doch auch Stürze mit dem stabileren »Sicherheitsfahrrad«, das nun seit hundert Jahren in Gebrauch ist, können zu schweren Kopfverletzungen führen. Bis vor etwa zwanzig Jahren konnte man sich davor nur mit einer ledernen Kopfbedeckung schützen. Erst die neueren Helme, die aus einer dünnen, stoßfesten Außenschale und einer stoßabsorbierenden Innenschale aus Schaumstoff bestehen, bieten sowohl größeren Schutz als auch größeren Komfort als ihre Vorgänger. Es gibt Untersuchungen, wonach Helme das Risiko einer tödlichen Kopfverletzung um 90 Prozent verringern. Todesfälle und Kopfverletzungen durch Fahrradunfälle gehen dort deutlich zurück, wo entsprechende Bestimmungen und Aufklärungskampagnen dafür gesorgt haben, daß Kinder beim Fahrradfahren vermehrt Helme tragen. Zwar lehnen immer noch viele Kinder und Erwachsene Helme ab, doch es läßt sich kaum bezweifeln, daß sie tatsächlich Schutz bieten – daß technologische Innovationen, wie wir nun schon oft gesehen haben, große und kleine Gefahren tatsächlich verringern können.[5]

Mit einer ähnlichen Erfolgsstory können auch die Freizeitvergnügungen des Segelns und Bootfahrens aufwarten. Sowohl auf dem Wasser als auch an Land hat die Technologie im Verein mit entsprechenden Bestimmungen (und vielleicht auch einer gewissen Überfüllung) dafür gesorgt, daß Segeln und Bootfahren heute sicherer sind, obwohl die Zahl der Boote sich vervielfacht hat. Manche befürchten, elektronische Navigationshilfen und vor allem die Satellitenortungssysteme könnten die Freizeitkapitäne dazu verleiten, die herkömmlichen Navigationskenntnisse zu vernachlässigen. Ein Kollege aus dem Bereich des Ingenieurwesens, der selbst ein Boot besitzt, äußerte diese Befürchtung kürzlich in einer elektronischen Diskussionsgruppe. Aber dieser potentielle Rache-Effekt ist bislang noch nicht eingetreten. Wie aus den Statistiken der amerikanischen Küstenwache hervorgeht, hat sich die Zahl der Freizeitboote von 1962 bis 1992 mehr als verdreifacht (von etwa sechs auf mehr als zwanzig Millionen), aber die Zahl der Todesfälle ging im selben Zeitraum von 1114 auf 816 zurück, wodurch sich die Quote pro 100 000 Boote von 18,7 auf 4,0 reduzierte. Obwohl die Gesamtzahl der Bootsunfälle nicht so deutlich zurückging, dürften die gesetzlich erzwungenen technischen Verbesserungen – gemeinsam mit einer Kampagne gegen Alkohol am Ruder – doch beträchtliche Wirkung gezeigt haben. Allein von 1972 bis 1991 erließ die Coast Guard mehr als fünfzig neue Bestimmungen, die von grundlegenden Zulassungsvoraussetzungen und standardisierten visuellen Notsignalen bis hin zu Vorrichtungen reichten, mit denen man (ähnlich den Verriegelungen bei Automobilen) verhindert, daß Außenbordmotoren bei eingekuppelter Schraube gestartet werden können.[6]

Auch andere Sportarten sind eindeutig sicherer geworden. Bis 1960 war das Rodeln bei den Olympischen Spielen nicht zugelassen, weil es als zu gefährlich galt, doch durch leichtere Schlitten, Kevlarhelme, einen Gesichtsschutz und veränderte Kufen konnte man das Risiko bei Stürzen verringern. Natürlich besteht immer die Gefahr, daß scheinbare Sicherheit mehr Anfänger in eine Sportart lockt und die Zahl kleinerer Verletzungen dadurch ansteigt. Und im Fechtsport etwa verleitete die Einführung besserer Materialien für Waffen und Schutzkleidung zu gefährlicheren Kampftechniken. Doch im allgemeinen verringern neue Materialien im Bereich der Schutzausrüstung die Zahl der Sportunfälle – zumindest der schweren. Profi- und Amateursportler übernehmen neue Schutzausrüstungen wahrscheinlich sogar eher zu langsam; das gilt vor allem für Augen- und Gesichtsschutz aus modernen Polykarbonaten in Sportarten, in denen Bälle oder die Finger des Gegners leicht Augenverletzungen verursachen können. In der gefährlichsten aller Sportarten, dem Reiten, ist der Widerstand gegen das Tragen von Helmen immer noch sehr stark – und es ist kein Zufall, daß der technische Fortschritt in dieser Sportart noch die wenigsten Spuren hinterlassen hat. In den Vereinigten Staaten begaben sich 1989/90 insgesamt 121 000 Menschen nach einem Reitunfall in ärztliche Behandlung, aber Kampagnen zum Tragen von Helmen haben die Verletzungen bei Amateuren beträchtlich verringert. Natürlich besteht bei Reitwettbewerben und professionellen Pferderennen immer noch ein größeres Risiko für Leib und Leben; von den 2000 Jockeys in Amerika kommen im Durchschnitt jährlich zwei ums Leben und zwei tragen schwere Verletzungen davon. Ihre Polykarbonathelme und -westen, Nebenprodukte militärischer Entwicklungen, mildern Verletzungen, können sie aber nicht verhindern, und erst recht schützen sie nicht die Beine eines Reiters, wenn das Pferd beim Sturz darüberrollt.[7]

Es ist nicht bekannt, ob Jockeys *mit* ihrer speziellen Schutzausrüstung größere Risiken eingehen als ohne. Als Angehörige eines gefährlichen Berufs, die kaum Chancen haben, eine Krankenversicherung zu finden, achten sie bereits so gut wie eben möglich auf sich selbst und ihre Pferde. Doch in anderen Sportarten und vor allem in Kampfsportarten, in denen mangelnder Schutz die Sportler eher davon abhält, mit voller Kraft zuzuschlagen, kann eine »Sicherheits«ausrüstung die Gefahren noch vergrößern, weil sie zu einem härteren Spiel verleitet. Möglicherweise führt sie auch zu einer Veränderung der Regeln, die zumindest zeitweilig die Vorteile der neuen Technik wieder zunichte macht.

Es wäre gewiß falsch, wenn man behaupten wollte, alle Sicherheitsmaßnahmen seien vergeblich, weil die Sportler sie in jedem Falle mißbrauchten, um das Risiko auf einem konstanten Niveau zu halten. Manchmal verleiten sie dazu und manchmal nicht. Doch die Regeln sind mindestens ebenso wichtig wie die Technologie. Indem Sportfunktionäre und Profisportler bestimmte Ausrüstungen vorschreiben und andere verbieten, gestalten sie die Zukunft ihres Sports. Der Politologe Langdon Winner hat auf die Macht hingewiesen, die bloßen Dingen innewohnen kann – etwa den torförmigen Brückenpfeilern der von Robert Moses auf Long Island gebauten Parkways, die zum Teil deshalb so eng konstruiert wurden, damit keine Autobusse hindurchfahren können; auf diese Weise verhindern sie, daß dort Wohngebiete für schwächere Einkommensgruppen entstehen können. Langdon bezeichnet diese Macht der Dinge als »Politik der Artefakte«. Ein schnellerer Ball, ein schnellerer Bodenbelag oder ein neues Auftanksystem können die Einkünfte von Profispielern, Veranstaltern und Herstellern vergrößern oder verringern. Entscheidungen über Technologien sind politische Entscheidungen, die großen Einfluß auf das Kräfteverhältnis der Wettkämpfer haben.[8]

Boxen

Wo Spieler und Zuschauer sich an der offenen Schaustellung von Gewalt erfreuen, kann Technologie weniger ausrichten, und es gibt mehr Raum für Rache-Effekte. Das demonstrieren die letzten hundert Jahre des Boxsports nur allzu deutlich. Wie der Historiker Elliott J. Gorn anmerkt, ließen John L. Sullivans landesweite Tourneen in den achtziger Jahren des letzten Jahrhunderts keinen Zweifel daran, daß wirkliche Männer durchaus mit Handschuhen und nach den Queensberry-Regeln kämpfen konnten. »Immer noch bot der Ring ein Bild primitiver Brutalität, wenn Angehörige der Unterschicht und ethnischer Minderheiten ihren gewalttätigen Leidenschaften nachgingen. Aber Handschuhe und neue Regeln erweckten immerhin den Anschein, das Animalische zurückzudrängen und dennoch innerhalb eines sicheren, zivilisierten Rahmens ein nervenkitzelndes Gefühl von Gefahr zu ermöglichen.« Auch die elektrische Beleuchtung habe dazu beigetragen, den Boxring aus einer verrufenen Volksbelustigung in ein kommerziell einträgliches Abendspektakel zu verwandeln.[9]

Die neuen Bedingungen sollten natürlich nicht den Boxern, sondern in erster Linie den Boxveranstaltern Vorteile bringen. Die Handschuhe waren Teil einer Reorganisation dieses Sports, die den Kampf intensivieren und die Boxer davon abhalten sollte, miteinander zu ringen und sich aneinanderzuklammern, während die Beleuchtung es ermöglichte, den Kampf besser zu beobachten. (Es ist durchaus kein Zufall, daß man um dieselbe Zeit in den Betrieben mit neuen Produktionsverfahren experimentierte, von denen man sich erhoffte, sie könnte der als »Drückebergerei« bezeichneten informellen Begrenzung der Arbeitsgeschwindigkeit durch die Arbeiter ein Ende bereiten.) Daß Boxen auch weiterhin gefährlich blieb, war durchaus intendiert und keineswegs unabwendbar. Die Einführung von Handschuhen, die Aufteilung des Kampfes in Runden von drei Minuten Länge und jeweils einer einminütigen Pause dazwischen sowie die Verkürzung der Auszählzeit von dreißig auf zehn Sekunden machten den Sport schneller. Unter diesen Umständen lohnte es sich schon eher, das nun weitaus geringere Risiko einer gebrochenen Hand bei einem Schlag an den Kopf des Gegners einzugehen, denn bei der alten Auszählzeit von dreißig Sekunden hatte der Gegner fast immer Gelegenheit, sich zu erholen und den Kampf weiterzuführen. Weil die Handschuhe die Fäuste des Boxers schützen und schwerer machen, fördern sie auch Schläge an den Kopf des Gegners; in einem Gutachten der British Medical Association werden sie sogar mit dem berüchtigten Schlagriemen der römischen Gladiatoren, dem sogenannten *caestus*, verglichen. Doch die Handschuhe hatten noch eine weitere Wirkung, die weder Boxer noch Boxveranstalter verstanden und bei der es sich tatsächlich um einen Rache-Effekt handelt: Sie vermehrten die kumulativen, chronischen Schäden.[10]

Die Handschuhe und das Interesse der Veranstalter an einem K.o. ermunterten die Boxer, einen Schlag nach dem anderen auf die Schläfenpartie des Gegners zu setzen. Manche Kämpfe waren so blutig und brutal wie zu Zeiten, als man noch mit der bloßen Faust boxte, aber die schlimmsten Schäden blieben unsichtbar. Heute wissen wir, daß die beidseits an den Kopf gesetzten Schläge respektabler Kämpfer weitaus gefährlicher sind als die mit bloßen Fäusten ausgeteilten Geraden der Preisboxer des neunzehnten Jahrhunderts. Die Reibung des Handschuhs an der Gesichtshaut des Gegners versetzt den Kopf in eine Drehung, tötet Schicht um Schicht Nervenzellen ab, zerstört die Axone anderer Zellen und hinterläßt schließlich Klumpen unbrauchbaren Zellmaterials im Gehirn. (Der Schnabel eines kalifornischen Eichelhähers erfährt beim Aufschlag auf das Holz eine Verzögerung, die tausendmal so groß ist wie die Erdanziehungskraft oder zweihundertfünfzigmal so groß wie die Kraft, die beim Start einer bemannten Rakete auf die Astronauten einwirkt; aber da der Kopf des Vogels sich in gerader Linie vor und zurück bewegt, bietet der Schädelkasten dem Gehirn ausreichend Schutz. Sie werden nicht erleben, daß ein Eichelhäher groggy wäre.) Manche Ärzte halten bleibende Augenverletzungen aufgrund wiederholter Schläge auf die Augen für ein noch gravierenderes Problem als die chronischen Hirnverletzungen. Doch ob mit oder ohne Handschuhe, Profiboxer altern wahrscheinlich zweimal so schnell wie nicht boxende Männer, und Ärztevereinigungen rufen immer wieder nach einem Verbot dieses Sports.[11]

Die Kritik seitens der Ärzte oder der Presse hat den Boxsport offenbar jedoch nicht verändert; manche behaupten sogar, er werde intensiver betrieben als je zuvor. Der ehemalige Leichtgewichtschampion Jose Torres hat das Erlebnis eines wirklich harten Schlages einmal folgendermaßen beschrieben: »Das ist, als ob du plötzlich eine Million Ameisen in deinem Kopf und im ganzen Körper hättest.« Und während er selbst in seiner ganzen Laufbahn nur drei solcher Schläge abbekommen habe, müßten Boxer heute »in jeder Runde drei davon einstecken«. Dennoch dürften Parkinson und andere chronische neurologische Erkrankungen bei Boxern eher auf die Wiederholung vieler leichter Schläge zurückzuführen sein als auf K.o.s. Und die Handschuhe bieten keinen Schutz vor den schlimmen Augenverletzungen, unter denen viele Boxer leiden; einige von ihnen machen den Daumen des Handschuhs für diese Verletzungen verantwortlich.[12]

Das Boxen mit Handschuhen muß nicht unbedingt zu so schlimmen langfristigen Schäden führen. Das College-Boxen ist ein relativ sicherer Sport, und Untersuchungen an Amateurboxern haben ergeben, daß sie nicht dieselben Hirnschäden zeigen wie Profiboxer. Die Gefahren des Profiboxsports lassen offenbar verstärkt konservative Rufe nach Amateurboxveranstaltungen laut werden. Aber gerade die Schmerzhaftigkeit dieses Sports und der Mythos, dort könnte man seinen sozialen Aufstieg mit Blut erkaufen, machen ihn so anziehend für bürgerliche Schriftsteller und für Boxsportanhänger aus der Mittelschicht. Joyce Carol Oates hat das Dilemma bestens herausgearbeitet: Ohne seine Exzesse biete das Boxen »nicht mehr so tiefe, an das Unbewußte rührende Befriedigung und ähnelt dann eher dem Amateurboxen; doch wenn das Boxen primitiv, brutal, blutig und gefährlich bleibt, erscheint es um so anachronistischer oder gar obszöner in einer Gesellschaft, die sich gerne human gibt«.[13]

Football und die Gefahren des Polsterschutzes

Der Football zeigt ebenso deutlich wie das Boxen, daß die Technologie des zwanzigsten Jahrhunderts dazu neigt, katastrophale Verletzungen in chronische Leiden zu verwandeln. Und wie beim Boxen und allen anderen Sportarten kommt es dabei weniger auf die benutzte Ausrüstung an als auf die stillschweigende Übereinkunft der Spieler, Trainer und Zuschauer hinsichtlich des Einsatzes von Gewalt. Der ehemalige College-Spieler Brendan Kinney schreibt: »Die 30 Pfund schwere Ausrüstung eines Football-Spielers ist nicht zu seinem Schutz gedacht. Die Schienen und der Helm bestehen aus Hartplastik und Stahl. Allein der Helm kann schon acht Pfund wiegen, und wenn ein 220-Pfund-Mann mit 13 Meilen pro Stunde über den Rasen stürmt, kann der Helm zu einer Waffe mit phantastischer Zerstörungskraft werden.«[14]

Rugby, das ohne Helm und Schulterpolster gespielt wird, gilt als nicht so gewalttätig wie Football, auch wenn es durchaus so rauh zugeht, wie es den Anschein hat, und relativ viele »schwere« Verletzungen auftreten, die lange Ausfallszeiten bedingen. Manche Offizielle räumen ein, daß Zusammenstöße und Körperkontakte beim Rugby eine ähnlich große Rolle spielen wie beim Football; in der Verletzungshäufigkeit liegt Rugby etwa in der Mitte zwischen Fußball und Eishockey. Eine englische Studie zum Profirugby gelangte Ende der achtziger Jahre zu dem Schluß, daß die Verletzungsrate pro 1000 Spielertage doppelt so hoch lag wie im Amateurfußball. Und wie der Football in Amerika, so wird auch das britische Profirugby gelegentlich von Verletzungswellen heimgesucht. Dennoch kann man diesen Sport, was schwere Verletzungen angeht, nicht mit dem hochgerüsteten amerikanischen Football vergleichen. Eine australische Untersuchung hat gezeigt, daß es fast keine schweren und nur relativ wenige leichte Gehirnerschütterungen gibt. Keinen Helm zu tragen hat also offenbar einen umgekehrten Rache-Effekt für den Kopf und wahrscheinlich auch für das Rückgrat.[15]

So rauh es im amerikanischen Football heute auch zugeht, es war schon schlimmer – als dieser Sport zu einer Attraktion für die Elite wurde. Präsident Theodore Roosevelt bekundete seine »herzliche Verachtung« für jeden jungen Mann, der »einen gebrochenen Arm oder ein gebrochenes Schlüsselbein für eine ernste Angelegenheit hält im Vergleich zu der Chance, zeigen zu können, daß er Mut, Verwegenheit und körperliches Durchsetzungvermögen besitzt«. Und eher mit Bewunderung als mit Abscheu beschrieb Benjamin Ide Wheeler, Präsident der University of California, das Spiel als die Konfrontation »zweier festgefügter Verteidigungslinien aus menschlichem Fleisch« und den Angriff als ein »Katapult, das ein Geschoß aus vier oder fünf um einen Fußball gescharten menschlichen Körpern durch eine Öffnung im Angriffswall schleudern soll«. Aus dem Rugby heraus hatte das Spiel sich zu einem streng koordinierten und hochgradig durchorganisierten Teamsport entwickelt. Doch die zahlreichen Verletzten und Todesopfer sorgten für einen nationalen Skandal; zwar starben bei Spielen zwischen den College-Mannschaften nur wenige Menschen, doch bei Übungsspielen innerhalb der Mannschaften kamen 1905 insgesamt 23 Spieler ums Leben. Roosevelt drohte, den Sport zu verbieten, und es bedurfte zweier Regeländerungen 1905 und 1910, um dem schlimmsten Gemetzel ein Ende zu bereiten. Die College-Präsidenten und Trainer, die das neue Regelwerk ausarbeiteten, waren sich der Bedeutung des Zuschauerinteresses sehr wohl bewußt. Der direkte Vorstoß nach vorn, einst als instinktiv ausgeführter Spielzug umstritten, trug in den zwanziger Jahren und danach sehr dazu bei, ein Massenpublikum anzuziehen. Ebenso bedeutsam war die auf ein annehmbares Maß reduzierte Anzahl schwerer Verletzungen.[16]

Die Erfahrungen, die man im Ersten Weltkrieg mit dem Stahlhelm machte – es war der erste größere Konflikt, in dem der stählerne Schutzhelm eingesetzt wurde –, gaben möglicherweise den Anstoß zur Verwendung eines lederverstärkten Kopfschutzes. Da Stahl offenkundig zu schwer war, trugen die Spieler bis nach dem Zweiten Weltkrieg gefütterte Lederkappen. Plastikhelme wurden erstmals 1939 eingesetzt, fanden aber erst nach dem Krieg größere Verbreitung. Manche Colleges hielten bis weit in die fünfziger Jahre an ihrer alten Ausrüstung fest, und die Spieler des Harvard College trugen sogar bis 1967 den ledernen MacGregor-Helm. Richard F. Malacrae, Trainer in Princeton und damals selbst Mitglied der Mannschaft, glaubt, hinter dieser konservativen Einstellung habe letztlich der Verdacht gesteckt, die harten Helme förderten eine aggressive Spielweise. In dem Willen, den Gegner mit aller Kraft zu stoppen, begannen die Spieler ihren Plastikhelm, der bald schon um einen Mundschutz erweitert wurde, als Rammbock einzusetzen. Diese Intensivierungsstrategie hatte nur allzuoft unbeabsichtigte Folgen in Gestalt von Rückgratbrüchen und Querschnittslähmungen. Dr. Joseph Torg, orthopädischer Chirurg an der Temple University und später an der University of Pennsylvania, begann in den siebziger Jahren mit der Untersuchung solcher Rückgratverletzungen und entdeckte, daß es sich bei den Genickbrüchen und Rückenmarksverletzungen keineswegs um rein zufällige Unfälle handelte. Er studierte Filmaufzeichnungen von Footballspielen und fand heraus, daß die Spieler die in den sechziger und siebziger Jahren zu ihrem Schutz eingeführten stärkeren Helme als Rammbock benutzten. Wenn sie dazu den Kopf senkten, spannte sich der Nacken. Wie ein Zug, der in voller Fahrt auf ein Hindernis prallt, bewegte sich das Rückgrat, von der Wucht des Körpers vorangetrieben, auch dann noch vorwärts, wenn der Helm sein Ziel bereits getroffen hatte. Eine scheinbar technische Lösung war damit zu einem medizinischen Problem geworden. Die Verantwortlichen in Colleges und Verbänden hatten versucht, denselben Widerspruch aufzulösen, vor dem schon Roosevelt gestanden hatte: den Sport von katastrophalen Verletzungen zu befreien, ohne ihm seine Rauheit zu nehmen.

Wieder einmal führte ein offenkundiges Desaster zu einer bemerkenswerten, wenngleich unvollkommenen Verbesserung. Die National Collegiate Athletic Association (NCAA) verbot 1976 den aggressiven Einsatz des Helms, und die Zahl der Verletzungen ging zurück. Die Zahl schwerster Verletzungen bei Profi- und College-Spielen sank von sechsunddreißig 1968 auf fünfzehn 1989 und auf zwei im Jahr 1991. Obwohl Vereine und Verbände sich bei den Helmen bis heute nicht auf einen einheitlichen Standard einigen konnten – es gibt immer noch zwei Standardmodelle –, gab es doch Verbesserungen in der Betreuung, im Training und in der Notfallversorgung. Und vielleicht, weil es immer noch kein optimales Helmdesign gibt, das allgemein anerkannt würde, kommt es auch weiterhin zu Schadensersatzklagen gegen die Hersteller solcher Helme. So verzichtete der Sportartikelhersteller Rawlings Sport Goods 1988 auf die weitere Produktion von Footballhelmen, nachdem amerikanische Gerichte in den acht Jahren seit 1980 ihm und anderen Herstellern die Zahlung von insgesamt 39 Millionen Dollar Schadensersatz auferlegt hatten. Das sogenannte Aufspießen, also der Versuch, den Gegner mit dem Helm statt mit der Schulter zu stoppen, ist heute zwar verboten, aber dennoch weit verbreitet, und zwar nicht nur im Profifootball. In seinen vier Jahren bei Baylor zerbrach der Middle-Linebacker Mike Singletary im Schnitt jährlich vier seiner besonders harten Helme; wie der Footballkritiker Rick Thelander ausführt, waren diese Helme so stark, daß sie den Schlag mit einem Baseballschläger aushalten konnten. Was immer die Gerichte über die Verantwortlichkeit der Sportartikelhersteller beschließen mögen, es ist Aufgabe der Offiziellen, der Betreuer und der Trainer, verlockende, aber potentiell tödliche Verhaltensweisen durch stetige Wachsamkeit zu verhindern.[17]

Der Kunstrasen, der erstmals in den sechziger Jahren Schlagzeilen machte, als das Houston Astrodome mit »AstroTurf« ausgestattet wurde, sollte das Spiel nicht sicherer, sondern unabhängiger von den Wetterverhältnissen machen. Doch die Entscheidung für diesen Belag löste einen Rache-Effekt aus. Die Trainer schwärmten von der besseren Haftung, die der neue Belag bot. Sie erkannten nicht, daß ihre besten Spieler bald weit mehr Zeit mit Knieverletzungen, Bänderrissen und verstauchten Zehen außerhalb des Spielfelds verbringen würden. Eine sehr sorgfältig durchgeführte Studie über Knieverletzungen bei Spielen der National Football League in den achtziger Jahren ergab eine deutlich erhöhte Quote an Knieverletzungen auf AstroTurf, selbst wenn man alle übrigen Faktoren ausschaltete. Wie andere neue Technologien, so verlangte auch der Kunstrasen weit mehr Pflege, Wartung und Aufmerksamkeit, als man erwartet hatte. Stadien mit gut gepflegtem Kunstrasen wie das Riverfront-Stadion in Cincinnati schneiden bei der Sicherheit deutlich besser ab als Stadien mit Naturrasen. Aber die gute Sicherheitsstatistik einiger Kunstrasenstadien verdeckt möglicherweise nur andere, durch ständige Belastung hervorgerufene Schäden. Phil Sims, Quarterback bei den New York Giants, berichtete dem Filmemacher und einstigen Spielerkollegen Robert Carmichael: »Auf Naturrasen spielt es sich viel leichter als auf Kunstrasen. Gras ist nur selten gefroren oder klumpig ... Die gute Haftung auf diesem Belag hat ihren Preis. Nach jedem Spiel ist mein unterer Rücken vollkommen verspannt, und ich spüre es in den Beinen.«[18]

Das eigentliche Problem des Kunstrasens dürfte jedoch dasselbe sein wie der Rache-Effekt der schweren Panzerung im amerikanischen Football. Intensive Nachwuchsauswahl, mehr Kraft- und Ausdauertraining, bessere Kondition und der regelwidrige, aber weit verbreitete Einsatz von Steroiden haben dafür gesorgt, daß die Spieler heute größer und schneller sind als jemals zuvor, so daß Zusammenstöße unvermeidlich schlimmere Folgen haben. Die Linemen der neunziger Jahre würden ihre bereits damals sehr kräftigen Kollegen aus den sechziger Jahren problemlos über den Haufen rennen. Dank einer verbesserten medizinischen Versorgung, ausgezeichneter Rehabilitationsmöglichkeiten und neuer chirurgischer Techniken, von Rettungshubschraubern über die Arthroskopie bis hin zu künstlichen Hüftgelenken, kehren Spieler heute aufs Spielfeld zurück, die früher mit bleibenden Behinderungen ihre aktive Laufbahn hätten beenden müssen, und andere erholen sich immerhin von einer Querschnittslähmung oder einer Tetraplegie. Doch gerade diese Verbesserungen haben auch den schlimmsten Rache-Effekt ausgelöst: die gewaltige Häufigkeit chronischer Erkrankungen bei ehemaligen Profi- und selbst bei vielen College-Footballspielern.

Es gibt zwar weniger Todesfälle, die meist durch Aufspießen und andere gefährliche Praktiken verursacht werden, doch die Zahl schwerer Verletzungen hat mit der Einführung besserer Schutzkleidung zugenommen. Vom Ersten Weltkrieg bis in die fünfziger Jahre hinein erlitten pro Saison nur vier von zehn Profispielern Verletzungen, die einer chirurgischen Behandlung bedurften oder längere Ausfallzeiten zur Folge hatten. In den achtziger Jahren war diese Quote nach einer Untersuchung der NLF Players Association auf sieben von zehn angestiegen. In den fünfziger Jahren benötigte nur einer von drei Spielern chirurgische Behandlung, in den achtziger Jahren waren es zwei von drei Spielern. Durch den Einsatz neuer Technologien, von Helmen über Polsterungen bis hin zu Trainingshilfen, hat sich das Spiel in einer Weise intensiviert, daß Dr. Robert Goldman, ein führender Sportmediziner, den Aufprall eines Profispielers mit der Wucht eines Kleinwagens verglichen hat. Die Ausrichtung des Spiels auf die »Durchschlagskraft« von Geschossen führt zu kurzen, aber heftigen Stößen, die weitaus schwerere Belastungen der Gelenke und der Wirbelsäule zur Folge haben als zu Theodore Roosevelts Zeiten. Die Helme, der Gesichts- und der Mundschutz sowie die Polsterung sind besser denn je, und

Todesfälle mögen selten sein, doch weder Schutzkleidung noch Konditionstraining vermögen die Gelenke vor Schädigungen zu bewahren.

Da verletzte Spieler dank entzündungshemmender und schmerzstillender Injektionen heute schneller wieder aufs Spielfeld zurückkehren können, bezahlen sie die neue Intensität und die kurzfristige Erleichterung mit bleibenden Behinderungen. Tatsächlich paßt die dem Männlichkeitswahn verfallene Fraktion der Sportmediziner, die für alles eine Injektion bereithält, bestens zur Ideologie des Zähnezusammenbeißens, die viele Spieler sich zu eigen gemacht haben, obwohl sie damit die Verletzungen nur verschleppen. Knie- und Hüftchirurgie können die Laufbahn eines Spielers verlängern, allerdings meist nur um den Preis späterer Schmerzen, Entzündungen und zahlreicher chirurgischer Eingriffe. In den zwanzig Jahren nach Beendigung seiner aktiven Laufbahn als Quarterback bei den New York Jets mußte Joe Namath sich viermal operieren lassen, um Sehnen, Knorpel und Bänder seiner Knie wieder in Ordnung zu bringen; 1992 versagte sein linkes Knie vollends den Dienst, und er mußte sich in beiden Knien künstliche Gelenke einsetzen lassen. (Seltsamerweise halten solche Erfahrungen offenbar nicht einmal Freizeitsportler davon ab, sich künstliche Hüftgelenke einsetzen zu lassen, um weiterspielen zu können.) Manche Spieler können sich wegen Verletzungen an Schultern und Ellbogen nicht einmal mehr die Zähne putzen. Je größer die Fortschritte in der Behandlung akuter Verletzungen, desto schlimmer die chronischen Folgen. Nach einer Untersuchung der langfristigen Gesundheitsschäden bei Spielern der National Football League beendeten zwei Drittel der Aktiven, die in den siebziger und achtziger Jahren gespielt hatten, ihre Laufbahn mit einem chronischen Leiden.[19]

Football und Boxen sind natürlich Ausnahmen. Es gibt nur wenige echte Amateure unter den Footballspielern, und auch in College-Mannschaften spielen meist Profis oder Halbprofis. Die Fans verlangen höchste Intensität. Und die Spieler selbst sind nicht nur außerordentlich groß und beweglich, sondern gehören auch zu den größten Stoikern im Sport, die Schmerzen demonstrativ ignorieren. Bleibende Behinderungen erscheinen ihnen möglicherweise wie ehrenvolle Kriegsverwundungen. Wir wissen nicht, ob Boxer und Footballspieler ihre Karriere bedauern. Aber wie steht es um die Sportarten, die sich ihren Amateurcharakter im wesentlichen bewahrt haben?

Zum Glück ist der Nutzen der meisten Formen intensiver sportlicher Betätigung größer als die damit verbundenen Gefahren. Wer immer nur sitzt, hat ein weit größeres Risiko, sich in mittleren Jahren oder im Alter ein chronisches Leiden zuzuziehen, als jemand, der aktiv ist. Aber es läßt sich im voraus nicht leicht abschätzen, welche Trainingsmethoden und Sportarten nun wirklich gesund sind. Und unsere Techniken zur Messung der Wirkung von Trainingsmethoden läßt viele Fragen hinsichtlich möglicher Rache-Effekte offen.

Laufen

Wenden wir uns zunächst den Vor- und Nachteilen des Laufens zu. Durch den Einsatz synthetischer Materialien zur Absorption von Stößen und zur Verbesserung der Stabilität konnte man das Laufen in den siebziger Jahren effizienter gestalten. Doch diese Vorzüge eines besseren Schuhwerks eröffneten zugleich die Möglichkeit, häufiger längere Strecken zu laufen und dadurch die Belastung der Gelenke, Sehnen, Muskeln und Knochen zu erhöhen. Bei jedem Schritt müssen Knochen und Gelenke das Dreifache des normalen Körpergewichts abfangen. Das führt oft zu kleineren Verletzungen und vor allem zu Knieproblemen, die bei richtiger Behandlung allerdings nicht sonderlich schlimm sind. Manche Langstreckenläuferinnen verlieren soviel Kalzium, daß die Gefahr einer Osteoporose besteht, aber maßvolles Laufen kann zur Aufrechterhaltung einer gesunden Knochendichte beitragen.

Wer die richtige Technik einsetzt und keine physischen Abnormitäten aufweist, läuft kein erhöhtes Risiko, an Arthritis oder anderen Gelenkleiden zu erkranken. Doch aufgrund der Beschaffenheit des Skeletts und der Gelenke haben viele Menschen eine Disposition für Verletzungen – das gilt für fast die Hälfte aller Männer im mittleren Alter. Außerdem haben viele Ärzte nicht die nötige Ausbildung, um alle Faktoren zu erkennen, die das Laufen zu einem Risiko machen könnten. Bei systematischen Autopsien hat man festgestellt, daß die Knie vieler Menschen angeborene Unregelmäßigkeiten aufweisen, die bei normalen Tätigkeiten oder Routineuntersuchungen nicht auffallen und dennoch zu Problemen führen können. In bestimmten Konstellationen können Körperbau und Bewegungsgewohnheiten wie Hohlfuß und ausgeprägte Pronation (das Einwärtsdrehen des Fußes und die Verlagerung des Gewichts auf die Innenkante) die Gefahr von Knieverletzungen erhöhen. Auch Sportmediziner, die bestreiten, daß ein intensives Lauftraining zu Arthritis führen kann, räumen immerhin ein, daß Läufer, die Schmerzen längere Zeit ignorieren, chronische Schäden riskieren. Und durch Schmerzmittel ist genau dies möglich. Selbst Komfort kann unzuträglich sein. Wer in teuren, dick gepolsterten Schuhen läuft, erhöht sein Verletzungsrisiko, weil die Füße dadurch die Fähigkeit verlieren, sich an Unebenheiten anzupassen; außerdem fördern solche Schuhe die Pronation. Und nicht einmal das Laufen auf ebenen Oberflächen haben wir rundum verstanden. Zwar sind sich alle einig, daß es schlecht ist, auf Beton zu laufen, aber wegen der Unebenheiten kann Rasen sogar noch schlechter sein. Das alles zeigt, daß selbst in einem Sport, der ohne Zweifel die Gesundheit von Millionen Menschen verbessert hat, Wiederholungseffekte auftreten können und daß vor allem intensives Laufen sehr viel mehr Wachsamkeit erfordert, als die meisten erwarten.[20]

Selbst der Wert des Laufens für die Verlängerung der Lebenserwartung ist nicht frei von Rache-Effekten. Trotz einiger spektakulärer Todesfälle wie des tödlichen Herzinfarkts des Laufbuch-Autors James Fixx verlängert das Laufen wahrscheinlich durchaus das Leben der meisten Anhänger dieses Sports. (Vielleicht hat auch Fixx dadurch mehrere Jahre länger gelebt, denn in seiner Familie war der vorzeitige Tod durch Herzerkrankungen keine Seltenheit.) Intensives Laufen verbessert den Wirkungsgrad des Herzens und verdoppelt sogar oft dessen Pumpleistung gegenüber dem Herz von Menschen mit sitzender Lebensweise. Viele Langstreckenläufer haben eine Pulsfrequenz zwischen vierzig und fünfzig oder noch darunter, auch wenn einige ausgezeichnete Läufer höhere Werte zeigen. Eine niedrige Pulsfrequenz kann das Leben allein schon deshalb verlängern, weil sie die Lebensdauer des Herzens verlängert; dieser Zusammenhang ist allerdings noch nicht bewiesen. Doch während das Laufen die langfristige Leistungsfähigkeit des Herzens verbessert, sorgt es doch kurzfristig für Belastungen. Nach Berechnungen von Biomathematikern sollte ein intensives Laufprogramm jedenfalls theoretisch zu einem stetigen Anstieg der Lebenserwartung führen; an einem gewissen Punkt flacht die Kurve jedoch ab, die Vorteile zusätzlicher Laufleistung werden geringer und verkehren sich schließlich in ihr Gegenteil. Auch ohne eine Analyse der beteiligten Mechanismen kann man sagen, daß Laufen in jedem Fall Zeit kostet, die man sonst für andere Aktivitäten nutzen könnte. Wer zwanzig Jahre lang täglich eine halbe Stunde läuft, verlängert dadurch wahrscheinlich sein Leben; aber rechnet man die Fahrt, das Aufwärmen, das Duschen und das Umziehen hinzu, dürfte er in dieser Zeit leicht ein ganzes Jahr auf das Laufen verwendet haben. Natürlich laufen nur wenige Menschen allein deshalb, weil sie ihr Leben verlängern möchten; entscheidend ist jedoch, daß alles Nützliche seine Rache-Effekte hat, wenn man es im Übermaß betreibt.[21]

Daten aus den späten achtziger Jahren belegen den Verdacht, daß Laufen und andere regelmäßig betriebene sportliche Betätigungen ab einem gewissen Punkt schädlich für die Gesundheit werden können. Der Arzt Ralph Paffenberger untersuchte die Häufigkeit von Herzinfarkten bei Männern, die an einem Treppensimulator trainierten und ihre Übungszeiten für ihn festhielten. Die Rate der Herzattacken und vor allem der tödlichen Infarkte sank zunächst mit wachsender Wochenleistung, bis sie ein bestimmtes Niveau erreichte, dann stieg sie wieder an. Paffenberger selbst führt den Anstieg zwar auf fehlerhafte Aufzeichnungen zurück, aber es gibt weitere Hinweise darauf, daß sportliche Betätigung an einem gewissen Punkt gesundheitsschädlich werden kann. Anfang der achtziger Jahre bemerkte die britische Immunologin Lynn Fitzgerald, daß ihr Gesundheitszustand sich eher verschlechterte, als sie zu einer bekannten Langstreckenläuferin wurde. Sie entdeckte Anzeichen einer Immunschwäche bei sich selbst, und später stieß sie bei anderen Sportlern mit intensivem Trainingsprogramm immer wieder auf eine Immunsuppression. Ihre Forschungen und andere Arbeiten auf diesem Gebiet legen den Verdacht nahe, daß maßvolles Training das Immunsystem stärkt, während exzessives Training ihm schadet, weil es die Versorgung mit Aminosäureglutamin einschränkt. (Da Sitzen eine starke Belastung für die Wirbelsäule bedeutet und langes Liegen die Gefahr einer Osteoporose erhöht, hat natürlich auch Untätigkeit ihre Rache-Effekte.)[22]

Skilaufen

Wenn schon bequeme Schuhe indirekt sowohl Vor- als auch Nachteile für die Gesundheit bringen können, lassen sich die Auswirkungen komplexerer Sporttechnologien erst recht nicht genau abschätzen. Beim Skilauf haben neue Materialien und Techniken zu einer grundlegenden Neugestaltung der gesamten Ausrüstung geführt, vom Ski bis hin zur Bekleidung – und das bereits mehrere Male seit dem Zweiten Weltkrieg. Der Skisport ist dadurch schneller und in mancherlei Hinsicht schöner geworden, aber die Veränderungen haben auch unbeabsichtigte Folgen für die Leistung und für die Art der Verletzungen gehabt.

Zunächst einmal lassen sich bessere technologische Konzepte nicht ohne weiteres in höhere Leistungen umsetzen. Zwar glauben die Amerikaner an die Macht der Technik, doch wie Timothy K. Smith im *Wall Street Journal* gezeigt hat, haben in den meisten olympischen Sportarten, in denen fortschrittliche Ausrüstung einen entscheidenden Vorteil verschafft, Europäer die meisten Medaillen gewonnen; die Amerikaner tun sich seltsamerweise gerade in jenen Sportarten hervor, in denen es vor allem auf die Fähigkeiten der Sportler selbst ankommt, etwa in den Laufdisziplinen und den Mannschaftssportarten, beim Boxen und im Basketball. Thomas P. Huges hat auf einen weiteren Vorteil der Europäer hingewiesen: ein Reservoir an Handwerkern, die sich mit den ungeschriebenen Regeln einer hochwertigen handwerklichen Produktion auskennen, während diese Qualifikationen in Amerika vernachlässigt werden, weil man sich dort vor allem auf die Massenproduktion konzentriert. Langfristig ist es kaum möglich, neue Technologien anderen Sportlern vorzuenthalten, und in manchen Sportarten muß die eingesetzte Ausrüstung sogar jedem Konkurrenten hinreichend lange zugänglich gewesen sein, damit sie überhaupt zugelassen wird.[23]

So tiefgreifend Ausrüstung und Material sich beim Boxen, im Football und in den Laufdisziplinen auch gewandelt haben, die Veränderungen im Skilauf und bei der Skisicherheit waren noch größer. Der Ersatz von Holz durch Kunststoff und Kompositwerkstoffe in den fünfziger Jahren sorgte für eine ebenso große Veränderung und Expansion des Skisports wie früher in unserem Jahrhundert der Bau von Skilifts. Nun war es vorbei mit dem Ritual des Wachsens. Und vorbei schienen auch die Zeiten, als Knochenbrüche noch zur Folklore des Skilaufens gehörten. Anfangs verlagerte die neue Ausrüstung einen Teil des Verletzungsrisikos von den Knöcheln (die von den flacheren Vorkriegsschuhen nicht so gut geschützt wurden) auf die Unterschenkelknochen. Bei Stürzen kam es nun oft zu einer Spiralfraktur des Schienbeins. Es folgten jedoch weitere Verbesserungen, zum Beispiel neue, starre Skistiefel aus Kunststoff und Bindungen aus leichten, aber stabilen Legierungen, die den Fuß bei einer bestimmten Belastung freigeben. Diese Skischuhe verlangten eine gebeugte Körperhaltung, die anfangs ungewohnt sein mochte; aber sie versprachen einen besseren Schutz.[24]

Doch wieder einmal hatten Neukonstruktionen unvorhergesehene Konsequenzen. Für vorsichtige Skifahrer sind sowohl Abfahrten als auch Langläufe heute sicherer als je zuvor. Tatsächlich weist das Skifahren inzwischen weit geringere Verletzungszahlen auf als Tennis, und da in diesen Zahlen auch die Unfälle von Anfängern enthalten sind, kommt die deutlich erhöhte Sicherheit erfahrener Skifahrer darin nicht einmal voll zum Ausdruck. Dennoch hat die Sicherheitstechnologie des Skifahrens Rache-Effekte, die manche Unfälle schlimmer machen, als sie es ohne diese Technologie wären. Hier müssen wir jedoch bei den Skifahrern zwei Gruppen unterscheiden: die normalen Skifahrer und solche, die bewußt die Gefahr suchen.

Skifahrer, die bewußt die Gefahr suchen, reagieren auf sicherere Ausrüstung und besser präparierte Hänge, indem sie sich nach gefährlicheren Abfahrten umsehen und ihre Geschwindigkeit erhöhen. In Wettkämpfen werden heute jedenfalls weit höhere Geschwindigkeiten erzielt als früher; im Weltcup stiegen sie dank neuer Skier und verbesserter Bindungen bei den Männern von 120 auf 145, bei den Frauen von 95 auf 120 Stundenkilometer. Selbst Langläufer können heute mit einem starren Fieberglasski auf Gefällstrecken und gut präparierten Loipen bis zu 80 Stundenkilometern erreichen. Als die österreichische Abfahrtsläuferin Ulrike Maier 1994 beim Weltcup in Garmisch-Partenkirchen tödlich verunglückte, räumte ein Offizieller ein: »Wir haben die Grenze des menschlichen Leistungsvermögens erreicht.« Auch im Slalom führt der verbesserte Schutz zu größerer Risikobereitschaft; dort benutzen die Aktiven freiwillig Schutzausrüstungen einschließlich des Helms, um die Hänge steiler nehmen zu können, wobei sie die flexiblen Tore mit dem Körper berühren, statt sie vollständig zu umfahren. Im Amateurbereich gibt es Anzeichen, daß die verbesserte Ausrüstung und das größere Sicherheitsgefühl vor allem begeisterte junge Skifahrer zu riskanterem Fahren verleiten. In den amerikanischen Skigebieten wurden Millionen Dollar investiert, um fortschrittliche »Extremabfahrten« für diesen Kundenkreis zu schaffen; eine einheitliche Kennzeichnung für solche Hänge fehlt bislang, aber in den Broschüren finden sich Werbesprüche wie: »Laß den Berg bluten.« Neue Skigebiete wie Crested Butte in Colorado bieten Hänge mit einem Gefälle von bis zu 55 Prozent. Die Hersteller werben für »Extremskis« und sogar für »Extremsonnenbrillen«. Das hat dazu geführt, daß trotz eines Rückgangs der Unfälle auf Normalhängen und trotz erfahrener, bestens ausgerüsteter Rettungsdienste in Crested Butte die Zahl der Unfälle auf extremem Gelände angestiegen ist. Die Zahl der Schwerverletzten sprang von gleichbleibend etwa dreißig pro Saison in den achtziger Jahren auf fünfundsiebzig in der Skisaison 1992. Im alpinen Skilauf gibt es also zumindest vorläufig Anzeichen dafür, daß manche Freizeitsportler und manche Rennläufer die neue Sicherheitstechnologie zu einer neuerlichen Steigerung des Risikos einsetzen.[25]

Da nur eine kleine Minderheit der Skiläufer und hier wiederum meist nur die jüngeren entweder Wettkampfsportler sind oder von ihrem Temperament her die Gefahr suchen, liegen die wichtigeren Rache-Effekte besserer Ausrüstung auf anderem Gebiet: weniger in der Zahl als in der Art der Verletzungen. Zu Zeiten des Holzskis war das Gipsbein ein Klischee, auf das Karikaturisten gerne zurückgriffen, aber das hatte durchaus seine Berechtigung. Damals waren Knöchelbrüche weit verbreitet; sie sind zwar schmerzhaft, verheilen aber innerhalb von einem oder zwei Monaten. Zwischen 1960 und 1980 sank der Anteil der Knöchel- und Fußverletzungen von 45 auf 10 Prozent, der Anteil sämtlicher Verletzungen der unteren Extremitäten von 80 auf 55 Prozent. Der Anteil der Knieverletzungen blieb konstant, während Verletzungen an Armen, Händen, Kopf und Oberkörper ihre jeweiligen Anteile vergrößerten. Die Veränderungen bei den Knieverletzungen fanden besonderes Interesse.[26]

Seit mehr als zwanzig Jahren versuchen der orthopädische Chirurg Robert Johnson und der Ausrüstungsberater Carl Ettlinger, das Rätsel der Knieverstauchung zu lösen. Bei Skiläufern treten Verletzungen der vorderen Kreuzbänder häufiger auf als Verletzungen der medialen Seitenbänder. Das kleine Kreuzband, das die Kniescheibe mit dem Schienbein verbindet, ist für die stabile Bewegung des Beins von großer Bedeutung. Kreuzbandverletzungen sind nicht nur akut sehr schmerzhaft, sondern können bei unzureichender Behandlung auch zu langfristigen Folgeschäden führen; der Knieknorpel kann absplittern, und möglicherweise entwickelt sich eine Arthritis.

In den achtziger Jahren erkannten Johnson und Ettlinger anhand von Videoaufzeichnungen, daß die Ausrüstung eine wichtige Rolle bei der Entstehung solcher Verletzungen spielt. Es zeigte sich, daß die meisten Freizeitskiläufer mit Kreuzbandverletzungen beim Versuch, anzuhalten oder einen Sturz zu vermeiden, ihre Knie verdreht hatten. Die starren, der Fußform eng angepaßten Skischuhe und die empfindlicheren Bindungen hatten sich gemeinsam entwickelt. Beide sollten nicht nur das Skilaufen erleichtern, sondern auch die frühere Geißel der Skiläufer, den Schienbeinbruch, verhindern. Doch die Skischuhe, die Bindungen und die leichter zu steuernden seitlich abgeschrägten Skier zeigen einen Rache-Effekt, wenn man nach hinten fällt. Dann machen Schuh und Ski sich selbständig (»Phantomfuß«), sorgen für eine verheerende Belastung des Kniegelenks – und ersetzen den Skiunfall alten Stils durch eine potentiell chronische Erkrankung. In größeren Skigebieten kommt es heute im Schnitt täglich zu sechs Kreuzbandverletzungen; im Jahr sind das in ganz Amerika bis zu 100 000. Gerissene Seitenbänder lassen sich relativ leicht wiederherstellen, indem man die Enden zusammenfügt; Kreuzbandverletzungen bedürfen dagegen weitaus komplizierterer Techniken, und gelegentlich müssen sogar Sehnen transplantiert werden. Eine Behandlung durch entsprechend spezialisierte Chirurgen ist wirkungsvoll, aber teuer; die führenden Praktiker auf diesem Gebiet gehören zu den wohlhabendsten Ärzten Amerikas.[27]

Heute sucht man bei der Herstellung von Skiausrüstungen nach neuen Möglichkeiten, die Zahl der Kreuzbandverletzungen zu verringern, ohne die Häufigkeit von Schienbeinbrüchen wieder zu erhöhen. Bis es soweit ist, dürfte die richtige Antwort auf Rache-Effekte nicht in technischen Lösungen, sondern wie so oft in größerer Wachsamkeit liegen. Doch wie Ettlinger und Johnson anmerken, bringen Skilehrer ihren Schülern nicht gerne bei, wie man fällt, obwohl Stürze unausweichlich zum Skilaufen gehören. Die verbesserten Skischuhe und Bindungen sind ein echter Fortschritt – allerdings nur, wenn man sie mit größerer und nicht etwa geringerer Wachsamkeit einsetzt.

Bergsteigen und Klettern

Beim Bergsteigen und Klettern zeigen sich technologische Rache-Effekte anderer Art. Generell hat die Technologie in diesem Bereich nur wenige direkte Rache-Effekte. Es handelt sich um einen ausgesprochen körperbetonten Sport, bei dem es allerdings keine menschlichen Gegner gibt wie beim Boxen oder im Football. Außerdem *soll* dieser Sport gar nicht sicher sein, und es hat dort stets eine hohe Verletzungsrate gegeben. Wenn Autofahrer, deren Wagen über ein Antiblockiersystem verfügen, mehr Unfälle verursachen als Fahrer ohne solch ein System, mögen wir die Stirn runzeln, weil sie genau das verfehlen, worin verantwortliche Menschen den eigentlichen Zweck dieser Technologie erblicken: größere Sicherheit. Wenn Bergsteiger eine neue Sicherheitstechnologie einsetzen, um schwierigere und deshalb auch gefährlichere Touren zu unternehmen, können wir dagegen nicht behaupten, dieser Effekt wäre unbeabsichtigt. Die Erfinder der neuen Technologien sind oft selbst erstklassige Bergsteiger und wissen sehr wohl, daß sie den Sport damit nicht nur sicherer für Anfänger machen, sondern daß sie vor allem auch erfahrenen Bergsteigern Möglichkeiten eröffnen, die ihnen zuvor verschlossen waren.

In seinem Porträt des britischen Bergsteigers Mo Anthoine für den *New Yorker* erwähnt A. Alvarez, daß der höchste der sieben Schwierigkeitsgrade in der britischen Klassifikation, der die Kennzeichnung »extrem schwierig« trägt, einst nur einigen wenigen Routen vorbehalten war, heute aber so viele Unterteilungen umfaßt wie alle übrigen Schwierigkeitsgrade zusammen. Obwohl manche Bergsteiger wie Anthoine außergewöhnlich kräftig sind, drang das Bergsteigen nicht im selben Maße in die extremen Schwierigkeitsgrade vor, wie die Leistungen in anderen Sportarten ein völlig neues Niveau erreichten. Denn dort durchsuchte man bislang unerschlossene Bevölkerungsgruppen nach Athleten, die eine ausgeprägte Begabung für die spezifischen Anforderungen eines bestimmten Sports mitbrachten. Die Leistungssteigerung, die der Sport während der zweiten Hälfte unseres Jahrhunderts im Westen und in Osteuropa erlebte, läßt sich zu einem Gutteil darauf zurückführen, daß man außergewöhnliche Talente in breiten Bevölkerungskreisen frühzeitig erkannte; und zumindest im Westen werden Bergsteiger und Kletterer gewöhnlich nicht von Colleges oder Profimannschaften rekrutiert.

Bei den Bergsteigern war es eine technologische Revolution, die sie nach dem Zweiten Weltkrieg veranlaßte, größere Risiken einzugehen. Am Anfang standen neue, festere Legierungen für die Haken, die sie in den Fels schlagen. Es folgten Seile aus geflochtenen Kunstfasern wie Nylon oder Perlon, die größere Sicherheit bieten, weil sie sich bei einem Sturz leicht dehnen und das Gewicht dadurch schonender abfangen. Eine weitere Verbesserung bildeten die mit Sprungfedern versehenen Spreizhaken, die in Risse und Spalten eingeführt werden, und andere Vorrichtungen, die besseren Halt bieten. Neues synthetisches Obermaterial und rutschfeste Gummisohlen sorgten für eine ständige Verbesserung der Kletterschuhe, die immer leichter wurden und kaum noch etwas gemein haben mit den genagelten Stiefeln der dreißiger Jahre. Kunststoffhelme und Nylonschutzkleidung verringerten die Verletzungsgefahr bei Stürzen. Synthetische Materialien verbesserten zugleich auch die Wetterfestigkeit der Kleidung. All diese Verbesserungen ermöglichten es den Bergsteigern, immer schwierigere Touren in Angriff zu nehmen. Auf den höchsten Gipfeln bot eine leichte, stabile, wetterfeste Ausrüstung entscheidende Vorteile: Trockenere Kunststoffstiefel verringerten die Gefahr von Erfrierungen, aerodynamisch günstigere Zelte boten besseren Schutz vor der Kälte, Kocher und gefriergetrocknete Nahrung waren leichter, die Kleidung schützte besser vor Nässe und sorgte dennoch für eine gute Luftzirkulation.[28]

David G. Addiss und Susan P. Baker, Fachleute für das öffentliche Gesundheitswesen, schreiben zu den Bergsteigerunfällen in den amerikanischen Nationalparks: »Im Gegensatz zu den Erfolgen des Produktdesigns bei der Verhinderung von Unfällen am Arbeitsplatz und im Haushalt sorgte die Einführung moderner Kletterausrüstungen, die eigentlich die Effizienz und die Sicherheit erhöhen sollten, für eine deutliche Steigerung der Ansprüche an die zu bewältigenden Schwierigkeitsgrade. Dadurch erhöhten sich die Anforderungen beträchtlich, so daß sie die durch die bessere Ausrüstung eröffneten Möglichkeiten wiederum voll ausschöpften.« Aus der Sicht des Gesundheitswesens ist diese Entwicklung in der Tat ein Rache-Effekt, doch für die Bergsteiger und möglicherweise auch für die Konstrukteure der neuen Ausrüstung handelt es sich ohne Zweifel um eine durchaus beabsichtigte Wirkung. Addis und Baker weisen auch darauf hin, daß unerfahrene Anfänger beim Bergsteigen wie auch in anderen Risikosportarten ein zehnmal höheres Verletzungsrisiko tragen als erfahrene Sportler, die alten Hasen aber eher Gefahr laufen, ums Leben zu kommen. Viele lassen sich mit der Zeit auf immer größere Herausforderungen ein. Die Himalaja-Bergsteiger, die insgesamt ein Höchstmaß an Erfahrung und Können mitbringen, haben unter allen Bergsteigern offenbar die höchste Todesquote. (Aus ähnlichen Gründen verursachen Rennfahrer trotz ständigen Trainings und überragenden Könnens deutlich mehr Autounfälle im gewöhnlichen Straßenverkehr als andere Autofahrer. Ihr Selbstvertrauen verleitet sie dazu, größere Risiken einzugehen.) Unter den erstklassigen Bergsteigern überleben am ehesten jene, die sich wie Mo Anthoine nicht dazu hinreißen lassen, bis an die äußersten Grenzen zu gehen.[29]

Beim Football und Skilaufen sind Knie und vorderes Kreuzband das schwächste Glied, das die neuen Technologien einer größeren Gefahr aussetzen; beim Klettern sind es die Hände und die Finger. Der Orthopäde und Kletterer Mark Robinson erinnert daran, daß die Evolution unsere Hände eigentlich für Präzisionsarbeiten geschaffen hat. Affen dagegen besitzen immer noch die kräftigen Unterarme und Beugesehnen, die für das Klettern ideal sind; als ein Kletterer sie mit Bananen lockte, die er auf einer Klippe zurückgelassen hatte, bezwangen sie ohne weiteres eine Wand des äußerst hohen Schwierigkeitsgrads 5,13. Wenn es darum geht, eine glatte Felswand hinaufzuklettern, leisten Schuhe, Seile, Haken und sonstige Ausrüstungsstücke aus neuen Materialien einiges. Doch sie können nichts daran ändern, daß die Knorpel der Fingergelenke nur eine bestimmte Belastung aushalten. Und nicht nur die Gelenke, sondern vor allem auch die Sehnen sind in Gefahr. Wie die typische Bewegung beim Tippen zu einer Entzündung des Karpaltunnels führen kann, so kann die wiederholte Überlastung der Sehnen sich in »Klettererfingern« äußern, einer schmerzhaften partiellen Überdehnung der Sehnen. In schweren Fällen können auch die ringförmigen Ösen, durch die unsere Sehnen laufen, aufgrund der Belastung brechen.[30]

Erfahrene Kletterer sind nicht nur deshalb gefährdet, weil sie schwierige Aufstiege wagen – eine durchaus bewußte und rationale Abwägung zwischen Risiko und Erfolg –, sondern fast noch mehr, weil sie ihre Gelenke und Sehnen ständig großen Belastungen aussetzen. Robinson verweist auf Untersuchungen, wonach die Hälfte bis drei Viertel aller Kletterer unter »lang anhaltenden« Fingerverletzungen leiden und viele dazu noch an geschwollenen oder deformierten Gelenken. Auf dem Röntgenbild mögen diese Erkrankungen meist nicht als arthritisch erscheinen, doch wie Robinson glaubt, können sie sich ohne weiteres zu einer Arthritis entwickeln. Auch das Karpaltunnensyndrom findet sich bei Kletterern, und Sehnenentzündungen ziehen gelegentlich auch den Nervus medianus in Mitleidenschaft. Durch ein sorgfältig überwachtes Training an künstlichen Kletterwänden können Kletterer die richtige Technik erlernen und das nötige Selbstvertrauen gewinnen, aber solche Kletterwände haben auch potentielle Rache-Effekte. Manche erfahrene Ausbilder befürchten, Anfänger, die an solchen Wänden gelernt haben, seien bei Aufstiegen unter weniger vorhersagbaren natürlichen Bedingungen anfälliger für Unfälle. Ob solche Sorgen berechtigt sind, läßt sich noch nicht abschließend beurteilen.[31]

Wie bei Skiverletzungen, so kann man auch hier durch konservative

Behandlung oder chirurgische Eingriffe verhindern, daß aus langwierigen Verletzungen chronische Leiden werden. Wahrscheinlich werden die klinischen Erfahrungen mit der Behandlung von Sportverletzungen an Knie oder Hand auch zu besseren Methoden bei der Behandlung ähnlicher Verletzungen durch Unfälle am Arbeitsplatz oder im Haushalt führen; wir haben ja bereits gesehen, daß die Fortschritte der Militärmedizin auch der zivilen Unfallmedizin, der plastischen Chirurgie und anderen Spezialgebieten zugute gekommen sind. Die Erforschung von Sportverletzungen hat außerdem zur Verbesserung der Trainingsmethoden beigetragen. Und nicht zuletzt verändert der Zuwachs an Wissen die Einstellung der Aktiven. So beobachtete Robinson 1993, daß innerhalb von nur fünf Jahren »die Kletterer dem Training weit mehr Aufmerksamkeit schenken und sich heute – anders als zu meinen Glanzzeiten – nicht mehr wie anarchische Wahnsinnige aufführen, sondern eher wie Sportler«. Dennoch müssen die Kletterer mehr als alle übrigen Freizeitsportler mit chronischen Gesundheitsschäden rechnen. Robinson räumt ein, daß sich diese Probleme durch Training und die richtige medizinische Behandlung zwar verringern, nicht aber eliminieren lassen. Früher oder später ziehe sich jeder ernsthafte Kletterer eine Verletzung zu, die bleibende Schäden hinterlasse. Durch Sorgfalt und Wachsamkeit könne man diese Schäden jedoch auf ein Maß begrenzen, »das als fairer Preis für die Freuden des Kletterns gelten kann«.[32]

Der letzte technologische Rache-Effekt im Sport, auf den wir hier eingehen wollen, hat nichts mit Gesundheitsgefährdungen zu tun und ist dennoch chronischer Natur. Sowohl für Kletterer und Bergsteiger als auch für Ski- und Bergwanderer bedeuten die Fortschritte im Bereich der Ausrüstung und des Rettungswesens, daß immer mehr Menschen sich zutrauen, bestimmte Gefahren auf sich zu nehmen. Erst der Ausbau der Verkehrsnetze und die wachsende Freizeit haben diesen Zuwachs ermöglicht, doch wäre nicht auch das Gefühl von Sicherheit gewachsen, gäbe es vielleicht ebenso viele Zuschauer wie heute, aber weit weniger Aktive. 1951 bestiegen nur 300 Menschen den Mount Rainier bei Seattle; 1985 waren es bereits mehr als 4000, und weitere 3500 gaben auf, bevor sie den Gipfel erreicht hatten. Der Mount Hood in Oregon wird jährlich von 10000 Menschen bestiegen, der Fujiyama in Japan von 100000. Am Mount Everest versuchten sich 1953 nur zwei der weltbesten Bergsteiger, und die erfolgreiche Besteigung brachte ihnen internationalen Ruhm ein; doch bis Oktober 1992 war die Gesamtzahl der Mount-Everest-Bezwinger schon auf 485 gestiegen, von denen allerdings nur zwei Dutzend auf die Zeit von 1953 bis 1972 entfielen.

Die Technologie verringert offenbar nicht nur die Angst vor dem Bergsteigen, sondern auch vor Berg- oder Skiwanderungen. Und genau das finden die Verantwortlichen in den Nationalparks ausgesprochen bedenklich. So berichtete der für Freizeitaktivitäten zuständige Beamte des Hood National Forest 1986 einem Reporter, nachdem bei zwei Unfällen insgesamt elf Menschen, darunter neun Schulkinder, ums Leben gekommen waren: »Bergsteigen ist ein gefährlicher Sport. Wenn man dafür sorgt, daß jeder sicher hinaufsteigen kann, wird es viel mehr Tote geben, weil die Leute die Gefahren gar nicht mehr erkennen.«[33]

Ein Grund, weshalb es trotz aller Verbesserungen auf dem Gebiet der Sicherheit in manchen Regionen immer noch so viele Bergunfälle gibt, liegt in der Herrschaftsillusion, der wir bei der Behandlung des Paradoxons der Computerproduktivität begegnet sind. Dem erfahrenen Bergsteiger, der um die Gefahren der Berge und des Wetters weiß, bieten technische Verbesserungen offenbar in erster Linie die Chance, bei gleichbleibendem Risiko größere Erfolge – und größeren Lustgewinn – zu erzielen. Doch andere gehen Risiken ein, ohne deren Tragweite zu erkennen; und Urlauber überschätzen die Sicherheit ebenso wie die Vorhersagbarkeit der Natur. Tatsächlich sind die technisch einfachsten Besteigungen manchmal besonders tückisch. Am Mount McKinley (Denali) in Alaska, dem höchsten Berg Nordamerikas, werden von tausend Besteigungsversuchen jährlich sechshundert erfolgreich abgeschlossen. Es dürfte wohl kaum täglich etwa drei Besteigungsversuche geben, wenn das Risiko nicht sinnvoll und beherrschbar erschiene, zumindest soweit Hubschrauber die Bergsteiger im Notfall zurückholen können. Dennoch kamen dort allein im ersten Halbjahr 1992 elf Bergsteiger ums Leben, zehn durch Absturz und einer durch die Höhenkrankheit. Das Problem liegt darin, daß die Wetterverhältnisse am Mount McKinley äußerst rauh und unvorhersehbar sind, mit Windgeschwindigkeiten am Gipfel, die in Böen bis zu 350 Stundenkilometer erreichen können, und Temperaturen, die tiefer liegen als auf dem Mount Everest. Das Wetter und die von den Bergsteigern erreichte Höhe verhindern oft, daß der Hubschrauber eingesetzt werden kann, dessen jährliche Kosten Kritiker übrigens auf 200 Dollar für jeden Bergsteiger berechnen, der sich an den Aufstieg macht. Einige Traditionalisten haben gefordert, den Rettungsdienst abzuschaffen. »Wenn die Rettung nicht so einfach wäre«, schreibt der Herausgeber der Zeitschrift *Climbing*, »würden einige dieser Leute vielleicht genügend Verstand aufbringen und nicht hinaufsteigen.«[34]

Lawinen

Nicht die Wetterverhältnisse, sondern Lawinen sind die größte Bedrohung für Bergsteiger und alle, die sich im Winter an Berghängen aufhalten. Im neunzehnten Jahrhundert waren Lawinen vor allem für Bahnarbeiter und Bergleute eine Gefahr; heute bedrohen sie in erster Linie Urlauber und Sportler. 1990 tötete eine Lawine am Leninberg in der Sowjetunion 43 Bergsteiger; 1991 kamen auf einer Hubschrauberplattform in British Columbia neun Skiläufer ums Leben; und um Weihnachten 1991 verzeichnete man im französischen Albertville bei den Vorbereitungen zu den Olympischen Winterspielen 1992 einen Toten und mehrere Verletzte. In den Vereinigten Staaten kommen jährlich fünfzehn bis zwanzig Menschen durch Lawinen ums Leben, in Europa etwa 120 – mehr als im Schnitt durch Erdbeben.[35]

Lawinen gehören zu den gefährlichsten Naturkatastrophen, weil die vom Schnee begrabenen Opfer allenfalls eine halbe Stunde überleben können. Entscheidend ist, daß sie sehr schnell gefunden werden. Anders als Erdbeben schlagen Lawinen meist immer wieder an denselben, durch Steilhänge und ausreichende Schneefälle gekennzeichneten Stellen zu. In einem Bericht des U. S. National Research Council heißt es: »Während ein Erdrutsch sich nicht wiederholt, wenn der Hang erst einmal abgerutscht ist, werden Schneelawinen mit jedem Schneefall automatisch ›nachgeladen‹ und können gleichsam jedes Jahr mehrmals ›feuern‹.« Die Vorhersage von Lawinenabgängen steckt noch in den Kinderschuhen; sie bedarf sehr komplizierter mathematischer Berechnungen über den Aufbau »kritischer Massen«. Die einzige Möglichkeit, mit der Lawinengefahr umzugehen, liegt darin, die Menschen von gefährdeten Gebieten fernzuhalten und bei kleineren Lawinen künstlich für deren Abgang zu sorgen. Der U. S. Forest Service und andere Behörden setzen dazu militärisches Material ein, darunter Artilleriegranaten, rückstoßfreie Gewehre und Bomben, die aus Hubschraubern abgeworfen werden; so hofft man, größere Schäden zu verhindern.[36]

Stellen Lawinen nun einen Rache-Effekt des Wintersports dar? Anders als aktive Grabenbrüche oder Waldbrände werden lawinengefährdete Gebiete wie Überschwemmungszonen nur dann zum Gegenstand öffentlichen Interesses, wenn dort Menschen leben oder Verkehrslinien hindurchführen. Wir haben bereits gesehen, daß dieselben Eigenschaften, die Waldränder und Küstenstreifen so anziehend für den Menschen machen, auch ihre Gefährlichkeit begründen. In der Hoffnung auf gleichbleibend gute Skibedingungen baute man in Österreich mehrere Hotels in ein Gebiet, dessen Lawinengefährdung bekannt war, und Ende der achtziger

Jahre mußten mehrere Hotelgäste diesen Wagemut mit ihrem Leben bezahlen. Allerdings sterben Skiläufer eher in Lawinen, die sie selbst auslösen, als in Häusern, über die solche Lawinen hinwegfegen. Die Einheimischen und auch die einheimischen Skifahrer haben Respekt vor dem Schnee, wie sie auch Respekt vor den übrigen natürlichen Bedingungen ihrer Heimat haben. Natürlich sind auch schon Menschen durch Lawinen zu Schaden gekommen, bevor der moderne Massentourismus einsetzte, und im amerikanischen Westen handelte es sich dabei meist um Bahnarbeiter oder Goldsucher; doch die Skiläufer, Bergsteiger und Bergwanderer aus den Städten bringen der Bergwelt eine andere Einstellung entgegen. Sie sind an das Tempo und die Terminpläne der Stadt gewöhnt. Sie haben einen Beruf und eine Familie in der Stadt. Wenn sie eine Bergwanderung oder eine Skitour wegen des Wetters oder der Schneeverhältnisse abbrechen oder klugerweise gar nicht erst in Angriff nehmen, verlieren sie wertvolle Urlaubszeit und oft auch Geld. Obwohl viele dieser Urlauber eine jahrelange Universitätsausbildung hinter sich haben, verstehen sie von den Bergen weniger als jemand ohne Schulabschluß, der dort zu Hause ist. Für sie besteht der Rache-Effekt oder die technologisch bedingte Gefahr in dem Gefühl, die Natur könne ihnen nichts anhaben. Und je besser der Ruf der Lawinenwacht, desto verwegener manche Skiläufer und sonstigen Wintersportler.[37]

Auch fortschrittliche Lawinenüberwachung, Peilsender und Fortbildungsprogramme haben die Zahl der Lawinenopfer nicht senken können. In Colorado verzeichnete man im Winter 1993 eine Rekordzahl von elf Toten, in der Mehrzahl Bergsteiger, Bergwanderer und Skiläufer, die sich von überwachten Hängen entfernt hatten. Selbst die gut präparierten, wenn auch steilen Hänge in Skigebieten wie Crested Butte scheinen das Bedürfnis nach dem Erlebnis von Gefahr nicht wirklich zu befriedigen; zumindest eine kleine Gruppe von Skiläufern findet diese Hänge offenbar noch allzu zahm und nutzt jede neue Sicherheitstechnik, um sich bei gleichbleibendem Risiko größeres Vergnügen zu verschaffen. Als sieben Skiläufer im Februar 1993 in der Nähe von Aspen von einer Lawine verschüttet wurden und damit für landesweites Aufsehen sorgten (das sich in allgemeine Bekanntheit oder auch traurige Berühmtheit verwandelte, als sie die Geschichte ihrer Rettung Hollywood anboten), stellte sich heraus, daß es sich nicht um gewöhnliche Verrückte, sondern um erfahrene, mit Lawinenpeilsendern versehene Skiwanderer handelte, denen diese Ausrüstung offenbar ein falsches Sicherheitsgefühl vermittelt hatte. Ähnliche Unfälle gab es auch in den Bergen Schottlands und in den französischen Alpen.[38]

Neuer Nervenkitzel dank neuer Sicherheitstechniken

Die wachsende Zahl von Todesopfern im Bergtourismus und die Popularität des Extremskilaufens belegen eigentlich, daß die westliche Gesellschaft keineswegs so ängstlich und risikoscheu ist, wie gelegentlich behauptet wird. Eher scheint das Gegenteil der Fall. Durchaus kenntnisreiche und erfahrene Skiläufer oder Bergsteiger sehnen sich nach immer größeren Herausforderungen. Das Gedränge auf den präparierten Hängen der beliebtesten Skigebiete und der rege Betrieb auf den leichteren Kletterrouten verleiten manche Menschen, die ausgetretenen Pfade zu verlassen, um dann doch wieder dieselbe Erfahrung zu machen – ein Überfüllungseffekt. Was ein internationaler Veranstalter von Skitouren der Londoner *Times* nach einer Tragödie in den französischen Alpen sagte, gilt auch für Nordamerika: »Die Arbeit des Bergführers hat sich verändert; heute muß er die Leute in gefährliche Situationen bringen. Früher sollte er solche Situation vermeiden. Die Kunden drängen die Skilehrer, Gefahren einzugehen. Und die Skilehrer gehen bis an die Grenzen.«[39]

Sicherheitsausrüstungen erhöhen das Risiko nicht allein deshalb, weil Bergführer und ihre Kunden sich sicherer fühlen, sondern auch, weil es leicht geschieht, daß man diese Ausrüstungen falsch einstellt oder nicht vollständig aktiviert. Ein Beispiel aus dem Bereich des Hochsee-Segelsports mag illustrieren, was auch an Land geschehen kann. Der amerikanische Weltklassesegler Michael Plant kam ums Leben, als sein Zwanzig-Meter-Boot während einer Einmann-Überquerung des Atlantiks im Oktober 1992 kenterte; da er es eilig hatte, weil er noch rechtzeitig vor Beginn eines Segelwettbewerbs in Frankreich sein wollte, hatte er sein Notortungsfunksignal nicht registrieren lassen. Hätte man seine Signale rechtzeitig erkannt, wäre er wahrscheinlich gerettet worden. Sein Einfallsreichtum war legendär, und sein Boot war nach besten Sicherheitsstandards gebaut und ausgerüstet, mit Sicherheitsleine, einem doppelt geschützten Überlebensabteil und wasserdichten Kammern. Wie Plants Tod zeigt, liegt die größte Gefahr der Sicherheitstechnologien wohl darin, daß die Menschen immer noch die Möglichkeit haben, sie falsch einzustellen oder sogar auszuschalten, wie Plant es tat, als er sein Funksignal nicht registrieren ließ. Wir haben bereits gesehen, daß die Technik die Notwenigkeit ständiger Wachsamkeit im Bereich der Medizin, der Einbürgerung von Tieren und Pflanzen, des Computereinsatzes und des Verkehrs erhöht. Dasselbe gilt auch für den Segelsport und dort selbst für die fähigsten Segler.[40]

Normale Freizeitsegler und Skiwanderer gehen ein geringeres Risiko ein, wenn sie sich auf elektronische Geräte verlassen. Das Satellitenortungssystem bietet inwischen auch Freizeitseglern Navigationshilfen, die bis vor kurzem nur dem Militär zur Verfügung standen. 1994 verkaufte einer der führenden Hersteller bereits 40 Prozent seiner Satellitenortungssysteme an Freizeitsegler. Zugleich registrierten Rettungsorganisationen immer häufiger Notrufe von Menschen, die sich zwar verirrt hatten oder verletzt waren, sich aber durchaus nicht in wirklicher Gefahr befanden. Eines der größten Probleme aller Alarmsysteme besteht darin, daß die Sorge um die Sicherheit zu häufigen Fehlalarmen führt, was wiederum mit dem Rache-Effekt verbunden ist, daß solche Fehlalarme von den wirklichen Notfällen ablenken. (Wie im ersten Kapitel schon ausgeführt, handelt es sich bei 99 Prozent aller Alarmmeldungen durch elektronische Einbruchsicherungsanlagen um Fehlalarme, so daß sie die Polizei in ihrem Kampf gegen das Verbrechen eher behindern. In meiner Stadt, Princeton Township, verlangt die Polizei deshalb, daß ein privater Wachdienst zwischengeschaltet wird – was wieder einmal zeigt, daß automatische Technologien eher mehr als weniger Wachsamkeit verlangen.)

Schon 1994 berichteten Rettungsdienste, daß sie immer häufiger von Bergsteigern und Bergwanderern mit mobilen Telefonen um Hilfe in Situationen gebeten worden seien, die man bei diesen Diensten keineswegs für echte Notfälle hielt. Manchmal blockieren solche Anrufe die Leitungen, die eigentlich für wirkliche Notfälle benötigt würden. Satellitenortungssysteme mögen verhindern, daß man sich verirrt; sie können aber auch dem Gedanken Vorschub leisten, jederzeit und überall wäre rasche Hilfe zur Stelle. Und möglicherweise verringern sie auch den Anreiz, sich die nötigen Überlebenstechniken anzueignen, die in der Wildnis immer noch erforderlich sein könnten, wenn die neue Technologie einmal versagt. Ob dieser Rache-Effekt real ist oder nur hypothetisch, läßt sich heute noch nicht genau sagen.[41]

Neue Technologien können nicht nur die Leistung und das Vergnügen steigern, sondern auch die Sicherheit. In vielen Fällen geschieht das jedoch nicht. Wie wir bereits im Bereich der Medizin, der Umwelt und des Büros gesehen haben, kommt es allzuoft vor, daß eine Verbesserung am Ende die Probleme nur verlagert oder sogar vergrößert. Die Zahl akuter Verletzungen oder chronischer Erkrankungen bleibt vielfach unverändert oder wächst. Zum Teil beruhen diese Folgen auf den Erwartungen der Zuschauer, die Gewalt sehen möchten. Helme, Handschuhe und Körperschutz können auch zur Intensivierung des Kampfes mißbraucht werden; so übernahm die U. S. Army das Befestigungssystem der ersten Kunststoff-Footballhelme für die Stahlhelme, die sie im Zweiten Weltkrieg einsetzte. Zum Teil führen neue Sporttechnologien auch deshalb zu Rache-Effekten, weil Aktive und Freizeitsportler – wie beim Skilaufen und Bergsteigen – ein bestimmtes Maß an Gefahr wünschen. Beim Radfahren und beim Baseball dagegen, wo die Gefahr keine wesentliche Rolle für die Beteiligten spielt, haben Sicherheitsausrüstungen wie Helme und Sollbruchstellen an den Markierungspfosten die Sicherheit tatsächlich erhöht. Nicht die Technologie entscheidet letztlich darüber, wie sicher ein Sport ist, sondern der Wille der Teilnehmer und Zuschauer.

Auch wo bestimmte Einstellungen zu neuen Risiken führen, lassen Rache-Effekte sich abstellen, wenn wir nur erkennen, daß die erfolgreiche Nutzung einer Technologie weit mehr Wachsamkeit und Aufmerksamkeit verlangt, als wir gedacht hätten. Für Sportarten, bei denen die Beteiligten einander berühren, bedeutet dies, daß die Verantwortlichen in der Lage sein müssen, die Regeln ständig unter dem Gesichtspunkt größerer Sicherheit zu überarbeiten. Und die ergriffenen Maßnahmen – wie das Verbot des Aufspießens im Football – sind stets nur so wirkungsvoll wie der Wille der Verantwortlichen, ihre Einhaltung auch durchzusetzen. Das heißt, daß alle – von den Ärzten bis hin zu den Ordnungsdiensten – sorgfältiger auf Mißbrauch und Gefahren achten müssen. Vor allem aber müssen die Sportler selbst erkennen, daß sie Teil eines komplexeren technologischen Systems sind, dem sie mehr Verständnis und Aufmerksamkeit entgegenbringen sollten, als sie möglicherweise erwartet haben. Heutzutage kann selbst die Freizeit richtige Arbeit sein.

ELFTES KAPITEL
Sport: Paradoxe Verbesserungen

Wir haben gesehen, daß Technologien die Gesundheit im Sport verbessern, aber auch unterminieren können; sie verhindern viele ehemals verbreitete Verletzungen, schaffen aber auch neue Risiken für akute Verletzungen und chronische Folgeschäden. Noch größer ist jedoch ihr Einfluß auf das Leistungsniveau und die Ökonomie der Sportarten, an denen wir uns aktiv oder als Zuschauer beteiligen.

Vor dem Zweiten Weltkrieg waren die technologisch bedingten Grenzen ebenso bedeutsam wie die Regeln. Auch die Materialien der besten Sportausrüstung stammten aus pflanzlichen und tierischen Quellen. Die verfügbaren Ersatzstoffe waren diesen Naturstoffen im allgemeinen unterlegen und boten kaum Aussichten, die Sportarten, in denen sie Verwendung fanden, nachhaltig zu verändern. Die bekannten Materialien und Prozesse bestimmten gewissermaßen eine Grenze, die nicht einmal die fortschrittliche Metallurgie zu durchbrechen vermochte. Abgesehen von den stählernen Golfschlägern, die in den zwanziger Jahren eingeführt wurden, änderte sich jahrzehntelang nur wenig. (Im Golf wurden schon 1919 stählerne Köpfe angeboten, konnten sich zunächst aber nicht durchsetzen.) Es gab nur wenig Anlaß zu neuen Regeln, weil nur wenige Neukonstruktionen durchschlagende Veränderungen in den betroffenen Sportarten brachten.[1]

Auch hier gab es Ausnahmen. In den dreißiger Jahren erfand man ein »Liege«-Fahrrad, auf dem man weit zurückgelehnt saß oder lag und sehr viel effizienter in die Pedale treten konnte, doch die internationalen Radsportverbände ließen das neue Modell zu den Wettbewerben nicht zu. Aber auch in diesem Fall lag die Schuld nicht allein beim Konservatismus der Offiziellen. Ein stabiles Liegerad ist schwerer und komplizierter als das vertraute Sicherheitsrad, das sich in den letzten hundert Jahren so wenig verändert hat. Bringt man eine aerodynamisch gestaltete Verkleidung an, kann es sogar mit Autos und Motorrädern in Konkurrenz treten – aber auch hinsichtlich des Umfangs und der Kosten rückt es in ihre Nähe. Man hätte die Regeln durchaus ändern und das Liegerad zu sportlichen Wettkämpfen zulassen können, eventuell in einer eigenen Klasse, und auch im öffentlichen Straßenverkehr könnte es seinen Platz finden, wenn man entsprechende Fahrradwege baute; doch selbst dann wäre der wirtschaftliche

Erfolg solch eines Gefährts immer noch abhängig von leichteren, stärkeren und billigeren Materialien, als sie heute auf dem freien Markt erhältlich sind.[2]

In den fünfzig Jahren seit dem Zweiten Weltkrieg haben wir bei den im Sport eingesetzten Materialien eine Revolution erlebt, die jedoch auch völlig neue Rache-Effekte ausgelöst hat. So sorgten billige Kunststoffbespannungen für eine Wiederbelebung des Drachenfliegens, das Ende des neunzehnten Jahrhunderts eine kurze Blüte erlebt hatte. Manche der frühen Gleiter der siebziger Jahre bestanden nur aus ein paar Bambusstangen und Plastikabfallsäcken. Mit Hunderten von Todesopfern gehörte das Drachenfliegen eine Zeitlang zu den gefährlichsten Sportarten überhaupt, und trotz verbesserter Kunststoffseile, relativ stabiler Aluminiumkonstruktionen und verbesserter Ausbildung ist dieser Sport auch heute noch recht riskant.[3]

Es mag unsinnig erscheinen, von der Verbesserung einer Sportart durch Technologie zu sprechen. Denn Verbesserungen, die einem Sportler oder einer Mannschaft zugute kommen, werden schon bald allen zugänglich sein. Hat die Technologie überhaupt Bedeutung, wenn sie die Leistung aller erhöht? Und wenn alle um die leistungserhöhende Wirkung einer Technologie wissen, was wäre dann verloren, wenn man gleich bei der alten Technologie bliebe?

Auf diese Frage könnte man antworten, daß viele Sporttechnologien, wie im letzten Kapitel erörtert, nicht nur die Leistung, sondern auch die Sicherheit erhöhen. Der Fiberglasstab wäre beim Stabhochsprung völlig ungeeignet, wenn die Springer immer noch in einer mit Sägemehl gefüllten Grube landeten; die modernen Schaumstoffmatten sind für die heutigen Sechs-Meter-Sprünge ebenso wichtig wie die Stäbe. Gummiüberzogene Gewichte nehmen den Gewichthebern die psychische und körperliche Last der Notwendigkeit, das Gewicht langsam wieder abzusetzen; heute können sie es einfach fallen lassen.[4]

Die Sicherheit ist jedoch nicht der entscheidende Punkt. Die Rolle der Technik im Sport hat noch eine fundamentalere Seite. Der Philosoph Bernard Suits bietet uns eine elegante Definition: Bei Sport und sonstigen Spielen handelt es sich danach um »zielgerichtete Tätigkeiten, zu deren Ausführung man bewußt unzureichende Mittel einsetzt«. Wenn es bei einem Autorennen allein darum ginge, auf einer Rennstrecke möglichst viele Runden in möglichst kurzer Zeit zu fahren, so müßten die 500 Meilen von Indianapolis, die Formel-Eins-Rennen und das Soapbox Derby der Seifenkisten dieses Ziel verfehlen. Denn beide Veranstaltungen setzen dem, was die Teilnehmer tun dürfen, enge Grenzen, erlauben es ihnen jedoch, innerhalb dieser Grenzen so viel Erfindungsgeist aufzuwenden, wie sie nur können. Manche Sportarten schreiben eine geradezu spartanische Schlichtheit vor, andere nötigen die Teilnehmer zu gewaltigen Kosten für Ausrüstung und Gerät. Doch in keinem Rennen dürfen die Teilnehmer die wirklich effizienteste Möglichkeit wählen, vor ihren Gegnern ins Ziel zu gelangen. So ist es den Marathonläufern nicht erlaubt, motorisierte Rollschuhe zu benutzen, obwohl sie die Strecke damit zweifellos sehr viel schneller zurücklegen könnten. Und sie befolgen diese Regel nicht etwa, weil sie die motorisierte Fortbewegung grundsätzlich ablehnten, sondern weil der Marathonlauf zu einer völlig anderen Disziplin würde, wenn man solche Hilfsmittel zuließe. Ein Liegerad ist in jeder Hinsicht effizienter als ein herkömmliches Fahrrad, aber gerade wegen dieser Effizienz blieb ihm die Zulassung zum internationalen Radsport versagt.[5]

Doch Ineffizienz allein genügt keineswegs. Die Gestaltung der Spielregeln ist eine Kunst, die sowohl allzu großen Spielraum als auch übertriebene Einengung vermeiden muß. So können technologische Veränderungen eine Spielweise fördern, die das Spiel in den Augen der Spieler oder der Zuschauer entweder interessanter oder trivialer macht. Viele gesellschaftliche Spielregeln und selbst wirtschaftlich bedeutsame Technologien haben ihren Ursprung in Spielen: gesellschaftliche Spielregeln, die unabhängig von Ethik oder Funktionalität für Interesse oder Wettbewerb sorgen. Man denke nur an das viele Geld, das man in die Entwicklung bügelfreier, knitterarmer Kleidung gesteckt hat, oder an all die chemischen und mechanischen Erfindungen, die dafür sorgen sollen, daß die Kleidung stets glatt erscheint. Doch dieses Erscheinungsbild ist sozial bedingt; es ist ein Spiel, dessen Regeln sich immer wieder ändern. Im neunzehnten Jahrhundert, als man Hosen aus der Massenfertigung zusammengefaltet und fest verschnürt in Ballen versandte, war die präzise Falte an den Hosenbeinen ein proletarisches Merkmal, während die Herren der besseren Gesellschaft röhrenförmige Hosen trugen. Hinsichtlich Sparsamkeit und Leistung bestehen bei automatischen Getrieben heute kaum noch Unterschiede, doch manche Fahrer ziehen es vor, den Schaltpunkt möglichst selbst zu bestimmen, während andere sich darüber keine Gedanken machen. Manchen gefällt es, daß man die Uhrzeit auf Digitaluhren direkt ablesen kann; andere ziehen dem die grafische Darstellung auf Analoguhren vor, weil sie neben der Uhrzeit auch ein Bild der bereits vergangenen oder noch kommenden Zeit bieten. Keine dieser beiden Alternativen ist der anderen in funktioneller Hinsicht überlegen. Man macht das Erleben interessanter, indem man eine Art von Information zurückdrängt und die andere in den Vordergrund rückt.

Der technische Wandel verstärkt die Bedeutung von Stilen im Sport, weil er die Wahlmöglichkeiten vergrößert. Durch das Kabelfernsehen haben wir heute Zugang zu einer größeren Vielfalt und Vielzahl von Sportereignissen in der ganzen Welt. George Will merkt an, daß der wachsende Lebensstandard und das Leben in den Suburbs den potentiellen Anteil des Baseball an den ausgezeichneten Sporttalenten verringert haben, weil mehr Jugendliche sich lieber im Basketball, Fußball oder anderen Sportarten betätigen. (Das ist wahrscheinlich der Grund, weshalb die heutigen Spitzen-Pitcher nur selten Geschwindigkeit und Können der Stars früherer Generationen erreichen, die in ihrer Jugendzeit weniger Alternativen zum Baseball fanden.) In der gesamten industrialisierten Welt sind die Sportarten einem ständigen Auf und Ab des öffentlichen Ansehens und der sozialen Konnotationen ausgesetzt. Die Ausrüstung ist keineswegs der einzige Grund für solche Verschiebungen; Rivalitäten zwischen den Nationen, Stolz und Vorurteile ethnischer Gruppen und Persönlichkeitsunterschiede beeinflussen das Interesse am Sport immer noch am stärksten.[6]

Dennoch hat der technische Wandel wesentliche Bedeutung, und zwar in dreierlei Hinsicht. Zunächst einmal vergrößert er über die Medien die Zahl der potentiellen Zuschauer; 500 Millionen Menschen auf der ganzen Erde sahen 1992 die Olympischen Winterspiele in Albertville; 1994 in Lillehammer waren es wahrscheinlich schon deutlich mehr. Zum zweiten erweitert er die Möglichkeit, sportliche Veranstaltungen durchzuführen oder ihnen unmittelbar beizuwohnen, indem er die Umweltverhältnisse modifiziert; das Flutlicht veränderte den Baseball, und der künstliche Rasen ermöglichte geschlossene Stadien, die in vielfältiger Weise genutzt werden können. Schließlich vermag der technische Wandel auch Aktive an einen Sport heranzuführen, weil er die nötigen Fähigkeiten verändert. Dabei spielen zuweilen einfachere, zuweilen aber auch kompliziertere Konstruktionen eine Rolle. In den sechziger und siebziger Jahren lösten die mit schmalen Reifen und Mehrgangschaltung ausgestatteten Rennräder einen neuen Fahrradboom in den Vereinigten Staaten aus, obwohl sie schwerer zu warten und zu benutzen waren als die alten Modelle mit ihren drei Gängen. Natürlich sollte die neue Mehrgangschaltung, abgesehen vom geringeren Gewicht, vor allem eine größtmögliche Anpassung der mechanischen Belastung an unterschiedliche Geländeverhältnisse ermöglichen. Entscheidend ist jedoch, daß Vereinfachung und Komplizierung gleichermaßen geeignet sind, neues Interesse zu wecken.[7]

Das Interesse hängt auch vom Profil der Zuschauer und Aktiven ab. Gewalttätigkeit kann einer Sportart viele Anhänger einbringen, feinere Kreise aber auch davon abhalten. Die heutigen Regeln des Boxsports haben ihren Ursprung in den Schulen von »Lehrern des Faustkampfs«, die einst Männer aus gehobenen Schichten in der edlen Kunst des Sparring unterwiesen – im Unterschied zum brutalen Spektakel des Preisboxens.

Die ausgesprochen einfache Technologie des Boxhandschuhs markierte die Trennlinie zwischen Sportgeist oder Selbstverteidigung nach Art der Mittel- oder Oberschichten und den Roheiten der mit bloßen Fäusten kämpfenden Boxer und ihres plebejischen Publikums. Noch heute sind Profi- und Amateurboxen zwei fast völlig verschiedene Sportarten. In England erfreute sich der amerikanische Football bei Mittelschichtfamilien wachsender Beliebtheit, weil er von Hooligans verschont blieb, während Millionen männlicher Angehöriger der amerikanischen Elite Rugby als »elegante Gewalt« und als »rohen Sport für Gentlemen« feierten.[8]

Den Eliten, die über die Sportregeln entscheiden, ist durchaus klar, welche Folgen eine Änderung der Regeln haben kann. Das heißt nicht, daß sie auch immer im Interesse der Profis oder Amateure handelten, wohl aber, daß sie wissen, wie komplex die hier beteiligten Vorgänge sind. Besser als die meisten Menschen erkennen sie, daß scheinbar technische Fragen meist auch von sozialer Bedeutung sind. Veränderungen der Ausrüstung oder der Regeln begünstigen meist eine Gruppe von Aktiven gegenüber anderen Gruppen, weil sie die jeweilige Bedeutung von Schnelligkeit oder Ausdauer, roher Kraft oder subtiler Geschicklichkeit verändern. Jede »Verbesserung« der Ausrüstung oder des Belags kann nicht nur bestehende Rekorde bedrohen, sondern eine ganze Gruppe von Rekordinhabern zeitweilig oder für immer verdrängen. Sie ist unter Umständen ein Beispiel für die geringe Effizienz jener »unzureichenden Mittel«, von denen Suits gesprochen hat.

Der Sport strebt nach herausragenden Leistungen, doch das Dilemma des Sportmanagements liegt darin, daß Regeln und Rekorde das Interesse des Publikums wachhalten sollen. Sport ist mehr als der Versuch, Menschen dazu zu bewegen, so schnell zu laufen, so hoch zu springen oder eine bestimmte Distanz so schnell zu schwimmen, wie ihr Körper es eben zuläßt. Er muß auch immer wieder neu bestimmen, was eine ausgezeichnete Leistung ist, damit Menschen sich weiter darin üben. Allen Guttmann hat darauf hingewiesen, daß außergewöhnliche Leistungen das Interesse an einer Sportart auch erlahmen lassen können; so wurde ein japanischer Wettbewerb im Bogenschießen im siebzehnten Jahrhundert aufgegeben, weil ein Meisterschütze eine so spektakuläre Rekordmarke gesetzt hatte, daß andere die Hoffnung aufgaben, es ihm jemals gleichtun zu können.[9]

Der Erfinder des Basketball, James Naismith, beklagte sein Leben lang die Strenge, die Fachtrainer in sein Spiel gebracht hatten, denn ursprünglich hatte er es als reines Freizeitvergnügen für die kalte Jahreszeit konzipiert. Während die Technologie im Basketball seit Naismiths Zeiten nahezu dieselbe geblieben ist – abgesehen von den Schuhen natürlich –, hat sich der technische Apparat, der um das Spiel herum aufgebaut wurde, im letzten Jahrzehnt gewaltig verändert. Das ständige statistische Feedback ist längst nicht mehr nur den Trainern vorbehalten. Für viele Zuschauer ist es zu einem wichtigen Bestandteil des Spiels geworden. Der Tennisautor David Higdon beklagte 1994 die »dumpfe Stagnation« seines Sports und empfahl den Funktionären, dem Beispiel der National Basketball Association (NBA) und ihrer »auf die Vermehrung, Erziehung und Unterhaltung der Zuschauer gerichteten Marktstrategie« zu folgen. Dazu gehöre unter anderem auch die Verstärkung des Informationsflusses. Higdon und andere Anhänger der Portland Trail Blazers haben das Gefühl, daß ihre Freude am laufenden Spiel sich noch vergrößert, »wenn sie auf der Anzeigetafel aktuelle Prozentzahlen erfolgreicher Würfe und Freiwürfe, die Auswechslungen usw. aufleuchten sehen«. In Portland werden sogar die jeweiligen Zahlen der abgeblockten Bälle, der Abpraller und der Ballabnahmen beider Mannschaften auf der Anzeigetafel miteinander verglichen. Auf der anderen Seite gibt Higdon menschlichen Linienrichtern den Vorzug gegenüber den automatischen Systemen, die das Tennis seines Erachtens in ein »Nintendo-Spiel« verwandeln. Das Interesse ist schon eine merkwürdige Sache. Wer seinen Lebensunterhalt mit der Analyse von Zahlen verdient, dem fehlt in der Freizeit offenbar etwas, wenn er nicht ständig Zahlen zur Verfügung hat, die er nach Lust und Laune analysieren kann.[10]

Doch wenn Higdon recht hat, kommt es ihnen gar nicht so sehr auf die Genauigkeit der Zahlenangaben an; vielmehr wünschen sie sich, was der verstorbene Herman Kahn einmal als »erwärmenden menschlichen Fehler« bezeichnet hat. Tatsächlich benutzt man nur noch in wenigen Profisportarten Videoaufzeichnungen zur Bestätigung oder Korrektur von Schiedsrichterentscheidungen. In der National Football League ließ man diese Praxis 1992 wieder fallen. Die Offiziellen erblickten darin eine Bedrohung für die Autorität der Schiedsrichter und ihres Urteilsvermögens; Fans und Fernsehsender beklagten, daß sich das Spiel dadurch unnötig in die Länge ziehe. Dabei können Videoaufzeichnungen am Ende genauso umstritten sein wie die Erinnerung der Schiedsrichter und Zuschauer an einen bestimmten Vorfall – das haben die Fälle Rodney King und Reginald Denny in anderen Zusammenhängen vor Gericht hinreichend bewiesen.[11]

In Zuschauersportarten kann eine Kombination aus Höchstleistungen und ausgezeichneter Medientechnik dem Interesse sogar schaden. Nach Ansicht des britischen Sportjournalisten Russell Davies haben die heute üblichen Kameraschwenks die Unschärfe und den Bewegungsverlust eliminiert, die frühere Fernsehübertragungen von Skisportveranstaltungen gerade so aufregend machten. Die Kamera kann auch spektakuläre Läufe flacher und leichter erscheinen lassen, als sie es in Wirklichkeit sind. Und verschlimmert wird das Ganze noch durch die Tatsache, daß die schnellsten, effizientesten Skiläufer sich einen individuellen Stil gar nicht mehr leisten können, wie ja auch die schnellsten Autos nur wenig von der aerodynamischen Idealform abweichen dürfen.[12]

Auf der anderen Seite können Maschinen Spiele wieder spannender machen, die an Dramatik zu verlieren drohen. Man denke etwa an das Schachspiel. Auch dort kann es durchaus nützlich sein, die Spitze gelegentlich auszuwechseln. Wenn einige Menschen eine Sportart allzu lange dominieren, kann das Interesse der Anhänger darunter leiden, und mit dem Interesse gehen auch die Einkünfte zurück. Als Bobby Fisher die russischen Großmeister herausforderte, war das ein Spektakel, das ganz dem Geschmack des Kalten Kriegs entsprach. Hätte Fischer sich nicht aus dem Turnierschach zurückgezogen und jahrelang wie ein Einsiedler gelebt, sondern seinen Weltmeistertitel ohne ernsthafte Konkurrenten verteidigt, hätte er dem Ansehen des Schachs im Westen wohl ebenso geschadet, wie er ihm zuvor genützt hatte. Gegenwärtig scheint Gary Kasparov, der weithin als der beste Schachspieler aller Zeiten gilt, die meisten anderen Großmeister von der Weltmeisterschaft auszuschließen und damit wieder einmal das Gespenst einer Stagnation durch Höchstleistung heraufzubeschwören. Die Antwort auf dieses Dilemma ist ein weiteres Paradoxon: die Maschine als Gegner. Diesmal sind es nicht menschliche Spieler, sondern Schachcomputer mit Namen wie Deep Thought oder Big Blue, die neuerlich das wichtige Element der Ungewißheit in das Schachspiel einbringen. Da die Leistung der Computer sich alle achtzehn Monate verdoppelt, das menschliche Spiel sich jedoch nur in geringem Maße verbessert, könnte es durchaus sein, daß am Ende nicht Maschinen gegen Menschen, sondern Maschinen gegen Maschinen antreten werden.

Die stärksten Modelle haben inzwischen das Niveau von Turnierspielern erreicht und werden schon bald auch Internationale Meister schlagen können. Doch die Aussicht, daß der Schachweltmeister demnächst ein Computer sein könnte, hat das Interesse am Schach nicht etwa verringert, sondern noch angeheizt. Zwar gewinnen auch die stärksten Schachcomputer und Softwareprogramme eher dank der rohen Gewalt überlegener taktischer Berechnungen, weil sie mehr Züge im voraus berechnen können als menschliche Spieler. Sie denken weder kreativ noch strategisch. Aber gerade dieser Mangel – sofern es denn einer ist – verstärkt das Interesse an der Persönlichkeit der Meister und Großmeister, die dadurch nur um so menschlicher erscheinen.

Das aufregendste Szenario für das Schach – und gewissermaßen ein Rache-Effekt des Schachcomputers – wäre wohl eine Reihe von Spielen zwischen immer stärkeren Schachcomputern und einem Weltmeister vom

Format eines Kasparov. Selbst schwächere Schachcomputer können das Spiel interessanter machen, weil sie Spielern, die nicht Mitglied eines Schachclubs werden können oder wollen, die Möglichkeit bieten, ihre Fähigkeiten an einem fachkundigen Gegner zu messen. Die Verbesserung der Schachcomputer Anfang der neunziger Jahre führte jedenfalls nicht zu einem Rückgang der Interessenten; die Mitgliederzahl der United States Chess Federation stieg allein zwischen 1991 und 1995 von 58 000 auf 72 000, und die neue Bedeutung des elektronischen Spiels veranlaßte den Halbleiterhersteller Intel, sich im Profischach verstärkt als Sponsor zu betätigen.[13]

Technologie kann auch das Interesse an anderen Sportarten stärken, sofern sie das entscheidende Moment der Ineffizienz aufrechterhält oder neuerlich einführt. Wie einst die Stummfilmschauspieler nach der Einführung des Tonfilms, so müssen die alten Rekordinhaber nun lernen, anders zu spielen. Wenn die Ausrüstung sich ändert, kann eine neue Gruppe von Athleten in die obersten Ränge aufsteigen, wie es etwa geschah, als neue aerodynamische Speere das Verhältnis zwischen Technik und Kraft zugunsten der Technik verschoben; als man dann 1986 die Neukonstruktionen von den Wettkämpfen ausschloß, kehrten die Werfer an die Spitze zurück, die in erster Linie auf die Kraft setzten.[14]

Aber die Technologie kann sich auch aus einem Freund in einen Feind des Interesses verwandeln. Wir haben bereits gesehen, welche Probleme der Computer bereitet, wenn er dazu beiträgt, die menschliche Effizienz zu steigern. Da alle ihre Möglichkeiten verbessern, müssen alle sich mehr anstrengen, um zu gewinnen. In seinem Aufsatz ›Loosing the Edge‹ versucht Stephen Jay Gould zu erklären, weshalb es im Baseball keine außergewöhnlichen Hitter mehr gibt, und schreibt, jahrzehntelange technische Verbesserungen hätten die Lücke zwischen den stärksten und den schwächsten Spielern geschlossen. Natürlich war die Technik nicht *allein* für diese Entwicklung verantwortlich. Nahezu jede Tätigkeit läßt sich bei sorgfältiger, systematischer Weiterentwicklung durch die Akkumulation von Erfahrung vervollkommnen. Schon vor dem Einsatz der neuen Technologien entdeckten die Spieler schrittweise »optimale Methoden der Aufstellung, der Feldabdeckung, des Pitching und des Batting«, die bereits zu einer Verringerung der Distanz beitrugen. Doch wenn die Suche nach optimaler Leistung auch nicht mit der Technologie begann, so erweiterte die Technik sie doch in beträchtlichem Maße. Durch Film- und Videoaufnahmen, die seit neuestem auch für eine Computeranalyse digitalisiert werden, kann man die Technik, die den Meister vom Durchschnittsspieler unterscheidet, Bild für Bild studieren. Durch den Einsatz von Kraftmessern und elektrischen Meßgeräten steigerte man die Leistung der Pitcher bis an die aus Sicherheitsgründen noch zulässige Grenze. (Wir haben jedoch bereits gesehen, daß Pitcher wie Bob Feller und Walter Johnson die heutigen Leistungen ganz ohne elektronische Analyse übertrafen.) Durch Kraft- und Ausdauertraining an Spezialgeräten lassen sich die Leistungen noch weiter verbessern als durch herkömmliche Trainingsmethoden. Die computerisierte Erfassung der Daten von Spielern und Spielen bietet die Möglichkeit, Strategie und Taktik zu optimieren. Ähnlich der aerodynamischen Gestaltung unserer Automobile sorgt die wissenschaftliche Durchdringung sportlicher Leistungen dafür, daß sämtliche Athleten ihr jeweiliges Leistungspotential auch voll ausschöpfen.[15]

Ist es schlecht, wenn alles besser läuft? Gold selbst meint, dank der systematischen Suche nach der besten Technik sei der Baseball »ausgeglichener und schöner« geworden. Wenn Wissen *per se* gut ist, kann die Erforschung optimaler Leistung nur Vorteile bringen. Wer würde schon freiwillig auf die effizienteste Spielweise verzichten, nur um das Spiel interessanter zu machen? Aber die Technologie sorgt nicht nur für eine Verfeinerung des Spiels, sondern auch für dessen Intensivierung. Ob im Krankenhaus, im Büro oder auf der Straße, der technische Fortschritt führt, wie wir bereits gesehen haben, eher zu einer Erhöhung der Kosten. Und im Sport verringert er keineswegs den Trainingsaufwand, sondern erhöht eher noch die Bedeutung ständigen Übens. Wenn das einschlägige Wissen sich erweitert, wenn das Optimum immer besser verstanden wird, wenn man Begabungen immer früher erkennt und die Sportler in immer jüngeren Jahren rekrutiert, dann wird das Training immer teurer, schon weil es früher einsetzen muß. Zumindest in diesem Punkt unterschied sich die freie Marktwirtschaft des Westens nicht von den Kommandowirtschaften des Ostens.

Außerdem müssen in jedem Lebensalter und in allen Sportarten sowohl Amateure als auch Profisportler immer größere Anstrengungen und Kosten auf sich nehmen, um auf das höchste Niveau zu gelangen. Eine olympische Karriere im Eiskunstlauf kostet im Jahr ebensoviel wie ein Studium in Harvard. Aber während das Studium vier Jahre in Anspruch nimmt, dauert diese Laufbahn mindestens zehn Jahre, und nur wenige Bewerber gewinnen eine olympische Medaille, die allein die Aussicht eröffnet, die Kosten des Trainings jemals wieder hereinzubekommen. Die Unterschiede zwischen den Spitzensportlern werden immer geringer. Im August 1991 gewann der amerikanische Sprinter Carl Lewis den Hundert-Meter-Lauf mit einem Vorsprung von 0,002 Sekunden und verbesserte den Weltrekord auf 9,86 Sekunden. Erst ein neues Hybridmeßsystem machte es möglich, den Sieger zu ermitteln, denn der Abstand zwischen den ersten sechs Läufern lag unterhalb der Meßgenauigkeit herkömmlicher Stoppuhren, die eine Hundertstel Sekunde beträgt. Auch beim Rennrodeln kommt es auf Tausendstel Sekunden an. Bei den Olympischen Winterspielen 1994 in Lillehammer schlug der deutsche Meister Georg Hackl den österreichischen Olympiasieger von 1992 Markus Prock um 0,004 Sekunden. Wenn der Stil aller Teilnehmer sich einem Optimum nähert, wenn Sportler wie Zuschauer nicht mehr an Überraschungen glauben, wenn die technische Stärke wichtiger wird als die Persönlichkeit der Wettkämpfer, dann kann es geschehen, daß die Intensivierung der Leistung sich gegen die Popularität einer Sportart zu wenden beginnt.[16]

Als die Profifootballer eine geradezu unglaubliche Leistungsdichte entwickelten, bestrafte man sie mit einer Änderung der Regeln; weil sie zu gut geworden waren, gefährdeten sie das Interesse am Football. Sie spielten zu effizient. Wie anderswo die Fußballer, so hatten sie mit ihrer Spezialisierung (und Globalisierung) ein Niveau erreicht, das den Fans Unbehagen bereitete. Dennoch folgten sie nur der Logik strenger Selektion und intensiven Trainings – eines Trainings, das sich zahlreicher technischer Hilfsmittel zur Analyse und Übung von Bewegungsabläufen bediente. In den meisten anderen Tätigkeitsbereichen können Organisationen, die eine wichtige Fertigkeit zu höchster Entfaltung bringen und einen Stamm ausgezeichneter Fachleute heranbilden, mit Lob und Belohnung rechnen. Im Profisport geschieht gelegentlich das Gegenteil. Die Funktionäre änderten die Regeln, um einem der durch die Verbesserung ausgelösten Rache-Effekte – dem erlahmenden Interesse – zu begegnen. Und die nationalen Unterschiede in der subjektiven Leistungsbewertung, die bei olympischen Sportarten wie dem Eiskunstlauf oder der Gymnastik üblich ist, scheinen das Interesse an diesen Sportarten eher zu fördern.

Manchmal sollen Regeländerungen auch für mehr Lebendigkeit sorgen. Die Zulassung von Aluminiumschlägern im College-Baseball der Männer fördert dank der höheren Schlagkraft dieser Schläger eine offensive Spielweise, die das Spiel in den Augen vieler Trainer interessanter macht. 1993 ging die National College Athletic Association (NCAA) noch einen Schritt weiter und änderte auch die Regeln im Frauen-Baseball, indem sie die Verwendung eines besser erkennbaren gelben Balls erlaubte, dessen Kern nicht mehr aus Kork, sondern aus Polyurethan besteht. Dadurch änderte sich zwar nicht die Technik der Spielerinnen oder Trainer, wohl aber das Interesse der Medien und der Öffentlichkeit; denn der träge Ball und die geringen Weiten des bis dahin üblichen Spiels hatten attraktiven Angeboten der Fernsehgesellschaften im Wege gestanden.

Veränderungen, die den Fans in einer Kultur mißfallen, können für Fans in anderen Kulturen durchaus attraktiv sein. So benutzen sämtliche Mannschaften im japanischen Profi-Baseball Aluminiumschläger, obwohl sie sich natürlich auch die bei amerikanischen Profimannschaften von jeher üblichen Holzschläger leisten könnten. Es liegt nicht nur daran, daß dieser Sport in Japan noch nicht so alt ist und die Statistik nicht so weit zurückreicht. Vielmehr lieben die japanischen Zuschauer – trotz des genialen Umgangs mit Holz und anderen Naturstoffen, für den Japan bekannt ist – das metallische Geräusch, das entsteht, wenn der Aluminiumschläger auf den Ball trifft, und das die meisten Amerikaner nicht mögen. Durch ein verändertes Design ließe dieses Geräusch sich vermeiden, doch die japanischen Mannschaften sehen keine Notwendigkeit dafür. Jede Kultur hat ihre eigenen Vorstellungen über die Dinge, die ein Spiel interessant oder langweilig machen, und technologische Veränderungen können das Interesse stärken oder beeinträchtigen. Wenn eine Neuerung dem Interesse schadet, erblickt man darin einen Rache-Effekt, auch wenn sie die Leistung positiv beeinflußt.[17]

Die Entwicklung des Speerwerfens zeigt, wie ambivalent der technische Fortschritt im Sport sein kann – weil Form und Material der Ausrüstung, Rekrutierung und Training der Sportler, die Abmessungen des Spielfelds und selbst noch die Sicherheit der Athleten anderer Sportarten einander wechselseitig beeinflussen.

Der Fiberglasstab im Stabhochsprung dürfte eines der dramatischsten Beispiele für die technologisch bedingte Veränderung einer Sportart sein. Fiberglas wurde erstmals bei Angelruten für das Tiefseeangeln eingesetzt und 1962 für den Stabhochsprung zugelassen. Anfangs schienen die neuen Stäbe den Hochspringern vor allem die Möglichkeit zu bieten, die Rekordmarke höher zu schieben, weil der Stab mehr kinetische Energie speicherte. Aber das war keineswegs alles. Am Ende verwandelte er den Stabhochsprung in eine intensivere, riskantere und vor allem interessantere Sportart. Der Stabhochsprung löste sich von seinen angeblichen Ursprüngen in der Jagd, wo er zur Überwindung von Wasserläufen gedient haben soll, und drang in das Reich reiner sportlicher Leistung vor. Doch ebenso wichtig wie der Stab waren die Schaumstoffmatten, auf denen die Springer heute landen, denn niemand kann immer wieder aus einer Höhe von mehr als sechs Metern in eine mit Sägemehl gefüllte Grube fallen, ohne sich ernste Verletzung zuzuziehen. Doch die weiche Landung hat auch einen Rache-Effekt. Wenn ein Stabhochspringer die Schaumstoffmatten verfehlt, wird es schlimm für ihn, und der Fiberglasstab reagiert ausgesprochen temperamentvoll.[18]

Vielen Stabhochspringern muß der neue Stab als eine durchaus zweifelhafte Verbesserung erschienen sein. Peter M. McGinnis, Fachmann für Biomechanik, erläutert: »Es ist schrecklich. Wenn der Stab sich nicht genug biegt, wenn die Richtung beim Absprung nicht genau stimmt, wenn man auch nur eine kleine horizontale Bewegungskomponente nach der einen oder anderen Seite besitzt, kann es gut sein, daß man nicht in der Grube landet.« Ältere Stabhochspringer aus der Zeit der starren Stäbe schütteln den Kopf, weil die Sprünge so unberechenbar geworden sind. Aber es kann kein Zweifel bestehen, daß der Stabhochsprung durch die neue Komplexität und Gefahr interessanter geworden ist, weil der Fehler des einen der Vorteil des anderen sein kann. Ein erfolgreicher Stabhochsprung gehört zu den aufregendsten, spannendsten und vertracktesten Manövern im Sport. Der Fiberglasstab ist wie geschaffen für Kurzzeitfotografie und Zeitlupenaufnahmen, weit mehr noch als der Bambusstab. Ein Stabhochspringer, der zu Beginn des Aufstiegs in seiner Bewegung eingefroren scheint, wenn die gespeicherte kinetische Energie wieder freigesetzt wird, bringt das leidenschaftliche Streben nach Bestleistungen so überzeugend zum Ausdruck wie kaum ein anderer Sportler. Der russische Stabhochspringer Sergei Bubka, der 1991 erstmals die Sechs-Meter-Marke übersprang, steht für einen Sportler neuen Typs, der Geschwindigkeit und Kraft mit Geschicklichkeit und Wagemut verbindet.[19]

Der Speerwurf (der seine Wiederbelebung dem Baron de Coubertin verdankt) teilt mit dem populäreren, aber weitaus jüngeren Stabhochsprung eine Nebenwirkung technologisch bedingter Veränderung innerhalb des Sports: einen Wachwechsel zugunsten von Athleten nämlich, die eine andere Mischung von Fähigkeiten und Fertigkeiten aufweisen. Während der Stab biegsamer und die Stabhochspringer kräftiger wurden, bewegte sich der Speer in eine andere Richtung. Die Konstrukteure verliehen ihm einen aerodynamischen Auftrieb, der die Erfinder dieses Sports, die alten Griechen, in höchstes Erstaunen versetzt hätte – dort ging es nicht um die Weite, sondern darum, ein Ziel zu treffen. Bei einem optimalen Wurf schleudert man den Speer mit größtmöglicher Wucht, wobei die Spitze des Speers zunächst nach oben zeigt und sich erst relativ spät auf ihrer Bahn wieder zur Erde senkt. Wenn der Speer flach oder mit dem rückwärtigen Ende aufschlägt, ist der Wurf ungültig – was sich nicht immer leicht überprüfen läßt.

Da die neuen Speere besonders empfindlich auf die Anfangsbedingungen reagierten – darin ähnelten sie den Fiberglasstäben –, war es keineswegs mehr ausgemacht, daß die größten und kräftigsten Sportler den Sieg davontrugen. Das Feingefühl bei der Steuerung der Bewegung war nun ebenso wichtig wie die bloße Körperkraft. Das Speerwerfen wurde sehr viel interessanter, aber es gab auch einen Rache-Effekt, denn der Speer konnte nun plötzlich zu einer Gefahr für die Zuschauer werden. Das Spielfeld in vielen Stadien ist kaum länger als 100 Meter und meist von einer Bahn für die Laufwettbewerbe umgeben. Anfang der achtziger Jahre übertrafen Werfer wie Tom Petranoff aus den Vereinigten Staaten und Uwe Hohn aus der DDR die Hundert-Meter-Marke. Der damals aufgestellte und immer noch gültige Weltrekord liegt bei 104,8 Metern. Während die Unberechenbarkeit des Fiberglasstabs nur den Stabhochspringer selbst gefährdet, begannen die Unwägbarkeiten der Flugbahn im Speerwurf nun auch Wertungsrichtern und Zuschauern Sorgen zu bereiten. Auch unterhalb neuer Rekordmarken endeten viele Würfe nicht mit einer sauberen Landung, bei der die Speerspitze sich in den Boden bohrt; häufig landet der Speer flach und schliddert dann weiter über das Gras. Außerdem weicht er gelegentlich auch unerwartet seitlich aus. Die anderen Sportler im Stadion begannen, einen weiten Bogen um die Speerwerfer zu machen. Bei den Olympischen Sommerspielen 1984 in Los Angeles landete der Speer eines norwegischen Werfers beinahe mitten in einer Gruppe von Schiedsrichtern, deren ganze Aufmerksamkeit gerade einem Laufwettbewerb galt. Unter diesen Umständen war es nicht verwunderlich, daß man schon bald auf Veränderungen sann.[20]

1984 erließ der Internationale Leichtathletikverband neue Richtlinien, die den Schwerpunkt des Speers weiter nach vorne verlagerten, nicht aber das Schubzentrum, das dem Speer den Auftrieb verleiht. Diese Entscheidung schien dreißig Jahre sorgfältiger Verbesserungen der Konstruktion und der Aerodynamik zunichte zu machen, doch sie sorgte dafür, daß der Speerwurf wieder interessanter wurde. Die Vorteile verschoben sich aufs Neue, und die kraftvollen Werfer rückten wieder in den Vordergrund. Noch interessanter war indessen die Reaktion der Ingenieure, die sich um die Konstruktion aerodynamischer Speere bemüht hatten. Sie gaben ihre Bemühungen nicht etwa auf, sondern paßten sie an die neuen Gegebenheiten an. Und obwohl sie sich buchstabengetreu an die neuen Bestimmungen halten, nähern sie sich langsam wieder den alten, potentiell gefährlichen Weiten. Sollte ihnen das gelingen, müßten die Funktionäre das Regelwerk neuerlich überarbeiten. Das Ganze scheint nicht besonders sinnvoll, doch es hat auch seine positive Seite: Das Problem und der Streit darüber halten das Interesse der Ingenieure, Journalisten und Sportler wach, zumal sie sich wieder berechtigte Hoffnungen auf einen neuen Weltrekord machen können.

Tennis und die Rache der technologischen Revolution

Im Vergleich mit anderen Profisportarten kümmerten sich die Funktionäre des Tennissports nur wenig um die Ausrüstung. Sie erließen zwar strenge Richtlinien für Abmessungen und Beschaffenheit des Platzes, des

Netzes und des Balls, doch Konstruktion und Größe der Schläger überließen sie bis weit in die siebziger Jahre hinein der Phantasie der Hersteller und Spieler. Noch 1977 konnte der Präsident der U. S. Tennis Association erklären: »Sie können mit einer Tomatenbüchse am Ende eines Besenstiels spielen, wenn Sie meinen, Sie können damit gewinnen.« Diese Freiheit führte jedoch keineswegs zu einer phantasievollen Vielfalt der Schläger; vielmehr bildete sich mit der Zeit eine immer größere Gleichförmigkeit heraus. Die Ausrüstung war nicht so wichtig wie das Können – Profitennisspieler können selbst mit einer Bratpfanne weniger talentierte, mit normalen Schlägern ausgerüstete Spieler schlagen –, aber das ist nicht der eigentliche Grund für solchen Konservatismus. In den meisten Sportarten ist das Können wichtiger als die Ausrüstung, und dennoch war das dort kein Hindernis für Innovationen.

Die Besonderheit des Tennisschlägers liegt in den Eigenschaften der Materialien, die man zu seiner Herstellung braucht. Leisten aus Esche und Buche werden zurechtgeschnitten, gebogen, verleimt, in neuerer Zeit noch durch diverse Kunststoffe verstärkt, und ergeben einen haltbaren Schläger, doch mit dieser Technik erreicht die Stabilität bei einer Fläche von etwa 450 Qudratzentimetern eine natürliche Grenze. Größere Rahmen aus Holz oder auch Aluminium würden entweder bei kräftigen Schlägen brechen oder aber durch ihr Gewicht das Spiel verlangsamen. (Schwerere Schläger erhöhen die Ballgeschwindigkeit nur geringfügig, weil der Vorteil der größeren Masse durch die Verlangsamung der Schlagbewegung wieder zunichte gemacht wird, während leichtere Schläger, die schneller bewegt werden, die Ballgeschwindigkeit deutlich erhöhen können.) Schon in den zwanziger Jahren erprobte man Stahlschläger – ein Hersteller in Birmingham brachte ein mit Klaviersaiten bespanntes Modell auf den Markt –, aber erst Jimmy Connors, der Ende der sechziger Jahre erfolgreich mit dem Stahlracket Wilson T2000 spielte, und Pancho Gonzalez, der in Wimbledon 1969 einen Spalding Smasher aus Aluminium benutzte, markierten den Anbruch eines Zeitalters, in dem die Tennisschläger eine raschere Entwicklung erfahren sollten.[21]

Die eigentliche Revolution begann jedoch erst zehn Jahre später, und sie nahm ihren Ausgang an der Basis: mit Schlägern, die gerade den weniger geschickten Spielern das Tennisspielen erleichtern sollten. Howard Head, ein Ingenieur, der mit der Entwicklung und Produktion laminierter Skis ein Vermögen gemacht hatte, bemerkte, daß viele Amateurtennisspieler frustriert waren, weil sie den Ball mit den herkömmlichen Rackets nicht sicher zu treffen vermochten. Auch die frühen Metallschläger von Wilson und Spalding waren den meisten Spielern kaum eine Hilfe. Und Head erkannte, daß ihm das Fehlen offizieller Richtlinien eine einzigartige Chance bot. Ein Patent, das er 1974 auf sein Aluminiummodell erhielt (es kam 1976 unter dem Markennamen »Prince« auf den Markt), verschaffte ihm ein Monopol auf übergroße Tennisschläger. Der Original-Prince hat eine Oberfläche von 840 Quadratzentimetern und ist damit fast doppelt so groß wie herkömmliche Modelle. Obwohl Physiker und Ingenieure drei verschiedene, gleichermaßen plausible Definitionen für jenen Bereich eines beliebigen Schlaginstruments kennen, der für eine maximale Beschleunigung des Balls sorgt, konnte kein Zweifel bestehen, daß dieser Bereich beim Prince deutlich größer war als bei allen anderen Tennisschlägern. (Da der Arm des Spielers nun seltener verdreht wird oder unter starken Schwingungen zu leiden hat, glauben manche, der größere Schläger habe die Häufigkeit des Tennisarms verringert, doch diese These läßt sich nur schwer beweisen. Auch Anfang der neunziger Jahre klagte die Hälfte aller häufig spielenden Amateure über solche Symptome. Mittelgroße Rackets verringern die Schwingungen und das Verdrehen des Arms, aber sehr große Schläger verdrehen den Arm stärker, und Rackets mit festerer Bespannung absorbieren Stöße sehr schlecht.)[22]

Ausrüstungen, die Fehler verzeihen, haben für Profisportler noch nie Bedeutung gehabt; niemand erreicht die obersten Ränge, wenn er nicht sicher spielt. Die ersten, die den Prince einsetzten, waren wohlhabende, ehrgeizige, aber dennoch gewöhnliche Spieler mittleren Alters – wie Head selbst. Wäre die größere Fläche der einzige Vorteil gewesen, hätte das größere Racket angesichts des verbreiteten Macho-Images von Tennisspielern möglicherweise schon bald unter dem Stigma der Prothese gelitten. Doch die übergroßen Schläger bieten einen weiteren unerwarteten Vorteil, der auch den Profis zusagt. Die neuen Rackets – der Prince ebenso wie spätere Modelle aus Fiberglas, Bor, Graphit und Kevlar in den unterschiedlichsten Kombinationen – sind leichter und zugleich fester als Schläger herkömmlicher Bauart. Sie ermöglichen Geschwindigkeiten, die 30 Prozent höher liegen als bei den herkömmlichen Modellen. Und diese Leistungsverbesserung sollte beträchtliche Folgen für den Tennissport haben.

(Der Markt für nachsichtigeres Sportgerät kann sehr unbarmherzig sein. Ein etwas größerer und langsamerer Tennisball, den Wilson Anfang der achtziger Jahre unter dem Markennamen »Rally« für ältere, weniger geschickte Amateure herausbrachte, wurde ein Flop. Das Gewicht entsprach zwar den Richtlinien, aber er fühlte sich etwas schwerer an, wenn er auf die Bespannung traf. Wilson mußte ihn schon nach kurzer Zeit wieder vom Markt nehmen.)

Schon fünf Jahre nach der Einführung des Prince hatten die größeren Rackets sämtliche Tennisturniere erobert. Den Anfang machte Pam Shriver, die sehr dazu beitrug, daß in den siebziger und achtziger Jahren das

Damentennis eine der wenigen Frauensportarten wurde, die in der Dotierung und in der Beachtung durch die Medien mit den Männerdisziplinen Schritt halten können. Die Wirkung auf das Tennis der Herren war jedoch noch weitaus komplexer. Für die einzelnen Stars gab es keine Alternative. Einige führenden Tennisspieler wollten zwar zeigen, daß sie Turniere auch mit Holzschlägern gewinnen konnten – aber sie scheiterten. John McEnroe war der letzte, der in Wimbledon ein hölzernes Racket benutzte; das war 1982. Als Björn Borg bei den Monte Carlo Open 1991 mit einem hölzernen Racket antrat, verlor er zwölf von siebzehn Spielen gegen einen spanischen Spieler, der auf Platz 52 rangierte, aber mit einem Graphitfiberschläger spielte. Anfang der neunziger Jahre waren hölzerne Schläger bereits ein Nischenprodukt, das im wesentlichen nur noch von einem einzigen Hersteller in Cambridge, England, angeboten wurde.[23]

Im Verein mit dem Eintritt kräftiger, konditionsstärkerer junger Spieler sorgte der Triumph der Metall- und Kompositschläger für einen völligen Wandel des Herrentennis. Schon Anfang der neunziger Jahre gehörte das manchmal etwas monotone Serve-and-Volley-Spiel der Vergangenheit an, und nur wenige Spezialisten dieser Spielweise blieben im Rennen. Auf der anderen Seite vergrößerten die neuen Schläger die Vorteile eines kraftvollen Aufschlags vor allem auf schnellen Belägen wie Gras. Aufschläge mit Ballgeschwindigkeiten von mehr als 160 Stundenkilometern waren schon bald Routine, und manche Spieler erreichen Geschwindigkeiten von 200 Stundenkilometern und mehr. Diese Ergebnisse sind um so eindrucksvoller, als die meisten Spitzenspieler nicht einmal die extremsten Konstruktionen – breite Schläger mit außerordentlich harter Bespannung – einsetzen, weil sie das Gefühl haben, daß diese Schläger nicht genügend Topspin ermöglichen. Bei einer wachsenden Zahl von Aufschlägen handelt es sich um Asse, die kein Spieler jemals returnieren könnte, und immer mehr Spiele erweisen sich als reine Aufschlagwettbewerbe. Als Pete Sampras 1994 Goran Ivanisevic im Endspiel von Wimbledon besiegte, da zeigte er ein technisch hervorragendes Spiel, doch seine mehr als 200 Stundenkilometer schnellen Aufschläge langweilten viele Fans. Der längste Ballwechsel dauerte gerade einmal acht Schläge, und der Korrespondent des *Guardian*, David Irvine, rief dazu auf, »das Rasentennis vor der Selbstzerstörung zu bewahren«.[24]

Inzwischen scheint jeder Lösungsvorschlag angesichts der Rache-Effekte der größeren Rackets mit unerwünschten Folgen verbunden zu sein. Ein höheres Netz oder langsamere Bälle in Turnieren würden nicht nur den Aufschlag beeinträchtigen, sondern den gesamten Ballwechsel. Unterschiedliche Platzgrößen für Profis und Amateure könnten im Training zu Verwirrung führen und Tausende bestehender Plätze zumindest zeitweilig unbrauchbar machen. Verlangte man von den Spielern, beim Aufschlag beide Füße auf dem Boden zu halten, raubte man ihnen die Frucht unzähliger Übungsstunden – und bevorteilte möglicherweise einige Spieler, die physisch besser auf die neuen Regeln eingestellt wären. Erließe man einschneidende Bestimmungen hinsichtlich der Schläger, müßte das nicht nur Fragen zur Brauchbarkeit älterer Modelle aufwerfen, sondern könnte manche amerikanischen Hersteller, die sich dadurch bestraft fühlten, zu einer Klage wegen des Verstoßes gegen die Anti-Trust-Gesetzgebung veranlassen. Und wollte man schließlich in Wimbledon den Rasen durch einen Sandplatz ersetzen, stieße man damit viele Tennistraditionalisten schlimmer vor den Kopf, als man es mit neuen Schlägerkonstruktionen jemals vermocht hätte.

Die Ironie der neuen Rackets reicht sogar noch weiter, denn sie bringen den Herstellern keineswegs so große Gewinne wie ehedem. Obwohl sie dem Durchschnittsspieler große Vorteile boten, trugen sie nur wenig zum Tennisboom der siebziger Jahre bei. Nach Angaben der Tennis Industry Association (TIA) erreichte die Zahl der Tennisspieler ihren Gipfel bereits 1974, also zwei Jahre vor der Einführung des Prince. Danach stagnierten die Zahlen, gingen dann Anfang der achtziger Jahre deutlich zurück und erreichten Mitte des Jahrzehnts mit zehn bis elf Millionen erwachsenen Spielern ihren Tiefststand. Das ist nicht vollkommen unverständlich, denn leistungsfähigere Produkte benötigen eine breite Verbraucherschicht, die willens ist, ihre Leistung zu steigern. Verwunderlich ist indessen, daß die Teilnehmerzahlen auch weiterhin so deutlich zurückgingen, obwohl die neuen Schläger sowohl das Erlernen dieser Sportart als auch das Spielen erleichterten. Die TIA führt den Rückgang auf den Aufstieg der Aerobic- und Fitneßbewegung zurück, obwohl man nicht recht einzusehen vermag, weshalb diese Freizeitbeschäftigungen nicht auch anderen Sportarten geschadet haben. Könnte ein Grund in den höheren Preisen der neuen Schläger gelegen haben? Vielleicht ließen weniger betuchte Spieler sich von der Aussicht abschrecken, 250 Mark mehr investieren zu müssen, wenn sie wettbewerbsfähig bleiben wollten. Für engagierte Tennisspieler dürften diese Zusatzkosten kaum eine Rolle gespielt haben, aber wer nur gelegentlich spielte, mag es sich durchaus zweimal überlegt haben, ob er diese Ausgabe tätigen wollte. Und andere, die mit ihren alten Schlägern eigentlich zufrieden waren, mußten möglicherweise feststellen, daß die Schlagfläche doch allzu klein war, vor allem, wenn ihr Gegner mit einem der neuen großen Modelle spielte.[25]

Wie der erste Tennisboom bereits vor der technologischen Innovation zu Ende ging, so erholte sich das Interesse um 1985, drei Jahre vor der Einführung der breiteren Schläger, die mit ihrem dünneren, aber tieferen

Rahmen größere Festigkeit boten – und die Preise nochmals um 350 bis 500 Mark in die Höhe schraubten. Es konnte kein Zweifel bestehen, daß diese Rackets Anfängern das Lernen erleichterten und engagierten Spielern stärkere Schläge ermöglichten. Gegenüber den Holzschlägern besaßen sie eine doppelt so große Schlagfläche und oft auch eine doppelt so hohe Festigkeit, waren dabei jedoch 35 bis 40 Prozent leichter. Anfang der neunziger Jahre hoffte die Industrie, mit diesen Schlägern einen Teil der Popularität zurückzugewinnen, die das Tennis zu seinen besten Zeiten gehabt hatte.[26]

Doch wieder einmal vermochte auch die Technik das Tennis nicht zu retten. Heute stagniert das Interesse am Tennis wieder, und dies zum Teil gerade wegen der erfolgreichen Innovationen. Die Zahl der Tennisspieler erholte sich zwar nach 1985 und stieg bis 1993 auf 23 Millionen, doch die Zahl der verkauften Tennisbälle – an der sich die tatsächlichen Aktivitäten ablesen lassen – ging von 1990 bis 1993 deutlich zurück. Hersteller und Händler machten ein verfehltes Marketing dafür verantwortlich, aber der erste Tennisboom während der siebziger Jahre hatte offenbar kaum etwas mit Marketing zu tun, und selbst erfahrene Unternehmen wie Nike sind nicht durchgängig erfolgreich. Jedenfalls nahmen die Hersteller Mitte der neunziger Jahre die Preise deutlich zurück, und im Einzelhandel reduzierte man die Verkaufsflächen für Tennisausrüstungen. Inzwischen scheint sogar die verbesserte Qualität der Produkte auf die Hersteller zurückzufallen. Wie die *New York Times* berichtet, halten die neuen Metallrackets sehr viel länger als die alten Holzschläger und müssen seltener neu bespannt werden. Die Hersteller haben deshalb zwar nicht aufgehört, noch leistungsstärkere Rackets einzuführen, doch den Boom der siebziger Jahre dürften sie dadurch kaum wiederbeleben können.[27]

Das Tennis zeigt, welche unvorhersehbaren Folgen der technische Wandel in allen Sportarten zeitigen kann. Seit zwei Jahrzehnten verbessert man ständig die Ausrüstung der Profis wie auch der Durchschnittsspieler, und dennoch erreicht das Interesse nicht mehr solche Höhen wie zu Zeiten des Holzschlägers Mitte der siebziger Jahre.

Golf und die Vorzüge gebremsten Fortschritts

Wie das Tennis, so benötigt auch das Golf knappe Ressourcen – teuren Boden in Stadtnähe oder in Erholungsgebieten und insbesondere Zeit. Während begeisterte Golfer aus der amerikanischen Mittelschicht die ganze Nacht anstehen, um einen Platz auf den billigen städtischen Einrichtungen zu ergattern, zahlen die Reichen für die Mitgliedschaft in einem

Golfclub Zehntausende von Dollars, in denen die Bodenpreise und die hohen Arbeitskosten eines gut geführten Golfplatzes ihren Ausdruck finden. In Japan kostet die Mitgliedschaft in manchen führenden Golfclubs mehr als 800 000 Mark, und kurz vor dem Ende des Golfbooms 1990 gelegentlich sogar das doppelte. (Die Währungsschwankungen machen eine genaue Umrechnung hier schwierig.) In den meisten Klimazonen benötigt man für die Anlage und Erhaltung eines Golfplatzes gewaltige Mengen an Wasser und Pestiziden. Ein einziger Platz verbraucht manchmal mehr Wasser als mehrere Hundert Haushalte und sieben- bis achtmal soviel Pestizide wie die gleiche Fläche Ackerland. Man braucht schon erstaunlich viele Chemikalien, um eine heiter-bukolische Landschaft zu schaffen – fernes Echo der vom Seewind durchwehten Hügel des St. Andrews Old Course in Schottland, wo das Spiel einst seinen Ausgang nahm.[28]

Kritiker sehen in der wunderbaren Landschaft eines gut gepflegten Golfplatzes nicht nur einen teuren Garten Eden, sondern ein grünes Ungeheuer, das Ackerland und Lebensräume für wilde Tiere oder Pflanzen verschlingt. Und die Pestizidbelastung ist eine ernste Bedrohung für Angestellte und Golfspieler gleichermaßen. Die Grünflächen erfordern einen massiven Einsatz von Pestiziden und Herbiziden, damit sie die Belastung des häufigen Mähens überstehen. (Früher machten die Gärtner auf den Golfplätzen reichlich Gebrauch von Arsen und anderen zweifelhaften Chemikalien, um einen schönen Rasen zu erhalten.) Es heißt, die Verwalter von Golfplätzen zeigten eine verdächtig hohe Krebsrate. Doch nicht einmal die vermutete Gesundheitsgefährdung hat das Spiel selbst bislang beeinträchtigen können, auch wenn sie in den Industrieländern inzwischen für eine Veränderung der einschlägigen Praxis sorgt und in Asien oder anderen Regionen mit hohen Wachstumsraten den Widerstand gegen die Anlage neuer Plätze verstärkt.

Wirklich bemerkenswert ist der Golfsport jedoch als ein Versuch, in bestimmter Weise mit dem technischen Wandel umzugehen – wahrscheinlich handelt es sich hier um den zumindest in Amerika erfolgreichsten Fall einer Verhinderung technischer Innovationen, die das Leben leichter machen könnten. Ein befreundeter Ingenieur, der sich bereits mit der verbesserten Konstruktion von Tennisschlägern hervorgetan hatte, begann sich vor ein paar Jahren Gedanken über Verbesserungen im Golf zu machen, doch ein Kollege warnte ihn, die U.S. Golf Association (USGA) werde diese Änderungen niemals akzeptieren (anders als die U.S. Tennis Association, die seine neuen Modelle ohne größere Einwände zugelassen hatte).

Langfristig betrachtet, gehört Golf zu den Sportarten mit der größten

Aufgeschlossenheit für neue Technologien. So hat der Golfball mindestens drei technologische Revolutionen erlebt – die erste Mitte des neunzehnten Jahrhunderts, als das Hartgummi Guttapercha die herkömmlichen Ballkerne aus gekochten Federn ersetzte. Die zweite Revolution erfolgte Ende des neunzehnten Jahrhunderts, als man die Bälle aus drei Schichten Gummi herstellte (ein Gummikern wurde fest verschnürt und dann mit Guttapercha oder Balata, dem Produkt eines anderen tropischen Baums, überzogen). Ende der sechziger Jahre führte man dann eine dritte Konstruktion ein; dieser Ball besteht aus einem Kunststoffkern, der mit dem Thermoplast Surlyn von DuPont überzogen ist. Der zweischalige Surlyn-Ball fliegt bei einem typischen Amateurschlag weiter und zerbricht nicht so leicht wie sein Vorgänger, doch der dreischalige, mit Balata überzogene Ball bietet immer noch mehr Spin und größere Zielgenauigkeit.

Obwohl die USGA für ihren technologischen Konservatismus bekannt ist, verhielt sie sich in der Frage der Ballkonstruktion bemerkenswert pragmatisch. Funktionäre, Profis und Amateure erkannten gleichermaßen, daß man die Golfplätze würde vergrößern müssen, wenn alle Spieler regelmäßig weiter schlugen. Gerade die Plätze der ältesten und reichsten Clubs mit entsprechender Mitgliedschaft mochten technologisch veralten, falls eine Vergrößerung unmöglich war. Man löste das Problem, indem man bei der Konstruktion und den verwendeten Materialien eine große Vielfalt zuließ, die Leistung aber beschränkte. Bälle müssen einen Mindestdurchmesser von 1,68 Zoll (4,27 cm) aufweisen, nach oben wird die Größe nur dadurch beschränkt, daß sie in das 4,25 Zoll (10,8 cm) weite Loch passen müssen. Das Höchstgewicht wurde auf 1,62 Unzen (45,9 g) festgelegt; leichtere Bälle sind erlaubt. Mit einer Schlagmaschine verschossen, deren Schlagkraft auf dem Swing des Champions Byron Nelson basiert, darf der Ball nicht weiter als 296,8 Yards (271,4 m) fliegen.[29]

Diese Regeln für den Ball mögen übertrieben und sogar reaktionär erscheinen, aber in Wirklichkeit sind sie liberaler, als man auf den ersten Blick meint. Das Golf ist die einzige Wettkampfsportart, in der jeder Spieler unter verschiedenen Bällen mit deutlich unterschiedlichen Flugeigenschaften wählen darf, die auf den verschiedenen Kombinationsmöglichkeiten der für Kern und Überzug verwendeten Materialien beruhen. Während die Abmessungen des Balls weitgehend festliegen, experimentiert man nahezu endlos mit der Geometrie der kleinen Vertiefungen, die für einen stabilen Flug und größere Weiten sorgen sollen – vorausgesetzt natürlich, die Leistung wird nicht allzu groß. Amateure und Profispieler unterwerfen sich bereitwillig denselben Standards; allerdings entscheiden Spieler mit höherem Handikap sich wegen der größeren Weite fast ausnahmslos für den Surlyn-Ball, während die allermeisten Profis bei Bällen mit Balata-Überzug bleiben, weil sie sich mit größerem Feingefühl dirigieren lassen. Anders als im Tennis kann der Amateur im Golf immer darauf hoffen, daß eine verbesserte Ballkonstruktion auch sein Spiel einmal um eine Stufe verbessern wird. Doch es besteht auch die Gefahr, daß eine radikale Verbesserung den Sport uninteressant machen könnte. Die Regeln der USGA vermeiden solche Rache-Effekte aufgrund übermäßiger Verbesserungen, indem sie der Leistung absolute Grenzen setzen. Aber sie verhindern auch, daß der Golfsport langweilig oder statisch werden könnte, weil sie kleinere Veränderungen zulassen und sogar fördern, die es ermöglichen, sich den gesetzten Grenzen langsam, Jahrzehnt für Jahrzehnt, anzunähern. Solche Beschränkungen haben außerdem die angenehme Nebenwirkung, daß sie statt Höchstleistungen eher ein konstantes Leistungsniveau fördern, so daß etwa die Unterschiede zwischen den schnellsten und den langsamsten Bällen einer Charge heute dank verläßlicherer Produktionsmethoden deutlich geringer sind als früher. Und eine voraussagbare Leistung ist für den Spieler wahrscheinlich befriedigender als eine Leistungsverbesserung.[30]

Die 120 Seiten umfassenden *Rules of Golf* sind ein Paradoxon. Die Ausrüstung wird genauestens festgelegt, doch bei der Gestaltung der Bahnen erweisen sich die USGA und ihr schottischer Partner, der Royal and Ancient Golf Club of St. Andrews, als erstaunlich liberal. Das Loch muß einen Durchmesser von 4,25 Zoll (108 mm) und eine Tiefe von 4 Zoll (100 mm) haben, doch ansonsten hält man sich bei den Definitionen sehr zurück. Bunker bestehen aus Sand »oder ähnlichem«; als Wasserhindernis gilt »jeder See, Teich, Fluß, Graben ... oder dergleichen«. In der Anlage reichen Golfplätze und Bahnen von nachsichtig bis gnadenlos; bei der Auswahl des Platzes für die U.S. Open gibt die USGA allerdings eindeutig solchen Plätzen den Vorzug, die eine gewisse Herausforderung darstellen. Während man im Tennis die Abmessungen des Spielfelds und des Netzes genauestens festlegt und bei der Ausrüstung größere Freiheiten einräumt, geht man im Golf den entgegengesetzten Weg – mit der Folge, daß jeder Platz seine eigenen Abmessungen und seine eigene Persönlichkeit besitzt, was das Spiel zusätzlich interessant macht.[31]

Bei den Schlägern zeigen sich die überraschenden Vorzüge begrenzter Verbesserungen oder »unzureichender Mittel« in Suits Sinne noch deutlicher als bei den Golfbällen. Wie die Bälle, so haben auch die Schläger sich in den letzten hundert Jahren mehrfach verändert, zum erstenmal mit der Einführung stählerner Stöcke und Köpfe Ende des neunzehnten Jahrhunderts, dann mit der Entwicklung spezialisierter Schläger – Holzschläger, Putter und insbesondere Treiber – zu Beginn des zwanzigsten Jahrhunderts. Tatsächlich nahm das Interesse am Golf beträchtlich zu, als einige Neukonstruktionen bei den Schlägern den Spielern bessere Möglichkeiten boten, den Ball aus einem Bunker herauszuholen. Hätte man die Regeln Anfang des zwanzigsten Jahrhunderts auf dem damaligen Stand eingefroren, wäre Golf ein exzentrischer Sport für Reiche geblieben. Allerdings hat er sich dennoch etwas von diesem Image bewahrt. Nach einem Spiel mit dem späteren Golfautor Horace G. Hutchinson beschrieb ein Oxforder Philosophieprofessor den Sport folgendermaßen: »Man versenkt kleine Bälle in kleinen Löchern, und das mit Instrumenten, die sich nur schlecht für diesen Zweck eignen.«[32]

Sportwissenschaftler haben diese mangelnde Eignung sogar quantifiziert. Die zulässigen Schläger sind viel zu leicht, um die größtmögliche Energie aus dem Schwung des Golfers aufzunehmen – ideal wären hier mehrere Kilogramm. Zugleich aber ist er viel zu schwer, um dem Ball die Energie mitzuteilen, die ihm die größte Geschwindigkeit verliehe – ideal wären hier gerade 50 Gramm. Mit anderen Worten, wie fast alle technischen Lösungen ist die Konstruktion des Golfschlägers Ausdruck eines Kompromisses. Man könnte ihn radikal verändern, jedoch nur um den Preis eines Rache-Effekts: Das Spiel würde entweder keine Herausforderung mehr darstellen oder aber sehr teuer werden, weil man die Golfplätze umgestalten müßte. Wie Frank Thomas, technischer Direktor der USGA, argumentiert, könnte man das Spiel auch ohne jede neue Technologie leichter machen, so daß sämtliche Spieler bessere Punktzahlen erreichten. (Obwohl verzogene Schläge für die meisten Gelegenheitsgolfer frustrierender sind als mißlungene Einlochversuche, scheint der Putter das bevorzugte Objekt der Golferfinder zu sein, und ständig werden der USGA radikal neue Putter zur Prüfung vorgelegt.) Man brauchte nämlich bloß den Durchmesser des Lochs zu verdoppeln. Neuerungen dürften dem Sport nichts von seiner Herausforderung nehmen, müßten zugleich aber kleine, schrittweise Verbesserungen ermöglichen. Es sei notwendig, das Interesse am Spiel zu steuern.[33]

Thomas zeigt auf, daß Golf nicht in derselben Weise wettbewerbsorientiert ist wie andere Sportarten. Anders als Tennisspieler stehen Golfer eher im Wettkampf mit sich selbst als mit anderen. Und das Können ist eher mentaler als körperlicher Art. Hunderte von Turniergolfern absolvieren ihre Schläge mit verblüffender Konstanz. Innerhalb dieser Elite spielen individuelle Reaktionen auf den Platz, das Wetter und natürlich auch auf den jeweiligen Stand des Wettbewerbs eine größere Rolle als die Technik. Auf allen Ebenen hängt Golf weit stärker vom Zusammenspiel zwischen Körper und Geist, vom Feingefühl und von der Konzentration ab als von Kraft oder Kondition. Golfchampions können ihre Hochform bis weit ins mittlere Alter hinein halten. Und als erstes läßt nicht das Schlagvermögen nach, sondern das Putten. Eine psychische Blockade, für die keine neurologische Grundlage bekannt ist, läßt selbst leichte Puts mißlingen. Das ist wohl auch der Grund, weshalb es bei den Puttern so viele radikale Neukonstruktionen gibt. Thomas bewahrt in seinem Büro einen Putter auf, dessen Konstruktion wahrscheinlich auf solche Frustrationen zurückgeht; es handelt sich nicht wirklich um einen Schläger, sondern um ein tragbares Pendel, das natürlich nicht den Vorschriften der *Rules of Golf* entspricht. (Der lange Putter, den man gegen das Brustbein drückt und den viele Spieler verachten, ist dagegen immer noch zugelassen.)[34]

Entscheidend bei einem neuen Putter oder anderen Neukonstruktionen ist, wie Thomas und andere Golfforscher glauben, nicht die beabsichtigte mechanische Wirkung, sondern ein Placebo-Effekt. Das Unterbewußtsein des Golfers weiß sehr wohl, wie ein Schlag auszuführen ist. Erst das Bewußtsein mit seinen Ängsten läßt den Schlag mißlingen. Neue Technologien bedeuten für den echten Golfer eine Befreiung, weil sie das Bewußtsein entwaffnen und dem tief verwurzelten Können wieder zu seinem Recht verhelfen. Erfindungen leisten hier dasselbe wie Meditation, und die Golfer sehen das Verdienst eher beim Hersteller als bei sich selbst – jedenfalls für eine Weile. Hat der Golfer sich an einen neuen Schläger gewöhnt, so Thomas, meldet das Bewußtsein sich zurück und beginnt wieder zu stören. Manchmal holen Golfer nach Jahren einen verstaubten Satz Schläger vom Speicher und stellen fest, daß sie dieselbe magische Kraft besitzen wie damals, als sie sie zum erstenmal einsetzten. Aber natürlich hält auch diese Kraft nicht lange an. Im Golf gibt es daher zwei widersprüchliche Mythen; der eine besagt, die USDA halte Innovationen zurück, die den Sport verbessern könnten, der andere, die heutige Ausrüstung sei so gut, daß Können schon fast keine Rolle mehr spiele. (Die letztgenannte Klage tauchte schon vor dem Ersten Weltkrieg in Golfmagazinen auf; so warnte bereits 1907 ein Autor, das heraufziehende Zeitalter der 300-Yard-Schläge werde eine Verlängerung der Bahnen erforderlich machen.)[35]

1994 unterzog die Zeitschrift *Golf Digest* die neuesten Schläger und Bälle sowie einige 25 Jahre alte Modelle einem Vergleichstest. Die Schläger hatten die jeweiligen Hersteller zur Verfügung gestellt, die alten Bälle waren nach den alten Verfahren von der Titleist Company eigens hergestellt worden. Die Zeitschrift gelangte zu dem Ergebnis, daß die neue Ausrüstung trotz der vielen Millionen Dollar, die man in ihre Entwicklung und Vermarktung gesteckt hatte, bei Profispielern nur eine geringfügig verbesserte Leistung erbrachten. Eine Kombination aus neuen Bällen und neuen Schlägern ergab kaum größere Weiten, denn die Bälle flogen zwar im Durchschnitt 15 Meter weiter, rollten anschließend aber 12 Meter weniger weit. Moderne Treiber mit übergroßen Metallköpfen und Graphitstöcken waren auch nicht weniger anfällig für seitliches Verziehen als Treiber mit stählernem Stock und hölzernem Kopf aus den siebziger Jahren. Insgesamt gab es unter bestimmten Bedingungen leichte Vorteile, aber keine revolutionären Verbesserungen. Das bestätigt auch Thomas' Statistik. Die durchschnittliche Punktzahl der Sieger bei den Profiturnieren der U.S. Professional Golf Association verringerte sich alle 25 Jahre lediglich um einen Schlag pro Runde, und der größte Teil dieser Verbesserungen entfiel offenbar auf das Putten. Der eigentliche Grund für die Leistungssteigerung dürfte nicht in neuen Schlägern oder Bällen liegen, sondern in veränderten Methoden der Rekrutierung und des Trainings.[36]

Im Golf zeigt sich ein paradoxer technologischer Konservatismus: Der Golfsport hat deshalb wachsen können, weil die Verantwortlichen ihn vor allzu großen technischen Verbesserungen geschützt haben. Politisch konservative Golfer, die dem Staat wahrscheinlich den Vorwurf machen, er lege neuen Technologien Hindernisse in den Weg, haben gegen den wohlwollenden privaten Despotismus der USGA offenbar nichts einzuwenden. Natürlich klagen manche Hersteller gelegentlich gegen die USGA, weil sie der Ansicht sind, die Vereinigung habe gegen die Kartellgesetze verstoßen. Doch irgendwie hat noch kein Prozeß den Sport wirklich nachhaltig verändern können, zum Teil wohl deshalb, weil die Regulierung durch die USGA auch im Interesse der großen Hersteller, der Clubs und der Profigolfer liegt.

Natürlich könnte es sein, daß mehr Menschen sich dem Golfsport zuwendeten, wenn er leichter wäre. Es heißt, zwei Drittel der zwei Millionen Männer und Frauen, die es alljährlich versuchen, gäben auf. Doch die gegenwärtigen Spieler gelten als treue Clubmitglieder und regelmäßige Käufer von Golfausrüstungen. Alljährlich geben sie in den Vereinigten Staaten 5 Milliarden Dollar für Bälle und Schläger aus. Eine Invasion von Anfängern mit pendelähnlichen Putters wäre natürlich eine Goldgrube für die Firma, die diesen neuen Putter auf den Markt brächte; doch die Erfahrungen im Tennis zeigen, daß verbesserte Ausrüstung einem Sport nicht notwendig zu größerer Popularität verhilft. Wenn die Veränderung jedoch viele regelmäßige Spieler und Clubmitglieder vertriebe, könnte die neue Technik einen gewaltigen finanziellen Rache-Effekt auslösen.

Die USGA konnte sich zum Teil nur deshalb erfolgreich gegen größere Veränderungen stemmen – und dadurch das Interesse am Golf erhalten –, weil viele Mitglieder von Golfclubs eine entsprechende Einstellung mitbringen. Thomas schreibt: »Golfer haben ein intuitives Verständnis für die Notwendigkeit von Regeln, die die Traditionen des Spiels schützen und das, was es an Herausforderung enthält, bewahren. Dies ist das unsichtbare Band zwischen den Golfern und den für die Regeln Verantwortlichen ... Die Verantwortlichen wissen ebensogut wie die Teilnehmer, daß zwischen den *Bedürfnissen* und den *Wünschen* der Golfer zuweilen eine tiefe Kluft besteht.«[37]

Bei der Aufstellung der Regeln für die Golfausrüstung ist die technische Abteilung der USGA sich sehr wohl der unerwünschten Folgen bewußt, die solche Bestimmungen haben können. Für Bälle hat man nicht nur eine Mindestgröße, ein Maximalgewicht und einen maximalen Elastizitätskoeffizienten festgelegt, sondern bei Einhaltung all dieser Werte auch noch zusätzlich eine maximale Flugweite. Den Herstellern bleibt dennoch Raum für Verbesserungen; neue Maschinen haben dafür gesorgt, daß die Bälle sich den festgelegten Grenzwerten noch weiter nähern als zuvor und von gleichbleibender Qualität sind. Dennoch vermag keine Marke sich einen entscheidenen Vorsprung zu sichern. Die einzige Ausnahme ist sehr aufschlußreich. 1977 brachte eine Firma namens Polara Enterprises einen Ball mit asymmetrisch angebrachten Vertiefungen heraus, die für eine besondere Stabilität der Flugbahn sorgen sollten. Die USGA gelangte zu dem Schluß, diese Konstruktion werde das Spiel nachhaltig verändern, und modifizierte die Bestimmungen, um dem Ball die Zulassung verweigern zu können. Zehn Jahre lang prozessierte die Firma gegen den Verband und gab 3 Millionen Dollar für Prozeßkosten und Geldbußen aus (die wegen Absprachen mit größeren Herstellern verhängt wurden), dann zog sie den Ball zurück. Auch die schlechteren Spieler, die von dem neuartigen Ball wohl profitiert hätten, gingen nicht für Polara auf die Barrikaden. Offenbar wünschten sie sich das Spiel keineswegs weniger frustrierend und gaben der Herrschaft einer privaten Vereinigung den Vorzug gegenüber dem Markt. (Es ist nicht ganz sicher, ob Polara tatsächlich den Markt erobert hätte; ein Golfjournalist, der den Ball später testete, schreibt: »Der patentierte ›gyroskopische‹ Effekt sorgt dafür, daß der Polara sich anfühlt, als schlüge man eine Büchse grüne Bohnen.«) Außerdem untersagten die Regeln es nicht, die Vertiefungen auf andere Weise anzuordnen. Noch während der Fall Polara durch die Instanzen lief, brach unter den großen Herstellern ein Krieg um die Vertiefungen aus. Sie erhöhten deren Zahl von 330 auf 384, 392 und sogar 492 und gingen von der »attischen« Anordnung zu Dodeka- und Ikosaedern über. All diese Änderungen entsprachen den *Rules of Golf*, und keine führte zu einer nachhaltigen Veränderung des Spiels.[38]

Anders als Bälle bedürfen Schläger keiner Prüfung und Zulassung durch den Verband. Da sie jedoch auch verboten werden können, legen vorsichtige Hersteller sie der USGA zur Prüfung vor. Bei den Schlägern werden die Regeln ausgesprochen subjektiv. Der Kopf muß »voll« sein. Das heißt letztlich nur, er muß auch wirklich wie der Kopf eines Golfschlägers aussehen. Würde man genau definieren, was »voll« heißt, eröffnete man damit nur die Möglichkeit, nach Schlupflöchern zu suchen. Ganz ähnlich hindert die Bestimmung, der Stock müsse »gerade« sein, die Hersteller, leicht gebogene Stöcke auf den Mark zu bringen, obwohl man auch hier wohl von einer gewissen Toleranz ausgehen kann. (Präzise quantifizierte Bestimmungen würden die Golfschläger nur verteuern, weil sie die Hersteller zwängen, sehr enge Toleranzen einzuhalten; und noch höhere Kosten könnten der Ausbreitung des Golfsports hinderlich sein.) Die USGA bekämpfte anfangs das Design des Eisens Ping Eye 2, das der aus Norwegen stammenden Ingenieur Karsten Solheim 1988 einführte; die eng beieinander liegenden, rechteckig angeordneten Rillen sahen nicht gerade wie eine radikale Neuerung aus, verliehen dem Ball aber 20 Prozent mehr Spin. Zum Glück für Solheim und die USGA ergaben Tests, daß die Rillen die Punktzahlen der Spieler in Wirklichkeit nicht senkten. Die USGA einigte sich mit Solheim und ließ die neuen Eisen zu, setzte aber durch, daß er den Rillenabstand bei künftigen Modellen vergrößerte. Am stärksten war der Widerstand in der Professional Golf Association (PGA); angeführt wurde er von Jack Nicklaus und anderen Spitzenspielern. Sie behaupteten, die neue Konstruktion senke die Anforderungen an das Können der Spieler. Im April 1993 einigte sich auch die PGA mit Solheim und ließ die Pings zu, nachdem sie ausgerechnet hatte, welche gewaltigen Kosten ihr selbst dann entstünden, wenn sie den fälligen Prozeß am Ende gewinnen sollte. (Der Richter, der den Fall wahrscheinlich zu entscheiden hatte, benutzte angeblich das Ping Eye 2.) Die Profiturniere der Saison 1994 erfolgten bereits wieder nach den Regeln der USGA.[39]

Viele Clubgolfer und Golfautoren räumen ein, daß neues Gerät den Profisport nicht nachhaltig verändern kann; schließlich kommen Profis in allen Sportarten, in denen Schläger benutzt werden, mit kleinen Schlagflächen aus. Aber sie werden auch zugeben, daß die Dinge bei Durchschnittsspielern anders liegen, da die Technologie dort die Zahl verzogener Schläge verringern und so dafür sorgen kann, daß man ein paar gute Schläge mehr pro Runde schafft. Die zusätzliche Fläche der Metall-Woods und das in der Hülle konzentrierte Gewicht der Spritzguß-Eisen dürften durchschnittlichen Spielern größere Chancen bieten – ähnlich wie im Tennis die übergroßen Rackets. Jedenfalls müssen die Golfer das glauben, sonst würden sie wohl kaum 2000 bis 3000 Mark oder sogar noch mehr für Spitzenmodelle der Marken Karsten, Callaway, Wilson, Dunlop oder MacGregor zahlen.

Ohne entsprechende Mundpropaganda könnten neue Konstruktionen nur schwerlich diese Popularität erreichen. Die Amateure fühlen sich mit solchem Gerät offenbar wohler. Doch wie bei den Profis, so sind auch hier die Leistungsvorteile eher illusorisch. Wie die USGA 1993 berichtete, liegt das durchschnittliche Handikap seit 1980 unverändert bei etwas über 16 – und das trotz der Revolution in der Golfausrüstung. Der engagierte Golfer, der seine Leistung nach einer komplizierten Formel berechnen und einstufen läßt, braucht immer noch im Schnitt einen Schlag mehr pro Loch als die für Könner definierte Norm. Diese Spieler bilden eine aktive Minderheit von 4 Millionen unter insgesamt 25 Millionen, die gelegentlich Golf spielen, aber sie sind wahrscheinlich auch am ehesten bereit, Geld für neue Schläger auszugeben.[40]

Man mag kaum glauben, daß der technische Wandel so unproblematisch sein kann. Die Verantwortlichen bewahren die Integrität der Regeln und lassen maßvolle Veränderungen zu. Die Spieler glauben, sie würden immer besser, obwohl das nicht zutrifft; würden sie wirklich besser, müßte das die Verantwortlichen der USGA aufschrecken, und wahrscheinlich wären sie unglücklich, wenn sie erkennen müßten, daß ihre Ergebnisse eher von der Technologie als von ihnen selbst abhängen. Die Hersteller unterwerfen sich den Regeln der USGA, verdienen aber dennoch viele Millionen mit neuer Ausrüstung und werden ihrerseits vor Konkurrenten geschützt, die ihnen mit radikalen Neukonstruktionen die Kunden abjagen könnten, wenn denn die Köpfe der Schläger nicht »voll« sein müßten. Die Golfer haben die Freiheit, Clubs zu gründen, die verbotenes Gerät erlauben, aber sie tun es nicht. Und anscheinend haben sich nicht einmal die Tüftler entmutigen lassen. Der technologische Konservatismus gebietet zwar den meisten von ihnen Einhalt auf ihren neuen Wegen, vervielfacht aber wahrscheinlich die Gewinnchancen der wenigen, die durchhalten. Karsten Solheim besitzt inzwischen ein Privatvermögen von mehr als 400 Millionen Dollar; Callaway Golf wies 1993 19 Millionen Dollar Gewinn aus und gilt als eines der zwanzig amerikanischen Unternehmen mit der schnellsten Wachstumsrate.[41]

Wäre die Beliebtheit des Golfsports in den letzten zwanzig Jahren gesunken, hätten die Journalisten kaum Schwierigkeiten gehabt, ähnliche Erklärungen dafür zu finden wie beim Tennis. Zu schwer zu erlernen. Zu langsam. Zu lange Wartezeiten, bis man einen Platz erhält. Zu starke Konkurrenz durch Aerobic und andere Fitneßaktivitäten. Sie würden darauf hinweisen, daß dieses Spiel trotz aller Veränderungen der Plätze zugunsten der Zuschauer und des Fernsehens für die Medien zuwenig hergibt. Und sie würden auf die USGA und deren Widerstand gegen einschneidende Veränderungen der Ausrüstung zeigen.

Natürlich schreibt niemand so etwas, denn der Golfsport floriert. Während die Rezession zu Beginn der neunziger Jahre vielen privaten Golfclubs aus der zweiten Reihe Schwierigkeiten bereitete, spürten weder die alten namhaften Clubs noch die öffentlichen Golfplätze etwas von einem Rückgang der Nachfrage. Im Gegenteil, die Gesamtzahl der gespielten Runden und der Spieler nahm in den fünf Jahren von 1987 bis 1992 um 20 Prozent zu, obwohl das Spiel genauso schwierig und teuer war wie zuvor.[42]

Tennis ist immer noch leichter zu erlernen, weniger kostspielig, besser als Aerobic und dabei nicht unbedingt gefährlicher als Golf. (Der Tennisarm ist ein verbreitetes Leiden, läßt sich aber leicht behandeln. Die größeren Gefahren drohen in beiden Sportarten dem Rücken, im Tennis durch raschen Richtungswechsel, im Golf durch Verdrehung. Der Spitzengolfer Fred Couples sagte 1994 einem Reporter, der Rücken sei für diese Art Tätigkeit nicht geschaffen, und sein Physiotherapeut meine, »die einzigen, deren Rücken noch schlimmer dran ist, sind die Leute im Rodeo«.) Im Tennis war die Revolution der Ausrüstung radikaler als im Golf; Schläger aus laminiertem Holz sucht man dort heute vergeblich, im Golf sind Holzschläger immer noch in Gebrauch. Doch als Sportart scheint Tennis heute wieder im Rückgang begriffen, während der Golfsport weiter wächst. Könnte das Geheimnis des Golfs zumindest zum Teil nicht gerade darin liegen, daß dieser Sport schwierig bleibt? Oder haben die Verantwortlichen im Tennis ihrem Sport unbeabsichtigt einen Wettbewerbsnachteil eingehandelt, als sie einen freien Wettbewerb um den »besten« Tennisschläger zuließen? In einem Aufsatz über die Idee der Fitneß weist der große Genetiker J. B. S. Haldane auf ein merkwürdiges Phänomen hin: Durch internen Wettbewerb können Arten in der Evolution eine so gute Ausstattung erwerben, daß die gesamte Art schließlich – bei höherer Dichte – mit einem Handikap gegenüber ihrer Umwelt behaftet ist. Der Schwanz des Pfaus und die Kampfausrüstung mancher Käfer lassen Haldane zu dem Schluß gelangen, daß der Wettbewerb innerhalb der Art gelegentlich zu einer Entwicklung der Schmuckformen oder der Waffen führt, die der betreffenden Art schließlich schadet.[43]

Aus der Bedeutung, die dem Interesse und dem Stil – im Unterschied zur bloßen Leistung – im Sport zukommen, können wir einiges über die technologische Entwicklung lernen. Sowohl für das Interesse als auch für die Beteiligung ist es besser, die Intensität maßvoll zu erhöhen, statt die Regeln einzufrieren oder aber zu erlauben, daß neue Erfindungen sie hinwegfegen. Der Sport zeigt, was die Techniksoziologen von jeher behauptet haben: daß scheinbar technologische Fragen in Wirklichkeit politische Probleme sind und daß die Ergebnisse weit mehr von sozialen Regeln abhängen als von Apparaten, Geräten und physischen Strukturen. Und der Golfsport zeigt, daß es gut für Hersteller, Profis und Freizeitsportler sein kann, wenn man der Technologie Grenzen setzt, sofern die Beteiligten sich hinsichtlich des Charakters ihrer sportlichen Betätigung einig sind.

ZWÖLFTES KAPITEL
Ein Blick zurück, ein Blick nach vorn

Wir fühlen uns schlechter, obwohl es uns bessergeht – dieser Satz aus einem Symposium über das Gesundheitswesen der siebziger Jahre ist heute treffender denn je, und das nicht nur in der Medizin. Wir machen uns größere Sorgen als unsere Vorfahren, obwohl sie von explodierenden Dampfkesseln, grassierenden Epidemien, zusammenstoßenden Zügen, Massenpaniken und brennenden Theatern umgeben waren. Der Grund liegt möglicherweise darin, daß die Sicherheit immer größere Wachsamkeit von uns verlangt. Nicht nur in der Medizin, sondern auch in der Bekämpfung von Naturkatastrophen, in der Kontrolle ortsfremder Tiere oder Pflanzen, in der Büroorganisation und selbst im Sport gibt es Probleme, die zwar nicht schlimmer sein mögen als früher, aber subtilerer Mittel bedürfen und dennoch nicht endgültig zu lösen sind.

Wenn wir klären wollen, weshalb Katastrophen zu Verbesserungen führen, die Verbesserungen aber paradoxerweise zu größerer Unzufriedenheit, sollten wir uns drei Bereiche ansehen, die wir bislang noch nicht behandelt haben: die Zeitmessung, die Navigation und die Motorisierung. Das Auto stellte uns anfangs vor ein akutes Problem: Zusammenstöße. Doch dessen erfolgreiche Bekämpfung führte zu einem weiteren, noch schwerer zu lösenden Problem: der Verstopfung unserer Straßen. Und auch auf dem Gebiet der Sicherheit zeigt die neuere Geschichte der Motorisierung eine paradoxe Entwicklung, denn obwohl die Autos immer besser und sicherer geworden sind, haben sich die Anforderungen an die Wachsamkeit des Fahrers ständig erhöht. Aber wir haben Anlaß zur Hoffnung; wahrscheinlich werden wir die Rache-Effekte in Grenzen halten können. Wir ersetzen rohe Kraft durch Finesse, Konzentration durch Vielfalt, schwere Materialien durch leichte und beginnen auf diese Weise bereits, jene Denk- und Verhaltensmuster zu durchbrechen, die zu vielen Rache-Effekten geführt haben. Auch die Technologie reagiert und entwickelt sich in entsprechender Richtung. Nur eines werden wir niemals abschaffen können: die endlosen Rituale der Wachsamkeit.

Immer wieder haben wir gesehen, daß Intensivierung zu Rache-Effekten führt. Die hohe Geschwindigkeit auf den Straßen und die neuen Formen der Kriegsführung hatten Unfall- und Kriegsverletzungen zur Folge, wie sie nach Art und Umfang noch nicht dagewesen waren, und wir haben darauf mit einer ebenso intensiven Kriegs- und Unfallmedizin geantwortet; aber am Ende stehen möglicherweise chronische Hirnschäden, die sich einer medizinischen Behandlung entziehen. Dank einer intensiven Antibiotikabehandlung haben die meistgefürchteten Infektionskrankheiten des neunzehnten Jahrhunderts ihren Schrecken verloren, doch die Antibiotika haben auch zur Ausbreitung noch virulenterer Bakterien beigetragen. Wir schützen unsere Strände durch massive Schutzbauten, die jedoch die zerstörerische Kraft der Wellen oft nur auf andere Küstenabschnitte umlenken oder dieselben Strände von dem Nachschub an Sand abschneiden, den sie zu ihrer Erhaltung eigentlich brauchten. Fliegende Feuerwehren können kleinere Waldbrände im Keim ersticken, aber sie tragen damit zum Aufbau kritischer Mengen brennbaren Materials im Unterholz bei, das noch furchtbareren Waldbränden Nahrung bieten kann. Riesige Schornsteine blasen den Schmutz mit immer größerer Geschwindigkeit in immer größere Höhen – mit der Folge, daß immer weitere Gebiete von der Verschmutzung betroffen sind. Die intensive Schweine-, Hühner- und Entenzucht in China läßt ständig neue Grippevirenstämme entstehen, die sich dank des dichten internationalen Flugverkehrs immer schneller über die ganze Erde ausbreiten. Der sprunghafte Anstieg der Rechenleistung eröffnet dem Computer immer weitere Anwendungsgebiete, ohne auch die Kosten für Programmierer, Systemmanager und Anwender zu senken. Die starren, eng anliegenden Skistiefel haben die Zahl der Knöchel- und Schienbeinbrüche gesenkt, allerdings auf Kosten des vorderen Kreuzbands im Kniegelenk. Und was sind Schädlinge oder Unkräuter anderes als intensivierte Lebensformen? Die meisten dieser Tiere und Pflanzen sind robust, fortpflanzungsfreudig und anpassungsfähig. Die Tiere sind mobil, und die Pflanzen breiten sich rasch aus. Feuerameisen, afrikanisierte Bienen, Stare und *Melaleuca*-Bäume gehen ihren Geschäften mit größter Zielstrebigkeit nach. Selbst der so verträumt wirkende Eukalyptusbaum nutzt Brände, um sich auszubreiten – und stürzt dabei seine ganze Umgebung ins Verderben. Intensivierung kann durchaus Schutz vor Katastrophen bieten, doch den weniger schwerwiegenden, dafür aber langwierigen Problemen kommt man damit oft nicht bei, und manchmal vergrößert man sie sogar.

Wir haben die Grenzen der Intensivierung kennengelernt. Wie geht es nun weiter? In der nächsten Zeit wird die Intensivierung auch weiterhin funktionieren. Gesundheit und Lebenserwartung der Menschen haben sich an den meisten Orten und nach den meisten Kriterien verbessert. Wie wir gesehen haben, fühlen die Menschen sich möglicherweise deshalb kränker, weil eine größere Zahl von ihnen mit Behinderungen oder chronischen Krankheiten überlebt. Aber in Wirklichkeit geht es ihnen besser.

Man kann Optimisten wie Leonard Sagan und Aaron Wildavsky kaum widersprechen, wenn sie auf die Vorzüge des Wachstums hinweisen. Glücklicherweise sind noch alle Vorhersagen weltweiten Hungers und Elends unerfüllt geblieben – wenigstens bisher.

Ein weiterer Grund zum Optimismus ist die Fähigkeit des Menschen, immer tiefer und präziser nach alten Ressourcen zu suchen oder sie durch neue zu ersetzen. Im Schmelztiegel des technischen Wandels führt Knappheit zu Überschüssen, und Krisen bringen Alternativen hervor. Als der Biologe Paul Ehrlich eine Wette mit dem Ökonomen Julian Simon über die zukünftigen Preise eines von Ehrlich zusammengestellten Warenkorbs verlor – die Preise fielen von 1980 bis 1990, und Ehrlich mußte 576,06 Dollar zahlen –, da schien diese Transaktion Simons These zu bestätigen, wonach der unerschöpfliche Erfindungsgeist des Menschen stets einen Ausweg aus scheinbarer Knappheit findet. Die Kräfte des Marktes sind offenbar besser als staatliche Gesetze in der Lage, für Sparsamkeit zu sorgen und den Erfindergeist zu beflügeln. Wir haben gesehen, daß die zu Beginn des zwanzigsten Jahrhunderts befürchtete Holzknappheit nicht eintrat, sehr zum Leidwesen Jack Londons und anderer hoffnungsfroher Eukalyptuspflanzer. Natürlich hat diese Analyse auch ihre Rache-Effekte für die Marktwirtschaft: Wenn Not uns erfinderisch macht, warum sollte der Staat dann nicht den unendlich erfinderischen Geist der Menschen durch noch mehr Steuern und Beschränkungen herausfordern? Nach dieser Logik sollten hohe Mineralölsteuern geradezu Wunder wirken, wenn es um sparsamen Verbrauch und die Erschließung alternativer Energiequellen geht.[1]

Blickt man auf die letzten hundert Jahre zurück, behalten die Optimisten zweifellos die Oberhand. Die Zukunft ist da schon eine andere Sache. Den Prognosen einer globalen Erwärmung, eines Anstiegs des Meeresspiegels, eines weiteren Wachstums der Weltbevölkerung und einer zunehmenden Zerstörung der Böden begegnen die Optimisten mit dem Hinweis auf die Anpassungsfähigkeit des Menschen. Wenn die Krise des Meereslebens zum Problem werden sollte, sehen sie die Lösung in Fischfarmen. Wahre Optimisten können selbst noch in der Zerstörung der Wildnis und der Regenwälder einen Silberstreif erkennen; es mag zwar weniger davon geben, aber immer mehr Menschen werden die Möglichkeit haben, dorthin zu fahren und die Wildnis zu erleben. Folgt man dieser seltsamen anthropozentrischen und rein utilitaristischen Logik, wird es am Ende mehr *zugängliche* Wildnis geben. Was die Zerstörung der Böden angeht, so besteht gute Aussicht, daß wir dank der Gentechnik und neuer Anbaumethoden auch damit fertig werden; die Erde kann wahrscheinlich zehn Milliarden Menschen ernähren. (1994 lag die Weltbevölkerung bei

5,6 Milliarden.) Strittig ist zwischen Optimisten und Pessimisten eigentlich nicht, was erreichbar ist, sondern wie lange das Erreichte jeweils halten wird. Was den Optimisten als gelungene Anpassung gilt, halten die Pessimisten nur für einen Notbehelf. Seltsamerweise sind beide Gruppen sich darin einig, daß Krisen gut für uns sind, allerdings aus unterschiedlichen Gründen. Die Pessimisten sehen in der Not eine heilsame Kur für unsere Verschwendungssucht. Die Optimisten feiern sie als wirksamen Anreiz zu weiterer Innovation.

Die Doppeldeutigkeit der Katastrophe

Ein Grund für Optimismus liegt in der Tatsache, daß Katastrophen schöpferische Kräfte freisetzen können. Sie rechtfertigen und fördern die Veränderung von Regeln, die sich jeder Anpassung widersetzt haben, solange die Zahl der Opfer »annehmbar« blieb. Wichtiger ist jedoch der Umstand, daß sie jenen Erfindungsgeist mobilisieren, den die technologischen Optimisten für unerschöpflich halten. Natürlich können Katastrophen auch die unbeabsichtigten Folgen früherer Problemlösungen sein. Es ist nicht ganz klar, ob die Zahl der Katastrophen zumindest in der entwickelten Welt gegenwärtig abnimmt. Und stellt man sich Katastrophen als Wellen vor, so fragt es sich, ob ihre Amplitude konstant bleibt, zu- oder abnimmt. Wir wissen keine Antwort auf die Frage, ob wir aus technologischen Rache-Effekten tatsächlich etwas lernen. Selbst Tragödien wie die von Tschernobyl und Bhopal sind als warnende Vorzeichen durchaus zweideutig. Handelt es sich um den Beginn einer Serie, die sich schon bald in Westeuropa und Nordamerika fortsetzen wird, wo die Sicherheitsstandards keineswegs so makellos sind, wie die Politiker behaupten? Oder werden diese beiden Katastrophen für mehr Umweltbewußtsein und größere Wachsamkeit in den Staaten des ehemaligen Ostblocks und den Entwicklungsländern sorgen? Für ein abschließendes Urteil ist es noch zu früh, doch es gibt zahlreiche Belege für die These, daß große Katastrophen langfristig umgekehrte Rache-Effekte auslösen.

Die erste große Katastrophe der Neuzeit, die Anlaß zu technischen Neuerungen gab, war wohl die Vernichtung der spanischen Armada im Jahr 1588. Der Wirtschaftshistoriker David Landes glaubt, dieser schwerste Rückschlag in der Geschichte Spaniens habe Philip III. veranlaßt, dem »Entdecker der geographischen Länge« eine lebenslange Leibrente von 6000 Dukaten zu versprechen, als er zehn Jahre später den Thron bestieg. (Landes ist sich jedoch nicht sicher, welche Methode die Schiffe vor der Strandung an den Klippen Irlands und der Orkney-Inseln hätte bewahren können.) In Frankreich machte der Herzog von Orléans ein ähnliches Angebot. Ob mit Blick auf die ausgelobten Preise oder nicht, von Galilei bis Newton beteiligten sich die meisten Giganten der wissenschaftlichen Revolution des ausgehenden sechzehnten und des siebzehnten Jahrhunderts an der Suche. Keiner dieser Denker fand ein praktikables astronomisches System, doch die gescheiterten Schiffe und die Preisgelder hatten andere wichtige Nutzeffekte. Wie der Soziologe Robert K. Merton gezeigt hat, lassen sich zahlreiche Fortschritte im Bereich der Mathematik, der Astronomie, der Mechanik und des Magnetismus auf die großen Verluste zurückführen, die Spanien und andere Seemächte hinnehmen mußten.[2]

Es bedurfte erst einer weiteren Katastrophe, damit das Werk endlich vollbracht wurde: der Strandung dreier Schiffe aus der Flotte des Admirals Sir Clowdesly Shovell 1707 auf den Scilly-Inseln vor der Westküste Englands, bei der fast zweitausend Seeleute ums Leben kamen. (Der Admiral schaffte es angeblich bis ans Ufer, wurde dort jedoch eines kostbaren Ringes wegen ermordet.) Heute wissen wir, daß in Wirklichkeit schlechte Seekarten, unzulängliche Kompasse, mangelhafte Navigation, der Nebel und einige nicht vorherzusehende Ereignisse schuld an der Katastrophe waren. Für die Zeitgenossen zeigte sie jedoch aufs neue, wie dringend man einer verläßlichen Methode zur Bestimmung der geographischen Länge auf See bedurfte, zumal man mit dieser Methode natürlich auch zuverlässigere Seekarten herstellen konnte. Doch der Staat hielt sich in dieser Frage zunächst zurück; erst sieben Jahre nach der Katastrophe, im Jahr 1714, setzte das britische Parlament eine Belohnung von 20 000 Pfund – nach heutiger Kaufkraft mindestens 1,5 Millionen Mark – für eine Methode aus, mit der sich auf seegängigen Schiffen die geographische Länge bestimmen ließ.[3]

Unternehmerische Geister und Spinner hatten sich gleich nach der Katastrophe an die Arbeit gemacht; ihre Vorschläge reichten von Schiffen, die man in Reihen irgendwie mitten auf dem Meer »verankerte«, über telepathisch veranlagte Ziegen bis hin zu Hunden, die dank eines »sympathetischen Pulvers« miteinander kommunizieren konnten, wenn man sie damit einpuderte und eines der Tiere auf dem Schiff, das andere an Land plazierte. Nach mehr als einem Jahrzehnt erregte der ausgelobte Preis das Interesse des begabten Uhrmachers John Harrison; er baute einen Chronometer, der den Anforderungen der Ausschreibung entsprach. Die einzelnen Schritte, die er unternahm, und die Zeit, die er brauchte, um seine Uhr zu verbessern, tun hier nichts zur Sache (ebensowenig der Umstand, daß er sich erst 1773 – mit achtzig Jahren – um die Auszahlung des Preisgelds bemühte). Entscheidend ist, daß die Größe der Schiffskatastrophe an der Küste der Scilly-Inseln die Auslobung der gewaltigen Summe rechtfertigte.

Auch die schon früher ausgeschriebenen Preise hatten Einfluß auf die

Entscheidung des britischen Parlaments. Newton hatte sich schon lange mit dem Problem beschäftigt, und seine Empfehlung war von wesentlicher Bedeutung für den Beschluß. Erst dank des neuen Preises ließen Harrison und andere führende Handwerker der Zeit ihre Arbeit liegen und wandten sich einem ausgesprochen spekulativen Projekt zu, das die naturwissenschaftliche Elite Europas schon seit Jahrzehnten frustrierte. Die Suche nach der geographischen Länge war möglicherweise das erste staatliche High-Tech-Programm. Vergleicht man die Kosten mit dem Nutzen, dürfte es auch das erfolgreichste gewesen sein. Und ohne den Anreiz durch eine neue, spektakuläre Katastrophe hätte dieser Erfolg gewiß länger auf sich warten lassen.[4]

Erst zweihundert Jahre später sollte ein einzelnes Schiffsunglück auf internationaler Ebene ähnliche Wirkungen auslösen wie die Katastrophe an der Küste der Scilly-Inseln: der Untergang der *Titanic*, des Flagschiffs der White Star Line, am 14. April 1912. Das tragische Ende des Schiffs ging nicht nur wegen der hohen Zahl der Opfer und des gewaltigen wirtschaftlichen Verlustes in das Gedächtnis der Menschen ein – mehr als 1500 Passagiere und Besatzungsmitglieder kamen ums Leben, darunter auch der Kapitän –; es galt und gilt auch als ein Ereignis, das uns diverse Lektionen erteilt. Einige dieser Lektionen waren sozialen Charakters – der frivole Tanz der Reichen, die sich vergnügen, während die Welt dem Abgrund zusteuert, oder die sich in die Rettungsboote flüchten, während die Armen ertrinken müssen. Selbst für die Tatsache, daß andere Schiffe nicht auf die Notrufe der *Titanic* reagierten, machte man den sozial bedingten Umstand verantwortlich, daß die Funker vollauf mit der Übermittlung telegraphischer Botschaften für die Passagiere der ersten Klasse beschäftigt gewesen seien. Doch auf lange Sicht dürfte die Lehre dieser Katastrophe weniger den Klassenunterschieden gelten als den Gefahren technologischen Hochmuts. In noch stärkerem Maße als die Strandung der drei englischen Schiffe an der Küste der Scilly-Inseln wurde der Untergang der *Titanic* zu einem Ereignis mit *Signalcharakter*, wie die Risikoforscher sagen, weil es auf Gefahren hinweist, die bislang unterschätzt wurden.[5]

Das Problem lag nicht in der Funktion der einzelnen Schiffssysteme, auch wenn einige Rettungsboote nicht zu Wasser gelassen werden konnten. Die Verantwortlichen der White Star Line hatten nie behauptet, das Schiff sei unsinkbar, doch der Kapitän und die Mannschaft handelten im Vertrauen auf die Fähigkeiten ihres Schiffs äußerst leichtsinnig, als sie mit hoher Geschwindigkeit durch ein Seegebiet dampften, das für seine Eisbergdrift bekannt war. Als die *Titanic* den Eisberg gestreift hatte, verzögerte dasselbe Vertrauen in die Sicherheit des Schiffs mit tragischen Folgen die Einleitung von Maßnahmen, die vielen Menschen das Leben hätten retten können. (Die Offiziere vertrauten offensichtlich den strengen Konstruktionsanweisungen der Eigner, doch Meeresarchäologen glauben heute, daß die Stahlplatten des Schiffskörpers diesen Vorgaben gar nicht entsprachen.) Der Glaube an die Sicherheit des Schiffs dürfte die größte Bedrohung für das Leben der Passagiere gewesen sein, größer noch als die eigentliche Bedrohung durch Eisberge. Tatsächlich glaubten die Besatzungen anderer Schiffe, die sich in der Nähe befanden und Passagiere hätten retten können, die Signalraketen der *Titanic* könnten nur auf ein Fest hindeuten und nicht auf einen Notfall.

Weniger bekannt ist, wie wichtig der Untergang der *Titanic* für die Lösung eines wichtigen Problems der internationalen Schiffahrt wurde: der zahlreichen Eisberge auf der meistbefahrenen und lukrativsten Strecke der Welt, der Nordatlantikroute. Der Untergang der *Titanic* war nicht das erste Unglück dieser Art; allein in den achtziger Jahren des letzten Jahrhunderts berichteten mehr als fünfzig Passagierschiffe Beschädigungen durch Eisberge in der Nähe oder innerhalb des Seegebiets der Grand Banks vor der Küste Neufundlands, wo später auch die *Titanic* sank; und vierzehn dieser Schiffe gingen unter. Aber erst der Verlust der *Titanic* führte nicht nur zu neuen Bestimmungen, die Rettungsboote für sämtliche Passagiere und Besatzungsmitglieder vorschrieben, sondern auch zu einer Serie internationaler Konferenzen zur Sicherheit auf See (SOLAS – Safety of Life at Sea), deren erste 1913 stattfand. Die gleichfalls 1913 gegründete International Ice Patrol setzt heute zur Überwachung der Eisberge Flugzeuge, Satelliten und ozeanographische Treibbojen ein, die mit Funkgeräten ausgestattet sind. Die größten Eisberge versieht man mit eigenen Funkfeuern. Und die Schiffe besitzen hochentwickelte Radarsysteme. Es bedürfte schon einer außergewöhnlichen Nachlässigkeit, wenn heute noch ein Schiff mit einem Eisberg kollidierte.[6]

Zumindest für Passagiere, die in den Vereinigten Staaten an Bord eines Passagierschiffes gehen, scheint die Befahrung der Weltmeere heute außerordentlich sicher zu sein. Zwischen 1970 und 1989 kamen nur zwei von über dreißig Millionen Passagieren bei Unfällen auf Passagierschiffen außerhalb der amerikanischen Hoheitsgewässer ums Leben, obwohl es mehrere Kollisionen und Schiffsbrände gab. Mit jeder Generation werden die Schiffe sicherer. Seit dem Untergang der *Titanic* ist nur ein einziges Schiff nach dem Zusammenstoß mit einem Eisberg gesunken, und das war 1943, als die Ice Patrol wegen des Krieges zeitweilig nicht aktiv sein konnte.[7]

Beide Tragödien und deren Folgen belegen die These des Ingenieurs und Historikers Henry Petroski, wonach große Katastrophen oft den Anstoß zu den besten neuen Ideen im Bereich des Ingenieurwesens geben. Die wachsende Bedeutung des Ingenieurberufs hat jedoch, wie Petroski gleichfalls zeigt, einen neuartigen Irrtum möglich gemacht: übertriebenes Vertrauen in die Sicherheit einer Neukonstruktion, deren Mängel oft verborgen bleiben, bis es zu einer Katastrophe kommt. Es gibt indessen noch eine zweite Fehlerquelle: die mangelnde Beachtung der Rituale, die immer wieder ausgeführt werden müssen, damit fortschrittliche Technologien sicher funktionieren. Die höhere Geschwindigkeit der Dampfschiffe verlangte (und verlangt immer noch) ein höheres Maß an Wachsamkeit. Die gestiegene Zahl der Passagiere und Besatzungsmitglieder verlangte (und verlangt) eine sorgfältigere Ausbildung und eine genauere Überprüfung der Ausrüstung. Auch heute vermag ein Passagier nur schwer festzustellen, ob die Mannschaft eines Schiffs hinreichend dafür ausgebildet ist, mit Notfällen fertig zu werden. Wir wissen, daß manchen Technologien ein Zwang zu ständiger Wartung gleichsam immanent ist. Nicht so offensichtlich ist dagegen die für technologische Verbesserungen ebenso typische Notwendigkeit erhöhter Wachsamkeit, die wir bereits in der Medizin, in der Veränderung der Umwelt, bei der Verpflanzung von Tieren und Pflanzen, in elektronischen Systemen und sogar bei einigen Aspekten des Sports beobachtet haben.[8]

An diesem Punkt können wir in der Geschichte der Technik eine Lehre aus einer unerwarteten Quelle ziehen, dem »Gesetz der Kunstfehlerprozesse«. In einer Reihe wichtiger Aufsätze hat der Rechtswissenschaftler Mark Grady bessere und sicherere Technologien mit der Zahl der angestrengten Verfahren wegen falscher Behandlung und Körperverletzung korreliert. In den Jahrhunderten, als Aderlässe, Einläufe und Quecksilberverbindungen das Leben vieler Mitglieder der westlichen Elite verkürzten, wurden die Ärzte, die diese Heilmittel verordnet hatten, nur selten vor Gericht gezogen. Die Menschen empfanden keine Ehrfurcht vor Ärzten, und sie erwarteten auch keine Wunderwirkung von den eingesetzten Heilverfahren. Gerade weil sie die wissenschaftliche Grundlage der zeitgenössischen Heilpraktiken anzweifelten, kam ihnen ein Prozeß wegen falscher Behandlung kaum in den Sinn.

Nach Grady fällt die erste Welle von Kunstfehlerprozessen in die Zeit von 1875 bis 1905. »In dieser von der industriellen Revolution geprägten Zeit stieg die Zahl solcher Prozesse um 800 Prozent. Diese Gesetzlichkeit hat sich inzwischen kaum verändert. Wenn Maschinen an Bedeutung gewinnen, erhöht sich auch die Zahl der Kunstfehlerprozesse. Anders gesagt, ein Arzt, der eine heute bei Schwangerschaften übliche Vorsorgeuntersuchung unterläßt, konnte diesen Fehler in den sechziger Jahren gar nicht begehen, weil die entsprechenden Verfahren damals noch nicht erfunden waren.« So gesehen verringert ein Dialysegerät die Gefahr eines natürlichen Nierenversagens, schafft zugleich aber neue Risiken, weil nun die Gefahr besteht, daß Ärzte und sonstiges medizinisches Personal Fehler bei der Herstellung sicherer Verbindungen, der Prüfung der Hämodialyselösung oder der Beachtung anderer Sicherheitsvorkehrungen machen. Wer schon einmal beobachtet hat, wie die beiden Piloten eines zweistrahligen Düsenflugzeugs vor dem Start ein ganzes Buch durchgehen, um die Funktionsfähigkeit sämtlicher Systeme zu überprüfen, der kann sich nur wundern, wie viele Vorsichtsmaßnahmen der Einsatz dieser seit langem eingeführten und hinlänglich entwickelten Technologie benötigt.[9]

Nach den Maßstäben ihrer Zeit konnte die *Titanic* mit einem relativ hohen Maß an »dauerhaften Sicherheitsvorkehrungen« – wie Grady sie nennt – aufwarten, mit einer Sicherheitstechnik, die das Schiff in den Augen der Zeitgenossen unsinkbar machte. Gewiß hatten Größe, Luxus und Geschwindigkeit beim Bau des Schiffs eine größere Rolle gespielt als die Sicherheit; dennoch besaß die *Titanic* die damals modernste Ausstattung auf dem Gebiet der Kommunikation und der Schadensbegrenzung bei Unfällen. Gradys Analyse legt jedoch den Schluß nahe, daß gerade diese technische Ausrüstung die Bedeutung der »nichtdauerhaften Sicherheitsvorkehrungen« erhöhte, also all der Dinge, die Offiziere und sonstige Besatzungsmitglieder im Kopf behalten mußten, damit das Schiff sicher über den Ozean kam. Der Nachrichtenstrom, der in der Funkkabine des Schiffs eintraf, bedurfte ständiger Wachsamkeit: Mußte eine Nachricht unverzüglich an die Brücke weitergeleitet werden? Und wenn der Kapitän sie empfangen hatte, mußte er dann die Geschwindigkeit drosseln oder den Kurs des Schiffes ändern? Auch die Rettungsboote warfen neue Fragen auf. Sind sie regelmäßig überprüft worden? Weiß jedes Besatzungsmitglied, was zu tun ist, falls das Schiff plötzlich aufgegeben werden muß? Wenn sich auf See ein schwerer Unfall ereignet, entscheidet nicht allein die Sicherheitsausrüstung, sondern vor allem auch die Ausführung der bestehenden Notfallpläne darüber, ob das Unglück zu einer Katastrophe für die betroffenen Menschen wird.

Hier zeigt sich ein aufschlußreicher Unterschied zwischen der frühen und der industriellen Technologie. Im siebzehnten Jahrhundert mußte der Kapitän eines seegängigen Schiffes über ausgezeichnete navigatorische Fähigkeiten verfügen, und die Verantwortung für die Ladung, den Ballast oder die Takelage lag bereits bei Fachleuten mit entsprechenden Fachkenntnissen. Manche Kapitäne und Steuermänner der Renaissance und des frühneuzeitlichen Europa besaßen eine ausgezeichnete Intuition, die sie in die Lage versetzte, ihre gegenwärtige Position aus relativ groben Messungen der letzten Position, der Fahrtrichtung und der Geschwindigkeit zu erschließen. Ein begabter Seemann konnte Leistungen vollbringen, die weit über den Stand der Technik hinausgingen. Doch wegen der Probleme bei der Bestimmung der geographischen Länge und anderer Mängel der verfügbaren Instrumente konnte auch der beste Seefahrer in die Katastrophe steuern. Deshalb erhielt Sir Clowdesley Shovell trotz seines katastrophalen Endes ein großartiges, von Grinling Gibbons geschaffenes Grabmal in Westminster Abbey. (Joseph Addison spottete allerdings über die »Gestalt eines Schönlings mit langer Perücke, der auf samtenen Kissen unter einem prunkvollen Baldachin ruht«, und beklagte, das Grabmal erinnere nur an sein Ende, nicht aber an seine Siege.) Je besser und sicherer eine Technologie wird, desto eher suchen wir die Ursachen in menschlichem Versagen, falls etwas schiefgeht. Und wenn die Schuld nicht beim Kapitän und der Mannschaft liegt, dann bei den Konstrukteuren oder den für die Wartung Verantwortlichen.[10]

Das Automobil und seine Rache-Effekte

Intensivierung – Katastrophe – Vorsichtsmaßnahmen – Wachsamkeit: dieser Zyklus zeigt sich an Land genauso wie auf See. Und der Aufstieg des Automobils demonstriert diesen Zusammenhang noch deutlicher als die Seefahrt, wenn auch auf andere Weise. Wie wir im ersten Kapitel gesehen haben, waren die Eisenbahnunfälle die ersten Beispiele eines neuen Typs technischer Katastrophen, wie man sie im achtzehnten Jahrhundert noch nicht gekannt hatte. Die Technikhistoriker haben schon vor langer Zeit aufgewiesen, welche Bedeutung die Entrüstung über die Eisenbahnkatastrophen für die Entwicklung des ersten komplexen Kontrollsystems in der amerikanischen Wirtschaft hatte und erst recht natürlich für die Entwicklung der Sicherheitstechnologie, etwa der Signale und der pneumatischen Bremsen. Ein ebenso interessanter Aspekt der durch die Eisenbahn bewirkten Intensivierung des Verkehrswesens ist jedoch der Aufstieg des Automobils. Anders als die großen Eisenbahn- oder Schiffskatastrophen forderte das Automobil seine Opfer in einer stetigen Folge kleinerer Unfälle. Die Katastrophe war gleichsam chronisch geworden, und die Empörung baute sich nur langsam auf.[11]

Der ständige Ausbau des landesweiten Eisenbahnnetzes hatte eine unvorhergesehene Folge, die nur wenige Wissenschaftler bemerkt haben – das Chaos in der von Pferdefuhrwerken beherrschten Stadt. Nahezu jede Eisenbahnfahrt begann für Passagiere wie für Frachtgut mit einer Fahrt in einem von Pferden gezogenen Fahrzeug, jedenfalls bis die elektrische Straßenbahn sich Ende des Jahrhunderts durchsetzte. Das ganze neunzehnte Jahrhundert hindurch nahmen die Pferde sogar an Körpergröße zu, damit sie immer schwerere Lasten ziehen und die Bedürfnisse der ständig wachsenden Bevölkerung in den Städten Nordamerikas und Europas befriedigen konnten. In den achtziger Jahren des letzten Jahrhunderts waren die wuchtigen Percheronpferde ein vertrauter Anblick in den amerikanischen Straßen. Das Fuhrgeschäft war ein bedeutender Wirtschaftszweig, und die Zahl der Pferde pro Fuhrunternehmen stieg ständig an. Der Transport in der Stadt konnte fast so teuer kommen wie Hunderte von Meilen mit der Eisenbahn. Die schweren Clydesdalepferde, die heute ein werbeträchtiges Markenzeichen für Budweiser-Bier sind, stammen ursprünglich aus einem logistischen Alptraum der Vergangenheit.[12]

Die Zahl der Pferde nahm immer weiter zu. Selbst als die elektrische Straßenbahn Kutschen und Pferdebahnen zu verdrängen begann, waren die Pferde noch allgegenwärtig. Das Pferdeauktionshaus Fiss, Doerr und Carroll an der East 24th Street in New York zog gut tausend Käufer an, und der siebenstöckige, einen ganzen Block lange Stall platzte aus allen Nähten. Allein in New York City produzierten die Pferde jährlich 136 000 Tonnen Dung, und in den Ställen türmten sich monatelang Tausende von Kubikmetern gleichzeitig. Wie wir gesehen haben, ernährte sich wenigstens einer unter den importierten Schädlingen, der englische Sperling, von den Körnern im Dung der Pferde. Wiederholt legten Pferdeepidemien – technisch betrachtet: Oberflächenschmarotzer – das Geschäftsleben und sogar die Feuerwehr lahm. Trotz einer Begrenzung des Arbeitstages auf vier Stunden starben die meisten Pferde schon nach wenigen Jahren, in der Regel mitten auf der Straße, allein in New York jährlich bis zu 15 000. Der Staub getrockneten Pferdedungs trug zur Ausbreitung der Tuberkulose und des Wundstarrkrampfs bei. Während die Eisenbahn ihre Sicherheit ständig verbesserte, wurde es in den Städten mit ihren Pferden immer gefährlicher.[13]

Weniger bekannt als die von den Pferden geschaffenen sanitären Probleme sind heute die Gefahren, die sie für die unmittelbare Sicherheit der Menschen darstellten. Die Pferde selbst und die von ihnen gezogenen Fahrzeuge waren gefährlich und kosteten weitaus mehr Reiter, Passagiere und Fußgänger das Leben, als man gemeinhin annimmt. Oft gingen Pferde durch. Im vielfach dichten Straßenverkehr bissen oder traten sie Menschen, die ihnen im Weg standen. Ein Großteil der chirurgischen Praxis im viktorianischen England und zweifellos auch in Nordamerika galt Unfällen, die mit Pferden in Zusammenhang standen. In den neunziger Jahren des letzten Jahrhunderts verdoppelte sich in New York die Zahl der Todesopfer von Kutsch- und Fuhrwerkunfällen. Ende des Jahrhunderts erreichte die Quote fast sechs Todesopfer auf 100 000 Einwohner. Zählt man noch die Opfer von Straßenbahnunfällen hinzu, die bei fünf pro 100 000 lag, kommt die Quote mit 110 Todesopfern auf eine Million

Einwohner bereits in die Nähe der relativen Häufigkeit tödlicher Verkehrsunfälle, die wir in den achtziger Jahren unseres Jahrhunderts in vielen Industrieländern zu verzeichnen hatten. Am Vorabend der Motorisierung war die Stadt durchaus kein freundlicher Ort.[14]

Das Automobil war eine Antwort auf Krankheit und Gefahr. Tatsächlich war der motorisierte Individualverkehr damals fast eine Utopie. Die eng zusammengedrängten Mietshäuser der Innenstädte waren schmutzig und Brutstätten für Krankheiten. Die Menschen in die grünen Vororte zu verpflanzen war das bevorzugte Anliegen der Stadtreformer. Fortschrittliche Bürgermeister setzten sich für den Ausbau der Pferde- und später der elektrischen Straßenbahnen ein. Aber zumindest auf den Hauptstrecken war es in den Straßenbahnen ebenfalls äußerst eng; 1912 befand der *Los Angeles Record*, die Luft darin gliche einem »Pesthauch – geschwängert mit Krankheitskeimen und den Ausdünstungen zahlloser Körper ... Ein Bischof umarmt eine korpulente Großmutter, ein zartes Mädchen steht Schulter an Schulter neben einem städtischen Lebemann ...« Und Fahrgäste, die keinen Sitzplatz gefunden hatten, schimpften eng aneinandergepreßt über zu hohe Fahrpreise, rücksichtslose Fahrer und ungehobelte Schaffner.[15]

Anfangs mag das Automobil ein Spielzeug für reiche Leute gewesen sein, doch vor allem dank Henry Ford stand es schon bald für Unabhängigkeit von den Reichen: von den finanzstarken Eisen- und Straßenbahngesellschaften und den Besitzern der Mietshäuser in der Innenstadt. In den fünfziger und sechziger Jahren war die Automobilindustrie bereits eine großindustrielle Branche arrogantester Prägung, aber die Motorisierung setzte sich deshalb durch, weil sie die Interessen so vieler Kleinbetriebe miteinander verband. Das diffuse Interesse bedeutete politische Stärke. Die Motorisierung nutzte nicht nur den Autoherstellern und den Ölgesellschaften, sondern Tausenden kleiner Unternehmen: Speditionen, Hoch- und Tiefbaubetrieben, Auto- und Ersatzteilhändlern, Reparaturwerkstätten und Tankstellen. Wie Clay McShane und andere Historiker der Stadtentwicklung vor ihm aufgezeigt haben, stieß der Ausbau des Straßennetzes keineswegs überall auf Zustimmung oder gar Begeisterung. Er veränderte die Straße von Grund auf, und zwar zum Nachteil der Anwohner. Die Straße verlor ihren Charakter als Treffpunkt der Menschen und wurde zu einer reinen Durchgangsstraße. In vielen Vierteln widersetzte man sich der Asphaltierung, und mancherorts warfen die Kinder mit Steinen nach den Autos. Dennoch zeigte die Motorisierung die politischen Vorzüge einer breiten Streuung des Nutzens über ein vielfältiges Spektrum kleiner und mittelgroßer Betriebe.[16]

Trotz der eindeutigen Schäden für den städtischen Raum und die Grünflächen blieb die Nutzung der Straßen zur Verlagerung der städtischen Bevölkerung in Vorstadtsiedlungen mit Eigenheimen lange Zeit ein nicht nur populärer, sondern auch politisch anerkannter Gedanke, und das nicht nur in Amerika. Franklin D. Roosevelt glaubte, die größere Streuung der städtischen Bevölkerung werde die Kosten der staatlichen Verwaltung und der städtischen Dienstleistungen insgesamt senken. Eine radikale Stadtplanerin, Carol Aronovici, schrieb 1923: »Die alten Städte sollen ruhig zugrunde gehen, damit wir endlich große, schöne Städte haben.« Sie forderte »eine durchgreifende Emanzipation der Vorortgemeinden von der Metropolis«, die »deren physische Existenz in die Politik einer verrotteten und korrupten politischen Organisation hineinzuziehen« drohe. (Mehr als sechzig Jahre später verbünden sich ebendiese Städte – inzwischen selbst demographisch und ökonomisch gealtert – mit den alten Kernstädten gegen die Flucht der Betriebe und Bewohner in die noch weiter draußen gelegenen Vororte.)[17]

Etwa um dieselbe Zeit träumten sowjetische Stadtplaner von einer Entflechtung ihrer übervölkerten städtischen Agglomerationen und von neuen Siedlungen inmitten der Felder und Wälder, die durch ein Netz neuer Straßen erschlossen werden sollten. Ein namhafter Besucher, der französische Architekt Le Corbusier, faßte die Stimmung in seinem Buch *La Ville radieuse* (1930) folgendermaßen zusammen: »Man ermunterte die Menschen zu einem eitlen Traum: ›Die Städte werden im Land aufgehen; ich werde, fünfzig Kilometer entfernt von meinem Büro, unter Kiefern wohnen; meine Sekretärin wird ebenfalls fünfzig Kilometer entfernt von diesem Büro wohnen, aber in entgegengesetzter Richtung und unter anderen Kiefern. Wir beide werden einen eigenen Wagen haben. Wir werden Bremsen, Straßenbeläge, Getriebe abnutzen und Benzin verbrauchen. All das wird viel Arbeit erfordern ... genug für alle.‹«[18]

Fast könnte man den Eindruck haben, die amerikanischen Suburbs der Nachkriegszeit wären die realisierten Träume sowjetischer Planer. Oder eher noch, der Siegeszug des Automobils wäre die unbeabsichtigte Folge einer international verbreiteten Stimmung, die nach Dezentralisierung strebte. Kenneth Jackson hat darauf hingewiesen, daß selbst das *Bulletin of the Atomic Scientists* sich 1951 in einer Sondernummer mit dem Titel »Defense Through Decentralization« (Verteidigung durch Dezentralisierung) für eine Entflechtung der Städte einsetzte. Dort verlangte man die Schaffung von Satellitenstädten und Suburbs geringer Dichte, in denen die Bewohner der einstigen Kernstädte für die Dauer des Kalten Krieges in größerer Sicherheit leben könnten.[19]

Automobile und Straßennetze verwirklichten eine alte technische Utopie: eine Stadt, die aus lauter privaten Eigenheimen besteht. Das Automobil besitzt einen gewaltigen Vorzug gegenüber Bahnen und Bussen: Es bietet die Möglichkeit, von jedem beliebigen Punkt direkt an jeden anderen Punkt zu gelangen. Amerika hat niemals ein landesweit oder auch nur regional integriertes Transportsystem für Personen oder Güter besessen, wie man es in Europa kennt. Die Eisenbahnen und vielfach auch der städtische Nahverkehr werden von privaten Gesellschaften betrieben, die in Konkurrenz untereinander stehen. Nostalgische Bewunderer der Eisenbahn vergessen gern, wie oft man umsteigen muß, um zwei Seiten eines Dreiecks hinter sich zu bringen, wobei gelegentlich sogar stundenlange Wartezeiten in Kauf zu nehmen sind. Die Verkehrsexperten K. H. Schaeffer und Elliot Sclar haben diese Mängel in ihrem Buch *Access for All* schonungslos offengelegt. Wollte man mit der Bahn von New Washington, Ohio, in die fünfzehn Meilen entfernte Bezirkshauptstadt fahren, brauchte man dafür manchmal einen ganzen Tag, und das selbst zu Zeiten, als die Eisenbahn noch florierte. Außerdem liegt der Bahnhof von New Washington eine halbe Meile außerhalb.[20]

In der Regel sparen wir durch die Motorisierung allerdings kaum Zeit. Ivan Illich schrieb 1974: »Der typische amerikanische Mann widmet seinem Auto mehr als 1600 Stunden im Jahr. Er sitzt darin, während es fährt und während es stillsteht ... Er verdient Geld, um dafür eine Anzahlung zu leisten und die monatlichen Raten zu bezahlen. Er arbeitet, um das Benzin, das Wegegeld, die Versicherung, die Steuern und die Strafzettel zu bezahlen. Er verbringt vier seiner sechzehn wachen Stunden auf der Straße oder damit, die Mittel für den Betrieb des Autos zu beschaffen ... Der typische amerikanische arbeitende Mann wendet 1600 Stunden auf, um sich 7500 Meilen fortzubewegen, das sind weniger als fünf Meilen pro Stunde.« Mit dem Fahrrad wäre er schneller.[21]

Die größte Überraschung der Motorisierung war in der Tat die Geschwindigkeit, mit der die Straßen verstopften, und zwar auch die Autobahnen und andere Schnellstraßen, die eigens gebaut wurden, um Staus zu vermeiden. Als der Washington Beltway 1964 eröffnet wurde, nannte der Gouverneur von Maryland, der das Band zur Einweihung des letzten Teilstücks durchschnitt, diese Autobahn eine »Straße der Möglichkeiten«. Der Vertreter der Federal Higway Administration verglich sie mit einem Ehering. Die *Washington Post* schrieb, nun werde »der Stenograph aus Suitland ins Pentagon gelangen können, ohne daß der Tag ruiniert ist, bevor er überhaupt begonnen hat«. Zweiundzwanzig Jahre später berichtet ein anderer Korrespondent der *Post*: »Aus dem Traum ist ein Alptraum geworden. Der Great Belt hat sich wie eine Schlinge um den Hals unserer Stadt gelegt ... Der Beltway könnte uns umbringen, und wir verfaulen, bis die Geier uns das Fleisch von den Knochen gefressen haben.« Das Londoner Gegenstück, die M25, hatte bereits Ende der achtziger Jahre, nur drei Jahre nach der Fertigstellung, das für das Jahr 2001 erwartete Verkehrsaufkommen erreicht. Selbst in Bundesstaaten wie Kentucky, Missouri, Nebraska, South Carolina, Tennessee und Texas gilt über die Hälfte der Autobahnkilometer als staugefährdet. Und in den älteren Suburbs größerer Städte sind die Straßen inzwischen so verstopft, daß selbst die American Automobile Association ihre Hauptverwaltung von Fairfax County in Virginia nach Florida verlegt hat.[22]

Die Überlastung der Straßen hat auch soziale Gründe, und zwar nicht nur in Gestalt von Haushalten mit zwei berufstätigen Pendlern, sondern auch aufgrund der vielen motorisierten Irrfahrten, die der städtische Verkehr heute erzwingt. Der Samstagnachmittag ist inzwischen vielerorts die verkehrsreichste Zeit der Woche. Verkehrsexperten, Mathematiker und Wirtschaftswissenschaftler haben auch entdeckt, daß sowohl der Ausbau als auch der Neubau von Straßen den Zeitbedarf erhöhen kann. Die Verbreiterung einer Brücke zieht Verkehrsströme an, die sich bis dahin einen anderen Weg gesucht haben, und falls die Verbreiterung nicht ausreicht, um den gewachsenen Fahrzeugstrom zu bewältigen, wird der Verkehr am Ende ebenso langsam sein wie zuvor. Neue Schnellstraßen können auch die benötigte Zeit für sämtliche Verkehrsteilnehmer verlängern, wenn sie Verkehr von alternativen schienengebundenen Systemen abziehen. Wenn man zwischen zwei verstopften Straßen, die jeweils ein Nadelöhr besitzen, eine Verbindung herstellt, kann das zu einer weiteren Verlangsamung des Verkehrs führen – diesem Phänoman hat man zu Ehren eines Pioniers der Verkehrsforschung den Namen »Braess' Paradoxon« gegeben. Der Grund für den unerwarteten Effekt liegt in der Tatsache, daß die neue »direkte« Verbindung den Verkehr nun durch beide Nadelöhre leitet. Dank einiger Seltsamkeiten der Psychologie von Autofahrern können selbst alltägliche Praktiken wie das Einfädeln zu kontraproduktiven Ergebnissen führen. Da die Autofahrer meist eng aufschließen, damit niemand – und insbesondere kein Auto aus einer anderen, einmündenden Straße – vor ihnen einscheren kann, kommt es schon Kilometer vor solchen Einmündungen immer wieder auf geheimnisvolle Weise zu Staus. Da die Abstände so gering sind, braucht ein Wagen nur seine Geschwindigkeit leicht zu drosseln, dann zwingt er den nachfolgenden Fahrer, ein wenig stärker zu bremsen, was wiederum dessen Nachfolger zu einer noch stärkeren Bremsung veranlaßt. Wenn die Verkehrsdichte sich der maximalen Aufnahmefähigkeit einer Straße nähert, kommt es zu einem so starken Abfall der Strömungsgeschwindigkeit, daß Verkehrsexperten von einem »Zusammenbruch« des Verkehrs sprechen (auch wenn sie das Phänomen immer noch nicht ganz zu erklären vermögen). Was für den einzelnen Fahrer rational erscheint, kann für den Verkehr ingesamt und für die Gesellschaft durchaus irrational sein. Staus erweisen sich als eine Form von Rekomplizierung, als ein System, dessen Teile in einer Weise gekoppelt sind, die wir nicht ganz verstehen.²³

Technologisch interessant an den neuen Verkehrsproblemen ist eine unerwartet positive Seite. Die Verstopfung unserer Straßen hat das Fahren sicherer gemacht, als wir es uns jemals vorgestellt hätten. Die Verstopfung mag eine chronische negative Nebenwirkung der Mobilität darstellen, aber die Sicherheit ist eine positive Wirkung der Verstopfung. Es gibt eine ganze Schule, die bestreitet, daß man das Fahren oder irgend etwas anderes jemals sicherer machen könne. Dort spricht man von einer Homöostase des Risikos. Damit ist lediglich gemeint, daß die Menschen ein gewisses Risiko suchen. Unter »gefährlichen« Bedingungen fahren sie vorsichtiger – und Sicherheitsmaßnahmen gleichen sie durch eine riskantere Fahrweise aus.

Der Geograph John G. U. Adams hat sich die Unfallhäufigkeit auf englischen Abenteuerspielplätzen angesehen, einer Ansammlung von Leitern und Plattformen aus locker gefügten Baumstämmen, die den Kindern »die Möglichkeit bieten, Fertigkeiten zu erproben, die eines Schimpansen würdig wären«. Diese Spielplätze sind erkennbar gefährlicher als die Plätze mit »gut befestigten Spielgeräten«, deren Oberflächen sorgfältig geglättet und vielfach mit Gummi überzogen sind. Dennoch verzeichnen die Versicherungen dort höhere Unfallzahlen als auf den Abenteuerspielplätzen, und der Leiter der National Playing Fields Association schreibt, die Unfallzahlen seien deshalb niedriger als auf herkömmlichen Spielplätzen, »weil es dort keine aus der Langeweile geborene Gewalttätigkeit und Zerstörungswut gibt«. Adams und andere (meist Sozialwissenschaftler) behaupten nun entsprechend, daß die Einführung des Sicherheitsgurts im Auto zwar die Zahl der verletzten Autofahrer gesenkt, die der angefahrenen Fußgänger aber erhöht habe, weil die Fahrer sich mit den Gurten sicherer fühlten.²⁴

Nur wenige Verkehrsexperten glauben an das Prinzip der Risikohomöostase oder an dessen Wirksamkeit im Fall der Sicherheitsgurte. Der Physiker und Sicherheitsforscher Leonard Evans behauptet, manche Sicherheitseinrichtungen retteten mehr Leben, als man erwartet hätte, während andere die Zahl der Opfer noch erhöhten. Die Begrenzung der Geschwindigkeit auf 55 Meilen pro Stunde verringerte die Zahl der Todesopfer auf den Straßen weitaus stärker, als irgend jemand erwartet hatte. Die Sicherheitsgurte entsprachen den Erwartungen. Spikereifen, größeres Beschleunigungsvermögen und das Antiblockiersystem (ABS) brachten nur geringe Vorteile, und es gibt Hinweise, daß Fahrer, deren

Wagen über ABS verfügt, ebenso viele Zusammenstöße haben wie Fahrer, die kein ABS haben – oder sogar mehr. Neu aufgestellte Ampelanlagen sind neutral. Dasselbe gilt für strengere Inspektionen. Und Zebrastreifen oder Blinklichter an Fußgängerüberwegen erhöhen seltsamerweise die Zahl der angefahrenen Fußgänger beträchtlich. (Das heißt indessen nicht, daß sie völlig nutzlos wären. Der führende Verkehrsspezialist Frank Haight meint, manche Einrichtungen böten zwar keine Sicherheit, eröffneten aber die Möglichkeit des Zugangs. Sie bieten den Fußgängern keinen absoluten Schutz vor rücksichtslosen Autofahrern, dafür aber die willkommene Gelegenheit, eine Straße zu überqueren, die ansonsten völlig unpassierbar für sie wäre.) Die Veränderung eines einzelnen materiellen Elements oder einer Regelung kann den gewünschten Effekt haben oder auch nicht.[25]

So war es denn nicht nur die Sicherheitsausrüstung, die zur Senkung der Todesrate pro Million Insassenkilometer geführt hat. Tatsächlich kann es durchaus sein, daß hier eine Umkehrung von Ursache und Wirkung vorliegt. Erst wenn die Autofahrer der Sicherheit größeres Gewicht beimessen als der Geschwindigkeit und dem Preis, bieten die Hersteller sicherere Autos an. Und das wiederum scheint von den gefahrenen Kilometern abzuhängen. Der britische Mathematiker und Verkehrsexperte R. J. Smeed besaß eine außergewöhnliche Gabe, die Fähigkeit nämlich, auf offenkundige Dinge hinzuweisen, die andere übersehen hatten. 1949 verglich er das Verhältnis zwischen tödlichen Unfällen pro Fahrzeug und Fahrzeugen pro Kopf der Bevölkerung. Schon damals entdeckte er, was er selbst und andere später immer wieder bestätigt fanden: je höher die Fahrleistung, desto niedriger die Zahl der tödlichen Unfälle pro gefahrene Kilometer.[26]

Ende der sechziger Jahre etwa hatten die Entwicklungsländer mit der geringsten Automobildichte pro Kopf der Bevölkerung zugleich die höchsten Raten an Verkehrstoten. Noch heute sind in Europa die gefährlichsten Länder die Randstaaten wie Portugal, wo die Automobildichte zwanzig Jahre hinter England oder Deutschland zurückliegt. John Adams, der hinsichtlich der Ursachen größerer Verkehrssicherheit nicht mit Smeed übereinstimmte, fand dennoch heraus, daß auch die späteren Daten Smeeds Befunde aus dem Jahre 1949 bestätigten.[27]

Smeeds Beobachtungen verweisen auf einen äußerst komplexen Vorgang: eine Reihe technologischer, rechtlicher und sozialer Veränderungen, die auf gestiegene Fahrleistungen zurückgehen. Länder mit wenigen Straßen, viel Raum und wenigen Fahrzeugen können für Leben und Gesundheit des Autofahrers gefährlich sein. Eine Kollegin erinnerte sich an ihre Kindheit im Iran; auf den langen, schnurgeraden Landstraßen rasten die Fahrer mitten auf der Straße aufeinander zu. Die Sicht war ausgezeichnet, aber es gab keine Mittellinie. Am Ende wich *fast* immer einer der beiden Fahrer aus; aber es war eine Frage der Ehre, möglichst lange durchzuhalten. Was wir in den Vereinigten Staaten als Mutprobe für Heranwachsende kennen, das kann anderswo durchaus ein Kampfspiel zwischen erwachsenen Männern sein.

Gleichermaßen gefährlich kann die für frühe Phasen der Motorisierung typische Mischung aus Fußgängern, Tieren und Kraftfahrzeugen sein. In Indien hatte man Anfang der achtziger Jahre täglich fünfundsiebzig Verkehrstote zu beklagen, halb soviel wie in den Vereinigten Staaten, aber dies bei einer vierzigmal geringeren Fahrzeugdichte. Zwanzigmal mehr Menschen kamen dort bei Verkehrsunfällen ums Leben als bei Überschwemmungen. 1989 starben allein auf der Great Trunk Road zwischen Neu-Delhi und Kalkutta mehr als eintausend Menschen. Gilt das nur für Indien und die Dritte Welt? Keineswegs. Anfang des Jahrhunderts fand sich auch in New York eine Mischung aus Pferdefuhrwerken, Automobilen, Straßenbahnen, Radfahrern und Fußgängern, und während des ersten Automobilbooms verdoppelte sich dort die Zahl der Verkehrstoten.[28]

Die Verstopfung der Straßen führt zur Forderung nach Schnellstraßen, die ihrerseits ein sicheres und schnelles Fahren ermöglichen. Aus der amerikanischen Unfallstatistik geht hervor, daß am gefährlichsten die schnurgeraden zweibahnigen Fernstraßen in Wüstengebieten sind; und am schlimmsten ist die berüchtigte U. S. 66 bei Gallup in New Mexico. Nach einer Studie liegt die Variationsbreite der Mortalitätsrate aufgrund von Verkehrsunfällen bei mehr als dem Hundertfachen; in Esmeralda County, Nevada, betrug sie 558 Tote auf 100000, in Manhattan dagegen nur 2,5.[29] In bergigen Landschaften mit alten Straßen und vielen Anfängern unter den Autofahrern sind die Ergebnisse ähnlich. Während die Vereinigten Staaten 1989 insgesamt 248 Verkehrstote pro Million Fahrzeuge zu verzeichnen hatten, Großbritannien ebenfalls 248 und die Niederlande 236, betrug die Quote in Portugal 1163. Der in Portugal lebende Robert D. Kaplan schrieb über die Autofahrer auf der engen, kurvenreichen Strecke zwischen Sintra und Lissabon: »Statt langsam zu fahren, rasen sie wie die Verrückten... und überholen auch nachts mit einer Seelenruhe in den Kurven, als läse ein Blinder einen in Blindenschrift geschriebenen Text.«[30] Dennoch legen dieselben Leute als Fußgänger ein tadelloses Benehmen an den Tag und haben eine strenge schriftliche Prüfung absolviert, auf die sie sich drei Monate lange vorbereiten mußten. Die Autofahrer in Malaysia »lieben es, blind in Kurven oder vor Anhöhen zu überholen«, schreibt eine Amerikanerin, die dort zu Besuch war. »Sie fahren grundsätzlich eng auf, bei 80, 100 oder 120 Stundenkilometern, und blinken aufdringlich mit der Lichthupe.«[31]

Die verstopften Straßen der hochmotorisierten Länder bilden eher eine chronische als eine akute Gefahr für die Gesundheit der Menschen. Die Statistik der Verkehrsopfer gibt keine Auskunft über die gesundheitlichen Gefahren der Autoabgase. Ein Auto, das während der Stoßzeit 16 Kilometer in dreißig Minuten zurücklegt, bläst dreieinhalbmal soviel Kohlenwasserstoffe in die Luft wie eines, das in der verkehrsarmen Zeit für dieselbe Strecke nur elf Minuten braucht. Im Leerlauf produzieren Motoren dreihundertmal soviel Kohlenmonoxid wie unter Last. Obwohl die Autoabgase von 1967 bis 1990 um 76–96 Prozent verringert wurden, stieg die Zahl der Städte mit gefährlichen Ozonkonzentrationen in Bodennähe bis Ende der achtziger Jahre auf mehr als einhundert. Die Schäden, die der menschlichen Gesundheit und der Landwirtschaft jährlich durch Kohlenmonoxid und Smog entstehen, werden auf 8–25 Milliarden Mark geschätzt. All das sind chronische Folgen der Motorisierung, doch sie ändern nichts an der Tatsache, daß das Autofahren beträchtlich sicherer geworden ist.[32]

Die scheinbar gefährliche Überlastung der Straßen hat einen unerwarteten Disziplinierungseffekt auf die Autofahrer. Autobahnen und andere Schnellstraßen wären ohne ein gewisses Verkehrsaufkommen gar nicht denkbar. Hohe Verkehrsdichte zwingt zu langsamerem Fahren und einheitlicheren Geschwindigkeiten. Sie ermöglicht auch eine bessere Verkehrsüberwachung durch die Polizei, ein dichteres Rettungswesen und kürzere Wege zu den Unfallkrankenhäusern. Das sicherste Teilstück des New Jersey Turnpike ist die überfüllte Strecke im Ballungsraum nördlich von New Brunswick; das im ländlicheren South Jersey gelegene Teilstück weist eine doppelt so hohe Unfallrate auf. Verantwortlich dafür ist vor allem die Tatsache, daß hohe Verkehrsdichte zu großer Wachsamkeit zwingt. Der Leiter der Turnpike Authority meint dazu: »Im Norden ... ist so viel los, da pumpst du Adrenalin in den Körper, nur damit du durchkommst. Hier oben halten wir dich wach. Aber da unten im Süden schläfst du fast ein.« Und tatsächlich ist es in der Stadt leichter als auf dem Land, gut zu fahren. Darauf hat Albert O. Hirschman hingewiesen: »Der Stadtverkehr verlangt größeres technisches Können, aber diese Erschwernis wird durch die Tatsache ausgeglichen, daß der dichte Verkehr dem Fahrer hilft, sich auf die Straße zu konzentrieren.«[33]

Trotz zahlloser Gewalttätigkeiten auf den Straßen und vieler gegenteiliger Erfahrungen scheint die Hochphase der Motorisierung doch ein (relativ) rücksichtsvolles und diszipliniertes Verhalten zu fördern, einen »kollektiven Lernprozeß«, wie Leonard Evans gesagt hat, oder ein »Fahren unter dem Einfluß der Gesellschaft«, wie Malcolm Gladwell einmal in der *Washington Post* schrieb.[34]

Ein Sprecher des Insurance Institute for Highway Safety berichtet, daß die Werbung mit dem Argument der Sicherheit früher dem Verkauf geschadet habe, weil sie die Phantasie durch Angst ersetze, doch inzwischen rangiere »die Sicherheit im Denken der Käufer schon an zweiter Stelle, hinter der Qualität, aber deutlich vor dem Preis«.[35] Heute sind wir weit entfernt von dem Hochgefühl der Freiheit, das die Motorisierung einst versprach, von Kenneth Grahames Mr. Toad, »dem Schrecken, dem Bezwinger, dem Herrn der einsamen Landstraße, dem alle auszuweichen haben, oder er stürzt sie ins Nichts und in die immerwährende Nacht«.[36] Oder wie der Kolumnist Richard Cohen einmal schrieb: »Jay Gatsby hat nie von Verkehrsstaus geträumt.«[37]

Werden die Katastrophen uns erhalten bleiben?

Die Entwicklung der Navigation auf See und die Motorisierung scheinen einen gewissen Optimismus zu rechtfertigen, den Gedanken nämlich, daß die Probleme der Intensivierung sich in Grenzen halten lassen, ja, daß Katastrophen letztlich ihre eigene Verhinderung fördern. Die Gesellschaft lernt. Der Fortschritt, dieses seit langem in Mißkredit geratene Konzept, kehrt durch die Hintertür zurück. Entscheidend ist nicht, daß es immer noch Katastrophen gibt, sondern daß es den Menschen insgesamt und nach den meisten Maßstäben bessergeht. Doch leider sind die Dinge nicht ganz so einfach.

Der Untergang der *Titanic* ist in allen seinen Aspekten hochgradig moralisiert worden; wir sollten jedoch nicht vergessen, daß die Sache ganz anders ausgegangen wäre, wenn die Stahlplatten der Belastung standgehalten hätten. Niemand hatte sie getestet, und wahrscheinlich konnte damals auch niemand Stahl auf die Belastungen testen, die den Rumpf des Schiffes bersten lassen sollten. Selbst wenn die Mannschaft sämtliche Passagiere hätte in Sicherheit bringen können, wäre der Verlust des Schiffes die größte materielle Katastrophe der Seefahrtsgeschichte in Friedenszeiten gewesen.

Beunruhigend am Untergang der *Titanic* ist vor allem, daß wir niemals vollkommen sicher sein können, wie neue Materialien sich als Teil eines komplexen Systems verhalten. Splitter von Glasfaserkabeln – um nur ein Beispiel zu nennen – können gesundheitsschädlich für die Monteure (und vor allem für Heimwerker) sein, die sie zerschneiden und spleißen. Dennoch wird dieses Problem in der Diskussion über die moderne Telekommunikation nur selten angesprochen.

Die Computersoftware erhöht die Komplexität beträchtlich. Im neunten Kapitel haben wir gesehen, welche tödlichen Folgen Fehler in den Computerprogrammen lebenswichtiger Systeme haben können. In computergesteuerten Prozessen zeigen sich Fehler auch meist nicht in deutlichen Signalen, wie wir sie aus mechanischen Prozessen kennen: Hitze, Geräusche, Farbveränderungen, Vibrationen. So können Systemzusammenbrüche sehr viel unvermittelter auftreten. Sie bieten uns keine Galgenfrist.

Der Wissenschaftshistoriker Michael S. Mahoney hat beobachtet, daß Computer handwerkliche Tätigkeiten nicht eliminieren, sondern in Gestalt der Programmierer wieder einführen. Computerprogramme sind inzwischen so umfangreich und kompliziert, daß nur Arbeitsgruppen sie entwickeln können, obwohl talentierte Programmierer oft allzu individualistisch sind, um effizient in der Gruppe arbeiten zu können. Das betrifft nicht nur die Betriebssysteme und Anwendungsprogramme der Desktop-Computer, sondern sämtliche Computersysteme, von der Steuerung der Flugzeuge über die Einspritzung des Treibstoffs in Automotoren bis hin zu medizinischen Geräten. Wie der Software-Ingenieur John Shore gezeigt hat, funktioniert die Überwachung bei mechanischen Systemen recht gut; die Aufzüge in Hochhäusern müssen ständig gewartet werden, aber Menschen kommen darin nur selten zu Schaden. Auch Software muß gewartet werden, doch die Wartung erhöht nicht ihre Verläßlichkeit, sondern verringert sie. Jedes Element, das hinzugefügt wird, und jeder Fehler, den man korrigiert, erhöhen die Wahrscheinlichkeit einer neuen, unerwarteten Wechselwirkung zwischen Teilen des Programms. Eine kleine Veränderung zur Lösung eines kleinen Problems kann ein weitaus größeres Problem zur Folge haben. Wie Lauren Wiener schreibt, hatten die wiederholten Zusammenbrüche örtlicher und regionaler Telefonnetze 1991 ihre Ursache in der Änderung weniger Zeilen des viele Millionen Zeilen umfassenden Steuerprogramms. Ein gründlicher Test des veränderten Programms hätte dreizehn Wochen in Anspruch genommen.[38]

Wir werden auch weiterhin mit Katastrophen leben müssen, weil unsere Abhängigkeit von komplexen Computerprogrammen wahrscheinlich noch wachsen wird. Dank intelligenter Verkehrsleitsysteme wird man die Kapazität der Schnellstraßen noch besser ausnutzen können. Man denkt daran, jeweils mehrere Fahrzeuge über ein elektronisches Steuerungssystem zu einer Gruppe zusammenzufassen, innerhalb deren man die Abstände zwischen den einzelnen Fahrzeugen reduzieren kann. Einige Alpträume des heutigen Verkehrs wird man dadurch vielleicht abstellen können, das zu dichte Auffahren etwa oder den ständigen Spurwechsel oder Auffahrunfälle durch übermüdete Lkw-Fahrer. Aber ein Computerfehler, ein Zusammenbruch der Übertragungstechnik oder auch nur defekte

Bremsen könnten leicht zu einer Katastrophe führen. Bedenken wir zudem, wie abhängig die Staatsverwaltung, die Banken und die gesamte Geschäftswelt heute von globalen elektronischen Netzen sind, die ihrerseits von Computern abhängen, lassen sich katastrophale Irrtümer und Fehlfunktionen kaum ausschließen. (Die Kritiker elektronischer Verkehrsleitsysteme vertreten die These, auch elektronisch überwachte Straßen würden schon bald wieder verstopft sein.)[39]

Noch gefährlicher als versteckte Risiken können verschobene Gefahren sein. Verbesserte Sicherheitstechnologien auf einem Gebiet schaffen manchmal neue Gefahren auf anderen Gebieten. Unsere gegenwärtigen Erfolge beschwören möglicherweise dort Mißerfolge herauf, wo wir sie am wenigsten erwarten. Wie wir gesehen haben, sorgte die Verbesserung der hygienischen Verhältnisse dafür, daß die stets sauber gewaschenen Kinder der Mittel- und Oberschicht am Ende anfälliger für die Kinderlähmung waren als die schmutzigen Kinder der Armen. Und wir haben Mirko D. Grmeks These gehört, wonach die erfolgreiche Unterdrückung der bakteriellen Infektionen indirekt die Ausbreitung von Aids und anderen neuen Virusinfektionen begünstigte, weil sie den virulenten Krankheitserregern eine Nische bereitstellte.

Während die Besorgnis der Liberalen vor allem verborgenen Risiken gilt, wobei sie den Beteuerungen der Industrie, sie könne durch Technologien Sicherheit schaffen, mit Mißtrauen begegnen, begründen die Konservativen ihre Ablehnung strenger Regulierung gerne mit dem Hinweis auf verschobene Gefahren. Und die konservative Skepsis richtet sich seltener gegen die Technologien selbst als gegen den Versuch, sie zu regulieren, indem man ihnen Beschränkungen auferlegt oder sie im Gegenteil zwangsweise einführt. Wenn man verlangt, daß Eltern ihre Kinder bei Flugreisen in Kindersitzen unterbringen (für die sie eigens bezahlen müssen), statt sie auf dem Schoß zu halten, kann das viele Familien veranlassen, lieber mit dem Wagen zu fahren. Da Flugzeuge sicherer sind als Autobahnen – so das Argument –, könne die Vorschrift dazu führen, daß am Ende mehr Kinder zu Schaden kämen als ohne diese Vorschrift. Pestizidfreies und deshalb teures Obst und Gemüse mag am Ende schädlicher für die Volksgesundheit sein als pestizidbehandelte Ware, weil die Armen sich diese teuren Lebensmittel nicht leisten könnten und daher weniger davon verzehrten. Ein britischer Forscher führte den Gedankengang gewissermaßen ins Extrem und fand heraus, daß Ärzte, die das Rauchen aufgeben, diesen Vorteil wieder durch höhere Alkoholismus-, Unfall- und Selbstmordraten zunichte machen. (Es dürfte kaum überraschen, daß diese Studie aus Mitteln der Tabakindustrie finanziert wurde.)[40]

Bei keinem Veränderungsvorschlag scheint es möglich, verborgene oder verschobene Risiken vollkommen auszuschließen. Zwischen der natürlichen und der sozialen Welt bestehen zu viele Wechselwirkungen, die wir nur unzureichend durchschauen. Risikoforscher sprechen hier von einem Typ-III-Irrtum. (Ein Typ-I-Irrtum ist eine unnötige Präventivmaßnahme, etwa die Evakuierung der Küstengebiete, wenn die Sturmwarnung sich als Fehlalarm erweist, oder die verzögerte Zulassung eines wichtigen Medikaments. Typ-II-Irrümer sind eindeutig schädliche Handlungen wie die Zulassung eines Medikaments, von dem sich herausstellt, daß es mit tödlichen Nebenwirkungen behaftet ist.) Als strenge Richtlinien über die Strahlenbelastung von Lebensmitteln nach dem Reaktorunfall von Tschenobyl 1986 die auf dem Rentier basierende Fleischwirtschaft der Lappen ruinierte, wie ein kürzlich veröffentlichter Bericht der Royal Society belegt, handelte es sich eher um einen Irrtum des Typs III als des Typs I, weil man diese Folge nicht vorausgesehen hatte. Viele marktwirtschaftlich orientierte Risikoforscher wie Aaron Wildavsky setzen sich dafür ein, auf unvorhergesehene Folgen lieber flexibel und schrittweise zu reagieren, statt den Versuch zu machen, sämtliche Konsequenzen im voraus zu berechnen und abzuwägen. Nach dem Bericht der Royal Society gibt es eindeutig abgrenzbare Schulen der Risikobewertung, die entweder auf genaue Voraussagen oder auf flexible Reaktionen setzen. Die Politik der flexiblen Reaktion erweist sich oft als eine gute Politik, sofern die Phänomene mitspielen, das heißt deutlich erkennbar und schrittweise am Horizont erscheinen.[41]

In der realen Welt treten Entwicklungen nur selten eindeutig und zweifelsfrei so rechtzeitig zutage, daß keine wertvolle Zeit verlorengeht. Vor mehr als 150 Jahren sagte der exzentrische utopische Sozialist Charles Fourier voraus, die wachsende Landwirtschaft werde zu einer Erwärmung der Erdatmosphäre und zum Abschmelzen der Polkappen führen. Fouriers naturwissenschaftliche Kenntnisse waren zwar zweifelhaft – er glaubte, die nördlichen Meere würden »eine Art Limonade« werden, die Menschen würden auf »Gegenlöwen« reiten und sich von »Gegenhaien« ernähren –, doch mit seiner Voraussage lag er nicht ganz falsch. Tatsächlich entdeckte etwa um dieselbe Zeit ein anderer Franzose, der zufällig gleichfalls Fourier hieß (der Physiker Jean-Baptiste Fourier), daß die Erdatmosphäre die Wärme einfängt und festhält. Und vor gut 100 Jahren spekulierte der schwedische Geochemiker Svante Arrhenius über die Möglichkeit, daß die Atmosphäre bis zu sechs Grad Celsius wärmer werden könnte, wenn die Kohlendioxidemissionen der Industrie weiter wuchsen. Doch bis heute bietet die Wissenschaft uns nicht die gewünschte Präzision, sondern nur eine Reihe unterschiedlicher Angaben über Geschwindigkeiten und Folgen. Wir wollen genaue Zahlen, aber selbst die besten Modelle nennen uns nur Spannen. Wir wollen eine Wahrheit, die für den ganzen Erdball gilt oder zumindest für unseren eigenen Kontinent, und werden mit Wahrscheinlichkeiten für höchst unterschiedliche lokale Veränderungen abgespeist. Wir wollen, daß eine idealisierte Himmelsmechanik nach Art des achtzehnten Jahrhunderts unsere Welt beherrscht, und finden nur probabilistische Modelle.[42]

Wir können nicht einmal sicher sein, daß die Dinge sich langsam entwickeln. Wie Stephen Jay Gould und andere immer wieder gezeigt haben, sind in der Natur nicht schrittweise, sondern plötzliche Veränderungen die Regel, und der zukünftige Zustand eines komplexen Systems läßt sich selbst dann kaum vorhersagen, wenn die Dinge nicht noch zusätzlich durch Kultur und menschliches Verhalten kompliziert werden. Schon lange bevor das Klima zum Thema wurde, setzte die menschliche Kultur (einschließlich der Technik) seltsame Verkettungen von Ursachen und Wirkungen in Gang. Als es im neunzehnten Jahrhundert Mode wurde, daß Frauen Federn und ganze Vogelbälge auf ihren Hüten trugen, brachte diese Marotte ganze Arten an den Rand der Ausrottung, veranlaßte aber auch viele Frauen und Männer, sich für den Vogelschutz zu engagieren, und diese Bewegung überdauerte die kurze Modeerscheinung. In seiner Frühzeit sorgte das Automobil für die Ausbreitung seiner eigenen Nemesis in Gestalt des Kriechstrauchs *Tribulus terrester*, dessen dornenbesetzte Samenkapseln vielen Reifen den Garaus machte. Als man Jahrzehnte später die sichereren und gegen Dornen nicht mehr anfälligen schlauchlosen Reifen einführte, sorgte diese Technologie ganz unerwartet für die Ausbreitung eines anderen Schädlings, einer Mücke (*Aedes aegypti*), die das Sieben-Tage-Fieber überträgt; sie kam mit runderneuerten Reifen über den Pazifik nach Amerika und erfreut sich nun einer verlängerten Brutzeit in den Tümpeln von Müllkippen. Wir haben bereits gesehen, daß die Verbesserung der Wasserqualität in den Häfen Europas wahrscheinlich zur Ausbreitung der äußerst zählebigen Wandermuschel in Nordamerika beigetragen hat. Auf der anderen Seite sorgte die Motorisierung für einen Rückgang des europäischen Haussperlings.

Wer diese Entwicklungen frühzeitig und korrekt vorausgesagt hätte, wäre damals als Spinner oder als überängstlicher Warner verschrien worden. Tatsächlich entzogen sich die meisten großen Veränderungen des zwanzigsten Jahrhunderts dem Vorstellungsvermögen des neunzehnten. Der Luftkrieg und die Massenvernichtungswaffen bilden hier die wichtigsten Ausnahmen, aber dafür haben sie auch ihre Vorläufer in den schon vor 1900 entwickelten Waffen. Ansonsten ist die Fähigkeit des Menschen, sich etwas wirklich Neues vorzustellen – ob nun gut oder schlecht –, erstaunlich begrenzt. Die Personalcomputer des späten zwanzigsten Jahrhunderts unterscheiden sich nicht nur radikal von den mechanischen Rechenmaschinen des neunzehnten Jahrhunderts, sondern auch von den (sehr viel langsameren) Giganten der Nachkriegszeit aus der Ära eines John von Neumann. Die hohe Sterblichkeit der Europäer in den tropischen Regionen Asiens oder Afrikas bereitete das westliche Denken keineswegs auf Aids und andere »neue« Viren vor – nicht einmal auf die Grippewelle des Jahres 1918.

Eine Extrapolation ist deshalb nicht möglich, weil weder die Natur noch die menschliche Gesellschaft garantiert rational handeln. Manche Dinge wie die Prozessorleistung oder die Speicherkapazität verbessern und verbilligen sich rascher, als selbst Optimisten es erwartet haben; auf der anderen Seite zeigt sich, daß manche Aufgaben, die diese Geräte erledigen sollen, weitaus schwieriger sind, als die meisten Menschen gedacht hätten; man denke etwa an computerisierte Übersetzungen. Eines jedoch scheint fast eine Konstante zu sein: Die wirklichen Vorteile liegen nicht dort, wo wir sie erwartet hatten, und die wirklichen Gefahren sind nicht jene, die wir einst befürchteten. Stets haben wir es hier mit einer Reihe überschlägig berechneter Faktoren und Margen zu tun, für die wir kein allseits akzeptiertes Entscheidungsverfahren besitzen. Und da Computermodelle niemals völlig frei von Fehlern sein können, haben wir keinerlei Gewähr dafür, daß die Wirklichkeit am Ende nicht außerhalb der projektierten Margen liegen wird. Wir haben es nicht mehr mit der Tücke einzelner Objekte zu tun, sondern immer häufiger mit möglichen und immer komplizierteren Zusammenhängen zwischen den verschiedenen Elementen eines Systems.

Wir können also keineswegs beweisen, daß es in Nordamerika und der übrigen entwickelten Welt nicht wieder zu großen Katastrophen kommen wird, daß wir nur noch unsere chronischen, nicht aber auch wieder unsere akuten Probleme intensivieren werden. William H. McNeill hat einen treffenden Ausdruck für diese Möglichkeit geprägt: »the Conservation of Catastrophe« – die Katastrophe bleibt als Möglichkeit ebenso erhalten, wie die Ingenieure auch weiterhin die Grenzen »sicherer« Brückenkonstruktionen erkunden, die Testpiloten »aufs Ganze« gehen, die Regionalplaner die Kapazität der Straßen bei der Evakuierung sturmgefährdeter Gebiete überschätzen und die Verkehrsplaner all ihre Erfahrungen mit Stadtautobahnen mißachten werden. Selbst im Bankwesen lassen sich Analogien ausfindig machen. Die Vorkehrungen, die man während des New Deal gegen Bankenzusammenbrüche traf, wie man sie in der Weltwirtschaftskrise erlebt hatte, waren mitverantwortlich für die Insolvenzwelle der achtziger Jahre bei den amerikanischen Spar- und Darlehenskassen. Das weltweite elektronische Kommunikationsnetz eröffnet die Möglichkeit gänzlich neuartiger Katastrophen, da lokale Störungen sich jetzt weltweit ausbreiten können. Wenn die Post in einer Stadt Sendungen zurückhält oder vernichtet, ist das ein beträchtliches Problem, aber keine unmittelbare Bedrohung für das ganze System. Wenn ein Netzknoten auf unvorhergesehene Weise verrückt spielt, können weltumspannende Systeme zusammenbrechen, bevor man auch nur die Ursache entdeckt hat.

Die eigentliche Frage ist nicht, ob es neue Katastrophen geben wird oder nicht, denn es wird sie ohne jeden Zweifel geben. Die eigentliche Frage lautet, ob wir letztlich Boden gewinnen oder verlieren. Ob unser augenscheinlicher Erfolg Teil einer langfristigen, unumkehrbaren Verbesserung unserer Lage ist oder nur ein illusorischer Aufschub in einem erbarmungslosen und noch keineswegs entschiedenen Kampf zwischen der malthusianisch wachsenden Weltbevölkerung und deren natürlichen Grenzen. Ob die Rache-Effekte schlimmer werden oder sich abmildern. Ich glaube, daß sie sich langfristig eher zum Guten wenden lassen. Und obwohl ich diese Thesen nicht beweisen kann, möchte ich dennoch versuchen, sie zu begründen.

Die Abkehr von der Intensivierung

Die Rache-Effekte erreichten ihren Gipfel in den hundert Jahren zwischen 1870 und 1970, in denen auch der technologische Optimismus seinen Höhepunkt erlebte. Der Wille, die Natur zu unterjochen, einte Nordamerikaner und Europäer, Kommunisten und Demokraten. Sprengstoffe, schwere Maschinen, Landwirtschaft und Verkehrsmittel schienen endlich der Aufforderung in Genesis 1:28 – bevölkert die Erde und unterwerft sie euch – gerecht zu werden. Bürger der Sowjetunion benannten ihre Kinder nach Henry Ford und seinen Traktoren. Viele Zeitgenossen glaubten, am Beginn eines Zeitalters grenzenlosen Wandels zu stehen; nur wenige rechneten mit der Möglichkeit, die Natur könnte zurückschlagen. Und obwohl Friedrich Engels davon gesprochen hatte, daß die Natur sich für die Ausbeutung an den Menschen räche, unterjochte der Ostblock seinen Teil der Erde bis zum bitteren Ende.[43]

Der eigentliche Grund für den Zusammenbruch des Kommunismus hat weniger mit dem Kollektivismus zu tun als mit der Fixierung auf Intensität, die auch zu Gorbatschows Zeiten nicht aufgegeben wurde. Offiziell trat das Regime für sparsamen Materialverbrauch ein. Zugleich aber definierte man das Plansoll nach Gewicht und nicht nach Leistung. In der Industrie erfüllte man die meist nach Tonnen bemessenen Quoten vielfach durch besonders schwere Geräte – manchmal unglaublich robust, aber meist einfach schlecht. Die angebliche Behauptung der Sowjets, sie hätten den weltweit größten Computerchip produziert, mag eine Ente sein, doch der Wirtschaftswissenschaftler Marshall I. Goldman, der die Sowjetunion häufig besuchte, sah in den Büros außergewöhnlich viele Schreibmaschinen mit unnötig breiten Wagen.[44]

Die Fixierung der Sowjetunion auf Zielvorgaben, die nach Bruttogewicht und Volumen bestimmt wurden, war nur ein extremes Beispiel für die Pathologie der Intensivierung, die eindimensionale Übertreibung einer an sich guten Sache. Wir sollten auch nicht vergessen, daß der Westen noch schlimmere Intensivierungskrisen erlebt hat. Die Kartoffel, die der Volksernährung in Europa so großen Nutzen gebracht hat, war genetisch sehr anfällig, als man sie aus einem einzigen Stamm züchtete und zum wichtigsten Grundnahrungsmittel für die Armen machte. Doch so schrecklich die irische Kartoffelfäule in den vierziger Jahren des letzten Jahrhunderts auch war, sollte sich Ähnliches doch nicht mehr wiederholen. Der Zusammenbruch der französischen Rohseideproduktion in den fünfziger Jahren des neunzehnten Jahrhunderts war zwar von großer Bedeutung für Louis Pasteurs Karriere, zeigte aber auch, wie gefährlich es sein kann, wenn so viele Familien ihr ökonomisches Schicksal mit einem einzigen Organismus verknüpfen.

Es ist schon erstaunlich, wie viele rohstoffreiche Länder und Regionen ihren Niedergang erlebten, weil sie sich allzusehr auf die Ausbeutung einer oder zweier Quellen ihres natürlichen Reichtums verließen. Das Mississippi-Delta, die verlassenen Bergwerksstädte in den Rocky Mountains, die aufgegebenen Kohlereviere in Pennsylvania, sie alle haben ihr Gegenstück auf anderen Kontinenten: Sizilien, die Ukraine und Argentinien als einstige Kornkammern der Welt, Rumänien und Aserbaidschan als legendäre Energielieferanten, Zaire und Sibirien als Goldgruben, das Ruhrgebiet mit seiner Stahlproduktion. Dabei scheint es gar keine Rolle zu spielen, um welche Ressourcen es sich im einzelnen handelt, und auch Kolonialismus oder Fremdherrschaft scheinen keine entscheidende Rolle zu spielen (eher schon die Frage, ob die Eigentümer am Ort leben oder nicht). Gerade der Reichtum wurde zum Feind der lebenswichtigen Vielfalt. Andererseits stiegen rohstoffarme Inseln oder ehemals isolierte Regionen wie die Schweiz, Japan, Taiwan und Singapur zu den ökonomischen Stars des zwanzigsten Jahrhunderts auf.[45]

Natürlich wäre es allzu optimistisch, wenn man behaupten wollte, wir hätten die Gefahren der Intensivierung hinter uns gelassen. Wie wir gesehen haben, machte die »Rationalisierung« der Forstwirtschaft in England und Schottland das harmlose amerikanische Eichhörnchen zu einem bedeutenden Waldschädling. Der Wissenschaftsautor Matt Ridley hat beschrieben, wie in England die selbst unter den Torys staatlich geförderte Umwandlung »unproduktiver« Wiesen in Weizenfelder und alter Wälder in Fichtenplantagen zu einer Gefahr für Schmetterlinge und andere einheimische Wildtiere und Pflanzen wurde. In Spanien und Portugal sind die alten, von Weizenfeldern und Wiesen umgebenen Mischwälder aus Kork- und Steineichen ebenfalls vom Kahlschlag bedroht, weil man die Flächen zunehmend zum Anbau von Produkten nutzt, die von der Europäischen Union subventioniert werden. Andernorts gehen Entwaldung und Überfischung weiter. Die größte Gefahr einer neuen landwirtschaftlichen Technologie und vor allem der Gentechnik liegt nicht in irgendwelchen Superschädlingen, sondern in scheinbar harmlosen Organismen oder Chemikalien, die anfangs verblüffende Erfolge aufweisen und Alternativen vom Markt verdrängen. Wer irgend etwas so widerstandsfähig und produktiv macht, der setzt gleichsam ein hohes Preisgeld aus für den ersten aus natürlicher Selektion hervorgegangenen Parasiten. Früher oder später erscheint der große Gewinner.[46]

All das bedeutet allerdings nicht, daß Wissenschaft und Technik das Leben über die Maßen intensiviert hätten und die traditionelle Landwirtschaft immer schonend mit der Umwelt umgegangen wäre. In den Mittelmeerländern und anderswo hat die vorindustrielle Landwirtschaft die Vielfalt teils vernichtet, teils vergrößert; man kann sich kaum vorstellen, daß ein gentechnisch konstruierter Organismus jemals so verheerende Wirkungen auf die wilde Natur haben könnte wie die ansonsten so nützliche und liebenswerte Ziege. Und Technologien können je nach der Interessenlage ihrer Entwickler oder Anwender jeweils mehrere alternative Wege beschreiten. Sie können auch dazu beitragen, alte Genreservoirs zu erhalten, neue Nutzpflanzen zu erproben, den Einsatz von Pestiziden und Herbiziden zu verringern oder sparsamer mit dem Wasser umzugehen. Anders gesagt, sie können zur Erhöhung der Vielfalt und zur Verringerung der Intensität beitragen. Dazu bedarf es einer neuen Gewichtsverteilung zwischen öffentlichen und marktorientierten Interessen in der Forschung, denn wie der Genetiker Richard C. Lewontin und andere gezeigt haben, vernachlässigt die kommerzielle Forschung unvermeidlich die natürlichen, nichtpatentierbaren Organismen, deren Nutzung schon mit den ersten Verkäufen in Gemeineigentum übergeht.

In der Landwirtschaft bedeutet Abkehr von der Intensivierung, daß man den Einsatz von Düngemitteln reduziert und statt dessen wieder verstärkt auf Fruchtwechsel setzt; dadurch läßt sich die Produktivität erhöhen, aber auch die Anfälligkeit für Schädlinge verringern. In der Medizin bedeutet diese Abkehr, daß man sich nicht mehr so intensiv auf eine Handvoll Antibiotika verläßt. Im computerisierten Büro verlangt sie ein gerüttelt Maß an Skepsis hinsichtlich des funktionellen Werts neuer, »leistungsfähigerer« Computer und Programme, aber auch größere Zweifel, ob denn stärkere Arbeitsbelastung und ein längerer Arbeitstag tatsächlich größeren Profit bringen; manchmal dürfte es sogar erforderlich sein, die Arbeit bewußt zu unterbrechen und die Arbeitsgeschwindigkeit zu drosseln. Im Sport bedeutet die Abkehr von der Intensivierung, daß man einmal genauer nachschaut, ob leistungsfähigere Ausrüstung den betreffenden Sport wirklich verbessert. Bei alledem heißt Abkehr von der Intensivierung nicht, daß man sie gleich ganz abschafft, sondern nur, daß man etwas vorsichtiger damit umgeht.

Natürlich reicht es nicht, die Intensität lediglich zu modifizieren. Wenn wir Rache-Effekte reduzieren wollen, müssen wir Dinge durch Verstand ersetzen. Und die menschliche Erfindungsgabe kann auf eine eindrucksvolle Geschichte zurückblicken, wenn es darum geht, Energie und Rohstoffe durch geistige Arbeit zu ersetzen. Die in Nagelbauweise errichteten Häuser, die namenlose Zimmerleute während des neunzehnten Jahrhunderts in den nahezu baumlosen Prärien des Mittleren Westens erfanden, wurden berühmt für ihre Langlebigkeit und ihre geringen Baukosten. Und heute kann der billigste Computer aus dem Kaufhaus um ein Vielfaches schneller rechnen als die riesigen Rechner voller Relais und Röhren aus der Pionierzeit der Computertechnik, die ganze Säle und manchmal sogar ganze Gebäude füllten. Stahl ist heute leichter und fester, aber manche Kunststoffe sind noch leichter und fester als Stahl. Auch die Autos sind leichter geworden und verbrauchen weniger Treibstoff. Eine CD wiegt nur den Bruchteil einer LP, und CD-Player sind leichter und kompakter als herkömmliche Plattenspieler. Dank neuer mathematischer Algorithmen können wir heute dieselbe Informationsmenge auf kleineren Disketten speichern – oder mehr Informationen auf Disketten derselben Größe.

Der Ingenieur Robert Herman, der Technikanalytiker Jesse H. Ausubel und ihre Kollegen behaupten, der technische Wandel sorge sowohl für eine Erhöhung als auch für eine Verringerung der eingesetzten Mengen an Energie und Rohstoffen. Elektronische Speichermedien können den Papierverbrauch senken, aber – wie wir gesehen haben – auch erhöhen. Leichtere Produkte können den Rohstoffverbrauch in Wirklichkeit erhöhen, wenn sie als Einmal- oder Wegwerfprodukte auf den Markt gebracht werden. (Schwere gläserne Mehrwegflaschen verbrauchen unter Umständen weniger Energie und Rohstoffe als Aluminiumbüchsen, selbst wenn das Aluminium wiederverwendet wird.) Herman und Ausubel vertreten die These, daß selbst leichtere Automobile mit verringertem Kraftstoffverbrauch den Ressourcenverbrauch insgesamt erhöhen können, wenn sie eine weitere Zersiedelung fördern. Die Erzeugung von Atomstrom beginnt mit einem sehr leichten Rohstoff und endet mit riesigen kontaminierten Bauwerken, die wahrscheinlich niemals wieder benutzt werden können.[47]

Was zunächst als technische Frage erscheint – wieviel von diesem oder jenem wir wirklich brauchen –, erweist sich am Ende als eine gesellschaftliche Frage. Es geht um die Größe und das Erscheinungsbild einer Rasenfläche oder eines Hauses, um die Vorliebe für (oder die Abneigung gegen) Fleisch und so weiter. Entscheidend und dabei noch am wenigsten gewiß sind vielfach nicht Erfindung und Entdeckung, sondern Geschmack und Präferenzen. Und die offene Frage, die in den unruhigen siebziger Jahren aufgeworfen, dann in den achtziger Jahren aber wieder vergessen wurde, lautet immer noch, ob der kulturelle Wandel neue Präferenzen hervorbringen kann, die unsere Erde und ihre Rohstoffe vom Druck der Menschheit entlasten. Die menschliche Kultur und nicht ein der Maschine innewohnender Wille hat die meisten Rache-Effekt ausgelöst. Ohne die Freude an der Seide hätte es keine Schwammspinner in Nordamerika gegeben. Ohne den Wunsch nach einem Eigenheim gäbe es zwar immer noch Staus auf unseren Straßen, aber diese Staus wären weniger teuer.

Zu noch größeren Hoffnungen als Diversifizierung und Entmaterialisierung berechtigt eine Einstellung, für die wir noch keinen rechten Namen gefunden haben. Sie ist nicht neu und besteht im Ersatz des Frontalangriffs durch kluges Taktieren. Sie begann mit der Immunisierung gegen die Pokken – die man in der Volksmedizin bereits praktizierte, bevor Edward Jenner sie in die wissenschaftliche Medizin einführte – und setzte sich in den Schutzimpfungen des ausgehenden neunzehnten und des zwanzigsten Jahrhunderts fort.

Wer raffiniert ist, der verzichtet auf Frontalangriffe und stützt sich auf dieselben latenten Eigenschaften, die auch für die Rache-Effekte verantwortlich zeichnen. Manchmal ist es dafür erforderlich, Symptome nicht länger zu unterdrücken. In der Medizin bedeutet solche Klugheit, daß man mehr auf den evolutionären Hintergrund menschlicher Gesundheit und Krankheit achtet, etwa auf die positive Rolle, die Fieber bei Infektionskrankheiten spielen kann. In anderen Zusammenhängen verlangt solche Klugheit, daß wir lernen, mit problematischen Organismen zusammenzuleben und sie sogar zu domestizieren. Forscher wie Stanley Falkow und Paul Ewald haben den Vorschlag gemacht, wir sollten gleichsam einen evolutionären Kompromiß mit heute tödlichen Bakterien oder Viren schließen, um sie mit der Zeit zu allgegenwärtigen, aber harmlosen Geschöpfen zu machen. Im Büro verlangt solche Klugheit zum Beispiel, häufiger Pausen einzulegen und den Informationsgehalt von Schaubildern durch einen sparsameren Einsatz von Farben zu erhöhen. Im Hochbau verlangt sie, Hochhäuser so zu bauen, daß sie im Wind schwanken können, statt sich ihm starr entgegenzustellen. Auf den Straßen gilt es, dem Verkehr seine Hektik zu nehmen, Fortkommen und Kraftstoffverbrauch aller Fahrer zu verbessern, indem man sie gelegentlich bremst, wenn sie der Drang überkommt, aufs Gaspedal zu treten. Manchmal läßt sich die Kapazität von Straßen auch erhöhen, indem man den Zugang beschränkt und andere Straßen gänzlich sperrt. (In Deutschland sprechen Verkehrsplaner von einer »Beruhigung« des Verkehrs.) Diversifizierung, Entmaterialisierung und Raffinesse sind keineswegs wissenschaftsfeindlich. Im Gegenteil, die Wissenschaft zeigt uns, wie wir kruden Reduktionismus und kontraproduktive rohe Gewalt zugunsten von Technologien vermeiden können, die das Leben der Menschen wirklich besser machen. Aber Verbesserungen haben ihren Preis.

Wie die Schwarze Königin in *Alice hinter den Spiegeln* sagt, sind wir nicht länger in der »behäbigen Gegend«, in der man irgendwohin gelangt, indem man losläuft. »Hierzulande mußt du so schnell rennen, wie du kannst, wenn du am gleichen Fleck bleiben willst. Und um woandershin zu kommen, muß man noch mindestens doppelt so schnell laufen.« Tatsächlich müssen wir offenbar so schnell laufen, wie wir nur können, wenn wir der alten, auf Intensivierung bedachten Technologie mit ihren Rache-Effekten entkommen wollen. Selbst der optimistische Bericht des Council for Agricultural Science and Technology (CAST) macht deutlich, daß der Großteil unserer landwirtschaftlichen Forschung auf den Versuch entfällt, den gegenwärtigen Stand zu halten und mit der verschlechterten Wasserqualität, den wachsenden Kosten und mit »biologischen Überraschungen wie dem Auftreten virulenterer Schädlinge oder Unkräuter« fertig zu werden. Gleiches gilt wahrscheinlich für viele Anstrengungen auf dem Gebiet der Medizin. Und die ständige Leistungssteigerung der Personalcomputer kompensiert möglicherweise nur die Verlangsamung wichtiger Prozesse durch immer komplexere Schnittstellen und Programme.[48]

Technologischer Optimismus bedeutet in der Praxis, daß wir unangenehme Überraschungen schnell genug erkennen, um etwas gegen sie unternehmen zu können. Dazu ist es erforderlich, die ganze Erde ständig zu überwachen und alle erdenklichen Dinge unter Beobachtung zu halten, von Veränderungen der Durchschnittstemperaturen und der in der Luft enthaltenen Partikel bis hin zur Ausbreitung von Viren und Bakterien. Es bedarf jedoch noch einer zweiten Ebene der Wachsamkeit, da die nationalen Grenzen immer durchlässiger für den weltweiten Austausch von Problemen werden. Doch auch hier endet die Wachsamkeit noch keineswegs. Sie ist überall am Werk: in den zufallsgesteuerten Aufmerksamkeitstests der Zugführer, die an die Stelle des »Toter-Mann-Pedals« getreten sind; in den Ritualen der Computer-Backups; in der gesetzlich verordneten Pflicht zur technischen Prüfung nahezu sämtlicher Anlagen, von Aufzügen bis hin zu Rauchmeldern in Wohnräumen; in der routinemäßigen Materialprüfung mittels Röntgenstrahlen; im ständigen Nachladen der Definitionen neuer Computerviren; oder an den Landesgrenzen in der Kontrolle der Reisenden auf Produkte, mit denen sie Schädlinge einschleppen könnten. Sogar die selbstverständliche Aufmerksamkeit, mit der wir die Straße überqueren und die uns Städtern zur zweiten Natur geworden ist, wäre noch vor 300 Jahren in der Regel völlig unnötig gewesen. Manchmal ist Wachsamkeit eher ein beruhigendes Ritual als eine wirklich praktische Vorsichtsmaßnahme, aber mit einigem Glück funktioniert auch das. Rache-Effekte bedeuten letztlich, daß wir vorankommen, aber dabei ständig auch zurückblicken müssen, weil die Wirklichkeit uns immer wieder einholt.

Zur weiteren Lektüre

Es gibt nur wenige Bücher und Zeitschriftenartikel, die sich ausschließlich mit ungewollten Wirkungen befassen, aber in zahllosen Veröffentlichungen finden sich Hinweise auf Ironien und Paradoxien. Die nachfolgende Liste ist eine persönliche Auswahl und enthält keineswegs die wichtigsten Quellen, die in den Anmerkungen zu den einzelnen Kapiteln angeführt sind. Einige der hier genannten Bücher konnten im Text nicht ausführlich behandelt werden, weil sie Fragen ansprechen, die jeweils ein eigenes Kapitel erfordert hätten.

Robert K. Merton lenkte erstmals die Aufmerksamkeit der Sozialwissenschaftler auf das Phänomen, das ich hier als Rache-Effekt bezeichne, und zwar in seinem Aufsatz ›The Unanticipated Consequences of Purposive Social Action‹, *American Sociological Review* 1/6 (1936), S. 894–904, der seine Fortsetzung fand in dem Aufsatz ›The Self-Fulfilling Prophecy‹, in: ders., *Social Theory and Social Structure*, New York 1957, S. 421–436; dt.: ›Die Eigendynamik gesellschaftlicher Voraussagen‹, in: Ernst Topitsch (Hg.), *Logik der Sozialwissenschaften*, 6. Aufl., Köln 1970, S. 144–161. Die einflußreichste zeitgenössische Analyse der Gefahren komplexer Systeme ist: Charles Perrow, *Normal Accidents: Living with High-Risk Technologies*, New York 1984; dt.: *Normale Katastrophen: Die unvermeidlichen Risiken der Großtechnik*, Frankfurt am Main 1992. Aaron Wildavsky, *Searching for Safety*, New Brunswick, N. J., 1988, setzt sich unter Hinweis auf unbeabsichtigte Folgen für eine flexible Strategie ein. Zwei wichtige deutsche Beiträge aus neuerer Zeit sind: Ulrich Beck, *Risikogesellschaft. Auf dem Weg in eine andere Moderne*, Frankfurt am Main 1988; und Niklas Luhmann, *Soziologie des Risikos*, Berlin 1991. Eine interessante Sammlung von Aufsätzen zum Thema Risiko findet sich in der Zeitschrift *Daedalus*, Herbst 1990.

Albert H. Teich (Hg.), *Technology and the Future*, 5. Aufl., New York 1990, enthält eine Reihe wichtiger Beiträge. Gute Argumente für eine skeptische Einstellung gegenüber der Technik finden sich in: Charles Piller, *The Fail-Safe Society: Community Defiance and the End of American Technological Optimism*, New York 1991; und in: Chellis Glendinning, *When Technology Wounds: The Human Consequences of Pro-*

gress, New York 1990. Von den zahlreichen ausgezeichneten Büchern über die technologische Entwicklung unserer Zeit verdienen besondere Erwähnung: Langdon Winner, *The Whale and the Reactor: A Search for Limits in an Age of High Technology*, Chicago 1986; Howard P. Segal, *Technological Utopianism in American Culture*, Chicago 1985; und ders., *Future Imperfect: The Mixed Blessings of Technology in America*, Amherst 1994.

Zwei der besten Bücher von Naturwissenschaftlern und Ingenieuren über Risiken und Störfälle sind: Henry Petroski, *To Engineer Is Human: The Role of Failure in Successful Design*, New York 1985; und H.W. Lewis, *Technological Risk*, New York 1990. Die provokativste Darstellung der »Risikohomöostase«, der These also, die Menschen kompensierten Sicherheitsvorkehrungen, indem sie größere Risiken eingehen, findet sich in: J.G.U. Adams, *Risk and Freedom: The Record of Road Safety Regulation*, London 1985; und Gerald J. S. Wilde, *Target Risk*, Toronto 1994. Leonard Evans, *Traffic Safety and the Driver*, New York 1991, bietet eine meisterhafte Zusammenfassung der Forschung zur Sicherheit im Straßenverkehr, wobei Evans (wie die meisten Fachleute für Verkehrssicherheit) die von Adams und Wilde vertretene These einer Risikohomöostase ablehnt.

Die beste Quelle für Nachrichten und allgemeinverständliche Darstellungen zu technologischen Risiken dürfte die britische Zeitschrift *New Scientist* sein. Auch die Geschichte kommt darin nicht zu kurz. Mike Hammers Aufsatz ›Lessons from a Disastrous Past‹, *New Scientist* 128/ 1748 (22. Dezember 1990), S. 72–74, zeigt auf, weshalb die Gefahr von Katastrophen vor hundert Jahren so groß war.

Da ich mich in diesem Buch nicht ausführlich mit gesellschaftlichen Institutionen befassen konnte, sei hier auf einige breit angelegte Studien über unbeabsichtige soziale Folgen hingewiesen, deren Lektüre sehr aufschlußreich ist: Fred Hirsch, *Social Limits to Growth*, Cambridge, Mass., 1976; dt.: *Die sozialen Grenzen des Wachstums*, Reinbek 1980; Albert O. Hirschman, *The Rhetoric of Reaction: Perversity, Futility, Jeopardy*, Cambridge, Mass., 1991; dt.: *Denken gegen die Vernunft. Die Rhetorik der Reaktion*, München 1992; und Robert H. Frank, *Choosing the Right Pond: Human Behavior and the Quest for Status*, New York 1985. Die Arbeit im Haushalt habe ich hier weitgehend ausgelassen, weil Ruth Schwartz Cowan sie so gut abhandelt in ihrem Buch *More Work for Mother: The Ironies of Household Technology from the Open Hearth to the Microwave*, New York 1983.

Das in seiner Destruktivität brillanteste Buch über unbeabsichtigte Folgen in der Medizin ist immer noch: Ivan Illich, *Medical Nemesis: The*

Expropriation of Health, New York 1976; dt.: *Die Nemesis der Medizin. Von den Grenzen des Gesundheitswesens*, Reinbek 1977. Arthur J. Barsky, *Worried Sick: Our Troubled Quest for Wellness*, Boston 1988; Thomas McKeown, *The Role of Medicine: Dream, Mirage or Nemesis*, Oxford 1979; und Leonard A. Sagan, *The Health of Nations*, New York 1987, sind nachdenkliche Antworten von Ärzten unterschiedlichen Hintergrunds und Temperaments auf die von Illich aufgeworfenen Fragen. Randolph M. Nesse und George C. Williams, *Why We Get Sick: The New Science of Darwinian Medicine*, New York 1994, erkunden den evolutionären Hintergrund medizinischer Dilemmata und bieten eine hoffnungsvolle Erklärung für die Frage, wie und warum die Natur in die Falle gegangen ist.

Einige der wichtigsten in jüngerer Zeit erschienen Bücher über neue Gesundheitsgefahren sind: Stephen S. Morse (Hg.), *Emerging Viruses*, New York 1993; Joshua Lederberg (Hg.), *Emerging Infections: Microbial Threats to Health in the United States*, Washington, D.C., 1992; und Laurie Garrett, *The Coming Plague: Newly Emerging Diseases in a World Out of Balance*, New York 1994; dt.: *Die kommenden Plagen. Neue Krankheiten in einer gefährdeten Welt*, Frankfurt am Main 1996. Richard Preston, *The Hot Zone*, New York 1994, dt.: *Hot Zone. Tödliche Viren aus dem Regenwald. Ein Tatsachen-Thriller*, München 1995, ist eine fesselnde, allgemeinverständliche Darstellung einer möglichen Katastrophe. Von den zahllosen Büchern über Aids ist Mirko D. Grmek, *History of Aids: Emergence and Origin of a Modern Pandemic*, Princeton, N. J., 1990, die grundlegende historische Studie. Paul W. Ewald, *Evolution of Infectious Disease*, New York 1994, bietet wichtige theoretische Perspektiven für den Umgang mit Aids. Elizabeth Fee und Daniel M. Fox (Hg.), *Aids: The Burdens of History*, Berkeley 1988, und dies., *Aids: The Making of a Chronic Disease*, Berkeley 1992, sind wichtige Aufsatzsammlungen zum Verhältnis von Aids und Gesellschaft. Siehe dazu auch Daniel M. Fox, *Power and Illness: The Failure and Future of American Health Policy*, Berkeley 1993.

Ein ausgezeichnetes Buch über Paradoxien im Bereich der Umwelt ist: John McPhee, *The Control of Nature*, New York 1989. Einen ebenso ausgezeichneten Überblick bieten: Ian Burton, Robert W. Kates und Gilbert F. White, *The Environment as Hazard*, 2. Aufl., New York 1993. Anders Wijkman und Lloyd Timberlake, *Natural Hazards: Acts of God or Acts of Man?*, London 1984, behandeln unbeabsichtigte Folgen von Entwicklungsprojekten. Einen umfassenden Überblick bietet: Edward Bryan, *Natural Hazards*, Cambridge 1991. Speziellere Aspekte behandeln: Wallace Kaufman und Orrin Pilkey, *The Beaches Are Moving*,

Garden City, N. Y., 1970; und Stephen J. Pyne, *Fire in America: A Cultural History of Wildland and Rural Fire*, Princeton, N. J., 1982.

Über Schädlinge und Unkräuter gibt es Tausende von Büchern, doch nur wenige befassen sich mit dem Phänomen der unbeabsichtigten Einschleppung oder mit den Folgen des Versuchs, sie zu unterdrücken. Zwei Sammelwerke bieten hier einen ausgezeichneten Ausgangspunkt: U. S. Congress, Office of Technology Assessment, *Harmful Non-Indigenous Species in the United States*, OTA-565, Washington, D.C., September 1993; und Bill McKnight (Hg.), *Biological Pollution: The Control and Impact of Invasive Exotic Species*, Indianapolis 1993. David Ehrenfeld, *The Arrogance of Humanism*, New York 1981, ist ein leidenschaftliches Plädoyer gegen den Anthropozentrismus, der dem Konzept des »Schädlings« zugrunde liegt. Wie Illich sowohl die progressive als auch die traditionelle Medizin attackiert, so stellt Ehrenfeld nicht nur die Ausbeutung der Natur in Frage, sondern auch die Selbsttäuschung eines angeblich aufgeklärten Umgangs mit Rohstoffen und sonstigen Ressourcen.

Die umfassendste und vielfältigste Aufsatzsammlung zu den Problemen des Computereinsatzes ist: Rob Kling (Hg.), *Computerization and Controversy*, 2. Aufl., San Diego 1995, darin auch einige Originalbeiträge. Joseph Weizenbaum, *Computer Power and Human Reason*, San Francisco 1976, dt.: *Die Macht der Computer, die Ohnmacht der Vernunft*, Frankfurt am Main 1979, ist auch nach zwanzig Jahren noch nicht veraltet. Shoshana Zuboff, *In the Age of the Smart Machine*, New York 1984, und Juliet B. Schor, *The Overworked American: The Unexpected Decline of Leisure*, New York 1991, illustrieren, weshalb wir hinsichtlich des computerisierten Büros unsere Zweifel haben. Daniel Crevier, *AI: The Tumultuous History of the Search for Intelligence*, New York 1993, dt.: *Eine schöne neue Welt? Die aufregende Geschichte der künstlichen Intelligenz*, Düsseldorf 1994, verbindet nüchternen Realismus mit unbeirrbarem Optimismus; dasselbe gilt für: Thomas K. Landauer, *The Trouble with Computers*, Cambridge, Mass., 1995. Und zur Folklore der Rache-Effekte von Computern siehe: Karla Jennings, *The Devouring Fungus: Tales of the Computer Age*, New York 1990.

Eine historische Darstellung der Technik im Sport gibt es nicht. Die wohl einflußreichste Darstellung der Geschichte des Sports ist: Allen Guttmann, *From Ritual to Record: The Nature of Modern Sports*, New York 1978; dt.: *Vom Ritual zum Rekord: Das Wesen des modernen Sports*, Schorndorf 1979. Einen ausgezeichneten Überblick und einige wertvolle Hinweise zu den Auswirkungen technologischer Veränderungen im Sport bietet: Peter J. Brancazio, *Sport Science: Physical Laws and Optimum Performance*, New York 1984. John Jerome, *The Sweet Spot in Time*, New York 1980, ist eine faszinierende und höchst aufschlußreiche Untersuchung zum Verhältnis von Technik und Leistung im Sport, aber anders als Brancazio bietet das Buch keine weitergehenden Literaturhinweise. Eine sehr lebendige Aufsatzsammlung ist: Eric W. Schrier und William F. Allmann, *Newton at the Bat*, New York 1984.

Anmerkungen

Vorwort

1 Paul Valéry, ›L'Imprévisible‹ (1944), dt.: ›Das Unvorhersehbare‹, in: ders., *Werke*, Frankfurter Ausgabe, Bd. 7: *Zur Zeitgeschichte und Politik*, Frankfurt am Main 1995, S. 523.
2 Siehe *Today Then: America's Best Minds Look 100 Years into the Future on the Occasion of the 1893 World Columbian Exhibition*, zusammengestellt und eingeleitet von Dave Walter, Helena, Mont., 1992.
3 Siehe John von Neumann, ›Can We Survive Technology?‹, in: ders., *The Fabulous Future: America in 1980*, New York 1956, S. 36 f.

ERSTES KAPITEL
Am Anfang war Frankenstein

1 Rod Serling, ›A Thing About Machines‹, in: ders., *More Stories from the Twilight Zone*, New York 1961, S. 51–71.
2 Hilaire Belloc, ›Lord Finchley‹, in: *Hilaire Belloc's Cautionary Verses*, New York 1941, S. 268 f.
3 Michael Matz, ›A Lemon-Law Loophole Gets New Scrutiny‹, *Philadelphia Inquirer*, 8. Februar 1922, A1.
4 David L. Cohn, *The Good Old Days*, New York, 1976, S. 153.
5 Erik Sandberg-Diment, ›A Computer Comes In from the Cold‹, *New York Times*, 21. April 1987, C4.
6 Siehe Bruce Watson, ›For a While, the Luddites Had a Smashing Success‹, *Smithsonian*, April 1993, S. 140–154; Bob Sipchen, ›Stop the World: Neo-Luddites Fear Steamroller of Technology Threatens Humanity‹, *Los Angeles Times*, 22. Februar 1992, E1; Chellis Glendenning, ›Notes Toward a Neo-Luddite Manifesto‹, *Utne Reader*, März–April, S. 50–53.
7 Paul Jennings, ›Report on Resistentialism‹, in: Dwight MacDonald (Hg.), *Parodies: An Anthology from Chaucer to Beerbohm – and After*, New York 1965, S. 394 f.
8 ›Vehicle »Look-Outs« Pose Threat to Personal Safety‹, *AAA Spotlight*, Juli–August 1993; Jeff Gammage, ›Cracking Down on False Alarms‹, *Philadelphia Inquirer*, 1. Juli 1993, A1; Robert Schulman, ›Burglar, Fire, Flood – Name It, You Can Guard Against It‹, *New York Times*, 10. Januar 1993, Business, S. 10.
9 William Stolzenburg, ›Bad Move for Tortoises‹, *Nature Conservancy Magazine* 43/3 (Mai–Juni 1993), S. 7.
10 Siehe Theodore A. Postol, ›Lessons of the Gulf War Experience with Pa-

triot‹, *International Security* 16/3 (Winter 1991–1992), S. 119–170, insb. S. 139–151; siehe auch Eliot Marshall, ›Patriot's Scud Busting Record Is Challenged‹, *Science* 252/5006 (3. Mai 1991), S. 640f.

11 Peter G. Ryan/Coleen L. Moloney, ›Marine Litter Keeps Increasing‹, *Nature*, 7. Januar 1993, S. 23.

12 Hamlet, III/4, 205f.

13 Gerhard Heilfurth, *Der Bergbau und seine Kultur: Eine Welt zwischen Dunkel und Licht*, Zürich 1981, S. 222.

14 Siehe Chris Baldock, ›Taming the Monster‹, *Times Literary Supplement*, 27. Juli–2. August 1990, S. 801, eine Besprechung von Steven Early Forry, *Hideous Prodigies: Dramatizations of ›Frankenstein‹ from the Nineteenth Century to the Present*, Philadelphia 1990.

15 Mary Wollstonecraft Shelley, *Frankenstein, or the Modern Prometheus*, London 1813; dt.: *Frankenstein oder der neue Prometheus*, München 1970, S. 61.

16 Siehe Anne K. Mellor, ›*Frankenstein*: A Feminist Critique of Science‹, in: George Levine (Hg.), *One Culture: Essays in Science and Literature*, Madison 1987, S. 287–312; Laura Kranzler, ›Frankenstein and the Technological Future‹, *Foundation* 44 (Winter 1988–89), S. 42–49; und Suzan Squier, ›»Frankenstein« Has a Message for Feminists‹, *New York Times*, 19. April 1992, Sec. 4, S. 10 (Leserbrief).

17 Shelley, *Frankenstein*, a.a.O., S. 71.

18 Ebd., S. 307f.

19 Eine faszinierende Darstellung bäuerlicher Geräte als Verlängerungen des menschlichen Körpers findet sich bei Edit Fél/Tamás Hofer, *Geräte der Átányer Bauern*, Kopenhagen 1974, S. 291–304. Nach Robert C. Davis, *Shipbuilders of the Venetian Arsenal: Workers and Workplace in the Preindustrial City*, Baltimore 1991, war die Arbeit der vielen tausend Arbeiter in den Schiffswerften schon weitaus industrieller organisiert, als die Historiker geglaubt haben. Doch auch hier finden sich kaum Hinweise, daß sie in den Schiffen oder im Schiffbau ein System erblickt hätten.

20 James R. Blackaby, ›How the Workbench Changed the Nature of Work‹, *American Heritage of Invention and Technology*, Herbst 1986, S. 26–30.

21 Paul Hoffman, ›Six-Legged Saboteurs‹, *Discover*, Mai 1989, S. 81–83.

22 Edwin Gabler, *The American Telegrapher: A Social History, 1860–1900*, New Brunswick, N. J., 1988, S. 45, 48.

23 Die Darstellung folgt Brad Pokornys Artikel ›In Boston, a Weakening Foundation‹ im *Boston Globe*, wiederabgedruckt im *Philadelphia Inquirer* vom 28. November 1985.

24 Charles Perrow, *Normal Accidents: Living with High-Risk Technologies*, New York 1984; dt.: *Normale Katastrophen. Die unvermeidlichen Risiken der Großtechnik*, Berlin 1991.

25 Clinton V. Oster Jr./John S. Strong/C. Kurt Zorn, *Why Airplanes Crash: Aviation Safety in a Changing World*, New York 1992, S. 136.

26 Walter Muir Whitehill, *Boston: A Topographical History*, 2. Aufl., Cambridge 1968, S. 164; Thomas P. Hughes, *American Genesis: A Century of Invention and Technological Enthusiasm*, New York 1989, S. 300f.

27 Bob Beyers, ›Future Shock a »Popular Misconception«, McCarthy Says‹, *Stanford Campus Report*, 26. Januar 1983, S. 11. Selbst 1994 erfüllten die Mikrocomputer noch nicht die von McCarthy genannten Voraussetzungen für eine wirkliche Revolution, zum Beispiel die Veränderung des Systems der politischen Vertretung und freier Zugang zu allen amtlichen Dokumenten.

28 Daniel J. Boorstin, *Hidden History: Exploring Our Secret Past*, New York 1987, S. 252.

29 Hughes, *American Genesis*, a. a. O., S. 446–450.

30 *Oxford English Dictionary*, Suppl. 1, Stichwort ›Gremlin‹, S. 1294.

31 Siehe Diana Waggoners ausgezeichnete Darstellung in: ›Murphy's Law Really Works…‹, *People Weekly*, 31. Januar 1983, S. 81 f.; Hugh Kenner, ›Things Do Go Wrong; Does That Mean Nothing Works?‹, *Byte*, 1. Januar 1990, S. 416; Arthur Block, *Murphy's Law*, Los Angeles 1979, insb. E. Nichols Brief S. 4f.

32 Lee Dye, ›The Man Who Proved Seat Belts Can Save Lives‹, *Philadelphia Inquirer*, 1. Februar 1987, 24A.

33 Habgierige Grundbesitzer bauten diese *insulae* so billig wie möglich, und das römische Pachtsystem sorgte dafür, daß der Zusammenbruch eines Hauses sogar profitabel sein konnte. Nur gelegentlich unternahmen die Kaiser schwache Versuche, die Größe dieser Wohngebäude zu begrenzen, und in jedem Fall blieben die Baustandards hinter den eleganten Fassaden auf einem desolaten Niveau. Da auch reiche Römer ihre Häuser in der Nähe solcher *insulae* hatten und manchmal sogar im Erdgeschoß ihrer Paläste, bildeten Trümmer und Brände eine Gefahr für sämtliche Klassen. Warum wurde das römische Bauwesen nicht reformiert? Die Hauptgründe lagen wahrscheinlich im Bevölkerungsdruck und in der Schwäche des Staates. Auch Katastrophen sind keine Garantie für Verbesserungen. Siehe Jérôme Carcopino, *Daily Life in Ancient Rome*, New Haven 1940, S. 22–44.

34 Stuart Flexner/Doris Flexner, *The Pessimist's Guide to History*, New York 1992, S. 179 f.

35 E. A. Bryant, *Natural Hazards*, Cambridge 1992, S. 68; Fred Pearce, ›Back to the Days of Deadly Smogs‹, *New Scientist* 136/1850 (8. Dezember 1992), S. 24–28.

36 Flexner, *Pessimist's Guide to History*, a. a. O., S. 361–363, 352, 354 f.

37 Oster u. a., *Why Airplanes Crash*, a. a. O., S. 23.

38 Spencer Weart, ›From the Nuclear Frying Pan into the Global Fire‹, *Bulletin of the Atomic Scientists* 48/5 (Juni 1992), S. 19–27.

39 Marilyn Chase, ›X-Rays Shed Light on Diagnosis, Cure – But Know the Risks‹, *Wall Street Journal*, 17. Juli 1995, B1; Steve Bates, ›Shards of Truck Brake Drums Are Common Highway Hazards‹, *Washington Post*, 30. Juli 1993, B3; Steve Bates, ›Death Out of Nowhere‹, *Washington Post*, 29. Juli 1993, A1; Steve Bates, ›Tracing a Fatal Crash‹, *Washington Post*, 31. Juli 1993, A1.

40 Will Steger/Jon Bowermaster, *Saving the Earth*, New York 1990, S. 27–37; Michael Weisskopf, ›CFCs: Rise and Fall of Chemical »Miracle«‹, *Washington Post*, 10. April 1988, A1; Aaron Wildavsky, *Searching for Safety*, New Brunswick, N. J., 1988, S. 196 f.

41 Nita A. Davidson/Nick D. Stone, ›Imported Fire Ants‹, in: Donald L.

Dahlsten/Richard Garcia (Hg.), *Eradication of Exotic Pests: Analysis with Case Histories*, New Haven 1989, S. 196–217, hier S. 208; Chris Offutt, ›Troubles Rise as the Water Drops‹, *New York Times*, 1. September 1993, A19; Wildavsky, *Searching for Safety*, a. a. O., S. 198 f.

42 Larry Thompson, ›The Atomic Bomb: Scientists Reasess the Long-Term Impact of Radiation‹, *Washington Post*, 14. April 1990, Z12. Eine umfassendere wissenschaftliche Diskussion unter anderem auch der unterschiedlichen Risiken bei verschiedenen Krebsarten findet sich in: Yushiko Shimizu/William J. Schull/Hiroo Kato, ›Cancer Risk Among Atomic Bomb Survivors‹, *Journal of the American Medical Association* 264/5 (1. August 1990), S. 601–609. Einen ausgezeichneten Überblick aus jüngster Zeit bietet Ken Ringle, ›A Fallout over Numbers‹, *Washington Post*, 5. August 1995, A16.

ZWEITES KAPITEL
Medizin: Der Sieg über die Katastrophen

1 Arthur J. Barsky, *Worried Sick: Our Troubled Quest for Wellness*, Boston 1988, S. 3–20; ›Americans Healthier, but Not Feeling as Well‹, *Los Angeles Times*, 22. Februar 1988, 2. Teil, S. 5; Ivan Illich, *Medical Nemesis: The Expropriation of Health*, New York 1976 (dt.: *Die Nemesis der Medizin. Von den Grenzen des Gesundheitswesens*, Reinbek 1977, S. 48); Aaron Wildavsky, ›Doing Better and Feeling Worse: The Political Pathology of Health Policy‹, *Daedalus* 106/1 (Winter 1977), S. 105–125.

2 Amartya Sen, ›Economics of Life and Death‹, *Scientific American* 268/5 (Mai 1993), S. 40–47.

3 Thomas McKeown, *The Role of Medicine: Dream, Mirage, or Nemesis?*, Oxford 1979.

4 John B. McKinlay/Sonja M. McKinlay, ›The Questionable Contribution of Medical Measures to the Decline of Mortality in the United States in the Twentieth Century‹, *Milbank Memorial Fund Quarterly, Health and Society* 55/3 (Sommer 1977), S. 414.

5 Boyce-Rensberger, ›Evidence of Ill Health Erodes Legend of Ancient Colony's Well-Being‹, *Washington Post*, 16. November 1992, A3; Daniel Pool, *What Jane Austen Ate and Charles Dickens Knew*, New York 1993, S. 203–206.

6 Leonard A. Sagan, *The Health of Nations*, New York 1987, S. 42–53.

7 Donald S. Kenkel, ›Health Behavior, Health Knowledge, and Schooling‹, *Journal of Political Economy* 99/2 (1991), S. 287–305.

8 Tony Horwitz, ›To Die For: Lethal Cuisine Takes High Toll in Glasgow, West's Sickest City‹, *Wall Street Journal*, 22. September 1992, A1.

9 Roy Porter/Dorothy Porter, *In Sickness and in Health: The British Experience 1650–1850*, London 1988, S. 106; Edward L. Shorter, *Bedside Manners: The Troubled History of Doctors and Patients*, New York 1985, S. 33; John O'Shea, *Was Mozart Poisoned? Medical Investigations into the Lives of Great Composers*, New York 1991, S. 186; Erwin H. Ackerknecht, *Kurze Geschichte der Medizin*, Stuttgart 1967, S. 206.

10 Porter/Porter, *In Sickness and in Health*, a. a. O., S. 265–269; O'Shea,

Was Mozart Poisoned?, a.a.O., S. 65–88. Der Ausdruck »Nebenwirkung« ist relativ neuen Datums. Im Titel eines Buches taucht er erstmals 1881 in Louis Lewins *Die Nebenwirkungen der Arzneimittel* auf. Das Oxford English Dictionary verzeichnet »side effects« oder das alternative »adverse effects« erst in einem Ergänzungsband, der auf eine Literaturübersicht aus dem Jahr 1939 verweist, auf Wright und Montags *Materia Medica* (*Pharmacology and Therapeutics*, Bd. 10, S. 112); im selben Ergänzungsband findet sich auch erstmals ein Hinweis auf die Verwendung des Ausdrucks »iatrogene Krankheit« (medizinisch verursachte Krankheit) in einer Quelle aus dem Jahr 1923. Siehe Erwin H. Ackerknecht, ›Zur Geschichte der iatrogenen Krankheiten‹, *Gesnerus* 27/1–2 (1970), S. 57–63.

11 Stanley Joel Reiser, *Medicine and the Reign of Technology*, Cambridge 1981, S. 41.

12 Ebd., S. 77.

13 Ebd., S. 36f., 61f.

14 Lewis Thomas, *The Lives of a Cell*, New York 1991, S. 35–42.

15 John Maddox, ›Adventures with a Vulnerable Knee‹, *Nature* 361/6407 (7. Januar 1993), S. 13.

16 Zur Rationalität der alten Heilverfahren siehe Charles E. Rosenberg, ›The Therapeutic Revolution: Medicine, Meaning, and Social Change in Nineteenth-Century America‹, in: Morris J. Vogel/Charles E. Rosenberg (Hg.), *The Therapeutic Revolution: Essays in the Social History of American Medicine*, Philadelphia 1979, S. 7f.

17 In den Heilmitteln der Quacksalber spiegelten sich die Systeme der etablierten Medizin. Professoren der University of Pennsylvania Medical School zögerten nicht, einen der frühen Hits, das Universalheilmittel des Buchbinders William Swaim, zu verschreiben. Siehe James Harvey Young, *The Toadstool Millionaires*, Princeton, N.J., 1961, S. 58–62. Zur Entwicklung im zwanzigsten Jahrhundert siehe ders., *The Medical Messiahs*, Princeton, N.J., 1967.

18 Gina Kolata, ›Wariness Is Replacing Trust Between Healer and Patient‹, *New York Times*, 28. Februar 1990, A1–D15.

19 Richard Holmes, ›Woeful Crimson‹, *Times Literary Supplement*, 22. Januar 1993, S. 5.

20 William H. McNeill, *The Pursuit of Power: Technology, Armed Force, and Society Since A. D. 1000*, Chicago 1982, S. 223–261.

21 Richard A. Gabriel/Karen S. Metz, *A History of Military Medicine*, 2 Bde., New York 1992, Bd. 2, S. 169f.

22 Ebd., S. 182, 185; Richard H. Shryock, ›A Medical Perspective on the Civil War‹, *American Quarterly* 14, Nr. 2/1, S. 164.

23 Gabriel/Metz, *A History of Military Medicine*, a.a.O., Bd. 2, S. 258.

24 Roger O. Egeberg, ›Caring for the Wounded in Wartime‹, *Journal of the American Medical Association* 264/17 (7. November 1990), S. 2263f.; Donald L. Custis, ›Military Medicine from World War II to Vietnam‹, *Journal of the American Medical Association* 264/17 (7. November 1990), S. 2259–2262; Gabriel/Metz, *A History of Military Medicine*, a.a.O., S. 260.

25 Charles E. Rosenberg, *The Care of Strangers: The Rise of America's Hospital System*, New York 1987, S. 101.

26 Ronald Kotulak, ›Scientists Offer Hope for Reversing Paralysis‹, *Chicago Tribune*, 1.1.

27 Marylou Tousignant, ›CIA Shooting Victim Pulled Back from »Precipice« of Death‹, *Washington Post*, 28. Januar 1993, B1–B4.

28 Colin McEvedy, ›The Bubonic Plague‹, *Scientific American*, Februar 1988, S. 118–124.

29 William H. McNeill, *Plagues and Peoples*, Garden City, N. Y., 1976, S. 154.

30 ›Pneumatic Plague – Arizona, 1992‹, *Journal of the American Medical Association* 268/16 (28. Oktober 1992), S. 2146f.

31 Porter/Porter, *In Sickness and in Health*, a. a. O., S. 105.

32 Lloyd M. Krieger, ›A Folder Full of X-Rays and Computer Printouts, Not a 20-Year-Old Squirming in Pain‹, *Los Angeles Times*, 24. Februar 1988.

33 Troyen A. Brennan u. a., ›Incidence of Adverse Events and Negligence in Hospitalized Patients‹, *New England Journal of Medicine* 324/6 (7. Februar 1991), S. 370–376; Lucian L. Leape u. a., ›The Nature of Adverse Events in Hospitalized Patients‹, *New England Journal of Medicine* 324/6 (7. Februar 1991), S. 377–384.

34 Christine Russell, ›Human Error‹, *Washington Post*, 18. Februar 1992, Health, S. 7.

35 ›Cheaper Surgery, but Higher Costs‹, *New York Newsday*, 26. September 1993, S. 75. Siehe auch Elisabeth Rosenthal, ›Questions Raised on New Technique for Appendectomy‹, *New York Times*, 14. September 1993, C3; Lawrence K. Altman, ›Standard Training in Laproscopy Found Inadequate‹, *New York Times*, 14. Dezember 1993, C3; Antonio P. Legorreta u. a., ›Increased Cholecystectomy Rate After the Introduction of Laproscopic Cholecystectomy‹, *Journal of the American Medical Association* 270/12 (22. September 1993), S. 1429–1432.

36 Lawrence K. Altman, ›Surgical Injuries Lead to New Rule‹, *New York Times*, 14. Juni 1992, A1; ders., ›When Patient's Life Is Price of Learning New Kind of Surgery‹, *New York Times*, 23. Juni 1992, C3.

37 C. David Naylor u. a., ›Pulmonary Artery Catheterization: Can There Be an Integrated Strategy for Guidelines Development and Research Promotion?‹, *Journal of the American Medical Association* 269/18 (12. Mai 1993), S. 2407–2411; Eugene D. Robin/Robert F. McCauley, ›Risk-Benefit Analysis in Cardiovascular Disease‹, in: Amar S. Kapoor/Bramah N. Singh (Hg.), *Prognosis and Risk Assessment in Cardiovascular Disease*, New York 1993, S. 17–25.

38 Janny Scott, ›Hospitals Can Make You Sick‹, *Los Angeles Times*, 28. Juli 1992, A1; ›Hand-Washing Habits Studied in Hospitals‹, *Washington Post*, Health, Z5; Donald Goldman/Elaine Larson, ›Handwashing and Nosocomial Infections‹, *New England Journal of Medicine* 327/2 (9. Juli 1992), S. 120–122; Ulla Betge, ›Claim That Hospital Patients Are Dying Because of Unhygienic Practices‹, *German Tribune*, 2. September 1990, S. 13.

DRITTES KAPITEL
Medizin: Die Rache der chronischen Leiden

1 Daniel M. Fox, ›AIDS and the American Health Polity‹, in: Elizabeth Fee/Daniel M. Fox (Hg.), *AIDS: The Burdens of History*, Berkeley 1988, S. 319 f.; René Dubos, *Mirage of Health: Utopias, Progress, and Biological Change*, Garden City, N. Y., 1959, S. 137; Abdel R. Omran, ›The Epidemiologic Transition; A Theory of the Epidemiology of Population Change‹, *Milbank Memorial Fund Quarterly* 49/4 (Oktober 1971), S. 509–538.

2 Ernest M. Gruenberg, ›The Failures of Success‹, *Milbank Memorial Fund Quarterly: Health and Society* 55/1 (Winter 1977), S. 3–24.

3 Siehe Alvan R. Feinstein, ›Scientific Standards in Epidemiological Studies of the Menace of Daily Life‹, *Science* 242/4883 (2. Dezember 1988), S. 1261; Paul Weindling, ›From Infectious to Chronic Diseases: Changing Patterns of Sickness in the Nineteenth and Twentieth Centuries‹, in: Andrew Wear (Hg.), *Medicine in Society: Historical Essays*, Cambridge 1992, S. 306.

4 Siehe die ausgezeichnete Darstellung in: David Rosner/Gerald Markowitz, *Deadly Dust: Silicosis and the Politics of Occupational Disease in Twentieth-Century America*, Princeton, N. J., 1991, S. 4–48.

5 Ebd., S. 201. Derselbe Gewerkschafter weist darauf hin, die Öffentlichkeit lese viel über »Bergwerkstragödien wie Explosionen, Brände und andere Katastrophen«, aber in Wirklichkeit fielen der Silikose mehr Menschen zum Opfer.

6 Zu den Ansichten der Medizin des neunzehnten Jahrhunderts über Frauen und Neurasthenie siehe Carroll Smith-Rosenberg/Charles Rosenberg, ›The Female Animal: Medical and Biological Views of Woman and Her Role in Nineteenth-Century America‹, *Journal of American History* 60/2 (September 1973), S. 332–356; zum Umgang mit Invaliden in der viktorianischen Kultur siehe Miriam Bailin, *The Sickroom in Victorian Fiction*, Cambridge 1994; zur Lyme-Borreliose als »neuer« chronischer Krankheit und den komplexen Verhandlungen zwischen Ärzten und Patienten über deren Bedeutung siehe Robert A. Aronowitz, ›Lyme Disease: The Social Construction of a New Disease and Its Social Consequences‹, *Milbank Quarterly* 69/1 (Frühjahr 1991), S. 79–112.

7 Peter J. Bowler, *Evolution: The History of an Idea*, 2. Aufl., Berkeley 1989, S. 175; John Winslow, *Darwin's Victorian Malady: Evidence for its Medically Induced Origins*, Philadelphia 1971; Ralph Colp Jr., *To Be an Invalid: The Illness of Charles Darwin*, Chicago 1977.

8 Anselm L. Strauss u. a., *Chronic Illness and the Quality of Life*, 2. Aufl., St. Louis 1984, S. 1–18; siehe auch Daniel M. Fox, *Power and Illness: The Failure and Future of American Health Policy*, Berkeley 1993.

9 David M. Eisenberg, ›Unconventional Medicine in the United States‹, *New England Journal of Medicine* 328/4 (28. Januar 1993), S. 246–252.

10 Rosie Mestel, ›Diabetics Protected by Strict Regime‹, *New Scientist* 138/1878 (19. Juni 1993), S. 7.

11 Wolfgang Schivelbusch, *Geschichte der Eisenbahnreise. Zur Industrialisierung von Raum und Zeit im 19. Jahrhundert*, München 1977.

12 Roger J. Spiller, ›Shell Shock‹, *American Heritage* (Mai–Juni 1990), S. 77, 84 f.

13 Ghislaine Boulanger, ›Post-Traumatic Stress Disorder: An Old Problem with a New Name‹, in: Stephen M. Sonnenberg/Arthur S. Blank Jr./John A. Talbott (Hg.), *The Trauma of War: Stress and Recovery in Viet Nam Veterans*, Washington 1985, S. 20.

14 Robert J. White/Matt J. Likavec, ›The Diagnosis and Initial Management of Head Injury‹, *New England Journal of Medicine* 327/21 (19. November 1992), S. 1507–1511; Peter Pae, ›»Silent Epidemic« Raises Voices; Va. Man Urges Resources for the Head-Injured‹, *Washington Post*, 25. Juli 1988, D1; D. Neil Brooks, ›The Head-Injured Family‹, *Journal of Clinical and Experimental Neuropsychology* 13/1 (1991), S. 169.

15 Ebd., S. 165–188.

16 Sid Moody, ›Phantom of Poliomyelitis Still Haunting Ex-Patients‹, *New Brunswick Home News*, 12. September 1988, A8; Theodore L. Munsat, ›Poliomyelitis: New Problems with an Old Disease‹, *New England Journal of Medicine* 324/17 (25. April 1991), S. 1206 f.

17 Jane E. Brody, ›Treating Ills in Childhood Cancer Survivors‹, *New York Times*, 3. Februar 1993, C13; Joan Kirchner, ›Tracking Childhood Cancer Survivors‹, *Washington Post*, 23. März 1993, Health, S. 11.

18 James C. Riley, *Sickness, Recovery and Death: A History and Forecast of Ill Health*, Iowa City 1989, S. 48 f., 122.

19 Ebd., S. 120, 242 f.

20 Lynn Rogers, *Dirt and Disease: Polio Before FDR*, New Brunswick, N. J., 1992, S. 164 f.; Dubos, *Mirage of Health*, a. a. O., S. 164 f.; Lynn Payer, *Medicine and Culture: Varieties of Treatment in the United States, England, West Germany, and France*, New York 1988, S. 69 f.

21 Steven Austad, ›On the Nature of Aging‹, *Natural History* (Februar 1992), S. 34.

22 Robert M. Sapolsky/Caleb E. Finch, ›On Growing Old‹, *The Sciences* 31/2 (März–April 1991), S. 30–38.

23 H. W. Stewart, ›A Mandate for State Action‹, Vortrag vor der Association of State and Territorial Health Officers, Washington, D. C., 4. Dezember 1967, zit. nach Laurie Garrett, *The Coming Plague*, New York 1994, S. 33, Fn. 9.

24 Stuart B. Levy, *The Antibiotic Paradox: How Miracle Drugs Are Destroying the Miracle*, New York 1992, S. 109–114.

25 Mike Toner, ›The Best of Drugs, the Worst of Drugs‹, *Atlanta Journal-Constitution*, 5. September 1992, E1; Ann Gibbons, ›Exploring New Strategies to Fight Drug-Resistant Microbes‹, *Science* 257/5073 (21. August 1992), S. 1036–1038.

26 Mike Toner, ›Antibiotics, Salmonella a Deadly Combination‹, *Atlanta Journal-Constitution*, 29. August 1992, E1; Mitchell L. Cohen, ›Epidemiology of Drug Resistance: Implications for a Post-Antimicrobial Era‹, *Science* 257/5073 (21. August 1992), S. 1050–1055.

27 Phyllida Brown, ›The Return of the Big Killer‹, *New Scientist* 135/1842 (10. Oktober 1992), S. 30–37; Mario C. Raviglione/Dixie E. Snider Jr./Arata Kochi, ›Global Epidemiology of Tuberculosis‹, *Journal of the American Medical Association* 273/3 (18. Januar 1995), S. 220–226.

28 Ebd., S. 224.

29 Roy M. Anderson/Robert M. May, ›Understanding the AIDS Pandemic‹, *Scientific American* 266/5 (Mai 1992), S. 58 f.

30 Mirko D. Grmek, *History of AIDS: Emergence and Origin of a Modern Pandemic*, Princeton, N. J., 1990, S. 156–170, 180; das Wort ist von den beiden griechischen Ausdrücken für »Krankheit« und »neu« oder »unbekannt« abgeleitet. Siehe Grmeks ausführliche Diskussion in: ders., *Diseases in the Ancient Greek World*, Baltimore, S. 2–4, 88–92.

31 Sunetra Gupta/Roy Anderson, ›Sex, AIDS, and Mathematics‹, *New Scientist* 136/1838 (12. September 1992), S. 34; U. S. Department of Commerce, Bureau of the Census, *Statistical Abstract of the United States 1993*, S. 96, 134.

32 Elizabeth Fee/Daniel M. Fox, ›Introduction: The Contemporary Historiography of AIDS‹, in: dies. (Hg.), *AIDS: The Making of a Chronic Disease*, Berkeley: University of California Press, 1992, S. 4 f.; Michael Waldholz, ›New Discoveries Dim Drug Maker's Hopes for Quick AIDS Cure‹, *Wall Street Journal*, 26. Mai 1992, A1.

33 Anderson/May, ›Understanding the AIDS Pandemic‹, a. a. O., S. 66.

34 Kenneth E. Warner/John Slade, ›Low Tar, High Toll‹, *American Journal of Public Health* 82/1 (Januar 1992), S. 17 f. Die Folgen »sichererer« Zigaretten gehören zu den bestdokumentierten Rache-Effekten. Siehe Annamma Augustine/Randall E. Harris/Ernst L. Wynder, ›Compensation as a Risk Factor for Lung Cancer in Smokers Who Switch from Nonfilter to Filter Cigarettes‹, *American Journal of Public Health* 79/2 (Februar 1989), S. 188–191; Lynn T. Kozlowski/Marilyn A. Pope/Joann E. Lux, ›Prevalence of the Misuse of Ultra-Low-Tar Cigarettes by Blocking Filter Vents‹, *American Journal of Public Health* 78/6 (Juni 1988), S. 694 f.; David J. Maron/Stephen P. Fortmann, ›Nicotine Yield and Measures of Cigarette Smoke Exposure in a Large Population: Are Lower-Yield-Cigarettes Safer?‹, *American Journal of Public Health* 77/5 (Mai 1987), S. 546–549; Neal L. Benowitz u. a., ›Smokers of Low-Yield-Cigarettes Do Not Consume Less Nicotine‹, *New England Journal of Medicine* 309/3 (21. Juli 1983), S. 139–142; Helen Saul, ›Chancing Your Arm on Nicotine Patches‹, *New Scientist* 137/1860 (13. Februar 1993), S. 12 f.; David Margolick, ›Ex-Kent Smoker Blames Filter of Past for Illness‹, *New York Times*, 30. August 1991, B20.

Die Zigarettenindustrie hat gelegentlich behauptet, es sei mit Risiken verbunden, das Rauchen aufzugeben. Ein Statistiker des Tobacco Advisory Council in London äußerte die Vermutung, daß Ärzte, die in den fünfziger und sechziger Jahren das Rauchen aufgegeben hatten, möglicherweise unter einer höheren Mortalität aufgrund von Streßgefährdungen wie Selbstmord oder Unfällen litten und daß diese Gefahren die niedrigere Sterblichkeit durch Krebs und Herzerkrankungen sogar aufwögen. Außerdem stellt sich bei Menschen, die das Rauchen aufgeben, vielfach eine Gewichtszunahme ein, die gleichfalls mit Gesundheitsgefährdungen verbunden ist. Siehe P. N. Lee, ›Has the Mortality of Male Doctors Improved with the Reduction in Their Cigarette Smoking?‹, *British Medical Journal*, 15. Dezember 1979, S. 1538–1540. Mitte der neunziger Jahre gibt es gewisse Anzeichen dafür, daß Zigarettenraucher weniger anfällig für die Parkinsonsche und die Alzheimer-Krankheit sind. Zum Streit um die Forschung zu diesem Themenkreis siehe Ian Mundell, ›Peering Through the Smoke Screen‹, *New Scientist* 140/1894 (9. Oktober 1993), S. 14 f., und den Leitartikel in derselben Ausgabe, S. 3.

35 Natalie Angier, ›Theory Hints Sunscreen Raise Melanoma Risks‹, *New York Times*, 9. Oktober 1990; Cedric F. Garland/Frank C. Garland/Edward D. Gorham, ›Rising Trends in Melanoma: A Hypothesis Concerning Sunscreen Effectiveness‹, unveröffentlichtes Manuskript (1991).

36 Kelly D. Brownell, ›Personal Responsability and Control Over Our Bodies: When Expectation Exceeds Reality‹, *Health Psychology* 10/5 (1991), S. 303–310; Kelly D. Brownell, ›Dieting and the Search for the Perfect Body: Where Physiology and Culture Collide‹, *Behavior Therapy* 22 (1991), S. 1–12; Jean Mayer/Jeanne Goldberg, ›Is the Whole World on Diet? Not Quite, but the Figures Are Hefty‹, *Philadelphia Inquirer*, 27. September 1992, K7; Claude Bouchard, ›Is Weight Fluctuation a Risk Factor?‹, *New England Journal of Medicine* 324/26 (27. Juni 1991), S. 1887f., dort Zitat aus ders., ›Obesity and Eating Disorders‹, in: National Research Council, *Diet and Health: Implications for Reducing Chronic Disease Risk*, Washington, D. C., 1989, S. 563–592.

37 Brownell, ›Personal Responsibility and Control over Our Bodies‹, a.a.O., S. 307; Janet Polivy/C. Peter Herman, ›Dieting as a Problem in Behavioral Medicine‹, *Advances in Behavioral Medicine* 1 (1985), S. 1–37.

38 Gina Kolata, ›The Burdens of Being Overweight: Mistreatment and Misconceptions‹, *New York Times*, 22. November 1992, A1.

39 Roy J. Martin/B. Douglas White/Martin G. Hulsey, ›The Regulation of Body Weight‹, *American Scientist* 79/6 (November–Dezember 1991), S. 528–541.

40 C. Peter Herman, persönliche Mitteilung vom 30. Januar 1992.

41 Janet Polivy/Peter Herman, ›Dieting and Binging: A Causal Analysis‹, *American Psychologist* 40/2 (1985), S. 193–201; C. Peter Herman/Janet Polivy, ›Studies of Eating in Normal Dieters‹, in: B. T. Walsh (Hg.), *Eating Behavior in Eating Disorders*, Washington, D. C., 1988, S. 97–111; William J. Cromie, ›Study: One in Five Female Undergraduates Has Eating Problems‹, *Harvard Gazette* 88/34 (7. Mai 1993), S. 3, 10.

42 Trish Hall, ›One Who Filled Out on the Low-Fatt-Fill-Yourself-Up Diet‹, *New York Times*, 8. Januar 1992, C6.

43 Trish Hall, ›Diet Pills Return as Long-Term Medication. Not Just Diet AIDS‹, *New York Times*, 14. Oktober 1992, C6.

44 Rick Weiss, ›Viruses: The Next Plague?‹ *Washington Post*, 8. Oktober 1989, C1; Marlene Cimons, ›Nature's Tiny Killers Are Back‹, *Los Angeles Times*, 8. April 1993, A1.

45 Paul W. Ewald, ›The Evolution of Virulence‹, *Scientific American* 268/4 (April 1993), S. 86–93; Paul W. Ewald, ›Transmission Modes and the Evolution of Virulence‹, *Human Nature* 2/1 (1991), S. 1–30; Paul W. Ewald, *Evolution of Infectious Disease*, New York 1994.

46 Terence Monmaney, ›Marshall's Hunch‹, *New Yorker*, 20. September 1993, S. 64–72; Feinstein, ›Scientific Standards in Epidemiologic Studies of the Menace of Daily Life‹, *Science* 242/4883, S. 1257–1263; dort auch das Zitat von Louis Thomas; C. E. Woteki/P. R. Thomas (Hg.), *Eat for Life: The Food and Nutrition Board's Guide to Reducing Your Risk of Chronic Disease*, Washington, D. C., 1992.

VIERTES KAPITEL
Natürliche und herbeigeführte Naturkatastrophen

1 Arthur J. Barsky, *Worried Sick: Our Troubled Quest for Wellness*, Boston 1986, S. 171 f.; Andrew Coburn/Robin Spence, *Earthquake Protection*, New York 1992, S. 319 f.

2 Ian Burton/Robert W. Kates/Gilbert F. White, *The Environment as Hazard*, 2. Aufl., New York 1993, S. 10–16.

3 Anders Wijkman/Lloyd Timberlake, *Natural Disasters: Acts of God or Acts of Man?*, London 1984, S. 26–29.

4 Burton/Kates/White, *Environment as Hazard*, a. a. O., S. 2–5; United States National Academy of Sciences, Advisory Committee on the International Decade for Natural Hazard Reduction, *Confronting Natural Disasters*, Washington, D. C., 1987, S. xii.

5 Shari Rudavsky, ›Technology Brings Forecaster's Eyes Closer to Eye of the Storm‹, *Washington Post*, 31. August 1992, A3; Peter Applebome, ›Hurricane Rips Louisiana Coast Before Dying Out‹, *New York Times*, 27. August 1992, A1; Joseph B. Treaster, ›Troops Begin Work in Storm-Hit Area, but Misery Mounts‹, *New York Times*, 31. August 1992, A1; Peter Kerr, ›Insurer's Florida Tab: $ 7.3 Billion‹, *New York Times*, 2. September 1992, D1; Sheryl Stolberg, ›Battlefield Medicine Lifts Up a Weary South Florida Storm‹, *Los Angeles Times*, 19. September 1992, A1; Burton/Kates/White, *Environment as Hazard*, a. a. O., S. 15–18.

6 ›Is the United States Headed for Hurricane Disaster?‹ *Bulletin of the American Meteorological Society* 67/5 (Mai 1986), S. 537 f.; Peter Applebome, ›Storm Cycles and Coastal Growth Could Make Disaster a Way of Life‹, *New York Times*, 30. August 1992, Sec. 4, S. 1. Zu dieser und anderen unbeabsichtigten Folgen des amerikanischen Eisenbahnnetzes siehe John R. Stilgoe, *Metropolitan Corridor: Railroads and the American Scene*, New Haven 1985.

7 ›Hurricane Disaster‹, a. a. O., S. 537.

8 William M. Bulkeley, ›Software Can Speed Hurricane Response‹, *Wall Street Journal*, 22. September 1992, B6.

9 Donald Worster, *Dust Bowl: The Southern Plains in the 1930s*, New York 1979, S. 198–209; das Zitat von Sears S. 200.

10 Richard A. Warrick, ›Drought in the U. S. Great Plains: Shifting Social Consequences‹, in: K. Hewitt (Hg.), *Interpretations of Calamity: From the Viewpoint of Human Ecology*, Boston 1983, S. 67–82; Briant, *Natural Hazards*, a. a. O., S. 113 f.; Wijkman/Timberlake, *Natural Disasters*, a. a. O., S. 45 f.

11 Bruce A. Bolt, *Earthquakes*, 3. Aufl., New York 1993, S. 276 f.; Briant, *Natural Hazards*, a. a. O., S. 198.

12 Ebd., S. 198 f. Eines der bekanntesten Panels schätzte im November 1992 die Wahrscheinlichkeit eines Erdbebens der Stärke 7 und höher auf jährlich 5 bis 12 Prozent oder 47 Prozent in fünf Jahren. Siehe Kenneth Reich, ›Scientists Hike Probability of Major Quake‹, *Los Angeles Times*, 1. Dezember 1992, A1; Jane Gross, ›Is 1993 the Year of the Big One?‹, *New York Times*, 3. Januar 1993, Opinion, S. 7; Kenneth Reich, ›Quake Expert's Message Is the Same, but He Uses a Lot Less Magnitude‹, *Los Angeles Times*, 10. August 1992, A3; Bryant, *Natural Hazards*, a. a. O., S. 49 f.

13 Coburn/Spence, *Earthquake Protection*, a.a.O., S. 10; Bolt, *Earthquakes*, a.a.O., S. 194–197.

14 Wijkman/Timberlake, *Natural Disasters*, a.a.O., S. 87; Coburn/Spence, *Earthquake Protection*, a.a.O., S. 188–213, 215–252.

15 Chris Hedges, ›Old Cairo: Ricketiness Killed Poor‹, *New York Times*, 14. Oktober 1992, A24; Coburn/Spence, *Earthquake Protection*, a.a.O., S. 12; National Academy of Sciences, *Confronting Natural Disasters*, a.a.O., S. 12.

16 Robert L. Ketter, ›Eastquake: Countdown to Catastrophe‹, *Washington Post*, 4. Dezember 1988, L3.

17 Christine Spolar, ›L.A. Shaken to Its Foundations‹, *Washington Post*, 8. Februar 1994, A1; ›Experiences of Florida, San Francisco Suggest What L.A. Is In For‹, *Wall Street Journal*, 19. Januar 1994, A1; Jane Gross, ›California Shows Signs of Recovery as Jobs Increase‹, *New York Times*, 11. April 1994, A1. Das Northridge-Beben lenkte die Aufmerksamkeit der Erdbebenforscher auf eine neue Art von Bruchzone, die eine Herausforderung für die Kartographierung und Überwachung darstellen wird. Kurzfristig haben die Bewohner dort nun die unangenehme Gewißheit, daß die Gefahren größer sind als erwartet; doch am Ende wird ein vertieftes Wissen die Gefahren wohl reduzieren. Zu den Gefahren der verdeckten Brüche siehe Keay Davidson, ›Waiting for the Big One‹, *New Scientist* 141/1918 (26. März 1994), S. 24–28.

18 Bryant, *Natural Hazards*, a.a.O., S. 164.

19 Dirk Johnson, ›As Fires Rage in West, Damage Is Less Than Expected‹, *New York Times*, 8. August 1992; Tom Knudson, ›Colorado Inferno Spawns Grief, Questions‹, *Sacramento Bee*, 8. Juli 1994, A1.

20 Norman L. Christensen u.a., ›Interpreting the Yellowstone Fires of 1988‹, *BioScience* 39/10 (November 1989), S. 691.

21 Charles Little, ›Smokey's Revenge‹, *American Forests* 99/5–6 (Mai–Juni 1993), S. 24f., 58–60; Bill Richards, ›As Fires Sear the West, Forest Service Policies Come Under Scrutiny‹, *Wall Street Journal*, 6. Oktober 1992, A1.

22 Stephen J. Pyne, persönliche Mitteilung, 11. Juni 1993.

23 Dan Morain, ›Housing Puts Millions at Risk of Recurring Wildfires‹, *Los Angeles Times*, 11. November 1991, A1; Herbert E. Mclean, ›Five Hot Tips for Homeowners on the Edge‹, *American Forests* 99/5–6 (Mai–Juni 1993), S. 30f.; Stephen J. Pyne, ›The Summer We Let Wild Fire Loose‹, *Natural History*, August 1989, S. 34–51; Stephen J. Pyne, ›Letting Wild Fire Loose: The Fires of '88‹, *Montana* 39/3 (1989), S. 76–79; Stephen J. Pyne, ›Keeper of the Flame: Our Management of This Element Ranges from Poor to Criminal; We Suppress Natural Burning and Take Arson to Brutal Extremes‹, *Los Angeles Times*, 1. November 1993, B7.

24 Timothy Egan, ›New Hazard in Fire Zones: Houses of Urban Refugees‹, *New York Times*, 16. September 1994, A1; Stephen J. Pyne, ›Flame and Fortune‹, *Wildfire*, September 1994, S. 33–36.

25 Orrin H. Pilkey Jr./Robert Thieler, ›Erosion of the United States Shorelines‹, in: *Quaternary Coasts of the United States: Marine and Lacustrine Systems*, SEPM Special Publications 48 (1992), S. 1–7; Orrin H. Pilkey/William H. Neal, ›Save Beaches, Not Buildings‹, *Issues in Science and Technology* 8/3 (Frühjahr 1992), S. 38.

26 Cory Dean, ›A New Theory: A Beach Has a Right to Its Sand‹, *New York Times*, 29. November 1991, B9; Katherine E. Stone/Benjamin Kaufman, ›Sand Rights: A Legal System to Protect the »Shores of the Sea«‹, *Shore & Beach* 56/3 (Juli 1988), S. 8–14.

27 Orrin H. Pilkey, ›Coastal Erosion‹, *Episodes* 14/1 (März 1991), S. 50.

28 Siehe Rutherford H. Platt/Timothy Beatley/H. Crane Miller, ›The Folly at Folly Beach and Other Failings of U. S. Coastal Erosion Policy‹, *Environment* 33/9 (November 1991), S. 6–9, 25–32.

29 Anthony F. C. Wallace, *St. Clair: A Nineteenth-Century Coal Town's Experience with a Disaster-Prone Industry*, New York 1987, S. 249–258; *Statistical Abstract of the United States 1993*, S. 434, 703.

30 Siehe Mary Procter/Bill Matuszeski, *Gritty Cities*, Philadelphia 1978, die einen liebevollen, aber dennoch klarsichtigen Blick auf die alten Industriestädte im Nordosten werfen.

31 United States National Acid Precipitation Assessment Program, *Acidic Deposition: State of Science and Technology*, September 1991, ist eine Zusammenfassung des vierbändigen NAPAP-Berichts.

32 Jeremy M. Hales, *Tall Stacks and the Environment*, Report EPA-450/3-76-007, Research Triangle Park 1976, S. 13–15.

33 United States National Acid Precipitation Assessment Program, *1990 Integrated Assessment Report* (1991), S. 198–208; John F. Harris, ›In Shenandoah Park, an Outspoken Shepherd‹, *Washington Post*, 11. November 1991, A10; W. Page, ›Acid Rain Is Lilling Streams‹, *Richmond Times-Dispatch*, 1. November 1992, C7.

34 Robert Ostmann Jr., *Acid Rain: A Plague upon the Waters*, Minneapolis 1982, S. 76 f.; Natalie Angier, ›Debate on Buildings: To Scrub or Not‹, *New York Times*, 14. Januar 1992, C1; Janet Daley, ›Guarding Heritage from the Masses‹, *The Times* (London), 21. Juni 1991. Selbst nach der Installation einer hochmodernen Klimaanlage zeigt der Vatikan sich besorgt über die Wirkung von vier Millionen Füßen und zwei Millionen Stimmen jährlich: *Christian Science Monitor*, 1. Juni 1994, Arts, S. 16.

35 Bruce A. Ackerman/William T. Hassler, *Clean Coal: Dirty Air*, New Haven 1981, S. 68.

36 Ostmann, *Acid Rain*, a. a. O., S. 75–77.

37 Peter G. Ryan/Coleen L. Moloney, ›Marine Litter Keeps Increasing‹, *Nature* 361/6407 (7. Januar 1993), S. 23; Michael Weisskopf, ›Pollution from Plastics Ravaging Marine Life‹, *Washington Post*, 15. Dezember 1986, A1.

38 Siehe Roy Church, *The History of the British Coal Industry*, Bd. 3: *Victorian Pre-eminence*, Oxford 1986, S. 324–328, 582–587; Bill Paul, ›Weak Link: High Strength Steel Is Implicated as Villain in Scores of Accidents‹, *Wall Street Journal*, 16. Januar 1984, Part 1, S. 6; Caleb Solomon/Daniel Machalaba, ›Oil Tanker's Safety Is Assailed as Mishaps Average Four a Week‹, *Wall Street Journal*, 20. Juni 1990, A1.

39 Michael Cross/Mick Hammer, ›How to Seal a Supertanker‹, *New Scientist* 133/1812 (14. März 1992), S. 40–44; Donald Smith, ›Obsolete Nautical Charts Blamed for Accidents‹, *Los Angeles Times*, 20. Dezember 1992, A19; Solomon/Machalaba, ›Oil Tanker's Safety‹, a. a. O., A4.

40 Shaunagh Kirby, ›The Thick Black Line‹, *New Scientist* 137/1858 (30. Januar 1993), S. 24f.; Eliot Marshall, ›Valdez: The Predicted Oil Spill‹, *Science* 244/4900 (7. April 1989), S. 20f.; Leslie Roberts, ›Long, Slow Recovery Predicted for Alaska‹, *Science* 244/4900 (7. April 1989), S. 22–24.

41 David Kennedy, Interview, 17. April 1992; James E. Mielke, ›Oil in the Ocean: The Short- and Long-Term Impacts of a Spill‹, U. S. Congressional Research Service Report 90–356 SPR, 24. Juli 1990; Jonathan P. Houghton u. a., ›Evaluation of the Condition of Intertidal and Shallow Subtidal Biota in Prince William Sound following the *Exxon Valdez* Oil Spill and Subsequent Shoreline Treatment‹, National Oceanographic and Atmospheric Administration Report HMRB 91–1 (März 1991), S. 4–13; Marguerite Holloway, ›Soiled Shores‹, *Scientific American* 265/4 (Oktober 1991), S. 102–116.

42 Janet Raloff, ›An Otter Tragedy‹, *Science News* 143/13 (27. März 1993), S. 200–202.

43 Mielke, ›Oil in the Ocean‹, a. a. O., S. 32f.

44 Will Steger/Jon Bowermaster, *Saving the Earth: A Citizen's Guide to Environmental Action*, New York 1990, S. 173.

45 Sean Kelly, ›Waste Oil Pits May Have Killed 500000 Migratory Birds in '89‹, *Washington Post*, 6. April 1990, A17; ›100 Spills, 1000 Excuses‹, Washington, D. C., 1990, S. 1; Mary H. Cooper, ›Oil Spills‹, *CQ Researcher* 2/2 (17. Januar 1992), S. 35; John J. Fried, ›Leaking Oil Tanks: Who Protects Water Supply?‹, *Philadelphia Inquirer*, 23. August 1992, D1.

46 Michael Allaby/Jim Lovelock, ›Wood Stoves: The Trendy Pollutant‹, *New Scientist* 88/1227 (13. November 1981), S. 420–422.

47 Matthew L. Wald, ›Wood Stoves Facing Curbs as Polluters‹, *New York Times*, 30. November 1986, Sec. 1, S. 1; Nelson Bryant, ›Wood Fires Under Scrutiny‹, *New York Times*, 10. November 1988, Sports, S. 10; ›The Fire for Wood as Fuel is Cooling‹, *New York Times*, 17. November 1989, A16; Richard Stone, ›Environmental Toxicants Under Scrutiny at Baltimore Meeting‹, *Science* 267/5205 (24. März 1995), S. 1770f.

48 Fred Bayles, ›Hurricane Experts See Scenario for Horror on East Coast‹, *Minneapolis Star-Tribune*, 30. Mai 1993, 12A.

FÜNFTES KAPITEL
Unkräuter und Schädlinge

1 John Balzar, ›A Deadly Plague of Stowaways‹, *Los Angeles Times*, 17. Mai 1993, A1.

2 James E. Childs, ›And the Cat Shall Lie Down with the Rat‹, *Natural History*, Juni 1991, S. 16–19; John Terborgh, ›Why Our Songbirds are Vanishing‹, *Scientific American* 266/5 (Mai 1992), S. 98–104.

3 Daniel Machalabe, ›Lovers of Bluebirds Are Wringing in the Breeding Season‹, *Wall Street Journal*, 6. Mai 1992, A1; Michael Pollan, ›Against Nativism‹, *New York Times Magazine*, 15. Mai 1994, S. 52; Sheryl Stolberg, ›Time to Die for Killer Virus‹, *Los Angeles Times*, 18. Mai 1993, A1.

4 E. L. Jones, ›Creative Disruptions in American Agriculture, 1620–1820‹, *Journal of Agricultural History* 48/4 (Oktober 1974), S. 526f.

5 Michael Moss, ›The Trouble with Gribbles‹, *New York Newsday*, 14. Februar 1993, S. 3; Lindsey Gruson, ›Cleaner Harbor Brings Back a Menacing Creature‹, *New York Times*, 27. Juni 1993, Teil 1, S. 1; Michael J. Ganas/Michael P. Hunnemann/Danni R. Goulet, ›Marine Borer Activity on the Rise in New York Harbor‹, *Public Works* 124/1 (Januar 1993), S. 32 ff.

6 Carrol B. Fleming, ›Unwelcome Immigrants: Ballast-Water Stowaways‹, *Sea Frontiers* 37/3 (Mai–Juni 1991), S. 22–29.

7 Michael L. Ludyanskiy/Derek McDonald/David MacNeill, ›Impact of the Zebra Mussel, a Bivalve Invader‹, *BioScience* 43/8 (September 1993), S. 533–544; James T. Carlton/Jonathan B. Geller, ›Ecological Roulette: The Global Transport of Nonindigenous Marine Organisms‹, *Science* 261/5117 (2. Juli 1993), S. 78–82; David W. Garton u. a., ›Biology of Recent Invertebrate Invading Species in the Great Lakes: The Spiny Water Flea, *Bythotrephes cederstroemi*, and the Zebra Mussel, *Dreissena polymorpha*‹, in: Bill McKnight (Hg.), *Biological Pollution: The Control and Impact of Invasive Exotic Species*, Indianapolis 1993, S. 63–84; Ben Barber, ›Proliferating Zebra Mussels Cost U. S. Industry Billions of Dollars‹, *Christian Science Monitor*, 14. Januar 1993, S. 11.

8 James T. Carlton, ›Dispersal Mechanisms of the Zebra Mussel (*Dreissena polymorpha*)‹, in: Thomas F. Nalepa/Donald W. Schloesser (Hg.), *Zebra Mussels: Biology, Impacts, and Control*, Boca Raton, Fla., 1993, S. 677–697; Charles Bosworth Jr., ›Tiny Mussels, Mighty Menace: Slippery Invader Surfs Flood South in Surprising Numbers‹, *St. Louis Post-Dispatch*, 18. Dezember 1993, 1C.

9 Ludyanskiy u. a., ›Impact of the Zebra Mussel‹, a. a. O.; Roger Worthington, ›Science May Have Struck upon a Task for Pesky Zebra Mussels‹, *Chicago Tribune*, 28. November 1994, S. 7.

10 Charles McCoy, ›Sea Lions, Protected by Law, Are Thriving, but at Trout's Expense‹, *Wall Street Journal*, 3. April 1992, A1; Amal Kumar Naj, ›Parasite Infections of Raw-Fish Eaters Show Recent Rise‹, *Wall Street Journal*, 3. November 1988, B4, mit Verweisen auf James H. McKerrow u. a., ›Anisakiasis: Revenge of the Sushi Parasite‹, *New England Journal of Medicine* 319/18 (3. November 1988), S. 1228 f.

11 Debora MacKenzie, ›Green Detergents »Foul Up« Italian Coastline‹, *New Scientist* 138/1869 (17. April 1993), S. 7.

12 Carlton/Geller, ›Ecological Roulette‹, a. a. O., S. 81.

13 Ruth Schwartz Cowan, *More Work for Mother: Ironies of Technology from the Open Hearth to the Microwave*, New York 1983, S. 101.

14 Terri Shaw, ›Can a Carpet Make You Sick?‹, *Washington Post*, 24. Juni 1993, Washington Home, S. 9; Thad Godish, *Sick Buildings: Definition, Diagnosis and Mitigation*, Boca Raton, Fla., 1995; Testimony of Victor J. Kimm, Acting Assistant Administrator for Prevention, Pesticides, and Toxic Substances, U. S. Environmental Protection Agency, Before the Subcommittee on Environment, Energy, and Natural Resources, Committee on Government Operations, United States House of Representitives, 11 June 1993 (Protokoll von der EPA zur Verfügung gestellt).

15 Linda Gamlin, ›The Big Sneeze‹, *New Scientist* 126/1719 (2. Juni 1990), S. 37–41; ›A Blast from the Past‹, *Daily Telegraph*, 2. Juli 1990, S. 17; M. B. Emanuel, ›Hey Fever, a Post Industrial Revolution Epidemic: A History of Its Growth

During the 19th Century‹, *Clinical Allergy* 18/3 (Mai 1988), S. 295–304; Ronald Finn, ›John Bostock, Hey Fever,.and the Mechanisms of Allergy‹, *Lancet* 340/8833 (12. Dezember 1992), S. 1453.

16 Margaret Studer, ›Just Thinking About All of Them Has Folks Scratching Their Heads‹, *Wall Street Journal*, 17. Mai 1993, B1; Sean Ryan, ›Foreign Insects Plague Humid Britain‹, *The Sunday Times* (London), 2. August 1992; Julia Llewellyn Smith, ›The Flea Plague Is Coming‹, *The Times* (London), 21. April 1994; James Langton, ›It's a Jungle in There‹, *Sunday Telegraph*, 26. September 1993, S. 15; Celia Haddon, ›What Makes Fleas Flee?‹, *Daily Telegraph*, 24. Juli 1993, S. 11; Brendan McWilliams, ›... And the Living is Fleasy‹, *Irish Times*, 14. August 1992, Weather, S. 2; Jay Rayner, ›How Clean Is Your House? Mites on the Sofa, Bugs in the Rugs‹, *Mail on Sunday*, 11. September 1994, S. 9.

17 E. R. MacFadden Jr./Ileen A. Gilbert, ›Asthma‹, *New England Journal of Medicine* 327/27 (31. Dezember 1992), S. 1828–1937; Richard Sporik u. a., ›Exposure to House-Dust Mite Allergen (*Der p1*) and the Development of Asthma in Childhood‹, *New England Journal of Medicine* 323/8 (23. August 1990), S. 502–507; Thomas A. E. Platts-Mills u. a., ›Role of Allergens in Asthma and Airway Hyperresponsiveness‹, in: Michael A. Kaliner u. a. (Hg.), *Asthma: Its Pathology and Treatment*, New York 1991, S. 595–631; Paul Harvey/Robert May, ›Matrimony, Mattresses, and Mites‹, *New Scientist* 125/1706 (3. März 1990), S. 48 f.

18 Betty Beard, ›Sick at Hearth: Host of Hidden Hazards May Be Lurking at Home‹, *Arizona Republic*, 26. Juni 1993, D1.

19 ›For Millions, Allergy Means Roaches‹, *New York Times*, 6. September 1990, B15.

20 ›Study Links Death Risk, Overuse of Asthma Drug‹, *Washington Post*, 20. Februar 1992, A3.

21 Art Thomason, ›Monitors Help Noses Know What Ails Them‹, *Arizona Republic*, 2. März 1992, A1.

22 Donald Worster, *Rivers of Empire: Water, Aridity, and the Growth of the American West*, New York 1985, S. 274 f.; Mark R. Sneller, ›Molds Have Messages, Secrets‹, *Arizona Daily Star*, 26. Juni 1991, 6FM.

23 Thomason, ›Monitors Help Noses Know What Ails Them‹, a. a. O., A1.

24 Margery Rose-Clapp, ›Pollen Catcher Knows When New Allergens Take Flight‹, *Arizona Republic*, 2. Dezember 1988, 5N1; Dee Ralles, ›Law Trims Tree Pollen in Tucson‹, *Arizona Republic*, 17. Juni 1989, A1; Pat Kossan, ›Sneeze Free Pollenless Landscape on the Horizon‹, *Phoenix Gazette*, 20. Dezember 1991, D1.

25 René Sanchez, ›D. C. Council Unleashes a Debate on Wolf Dogs‹, *Washington Post*, 10. Januar 1992, B3; Maia Davis, ›Hybrid Breed of Wolf, Dog Can Pack Nasty Disposition‹, *Los Angeles Times*, 29. Juni 1993, B1; William K. Steven, ›Terror of Deep Faces Harsher Predator‹, *New York Times*, 8. Dezember 1992, C1.

26 Stephen Jay Gould, ›How Does a Panda Fit?‹, in: ders., *An Urchin in the Storm*, New York 1987, S. 19–25, berichtet von dem »unübertroffenen Hauptproblem« des Panda, dem Versuch nämlich, »mit dem Verdauungsapparat eines Fleischfressers Bambus zu fressen«; George Laycock, *The Alien Animals*, Garden City, N. Y., o. J., S. 204; R. E. Kenward, ›Bark-Stripping by Gray Squirrels in Bri-

tain and North America: Why Does the Dammage Differ?‹, in: R. J. Putman (Hg.), *Mammals as Pests*, London 1989, S. 144–154.

27 James Whorton, *Before Silent Spring: Pesticides and Public Health in Pre-DDT America*, Princeton 1974, S. 70–72, 90.

28 Kenneth Mellanby, ›With Safeguards, DDT Should Still Be Used‹, *Wall Street Journal*, 12. September 1989, A26; Kenneth Mellanby, *The DDT Story*, Farnham, Surrey, 1992, S. 73–82. In einem Nachruf heißt es über Standens *Insect Invaders* aus dem Jahr 1943, hier verdamme jemand »mit einer Vorliebe für Insektizide, die alles abschlachten, die Insekten in Bausch und Bogen als Feinde des Menschen, des Viehs und der Ernte«. Siehe Wolfgang Saxon, ›Anthony Standen Is Dead at 86; Chemist Who Deflated Pomposity‹, *New York Times*, 25. Juni 1993, B7; Constance Matthiessen, ›The Day the Poison Stopped Working‹, *Mother Jones*, März–April 1992, S. 48 f.; Whorton, *Before Silent Spring*, a. a. O., S. 248–255.

29 Harland Austin u. a., ›A Prospective Follow-up Study of Cancer Mortality in Relation to Serum DDT‹, *American Journal of Public Health* 79/1 (Januar 1989), S. 43–46; Sharon Begley, ›Silent Spring Revisited?‹, *Newsweek*, 14. Juli 1986, 72 ff.

30 George P. Georghiou und Roni B. Mellon, ›Pesticide Resistance in Time and Space‹, in: George P. Georghiou/Tetsuo Saito (Hg.), *Pest Resistance to Pesticides*, New York 1983, S. 8.

31 Paul A. Colinvaux, *Introduction to Ecology*, New York 1973, S. 413 f.; Mellanby, *DDT-Story*, a. a. O., S. 64; Stephen Lacey, ›Sex-Driven Males Killed – by Appointment‹, *Daily Telegraph*, 20. Februar 1993, S. 6; Jane Adler, ›Fight Pesky Spider Mites with Some of Their Own‹, *Fresno Bee*, 23. Juli 1994, H4.

32 David Pimental u. a., ›Environmental and Economic Costs of Pesticide Use‹, *BioScience* 42/10 (November 1992), S. 753 f.; zu den Verlusten siehe Robert M. May/Andrew P. Dobston, ›Population Dynamics and the Rate of Evolution of Pesticide Resistance‹, in: dies. (Hg.), *Pesticide Resistance Strategies and Tactics for Management*, Washington, D. C., 1986, S. 170 f.

33 Fred Gould, ›The Evolutionary Potential of Crop Pests‹, *American Scientist* 79/6 (November–Dezember 1991), S. 500–502; ›Insects Start Resisting Safe Type of Pesticide‹, *Wall Street Journal*, 10. Dezember 1991, B1; Adrienne Cook, ›A Plague of Beetles: Organic Treatments Yield Disappointing Results‹, *Washington Post*, 20. August 1992, Washington Home, S. 15.

34 ›Tactics for Prevention and Management‹, in: May/Dobston (Hg.), *Pesticide Resistance*, a. a. O., S. 313–326; Mike Toner, ›A Bumper Crop of Fleas‹, *Atlanta Journal-Constitution*, 3. Oktober 1992, A1.

35 Mike Toner, ›Herbicide-Resistant Weeds a Serious Thread‹, *Atlanta Journal-Constitution*, 26. September 1992, E6.

36 Richard Conniff, ›Fire Ants: Too Hot to Handle?‹, *Smithsonian* 21/4 (Juli 1990), S. 48–57; Andrew C. Revkin, ›March of the Fire Ants‹, *Discover* 10/3 (März 1989), S. 70–76; Peter H. Lewis, ›Mighty Fire Ants March out of the South‹, *New York Times*, 24. Juli 1990, C1; Pete Daniel, ›A Rogue Bureaucracy: The USDA Fire Ant Campaign of the Late 1950s‹, *Agricultural History* 64/2 (Frühjahr 1990), S. 99–104; M. R. Orr u. a., ›Flies Suppress Fire Ants‹, *Nature* 373/6512 (26. Januar 1995), S. 292 f.

37 Mike Toner, ›George Beats Boll Weevil, but Nature Evens Score‹, *Atlanta Journal-Constitution*, 6. September 1992, A14.

38 Emily Yoffe, ›The Ants Come Marching In‹, *Washington Post*, 23. August 1988, Health, S. 8–11; Charles L. Mann, ›Fire Ants Play Their Queens into a Threat to Biodiversity‹, *Science* 263/5153 (18. März 1994), S. 1560f.

39 Gabler, *The American Telegrapher*, a. a. O., S. 48.

40 Keith Bradsher, ›Electrifying News: Bug Zapper Sales Are Stagnating‹, *Los Angeles Times*, 30. Mai 1988, Teil 4, S. 5.

41 Roger S. Nasci/Cedric W. Harris/Cyresa K. Porter, ›Failure of an Insect Electrocuting Device to Reduce Mosquito Biting‹, *Misquito News* 43/2 (Juni 1983), S. 180–184.

42 Alberto B. Broce, ›Electrocuting and Electronic Insect Traps: Trapping Efficiency and Production of Aireborne Particles‹, *International Journal of Environmental Health Research* 3/1 (1993), S. 47–58; ›Resistant Little Critters Prove It's Not Nice to Fool with Mother Nature‹, *Fort Worth Star-Telegram*, 22. Mai 1994, S. 6.

43 Pimentel u. a., ›Assessment of Environmental and Ecological Impacts of Pesticide Use‹, in: David Pimentel/Hugh Lehman (Hg.), *The Pesticide Question: Environment, Economics, and Ethics*, New York 1993, S. 54–56.

44 John Madeley, ›Beyond the Pestkillers…‹, *New Scientist* 142/1924 (Mai 1994), S. 24–27. Andererseits wächst der Einsatz von Pestiziden weiterhin, obwohl man weiß, daß sauberes Saatgut, sorgfältiges Pflügen und Überflutung der Böden wirkungsvollere Mittel sind, während das Auftreten resistenter Stämme unvermeidlich ist. Siehe Bob Holmes, ›A Natural Way with Weeds‹, *New Scientist* 142/1924 (7. Mai 1994), S. 22 f.

SECHSTES KAPITEL
Die Einbürgerung von Schädlingen

1 Warwick Anderson, ›Climates of Opinion: Acclimatization in Nineteenth-Century France and England‹, *Victorian Studies* 35/2 (1992), S. 134–157.

2 Daniel Headrick, *The Tentacles of Progress: Technology Transfer in the Age of Imperialism: 1850–1940*, New York 1988, S. 20f.; Marcus Lee Hansen, *The Atlantic Migration, 1607–1860*, New York 1961, S. 299f.; Kenneth Lemmon, *The Golden Age of Plant Hunters*, London 1968, S. 54, 182–185, das Zitat S. 217f.

3 Isidore Geoffroy Saint-Hilaire, *Rapport général sur les questions relatives à la domestication et la naturalisation des animaux utiles*, Paris 1849, S. 18–23, 39f.; Michael A. Osborne, *Nature, the Exotic, and the Science of French Colonialism*, Bloomington 1994, S. 62–129.

4 Osborne, *Nature*, a. a. O., S. 145; Christopher Lever, *They Dined on Eland: The Story of the Acclimatization Societies*, London 1992.

5 Andrew Balfour, ›Problems of Acclimatization‹, *Lancet* 205 (14. Juli 1923), S. 84–88; ich danke Douglas C. Zinn für den Hinweis auf diesen Vortrag.

6 American Acclimatization Society, *Charter and By-Laws*, New York 1871, S. 5.

7 ›Eugene Schieffelin‹, *Historical Families of America*, Bd. 1, 1907, S. 356. Die St. Nicholas Society ist inzwischen in ein kleineres Quartier im Gebäude der New York Genealogical and Biographical Society umgezogen, und ihr Vorsitzender weiß nicht, wo das Schuyler-Porträt sich im Augenblick befindet.

8 Siehe Ted Gup, ›100 Years of the Starling‹, *New York Times*, 1. September 1990, S. 19.

9 Felton Gibbons/Deborah Strom, *Neighbors to the Birds: A History of Birdwatching in America*, New York 1988, S. 214 f.; Chandler S. Robbins, ›Introduction, Spread, and Present Abundance of the House Sparrow in North America‹, in: Charles Kendeigh (Hg.), *A Symposium on the House Sparrow* (Passer Domesticus) *and European Tree Sparrow* (P. Montanus) *in North America*, Anchorage, Ky., 1973, S. 3–9.

10 Frank M. Chapman, ›The European Starling as an American Citizen‹, *Natural History* 25/5 (September–Oktober 1925), S. 480–485; Bill Lawren, ›Starlings Are No Darlings‹, *National Wildlife* 28/5 (April–Mai 1990), S. 24–27.

11 Alexander Wetmore, *Song and Garden Birds of North America*, Washington, D.C., 1964, S. 238–241; Brina Kessel, ›Distribution and Migration of the European Starling in North America‹, *Condor* 55/2 (März–April 1953), S. 49–67.

12 Alfred Russel Wallace, ›Acclimatization‹, *Encyclopaedia Britannica*, 11. Aufl., Bd. 1, S. 114–121.

13 Pierre Clerget, *Les Industries de la soie en France*, Paris 1925, S. 4–10. Zu den neuesten Forschungen über die Seidenstraße siehe John Noble Wilford, ›New Finds Suggest Even Earlier Trade on Fabled Silk Road‹, *New York Times*, 16. März 1993, C1.

14 Clerget, *Soie*, a.a.O., S. 4–10; Gerald Geison, ›Louis Pasteur‹, *Dictionary of Scientific Biography*, Bd. 10, New York 1974, S. 372–376.

15 *Sericulture*, New York 1903, S. 1–9; L. P. Brockett, *The Silk Industry in America*, o.O. 1876, S. 9–14, 26–37; Richard S. Peigler, ›Wild Silks of the World‹, *American Entomologist* 39/3 (Herbst 1993), S. 131–161.

16 Léopold Trouvelot, ›The American Silk Worm‹, *American Naturalist*, 1/1 (März 1867), S. 30–38; 1/2 (April 1867), S. 85–94, und 1/3 (Mai 1867), S. 145–149; das Zitat S. 85.

17 Edward H. Forbush/Charles H. Fernald, *The Gypsy Moth*, Boston 1896, S. 273–284, 3 f.

18 Ebd., S. 234 f.

19 Ebd., S. 94–113.

20 Ebd., S. 117–145, 158–172.

21 S. W. Hitchcock, ›Early History of the Gypsy Moth in Connecticut‹, in: *25th Anniversary Memoirs, Connecticut Entomological Society*, New Haven 1974, S. 87–97.

22 Tina Adler, ›Squelching Gypsy Moths: What's Hot and What's Not in the Arsenal Against Leaf Eaters‹, *Science News* 145/12 (19. März 1994), S. 184 ff.

23 Jack C. Schultz, ›The Multimillion-Dollar Gypsy Moth Question‹, *Natural History*, Juni 1991, S. 40–45; Adler, ›Squelching Gypsy Moths‹, a.a.O.

24 Mark Jerome Walters, ›The Dubious War on Gypsy Moths‹, *Nature Conservancy* 43/3 (Mai–Juni 1995), S. 8 f.; Ann E. Hajek, ›Enter the Fungal Factor‹, *Na-*

tural History, Juni 1991, S. 42; Laurie Goodrich, ›A Case for Doing Nothing‹, *New Jersey Audubon* 18/1 (Frühjahr 1992), S. 20f.

25 Die Darstellung des Einflusses, den Baird auf das amerikanische Fischereiwesen ausgeübt hat, stützt sich auf: Dean Conrad Allard Jr., ›Spencer Fullerton Baird and the U. S. Fish Commission: A Study in the History of American Science‹, Ph.D.-Dissertation, George Washington University 1967.

26 U. S. Commission of Fish and Fisheries, *Report of the Commissioner for 1878*, Teil IV, S. xlv-liii; J. T. Bowen, ›A History of Fish Culture as Related to the Development of Fishery Programs‹, in: Norman G. Benson (Hg.), *A Century of Fisheries in North America*, Washington, D. C., 1970, S. 71–94.

27 P. B. Moyle, ›Fish Introductions into North America: Patterns and Ecological Impacts‹, in: Harold A. Mooney/James A. Drake (Hg.), *Ecology of Biological Invasions of North America and Hawaii*, New York 1986, S. 27.

28 Pete Thomas, ›The Rodney Dangerfield of Fish‹, *Los Angeles Times*, 8. April 1992, C6; U. S. Commission of Fish and Fisheries, *Report of the Commissioner for 1877*, Teil V, S. 40–44; Leon J. Cole, ›The Status of the Carp in America‹, *Transactions of the North American Fisheries Society* 34 (1905), S. 201–206.

29 Rudolph Hessel, ›The Carp and Its Culture in Rivers and Lakes: And Its Introduction in America‹, in: U. S. Commission of Fish and Fisheries, *Report of the Commissioner for 1875–1876*, Teil IV, S. 865–897.

30 Laycock, *Alien Animals*, a. a. O., S. 162f.

31 Ebd.

32 ›Fish Hunks‹, *Time*, 30. November 1992, S. 26; Christer Bromark/Jeffrey G. Miner, ›Predator-Induced Phenotypical Change in Body Morphology in Crucian Carp‹, *Science* 258 (20. November 1992), S. 1348–1350.

33 Laycock, *Alien Animals*, a. a. O., S. 165–168; Cole, ›Status of Carp‹, a. a. O., S. 204; Rob Hotakainen, ›Chemical Treatment of Lake Raises Fears‹, *Minneapolis Star-Tribune*, 19. Juni 1989, 1A.

34 Seth Norman, ›Carp: Fish of Your Future‹, *Field and Stream*, Juli 1990, S. 22–24; Steve Grant, ›Delving Deeper into Nuclear Plant Outflows‹, *Hartford Courant*, 26. Januar 1993, A1.

35 ›Where Carp Are Concerned, It's No Hold Barred‹, *Milwaukee Journal*, 6. Juni 1993, C14; Phil Borchmann, ›City OKs Chemical Fish Kill on McCollum Lake‹, *Chicago Tribune*, 21. Juni 1993, NW3; Dean Rebuffoni, ›Tests Show Poison DNR Used in Lakes Has Toxic Chemicals‹, *Minneapolis Star-Tribune*, 21. August 1990, 1B; ›DNR Decides Fish-Poisoning Project Near Mora Can Proceed‹, *Minneapolis Star-Tribune*, 15. August 1989, 3B; ›Arkansas River Cleanup‹, *Washington Post*, 21. August 1988, A11.

36 Die kommerzielle Karpfenfischerei war im übrigen auch das Hauptziel der Feindseligkeit der Angler. Siehe Arnold W. Fritz, ›Commercial Fishing for Carp‹, in: Cooper (Hg.), *Carp in North America*, a. a. O., S. 17–30.

37 Sam Jameson, ›Buddhist Rite Brings Bad Fortune to Fish‹, *Los Angeles Times*, 15. Dezember 1992, H2.

38 Die bekannteste populärwissenschaftliche Darstellung ist Mark L. Winston, *Killer Bees: The Africanized Honey Bee in the Americas*, Cambridge 1992. Die beste Darstellung zu den Anfängen der Ausbreitungsgeschichte ist Wallace White, ›The Bees from Rio Claro‹, *New Yorker*, 16. September 1991, S. 36–60.

39 Zum Verhalten siehe Thomas E. Rinderer, ›Evolutionary Aspects of the Africanization of Honey-Bee Populations in the Americas‹, in: Glen R. Needham u. a. (Hg.), *Africanized Honey Bees and Bee Mites*, Chichester 1988, S. 13–28; Warren E. Leary, ›Trying Times for U. S. Honeybee‹, *New York Times*, 22. Januar 1991, C4; Glynn Mapes, ›In U. S. Apiaries This Is the Buzz: Long Live the Queen‹, *Wall Street Journal*, 13. Juni 1991, A1.

40 Ronald B. Taylor, ›»Killer Bees«: State Wins the First Round‹, *Los Angeles Times*, 3. Dezember 1985, Teil 1, S. 3; Robert Cooke, ›Calm Amid the Buzz over Killer Bees‹, *New York Newsday*, 6. November 1990, Discovery, S. 9; Tom Gorman, ›»Killer Bees« About to Join Facts of Life in Southland‹, *Los Angeles Times*, 13. März 1994, A1.

41 William Booth, ›Invasion of the Surprisingly Hardy »Killer Bees«‹, *Washington Post*, 30. November 1990, A10.

42 Sue Hubbell, ›Maybe the »Killer« Bee Should Be Called the »Bravo« Instead‹, *Smithsonian*, September 1991, S. 116 ff.; White, ›Bees from Rio Claro‹, a. a. O., S. 60.

43 Lever, *They Dined on Eland*, a. a. O., S. 181 f., 129, 170 f.; Douglas R. Weiner, *Models of Nature: Ecology, Conservation and Cultural Revolution in Soviet Russia*, Bloomington 1988, S. 194–223 und Abb. 19 f.; Georgie Anne Geyer, ›The Dictator of the Cows‹, *Saturday Evening Post*, Juli 1991, S. 65.

44 Charles H. Hocutt, ›Toward the Development of an Environmental Ethic of Exotic Fishes‹, in: Walter R. Courtenay Jr./Jay R. Stauffer Jr. (Hg.), *Distribution, Biology, and Management of Exotic Fishes*, Baltimore 1984, S. 374–386, hier S. 384; Gilbert C. Radonski/Robert G. Martin, ›Fish Culture Is a Tool, Not a Panacea‹, in: Richard H. Stroud (Hg.), *Fish Culture in Fisheries Management*, Bethesda, Md., 1986, S. 7–13; Jon R. Luoma, ›Boon to Anglers Turns into a Disaster for Lakes and Streams‹, *New York Times*, 17. November 1992, C4.

45 Craig N. Spencer/B. Riley McClelland/Jack A. Stanford, ›Shrimp Stocking, Salmon Collapse, and Eagle Displacement‹, *BioScience* 41/1 (Januar 1991), S. 14–21. Siehe David Ehrenfelds Darstellung in: *Beginning Again: People and Nature in the New Millenium*, New York 1993, S. 149–151.

46 Luoma, ›Boon to Anglers‹, a. a. O., C4; zu dem Vorschlag, die einheimischen, aber erschöpften Austern der Ostküste durch pazifische oder japanische Austern zu ersetzen, siehe Beth Becker, ›Botcher of the Bay or Economic Boom‹, *BioScience* 42/10 (November 1992), S. 744–747.

47 Steve Grant, ›Not All the Pests Come Uninvited‹, *Hartford Courant*, 31. Mai 1993, A1.

48 Robert Johnson, ›A Homely Duck Stirs Up the Wrath of Tidy Suburbia‹, *Wall Street Journal*, 22. Februar 1989, A1.

49 Peter B. Moyle, ›America's Carp‹, *Natural History* 93/9 (September 1984), S. 42–51.

50 William H. McNeill, *Plagues and Peoples*, Garden City, N. Y., 1976, S. 21 f.; Daniel Machalaba, ›Bloodthirsty Flies Invade Adirondacks, Stirring Hostilities‹, *Wall Street Journal*, 23. Juni 1989, A1; Anthony G. Lawrence, Leserbrief, *Wall Street Journal*, 14. Juli 1989, A11.

51 Paul R. Ehrlich, ›Which Animal Will Invade?‹, in: Mooney/Drake (Hg.), *Ecology of Biological Invasions*, a. a. O., S. 79–95.

52 Grant, ›Not All the Pests Come Uninvited‹, a.a.O., A6; Walter R. Courtenay Jr., ›The Introduced Fish Problem and the Aquarium Fish Industry‹, *Journal of the World Aquaculture Society* 21/3 (September 1990), S. 145–159.

53 Bruce E. Coblentz, ›Invasive Ecological Dominants: Environments Boar-ed to Ears and Living on Burro-ed Time‹, in: McKnight (Hg.), *Biological Pollution*, a.a.O., S. 223f.; U.S. Office of Technology Assessment, *Non-Indigenous Species*, a.a.O., S. 267–285.

SIEBTES KAPITEL
Die Einbürgerung von Unkräutern

1 Zur Anpassungsfähigkeit von Pflanzen siehe Rick Weiss, ›The Green Kingdom's Secrets of Movement‹, *Washington Post*, 6. Juni 1994, A3; zur Einführung in die Neue Welt: Alfred W. Crosby, *Ecological Imperialism: The Biological Expansion of Europe, 900–1900*, Cambridge 1986, S. 146–170, 194. Die klassische Darstellung bleibt Charles S. Elton, *The Ecology of Invasions by Animals and Plants*, London 1958, obwohl die Populationsbiologen sich heute nicht mehr so sicher hinsichtlich der Bedeutung gestörter Lebensräume sind.

2 W. Holzner, ›Concepts, Categories, and Characteristics of Weeds‹, in: W. Holzner/M. Numata (Hg.), *Biology and Control of Weeds*, Den Haag 1982, S. 5; Dan Carroll, ›Subduing Purple Loosestrife‹, *Conservationist* 49/1 (August 1994), S. 6ff.; Michael Pollan, ›Weeds Are Us‹, *New York Times Magazine*, 5. November 1989, S. 97ff.; Greg Fewer, ›Hands Off, That's No Weed‹, *New Scientist* 145/1965 (18. Februar 1995), S. 47f.

3 Fairchild zitiert nach Elton, *Ecology of Invasions*, a.a.O., S. 51; Anne Raver, ›A Tree Grows in Brooklyn, but Maybe Not For Long‹, *New York Times*, 1. Januar 1993, S. 21; Michael Martin Mills, ›Woodman, Spare That Ailanthus‹, *Philadelphia Inquirer*, 7. August 1991, 13A; Clare Ansberry, ›Those Aren't Weeds in Cleveland: They're Really Rare, Exotic Plants‹, *Wall Street Journal*, 4. September 1986, Teil 1, S. 29; Harold Faber, ›Wild Orchids? In Schenectady? Aloha!‹, *New York Times*, 6. Oktober 1991, Teil 1, S. 32. In Arizona litten die Orchideen, als man das Vieh fernhielt; durch das Abweiden halfen die Rinder den Orchideen, weil sie das Gras kurzhielten.

4 David Pimentel, ›Plant and Animal Invasions in Agriculture‹, in: Harold A. Mooney/James A. Drake (Hg.), *Ecology of Biological Invasions of North America and Hawaii*, New York 1986, S. 152; W. T. Haller, ›Disturbed Habitat Not Necessary for Invasions‹, in: Florida Department of Environmental Protection, *An Assessment of Invasive Non-Indigenous Species in Florida's Public Lands*, Technical Report No. TSS-94–100 (1994), S. 17f.; dort finden sich zahlreiche Beispiele von Pflanzen, die sich sehr schnell in nicht gestörten Lebensräumen ausgebreitet haben. Michael Pollan, ›Against Nativism‹, *New York Times*, 15. Mai 1994, Teil 6, S. 52ff., verweist zwar auf den fanatisch-botanischen Chauvinismus einiger nationalsozialistischer Amtsträger, übersieht aber die ebenso starke Symbolik der europäischen Aneignung des heimischen amerikanischen Territoriums.

5 R. N. Mack, ›Plant Invasions in the Intermountain West‹, in: Monney/

Drake, *Ecology of Biological Invasions*, a. a. O., S. 198; John Stilgoe, *Metropolitan Corridor*, New Haven, Conn., 1983, S. 142 f.; James A. Young, ›Tumbleweed‹, *Scientific American* 264/3 (März 1991), S. 82–87.

6 Zur Geschichte der von Bundesbehörden initiierten Einführung von Pflanzen siehe Fred Wilbur Powell, *The Bureau of Plant Industry*, Baltimore 1927; zum Rasen siehe Kenneth T. Jackson, *Crabgrass Frontier*, New York 1985, S. 54–61.

7 Charles Richard Dodge, ›Hemp Culture‹, in: U. S. Department of Agriculture, *Yearbook 1895*, S. 215–222; Richard N. Mack, ›Catalog of Woes‹, *Natural History*, März 1990, S. 44–53; ders., ›The Commercial Seed Trade: An Early Disperser of Weeds in the United States‹, *Economic Botany* 45/2 (1991), S. 257–273; C. G. McWhorter, ›Introduction and Spread of Johnsongrass in the United States‹, *Weed Science* 19/5 (September 1971), S. 398 f.; Michael Pollan, ›How Pot Has Grown‹, *New York Times Magazine*, 19. Februar 1995, S. 31 ff.

8 Mack, ›Commercial Seed Trade‹, a. a. O., S. 270 f.; ders., ›Plant Invasion‹, a. a. O., S. 197.

9 Ashleigh Brillant, *The Great Car Craze*, Santa Barbara, Calif., 1989, S. 126 f.

10 Peter Friederici, ›The Alien Saltcedar‹, *American Forests* 101/1–2 (Januar–Februar 1995), S. 44–47.

11 William Shurtleff/Akiko Aoyagi, *The Book of Kudzu*, Brookline, Mass., 1977, S. 8–12.

12 Doria R. Gordon/Kevin P. Thomas, ›Introduction Pathways for Invasive Non-Indigenous Species‹, in: Florida Department of Environmental Protection, *Assessment*, a. a. O., S. 32.

13 Shurtleff/Aoyagi, *Book of Kudzu*, a. a. O., S. 12–17; John J. Winberry/David M. Jones, ›Rise and Decline of the »Miracle Vine«: Kudzu in the Southern Landscape‹, *Southeastern Geographer* 13/2 (November 1973), S. 61–70; James H. Miller/Boyd Edwards, ›Kudzu: Where Did It Come From? And How Can We Stop It?‹, *Southern Journal of Applied Forestry* 7/4 (1983), S. 165–169; David Fairchild, *The World Was My Garden: Travels of a Plant Explorer*, New York 1938, S. 328.

14 Winberry/Jones, ›Rise and Decline‹, a. a. O., S. 67 f.; Sy Montgomery, ›…Agricultural Scientists Are Loosing the Battle Against Invading Plants‹, *Los Angeles Times*, 30. Mai 1988, Metro, Teil 2, S. 4.

15 Shurtleff/Aoyagi, *Book of Kudzu*, a. a. O., S. 15 f.; Gordon Baxter, ›Computer Session Is Not All Vine and Dandy: Kudzu's Power Stronger Than Utility's‹, *Dallas Morning News*, 30. Oktober 1988, 44A.

16 Shurtleff/Aoyagi, *Book of Kudzu*, a. a. O., S. 16 f.

17 Neil Santaniello, ›Will Kudzu KO Everglades?‹, *Toronto Star*, 12. September 1992, D6.

18 James W. Amrine Jr./Terry A. Stasny, ›Biocontrol of Multiflora Rose‹, in: Bill N. McKnight (Hg.), *Biological Pollution: The Control and Impact of Invasive Exotic Species*, Indianapolis 1993, S. 9–21.

19 David K. Roberts, ›Another Alien Species Invades‹, *St. Petersburg Times*, 30. Januar 1994, 1B.

20 D. G. Shilling/J. F. Gaffney, ›Cogon Grass (*Imperata Cylindrica* L. Beauv.):

Is It a Threat to Natural Areas?‹, in: Florida Department of Environmental Protection, *Assessment*, a. a. O., S. 200 f.

21 Roberts, ›Another Alien Species Invades‹, a. a. O., 1B.

22 J. J. Ewel, ›Invasibility: Lessons from South Florida‹, in: Mooney/Drake (Hg.), *Ecology of Biological Invasions*, a. a. O., S. 214–230; Daniel Simberloff, ›Why Is Florida Being Invaded?‹, in: Florida Department of Environmental Protection, *Assessment*, a. a. O., S. 7–9.

23 Denis A. Saunders/Richard J. Hobbs/Chris R. Margules, ›Biological Consequences of Ecosystem Fragmentation: A Review‹, *Conservation Biology* 5/1 (März 1991), S. 18–33.

24 Don C. Schmitz u. a., ›Exotic Aquatic Plants in Florida: A Historical Perspective and Review of the Present Aquatic Plant Regulation Program‹, in: Ted C. Center u. a. (Hg.), *Proceedings of the Symposium on Exotic Pest Plants*, Washington, D. C., 1991, S. 303–326; Luz Villarreal, ›Grand Exotics Can Turn Ugly for the Environment‹, *Orlando Sentinel*, 13. Februar 1992, I1.

25 U. S. National Park Service, *Exotic Weeds I: Kudzu, Saltcedar, and Brazilian Pepper*, Report (16. November 1984), VIII-6 bis VIII-15; Ingrid Olmsted/ Steve Yates, ›Florida's Pepper Problem‹, *Garden*, Mai–Juni 1984, S. 20–23.

26 Dean G. Barber, ›The Expansion of Brazilian Pepper in Central Florida‹, in: Florida Department of Environmental Protection, *Assessment*, a. a. O., S. 158; Olmsted/Yates, ›Pepper Problem‹, a. a. O., S. 21–23.

27 Daniel F. Austin, ›Exotic Plants and Their Effects in Southeastern Florida‹, *Environmental Conservation* 5/1 (Frühjahr 1978), S. 25–34; Eric Morgenthaler, ›What's Florida to Do with an Explosion of Melaleuca Trees?‹, *Wall Street Journal*, 8. Februar 1993, A1; Don C. Schmitz u. a., ›The Ecological Impact of Non-indigenous Plants in Florida‹, in: Florida Department of Environmental Protection, *Assessment*, a. a. O., S. 20 f.

28 Stephen J. Pyne, *Burning Bush: A Fire History of Australia*, New York 1991, S. 5–9.

29 Schmitz u. a., ›Ecological Impact‹, a. a. O., S. 19–23; Morgenthaler, ›What's Florida to Do?‹, a. a. O., A1; Craig Diamond/Darrell Davis/Don C. Schmitz, ›Economic Impact Statement: The Addition of *Melaleuca quinquenervia* to the Florida Prohibited Aquatic Plant List‹, in: Center u. a. (Hg.), *Exotic Plant Pests*, a. a. O., S. 87–110.

30 Jeffrey D. Schardt/Don C. Schmitz, *1990 Florida Aquatic Plant Survey*, Tallahassee 1991, S. 75; Morgenthaler, ›What's Florida to Do?‹, a. a. O.; Don C. Schmitz, persönliche Mitteilung.

31 Yvonne Baskin, ›Ecologists Dare to Ask: How Much Does Diversity Matter?‹, *Science* 264/5156 (8. April 1994), S. 202 f.

32 Pyne, *Burning Bush*, a. a. O., S. 15–25.

33 Zacharin, *Emigrant Eucalypts*, a. a. O., S. 30–37, 66 f., 93–99; Sheridan Bartlett, ›A Colonial Tree: The Eucalyptus of the Palni Hills‹, *Landscape* 31/1 (1993), S. 28–33.

34 Gayle M. Groenendaal, ›*Eucalyptus* Helped Solve a Timber Problem: 1853–1880‹, in: Richard B. Standiord/F. Thomas Ledig (Hg.), *Proceedings of a Workshop on* Eucalyptus *in California*, Berkeley 1983, S. 1–8; Viola L. Warren, ›The Eucalyptus Crusade‹, *Southern California Quarterly* 44 (1962), S. 31–42.

35 Norman D. Ingham, *Eucalyptus in California*, Sacramento 1908, S. 30–35; C. H. Sellers, *Eucalyptus: Its History, Growth, and Utilization*, Sacramento 1910; Warren, ›Eucalyptus Crusade‹, a. a. O., S. 38.

36 Warren, ›Eucalyptus Crusade‹, a. a. O., S. 39; Joseph R. Loftus Co., *What Eucalyptus Trees Will Do for You*, Los Angeles o. J.; Jack London an Herbert Forder, Brief vom 3. Februar 1911, in: Earle Labor u. a. (Hg.), *The Letters of Jack London*, Stanford, Cal., 1988, Bd. 2, S. 978 f.

37 Warren, ›Eucalyptus Crusade‹, a. a. O., S. 40 f.; Penfold/Willis, *Eucalypts*, a. a. O., S. 6 f., 125 f.

38 Jacobs, *Growth Habits*, a. a. O., S. 68–81.

39 ›The Fire Next Time‹, *Los Angeles Times*, 26. Oktober 1991, B5; Pyne, *Burning Bush*, a. a. O., S. 24 f.

40 Nancy Vogel, ›East Ball Hills Rebuild – With New Vigilance‹, *Sacramento Bee*, 1. Dezember 1994, A13.

41 ›The Fire Next Time‹, a. a. O.; Dan Morain/Jenifer Warren, ›'70s Study Warned of the Fire Threat‹, *Los Angeles Times*, 25. Oktober 1991, A3; Robert Reinhold, ›As Fire Toll Rises in Oakland Hills, So Do Questions‹, und Jane Gross, ›Out of Ashes, Move to Ban Wood Roofs‹, beide *New York Times*, 23. Oktober 1991, S. 19; Rick DelVecchio, ›Some Plants May Be Banned in Fire Area‹, *San Francisco Chronicle*, 16. November 1992, A15.

42 Ebd., S. 15; Rick DelVecchio, ›Fire Survivors Rebuilding Bigger‹, *San Francisco Chronicle*, 13. Oktober 1992, A1; Rick DelVecchio, ›Keeping Oakland Hills Fire-Safe‹, *San Francisco Chronicle*, 2. November 1992, A12; David Darlington, ›After the Firestorm‹, *Audubon*, März 1993, S. 72 ff.; Sharon Rummery, ›A New Beginning‹, *San Francisco Chronicle*, 20. Oktober 1993, Home, 1/Z1.

43 Kathleen A. Hughes, ›Neighbors Seeking to Better Their Lot Are Often Up a Tree‹, *Wall Street Journal*, 15. April 1992, A9.

44 William D. Montalbano, ›On Iberian Peninsula, a Protest Grows over Trees‹, *Los Angeles Times*, 4. Dezember 1990, H2; Tony Smith, ›Eucalyptus Trees Stir Iberian Ecology Alarm as They Soak Up Water‹, *Los Angeles Times*, 19. November 1989, A24; M. E. D. Poore/C. Fries, *The Ecological Effects of Eucalyptus*, FAO Forestry Paper 59, Rom 1985; Malcolm Smith, ›Science: Live the High Life and Save the Wildlife‹, *Independant*, 30. Mai 1994, S. 19.

45 Montalbano, ›Protest Grows over Trees‹, a. a. O.

46 Bartlett, ›A Colonial Tree‹, a. a. O., S. 28–33.

47 Allen Lacy, ›Reading Between Lines of Catalogue Fantasies‹, *New York Times*, 6. Februar 1992, C10; Allen Lacy, ›Nature's Ribbons Cover an Industrial Wasteland‹, *New York Times*, 19. September 1991, C8.

ACHTES KAPITEL
Das computerisierte Büro: Die Rache des Körpers

1 Siehe Asa Briggs, *Victorian Things*, Chicago 1988, S. 179; zur Geschichte der stählernen Schreibfeder siehe dort S. 182–187.

2 Zu den Zusammenbrüchen elektronischer Verkehrsleitsysteme siehe: ›Computer Crash Freezes Train Traffic‹, RISKS electronic news group, 13. April 1995,

aus: *Orange County Register*, 29. März 1995, und Klaus Brunnsteins Beitrag zu dieser Liste: ›Altona Railway Software Glitch‹, 17. März 1995.

3 Jake Page, ›Writing Got a Lot Easier When the Old »Manual« Was New‹, *Smithsonian* 21/9 (Dezember 1990), S. 54–65.

4 Fortune Magazine, *The Fabulous Future: America in 1980*, New York 1956, S. 18, 37, 185, 201–203.

5 John Naisbitt, *Megatrends: Ten New Directions Transforming Our Lives*, New York 1984, S. 5; Judith Davidsen, ›Designing to Prevent RSI‹, *Interior Design*, 1. Mai 1991, S. 168 ff.

6 Jon Jefferson, ›Dying for Work‹, *ABA Journal* 79 (Januar 1993), S. 46–51; James C. Robinson, ›The Rising Long-Term Trend in Occupational Injury Rates‹, *American Journal of Public Health* 78/3 (März 1988), S. 276–281.

7 Robinson, ›Rising Trend‹, a. a. O., S. 280 f.

8 Sally Squires, ›Study Traces More Deaths to Working Than Driving‹, *Washington Post*, 31. August 1990, A4.

9 Paul Saffo, ›A Conspiracy of Silence‹, *Byte*, Juli 1993, S. 278.

10 Siehe Bogdan P. Radanov u. a., ›Role of Psychosocial Stress in Recovery from Common Whiplash‹, *Lancet* 338 (21. September 1991), S. 712–715, sowie den zugehörigen Leitartikel ›Neck Injury and the Mind‹, ebd., S. 728–730. Die neurotische Disposition beeinflußt allerdings offenbar die anfängliche Stärke der empfundenen Nackenschmerzen.

11 Siehe den Briefwechsel zwischen Michael I. Weintraub und Richard A. Deyo in: *Journal of the American Medical Association* 269/3 (20. Januar 1993), S. 354–356.

12 Mariann Caprino, ›From Heavy Lifting to Heavy Computing. Work is Often a Pain in the Back‹, *Washington Post*, 13. Februar 1994, H2.

13 Fernand Braudel, *Sozialgeschichte des 15.–18. Jahrhunderts. Der Alltag*, München 1985.

14 Jack London, *John Barleycorn*, New York 1913; dt.: *König Alkohol*, München 1973, S. 107; Briggs, *Victorian Things*, a. a. O., S. 411.

15 Emilio Ambasz, persönliche Mitteilung.

16 Leonard S. Mark/Marvin J. Dainoff, ›An Ecological Framework for Ergonomic Research‹, *Innovation* 7/2 (Frühjahr 1988), S. 8–11; Leonard S. Mark/Marvin J. Dainoff u. a., ›An Ecological Framework for Ergonomic Research and Design‹, in: R. R. Hoffman/D. A. Palermo (Hg.), *Cognition and the Symbolic Processes*, Bd. 3, Hillsdale, N. J., 1991, S. 477–505; Marvin J. Dainoff, ›Reducing Health Complaints in the Computerized Workplace: The Role of Ergonomic Education‹, *Journal of Interior Design Education* 16/2 (1990), S. 31–38.

17 Alix M. Freedman, ›Today's Office Chair Promises Happiness, Has Lots of Knobs‹, *Wall Street Journal*, 18. Juni 1986, S. 1; Jon Van, ›Furniture Is Adjusting to the Computerized Office‹, *Washington Post*, 16. Juni 1991, H2; Chee Pearlman, ›Made to Measure‹, *I.D.* 41/5 (September–Oktober 1994), S. 56–63.

18 Zur höheren Streßbelastung in einer Rechtsanwaltskanzlei mit der Möglichkeit zur computerisierten Erfassung von Dokumenten siehe Sandra Sugawara, ›Cutting the Paper Chase‹, *Washington Post*, 17. August 1992, Washington Business, S. 19.

19 Jean Gottmann, ›Urbanization and Employment: Towards a General

Theory‹, in: Jean Gottmann/Robert A. Harper (Hg.), *Since Megalopolis: The Urban Writings of Jean Gottmann*, Baltimore 1990, S. 233.

20 U. S. National Institute for Occupational Safety and Health, Division of Standards and Technology Transfer, *NIOSH Publications on Video Display Terminals*, 2. Aufl., Juni 1991. Diese Sammlung von Gutachten und Reprints enthält auch den Abschlußbericht der Richard Tell Associates, Inc., an das NIOSH vom 18. September 1990 (S. 51–74), mit Daten zu elektrischen Feldern, die durch Radiowellen und durch Monitore induziert werden.

21 James E. Sheedy, ›Vision Problems at Video Display Terminals: A Survey of Optometrists‹, *Journal of the American Optometric Association* 10/10 (Oktober 1992), S. 687–692.

22 Herman Miller Research & Design, *Issues Paper: Cumulative Trauma Disorders*, Zeeland, Mich., 1991, S. 2.

23 ›Typing Pain: British Judge Dismisses It‹, *New York Times*, 29. Oktober 1993, B9; Edward Felsenthal, ›An Epidemic or a Fad? The Debate Heats Up over Repetitive Stress‹, *Wall Street Journal*, 14. Juli 1994, A7; Barnaby J. Feder, ›A Spreading Pain, and Cries for Justice‹, *New York Times*, 5. Juni 1994, Sec. 3, S. 1.

24 Siehe Vern Putz-Anderson (Hg.), *Cumulative Trauma Disorders: A Manual for Musculoskeletal Diseases of the Upper Limbs*, London 1988, S. 11–13, 18.

25 John Napier, *Hands*, 2. Aufl., bearb. von Russel H. Tuttle, Princeton 1993, S. 70 f.

26 Tony Horwitz, ›A Lack of Lancelots Fails to Discourage This Artisan's Work‹, *Wall Street Journal*, 2. März 1994, A1.

27 Adam Smith, *The Wealth of Nations*, hg. von Edwin Cannon, London 1961, Bd. 1, S. 11 f.; dt.: *Eine Untersuchung über Natur und Wesen des Volkswohlstandes*, 3 Bde., Jena 1908–1923; ›Very Debatable Units‹, *Economist* 316/7670 (1. September 1990), S. 73–75.

28 Stichwort ›Cramp‹ in: *Encyclopaedia Britannica*, 11. Aufl., 1910, Bd. 7, S. 363 f.; Edwin Gabler, *The American Telegrapher: A Social History, 1860–1900*, New Brunswick 1988, S. 83. Die Beschleunigung des Arbeitsprozesses, fallende Löhne und schmutzige Arbeitsplätze waren für die Telegraphisten offenbar weitaus schlimmere Probleme als der »Glasarm«.

29 David Heilbroner, ›Handling of an Epidemic: Repetitive Stress Injury‹, *Working Woman*, Februar 1993, S. 60 ff.; ›The Strong Survive‹, *Back Letter* 7 (Februar 1992), S. 7.

30 Felsenthal, ›Epidemic or Fad‹, a. a. O., A7; Linda Himelstein, ›The Asbestos Case of the 1990s?‹, *Business Week*, 16. Januar 1995, S. 82 f.

31 Winn L. Rosh, ›Does Your PC – Or How You Use It – Cause Health Problems?‹, *PC Magazine*, 26. November 1991, S. 493; Janice M. Horowitz, ›Cripled by Computers‹, *Time*, 12. Oktober 1992, S. 70–72; Ronald E. Roel, ›RSI: Little-Known Illness Is Big Hazard in the Workplace‹, *Los Angeles Times*, 11. Juni 1989, Teil 1, S. 3; John Ballard, ›RSI on Trial‹, *New Scientist* 139/1890 (11. September 1993), S. 24–26. Zum Bericht der IAO siehe Shoshana Zuboff, *In the Age of the Smart Machine: The Future of Work and Power*, New York 1988, S. 120 f.

32 Morton L. Kasdan u. a., ›Carpal Tunnel Syndrome: The Workup‹, *Patient Care* 27 (15. April 1993), S. 97–107.

33 Frank Swoboda, ›Study Links Job Tension to VDT Physical Injuries‹, *Washington Post*, 21. Juni 1992, C1; Diana Hembree und Ricardo Sandoval, ›RSI Has Become the Nation's Leading Work-Related Illness. How Are Reporters and Editors Coping with It?‹, *Columbia Journalism Review* 30/2 (Juli–August 1991), S. 41–46; Jane E. Brody, ›Epidemic at the Computer: Hand and Arm Injuries‹, *New York Times*, 3. März 1992, C10.

34 Herman Miller, *Cumulative Trauma Diseases*, a. a. O., S. 42–47.

35 Ebd., S. 26.

36 Lee A. Norman, ›Mouse-Joint – Another Manifestation of an Occupational Epidemic‹, *Western Journal of Medicine* 155 (Oktober 1991), S. 413–415.

37 Frank Swoboda, ›Study Links Job Tension to VDT Physical Injuries‹, a. a. O.; Hembree/Sandoval, ›RSI Has Become the Nation's Leading Work-Related Illness‹, a. a. O., S. 41–46.

38 Mitch Betts, ›Voice Strain Plagues Some PC Users‹, *Computerworld*, 24. April 1995, S. 1.

39 Gabriele Bammer/Brian Martin, ›The Arguments About RSI: An Examination‹, *Community Health Studies* 12/3 (1988), S. 348–358; dies., ›Repetition Strain Injury in Australia: Knowledge, Social Movement, and De Facto Partisanship‹, *Social Problems* 39/3 (August 1992), S. 219–237. Nordamerikanische Ergonomen vermeiden den Ausdruck »repetitive strain injury« (RSI) zum Teil deshalb, weil die Erfahrung in Australien ihn ideologisch aufgeladen hat.

40 Herman Miller, *Cumulative Trauma Disorders*, a. a. O., S. 30; Bammer/Martin, ›Repetition Strain Injury in Australia‹, a. a. O., S. 219–237.

41 Zuboff, *Smart Machine*, a. a. O., S. 141.

42 Ebd., S. 145.

43 M. D. Dainoff/J. Balliett, ›Seated Posture and Workstation Configuration‹, in: M. Kumashiro/E. D. Magaw (Hg.), *Towards Human Work: Solutions to Problems in Occupational Health and Safety*, London 1991, S. 156–163.

44 Dainoff, ›Reducing Health Complaints‹, a. a. O., S. 37; Herman Miller, *Cumulative Trauma Disorders*, a. a. O., S. 36 f.

NEUNTES KAPITEL

Das computerisierte Büro: Rätsel der Produktivität

1 Julie Hart, ›Buy Smart: Will Your Latest Purchase Hold Its Value?‹, *Computerworld*, 21. Februar 1994, S. 103.

2 Brooke Crothers/Rob Guth, ›Strong Demand, Weak Dollar Squeeze DRAM‹, *InfoWorld*, 17. April 1995, S. 1.

3 Siehe James R. Chiles, ›Now That Everything's Portable, Getting Around Can Really Be a Drag‹, *Smithsonian*, Januar 1994, S. 110.

4 Rob Kling/Suzanne Iacono, ›The Mobilization of Support for Computerization: The Role of Computerization Movements‹, *Social Problems* 35/3 (Juni 1988), S. 226–243; Langdon Winner, ›Mythinformation‹, *Whole Earth Review*, Januar 1985, S. 22–28; wiederabgedruckt in: Langdon Winner, *The Wale and the Reactor: A Search for Limits in the New Age of High Technology*, Chicago 1986, S. 98–117. Rod Kling (Hg.), *Computerization and Controversy: Value*

Conflicts and Social Choices, 2. Aufl., San Diego 1995, ist die informativste Zusammenstellung älterer und neuerer Arbeiten zu den sozialen Aspekten der Computertechnik.

5 Paul A. David, ›Computer and Dynamo: The Modern Productivity Paradox in a Not-Too-Distant Mirror‹, wiederabgedruckt in: *Technology and Productivity: The Challenge for Economic Policy*, Paris 1991, S. 315–347.

6 Don L. Boroughs, ›Desktop Dilemma‹, *U.S. News & World Report*, 24. Dezember 1990, S. 46–48; Dean Foust, ›Is the Computer Boost That Big?‹, *Business Week*, 16. Januar 1995, S. 24; Glenn Rifkin, ›Heads That Roll If Computers Fail‹, *New York Times*, 14. Mai 1991, D1; Garry Ray, ›The Productivity Chase‹, *Computerworld*, 27. Dezember 1993–3. Januar 1994, S. 56. Die stärkste Verteidigung der Computerindustrie findet sich in: U.S. National Research Council, *Information Technology in the Service Society*, Washington, D.C., 1994; zur These, daß vor allem benutzerunfreundliche Hard- und Software die Produktivität beeinträchtige, siehe Thomas K. Landauer, *The Trouble with Computers*, Cambridge, Mass., 1995.

7 Lauren Ruth Wiener, *Digital Woes: Why We Should Not Depend on Software*, Reading, Mass., 1993, S. 10–13. Die Situation der Patienten wurde noch dadurch verschlimmert, daß sie vom Bedienungspersonal während der Strahlenbehandlung nicht gesehen werden konnten; siehe dazu Steven Cascy, *Set Phasers on Stun and Other True Tales of Design, Technology, and Human Error*, Santa Barbara, Calif., 1993, S. 13–22.

8 John Holusha, ›The Painful Lessons of Disruption‹, *New York Times*, 17. März 1993, D1.

9 William M. Bulkeley, ›To Read This, Give Us the Password ... Oops! Try It Again‹, *Wall Street Journal*, 19. April 1995, A1; John Markoff, ›Computer Viruses: Just Uncommon Colds After All?‹, *New York Times*, 1. November 1992; Darrel Ince, ›Nasty Virus, but Not Fatal‹, *Independant*, 6. September 1993, S. 14; Christopher O'Malley, ›Stalking Stealth Viruses‹, *Popular Science*, Januar 1992, S. 54 ff.; Mike Holderness, ›On the Trail of the Cyberspace Pirates‹, *New Scientist* 137/1860 (13. Februar 1993), S. 46 f.

10 Siehe Andy Baird, ›Surge »Protectors« – Worse Than Useless?‹, *American Association of University Presses Computer Newsletter* 5/1 (September 1990), S. 10–12.

11 Winn L. Rosch, ›Cutting Surges Down to Size‹, *PC Magazine*, 13. April 1993, S. 261 ff.

12 Ich danke Michael S. Mahoney für den Hinweis auf den Ersatz von Bankkassierern durch Geldautomaten.

13 Kelly Conatser, ›Where Has All the Documentation Gone?‹, *InfoWorld*, 17. April 1995, S. 1 ff.

14 Randall Kennedy, ›OS/2 Warp Goes Light Years Ahead of 2.1‹, *InfoWorld*, 14. November 1994, S. 167–170; Esther Schindler, ›Third Time the Charme? OS/2 3 Goes to Warp Speed‹, *Computer Shopper*, Januar 1995, S. 586 ff.

15 Neil Randall, ›Roll Out Whatever Comes Next‹, *PC/Computing*, Dezember 1994, S. 264–268. Man kann sich kaum vorstellen, daß irgendein Computermanager nach der Lektüre dieses Artikels noch Windows 95 einsetzen möchte.

Siehe auch John R. Wilke, ›As Microsoft Adds Features to Windows, Other Software Makers Must Adapt or Die‹, *Wall Street Journal*, 20. Januar 1995, B1.

16 Charles R. Crawley, ›From Charts to Glyphs: Rudolf Modley's Contribution to Visual Communication‹, *Technical Communication* 41/1 (Februar 1944), S. 20 ff.

17 Dave Kansas, ›The Icon Crisis: Tiny Pictures Cause Confusion‹, *Wall Street Journal*, 17. November 1993, B1; Joe Lazzaro, ›Adapting GUI Software for the Blind Is No Easy Task‹, *Byte*, Mai 1994, S. 33.

18 Laurie Hays, ›Coloring Data Correctly Isn't a Black-and-White Issue‹, *Wall Street Journal*, 17. November 1993, B7.

19 Ebd.; Bill Dunne, ›The Science of Vision and the Visualization of Science‹, *IBM Research Magazine* (1993) 4, S. 8–11.

20 Mark Monmonier, *How to Lie with Maps*, Chicago 1991, S. 150, 156.

21 Landauer, *Trouble with Computers*, a. a. O., S. 210–220; Joel Garreau, ›Labor-Saving Devices‹, *Washington Post*, 9. März 1994, C1; William M. Bulkeley, ›Data Trap: How Using Your PC Can Be a Waste of Time, Money‹, *Wall Street Journal*, 4. Januar 1993, B5; Lamont Wood, ›Office Futz Factor Is a Threat to PC Productivity‹, *Chicago Tribune*, 3. Oktober 1993, Technology and the Workplace, S. 3.

22 Gary H. Anthes / William Braundel, ›Quality Questioned‹, *Computerworld*, 24. April 1995, S. 1.

23 Nolan, Norton & Co., ›Managing End-User Computing‹, Forschungsbericht, Boston 1992.

24 William M. Bulkeley, ›Study Finds Hidden Costs of Computing‹, *Wall Street Journal*, 2. November 1992, B4.

25 Deborah Asbrand, ›Lean Budgets Put the Squeeze on IS Departments‹, *InfoWorld*, 7. Februar 1994, S. 55.

26 David C. Churbuck, ›Help! My PC Won't Work‹, *Forbes*, 13. März 1995, S. 103.

27 John S. Rigden, ›The Lost Art of Oratory: Damn the Overhead Projector‹, *Physics Today* 43/3 (März 1990), S. 73 f.; »›Vor siebenundachtzig Jahren‹, begann er, während der Schatten seines Fingers die Küstenlinie von North Carolina bis Delaware nachzeichnete, ›war dies das neue Land, das unsere Vorväter uns schenkten: North Carolina, Virginia, Delaware *et cetera*. Die Grundsätze, auf denen ihr Denken beruhte, sind in diesem berühmten Dokument enthalten.‹ Einen Augenblick leuchtete die Leinwand hell auf, als die dreizehn Kolonien verschwanden. Dann erschien, glanzvoll erleuchtet, ein Blatt, auf dem in herrlicher Schönschrift geschrieben stand: ›Wir halten die folgenden Wahrheiten für selbstverständlich ...‹«

28 Zur bemerkenswerten Geschichte der Zucht von Brieftauben für militärische und zivile Zwecke siehe Stephen J. Bodio, ›Pigeon Racing: Homing in on an »Invisible« Sport‹, *Smithsonian*, Oktober 1990, S. 80–89.

29 Das Spencer-Revival fiel fast genau in dieselbe Zeit wie der Aufstieg des Personalcomputers. Siehe Wolf von Eckardt, ›Reforming with Zigs and Zags‹, *Time*, 21. März 1983, S. 86; Michael Kernan, ›Cursives! A Lefty Remembers Palmer Penmanship‹, *Washington Post*, 17. April 1984, D1; zu den klassischen Logos siehe Hal Morgan, *Symbols of America*, New York 1987, S. 99, 117.

30 Laura Bird, ›Marketers Sell Pen as Signature of Style‹, *Wall Street Journal*,

9. November 1993, B1; Zu weiteren Paradoxien der Typographie siehe H. M. Collins, *Artificial Experts*, Cambridge, Mass., 1990, S. 26 f.

31 Brian Livingston, ›Unlocking TrueType Font Secrets‹, *PC/Computing*, März 1994, S. 204 ff.

32 JoAnne Yates, E-Mail-Mitteilung, 5. November 1993.

33 Siehe Gil Schwartz, ›Mighty Multimedia Explodes from Little Presentation Packages‹, *PC/Computing*, Februar 1994, S. 102–104; Landauer, *Trouble with Computers*, a. a. O., S. 337, 332.

34 Jeffrey E. Kottemann/Fred D. Davis/William E. Remus, ›Computer-Assisted Decision-Making: Performance, Beliefs, and the Illusion of Control‹, *Organizational Behavior and Human Decision Processes* 57/1 (Januar 1994), S. 26 ff.

35 Fred D. Davis/Jeffrey E. Kottemann, ›User Perceptions of Decision Support Effectiveness: Two Production Planning Experiments‹, *Decision Sciences* 25/1 (Januar 1994), S. 57 ff.

36 Arthur Howe, ›No Calculator Required: Executives Flex Their Math Minds‹, *Philadelphia Inquirer*, 10. Juli 1986, 1A.

37 Raymond R. Panko/Richard P. Halverson Jr., ›Patterns of Errors in Spreadsheet Development‹, unveröffentl. Manuskript, Dezember 1994.

38 William M. Bulkeley, ›»Computerizing« Dull Meetings Is Touted as an Antidote to the Mouth That Bored‹, *Wall Street Journal*, 28. Januar 1992, B1.

39 Robert X. Cringely, *Accidental Empires*, New York 1993, S. 115.

40 Susan Cohen, ›White Collar Blues‹, *Washington Post Magazine*, 17. Januar 1993, S. 10–13, 24–27; Andrea Knox, ›By Downsizing, Do Firms Ax Themselves in the Foot?‹, *Philadelphia Inquirer*, 17. Februar 1992.

41 Peter G. Sassone, ›Survey Finds Low Office Productivity Linked to Staffing Imbalances‹, *National Productivity Review* 11/2 (Frühjahr 1992), S. 147–158.

42 Ebd., S. 154.

43 Siehe z. B. Herb Brody, ›The Pleasure Machine‹, *Technology Review* 95/3 (April 1992), S. 31–36; und einen nachdenklichen, viele Aspekte aufgreifenden Brief von Andrew Paul Grell, ›Life Is Sweeter on the Electronic Superhighway‹, *New York Times*, 13. Juli 1993, A18.

ZEHNTES KAPITEL
Sport: Risiken der Intensivierung

1 Ein guter, leicht verständlicher Überblick findet sich bei Lionel Casson, ›The First Olympics: Competing »For the Greater Glory of Zeus«‹, *Smithsonian*, Juni 1984, S. 64–73; zur Frage der kulturellen Vorherrschaft im Zusammenhang mit den Olympischen Spielen der Neuzeit siehe Allen Guttmann, *Games and Empires*, New York 1994, S. 120–138; der Hinweis auf Judo findet sich auf S. 138.

2 Allen Guttmann, *From Ritual to Record: The Nature of Modern Sports*, New York 1978, S. 15–55; dt.: *Vom Ritual zum Rekord. Das Wesen des modernen Sports*, Schorndorf 1979; und die Reaktionen auf dieses Buch in: John Marshall Carter/Arnd Krüger (Hg.), *Ritual and Record: Sports Records and Quantification in Pre-Modern Societies*, New York 1990, insbesondere Dietrich Ramba, ›Recordmania in Sports in Ancient Greece and Rome‹, ebd., S. 31–40.

3 John Rickards Betts, *America's Sporting Heritage: 1850–1950*, Reading, Mass., 1974, S. 31–34, 69–85. Zum erfolgreichen Export amerikanischer Methoden der Vermarktung des Sports im Fernsehen siehe Neil Lyndons wunderbare Schmähschrift ›The Neutralizing of a Generation‹, *Spectator* 274/8703 (29. April 1995), S. 17–21.

4 Anson Rabinbach, *The Human Motor: Energy, Fatigue, and the Origins of Modernity*, New York 1990, S. 224 f.; Edward Tenner, ›The Technological Imperative‹, *Wilson Quarterly* 19/1 (Winter 1995), S. 26–34.

5 ›Bicycle Helmets as Musts‹, *Health News* 8/5 (Oktober 1990), S. 5ff.; F. P. Rivara u. a., ›The Seattle Children's Bycicle Helmet Campaign: Changes in Helmet Use and Head Injury Admissions‹, *Pedriatrics* 93/4 (April 1994), S. 567–569.

6 U. S. Department of Transportation, U. S. Coast Guard, *Boating Statistics 1992*, COMDTPUB P16754.6 (Juni 1993), S. 6, 32–37.

7 ›Dateline Norway; Lillehammer '94‹, *Edmonton Journal*, 16. Februar 1994, C1; Simon Barnes, ›No Place for Boxing Among Exponents of Risk Game‹, *The Times* (London), 4. Mai 1994, S. 46; Jane E. Brody, ›Fast Balls and Flying Elbows Mean Faces Need a Shield‹, *New York Times*, 14. April 1993, C12; Frederick P. Rivara/Abraham B. Bergman, ›Strategies of a Successful Campaign to Promote the Use of Equestrian Helmets‹, *Public Health Reports* 108 (Januar–Februar 1993), S. 121–126; Jay Searcy, ›The Fallen Jockeys‹, *Philadelphia Inquirer*, 2. Mai 1995, G5.

8 Siehe Langdon Winner, ›Do Artifacts have Politics?‹, in: ders., *The Whale and the Reactor: The Search for Limits in an Age of High Technology*, Chicago 1986, S. 19–39.

9 Elliott J. Gorn, *The Manly Art: Bare-Knuckle Prize Fighting in America*, Ithaca, N. Y., 1986, S. 220–224.

10 British Medical Association, *The Boxing Debate*, London 1993, S. 1–30, 58–69; Luisa Dillner, ›Boxing Should Be Counted Out, Says BMA Report‹, *British Medical Journal* 306/6892 (1. Juni 1993), S. 1561 f.; siehe auch Ira Berkow, ›That »Sinful Business« Remains in Business‹, *New York Times*, 17. August 1992, C5.

11 Christopher Lehmann-Haupt, ›Woodpecker's Brain Survives, but Will Humans?‹, *New York Times*, 1. Oktober 1992, C17.

12 Kay Bartlett, ›Athletes Find Ways to Stare Death in Face‹, *Los Angeles Times*, 13. Februar 1992, Teil 1, S. 1; *Boxing Debate*, a. a. O., S. 24–28; Adele Lubell, ›Chronic Brain Injury in Boxers: Is It Avoidable?‹, *Physician and Sportsmedicine* 17/11 (November 1989), S. 126–132.

13 L. Schmid u. a., ›Experience with Headgear in Boxing‹, *Journal of Sports Medicine and Physical Fitness* 3 (1968), S. 171–176; Joyce Carol Oates, ›The Cruelest Sport‹, *New York Review of Books* 39/4 (13. Februar 1992), S. 3.

14 Brendan Kinney, ›Wearing the Scars of Football‹, *New York Times*, 26. August 1990, Teil 8, S. 8.

15 Dieser Absatz stützt sich auf Daten aus der britischen School-Rugby-Statistik in: George Hill, ›Rugby Plays Safe over Its Dangers‹, *The Times* (London), 21. September 1992, Features. Zum relativen Risiko des Rugby und zur Gefahr von Gehirnerschütterungen siehe Nathan Gibbs, ›Injuries in Professional Rugby

League: A Three-Year Prospective Study on the South Sidney Professional Rugby League Football Club‹, *American Journal of Sports Medicine* 21/5 (September–Oktober 1993), S. 696–700.

16 John S. Watterson, ›Inventing Modern Football‹, *American Heritage*, September–Oktober 1988, S. 102–113, mit einer Anmerkung von James Weeks, ›Football as a Metaphor for War‹, ebd., S. 113.

17 ›The Safest Season‹, *Sports Illustrated*, 29. April 1991, S. 16; John Jeansonne, ›The Ripple Effect: Football Changes, but Danger Factor Is Ever-Present‹, *New York Newsday*, 6. Dezember 1992, Sports, S. 23; ›Briefly‹, *Los Angeles Times*, 31. Mai 1988, Teil 4, S. 2; Jacob Weisman, ›Pro Football – the Maiming Game‹, *Nation*, 27. Januar 1992, S. 84–87; James A. Nicholas u. a., ›A Historical Perspective of Injuries in Professional Football‹, *Journal of the American Medical Association* 260/7 (19. August 1988), S. 939–944.

18 Robert Carmichael, ›Is the Price Too High? Payment For Playing Football Can Be Debilitating Injuries, Lingering Physical Problems‹, *Los Angeles Times*, 1. Januar 1992, Teil C, S. 1; John W. Powell/Mario Schootman, ›A Multivariate Risk Analysis of Selected Playing Surfaces in the National Football League: 1980 to 1989, an Epidemiologic Study of Knee Injuries‹, *American Journal of Sports Medicine* 20 (November–Dezember 1992), S. 686–694.

19 Carmichael, ›Is the Price Too High?‹, a. a. O., S. 1; Gerald Secor Couzens, ›Football: A Painful Legacy for Players?‹, *Physician and Sportsmedicine* 20/10 (1. Oktober 1992), S. 146 ff.; Weisman, ›Pro Football‹, a. a. O., S. 84: Peter Waldman, ›Pro-Football Players Often Feel Pressure to Play When Hurt‹, *Wall Street Journal*, 16. September 1986, S. 1.

20 Ira Dreyfuss, ›High Arch, Excessive Pronation, May Lead to Knee Injury in Runners‹, Artikel der Associated Press über Forschungen von Benno Nigg, University of Calgary, in: *Dow Jones News Retrival*, 11. März 1993; Doug Thomas, ›Runners Gain Without Pain? Researchers Disagree on Chronic Injury Risk‹, *Omaha World-Herald*, 28. März 1994, Living Today, S. 25 ff.; ›Cushy Shoes Cause Sprains‹, *Edell Health Letter* 10 (September 1991), S. 1.

21 Siehe R. Corrsin, ›A More Explicit Estimate for the »Implications of Athlete's Bradycardia on Lifespan«‹, *Journal of Theoretical Biology* 96/4 (21. Juni 1982), S. 683–688; der Aufsatz ist eine Erwiderung auf: L. A. Kuehn, ›Implications of Athlete's Bradycardia on Lifespan‹, *Journal of Theoretical Biology* 88/7 (21. Januar 1981), S. 279–286. Ich danke Joseph Keller, der meine Aufmerksamkeit in einem öffentlichen Vortrag und später im persönlichen Gespräch auf diese Aufsätze gelenkt hat.

22 James F. Fixx, *Jim Fixx's Second Book of Running*, New York 1980, S. 13–29; Barry A. Franklin u. a., ›Exercise and Cardiac Complications: Do the Benefits Outweight the Risks?‹, *Physician and Sportsmedicine* 22/2 (Februar 1994), S. 56 ff.; Marty Vogel, ›Fitness After 50 from Walking to Swimming to Pumping Iron‹, *Washington Post*, 5. März 1986, T14. Zu einer Kritik an den von Paffenberger und anderen eingesetzten Methoden siehe Henry A. Solomon, *The Exercise Myth*, New York 1984, S. 49 f., 55 f.; Craig Sharp/Mark Parry-Billings, ›Can Exercise Damage Your Health?‹, *New Scientist* 135/1834 (15. August 1992), S. 33–37.

23 Timothy K. Smith, ›Summer Olympics 1992: Quest for High-Tech Olympic

Gear Poses an Ironic Challenge for U. S. Competitors‹, *Wall Street Journal*, 5. August 1992, A11.

24 Carl Potera, ›Downhill Skiing: Is It Becoming Safer? Fractures Are Fewer, But Serious Knee Injuries Have More Than Doubled‹, *Washington Post*, 20. Dezember 1988, Z16.

25 Christopher Clarey, ›Alpine Skiing‹, *New York Times*, 6. Februar 1994, Teil 8a, S. 9; Tommy Hine, ›Skiing's Real Down Side: Accidents‹, *Hartford Courant*, 5. Februar 1993, F1; Art Bentley, ›Fatalities Don't Scare Extremists‹, *Los Angeles Daily News*, 24. März 1994, S14; Marj Charlier, ›Resorts Go to Extremes to Attract Skiers‹, *Wall Street Journal*, 21. Februar 1992, B1; Alex Markels, ›Going to Extremes: In Skiing It Can Mean Death‹, *New York Times*, 18. April 1993, Sports, S. 5; Robert J. Johnson, ›Skiing and Snowboarding Injuries: When Schussing Is a Pain‹, *Postgraduate Medicine* 88/8 (Dezember 1990), S. 36–50; Patrice Heinz Schelkun, ›Cross-Country Skiing: Ski-Skating Brings Speed and New Injuries‹, *Physician and Sportsmedicine* 20/2 (1. Februar 1992), S. 168–173.

26 Lex M. Bouter/Paul G. Knipschild, ›Causes and Prevention of Injury in Downhill Skiing‹, *Physician and Sportsmedicine* 17/11 (November 1989), S. 80–94; Carl Ettlinger/Robert Johnson, ›Can Knee Injuries Be Prevented?‹, *Skiing*, März 1991, S. 120–123.

27 Johnson, ›Skiing and Snowboarding Injuries‹, a.a.O., S. 42f.; ›Black and Blue: Skiing Injuries‹, *Economist* 326/7797 (6. Februar 1993), S. 88; John Underwood, ›It's Pretty, It's Trendy, but Skiing Is Also Much Too Dangerous‹, *New York Times*, 26. Februar 1995, Teil 8, S. 9; George Anders, ›Million-Dollar M. D.: A Top Physician Earns a Fortune Repairing Knees in Vail, Colo.‹, *Wall Street Journal*, 8. April 1993, A1.

28 A. Alvarez, ›Feeding the Rat‹, *New Yorker*, 18. April 1988, S. 89ff.; Jeremy Bernstein, *Mountain Passages*, Lincoln 1978, S. 17–45; Ed Douglas, ›The Mountain That Fell to Earth‹, *New Scientist* 138/1875 (28. Mai 1993), S. 22–24; Eric Perlman, ›A Mountainer's Best Friend‹, in: Eric W. Schrier/William F. Allman (Hg.), *Newton at the Bat*, New York 1984, S. 71–76.

29 David G. Addiss/Sandra P. Baker, ›Mountaineering and Rock-Climbing Injuries in U. S. National Parks‹, *Annals of Emergency Medicine* 18/9 (September 1989), S. 975–979; Leonard Evans, *Traffic Safety and the Driver*, New York 1991, S. 134f.

30 Mark Robinson, ›Snap, Crackle, Pop: Climbing Injuries to Fingers and Forearms‹, *Climbing*, Juni–Juli 1993, S. 141–150.

31 Ebd., S. 142; Randall A. Lewis u.a., ›Acute Carpal Tunnel Syndrome: Wrist Stress During a Major Climb‹, *Physician and Sportsmedicine* 21/7 (Juli 1993), S. 102–107; Will Gadd, ›Casualties of Indoor Climbing? Some Fear Indoor Climbers Are Ill-Prepared for Outside‹, *Seattle Times*, 14. Oktober 1993, C7.

32 Robinson, ›Snap, Crackle, Pop‹, a.a.O., S. 150.

33 Barry Meier, ›With Rescue Costs Growing, U. S. Considers Billing the Rescued‹, *New York Times*, 28. März 1993, Teil 1, S. 18; Wallace Turner, ›Season of Disasters Ends for Alpinists‹, *New York Times*, 21. Oktober 1986, A18.

34 John Enders, ›Call It What You Want, but McKinley Is a Killer‹, *Washington Post*, 5. Juni 1992, A2; Bill Richards, ›Alaska's Denali Attracts the Hardy and the Foolhardy‹, *Wall Street Journal*, 27. Juni 1994, B1.

35 Ann Pomeroy, ›Snow Avalanche Dangers Increase‹, *U. S. National Research Council NewsReport*, November 1990, S. 14 f.

36 *Snow Avalanche Hazards and Mitigation in the United States*, Washington, D. C., 1990, S. 6; Michael Romano, ›Avalanches, Rugged Terrain Force Patrollers to Make Altitude Adjustments‹, *Rocky Mountain News*, Sunday Magazine, 27. Februar 1994, 8M.

37 Thomas Kleine-Brockhoff, ›»Ella Vegn! Sie kommt!«: Die Lawine – Höllensturz, Todeswalze, Naturschauspiel‹, *Die Zeit* 47/8 (21. Februar 1992), S. 6–8.

38 John Meyer, ›It Is Foolish to Ignore Dangers of Avalanche‹, *Rocky Mountain News*, 5. Januar 1994, 12B; William Oscar Johnson/Sally Guard, ›Snow Business‹, *Sports Illustrated*, 8. März 1993, S. 18 ff.

39 Susan Bell/Emma Wilkins, ›Avalanche Survivor Says Off-Piste Skiers Should Not Be Afraid‹, *The Times* (London), 1. Februar 1990.

40 ›Friends Recall Sailor's Relentless Drive‹, *New York Newsday*, 27. November 1992, S. 148.

41 Phyllis Austin, ›Is Technology Taming the Wilderness?‹, *AMC Outdoors* 60/3 (April 1994), S. 23–25.

ELFTES KAPITEL
Sport: Paradoxe Verbesserungen

1 Rick Reilly, ›Sure Cures‹, *Sports Illustrated*, 9. Juli 1990, S. 56.

2 Brad Knickerbocker, ›Person Power‹, *Christian Science Monitor*, 1. November 1993, Now, S. 12; Vic Sussman, ›Laid-Back Bicycles‹, *U. S. News & World Report*, 6. Juli 1992, S. 72; Albert C. Gross u. a., ›The Aerodynamics of Human-Powered Land Vehicles‹, *Scientific American* 249/142 (Dezember 1983), S. 142 ff.

3 Jeff Meyers, ›High Adventure Lures Riders of the Wind‹, *Los Angeles Times*, 4. November 1993, J26.

4 David Bjerklie, ›High-Tech Olympians‹, *Technology Review* 96/1 (Januar 1993), S. 2–30.

5 Bernard Suits, ›What Is a Game?‹, *Philosophy of Science* 34 (Juni 1967), S. 148–156. Die Beispiele stammen von mir. Ich danke J. Nadine Gelberg, die mich auf diese und andere Schriften von Suits hingewiesen hat.

6 George F. Will, *Men at Work: The Craft of Baseball*, New York 1991, S. 119.

7 James Cox, ›Sponsoring the Games‹, *USA Today*, 21. Februar 1994, 1B.

8 Elliot J. Gorn, *The Manly Art: Bare-Knuckle Prize-Fighting in America*, Ithaca 1986, S. 47–55, S. 179–206.

9 Allen Guttmann, *From Ritual to Record*, a. a. O., S. 53 f. Auf diese Episode verweist Jonathan Rendall, ›Sport and Values: Is Sport on the Wrong Track?‹, *Independent*, 3. Februar 1991, S. 22; allerdings schreibt Guttmann, daß der Wettkampf noch weitere 150 Jahre fortgeführt wurde.

10 David Higdon, ›13 Ways to Wake Up Pro Tennis‹, *Tennis*, Mai 1994, S. 42–46.

11 Siehe Thomas George, ›Instant Replay Goes the Way of the Single Wing‹,

New York Times, 19. März 1992, B13; und Gerald Eskenazi, ›Instant Replay Hardly Infallible‹, *New York Times*, 19. März 1992, B19.

12 Russell Davis, ›Skiing: Split Seconds and Cold People Dull Interest‹, *Sunday Telegraph* (London), 28. November 1993, S. 3.

13 David Bjerklie, ›High-Tech Olympians‹, a. a. O., S. 30.

14 Carol A. Schwartz/Rebecca L. Turner (Hg.), *Encyclopedia of Associations*, 30. Aufl., Detroit 1995, Bd. 1, Teil 2, S. 2611; Deborah M. Burek (Hg.), *Encyclopedia of Associations*, 26. Aufl., Detroit 1991, Bd. 1, Teil 2, S. 2105.

15 Stephen Jay Gould, ›Losing the Edge‹, in: ders., *The Flamingo's Smile*, New York 1985, S. 215–229 (in der dt. Übersetzung: *Das Lächeln des Flamingos*, Basel 1989, nicht enthalten). Die beste Zusammenfassung der Auswirkungen von Technologien auf zahlreiche Sportarten ist immer noch Leo Torrey, *Stretching the Limits*, New York 1985.

16 Elisabeth Geake, ›A Record for Electronics‹, *New Scientist* 135/1832 (1. August 1992), S. 36 f.

17 Stanley Mieses, ›The Zen of the Game‹, *New York Newsday*, 4. Juni 1992, Teil II, S. 68; Gary Klein, ›Aluminium Bat Cuts Costs, Raises Averages, Controversy‹, *Los Angeles Times*, 28. Mai 1987, Teil 9, S. 8.

18 Bjerklie, ›High-Tech Olympians‹, a. a. O., S. 22; Charles Siebert, ›Vaulting to New Heights‹, *New York Times Magazine*, 6. Juli 1986, S. 18–21.

19 Siebert, ›Vaulting to New Heights‹, a. a. O., S. 20; Patrick Reusse, ›Pole-Vault Backers Try to Take Sport to New Level‹, *Minneapolis Star-Tribune*, 24. März 1991, 3C.

20 Bjerklie, ›High-Tech Olympians‹, a. a. O., S. 29 f.; Kenny Moore, ›Talk About a Change of Pace‹, *Sports Illustrated* 65/4 (28. Juli 1986), S. 52–54; ›Another Side of the Games‹, *Newsweek*, 20. August 1984, S. 32.

21 Simon Jones, ›The Rackets Revolution: Power with Strings Attached‹, *Independent*, 9. Juni 1992, S. 30.

22 Anthony E. Foley, ›Tennis Elbow‹, *American Family Physician* 48 (August 1993), S. 281–288; ›Tennis Elbow: Better Answers‹, *Berkeley Wellness Letter* 8 (Juli 1992), S. 6.

23 Charles Arthur, ›Anyone for Slower Tennis?‹, *New Scientist* 134/1819 (2. Mai 1992), S. 24–28.

24 David Irvine, ›Sampras Serves Up Short-Change Final‹, *Manchester Guardian Weekly* 151/2 (Juli 1994), S. 32.

25 ›A History of American Tennis Participation‹, North Palm Beach, Fla., o. J.

26 ›Tennis Racquets: 30 Years of Change‹, North Palm Beach, Fla., o. J.

27 Richard Sandomir, ›Off the Court, Tennis is in a Slump‹, *New York Times*, 30. Mai 1993, S. 33.

28 Anne E. Platt, ›Toxic Green: The Trouble with Golf‹, *World Watch* 7/3 (Mai–Juni 1994), S. 27–32; Timothy Noah, ›Golf Courses Denounced as Health Hazards‹, *Wall Street Journal*, 2. Mai 1994, B1; Sonni Efron, ›Critics Take Swing at Japan's Golf Courses‹, *Los Angeles Times*, 7. Juli 1992, World Report, S. 6.

29 Frederick C. Klein, ›Re-Staying the Course‹, *Wall Street Journal*, 7. Juni 1991, A11; U. S. Golf Association, *The Rules of Golf*, Far Hill, N. J., 1994, S. 110 f. Die maximale Weite wurde auf »280 Yards plus eine Toleranz von 6%« festgelegt, wobei diese Toleranzmarge »bei einer Verbesserung der Testmethoden

auf ein Minimum von 4% sinken soll«. Das Regelwerk verweist nur indirekt auf den Schußapparat, der unter Golfern »Iron Byron« (der eiserne Byron) genannt wird, im Gedenken an den makellosen Swing des Meistergolfers Byron Nelson.

30 A. J. Cochran, ›Science, Equipment Development and Standards‹, in: A. J. Cochran (Hg.), *Science and Golf*, London 1990, S. 181.

31 *Rules of Golf*, a.a.O., S. 11, 40 (Regel 13).

32 Zitiert nach Lew Fishman, ›Is Technology Really Making Golf Easier?‹, *Golf Digest*, Mai 1990, S. 56.

33 Cochran, ›Science, Equipment, Development and Standards‹, a.a.O., S. 179. Frank W. Thomas, ›The State of the Game, Equipment and Science‹, Vortrag auf dem Second World Scientific Congress of Golf, 1994. Ich danke Dr. Thomas für ein Vorabexemplar des Vortragstextes, eine aufschlußreiche Diskussion und eine interessante Demonstration der Arbeit seiner Abteilung.

34 Ebd.

35 Gespräch mit Frank W. Thomas, Juni 1994.

36 Ed Weathers, ›The Tests of Time‹, *Golf Digest*. Juni 1994, S. 158–169; Thomas, ›State of the Game‹, a.a.O.

37 Ebd.

38 Reilly, ›Sure Cures‹, a.a.O., S. 57 f.; Greg Logan, ›The Keepers of the Game‹, *New York Newsday*, 8. Juni 1986, S. 11.

39 *Rules of Golf*, a.a.O., S. 105–110; Joe Strauss, ›Square Groove Controversy: Ping Changes Face of Golf‹, *Atlanta Journal and Constitution*, 16. April 1993, E10.

40 Stephen Pearlstein, ›It Don't Mean a Thing If You Ain't Got That Swing‹, *Washington Post*, 1. September 1993, F1.

41 Strauss, ›Square Groove Controversy‹, a.a.O.; James Willwerth, ›Driving Reign‹, *Time*, 6. September 1993, S. 50.

42 Jaime Diaz, ›Hard Times Land on Wealth Greens‹, *New York Times*, 16. Dezember 1991, C5; Michael Selz, ›More Golfers Are Finding Their Home Is on the Range‹, *Wall Street Journal*, 7. Oktober 1992, B2.

43 Hank Herman, ›Some Sports Aren't a Pain in the Back‹, *New York Times*, 11. Februar 1991, C10; Joel Stashenko, ›Oh, Those Aching Backs – They're Tour Pros' Most Painful Challenge‹, *Chicago Tribune*, 29. Juni 1994, Golf, S. 10; J. B. S. Haldane, ›What Is Fitness?‹, in: ders., *The Causes of Evolution*, London 1932, S. 111–143. Ich danke Peter Grant, der mich auf diesen Aufsatz aufmerksam gemacht hat.

ZWÖLFTES KAPITEL
Ein Blick zurück, ein Blick nach vorn

1 John Tierney, ›Betting on the Planet‹, *New York Times Magazine*, 2. Dezember 1990, S. 52.

2 David S. Landes, *Revolution in Time: Clocks and the Making of the Modern World*, Cambridge, Mass., 1983, S. 103–113; Robert K. Merton, *Science, Technology, and Society in Seventeenth-Century England*, New York 1970 [1938], S. 167–177.

3 Derek Howse, *Greenwich Time and the Discovery of the Longitude*, Oxford 1980, S. 44–72.

4 Landes, *Revolution in Time*, a. a. O., S. 103–113.

5 Siehe Paul Slovic, ›Perception of Risk‹, *Science* 236/4799 (17. April 1987), S. 280–285; und ders., ›Perception of Risk: Reflections on the Psychometric Paradigm‹, in: Sheldon Krimsky/Dominic Golding (Hg.), *Social Theories of Risk*, Westport, Conn., 1992, S. 117–152.

6 John P. Eaton/Charles A. Haas, *Titanic: Triumph and Tragedy*, New York 1987, S. 310f.; Edward Bryant, *Natural Hazards*, Cambridge 1991, S. 68.

7 James T. Yenckel, ›How Safe Is Cruising?‹, *Washington Post*, 11. August 1991, E6.

8 Siehe Henry Petroski, *To Engineer Is Human: The Role of Failure in Successful Design*, New York 1985.

9 Mark F. Grady, ›Torts: The Best Defense Against Regulation‹, *Wall Street Journal*, 3. September 1992, A11; ders., ›Why Are People Negligent? Technology, Nondurable Precautions, and the Medical Malpractice Explosion‹, *Northwestern University Law Review* 82 (Winter 1988), S. 297–299, 312. Siehe auch Gradys Besprechung von Paul C. Weilers Buch *Medical Malpractice on Trial*, ›Better Medicine Causes More Lawsuits, and New Administrative Courts Will Not Solve the Problem‹, *Northwestern University Law Review* 86 (Sommer 1992), S. 1068–1081.

10 Zur Navigation im siebzehnten Jahrhundert siehe Landes, *Revolution in Time*, a. a. O., S. 105–111; Carla Rahn Phillips, *Six Galleons for the King of Spain*, Baltimore 1986, S. 129–134. Zu Shovells Grabmahl: Margaret Whitney, *Sculpture in Britain, 1530–1830*, Baltimore 1964, S. 58. Wahrscheinlich steckt noch mehr hinter den Rechtsstreitigkeiten des späten neunzehnten und angehenden zwanzigsten Jahrhunderts, als Grady in seinen Aufsätzen aufzeigt: etwa die nachlassende Ehrfurcht der Richter und Jurys vor den Eliteanwälten in Schadensersatzprozessen. Hier sei nur auf drei andere bekannte Fälle der Zeit verwiesen: Die Gruppe von Industriellen, die für Betrieb und Wartung des Staudamms verantwortlich zeichnete, dessen Bruch 1889 die Johnstown-Überschwemmung verursachte und 2200 Menschen das Leben kostete, die Eigner der *General Slocum*, die 1904 im New Yorker Hafen in Brand geriet (1021 Tote); und die Besitzer der Triangle Shirtwaist Factory, bei deren Brand 145 Menschen ums Leben kamen, wurden weder zivil- noch strafrechtlich belangt. Und obwohl sich Angehörige der Familien Astor, Widener und Guggenheim unter den Opfern und den Überlebenden der *Titanic* befanden, mußte die White Star Line von geforderten 3464765 Pfund Sterling Schadensersatz lediglich 136701 Pfund zahlen – ein Betrag, der selbst nach den Maßstäben des beginnenden zwanzigsten Jahrhunderts als geringfügig gelten muß. Siehe dazu Eaton/Haas, *Titanic*, a. a. O., S. 277 bis 279.

11 James C. Beniger, *The Control Revolution: Technological and Economic Origins of the Information Society*, Cambridge, Mass., 1986, S. 221–226, und die dortigen Literaturhinweise.

12 Clay McShane, *Down the Asphalt Path: The Automobile and the American City*, New York 1994, S. 42–45.

13 Christopher Gray, ›Who Holds the Reins of Fate of a 1907 Horse-Auction

Mart?‹ *New York Times*, 8. November 1987, Real Estate, S. 14; McShane, *Down the Asphalt Path*, a. a. O., S. 51–54.

14 Daniel Pool, *What Jane Austen Ate and Charles Dickens Knew*, New York 1993, S. 250 f.; McShane, *Down the Asphalt Path*, a. a. O., S. 46–50; eine Zusammenfassung zu den Opfern des modernen Verkehrs findet sich in: Leonard Evans, *Traffic Safety and the Driver*, New York 1991, S. 3.

15 Scott L. Bottles, *Los Angeles and the Automobile: The Making of the Modern City*, Berkeley 1987, S. 22.

16 Zu den Machtgruppen und Interessen im Autobahnbau siehe Mark H. Rose, *Interstate: Express Highway Politics, 1941–1956*, Lawrence 1979.

17 Mark S. Foster, *From Streetcar to Superhighway: American City Planners and Urban Transportation, 1900–1940*, Philadelphia 1981, S. 143–145; ›Onwards and Outwards‹, *Economist* 333/7885 (15. Oktober 1994), S. 31.

18 Zitiert nach Anatole Kopp, *Town and Revolution: Soviet Architecture and City Planning, 1917–1935*, New York 1970, S. 173. Die sowjetischen Stadtplaner dachten eigentlich nicht an ein Muster, wie wir es heute in den amerikanischen Suburbs finden, sondern an ein System von Ausfallstraßen, an denen die städtischen Funktionen neu angesiedelt werden sollten.

19 Kenneth Jackson, *Crabgrass Frontier: The Suburbanization of the United States*, New York 1985, S. 249.

20 K. H. Schaeffer/Elliot Sclar, *Access for All: Transportation and Urban Growth*, Baltimore 1975, S. 40–44.

21 Ivan Illich, *Energy and Equity*, New York 1974; dt., ›Energie und Gerechtigkeit‹, in: ders., *Fortschrittsmythen*, Reinbek 1983, S. 85 f.

22 Ebd., S. 108; David Remnick, ›Berserk on the Beltway‹, *Washington Post Magazine*, 7. September 1986, S. 95; ›Urban Freeways, Interstates in a Jam‹, *USA Today*, 18. September 1989, 10A; John F. Harris, ›Auto Club, Citing Traffic, to Shut Fairfax Office‹, *Washington Post*, 1. Oktober 1986.

23 Richard Arnott/Kenneth Small, ›The Economics of Traffic Congestion‹, *American Scientist* 82/5 (September–Oktober 1994), S. 446–455; Bob Holmes, ›When Shock Waves Hit Traffic‹, *New Scientist* 142/1931 (25. Juni 1994), S. 36–40.

24 ›Risk Homeostasis and the Purpose of Safety Regulation‹, *Ergonomics* 31/4 (1988), S. 408 f.

25 Evans, *Traffic Safety*, a. a. O., S. 287–290; Bemerkung von Frank Haight während eines Telefongesprächs, Oktober 1991.

26 R. J. Smeed/G. O. Jeffcoate, ›Effects of Changes in Motorisation in Various Countries on the Number of Road Fatalities‹, *Traffic Engineering and Control* 12/3 (Juli 1970), S. 150 f.

27 John Adams, ›Smeed's Law and the Emperor's New Clothes‹, in: Leonard Evans/Richard C. Schwing (Hg.), *Human Behavior and Traffic Safety*, New York 1985, S. 195 f., 235–237.

28 William K. Stevens, ›When It Comes to Highway Chaos, India is No. 1‹, *New York Times*, 26. Oktober 1983, A2; Steve Coll, ›Road King's Truck Across India‹, *Washington Post*, 28. Oktober 1989, A1; McShane, *On the Asphalt Path*, a. a. O., S. 174–177.

29 ›Drivin' My Life Away‹, *Scientific American* 257/2 (August 1987), S. 28, 30;

Susan P. Baker/R. A. Whitefield/Brian O'Neill, ›Geographic Variations in Mortality from Motor Vehicle Crashes‹, *New England Journal of Medicine* 316/22 (28. Mai 1987), S. 1384–1387.

30 ›In Portugal, Wheels of Misfortune‹, *New York Times*, 22. Juli 1990, Travel, S. 39.

31 Deborah Fallows, ›Malaysia's Mad Motorists‹, *Washington Post*, 10. Juli 1988, C5.

32 James J. MacKenzie/Roger C. Dower/Donald T. D. Chen, *The Going Rate: What It Really Costs to Drive*, Washington 1992, S. 13.

33 Angus K. Gillespie/Michael A. Rockland, *Looking for America on the New Jersey Turnpike*, New Brunswick, N. J., 1989, S. 114f.; Albert O. Hirschman, *The Strategy of Economic Development*, New Haven, Conn., 1958, S. 134, 143–145. Hirschman schreibt auch, »eine wenig befahrene Straße wird wahrscheinlich schneller verfallen als eine stark befahrene, weil man sie vernachlässigt, während bei der stark befahrenen Straße immerhin die Aussicht besteht, daß man sich um sie kümmert«. Da bei Bitumenbelägen der Zerfall frühzeitig erkannt werden kann, eignen sie sich möglicherweise für wenig befahrene Straßen in Entwicklungsländern besser als Schotterstraßen. Sie zerfallen nicht still und heimlich wie die Isolation elektrischer Leitungen, sondern verlangen ständige Aufmerksamkeit.

34 Malcolm Gladwell, ›How Driving Under the Influence of Society Affects Traffic Deaths‹, *Washington Post*, 2. September 1991, A3.

35 Charles Stile, ›N. J. Drivers Yielding to Safety‹, *Trenton Times*, 15. September 1991, A1.

36 Kenneth Grahame, *The Wind in the Willows*, New York 1961, S. 121.

37 ›Jay Gatsby Never Dreamed of Gridlock‹, *Trenton Times*, 19. November 1991, A18.

38 Michael S. Mahoney, persönliche Mitteilung; John Shore, ›Why I Never Met a Programmer I Could Trust‹, *Communications of the ACM* 31/4 (April 1988), S. 372; Wiener, *Digital Woes*, a. a. O., S. 99 f.

39 Eine sehr brauchbare Zusammenstellung der umfangreichen Literatur zum Verkehrswesen findet sich in einer Sondernummer der Zeitschrift *CQ Researcher* 4/17 (6. Mai 1994), S. 385–408.

40 P. N. Lee, ›Has the Mortality of Male Doctors Improved with the Reductions in Their Cigarette Smoking?‹, *British Medical Journal*, 15. Dezember 1979, S. 1538–1540.

41 Royal Society, *Risk: Analysis, Perception, and Management*, London 1992, S. 155–159, 138–142.

42 Siehe Jonathan Beecher, *Charles Fourier: The Visionary and His World*, Berkeley 1987, S. 338–341; Spencer Weart, ›From the Nuclear Frying Pan into the Global Fire‹, *Bulletin of the Atomic Scientists* 48/5 (Juni 1992), S. 18–27.

43 Zu Friedrich Engels Artikel ›Der Anteil der Arbeit an der Menschwerdung des Affen‹ (in: Karl Marx/Friedrich Engels, *Werke*, Bd. 20, Berlin 1971, S. 444–455) als Bezugspunkt für sowjetische Umweltschützer siehe Douglas R. Weiner, *Models of Nature*, Bloomington 1988, S. 195. Ihre Gegner behaupteten, Engels meine dort nur den kapitalistischen Mißbrauch, nicht aber den dialektisch informierten sozialistischen Eingriff in die Natur.

44 Zu den Planvorgaben in den ersten Jahrzehnten der Sowjetunion und zu dem technologischen Konservatismus, den diese Praxis förderte, siehe Kendall E. Bailes, *Technology and Science Under Lenin and Stalin*, Princeton 1978, S. 350; Marshall I. Goldman, *Gorbachev's Challenge*, New York 1987, S. 123 f. Wer noch nie einen Pentium-Computer benutzt hat, um einen Handzettel für einen privaten Flohmarkt zu schreiben, der werfe den ersten Stein.

45 Die Reformer der achtziger Jahre gaben die Losung aus, daß Wissen und eine adäquate Arbeitsmoral weit wichtiger seien als Rohstoffreichtum. Nathan Glazer, ›Two Inspiring Lessons of the 1980s‹, *New York Times*, 24. Dezember 1989, Review, S. 11, glaubt sogar, daß manche Ressourcen wie die landwirtschaftlich genutzten Flächen Europas und Japans mit ihren stark subventionierten Überschüssen sich inzwischen »eindeutig als Last für den wirtschaftlichen Erfolg« erweisen.

46 Matt Ridley, ›Butterflies Fall Victim to Man's Interfering Hand‹, *Sunday Telegraph*, 17. Juli 1994, S. 32; Malcolm Smith, ›Science: Live the High Life and Save the Wildlife‹, *Independent*, 30. Mai 1994, S. 19.

47 Robert Herman/Siamak A. Ardekani/Jesse H. Ausubel, ›Dematerialization‹, *Technological Forecasting and Social Change* 38 (1990), S. 333–347.

48 Lewis Carroll, *Through the Looking-Glass*, in: *The Complete Works of Lewis Carroll*, New York o. J.; dt.: *Alice hinter den Spiegeln*, Frankfurt am Main 1974, S. 39; ›How Much Land Can Ten Billion People Spare for Nature?‹, Council for Agricultural Science and Technology Task Force Report 121 (Februar 1994), S. 26.

Sachregister

ABS (Bremssystem) 374 f.
Abscheider 133 f.
Aderlaß 55 f., 366
Ägypten 122 f.
Äthiopien 226
Aids u. HIV-Infektion 49, 94–102, 108, 380, 382
Akebina quinata 234
Akklimatisierung s. Einbürgerung v. Unkräutern; Einbürgerung v. tierischen Schädlingen
Algerien 178, 225
Allergien 71, 85, 157 f., 160 f., 173, 259
Alzheimersche Krankheit 81
Amerikanischer Bürgerkrieg 61 f.
Amerikanischer Unabhängigkeitskrieg 61
Amoco Cadiz 137
Anästhesie 58
Antibiotika 52, 64, 81, 94–99, 108, 360, 386
    Ciprofloxacin 97
    Penicillin 37, 60, 63 f., 81, 95 f., 98
    Streptomycin 51, 60, 95
    Tetracyclin 95 f.
Antikörper 92
Arbeitslosigkeit 54, 82, 233
Architektur 33, 35, 38 f., 41, 388
Argentinien 169, 385
Armada 362
Armut 54, 159
Arteriosklerose 91
Arthritis 85, 157, 312, 317, 320
Arthroskopie 59, 310
Asbest 43 f., 67
Asthma 157–160, 173
Atemwegserkrankungen 41, 51, 80, 143, 157–160, 173
Atomkrieg 43
Atomwaffen 37, 42 f., 45

AT&T-Telefonnetz 273
Augenleiden 90
    Augenverletzungen 303
    Überanstrengung d. Augen 249 f., 259
Australien 39, 63, 161, 200, 204, 223–226, 228 f., 250, 260
Automobil 21, 181, 209, 212, 337, 359, 368–378, 380, 382, 387
    als bösartige Maschine 19
    Diebstahlsicherung 22 f.
    u. Einbürgerung v. Unkräutern 209, 212, 382
    u. Rache-Effekte 368
    Unfälle 22, 40, 44, 64, 242, 319
    s. a. Motorisierung
AZT (Aids-Medikament) 101 f., 108

Bacillus thuringensis 167, 189
Bäume als Schadpflanzen
    u. Brände 220, 223, 225, 228 f., 230–232
    Eukalyptus 177, 197, 224–233, 360 f.
    Melaleuca-Baum 222–224
    u. Rache-Effekte 227 f., 229, 233
Bahamas 117
Bangladesh 116
Barsch 196, 202 f.
Baseball 327, 332, 336 f.
    Aluminiumschläger 301, 338 f.
Basketball 333 f.
Baumwolle 214
Baumwollkapselkäfer 169, 205
Bauvorschriften 122–124
Bergbau 27 f., 83, 132, 385
Bergsteigen
    u. Lawinen 323 f.
    u. Sporttechnik 318–322
Bewußtsein 41, 46
Bienen 196–200, 221, 224, 360

Bildschirm 241, 247–250, 263, 281
Bildung 54 f.
Blaugummibaum 226–228, 231 f.
Blutegel 56
Bockkäfer 218
Bodenerosion 214–216
Bogenschießen 333
Bounty 175
Boxen 304–306, 332 f.
Brände 240
   u. Bäume als Schadpflanzen 220, 223, 225, 228 f., 230–232
   Waldbrände 124–129, 145, 360
Braess' Paradoxon 373
Brandschutz 39, 43–45, 48
   u. Krebs 44 f.
Brasilien 169, 196–199, 222
Bremse 19, 43 f.
Bronchitis 51
Brotbaum 175
Büro 156, 235–238
   Arbeitssicherheit 239 f., 254
   Ausstattung, verbesserte 262–264
   Automatisierung 238, 255, 261
   u. Vereinsamung 238, 261
   s. a. Bürokrankheiten
Bürokrankheiten
   Abhilfe 262–264
   u. Bewegungsarmut 247
   u. elektromagnetische Felder 241, 249
   kumulierte Verletzungen 241 f., 244, 252 f., 255 f., 260
   Rückenschmerzen 242–247, 253, 255, 259
   als sozial überformte Leiden 259–262
   im Verborgenen 241 f.
   s. a. Krankheiten, computerbedingte
Bürostuhl s. Stühle
Buddhismus 195 f.
bug 32 f.
Buhnen 131
Buschbrände s. Waldbrände

Cannabis s. Hanf
Clean Air Act 40, 133, 135 f.
Challenger 39
Chile 122 f.
China 66, 113, 121–123, 162, 183, 191, 219 f., 360
Chinin 59
Chiropraktik 57
Chirurgie 58 f., 61–63, 65, 72 f., 321
Chlor 44, 155
Cholera 100
Christian Science 57
Chronisches Ermüdungssyndrom 83 f.
chronische Leiden 41 f., 45, 47, 50, 60, 70, 77–107
   alternative Behandlungsmethoden 84 f.
   als Folge v. Unfällen u. Katastrophen 86–90
   Gewichtsprobleme 104–107
   im Kindesalter 90–92
   u. Rache-Effekte 79, 82, 86, 91 f., 98, 100–107
   u. Risiken ihrer Vermeidung 102
   u. Technik 86, 102
   verbesserte Vorsorge bei sinkendem Wohlbefinden 79
   Verbreitung 83
   u. Vererbung 93
   u. Wachsamkeit 79, 85, 96–98, 107
   Wiederentdeckung 80–85
   s. a. Bürokrankheiten; Umweltverschmutzung
chronische Probleme 13, 41, 43
   u. akute Probleme 41, 43, 47, 114
   u. Rache-Effekte 43
   u. Wachsamkeit 47
Chronometer s. Zeitmessung
Ciprofloxacin 97
Computer(-) 21, 36, 43, 360, 389
   als bösartige Maschine 19
   Hardware 32, 266, 271, 275
   u. Medizin 72
   u. Rache-Effekte 267, 274, 279
   u. Revolution 265 f., 269 f.
   u. Schachspiel 335 f.
   u. Spannungsschwankungen 274
   veraltete Modelle 266–268
   Viren 273
   s. a. Computerproduktivität; Drucker; Krankheiten, computerbedingte; Software
Computerproduktivität 235, 297
   u. Entscheidungsfindung 292 f.
   u. Farbwiedergabe 281 f.
   u. Grafikeskalation 286–290

u. Multimedia 290 f.
u. Personaleinsatz 275, 296 f.
u. Rache-Effekte 275, 277, 279 f., 282, 284, 289 f., 294, 297 f.
Serviceleistungen u. Support 283 f., 297
u. Software 275–282
u. Systemfehler 271–273, 297
Voraussagen 270 f., 293–297
u. Wachsamkeit 285, 291, 295
Zuwachs 265–268, 270, 277, 282, 285, 291, 295

Dämme u. Deiche 129–131, 144 f.
Dämonisierung s. Maschine, bösartige
DDT 164–166, 168
Deutschland 191, 375, 385, 389
Diabetes 85
Diät 104–107
Diebstahlsicherung 22 f.
Dieldrin 170
Diphterie 51, 60
Diskuswerfen 299
Down-Syndrom 81
Drachenfliegen 330
Dreiecksmuschel 152–154, 156, 382
Dritte Welt 112–116, 119, 122, 226, 375 f.
Drogen s. Pharmazeutika
Drucker 266–268, 283
  Laserdrucker 21, 234, 266, 282, 286, 289
  Tintenstrahldrucker 282
  Typenraddrucker 266 f.
Dürre 119 f., 226

Einbürgerung v. Unkräutern 207–234
  u. Ausbreitung 209–213
  u. Entwicklung 220 f.
  Falscher Pfefferbaum 222
  Kopoubohne 213–216, 233
  u. Rache-Effekte 208, 212 f., 216, 218 f., 227–229, 233
  Rosa multiflora 216–219
  Silberhaargras 219 f.
  Voraussagen 233 f.
  s. a. Bäume als Schadpflanzen
Einbürgerung v. tierischen Schädlingen 175–206
  in d. Gegenwart 200–205

Großer Schwammspinner 182–189
Karpfen 189–196, 203
Killerbienen 196–200
  aus kultureller Sicht 203 f.
  u. Rache-Effekte 176, 183, 188 f., 196, 202 f.
Sperling 179–181, 186, 204
Star 181 f., 186, 188
  u. Umweltethik 148 f.
  in d. Vergangenheit 175–179
  Voraussagen 204 f.
Einkommen 54
Eisenbahn(-) 43, 215, 227, 233, 369 f., 372
  u. Einbürgerung v. Schädlingen 209–211
  netze u. ihre Folgen 26 f., 33, 210
  unfälle 64, 86, 368
Eishockey 307
Eiskunstlauf 337
Elektrifizierung d. Industrie 35 f., 269 f.
Elektrizität 142, 238, 269 f.
Elektromagnetismus 26, 241, 249
Energie 132–136
England 39–41, 51, 53, 139, 152, 158, 162, 178, 180, 250, 333, 363, 369, 374 f., 385 f.
Entwaldung 115, 132 f., 386
Entwicklungsländer s. Dritte Welt
Epidemiologischer Wandel 80, 82
Erdbeben 120–124, 323
Ergonomie 245–247, 254, 256 f., 263 f.
Ernährung 50, 53 f., 104–107
Erster Weltkrieg 36, 62 f., 87, 308
Erwärmung, globale 43, 129, 136, 361, 381
Eukalyptus 177, 197, 224–233, 360 f.
Evakuierung 88, 115–118, 144
Everglades 149, 216, 221–224
Evolutionstheorie 91, 93
Exxon Valdez 39, 136 f., 139–141, 144, 147

Fahrrad(-) 301 f., 327, 332
  helm 302, 327
  Liegerad 329–331
Falscher Pfefferbaum 222
FCKW (Fluorchlorkohlenwasserstoffe) 44

441

Fechtsport 303
Fernsehen 34, 36, 113, 331
Feuerameise 45, 168–171, 360
Feuerlöscher 44
Fiberglasstab 339–341
Fieberbaum s. Blaugummibaum
Fingergras 210
Fingerverletzungen 320
Finnland 241
Fische 155, 165, 189–196, 201–203, 205, 224
Flöhe 66 f., 158, 168
Flugzeug(-) 125, 265, 360
  u. Einbürgerung v. Unkräutern u. Schädlingen 198, 211, 222
  Sicherheit 22, 35, 40 f., 43, 235, 365, 380
  unfälle 40, 64
  als widerspenstige Maschine 37
Football 20, 306–312, 333, 338
Forelle 191, 201
Fotokopierer 237, 282
Frankenstein 28–30
Frankreich 56, 92, 177 f., 183, 185, 191, 222, 324, 363
Freiheitsgrade, Problem d. 262
Füllfederhalter 237 f., 288
Futurologie 11 f., 239

Geldautomaten 20, 275
Gentechnik 232, 386
Gesundheit 40, 49, 55, 64, 71, 82
  Einflußfaktoren 51, 54 f.
  als Nebenprodukt 54 f.
  u. Rache-Effekte 55
  u. Sport 300, 311, 313 f.
  Verbesserung d. allgemeinen Gesundheitszustands 49–54
  s. a. Bürokrankheiten; chronische Leiden; Krankeiten, computerbedingte; Medizin
Gewichtheben 330
Golem-Legende 27
Golf(-) 329, 346–356
  bälle 348 f., 351–353
  Interesse am 350, 352, 355 f.
  plätze 348 f.
  schläger 329, 349–352, 354
  u. technologischer Konservatismus 352–355

  u. Umwelt 346 f.
Golfkrieg 25
Gopherschildkröte 23
Grafikeskalation 286–290
Grippe 51, 54, 68, 74, 383
Großbritannien 66, 376
  s. a. England; Schottland
Großer Schwammspinner 182–189, 388
Guillain-Barré-Syndrom 68

Hafenkrise 150–152, 155
Halogenkohlenwasserstoff 44
Hanf 210 f., 213
Haushaltstechnologie 24, 156–161
Hausstaubmilben s. Milben
Heimarbeit 21
Heizung 40, 156, 158, 238
Helme
  u. Baseball 327
  u. Bergsteigen 319
  u. Fahrradfahren 302, 327
  u. Football 306–310, 326
  u. Reiten 303
  u. Rodeln 303
Heptachlor 170 f.
Herbizide 168, 216, 220, 347, 386
Herrschaftsillusion 293 f., 297, 322
Herzkrankheiten 80–83, 90 f., 102, 104, 313
Heuschnupfen 157, 161
Hexenbesen 218
Hirnverletzungen 89, 305
Hiroshima 42, 45
HIV-Infektion s. Aids
Hobelblock 31
Holzofen 142 f., 238
Humoralpathologie 55, 60
Huntington-Chorea 93
Hurrikan s. Wirbelsturm
Hygiene 75, 157, 375

IBM 24, 238, 257, 265, 278, 294
Icon 279 f.
Immunisierung s. Impfung
Immunsystem 53 f., 91–99, 143, 157, 314
Impfung 51 f., 60, 66–68, 76, 92, 99, 157, 388
Indien 66, 113, 121, 233, 362, 376

Indonesien 96
Infektionen 47, 50–52, 61 f., 64 f., 75, 81–83, 91, 94–102, 107–111, 360, 380, 388
Insekten 84, 126, 150, 163–168, 193 f., 224, 228
 Elektrofallen 172 f.
 Feuerameisen 168–171, 183
 Großer Schwammspinner 182–189
 Killerbienen 196–200
 Milben 157–160
 Mücken 172 f., 204, 382
 s. a. Pestizide
Insulin 85
Intensivierung, Abkehr v. d. 386 f.
International Ice Patrol 40, 365
Iran 375 f.
Ischias 243
Israel 25
Italien 39, 53, 164, 385

Japan 37, 39, 42, 45, 95, 115, 184, 190, 213, 216, 250, 333, 338 f., 347, 385
Jockey 303
Judo 299

Kamin 142 f., 238
Kanada 221
Karpaltunnelsyndrom 26, 83, 250 f., 253–259, 320
 s. a. Verletzungen, kumulierte
Karpfen 189–196, 203
Kartoffel 150, 182 f., 385
Kartoffelkäfer 150, 170, 204
Katastrophen(-) 37–42, 47, 360, 378, 383
 Doppeldeutigkeit d. 362–368
 Erosion 112 f.
 schutz 46–48, 115
 s. a. Umweltkatastrophen
Kathetrisierung 74
Keuchhusten 51
Killerbienen 196–200
Kinderkrankheiten 90–92
Kinderlähmung s. Polio
Klettern s. Bergsteigen
Klima 43, 59, 382
Klimaanlage 23, 160
Knieverletzungen 309, 311 f., 316 f., 360

Knochenbrüche 315 f., 360
Kohlendioxid 142, 381
Kohlenmonoxid 377
Kohlenwasserstoffe 140 f., 377
Kommunismus 384
Kopfverletzungen 88 f., 302
Kopoubohne 213–216, 233
Korea 63, 195 f., 203
Koreakrieg 63, 87
Krankheiten, computerbedingte 26, 235
 Anstieg d. 260
 u. automatische Spracherkennung 258 f.
 u. Bildschirme 241, 247–249
 kumulierte Verletzungen 250, 253–259
 u. Rache-Effekte 235, 251, 254, 256–258, 262 f., 264
 als sozial überformte Leiden 259–262
 u. Tastaturen 250, 253–256
 Überanstrengung d. Augen 249 f., 259
 u. Zeigevorrichtungen 256–258
Krankheiten, iatrogene 68
Krebs 22, 45, 71, 80, 82, 91, 101 f., 143, 163, 165, 170, 240, 347
 u. Aids 101
 Brustkrebs 76
 Hautkrebs 45, 103
 im Kindesalter 90 f.
 Lungenkrebs 54
 Mesotheliom 44
 Prostatakrebs 93
Kriege 45, 65, 76
 Amerikanischer Bürgerkrieg 61 f.
 Amerikanischer Unabhängigkeitskrieg 61
 Erster Weltkrieg 36, 62 f., 76, 87, 308
 Golfkrieg 25
 Koreakrieg 63, 87
 Krimkrieg 46, 62
 Vietnamkrieg 63, 65, 87 f.
 Zweiter Weltkrieg 37, 62 f., 76, 87, 96, 125 f.
Kuba 200
Küchenschaben 159
Küstenerosion 48, 129–132

Küstenschutz 48, 129–132, 360
Kunstfehler 366 f.
Kunstrasen 309 f., 332

Lachs 93, 190, 201–203
Landwirtschaft 149 f., 221, 377, 381, 389
 u. Schädlinge 162–168, 173 f.
 u. Überschwemmungen 116
 u. Unkräuter 210–212, 214 f., 217–219
Laparoskopie 72, 74
Laufen 312–314
Lawine 323 f.
Lemon-Gesetze 18
Lincoln Memorial 135
Linotype-Setzmaschinen 236
Lokalisierung 42, 55–60
 in d. Chirurgie 58 f.
 u. Rache-Effekt 58, 69
Loma-Prieta-Erdbeben 122 f.
 s. a. Erdbeben
Ludditen 20, 263
Luftverschmutzung 132–136, 142 f., 360, 381
 u. Holzöfen 142 f.
 u. Motorisierung 377
 Saurer Regen 133–136
 s. a. Umweltverschmutzung
Lungenkrankheiten
 Lungenentzündung 51, 81, 107
 Lungenkrebs 54
 Staublunge (Silikose) 82 f., 92

Macintosh 257, 265, 277 f., 280
Malaria 59, 63, 100, 167, 225 f.
Malaysia 166, 223, 376
Marijuana 211
Maschine, bösartige
 Ängste 18 f.
 in d. Literatur 17–19
 u. präindustrielle Gesellschaft 27 f.
Maulbeerbaum 161, 183 f.
Maus (Eingabegerät) 256–258, 262
Medizin
 Chirurgie 58 f., 61–63, 65, 72 f., 321
 u. Computer 72
 Irrtümer u. Nachlässigkeit 69–72, 77

 u. Kosten 49, 76 f.
 u. Lokalisierung 55–59, 69
 Militärmedizin 61 f., 64, 76, 87 f.
 Notfallmedizin 61 f., 63–65, 76, 86, 88 f., 108
 u. Pharmazeutika 59, 108
 u. Quacksalber 59, 69
 u. Rache-Effekte 50 f., 55, 61, 63, 68–71, 73 f., 76 f.
 u. Technik 50 f., 58, 61, 63, 69 f., 73 f., 76 f.
 traditionelle 55
 verbesserte M. bei sinkendem Wohlbefinden 49
 u. Wachsamkeit 70–72, 77
 s. a. Gesundheit
Meeresverschmutzung 25 f., 39, 136–141
Melaleuca-Baum 222–224, 233, 360
Mesotheliom 44
Meßgeräte 37, 41 f., 336 f.
Microsoft 239, 257 f., 279, 295
Mikroskop 42, 57, 73
Milben 157–160, 173, 218
Militärmedizin 61 f., 64, 76, 87 f., 321, 360
Mirex 45, 170 f.
Monitor s. Bildschirm
Morphium 59
Mortalität s. Sterblichkeit
Moskitos 167
Motorisierung 12, 38, 48, 114, 359, 382
 Dezentralisierung 370 f.
 Folgen, unvorhersehbare 382–384
 u. Luftverschmutzung 377 f., 381
 u. Sicherheit 374–378
 Stau 372–374, 376, 378
 Verkehrsleitsysteme, elektronische 379 f.
 Zeitersparnis 372
 s. a. Automobil
Mount St. Helen 139
Mücken 172 f., 204, 382
Multimedia 290 f.
Murphys Gesetz 37 f., 40

Nagasaki 42, 45
Naturkatastrophen s. Umweltkatastrophen

Navigation 359, 362 f., 367, 378
Neufundland 365
Neurasthenie 83
Neuseeland 148, 162, 200, 204
New Deal 120, 214, 216, 383
NextStep-Programm 277 f.
Niederlande 154, 208, 376
Nikotin 20, 102 f.
Northridge-Beben 124
 s. a. Erdbeben
Notfallmedizin 61, 63–65, 76, 86, 88 f., 321, 360
Nutzeffekte 61, 152, 363

Ölunfälle u. Lecks 39, 46, 136–142
Österreich 191, 323
Olivenbaum 161, 231, 233
Olympische Spiele 299 f., 303, 332, 338, 341
Orchideen 176 f., 208
Otter 140
Ozon 133, 377
Ozonschicht 44

Papierverbrauch 11, 232, 387
Papua-Neuguinea 63, 159
Paraguay 169
Parkinsonsche Krankheit 306
Pathozänose 100
PCB-Isolierung 44
Penicillin 37, 60, 63, 81, 95 f., 98
Peru 115
Pest 66 f., 80, 100, 158
Pestizide 45, 163–167, 169–171, 174, 193, 204, 224, 347, 380, 386
Pferde 175, 177, 180 f., 200, 205, 210, 368 f.
Pferdefuhrwerke 186 f., 210, 368 f., 376
Pharmazeutika 59, 94–102, 108 f., 111
Phenole 188
Phosphate 155, 193
Piktogramme 279
Plasmide 95
Pocken 52, 99, 149, 388
Polen 28
Polio 60, 90, 157, 380
Pollen 160 f., 208
Portugal 120, 123, 231, 375 f., 385
Posttraumatisches Streßsyndrom 86–88

Präriehunde 67
Psychoanalyse 79

Quacksalber 59
Quecksilber 56, 366

Rache-Effekt
 Definition 20, 22 f.
 Formen *s.* Rekomplizierungseffekt; Überfüllungseffekt; Umordnungseffekt; Verstärkereffekt; Wiedererstarkungseffekt; Wiederholungseffekt
 umgekehrter 26, 51, 63, 136, 244, 307, 362
Rachitis 54
Radar 40, 117 f., 365
Radioaktivität 39, 42
Rakete 25
Ratte 66, 93, 147 f.
Rauchen 20, 42, 54, 102–105, 143, 158, 380
Rauchmelder 39, 45
 s. a. Brandschutz
Rechenschieber 31 f.
Reiten 303
Rekomplizierungseffekt 25, 71, 73 f., 263, 275, 279 f., 282, 289 f., 294
Risikohomöostase, Prinzip d. 374
Roboter 265
Rodeln 303, 338
Röntgengerät 42
Röntgenstrahlen 43, 57 f., 64, 73, 79, 259, 271 f.
Röteln 92
Rosa multiflora 216–219
Rosensamenwespe 218
Rotenon 194
Rückenmarkverletzungen 64, 308
Rückenschmerzen 85, 242–247, 253, 255, 259
Rückgratbruch 308
Rugby 20, 307, 333
Rumänien 385

Salmonellen 97
Salvarsan 60
Satellit 40, 43, 365
Saurer Regen 133–137

Schachspiel 335 f.
Schadensakkumulationstheorie 91–93
Schädlinge 147–150, 360, 389
　Ausbreitung d. 150, 152–155
　Ausrottungsversuche 161–168,
　　170 f.
　u. Haushaltstechnologie 156–161
　u. Landwirtschaft 149 f., 160,
　　162–168, 170, 173 f.
　Menschen als S. 203 f.
　u. Rache-Effekte 155 f., 159–163,
　　165–168, 170, 172–174
　u. Umweltethik 148 f.
　u. Umweltschutz 150–156
　s. a. Einbürgerung v. Schädlingen; Einbürgerung v. Unkräutern
Scharlach 51
Schiffahrt 26–28, 66, 176, 198 f.,
　362–369, 378
Schiffsbohrmuschel 151 f.
Schildkröten 137
Schlafstörungen 85 f.
Schlankheitskuren s. Diät
Schleudertrauma 242
Schornstein 132–136, 360
Schottland 54, 324, 347, 385
Schreibmaschine 26, 237, 244 f., 254 f.,
　385
Schweden 165, 241
Schwefeldioxid 133–136
Schweiz 153, 385
Segeln 302, 325 f.
Seidenproduktion 183 f., 385, 388
Seidenraupen 177, 183–185
　s. a. Großer Schwammspinner
Seitenkettentheorie 60
shaving horse s. Hobelblock
Sicherheit(s; -) 22, 40 f., 43, 70
　gurt 22, 38, 374
　u. Sport 301–303, 330 f.
　system 39
　s. a. Brandschutz; Diebstahlsicherung;
　　Wachsamkeit; Wartung
Silberhaargras 219 f.
Silikose 82 f.
Singapur 385
Sixtinische Kapelle 135
Skisport 314–317
　u. Lawinen 323 f.
　u. Sporttechnik 314, 360

Skorbut 54
Smog 40 f., 143, 377
Smokey-Kampagne 126
Software 72, 266
　u. Anwendung 277–279, 379
　u. Computerproduktivität 275–282
　Fehler 271–273, 298, 379, 383
　Icon 279 f.
　Risiken komplexer S. 269 f.
　Upgrade 267, 278 f.
　Virus 273
SOLAS (Safety of Life at Sea) 365
Sonnenfische 196
Sonnenschutzmittel 103 f.
Sowjetunion 113, 124, 154, 200, 384 f.
Spanien 231 f., 362 f., 386
Spannungsbegrenzer 274 f.
Spannungsschwankungen 274
Spatz s. Sperling
Speerwerfen 229, 336, 339–341
Sperling 148 f., 179–181, 186, 204,
　369, 382
Spielplatz 374
Sport(-)
　Amateursport 300, 311
　Gesundheit durch S. 300, 311, 313 f.
　medizin 310 f.
　regeln 303 f., 307, 327, 329,
　　331–333, 338, 341, 345, 349, 353
　rekorde 299 f., 333, 336, 341
　stadion 34 f.
　Verbesserungen, paradoxe 329–341
　u. Videoaufzeichnungen 301, 334,
　　336
Sporttechnik 300 f., 329 f.
　u. Bergsteigen 318–322
　u. Boxen 304–306
　u. Football 20, 306–312
　u. Golf 346–356
　u. Laufen 312–314
　u. Leistung 314, 330 f., 336
　u. »nachsichtiges« Sportgerät 343
　u. Politik 304
　u. Rache-Effekte 302, 304 f., 307,
　　309 f., 312–321, 324–327, 330,
　　335, 338–340, 344, 349, 352
　u. Risikobereitschaft 303, 308,
　　315 f., 318 f., 321 f., 324 f.
　u. Sicherheitsausrüstung 301–303,
　　330 f.

u. Skilaufen 314–317
u. Sportinteresse 331–341, 345 f., 348 f., 352 f., 355–357
u. technologischer Konservatismus 353–355
u. Tennis 341–346
u. Veränderungen des Sports 340 f.
u. Verletzungen 302–312, 314–317, 319–321, 326 f.
u. Wachsamkeit 309, 317, 321, 326 f.
u. Zuschauerrisiko 301, 340 f.
Spracherkennung, automatische 258 f., 280
Spreadsheets 254, 281, 287, 290, 292, 294
Stabhochsprung 330, 339–341
Stahl 137, 306, 308, 378, 385, 387
Star 181 f., 186, 188, 360
Stau 372–374, 376, 378
Staublunge s. Lungenkrankheiten
Staubsauger 156, 159
Staudamm 213
Steppenläufer 209 f.
Sterblichkeit 51–53, 62 f., 81 f., 86 f., 376, 383
Stethoskop 42, 57 f., 73
Stickoxide 133, 135
Streichinstrumente 21
Streptokokken 94
Streptomycin 51
Streß 235, 249, 251, 255, 260, 264
Stühle 243–247, 262 f.
u. Rache-Effekte 245, 247
Sturm 41, 116–119, 144
s. a. Wirbelstürme
Südafrika 82, 204
Sulfonamide 51, 60, 81
Syphilis 60
System 29, 41, 65, 383
u. Komplexität 30–35, 378, 382
schwach gekoppeltes 34
stark gekoppeltes 34–36, 72, 77, 84

Taiwan 385
Tamariske 212 f.
Tanzania 99
Taschenrechner 32
Tastatur 250, 253 f., 256–259, 262 f.

Technik, Definition d. 13
Telefon 24 f., 259, 273, 326, 379
Telegraphie 33, 172, 215, 364
Tennis 334, 341–346, 356
Teppich 156–159, 242
Tetanus 60, 369
Tetracyclin 95 f.
TEX (Satzprogramm) 275–277
Three Mile Island 39
Titanic 36, 40, 47, 364 f., 367, 378
Tollwut 65 f.
Torrey Canyon 137, 139 f., 144
Touchpad 258
Trackball 256, 258, 262
Tribulus terrester 212, 382
Tschernobyl 39, 47, 362, 381
Tsetsefliege 204
Tuberkulose 51 f., 80, 82 f., 95, 98–100, 110, 369
Typhus 100, 164

Überfüllungseffekt 26, 325
Überschwemmung 41, 45, 116–119, 144, 376
Umordnungseffekt 24, 114, 128, 130, 133, 159, 258, 274, 284, 297
Umweltethik 148 f., 205
Umweltkatastrophen 113–115, 143–146, 323
 Atomkrieg 43
 Brände 39, 124–129, 229 f.
 Dürre 119 f.
 u. Energieverbrauch 132–136
 Entwaldung 132 f.
 Erdbeben 120–124
 Erwärmung, globale 43, 129, 136, 361
 u. Holzöfen 142 f.
 Küstenerosion 129–132
 Ölunfälle 39, 46, 136–142
 u. Rache-Effekte 114, 116–118, 124–126, 128–135, 137–142, 362
 Saurer Regen 133–137
 Sturm u. Wirbelsturm 41, 116–119, 139, 144
 Überschwemmung 41, 116–119
 u. Wachsamkeit 114, 128, 132, 143, 145, 362
 s. a. chronische Probleme

Umweltverschmutzung
 in Häfen 150–152, 155
 im Meer 25 f., 39, 136–141
 Smog 40 f.
 Treibhauseffekt 43
 im Weltraum 25
 Zerstörung d. Ozonschicht 44
Unfälle 86–88, 91
 s. a. Katastrophen
Unkräuter 147–150, 168, 175, 182, 207–211, 215, 220 f., 233 f., 360, 389
Upgrade 267, 278 f.

Venezuela 40
Verkehrsleitsysteme, elektronische 379 f.
Verletzungen, kumulierte 241 f., 250, 255 f.
 Geschichte d. 252 f.
 u. Sitzhaltung 244
 u. Tastatur 250, 253, 256 f.
 u. Zeigevorrichtungen 256–258
 als sozial überformte Leiden 259 f.
 s. a. Karpaltunnelsyndrom
Verstärkereffekt 25
Viehzucht 97
Vietnam(krieg) 63, 65, 87 f.
Virus 83, 92, 95–102, 108–110, 218, 383, 388
 u. Zähmungsstrategie 109
Vögel 147–149, 165, 169, 179–182, 185 f., 189, 194, 201 f., 217, 224, 233, 382
Voice-mail 25
 s. a. Spracherkennung, automatische

Wachsamkeit 325–327, 389 f.
 u. Automobil 359, 377
 Bürde d. 75–77
 u. Computer 273, 275–277, 285, 291
 u. Medizin 70–72
 u. Schiffahrt 366–368,
 u. Sport 309, 317
 u. Umweltkatastrophen 128, 145
 u. Wartung 40, 43 f.
Waffen 61, 65, 382
 Atomwaffen 37
 Rakete 25
 Wasserstoffbombe 42
Waldbrände 124–129, 145, 360
Wandermuschel *s.* Dreiecksmuschel
Wartung 40, 43 f., 379
 s. a. Sicherheit
Wasserstoffbombe 42
Wegerich 208
Welkevirus 188
Werkzeug(-) 30–32, 235 f., 252
 benutzer 31 f., 74, 235 f.
Wettervorhersage 113, 117
Wiedererstarkungseffekt 165, 168, 170
Wiederholungseffekt 24, 71, 102, 107, 156, 254, 263, 297, 313
Wind 208
Windows-Programme 257, 266, 268, 277–280, 283, 285, 289
Wirbelsturm
 Agnes 116 f.
 Alicia 118
 Andrew 117 f., 139
 Hugo 144
WordPerfect 266

Yellowstone-Nationalpark, Brand im 125, 127

Zaire 385
Zeigevorrichtungen 256–258, 262
Zeitmessung 359, 363
Zweigringler 218
Zweiter Weltkrieg 37, 62 f., 87, 96, 125 f.